无线通信电子学射频电路与设计技术(第二版)

Wireless Communication Electronics Introduction to RF Circuits and Design Techniques (Second Edition)

[法]Robert Sobot (罗伯特·索博特) 著

范杰清 李 建 译

国防工业出版社

·北京·

著作权合同登记　图字:1－2023－2473 号

First published in English under the title
Wireless Communication Electronics: Introduction to RF Circuits and Design Techniques
by Robert Sobot, edition:2

图书在版编目(CIP)数据

无线通信电子学射频电路与设计技术 : 第二版 / (法) 罗伯特·索博特 (Robert Sobot) 著 ; 范杰清, 李建译. -- 北京 : 国防工业出版社, 2025. 1. -- ISBN 978-7-118-13518-3

Ⅰ. TN710.02

中国国家版本馆 CIP 数据核字第 2025MU1049 号

※

国防工业出版社 出版发行

(北京市海淀区紫竹院南路 23 号　邮政编码 100048)

雅迪云印（天津）科技有限公司印刷

新华书店经售

*

开本 710×1000　1/16　插页 16　印张 31¾　字数 607 千字

2025 年 1 月第 1 版第 1 次印刷　印数 1—1500 册　定价 248.00 元

(本书如有印装错误,我社负责调换)

国防书店:(010)88540777　书店传真:(010)88540776

发行业务:(010)88540717　发行传真:(010)88540762

第二版前言

本书是第一版的更新、大幅修改和重组。为了编写一本更为专业的书，第二版中删除和增加了一些内容，使其更适合即将学习这类课题的学生。

在第二版中，每一章的课程讲授、例题、案例分析和问题都遵循了我的加拿大学生正在学习和设计的调幅射频(AM、RF)接收电路的设计要求，因此，书中的示例电路都已在课程的实践部分进行了演示。出于教学目的，对接收机电路的复杂性和挑战性进行了调整，使其适合于第一次学习射频电路设计的本科生。本课程先修课程为电路理论和模拟电子学。

由于本书的体量越来越大，使得我们不能安排更多的篇幅来“演练”习题，而这些习题是练习所提出的思想和概念所必需的。相反，在本书习题集第二版中给出了一些已解决的教程类型的练习和问题，这些练习和问题对有志进一步提升射频电路设计技能的同学来说是必不可少的。

罗伯特·索博特

法国法兰西岛大区塞尔吉－蓬图瓦兹大学

2019 年 3 月 8 日

第一版前言

本书起源于我在过去6年里为加拿大安大略省伦敦西安大略大学的学生提供的“通信电子I”本科课程的课堂笔记，涵盖了低频和高频无线电路之间的过渡区域，具体介绍了与典型无线电通信系统的有关的基本物理原理。

一本教材触及与无线传输系统相关的所有主题是不太可能的。大多数现代教科书都涵盖了大量的主题，但细节相对较少，所以通常留给“读者练习”。在本书中，我选择更深入地讨论这个主题，从而提供详细的数学推导、应用近似和类比，所选的题目适合于一学期、每周4小时的高年级本科工程课程。我的目的是讲一个逻辑清晰的故事，从一个章节流畅地延伸到下一个章节，希望读者会发现它很容易理解。

我编写这本书的主要灵感来自我的学生，他们在学期开始时总是问：“这门课我需要学习什么？”在编写一本涵盖很多高层次主题的教科书和一本涵盖较少但更详细的基本原理的教科书之间，我选择了后者。这本书中的所有材料都可以认为是进入无线通信电子领域的有抱负的工程师所期望获得的基本知识。

因此，本书的目标读者主要是为通信电子学方面的工作做准备的大学工科学生。与此同时，我希望工程专业的研究生会发现这本书对于一些在他们学习的前一阶段只简单涉及的主题或从不同的角度解释的主题是有用的参考。最后，初级射频工程师可能会发现这本书来源于一些在大多数教科书中通常被省略的内容。

罗伯特·索博特

加拿大安大略省伦敦市

2011年8月12日

致　谢

我想感谢所有那些用来作为我知识来源的精彩书籍，并感谢它们的作者为我提供了我无法获得的深刻见解。在他们的影响下，我扩大了自己的视野，这就是获取知识的全部意义。因此，我想感谢他们在本书中清晰可见的贡献，这些贡献现在正在传递给我的读者。

在职业生涯中，一个人从书面资料和经验中学习。人们的经验来自于与人们遇到的人和人们参与项目的互动。我很感谢我以前的同事，他们在一些非常鼓舞人心的项目上是我的技术导师，首先在南斯拉夫贝尔格莱德大学的微电子技术和单晶研究所，然后在加拿大 BC 省的 PMC – Sierra Burnaby，在那里我获得了真正在工程界的大部分工作经验。

我要感谢我在加拿大西部大学的同事们的贡献，特别是 John MacDougall 教授，他设立并将这门课程重组为“设计与构建”的形式，以及 Alan Webster 教授、Zine Eddine Abid 和 Serguei Primak 教授，他们在不同的时间都教授了这门课程。

我要感谢所有我以前和现在的学生，他们不断地问：“为什么？”和“你怎么得到这个的？”我希望这本书中汇编的材料至少包含了其中一些问题的答案，并将鼓励他们对周围的所有现象保持不受约束的好奇心。

真诚地感谢我的出版商和编辑们的支持，他们让这本书问世成为现实。

最重要的是，我要感谢我的儿子，他耐心地陪着这本书一起成长，他在我的书桌旁问我问题，让我开怀大笑。

目 录

第一部分 基本概念和定义

第二部分　射频接收机电路

第一部分

基本概念和定义

第1章

信号与波形

远距离无线信息传输是克拉克第三定律最好的例子之一,该定律指出“任何足够先进的技术都与魔术无异”。尽管至今为止收音机代表着人类最具独创性的成就之一,但对于大多数现代人(包括一些受过高等教育的人员)来说,这种现象似乎仍然很神奇。本章介绍了物理、数学和工程中的相关基本概念和定义,目的是为读者阅读后文准备相关基础知识;这些知识即使不能完全消除、也有望减少这门学科的“魔术”部分。

1.1 能量与信息的概念

所有的现代工程学科都源自基本的物理(还有一些哲学)概念,最重要的是能量、物质、空间和时间。因此,在发展工程理论和实际设计技术时,这些概念已经被人们接受。

能量这个词源于希腊语ενεργια(energeia),早在公元前4世纪就被亚里士多德使用,但它仍然是科学中最模糊的概念之一。24个世纪后,费曼在《物理学讲座》中提到了这个问题,他描述为:有一个事实,能量守恒定律支配着所有已知的自然现象,且该定律是精确的。能量守恒定律告诉人们,能量在自然界所经历的各种变化中不发生变化。这是一个最抽象的概念,能量不会随着事情的发生而改变,它不是对任何机制或任何具体事物的描述,……,“世间万物变幻无常”,而能量始终保持恒定不变。

爱因斯坦提出的质能方程 $E=mc^2$ 将能量的概念与物质的概念结合起来①,通过引入空间这一媒介描述能量和物质的相互作用所需要的场。为了区分这些相互作用,引入时间这一基本的概念。有了能量、空间和时间这些基本的物理概念,就能够开发出详细的模型,能够正确地描述当前的状态,并预测这个世界上许多现象的未来行为。

---

① 这个方程的严格相对论版本是 $E=\sqrt{(m_0c^2)^2+(pc)^2}$。当动量项($pc$)为零时,这个方程简化为 $E=mc^2$。对于 $m_0=0$ 的光子,方程简化为 $E=pc$。

为了讨论,人们得出能量的一个粗略的定义,即“做功的能力”,而功本身是根据时间和空间来定义的。因此,传递信息的过程,就相当于在空间和时间上把一份能量从 A 点移动到 B 点的过程,这就是本书讨论的主题。人们把这些能量流称为“信息”或“信号”,信号随时间变化而变化,发源于发射端、终止于接收端。需要注意的是,上述信号的定义并不针对于任何特定物理形式,它可以是天空中升起的烟云、瓶子里的信息、远处雷雨引起的声音、通过网络从一台计算机到另一台计算机的数字数据,也可以是从遥远的恒星到达地球的光,任何只要对接收者有意义的信息,人们就说信号传递的过程已经发生。

例 1:质能等效方程

平均大小的雪花由大约 $n = 6.68559 \times 10^{19}$ 个分子组成。假设雪花的全部物质被转化为能量,估计一台平均耗电量为 $P = 25\text{W}$ 的笔记本电脑可以运行多长时间?

解 1:

爱因斯坦提出了质能等价的概念,即

$$E = \sqrt{(mc^2)^2 + (pc)^2} \tag{1.1}$$

式中 m——物体的质量(kg);

c——真空中的光速(m/s);

p——运动中的质量 m 的动量(kg · m/s)。

然而,如果物质没有移动,那么 $p = 0$,因此式(1.1)就可以简化为

$$E = mc^2 \tag{1.2}$$

雪花是由水分子(H_2O)组成的,因此,首先通过将构成雪花的所有 n 个分子的质量相加,得到它的总质量(m_s)。每个水分子由两个氢原子(原子量 H = 1.00794g/mol)和一个氧原子(原子量 O = 15.9994g/mol)组成。因此,单个水分子的摩尔质量为

$$M(H_2O) = 2 \times M(H) + M(O) = 18.01528\text{g/mol} \tag{1.3}$$

如果质量以 g 表示,则

$$m(H_2O) = \frac{M(H_2O)}{N_A} = \frac{18.01528\text{g/mol}}{6.0221415 \times 10^{23}\text{mol}^{-1}} = 2.99151 \times 10^{-23}\text{g} \tag{1.4}$$

则完整雪花的质量 m 为

$$\begin{aligned} m &= n \times m(H_2O) = 6.68559 \times 10^{19} \times 2.99151 \times 10^{-23}\text{g} \\ &= 2\text{mg} = 2 \times 10^{-6}\text{kg} \end{aligned} \tag{1.5}$$

与光速相比,雪花的速度可以忽略不计,因此等效能量为

$$E = mc^2 = 2 \times 10^{-6}\text{kg} \times 2.99792458 \times 10^8\text{m/s} = 1.79751036 \times 10^{11}\text{J} \tag{1.6}$$

功率定义为能量传递速率,即 $P = E/t$,因此,为了提供 $P = 25\mathrm{W}$ 的平均功率,则有

$$t = \frac{E}{P} = \frac{1.79751036 \times 10^{11}\mathrm{J}}{25\mathrm{W}} = 7.190 \times 10^{9}\mathrm{s} \approx 228\ 年 \tag{1.7}$$

由此得出结论:如果质量能够完全转换为能量,仅仅 2mg 的任何物质(例如一片雪花)就能够为手持电子设备提供多年的电能。然而,在开发出这种能源之前,工程师必须遵守现代电池容量的限制,并相应地设计对应的电路。

1.2 信号无线传输

严格地说,信号的无线传输(即在空间的两点之间传输信号,而两者之间没有任何可见的物理联系)从人类诞生之初就已经存在。大多数人用声音与他人交流,而不需要额外的特殊设备。人类的声带和听觉系统创造了一个奇妙的无线通信系统,工程上的努力只是试图增加它传输的有效范围。

一般的意义上,一个通信系统包括:(a)一个发射器;(b)传输介质;(c)接收器(如图 1.1 所示),该系统存在的唯一目的是在发射器和接收器之间输送信息。也就是说,声带—耳朵系统之所以被称为“收发器”,是因为它既能接收信号,又能发送信号。在这种情况下,信号以声音的形式传播,而发射器和接收器之间的空气是传输介质。为了完成这个系统,双方必须就信息编码达成一致,在这种情况下,就是选择接收方和发送方都能理解的口语。

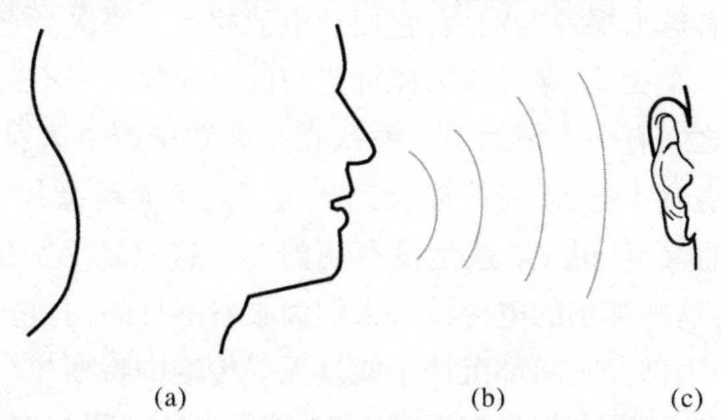

图 1.1 无线系统包括发射器(声带)、传输介质(在本例中为空气)和接收器(听觉系统)

人类的身体也能够通过视觉皮层接收以光的形式编码的信号。在这种情况下,人类只有接收通道可用,即对于用光编码的信息,人体只是一个接收器,它不能产生“光线”。严格地说,人类的身体发出红外辐射(IR),然而它并不是一种真正的编码信息,它只是揭示了发射源的存在。

人类一直寻求延长信息传播的距离,这导致了各种通信系统的发展,例如,信鸽、书信系统、电报、广播、电视、卫星系统和手机等,其都有一个共同的目的,

那就是延长一个人创造的信息在时间和空间中的传播距离。例如,本书需要将所包含的信息在更广泛时间和空间内传播以使读者接受。

1.2.1 无线技术简史

在现代术语中,人们认为“无线通信”指的是由电子发射器、电子接收器和无线电波组成的传输信息的电子系统。虽然大多数人都对无线电波有一个模糊的概念,但要用简单的语言来描述它并不是那么容易。目前,人们接受术语“波”象征着能量的流动。

19 世纪,人们对电、磁和光现象的兴趣达到了顶峰。许多科学家致力于相关问题的探索,并进行了一系列的研究,最终于 1865 年首次提出了麦克斯韦电磁场方程,该方程描述了一个统一系统中的电、磁和光的基本原理。自此,电气工程中的所有重要定律都可以从该方程推导出来。在 1940 年 5 月 24 日的《科学》杂志上,爱因斯坦说:“时空定律的精确表述是麦克斯韦的工作。想象一下当他建立的微分方程向他证明电磁场以偏振波的形式且以光速传播时他的感受! 世界上很少有人能有这样的经历……物理学家们花了几十年的时间才理解麦克斯韦发现的全部意义,他的这一发现使得他的同事们的观念发生了飞跃。”

毫无疑问,研究麦克斯韦方程组及其导数对电气工程师来说是最重要的。

1887 年,赫兹冒险用实验验证了电磁学理论,并最终完成了著名的“火花实验”,证明了麦克斯韦预言的无线电波的存在。赫兹的实验装置很简单,包括一个线圈和两块带有球形探针的铜板,它们与电池相连。每次当它开启或关闭时,该装置就会产生一个火花,穿过球形探针之间的小间隙。在不远处有一个铜环,两个小球形端子之间有一个短间隙。每次在主装置中产生火花时,赫兹注意到在另一个铜环中也有火花,无线传输就此产生了。然而赫兹并没有意识到他的发现的全部实际意义,他说[①]:“这是没有用的……这只是一个证明麦克斯韦大师是正确的实验,这些神秘的电磁波是人们肉眼看不见的,但它们确实存在。”

同年,一生中大部分时间都沉迷于能量无线传输的特斯拉(Tesla)获得了一项旋转磁场的专利,这项专利最初是在 1882 年提出的。到 1891 年,特斯拉发明了“特斯拉线圈”,这是一种可以产生高压(HV)、高频(HF)交流电(AC)的谐振电路,他将其用于“信息通信”[②]。1897 年,特斯拉展示了第一个无线电通信系统,他用无线发射器和接收器(电感耦合系统)控制一艘模型船[③],开启了实用的

---

① Annalen der Physik,第 270 卷,第 7 期,第 551 - 569 页,1888 年 5 月。

② 事实上,直到 20 世纪 20 年代,特斯拉线圈还被用于商业无线电发射机。

③ 美国专利 613,809,1898 年 11 月 8 日。

无线通信时代(如图1.2所示)。1900年3月20日,特斯拉获得了电能无线电传输的专利①。

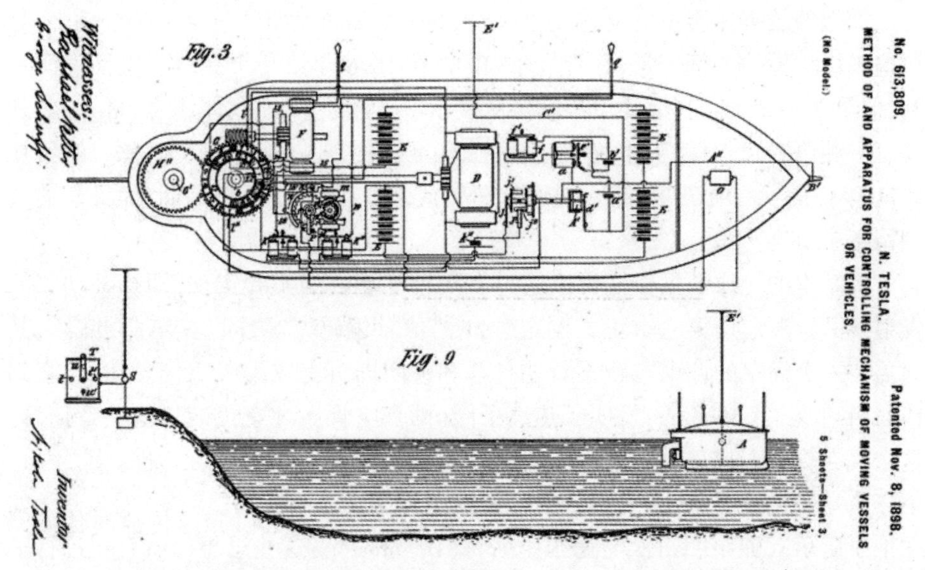

图1.2 尼古拉·特斯拉使用无线电波遥控船的专利(1897年在纽约哈德逊河首次展示)

如果说特斯拉被认为是实用无线通信之父,那么马可尼(Marconi)应该被认为是商业无线通信之父。1901年,他展示了第一个跨越大西洋传输莫尔斯(morse code)编码信息的无线通信系统。他的工作推动了无线电在无线通信方面的广泛应用,尤其是在船舶上(在泰坦尼克号的灾难上也起到了推动作用)。他建立了第一个跨大西洋的无线电服务,并为英国短波服务建立了第一个商业电台。历史上也有记载,特斯拉对马可尼在使用特斯拉专利技术时受到的关注并不满意。然而,直到1943年,美国最高法院才宣布马可尼的专利无效,转而支持特斯拉②:

“特斯拉第645576号专利,于1897年9月2日申请,1900年3月20日获得批准,公开了一个四路电路系统,在发射和接收机中各有两个电路,并建议所有四路电路必须在电路中使用。……他认识到,他的装置无需改动就可以用于依赖电能传输的无线通信中。……

作为第一个成功实现无线通信的先驱,马可尼的名声建立在他的原始专利上,该专利成为重新发行的第11913号专利……。这种声誉无论多么实至名归,也不能保证他后来在无线电领域的每一项改进都能获得专利。专利案件和其他

① 美国专利645,576,1897年9月3日申请。

② 美国最高法院,“美国马可尼无线电报公司诉美国”。320美国1.第369,373号,1943年4月9日至12日。

案件一样,不是通过权衡当事人的名誉来决定的,而是通过仔细研究他们各自的论点和证据的优点来决定的。”

类似的故事在历史上反复发生,激烈的竞争和对发明的争论不是个例,而是普遍规律。另一个例子是,尽管贝尔(Bell)在1876年第一个获得了电话发明专利,但早在1857年,其他几位科学家就展示了工作原型装置,当穆奇(Meucci)开发了一种语音通信设备时,但显然他没有足够的钱支付全部专利费。他仅在1871年获得了一项声明(即一项临时专利),该专利于1874年到期,为贝尔的专利留下了机会①。

最基本的无线数据传输可以通过多次重复赫兹的实验实现,即打开和关闭发射线圈。莫尔斯第一个正式制定“分时”信息编码方案,即“莫尔斯电码”,其只需要一个简单的调谐电路不断地打开和关闭即可完成编码工作。然而,直到1904年弗莱明(Fleming)发明了热离子阀(即真空管),才有可能传输语音信息。这个真空管(起到二极管的作用)是无线电通信系统所需的关键元件。两年后,第三个端子的加入促成了三极管(一种用作放大元件的真空管)的发明(如图1.3所示),弗莱明再次与德福里斯特(DeForest)就这些思想的所有权进行了激烈的争论。与此同时,阿姆斯特朗(当时还是一名本科生)利用三极管创造了一种“无线接收系统”的拓扑结构,并于1914年申请了专利②。应该记住,几乎所有的现代无线电设备,包括本书中研究的无线电接收器拓扑结构,都可以追溯到这种“外差”拓扑结构(后来发展为“超外差”)。

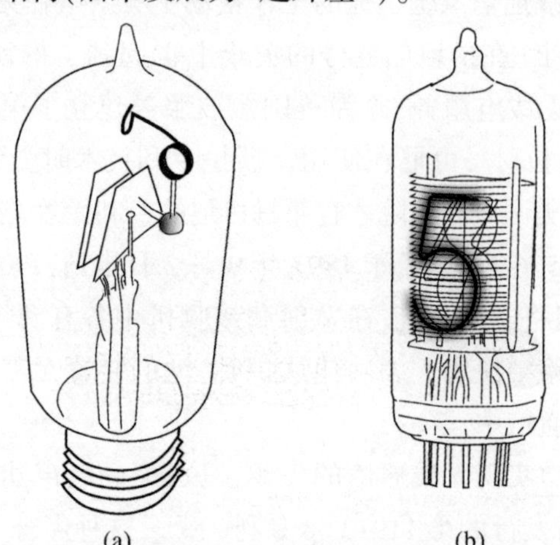

图1.3 弗莱明1904年设计的第一个电子阀和现代半导体显示器发明之前用于电子设备显示数字和字母的电子阀

① https://en.wikipedia.org/wiki/Antonio_Meucci,2019年12月19日存档。

② 1914年10月6日,美国第1113149号专利。

使用“广播”一词并非意味着将电视排除在外,事实上可以将电视看成是一台精密的收音机。必须指出,从历史的角度讲,电视是由许多科学家和工程师发明的,他们为无线电和电视系统的发展做出了巨大的贡献。值得一提的是,早在1884年[①],一名大学生尼普科夫(Nipkow)就获得了第一项电视系统专利。1925年,贝尔德(Baird)展示了一个系统,为1929年电视的第一次实际应用铺平了道路,那时德国开始定期播放电视节目。

可以肯定地说,在20世纪早期无线电传输的开创性工作之后,再没有新的根本性的进步了。渐进式的进步只能归功于工程上的独创性和技术上的进步,最显著的是1948年晶体管的发明(发明晶体管的三位科学家获得了诺贝尔奖和1958年集成电路的发明(基尔比,德州仪器公司新聘的工程师,当时还没有休假的权利,整个夏天都在致力于将这个概念变为现实,也为他赢得了诺贝尔奖和历史地位)[②]。

总结一下这段简短的历史回顾,无线电发展的重要性如此之大,以至于几位做出重大贡献的工程师和科学家也获得了诺贝尔奖,他们也激励了追随他们脚步的几代工程师。

1.2.2 波的性质

正如前几节所暗示的,人们对“波”的真实性质的理解是直观的,而不是确切的。人们可以通过视觉感知到一些熟悉的波的例子,如把一块石头扔进池塘里,会产生在空间和时间上不断扩大的圆形涟漪,如图1.4所示;在一场足球比赛中,一“波”观众可以在拥挤的体育场中穿行(当每个观众在合适的时间站起来或坐下)。

图1.4 小石头在池塘中形成的水波(尽管水粒子垂直移动,但波浪在水平方向上膨胀,同时带走了落石的动能)(见彩图)

人们习惯谈论声波,这是因为人类的听觉系统可以探测到它们。在人类脑海中想象的声波要复杂一些,因为人们需要“看到”气压区域,从低压到高压,然

---

① https://en.wikipedia.org/wiki/Paul_Gottlieb_Nipkow,2019年12月19日存档。

② https://en.wikipedia.org/wiki/Jack_Kilby,2019年12月19日存档。

后再回来。如果人们试图想象光波,情况就会变得更加困难。对光波本质的解释引领科学家们发展了相对论和量子力学,并触及了人类生存最深层的哲学问题。

在基本层面上,人们可以很容易地接受池塘中的水传输水波;也可以接受声波是由空气传播的。自然地,下个问题是想知道是什么携带了光波,毕竟光波来自外太空。这个地方是空的吗?什么是波?通过机场安检时,机器如何在不接触人体的情况下知道旅客是否携带了金属物品?磁共振成像设备总是在体外,它是如何对人体内部进行详细成像的呢?

为了回答这些问题,法拉第引入了场的概念,建立一个有意义的模型,从而正确地描述观察到的现实。这个抽象的概念,麦克斯韦和其他许多人扩展了这一概念,解释了人们在日常生活中遇到的许多小神秘现象。虽然场的概念已被证明是非常有用的,但其非常抽象,它仍然不能回答波的本质这个基本问题。尽管如此,它确实可以帮助人们想象一些其他人类的感官无法企及的东西。例如,小学实验中,当铁屑撒在条形磁铁上方的纸上时(如图 1.5(a)所示),很容易证明磁场“磁力线”的存在。然而,应该指出的是,电场线实际上并不存在。相反,磁铁周围三维空间的每个点都与一个场矢量相关,该矢量可以量化给定点上的场强度和方向(如图 1.5(b)所示)。

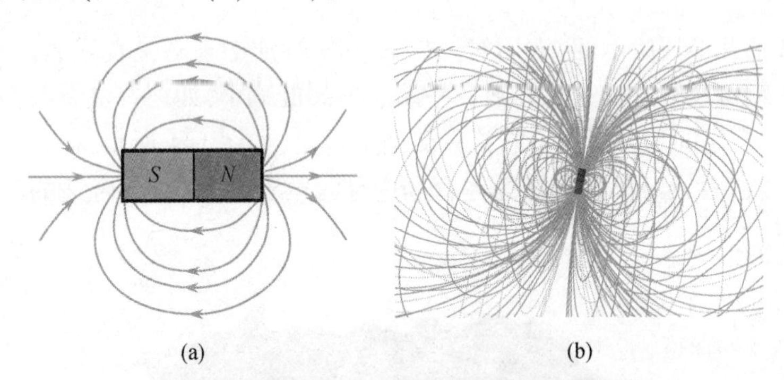

图 1.5　条形磁铁上方的纸上散落的铁屑排列

(a)磁力线方向(铁屑的极性相互吸引,导致沿着“场线”形成细长的铁屑簇);(b)三维矢量场。

将磁场可视化有助于人们想象其他场,尤其是由麦克斯韦引入的电磁场,可以用来解释光的波动性。根据麦克斯韦方程组,一个空间变化的电场产生一个时间变化的磁场,反之亦然。例如,从一个时变的电场开始,磁场和电场就会无限地相继产生。当一个振荡电场产生一个振荡磁场时,磁场又反过来产生一个振荡电场,依此类推。这些时变场共同形成在空间中传播的电磁波(如图 1.6 所示)。一个不太明显的观察结果是,一旦电磁波形成,它的源可以被移除,而不会进一步影响已经存在的波。在自由空间中,沿 z 方向传播的电磁波描述为

$$E_x = E_{0x}\sin(\omega t - \beta z) \tag{1.8}$$

$$H_y = H_{0y}\sin(\omega t - \beta z) \tag{1.9}$$

式中　E_x——x 向电场矢量,E_{0x}为其最大振幅,单位为 V/m;

H_y——y 向磁场矢量(与电场矢量 x 和波传播矢量 z 正交),H_{0y}为其最大振幅,单位为 A/m;

ω——径向频率,单位为 rad/s;

β——传播常数,定义为

$$\beta = \frac{2\pi}{\lambda} \tag{1.10}$$

式中:λ——波长(m),其定义见章节1.3.3。

扩展传播常数,定义相速度 v_p 为

$$v_p = \frac{\omega}{\beta} \tag{1.11}$$

式(1.11)定义了波相在空间中传播的速度。一种可视化相速度的方法是选择波的任一特定相位来观察(例如波峰),则此处会以相速度前行。

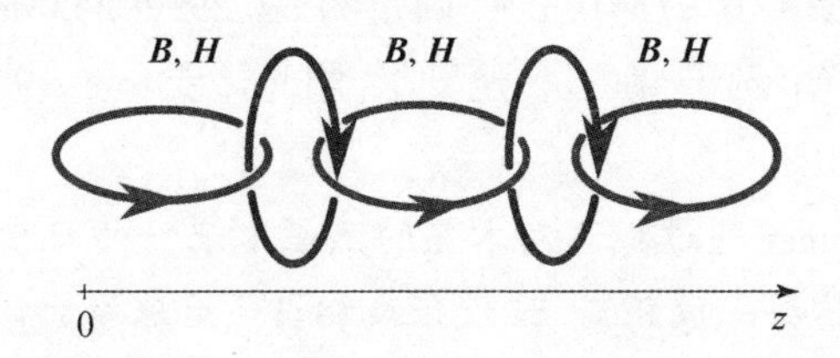

图1.6　电磁波可以想象为自传播的电场和磁场横向振荡波

根据定义,电荷的运动就是电流。电流产生变化的磁场,变化磁场反过来又产生变化的电场。一旦这个过程开始,这个变化电磁场的初始源(即运动的电荷)可以被移除;电磁场在空间中以自我永恒的运动方式不断移动。通过实验①发现电磁波的速度,即相速度 c_0与真空中的光速相同:

$$c_0 = \frac{1}{\sqrt{\mu_0 \varepsilon_0}} = 299792458\text{m/s} \approx 3 \times 10^8\text{m/s} \tag{1.12}$$

式中　μ_0——磁场常数、磁常数或真空磁导率(H/m);

ε_0——介电常数、真空介电常数或真空电容率(F/m)。

麦克斯韦的结论是电磁波(即无线电波)和光本质上是相同的,因此,麦克斯韦方程组处理的是变化的电磁波以及电场和磁场之间的关系,它确定了给定的光频率 f_0在各种传输介质(真空、空气、水等)中保持恒定,这意味着速度和波

① ε_0最初是根据库仑定律在真空中测量的。

长相对于它们在真空中的值将减小,其中的减小系数 n 称为“折射率”,即

$$n=\frac{c}{v}=\frac{\lambda_0 f_0}{\lambda_1 f_0}=\frac{\lambda_0}{\lambda_1} \tag{1.13}$$

式中 c——真空中的光速(3×10^8m/s);

v——在给定介质中的相速度(m/s);

λ_0——真空中的波长(m);

λ_1——介质中的波长(m)。

回到池塘里的波纹(图1.4)的例子,把软木塞扔进水里,人们可以看到软木塞只在垂直方向移动,这表明水粒子并没有离开波纹的中心。也就是说,并不是物质粒子在 z 方向上通过空间传播,而是当扰动粒子在它们的名义位置(在 x 或 y 方向)与它们的邻居同步振动时,波携带着扰动粒子的能量。这些重复的“上”和“下”振动通常被称为“振荡”。

利用实验方法,科学家获得了声波和光波在不同材料中的传播速度。例如,已确定声波在20℃的干燥空气中以343m/s的速度传播,或大约在3s内传播1km。同样,光波在真空中的速度也被确定为 $c=299792458$m/s,通常四舍五入为 30×10^4km/s。举个例子,在这一速度下,阳光需要8min19s到达地球。

例2:测量光速

(1)1676年,Rømer通过观测对木星的卫星木卫一的日食现象,他估计光大约需要22min才能传播一段距离,这段距离相当于地球绕太阳公转轨道的直径,约 $d=2.98\times10^{11}$m。则Rømer估计的光速是多少?

(2)在1922—1924年的一系列实验中,迈克尔逊通过在彼此之间放置35km距离的镜子的精密设置,确定光速为 $c=299796$km/s,则光传播这个距离需要多少时间?

解2:速度是距离和时间的比值,因此

(1) $$v=\frac{d}{t}=\frac{2.98\times10^{11}\text{m}}{22\times60\text{s}}=2.26\times10^8\text{m/s}$$

(2) $$t=\frac{d}{v}=\frac{35\times10^3\text{m}}{299796\times10^3\text{m/s}}=117\mu\text{s}$$

例3:光速和音速

如果记录从看到闪电到听到雷声的时间间隔约为9s,请估计闪电与观测者的距离。

解3:相对于光速,声速可以忽略不计;因此,声音在9s内传播约3km。因此,人们可以忽略光传播3km的延迟(约为10μs),只估计闪电发生在3km左右的地方。

1.2.2.1　麦克斯韦方程近似

交错自延续的磁场和电场(如图 1.6 所示)是电磁波传播的基础,因此,对无线通信系统,它们之间的关系可用麦克斯韦方程组来描述。由于线性低频电路与毫米波射频电路(如图 1.7 所示)等射频电路在理论背景、复杂性和设计方法等方面存在较大差距,因此,作为射频电路入门教科书,本书只重点介绍相对低频的非线性射频电路。通过对低频射频电路的研究,人们可以使用以往线性低频电子课程中获得的大部分方法,并在低频条件下应用从麦克斯韦方程组导出的近似方法。进行低频近似后,即 $d \ll \lambda$(即传输距离远短于信号波长),基尔霍夫电流定律(KCL)和基尔霍夫电压定律(KVL)方程代替了全套的麦克斯韦方程组(如图 1.8 所示)。因此,为了详细研究精确的麦克斯韦方程组,读者需要学习电磁方面另外的课程。

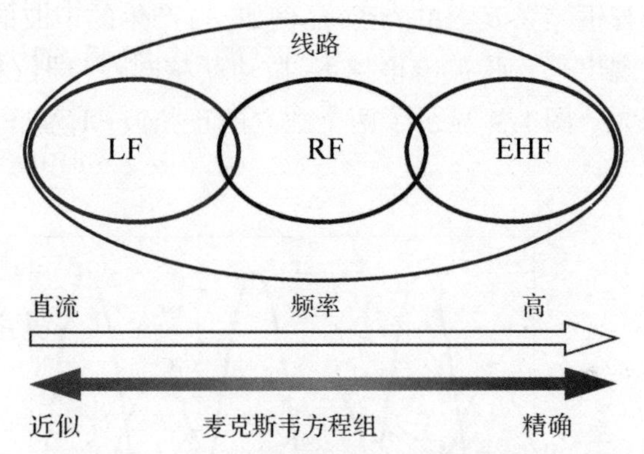

图 1.7　EHF、RF 和 LF 设计方法与精确和近似麦克斯韦方程组之间的关系

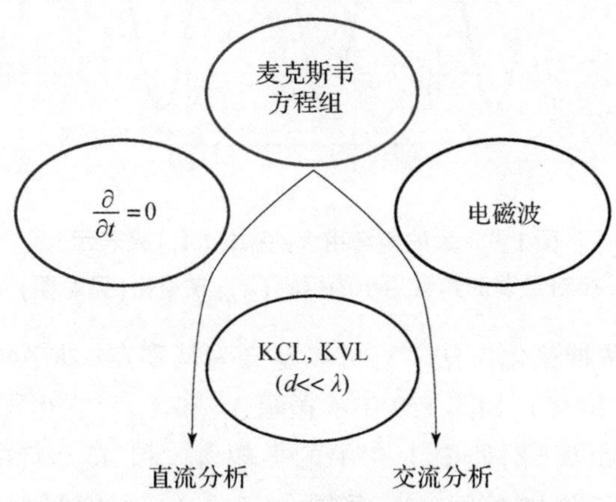

图 1.8　麦克斯韦方程组在电路分析中的作用

1.3 波形的定义

继1.2.2节对波的定性介绍之后,本节介绍一组特定的参数来帮助人们量化一般的波函数性质。人们习惯于正弦函数,因为根据傅里叶变换,任何一般的复杂波都可以在数学上表示为一个或多个正弦函数的和。水波纹的垂直横截面,钢琴弦产生一个音符的瞬时图像,以及电谐振器终端记录的电压信号的时域图,都类似于人们熟悉的正弦曲线的形状。与单个音符的声音类似,这些单个正弦函数被称为“单一频率信号”或简单地称为“单频信号”(尽管人们无法真正认识到它们最初的形式)。

1.3.1 振幅

通过进一步与钢琴弦演奏单个音符(例如,A)产生的声波的类比,波的振幅由音调的音量表现出来。弦被击得越重,振动就越剧烈(即位移越大),或者说声波的振幅就越大。图1.9显示了两个独立的正弦波(A_1和A_2)的振幅随时间的变化。

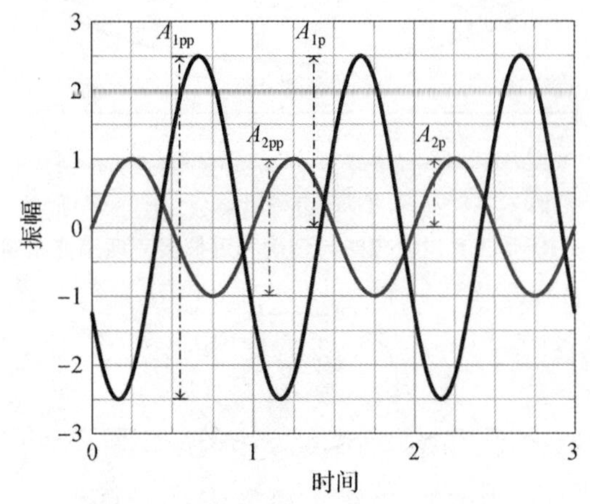

图1.9 大的声音用大的振幅(A_1)来表示,相对微弱的声音用小的振幅(A_2)来量化(见彩图)

波的振幅有两种量化方法。它可以定义为从零点(即平均值)到波在垂直方向上的最大值(位移),如图1.9中的振幅A_{1p}和A_{2p}。它也可以定义为波的极端垂直点之间的距离,例如图1.9中的振幅A_{1pp}和A_{2pp},其中指数“pp”读作“峰-峰”。根据定义,峰峰间(pp)振幅A_{1pp}(或A_{2pp})的数值是单(峰值)值A_{1p}(或A_{2p})的两倍。

1.3.2 频率

在钢琴上弹奏不同的音符,例如 A 和 B,人类的大脑感知为不同的音调。声波的这种性质与声波完成一个完整正弦图像所需的时间直接相关,即完成一个“周期”(单位为秒,s)。换句话说,这是弦沿着图1.10中的位移轴完成一次向上、向下、再返回的完整运动所需的时间。这个特定的时间在 A_1 波形中标记为 T_1,在 A_2 波形中标记为 T_2。

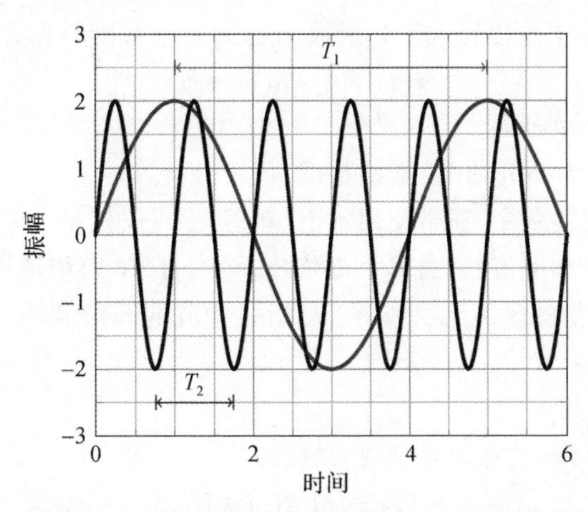

图1.10 低频音(红色)相对于高频音(蓝色),T_1 的周期更长(见彩图)

工程中,可在两个相邻的极端振幅点之间或在具有相同位移值的相邻同类斜坡(即两个上斜坡或两个下斜坡)上的任何其他两点之间测量振幅。若周期 T 较短,则意味着在一个给定的时间内重复更多的正弦图像,即波形有更高的频率。频率用赫兹(Hz)表示,“1Hz”表示一个完整的波周期需要1s;换句话说,信号的周期 $T=1\text{s}$。在图1.10中,T_2 波形的频率是 T_1 波形的4倍。例如,钢琴演奏的中间C音的频率是261Hz;钢琴音调的全频率范围[①]是27~3516Hz;听力正常的年轻人可以感知大约20Hz~20kHz范围内的声音。同样,人类的眼睛可以区分不同频率的光,而人们的大脑将它们感知为不同的颜色。大多数人的可见光频段大约是 $(400\sim790)\times10^{12}$ Hz(即400~790THz);这种巨大的带宽意味着几乎无限的信号传输带宽资源。根据定义,波形的周期和频率成反比:

$$f \overset{\text{def}}{=} \frac{1}{T}\text{Hz} \tag{1.14}$$

式中 f——频率(Hz);

① 在无线电术语中,“距离”是指波形可以传播的距离;“频率范围”称为“频带”或“带宽”。

T——周期(s)。

正弦波形的实际表示是基于一种称为旋转相量的数学模型(如图 1.18 所示)。在几何意义上,完成一个周期图案所需的时间直接映射到完成一个圆的完整旋转所需的时间。该模型的有效性来自于相量沿位移轴的一次全移动与沿相量的一次全圆周旋转之间的等效性,用角度单位表示为 2π,即

$$\omega \overset{\text{def}}{=} 2\pi f = \frac{2\pi}{T} \text{rad/}s \tag{1.15}$$

式中:ω 为"弧度频率"(rad/s),与 2π 的完整旋转有关,表示一秒内所扫过的弧度①。利用弧度频率可以得到正弦函数 $x(t)$ 的一般解析形式为

$$x(t) = A_{\text{m}}\sin(\omega t + \phi) \tag{1.16}$$

式中 A_{m}——最大振幅;

ϕ——1.3.5 节介绍的"初始相位"(rad)。

此外,在工程实践中,通常使用术语"单音"(或仅仅是"单频信号")来指代某一特定波;从数学上讲,它由单个正弦波形(式(1.16))组成,即使这种波不是声波。"波"一词指的是概念;"波形"是指一种波的图形表示,这些术语经常可以互换使用。

例 4:波形定义

对于以光速传播的电压扰动波,描述为

$$v_1(t) = \sin(20\pi \times 10^6 t)$$

求:(1)其最大振幅;(2)频率;(3)它的周期;(4)其在 $t = 0$s 时刻的相位。

解 4:通过检验给定的波 $v_1(t)$ 方程,并与式(1.16)给出的正弦波的一般解析形式进行比较,可得

$$v_1(t) = 1\text{V} \times \sin(2\pi \times 10 \times 10^6 t + 0)$$

因此

(1)电压波最大值为 $A_{\text{m}} = 1\text{V}$;

(2)根据定义式(1.15),径向频率为 $\omega = 2\pi f = 2\pi \times 10 \times 10^6\text{Hz}$,因此 $f = 10 \times 10^6\text{Hz} = 10\text{MHz}$;

(3)根据定义式(1.14),周期为 $T = \dfrac{1}{f} = \dfrac{1}{10 \times 10^6\text{Hz}} = 100\text{ns}$;

(4)因为 $v_1(t) = \sin(\omega t + 0)$,所以初始阶段,即 $t = 0$s 时,$\phi = 0°$。

1.3.3 波长

人们注意到图 1.4 显示了一个在时间上冻结的波。同样,(理想情况下)水

① 单位半径圆的周长是 $2\pi \times 1 = 2\pi$。

粒子只有垂直运动,也就是说只有位移(能量)水平运动。从图1.4可以测量空间上任意两个波峰之间的水平距离,这个空间维度表示为波长λ。如果人们能获得完整的影像,而不是单一的一帧,那么人们就有可能在时域测量相同的事件,也就是任何给定的水粒子完成整个向上、向下、再回到原位的垂直摆动的周期T。此外,人们认识到周期T是由波前传播距离λ所需的时间。图1.10为单个波粒在时间上的垂直位移,图1.11为空间上所有波粒的垂直位移(从波的起点到终点水平距离)。

在经典物理的任何其他线性运动中,知道三个参数中的两个(即传播的距离、传播所需的时间和平均速度)就可以计算第三个参数。

因此,波长用方程表示

$$\lambda = vT = \frac{v\text{m/s}}{f\text{Hz}}\text{m} \tag{1.17}$$

式中 λ——波长(m),即扰动在垂直方向上完成一个完整周期时所经过的水平距离;

T——波形在完成一个完整垂直周期时经过水平距离λ所需的时间(s);

ν——波的传播速度(m/s)[①],光速用c表示。

总而言之,应该注意到是波的频率决定了音高(或音色);波长是一种次要现象,它取决于波在给定的传输介质中的速度。

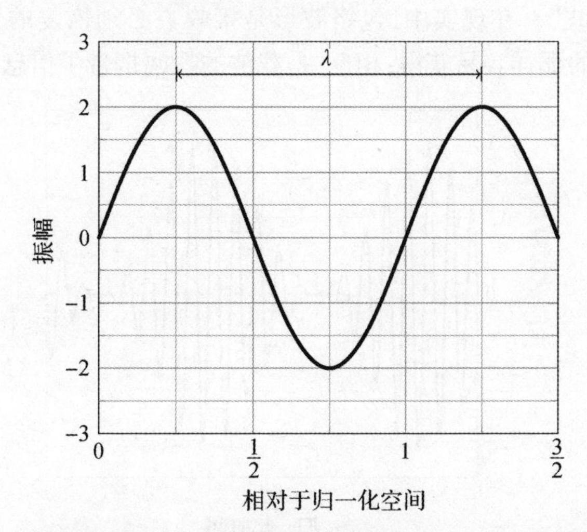

图1.11 通过测量峰值(或如图所示任何其他等效点对)之间的空间距离,建立了空间维度,波长λ。

① 正确的术语应该是速度,但大多数书用速率来代替,但这是错误的。

例5:波长计算

计算以下频率下电磁波的波长:$f_1 = 3\text{kHz}$(即在音频范围内),$f_2 = 3\text{MHz}$(即简单LC振荡器的频率),$f_3 = 3\text{GHz}$(即接近手机的工作频率)。

解5:电磁波的相速度为 $c_0 \approx 3 \times 10^8 \text{m/s}$,将式(1.11)代入式(1.10),有

$$\lambda = \frac{2\pi}{\beta} = \frac{2\pi v_p}{\omega} = \frac{v_p}{f} \tag{1.18}$$

因此

$$\lambda_1 \approx \frac{3 \times 10^8 \text{m/s}}{3\text{kHz}} = 100 \times 10^3 \text{m}$$

$$\lambda_2 \approx \frac{3 \times 10^8 \text{m/s}}{3\text{MHz}} = 100\text{m}$$

$$\lambda_3 \approx \frac{3 \times 10^8 \text{m/s}}{3\text{GHz}} = 100 \times 10^{-3} \text{m} = 100\text{mm}$$

1.3.4 波的包络线

图1.12给出了射频(RF)通信系统中波形的一个重要例子。该波形由高频信号(蓝色)组成,其振幅根据低频正弦函数(红色)变化。“加载”在高频峰上的低频波形(不一定是正弦波形)在通信中非常重要称为高频信号的“包络”,高频信号称为“载波”。在现实中,包络波形是接收方必须恢复的传输信息,并不像图1.12所示的那样容易获得;相反,是载波的振幅携带了信息。

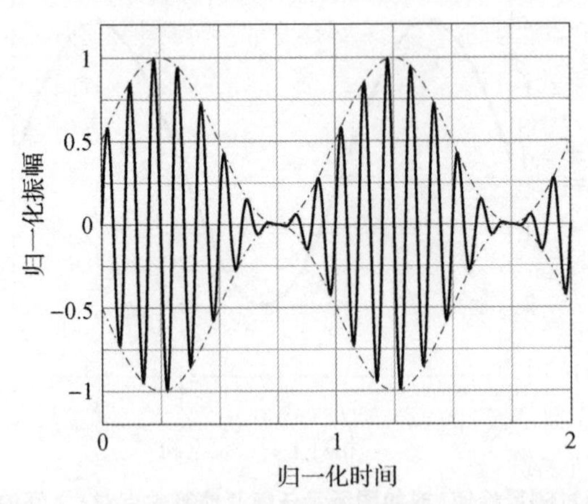

图1.12　高频波形(实线)及其低频嵌入包络线(虚线)(见彩图)

在载波上加载任意包络的理论和实践技术(最初具有恒定振幅)以及提取包络和丢弃高频载波不仅是本书的主要主题,而且是一般RF电路设计领域的主要主题。

将包络信号“加载”到载波上的过程称为“调制”，提取包络信号的过程称为“解调”。

例6：AM调制波形

如图1.12所示，水平方向为时间轴，若横轴：(1)以为ms单位；(2)以μs为单位；(3)以ns单位，试估计载波f_C和调制信号f_M的周期。

解6：

(1)蓝色的载波波形需要$t_C=6\text{ms}$完成12个完整周期，

$$t_C=12\times T\Rightarrow 6\text{ms}=\frac{12}{f_C}\Rightarrow f_C=\frac{12}{6\text{ms}}=2\text{kHz}$$

同时，调制波形(即红色包络)完成一个完整周期需要$t_M=4\text{ms}$，

$$t_M=1\times T\Rightarrow 4\text{ms}=\frac{1}{f_M}\Rightarrow f_M=\frac{1}{4\text{ms}}=250\text{Hz}$$

(2)替换时间单位为μs后，可得

$$f_C=2\text{MHz};f_M=\frac{1}{4\mu\text{s}}=250\text{kHz}(t_C=6\mu\text{s};t_M=4\mu\text{s})$$

(3)替换时间单位为ns后，可得

$$f_C=2\text{GHz};f_M=\frac{1}{4\text{ns}}=250\text{MHz}(t_C=6\text{ns};t_M=4\text{ns})$$

1.3.5 相位、相位差和信号速度

一个独立的单音波完全由它的振幅、频率(或者可等价为它的周期)和相位来描述。相位的概念来自旋转相量模型，它假定正弦为默认波形函数，即在$t=0$时它的相位为零。因此，一个周期T在时域映射到一个圆的角度，即$T=2\pi\text{rad}$(或360°)。

$$T\overset{\text{def}}{=}\frac{1}{f}\overset{\text{def}}{=}2\pi\overset{\text{def}}{=}360° \tag{1.19}$$

注意时间T的数值(以s为单位，是一个绝对单位)被映射到数字2π(单位为rad)，这两种单位可以互换使用。

在某一特定点测量的相位称为“瞬时相位”，在$t=0$时刻测量的相位被称为“初始相位”。正弦函数(图1.13中的函数)的初始值在$t=0$(即$\sin(\omega\times 0)+\phi=0$)为零，其初始相角(或相位)为零。同时，余弦波形(图1.13中的B函数)的初始值等于1，因此其初始相位必须为$\phi=\pi/2$(或90°)，即$\sin\left(\omega\times 0+\frac{\pi}{2}\right)=\sin\frac{\pi}{2}=\cos 0°=1$。

两个共存的单音波之间的关系可以用它们的“相位差”来描述,它指的是两种波形的瞬时相位差。对于两个正弦波,一旦两者的振幅进行归一化,则比较它们频率显得尤为重要。如果频率不相同,那么比较将毫无意义,只需要关注两者相位差即可。

然而,如果两个波确实有相同的频率(不一定是相同的振幅),并且声明其中一个为“参考”,那么问哪个波“先到达”是有意义的,也就是说,它们的相位差是什么?在频率相等的条件下,相位差要么是常数(如图1.13),要么并没有给出。在图1.13中给定的$t=1$的例子中,A的振幅为零(点(A),即$\phi=0$),而同时振幅B为1$\left(点(B),即\ \phi=\dfrac{\pi}{2}\right)$,因此在任何给定时刻$A$和$B$之间的相位差为$\dfrac{\pi}{2}$。在这种特殊情况下,其中一波的峰值与第二波的零交叉点重合,相位差是周期的四分之一,即90°,或者说两波“正交”。值得注意的是,正交信号在无线电通信系统中是非常重要和广泛使用的。充分表征正弦波形所需的相关变量汇总图如图1.14所示。

当相位差确实存在时,可以说一个波“超前”或“滞后”第二个波Δ秒(或者等价为Y度),同样,这种描述是相对的。

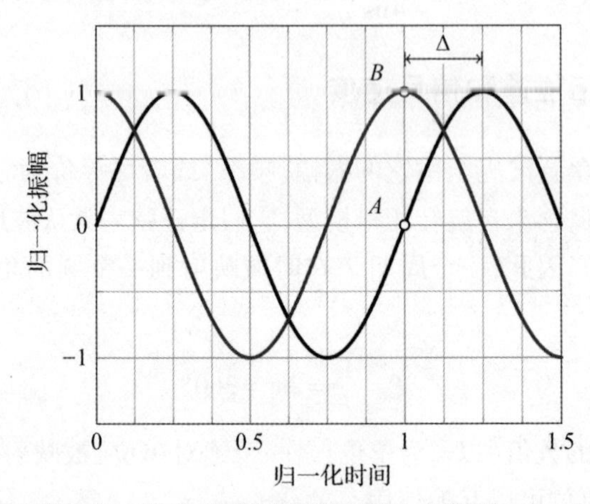

图1.13　两个振幅归一化、频率相同的单音波形,相位差$\phi=\pi/2$。(见彩图)

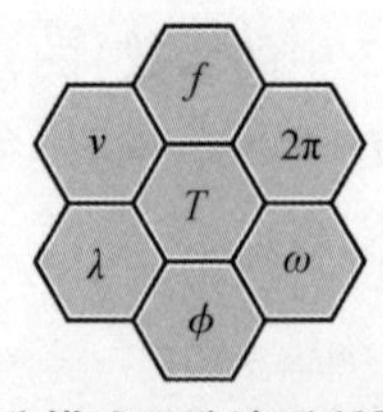

图1.14　充分描述正弦波形所需的相关变量

例7:计算在以下每个频率下,相位差为 $\phi=\pi/2$(相对测量)的电磁波对到达时间差 Δt(这是绝对值)的差异影响:$f_1=1\text{kHz}$,$f_2=1\text{MHz}$,$f_3=1\text{GHz}$。

解7:将给定的频率转换为它们的等效周期如下:

$$T_1=\frac{1}{f_1}=\frac{1}{1\text{kHz}}=1\text{ms};T_2=\frac{1}{f_2}=\frac{1}{1\text{MHz}}=1\mu\text{s};T_3=\frac{1}{f_3}=\frac{1}{1\text{GHz}}=1\text{ns}$$

因为周期 $T\overset{\text{def}}{=}2\pi$ 角(即一个完整的周期),得出 $\pi/2$ 等价于它们各自波形的 $T/4$。因此,可以得到

$$\Delta t_1=\frac{T_1}{4}=\frac{1\text{ms}}{4}=250\mu\text{s};\Delta t_2=\frac{T_2}{4}=\frac{1\mu\text{s}}{4}=250\text{ns};\Delta t_3=\frac{T_3}{4}=\frac{1\text{ns}}{4}=250\text{ps}$$

这说明了相位差是如何转化为到达时间差的。

例8:对于例4中给的以光速传播的电压扰动波 $v_1(t)=\sin(20\pi\times10^6t)$,求波长。假设第二个波 $v_2(t)$ 具有相同的最大振幅和相位差 $\Delta\phi=+45°$,找到其振幅在时间 $t=0$ 及其峰值和 $v_1(t)$ 的第一个峰值之间的空间距离。

解8:通过对波动 v_1 方程的分析,可得

(1)根据定义式(1.17),波长为

$$\lambda=cT=3\times10^8\text{m/s}\times100\times10^{-9}\text{s}\approx30\text{m}$$

(2)第二个波是领先相位差 $\phi=45°=\pi/4=2\pi/8=T/8$,因此,其在 $t=0\text{s}$ 时的振幅为

$$v_2=1\text{V}\sin(\omega\times0+\pi/4)=1\text{V}\sin(\pi/4)=1/\sqrt{2}\text{V}\approx0.707\text{V}$$

(3)相位差为 $T/8$,因此空间距离为

$$\lambda/8=30\text{m}/8=3.75\text{m}$$

例9:如果光通过光纤传输到空气的边界时,波长由 $\lambda_1=452\text{nm}$ 变为 $\lambda_0=633\text{nm}$,计算:(1)光纤的折射率;(2)光纤中的光速;(3)光纤中光的频率;(4)光在空气中的频率。

解9:

(1)由式(1.13)可知(干燥空气的折射率与真空相同)

$$n=\frac{\lambda_0}{\lambda_1}=\frac{633\text{nm}}{452\text{nm}}=1.400$$

(2)由式(1.13)可知

$$v=\frac{c}{n}=\frac{299792458\text{m/s}}{1.4}=214137470\text{m/s}$$

(3)从光在光纤的速度和波长可以得出光纤的频率:

$$f_1=\frac{v}{\lambda_1}=\frac{214137470\text{m/s}}{452\text{nm}}=4.74\times10^{14}\text{Hz}$$

(4)从光在空气的速度和波长可以得出空气中的频率：

$$f_0 = \frac{c}{\lambda_0} = \frac{299792458\text{m/s}}{633\text{nm}} = 4.74 \times 10^{14}\text{Hz}$$

1.3.6 正弦函数的平均值

对于给定的周期函数$f(x)$,其平均值的数学定义$\langle f(x) \rangle$由以下积分给出：

$$\langle f(x) \rangle \overset{\text{def}}{=} \frac{1}{T}\int_0^T f(x)\,\mathrm{d}x \tag{1.20}$$

$\langle f(x) \rangle$的几何解释是矩形的高度,该矩形表面积等于该函数作用下的表面积(假设相同的x区间)。因此,$\langle f(x) \rangle$是一个常数,换句话说就是信号的“直流”水平。

工程中一个重要的参数是正弦函数$f(t) = A\sin\omega t$的平均值,在一个周期$T = 2\pi$中通过定积分(即面积的代数和)得到

$$\begin{aligned}\langle f(x) \rangle &\overset{\text{def}}{=} \frac{1}{T}\int_0^T f(x)\,\mathrm{d}x = \frac{1}{2\pi}\int_0^{2\pi} A\sin\omega t\,\mathrm{d}x \\ &= \frac{A}{2\pi}(-\cos\omega t)\bigg|_0^{2\pi} = \frac{A}{2\pi}(-1+1) = 0\end{aligned} \tag{1.21}$$

也就是说,根据式(1.21),正弦波形的平均值在整数周期内为零,与初始相位无关。一种几何解释是,每个周期由一个负半周期和一个正半周期组成,两者面积相同。由于余弦函数和正弦函数是相关的,$\cos\omega = \sin(\omega - \pi/2)$,就本节的讨论问题而言,在分析中使用正弦函数还是余弦函数并不重要,这个结论对人们设计电路和接口的方式有重要的影响。

一个周期函数$A(t)$在一个非零的平均值附近波动,可以认为是由一个恒定的直流分量I_{CM}和一个时变的正弦分量A_{AC}的叠加(如图1.15所示),即

$$A(t) = A_{\text{DC}} + A_{\text{AC}} = I_{\text{CM}} + I_{\text{m}}\sin\omega t \tag{1.22}$$

式中 I_{CM}——常数值(A);

I_{m}——最大正弦振幅(A)。

显然,如果想要保持正弦函数的强度在任何时候都是正的,那么$I_{\text{CM}} > I_{\text{m}}$(通常$I_{\text{CM}} \gg I_{\text{m}}$)。

1.3.6.1 正弦乘积的平均值

工程中一个非常重要的应用是两个正弦波的乘积。考虑两个正弦波函数,频率分别为ω_1和ω_2,在$t=0$时初始相位差θ,则

$$A = a\sin(\omega_1 t) \tag{1.23}$$

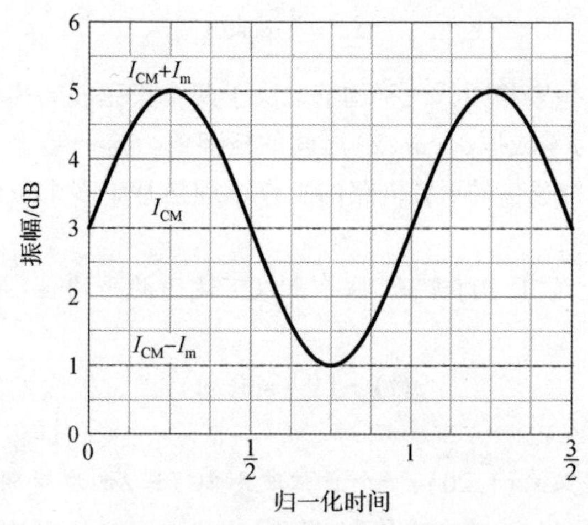

图1.15　正弦信号 $A(t)$（其直流分量即平均电平为 $I_{CM}=3$，而交流分量幅值为 $I_m=2$）（见彩图）

$$B = b\sin(\omega_2 t - \theta) \tag{1.24}$$

所以它们的乘积 $x=AB$ 可以简单地得到[①]

$$\begin{aligned} x &= ab\sin(\omega_1 t)\sin(\omega_2 t - \theta) \\ &= \frac{ab}{2}\{\cos[(\omega_1-\omega_2)t+\theta] - \cos[(\omega_1+\omega_2)t-\theta]\} \\ &= \frac{ab}{2}(x_1 - x_2) \end{aligned} \tag{1.25}$$

平均值 $\langle x\rangle$ 为两项 x_1 和 x_2 的平均值之和。当 $\omega_1 \neq \omega_2$ 时，对于整数周期 nT，第一项 $\langle x_1\rangle$ 的平均值是

$$\langle x_1\rangle = \langle\cos[(\omega_1-\omega_2)t+\theta]\rangle = 0 \tag{1.26}$$

注意，从式(1.14)开始，第一项的周期为 $T=1/(f_1-f_2)$。同理，第二项得到了同样的结果，即

$$\langle x_2\rangle = \langle\cos[(\omega_1+\omega_2)t-\theta]\rangle = 0 \tag{1.27}$$

也就是说，对于 $\omega_1 \neq \omega_2$ 的情况，两个正弦波的乘积在整数个周期上的平均值也是零。

但是，在相等频率情况下，$\omega_1=\omega_2=\omega$，式(1.25)变为

$$x = \frac{ab}{2}\cos\theta - \frac{ab}{2}\cos(2\omega t - \theta) \tag{1.28}$$

第二项 $\cos(2\omega t-\theta)$ 的平均值为零，这导致

---

① 使用三角恒等式 $\sin(\alpha)\sin(\beta) = \frac{1}{2}\cos(\alpha-\beta) - \cos(\alpha+\beta)$

$$\langle x \rangle = \frac{ab}{2}\cos\theta \tag{1.29}$$

在这种情况(频率相同)下,平均值取决于两个正弦波的相位差,因此,可以调整相位差使其为零或取($\pm ab/2$)之间的任何值。这一结论对射频设计非常重要,因为用于无线通信的射频电路的工作原理是基于多个正弦信号之间完美的频率匹配关系的。

例 10:从定义式(1.20)开始,推导出以下波形的平均值(即共模信号 CM,如图 1.15 所示):

$$v(t) = 1\text{V} + \sin(\omega t) \tag{1.30}$$

式中:$\omega = 2\pi f$(rad/s)。

解 10:根据定义式(1.20),一个正弦波形以 $T = 2\pi$ 为周期,而给定的 $v(t)$ 只是一个正弦波和 1V 直流电平的和,因此

$$\begin{aligned}\langle v(t) \rangle &= \frac{1}{T}\int_0^T v(t)\,\mathrm{d}t = \frac{1}{2\pi}\int_0^{2\pi}[1 + \sin(\omega t)]\,\mathrm{d}t \\ &= \frac{1}{2\pi}\int_0^{2\pi} 1\mathrm{d}t + \frac{1}{2\pi}\int_0^{2\pi}\sin(\omega t)\,\mathrm{d}t \\ &= \frac{1}{2\pi}t\,\Big|_0^{2\pi} + \frac{1}{2\pi}\frac{1}{\omega}\int_0^{2\pi}\sin(x)\,\mathrm{d}x\end{aligned}$$

由此可得

$$\langle v(t) \rangle - 1\text{V}$$

本例说明了共模(CM)的定义,即正弦波形的平均值。此外,注意到,只需观察式(1.30)同样可以得到这个值。

1.3.7 “高频”的概念

工程中经常使用术语“高频”(HF)是如何定义的?是否有特定的数字,例如 1kHz 或 1GHz 即可认为是“高频”,或者有其他重要的注意事项?为了回答这个问题,本节假设一个简单的、一维的电场波沿着 z 方向的导电导线传播,导线的长度为 d,其中

$$\boldsymbol{E}_x = E_{0x}\cos(\omega t - \boldsymbol{k}z) \tag{1.31}$$

式中 $\boldsymbol{E}_x$——沿 x 坐标的电场分量(V/m);

E_{0x}——其最大振幅(V/m);

ω——角频率(rad/s);

$\boldsymbol{k}$——波矢量值(rad/m),$\boldsymbol{k} = |k| = \dfrac{\omega}{c} = \dfrac{2\pi}{\lambda}$;

z——表示波传播方向的空间坐标(垂直于电场矢量)。

假设初始相位 ϕ 为零,电磁波在沿 z 方向排列的“长”导线内传播,其中波动方程(1.31)明确地表示了电场强度是时间 t 和空间 z 参数。人们注意到,在这种情况下,术语“长”意味着导线长度 d 是用波长 λ 的单位来衡量的;换句话说,这是一个相对量。例如,图 1.16 显示了线的长度 $d \approx 2.25\lambda$。因此,对于给定的物理导线长度 d,将导线量化为“长”还是“短”,严格取决于信号的频率,即信号的波长。因此,无论信号频率是 60Hz、1kHz、1GHz 或任何其他值,“短”导线是指导线长度 d 与信号波长相当或短于信号波长的导线,即 $d \approx \lambda$ 或 $d \ll \lambda$;而“长”导线是指导线长度 d 比波长大得多,即 $d \gg \lambda$。工程经验是,如果 $d \ll \frac{\lambda}{10}$,则认为是“短”;“短”和“长”之间的灰色地带通常是依据具体场景假设的。

如图 1.16 所示,开展一个思维实验,假设这个波场的时间已经停止了(除了观测者),观测者可以在沿着长长的导电导线行走,同时观察这个“影像”每一“单帧”,即 t 为恒定值。由于这是一根很长的导线,所以波形在空间上要经过一个以上的周期,也就是说沿导线所测得的电位在其最小和最大振幅值之间的变化符合式(1.31)。这种情况的一个直接后果是导线不是等电位的。例如,将 $z=\frac{\lambda}{4}$ 点对应的点连接的支路的电流与 $z=2\lambda$ 或 $z=\frac{3\lambda}{4}$ 点连接支路的电流进行比较。

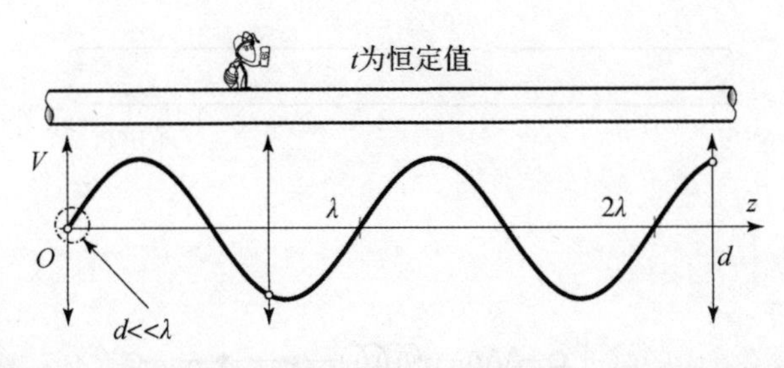

图 1.16　导电导线内部的单向波前,空间中显示单个时间框架,沿导线测量的电压幅值很大程度上取决于电流在 z 轴空间中的位置。

这是因为从麦克斯韦方程组导出的 KVL 假设导线长度为 $d=0$(或者等价为 $\lambda=\infty$),这在现实中是不可能出现的,甚至对于直流信号(由于热损失)也不适用。在信号波长与导体长度相当的情况下(即在“高频信号”的情况下),必须考虑电压的空间行为(及其相应的电流),基尔霍夫电路定律不能以其近似形式直接应用,而这种波长与导线长度关系的发现导致了传输线模型的发展。

为了绕过上述问题,将携带高频信号的长导体分成若干短段 Δz(数学上为 $\Delta z \to 0$),也就是说,分别对每个段 Δz 应用 KVL 时,KVL 是有效的(如图 1.17 所示)。然后,利用分布的电气参数 R、L、C 和 G 对导线截面的物理特性进行建模,其中对应的电气参数单位用单位长度表示,分别为 Ω/m、H/m、F/m 和 S/m。因此,每一节的分析回归到分析具有集中 RLC 参数的传统电路。

线路截面的电路表示是一个非常有用的建模工具,因为它

(1)是一个非常直观的模型,符合双端口网络方法论;

(2)允许使用 KVL 和 KCL 进行分析。

它有以下局限性:

(1)它是一个一维模型,不包括泄漏场和与其他组件的干扰;

(2)材料非线性通常被忽略。

总之,KVL 和 KCL 模型适用于直流和"低频"信号。例如,如果信号是在一个小 PCB 上测量的(例如,导线长度 $d \approx 10\text{cm}$),一个 60Hz 的信号($\lambda \approx 5000\text{km}$)可以用基尔霍夫定律分析。然而,如果 60Hz 的信号穿越一个大陆,即 $\lambda \sim d$,那么必须使用更精确的传输线模型。同样,如果 1GHz 信号($\lambda \approx 300\text{mm}$)用于 10cm 长的 PCB,必须用传输线模型处理,但如果 1GHz 信号由集成电路内的 100μm 长导线传输,可使用"足够近"的解决方案—KVL 模型。最后,天线和电磁波在空间传播的分析必须包括完整的麦克斯韦方程组。

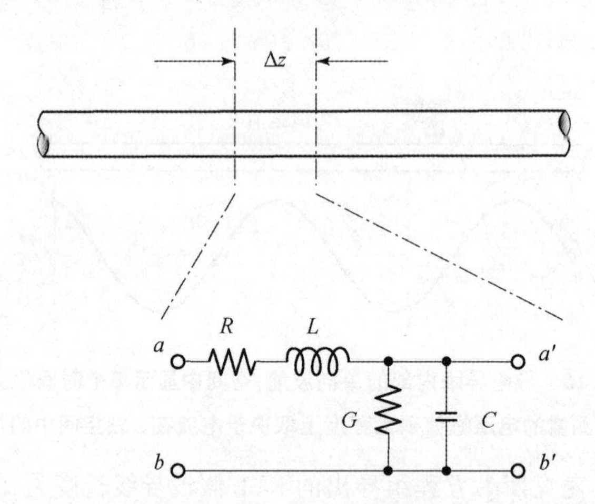

图 1.17　长导体(相对于 λ)被分成无限小的短段 $\Delta z \ll \lambda$,其中每个部分然后使用分布式电路元件 R、L、C 和 G 建模。

理解低频(LF)和高频(HF)两种极端近似情况,对掌握射频电路设计很重要。然而,在这本介绍基本原理的教科书中,为了使读者掌握基本的射频设计原理,只使用低频准静态射频电路设计技术,而不太强调高频和超高频系统的具体特性,这是更高级的射频课程的内容。

1.4 电子信号

在电子通信系统中,有用的信息(即信号)以电压或电流或两者兼有的形式携带,这两个变量中的任何一个的时域变化,可使用适当的数学函数建模。例如,数字信息是通过两个固定电压电平之间的切换来传输的,可以使用脉冲函数来建模。在数学上比较简单的模拟无线电通信中,传输信号常加载到一个正弦“载波”函数中。

1.4.1 直流和交流信号

信号可以定义为观测到的任何时变事件。在电子通信中,信号以电流或电压的形式进行处理;信号传输可以是有线的,也可以是无线的。

电子信号的两大类是在时间上具有恒定振幅的直流信号(例如,电池电压)和在时间上具有变化振幅的交流信号(例如,在墙壁电源插座上测量的电压振幅)。此外,交流信号可以是周期性的,也可以是非周期性的。周期性交流信号形状的例子有正弦波、方波和锯齿波,即由固定的、时间重复的模式组成的信号。非周期电子交流信号波形的一个例子是热噪声。由于直流信号是常数,因此,相对于周期性交流信号,直流信号有更简单的数学表示和处理方式。另一方面,非周期或随机信号明显比周期信号更复杂,它们需要使用来自统计分析的数学工具进行处理。

在本节,回顾的术语只涉及最重要的交流信号形式——正弦信号,而不需要考虑信号的性质,它是如何产生的,或者它代表什么物理量,一个一般的正弦波函数可表示为

$$a(t) = A_{\mathrm{P}}\sin(\omega t + \phi) \tag{1.32}$$

式中 $a(t)$——时变量(电压、电流、功率……)的瞬时值;

A_{P}——大或峰值振幅;

ω——角频率(与频率有关,$\omega = 2\pi f$)(ω:rad/s);

ϕ——初始相位(通常假设为零)(ϕ:rad);

t——时间变量(s)。

图1.18给出了交流信号公式(1.32)的两种常见表示,即相量(或旋转矢量)及其等效时域图。图1.18的例子,显示了两个正弦波形,标记为$i(t)$和$u(t)$。它们各自的瞬时相角的表明,它们的相位差是$\phi = \frac{\pi}{2}$,并且$u(t)$在角位

置 $\alpha=\dfrac{\pi}{6}$,而 $i(t)$ 的角位置是 $\alpha+\phi=\dfrac{2\pi}{3}$(可以认为 $i(t)$“引导”$u(t)$)。沿着水平方向,人们在时间轴上找到相同的角度。可见,在时域中所有后续的时域点 $(u,u',u'',\cdots)$ 和 $(i,i',i'',\cdots)$ 的间隔为 $T=2\pi$,也映射回相同的相量向量。此外,假设电磁波在真空中传播(即速度为 c),人们可以找到这些点在空间中相对于波长 λ 的瞬时位置。为了帮助周期、波长和相位之间的转换,标记为横轴所有三个单位。

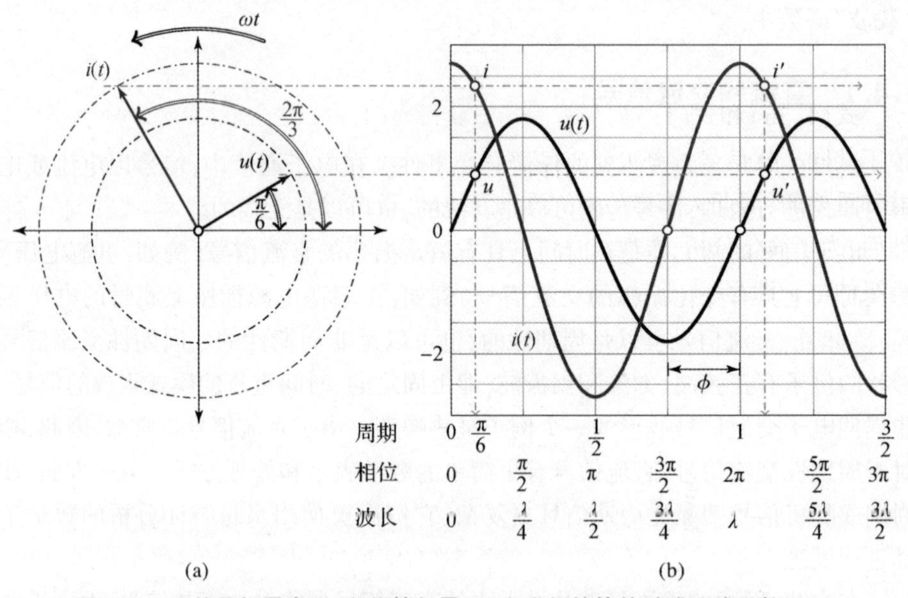

图 1.18　两信号相量表示:即旋转矢量(a)和它们的等效时域正弦函数(b),用三个单位测量:周期、相位和波长。(见彩图)

1.4.2　单端和差分信号

图 1.18 中的典型正弦信号称为单端信号,因为它们只包含一个相对于局部零电平(又称“地”)的波形。本节将介绍一种重要的信号形式,称为差分信号,它是由两个单端正弦波形在以下关系中创建的,它们有(1)平等的振幅;(2)相同频率;(3)共模;(4)相反相位,即相位差为 π。

考虑两个正弦信号 u_1 和 u_2 为

$$u_1=U_{\mathrm{CM}}+U_{\mathrm{m}}\sin\omega t \tag{1.33}$$

$$u_2=U_{\mathrm{CM}}-U_{\mathrm{m}}\sin\omega t \tag{1.34}$$

式(1.33)和式(1.34)形式化了两个波形之间所需的关系,如图 1.19 所示。如果这两个信号相加,那么很明显,$u_1+u_2=2U_{\mathrm{CM}}$,这是一个直流信号,u_1 和 u_2

波形丢失；如果它们相减，则可以得出

$$u_{\text{diff}}(t) = u_1 - u_2 = U_{\text{CM}} + U_{\text{m}}\sin\omega t - (U_{\text{CM}} - U_{\text{m}}\sin\omega t) = 2U_{\text{m}}\sin\omega t \quad (1.35)$$

可见结果中不包含直流电平，仅保留信号原始波形①，且放大2倍、共模值为零。这种放大仅仅是通过两个信号（其中一个是负的）相加来实现的，这在原始信号微弱时显得尤为重要。

进一步假设，携带 u_1 和 u_2 信号的两根导线在物理上彼此靠近，叠加干扰噪声信号 $n(t)$ 后，即两个信号为

$$u_1 = n(t) + U_{\text{CM}} + U_{\text{m}}\sin\omega t \quad (1.36)$$

$$u_2 = n(t) + U_{\text{CM}} - U_{\text{m}}\sin\omega t \quad (1.37)$$

式(1.36)和式(1.37)相减后仍可获得式(1.35)的结果，即从差分信号中去掉了共同干扰信号。差分信号的增益和对常见噪声的抑制这两个特性是非常有益和重要的，因此大多数现代高性能信号处理电路都设计用于处理差分信号。然而，为了简化分析，本教科书中的所有电路都假定为单端，将差分架构留给更高级的电子课程。

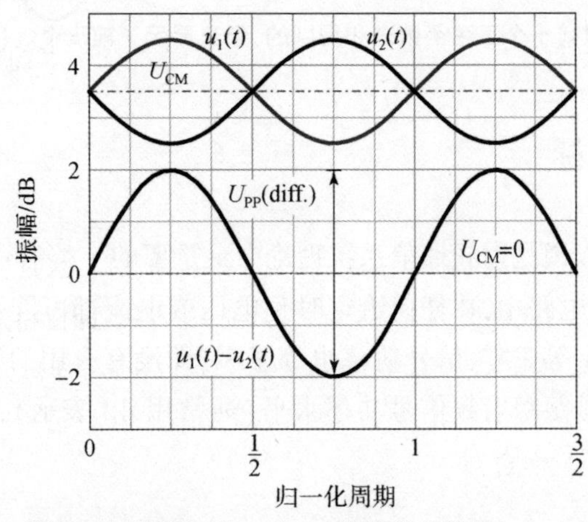

图1.19　使用两个单端信号 u_1 和 u_2 构造差分信号 $u_1 - u_2$（见彩图）

1.4.3　建设性和破坏性信号相互作用

从求和的角度来看，在电路网络中，信号可以利用KCL或KVL进行叠加，两个周期信号之间的相位差非常重要，相位差的不同，加法的结果可能会有很大的不同。这种信号叠加可以是有意的（如信号处理），也可以是无意的（如串扰）。同时信号相加的方法适用于所有信号，而不仅仅是单个频率的信号。例

---

①　除了相位差外，两个初始波形完全相同。

如,在复杂的信号频谱中,可以利用具有相同的频率和振幅和相反的相位的外部信号,从频谱中去除一个谐波。图1.20的例子显示了多个正弦波形的叠加如何在一个非常局部的区间内产生非零的波形,而其振幅在其他地方接近于零,若其包含无限多个正弦波形的加法将会产生狄拉克函数。

总之,在工程中信号处理时经常有意地使用信号正向或反相相加,例如,在高端降噪音频耳机中。

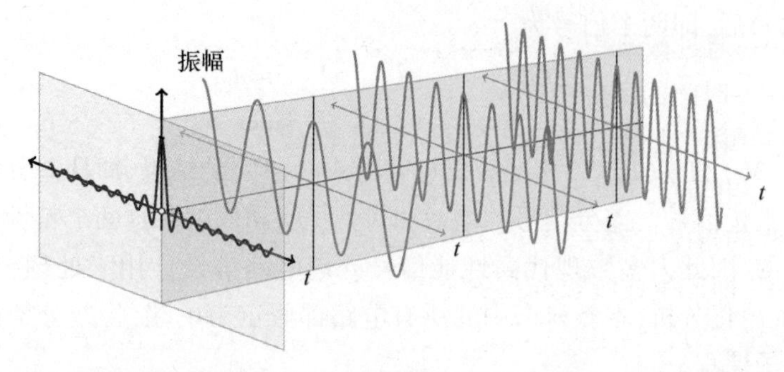

图1.20　如果使用无穷级数,正弦的构造加法会产生狄拉克函数;在这个图中,是通过对前十个正弦函数求和得到的,但只显示了前三个。(见彩图)

1.5　信号指标

周期信号可以说是射频通信系统理论中最重要的一类信号。由于相位差的存在,在射频通信电路中,在任何给定时刻电压或电流都可能等于零,此时无论这两个中的哪一个等于零,信号功率也等于零,即没有有用的信号传输。因此,工程中更重要的是跟踪射频信号功率水平(通常用dB表示),而不是单个电压和电流的瞬时值。

1.5.1　功率

根据定义,静电场 $\boldsymbol{E}$ 中 r 点处的电势由线积分给出

$$\Delta U_{\mathrm{E}} = -\int_0^L \boldsymbol{E} \cdot \mathrm{d}\boldsymbol{l} \tag{1.38}$$

式中　L——连接无穷远处的点(即零电位)到点 r 的任意路径;

　　$\mathrm{d}\boldsymbol{l}$——l 的线元。

物理上,式(1.38)表示电场沿积分路径所做的功 W(标量变量),即

$$W = q\int_0^L \boldsymbol{E} \cdot \mathrm{d}\boldsymbol{l} = q\Delta U_{\mathrm{E}} \tag{1.39}$$

$$U = \frac{\mathrm{d}W}{\mathrm{d}q}\mathrm{V} \tag{1.40}$$

因此,电场做的功表示将带电粒子 q 移动一段距离所需要的能量。

严格地说,电流 I 可以定义为电荷随时间的变化率,也可以定义为单位时间内穿过总导电表面的电量

$$I \stackrel{\text{def}}{=} \frac{\mathrm{d}Q}{\mathrm{d}t} = \int_S \boldsymbol{J} \cdot \mathrm{d}\boldsymbol{s} \tag{1.41}$$

式中　Q——通过截面积 S 的总电荷量(C);

$\mathrm{d}t$——时间的微分单位;

$\boldsymbol{J}$——电流密度矢量($\mathrm{A/m^2}$);

$\boldsymbol{s}$——电流所穿过的面元矢量($\mathrm{m^2}$)。

从工程的角度来看,重要的是不仅要确定做功所需的能量,而且要确定能量交换的速率,即产生或吸收能量的速率。这就引出了功率 P(一个标量变量)的概念,它量化了对于给定的能量情况下用来评估做功完成的速率。或者,在严格的数学意义上,将式(1.40)和式(1.41)代入后,电功率 P 为

$$P \stackrel{\text{def}}{=} \frac{\mathrm{d}W}{\mathrm{d}t} = \frac{\mathrm{d}W}{\mathrm{d}Q}\frac{\mathrm{d}Q}{\mathrm{d}t} = UI \tag{1.42}$$

附注:本节所介绍的所有定义都假定电场为静态或准静态(即稳态)。

1.5.2　均方根(RMS)

电阻器可以认为是一种将电能转化为热能的装置,然后这些电能有意地消耗掉(比如炉子的加热器),或者浪费掉(比如灯泡)。因此,重要的是要知道在一个整数周期内,直流和交流的同时存在情况下,电阻消耗了多少功率。为此,首先考虑一个简单的问题,即计算理想电阻 R 在传导直流(即时间上为常数)电流 I 时耗散的电能 P。根据欧姆定律,电能定义(1.42)可以改得到为

$$P = UI = I^2 R = \frac{U^2}{R} \tag{1.43}$$

可见对于给定的电阻 R,它取决于电流(或电压)的平方值。另一方面,$i(t) = I_{\mathrm{m}}\sin\omega t$ 的平均值为零,但平均耗散功率不为零。因此,对于周期性交流电流(如 $i(t) = I_{\mathrm{m}}\sin\omega t$)的情况,需要将式(1.43)中恒定电流项 I^2 的计算替换为时变二次电流的平均值,即 $\langle i(t)^2 \rangle$,根据定义,这代表了电流的“二次均值”或均方根(RMS)。因此,计算一个正弦波形的等效耗散功率如下[①]:

---

① 使用三角恒等式 $\sin^2\alpha = \frac{1}{2}(1-\cos(2\alpha))$。

$$
\begin{aligned}
\langle P(t)\rangle &= \langle i(t)^2\rangle R \overset{\text{def}}{=} I_{\rm rms}^2 R \\
&= \left[\sqrt{\frac{1}{T}\int_0^T |i(t)|^2 \mathrm{d}t}\right]^2 R = \left[\sqrt{\frac{1}{T}\int_0^T I_{\rm m}^2 \sin\omega t^2 \mathrm{d}t}\right]^2 R \\
&= \left[\sqrt{\frac{I_{\rm m}^2}{T}\int_0^T \sin^2\omega t \mathrm{d}t}\right]^2 R = \left[\sqrt{\frac{I_{\rm m}^2}{T}\int_0^T \frac{1-\cos(2\omega t)}{2}\mathrm{d}t}\right]^2 R \\
&= \left[\sqrt{\frac{I_{\rm m}^2}{T}\left[\frac{t}{2}-\frac{\sin(2\omega t)}{4\omega}\right]_0^T}\right]^2 R = \left[\sqrt{\frac{I_{\rm m}^2}{T}\left[\frac{T}{2}-\frac{1}{4\omega}\sin(2\omega t)\right]}\right]^2 R \\
&= \left[\frac{I_{\rm m}}{\sqrt{2}}\right]^2 R
\end{aligned}
\tag{1.44}
$$

即一个正弦交流电流的等效有效直流电(DC)是交流峰值除以$\sqrt{2}$①。

例如,如果几个不同频率的正弦函数加在一起

$$
i = a\sin(\omega_1 t+\alpha) + b\sin(\omega_2 t+\beta) + c\sin(\omega_3 t+\gamma) + \cdots \tag{1.45}
$$

则 RMS 值必须由公式(1.45)的平方推出,然而在这种情况下,不同频率项之间的所有乘积可能会被忽略,因为这些乘积的平均值是零,这导致

$$
I_{\rm rms} = \sqrt{\frac{a^2}{2}+\frac{b^2}{2}+\frac{c^2}{2}+\cdots} \tag{1.46}
$$

这一结果表明,在计算多音信号的功率时,每个音的功率可以分别计算,这也是傅里叶分析的结果之一。

例 11:波形定义,RMS

计算图 1.21(a)中的共模电平 $I_{\rm CM}$、交流幅值 $I_{\rm m}$、交流分量的 RMS 值和方波信号的 RMS 值,电流 I 的单位为 A,时间单位为 ms。

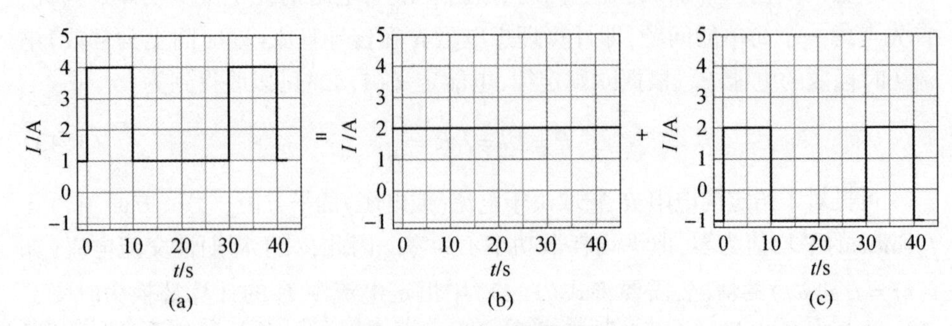

图 1.21　例 11 中的方波

① 对于方波,$I_{\rm rms}=I_{\rm m}$,对于锯齿波,$I_{\rm rms}=I_{\rm m}/\sqrt{3}$。

解11:拟线性函数的积分简化为周期 T 上的简单相加。经观察,功能周期为 $T=30\text{ms}$;因此可以得到:

(1)共模,图1.21(b),即直流电平

$$\langle I\rangle=\frac{4\text{A}\times10\text{ms}+1\text{A}\times20\text{ms}}{30\text{ms}}=2\text{A} \tag{1.47}$$

(2)通过分解可知道一个波形实际上是其直流分量和交流分量的总和,进而可以找到交流分量。因此,交流波形必须在前10ms期间 $I_{\text{AC}}=2\text{A}$(如上所示,其直流和交流分量之和为2A(AC)+2A(DC)=4A(总),并在10~30ms期间 $I_{\text{AC}}=-1\text{A}$(按照相同的推理),如图1.21(c)所示。

(3)RMS值可以计算,根据定义,首先为交流分量为

$$I_{\text{rms}}(\text{AC})=\sqrt{\frac{(2\text{A})^2\times10\text{ms}+(-1\text{A})^2\times20\text{ms}}{30\text{ms}}}=1.414\text{A} \tag{1.48}$$

(4)完全平方波形的均方根为

$$I_{\text{rms}}=\sqrt{\frac{(4\text{A})^2\times10\text{ms}+(1\text{A})^2\times20\text{ms}}{30\text{ms}}}=2.45\text{A} \tag{1.49}$$

或者,总的均方根值可以用直流分量和交流分量均方根的平方和来计算,如

$$I_{\text{rms}}=\sqrt{I_{\text{DC}}^2+I_{\text{rms}}^2(\text{AC})}=\sqrt{2^2+1.414^2}\text{A}=2.45\text{A} \tag{1.50}$$

这给出了相同的结果,因为直流电平的有效值是一个常数。

1.5.3 交流信号功率

到目前为止,人们已经通过纯电阻网络引入交流分量。一般来说,需要扩展现有的分析,包括电感元件和电容元件。作为储能元件,这些无功元件可能会引起网络内能量流(即功率流)的逆转。简单地说,一旦充电,如果外部电压水平低于内部电压,它们可以作为临时的能源。因此,工程界通常会定义三种"类型"的功率:有功功率 P(即传输到纯电阻网络的功率);无功功率 Q(即输送到无功元件 L 和 C 的功率);和复功率 S(即输往一般RLC网络的功率);其中复功率的模量 $|S|$ 称为视在功率。在任意给定时刻,供给任何电路元件或网络的瞬时功率由乘积 $P(t)=u(t)i(t)$ 给出,其中 $P(t)$ 为瞬时功率,$u(t)$ 为瞬时电压,$i(t)$ 为瞬时电流。

然而,在交流电流和电压的情况下,有一个非常重要的后果要注意,让假设电路中一个支路的电流和电压的瞬时值如下:

$$i(t)=I_P\sin\omega t \tag{1.51}$$

$$u(t)=U_P\sin(\omega t)+\phi \tag{1.52}$$

换句话说,在特定支路的电流和电压之间存在 ϕ 的相位差,瞬时功率计算为

$$P(t) = u(t)i(t) = U_P I_P \sin(\omega t)\sin(\omega t + \phi) \tag{1.53}$$

式(1.53)表明,在某些情况下,功率为正,而在其他情况下,功率为负(如图1.22所示)。为了正确地解释上述说法,按照惯例,功率的符号表示能量流动的方向,其中“正功率”表示外部电路向内部电路供电,而“负功率”表示内部电路向外部电路供电。当电路中存在一些能够存储能量的设备,即电感或电容器,这是可能的。

根据定义(1.20),得到该电路支路的平均功率为

$$\begin{aligned}\langle P\rangle &= \frac{1}{T}\int_0^T P(t)\,\mathrm{d}t = \frac{1}{T}\int_0^T u(t)i(t)\,\mathrm{d}t = \frac{U_P I_P}{T}\int_0^T \sin(\omega t)\sin(\omega t + \phi)\,\mathrm{d}t \\ &= \frac{U_P I_P}{T}\int_0^T \frac{1}{2}[\cos(\omega t - \omega t - \phi) - \cos(\omega t + \omega t + \phi)]\,\mathrm{d}t \\ &= \frac{U_P I_P}{2T}\int_0^T [\cos\phi - \cos(2\omega t + \phi)]\,\mathrm{d}t = \frac{U_P I_P}{2T}\left[T\cos\phi - \int_0^T \cos(2\omega t + \phi)\,\mathrm{d}t\right]\end{aligned}$$

因此

$$\langle P\rangle = \frac{U_P I_P}{2}\cos\phi \tag{1.54}$$

人们注意到交流功率取决于相应电流和电压之间相位差的余弦值。因此,在特殊情况下,当相位差 $\phi = \pm 90°$(即在纯无功电路),交流功率因数 $\cos\phi$ 为零。当功率因数 $\cos\phi = 1$ 时(即在纯电阻电路中),功率达到最大值。因此,功率因数小于1表明电路中存在无功(即 L 和 C)元件。

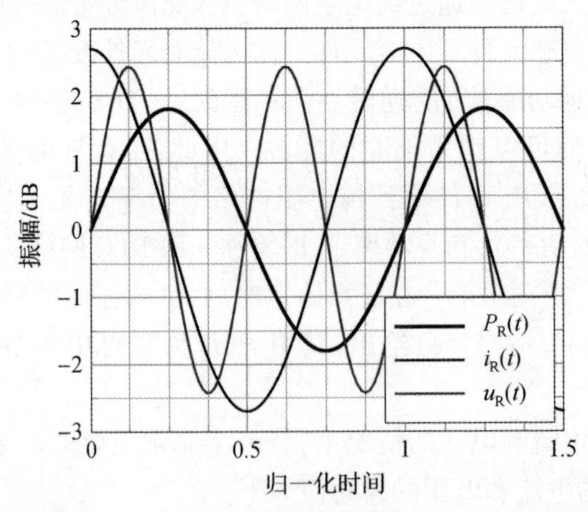

图1.22 相位差 $\phi = \pi/2$ 的交流支路中的瞬时电压、电流和功率(见彩图)

1.5.4 分贝范围

在无线通信系统中,通常射频发射器以瓦级、千瓦级甚至兆瓦级的功率发送信号。作为比较,在接收天线的信号功率水平可以只有几皮瓦。即发射信号与接收信号的功率比可能高达 10^{12}: 1。显然,使用绝对数字并不是表示射频信号关系最优的方式。根据定义,dB 是一个对数测量单位,表示一个物理量(通常是功率)相对于指定或隐含的参考电平的大小。它的对数性质使得非常大和非常小的比率可以用一个方便的数字来表示。dB 是两个量的简单比值,是一个无量纲单位。贝尔标度被定义为以 10 为底的幂比的对数。一个 Bel 是 10 的倍数,两个 Bel 是 100 的倍数,依此类推。然而,常用的是更实用的 dB 单位,比如 10dB 是 10 倍的功率比,10dB 是 100 倍的功率比,以此类推(见表 1.1)。其中 3dB 约为 2 倍的功率比,6dB 约为 4 倍的功率比,以此类推。幂的绝对值每翻一倍等于加 3dB,而每除以 2 等于加 −3dB。因此,功率比(即功率增益 G)用 dB 表示为

$$G_{\mathrm{dB}} \stackrel{\mathrm{def}}{=} 10\lg\frac{P_2}{P_1} \tag{1.55}$$

式中:P_1 和 P_2 是待比较的两个信号功率,例如,放大器的输入和输出功率。由此可见,当 G_{dB} 为正数时,表示 $P_2 > P_1$(通常称为"增益"),而 G_{dB} 为负数时,表示 $P_1 > P_2$(通常称为"损耗")。当然,0dB 意味着 $P_2 = P_1$。如果想表示电压(或电流)比(即两个信号 u_1 和 u_2 在 dB 刻度中的电压或电流增益 A),并假设两个信号加载在相同的阻抗 Z 上,那么增益用 dB 表示为

$$A_{\mathrm{dB}} \stackrel{\mathrm{def}}{=} 10\lg\frac{P_2}{P_1} = 10\lg\frac{u_2^2/Z}{u_1^2/Z_1} = 10\lg\left(\frac{u_2}{u_1}\right)^2 = 20\lg\frac{u_2}{u_1} \tag{1.56}$$

也就是说,电压(或电流)比为 10 等于 20dB 增益,比为 0.1 等于 −20dB 增益,比为 100 等于 40dB 增益,其余等见表 1.2。将比率指数中的数乘以 10 表示功率,或将电压或电流乘以 20 表示电压或电流,这样就可以很方便地进行比率和分贝单位之间的转换。最后的数字以 dB 为单位。

因为分贝数是无量纲的,它们没有说明任何有关被比较的绝对功率水平。因此,给定一个特定的增益,人们只能得出是功率放大还是功率损耗的结论。然而,从这样的陈述中,人们既不能得出它是什么样的增益(即功率、电压或电流),也不能得出比较的是哪两个信号的绝对值。因此,对于低功率应用,功率规格的标准参考值以 dBm 的形式定义,它被设置为相对于 $P_1 = 1\mathrm{mW}$ 的绝对功率水平比较给定的功率水平。将式(1.55)中的 1mW 能级代入,得到

$$G_{\mathrm{dBm}} \overset{\mathrm{def}}{=} 10\lg \frac{P_2}{1\mathrm{mW}} \tag{1.57}$$

式(1.57)说明 1mW 的功率相当于 0dBm。类似地,如果一个放大器输出 10mW 的功率,通常表示为 10dBm 增益,100dBm 表示为 20dBm 等。注意,由于尺度相同,在功率计算中,dB 和 dBm 的单位是相互加减的,即只要人们记住 1mW 的绝对参考,它们是可以互换的。为了方便射频电路分析,表 1.1 和表 1.2 给出了一个简要的总结。请注意,每增加十倍(即"十进制")功率增加 10dB,而每增加一倍功率增加 3dB。此外,除以相同的因子只会改变结果的符号。同样,对于电压或电流,每十倍增加 20dB,电压或电流幅值每增加一倍,增加 6dB。同样,除以相同的因子只会改变结果的符号。一个特殊而又非常重要的例子如下

$$20\lg(\sqrt{2}) \approx 3\mathrm{dB} \tag{1.58}$$

式(1.58)称为"3dB 点",因为它用于定义滤波器的带宽。对于复数传递函数,实部和虚部相等时,$\sqrt{2}$项为其模。

表 1.1　十(左)和二(右)功率比的分贝标度

比率	计算	dB	比率	计算	dB
⋮	⋮	⋮	⋮	⋮	⋮
1/1000	10lg(1/1000) = 10 × (−3)	−30	1/8	10lg(1/8) = 10 × (−0.9)	−9
1/100	10lg(1/100) = 10 × (−2)	−20	1/4	10lg(1/4) = 10 × (−0.6)	−6
1/10	10lg(1/10) = 10 × (−1)	−10	1/2	10lg(1/2) = 10 × (−0.3)	−3
1	10lg(1/1) = 10 × (0)	0	1	10lg(1/1) = 10 × (0)	0
10	10lg(10) = 10 × (1)	10	2	10lg(2) = 10 × (0.3)	3
100	10lg(100) = 10 × (2)	20	4	10lg(4) = 10 × (0.6)	6
1000	10lg(1000) = 10 × (3)	30	8	10lg(8) = 10 × (0.9)	9
⋮	⋮	⋮	⋮	⋮	⋮

表 1.2　十(左)和二(右)电压或电流比的分贝标度

比率	计算	dB	比率	计算	dB
⋮	⋮	⋮	⋮	⋮	⋮
1/1000	20lg(1/1000) = 10 × (−3)	−60	1/8	20lg(1/8) = 20 × (−0.9)	−18
1/100	20lg(1/100) = 10 × (−2)	−40	1/4	20lg(1/4) = 20 × (−0.6)	−12

续表

比率	计算	dB	比率	计算	dB
1/10	20lg(1/10) = 10 × (−1)	−20	1/2	20lg(1/2) = 20 × (−0.3)	−6
1	20lg(1/1) = 10 × (0)	0	1	20lg(1/1) = 20 × (0)	0
10	20lg(10) = 10 × (1)	20	2	20lg(2) = 20 × (0.3)	6
100	20lg(100) = 10 × (2)	40	4	20lg(4) = 20 × (0.6)	12
1000	20lg(1000) = 10 × (3)	60	8	20lg(8) = 20 × (0.9)	18
⋮	⋮	⋮	⋮	⋮	⋮

例12:单位为dB/dBm

手机的天线发射的信号功率为 $P_1 = +30\text{dBm}$。在接收侧,信号功率为 $P_2 = 5\text{pW}$。计算传输介质中的传播损耗。

解12:将接收到的功率转换为dBm单位

$$P_2 = 10\lg\frac{P_2}{1\text{mW}} = 10\lg\frac{5\text{pW}}{1\text{mW}} = -83\text{dBm}$$

因此,信号的总功率损耗就是末端 $P_2 = -83\text{dBm}$ 与开始时的功率差,即 $P_1 = +30\text{dBm}$,也就是说

$$A = P_2 - P_1 = -83\text{dBm} - 30\text{dBm} = -113\text{dBm}$$

1.6 复频域传递函数

由于阻抗依赖于频率,电路传递函数 $H(\mathrm{j}\omega)$ 固有的复数是不可避免的。

$$H(\mathrm{j}\omega) = \Re(H(\mathrm{j}\omega)) + \mathrm{j}\Im(H(\mathrm{j}\omega)) \tag{1.59}$$

因此,它们必须在频域内进行分析。表示这种频率依赖性的一种实用方法是使用波特图,在这种情况下对数标度的便利性变得明显。在下面的章节中,将回顾波特图的五个基本"构建模块"(即基本的数学形式)。更复杂的传递复变函数可以分解成这些基本形式的一些组合。

1.6.1 一阶函数,形式一

传递函数的最简形式 $H(\mathrm{j}\omega)$ 是一个常数,这是复传递函数的平凡情况时 $\Im(H(\mathrm{j}\omega)) = 0$,即

$$H_1(\mathrm{j}\omega) = a_0,\ (a_0 \epsilon \Re) \tag{1.60}$$

在复平面中①,它被分解为两个函数,一个是振幅 $|H_1(j\omega)|$,一个是相位 $\angle H_1(j\omega)$,即

$$|H_1(j\omega)| = \sqrt{\Re(H_1(j\omega))^2 + \Im(H_1(j\omega))^2} = \sqrt{a_0^2 + 0^2} = |a_0| \quad (1.61)$$

$$\angle H_1(j\omega) = \arctan\frac{\Im(H_1(j\omega))}{\Re(H_1(j\omega))} = \arctan\frac{0}{a_0} = 0° \quad (1.62)$$

式(1.61)是一个不依赖于频率的简单实数,表示传递函数的直流增益。实际上,任意传递函数 $H(j\omega)$ 对应的波特图由两个频率相关图组成:一个是增益函数,在本例中是式(1.61),它是 $|H_1(j\omega)|$ 的对数形式的模块,另一个是相位函数式(1.62),即

$$20\lg|H_1(j\omega)| = 20\lg(|a_0|) \quad (1.63)$$

$$\angle H_1(j\omega) = 0° \quad (1.64)$$

式(1.63)和式(1.64)以波特图的形式给出,如图 1.23 所示,在这种情况下,这两个函数是平凡的,因此它们确切的波特图与它的线性形式相同。

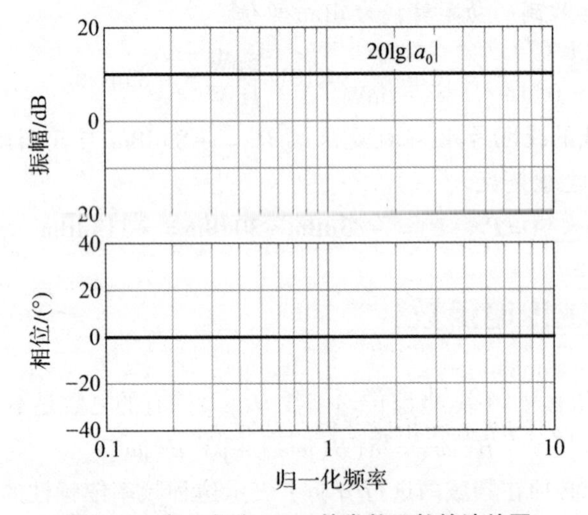

图 1.23 归一化为 $\omega=1$ 的常数函数的波特图

1.6.2 一阶函数,形式 2

严格虚数的复函数(即 $\Re(H_2(j\omega))=0$)得到

$$H_2(j\omega) = j\frac{\omega}{\omega_0},\ j^2 = -1, \omega_0 = \text{const} \quad (1.65)$$

① 参见附录 C。

其中：ω_0 为给定频率。

式(1.65)便于将传递函数归一化，当 $\omega=\omega_0$ 时，振幅 $|H_2(\omega_0)|=1$(即等于 0dB)。

将式(1.65)改写为对数形式

$$20\lg(H_2(\mathrm{j}\omega))=20\lg\left(\mathrm{j}\frac{\omega}{\omega_0}\right)\mathrm{dB} \tag{1.66}$$

复函数 $H_2(\mathrm{j}\omega)$ 的幅值和相位计算如下。

(1) $H_2(\mathrm{j}\omega)$ 的幅值：式(1.66)模块的幅值计算为

$$20\lg\left|H_2(\mathrm{j}\omega)\right|\overset{\text{def}}{=}20\lg\left[\sqrt{\Re(H_2(\mathrm{j}\omega))^2+\Im(H_2(\mathrm{j}\omega))^2}\right]$$

$$=20\lg\left[\sqrt{0+\left(\frac{\omega}{\omega_0}\right)^2}\right]=20\lg\left|\frac{\omega}{\omega_0}\right|\mathrm{dB} \tag{1.67}$$

$$\Rightarrow 20\lg\left|H_2(\omega_0)\right|=20\lg 1=0\mathrm{dB}$$

由式(1.67)式可知，在对数尺度下 $|H_2(\mathrm{j}\omega)|$ 是 $\omega>0$ 的线性函数，其零值在 $\omega=\omega_0$ 处。同样，$|H_2(\mathrm{j}\omega)|>0$，因此在对数尺度上，其垂直渐近线在 $\omega=0$ 处。因此，式(1.67)这个线性函数显示在以 $\omega=\omega_0$ 为中心的至少 20dB 的区间内，即从($\omega_1=0.1\omega_0$)到($\omega_2=10\omega_0$)，但显然从未在 $\omega=0$ 处显示。作为式(1.67)形式的线性函数，$|H_2(\mathrm{j}\omega)|$ 的电压(电流)信号斜率为 +20dB(这说明了"电压增益每十倍变化 20dB")，如图 1.24(a)所示。

(2) $H_2(\mathrm{j}\omega)$ 相位：该函数是严格虚数的，即其形式为 $z=0+\mathrm{j}\Im$ 因此，根据定义，其相 ϕ 为常数①，$\phi=+\pi/2$，因为

$$\angle H_2(\mathrm{j}\omega)\overset{\text{def}}{=}\arctan\frac{\Im(H_2(\mathrm{j}\omega))}{\Re(H_2(\mathrm{j}\omega))}=\arctan\frac{\frac{\omega}{\omega_0}}{0}=\arctan(+\infty)=+\frac{\pi}{2} \tag{1.68}$$

因此，$H_2(\mathrm{j}\omega)$ 的增益和相位方程总结如下：

$$20\lg\left|H_2(\mathrm{j}\omega)\right|=20\lg\left|\frac{\omega}{\omega_0}\right| \tag{1.69}$$

$$\angle H_2(\mathrm{j}\omega)=+\frac{\pi}{2}=+90^\circ \tag{1.70}$$

直接计算式(1.69)和式(1.70)，以波特图的形式给出，如图 1.24 所示，在这种情况下，两个函数是平凡的，因此它们的准确波特图与它的线性形式相同。

① 参见附录 C 的复杂代数提示。

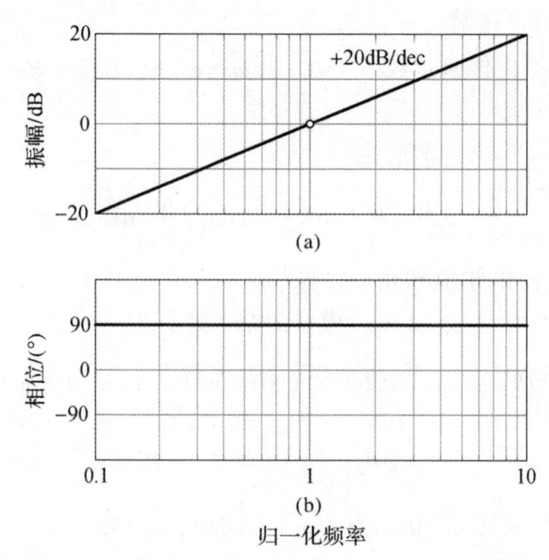

图 1.24　一阶传递函数(归一化为 ω/ω_0)的波特图,其振幅斜率为 +20dB/十倍频,相位为常数 $+\pi/2$。

1.6.3　一阶函数,形式 3

一阶复变函数 $H_3(\mathrm{j}\omega)$ 的一般形式为 $z=1+\mathrm{j}b$,也就是说 $\Re(z)=1$,因此其归一化形式为

$$H_3(\mathrm{j}\omega)=1+\mathrm{j}\frac{\omega}{\omega_0} \tag{1.71}$$

这是一种非常简便的形式,因为 $\Re(H_3(\mathrm{j}\omega))=1$ 简化了它的分析过程。因此,其对数形式可以得到

$$20\lg H_3(\mathrm{j}\omega)=20\lg\left(1+\mathrm{j}\frac{\omega}{\omega_0}\right) \tag{1.72}$$

(1)$H_3(\mathrm{j}\omega)$ 的幅值:精确幅值由式(1.72)得到

$$\begin{aligned}20\lg|H_3(\mathrm{j}\omega)| &\overset{\text{def}}{=} 20\lg\left(\sqrt{\Re(H_3(\mathrm{j}\omega))^2+\Im(H_3(\mathrm{j}\omega))^2}\right)\\ &=20\lg\sqrt{1^2+\left(\frac{\omega}{\omega_0}\right)^2}\end{aligned} \tag{1.73}$$

$$20\lg|H_3(\mathrm{j}\omega)|=20\lg\left[\sqrt{1^2+\left(\frac{\omega_0}{\omega_0}\right)^2}\right]=20\lg\sqrt{2}=+3\mathrm{dB} \tag{1.74}$$

(2)$H_3(\mathrm{j}\omega)$ 的相位:相位的精确表达式为

$$\angle H_3(\mathrm{j}\omega)\overset{\text{def}}{=}\arctan\frac{\Im(H_3(\mathrm{j}\omega))}{\Re(H_3(\mathrm{j}\omega))}=\arctan\frac{\frac{\omega}{\omega_0}}{1}=\arctan\frac{\omega}{\omega_0} \tag{1.75}$$

$$\angle H_3(\mathrm{j}\omega)=\arctan\left(\frac{\omega_0}{\omega_0}\right)=\arctan(1)=+\frac{\pi}{4}=+45^\circ \tag{1.76}$$

这也是任何复函数在 $\Re(H_3(\mathrm{j}\omega))$ 等于 $\Im(H_3(\mathrm{j}\omega))$ 处的一般性结论。这是众所周知的直角三角形的性质，它的直角边长度相等（正如毕达哥拉斯定理所证明的那样）。这个复数的实部和虚部都是正值，因此相位是在第一象限，其 arctan 函数的值为0°和90°之间的角度。

作为奇异函数，由式（1.73）和式（1.75）计算，波特图通过分段线性逼近创建，如下所示。

（1）高频区域（$\omega \gg \omega_0$）：在高频范围内，相对于 ω_0，振幅公式（1.73）退化为线性函数，因为如果（$\omega \gg \omega_0$），则（$\omega/\omega_0 \approx \omega$）和（$\omega/\omega_0 \gg 1$）。根据这些近似，可以得出（$1^2+(\omega/\omega_0)^2 \approx \omega^2$），因此

$$20\lg\left[\lim_{\omega \gg \omega_0}|H_3(\mathrm{j}\omega)|\right]=20\lg\left[\lim_{\omega \gg \omega_0}\sqrt{1^2+\left(\frac{\omega}{\omega_0}\right)^2}\right] \tag{1.77}$$

$$\approx 20\lg|\omega|\,\mathrm{dB},\ (\omega \gg \omega_0) \tag{1.78}$$

同时，相位函数（1.75）arctan 的极限为

$$\lim_{\omega \to \infty}\arctan\frac{\omega}{\omega_0}=\arctan(\infty)=+\frac{\pi}{2}=+90^\circ \tag{1.79}$$

为了帮助可视化 arctan 函数的特性及其极限，本节画出了相关的直角三角形，其中水平和垂直分量的符号被特别地标示出来，以便在找到对应角度的象限上不会有歧义①。根据式（1.79）和图1.25，以及定义 $\tan\alpha \overset{\text{def}}{=} y/x$，得到图1.25中的垂直分量为 ω，水平分量为 ω_0。当 $\omega \to \infty$，即垂直分量相对于 ω_0 变长，在 $\alpha \to 90^\circ$。同样，当 $\omega \to 0$ 时，即垂直分量相对于 ω_0 变短，导致 $\alpha \to 0^\circ$。

（2）交点（$\omega=\omega_0$）：在频率 ω_0 处，相对于式（1.73）和式（1.75），幅值和相位函数为

$$20\lg|H_3(\omega_0)|=20\lg\sqrt{2}=+3\mathrm{dB} \tag{1.80}$$

$$\angle H_3(\omega_0)=\arctan(1)=+\frac{\pi}{4}=+45^\circ \tag{1.81}$$

注意到，在高频区域，当（$\omega=\omega_0$）时，增益函数近似为零，因此在这一特定点存在 +3dB 差异。

（3）低频区域（$\omega \ll \omega_0$）：在该区域振幅函数（1.73）退化为线性函数，因为如果（$\omega \ll \omega_0$），然后（$\omega/\omega_0 \approx 0$）以及（$1^2+(\omega/\omega_0)^2 \approx 1^2$），因此

---

① 参见第1.6.5节中关于 $\arctan(x)$ 与 $\arctan2(x)$ 函数区别的讨论。

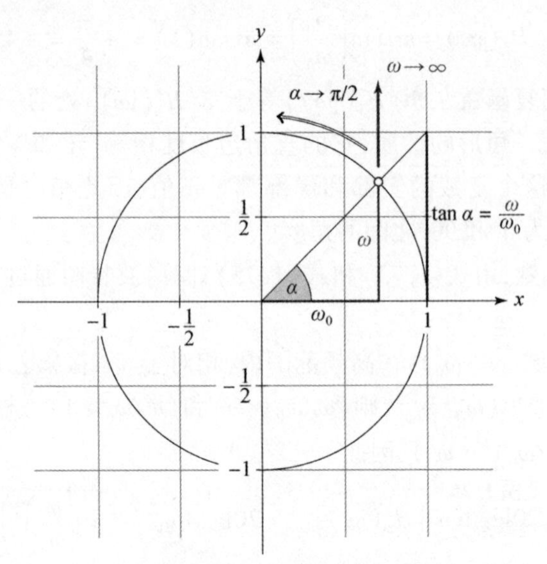

图 1.25　第一象限 arctan 极限的几何解释(见彩图)

$$20\lg \lim_{\omega \to 0} |H_3(j\omega)| = 20\lg\left[\lim_{\omega \to 0}\sqrt{1^2 + \left(\frac{\omega}{\omega_0}\right)^2}\right] = 20\lg(1) = 0\mathrm{dB} \quad (1.82)$$

同时,式(1.75)服从 arctan 的极限为

$$\lim_{\omega \to 0}\arctan\frac{\omega}{\omega_0} = \arctan(0) = 0° \quad (1.83)$$

上述幅函数和相位函数的分段线性逼近如图 1.26 的实线所示。由图 1.26 可知,从直流到 ω_0,该函数的幅值近似为零,然后继续到增益 +20dB 的线性段。同样,单点 $\angle H_3(j\omega_0) = +45°$以及两个极限相位值确定近似相位函数。也就是说,从直流开始,相位功能近似于一个恒定的值(这里为 0°)直到十倍频前 3dB 点,即从直流到 $0.1\omega_0$ 点。高频近似从 3dB 点一个十倍频后开始,即从 $10\omega_0$ 点到无穷远。在这两个恒定值之间有线性相位近似(即在 0°和 90°之间)曲线,覆盖 $0.1\omega_0$ 到 $10\omega_0$、跨越 +45°(对应 3dB 点)。

当做快速手工分析时,它足以快速地画出这个传递函数的分段线性逼近曲线,其中 ω_0 是给定的,并且在 ω_0 处振幅函数的精确值和近似值之间存在的 3dB 差。

1.6.4　一阶函数,形式 4

一阶复变函数 $H_4(j\omega)$ 的一般形式为 1.6.3 节中复变函数的倒数,其形式如下:

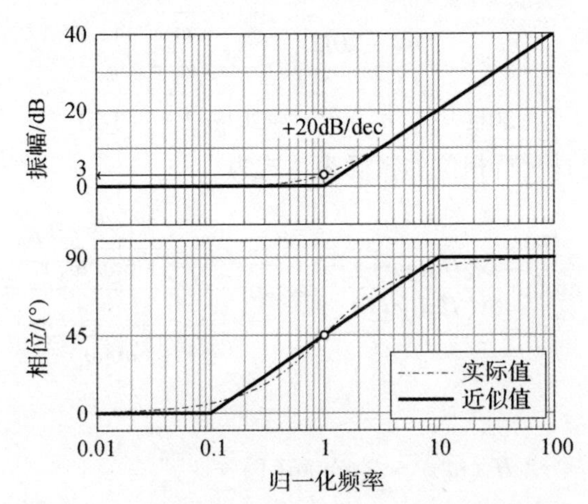

图1.26　一阶传递函数(归一化为 ω/ω_0)的波特图，其振幅斜率为 +20dB/decade，相位在0到 $+\pi/2$ 之间。(见彩图)

$$H_4(\mathrm{j}\omega)=\frac{1}{1+\mathrm{j}\dfrac{\omega}{\omega_0}} \tag{1.84}$$

由此，得到式(1.84)的复形式如下

$$H_4(\mathrm{j}\omega)=\frac{1}{1+\mathrm{j}\dfrac{\omega}{\omega_0}}\frac{1-\mathrm{j}\dfrac{\omega}{\omega_0}}{1-\mathrm{j}\dfrac{\omega}{\omega_0}}=\frac{1}{\sqrt{1+(\omega/\omega_0)^2}}-\mathrm{j}\frac{\omega/\omega_0}{\sqrt{1+(\omega/\omega_0)^2}} \tag{1.85}$$

$$=\Re(H_4(\mathrm{j}\omega))-\mathrm{j}\Im(H_4(\mathrm{j}\omega)) \tag{1.86}$$

式中：复函数的正实部和负虚部表示其相位在复平面的第四象限[1]，如图1.27所示。利用对数恒等式得出该函数的对数形式[2]

$$\begin{aligned}20\lg H_4(\mathrm{j}\omega)&=20\lg\left(\frac{1}{1+\mathrm{j}\dfrac{\omega}{\omega_0}}\right)\\&=20\lg(1)-20\lg\left(1+\mathrm{j}\frac{\omega}{\omega_0}\right)\\&=0-20\lg H_3(\mathrm{j}\omega)=-20\lg H_3(\mathrm{j}\omega)\end{aligned} \tag{1.87}$$

$H_4(\mathrm{j}\omega)$ 的波特图表示如下。

(1) $H_4(\mathrm{j}\omega)$ 的幅值：由式(1.87)得到的幅值函数的精确对数形式为

$$20\lg|H_4(\mathrm{j}\omega)|=-20\lg\sqrt{\Re H_4(\mathrm{j}\omega)^2+\Im H_4(\mathrm{j}\omega)^2}$$

---

① 参见附录C。

② $\lg a/b=\lg a-\lg b$。

$$= -20\lg\left(\sqrt{1^2 + \left(\frac{\omega}{\omega_0}\right)^2}\right) \tag{1.88}$$

$$20\lg|H_4(\omega_0)| = -20\lg\sqrt{2} = -3\text{dB} \tag{1.89}$$

(2)$H_4(\mathrm{j}\omega)$的相位:相位的精确表达式为

$$\angle H_4(\mathrm{j}\omega) = \arctan\frac{\Im(H_4(\mathrm{j}\omega))}{\Re(H_4(\mathrm{j}\omega))} = \arctan\frac{-\dfrac{\omega/\omega_0}{\sqrt{1+(\omega/\omega_0)^2}}}{\dfrac{1}{\sqrt{1+(\omega/\omega_0)^2}}} = -\arctan\frac{\omega}{\omega_0} \tag{1.90}$$

$$\angle H_4(\omega_0) = -\arctan(1) = -\frac{\pi}{4} = -45° \tag{1.91}$$

当$\Re(H)$等于$\Im(H)$时,作为正实部和负虚部的结果,相位值为$-45°$即落在第四象限,这是该传递函数的一个重要细节,如图1.27所示。

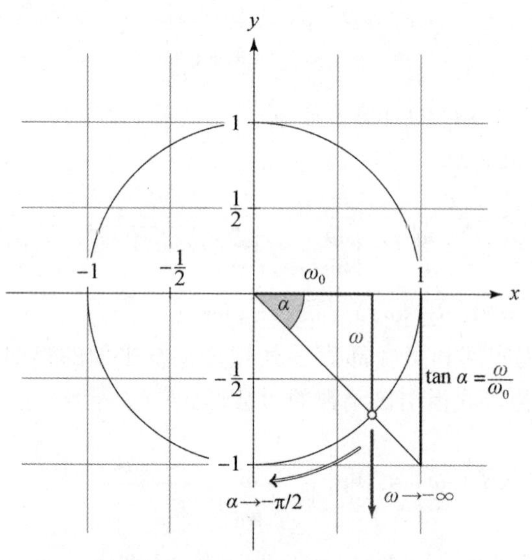

图1.27 第四象限 arctan 极限的几何解释(见彩图)

式(1.88)和式(1.90)的分段线性近似如下。

(1)高频区域($\omega \gg \omega_0$):在高频范围内,相对于给定的ω_0,振幅函数(1.73)退化为线性函数,因为如果($\omega \gg \omega_0$),则($\omega/\omega_0 \approx \omega$)和($\omega/\omega_0 \gg 1$)。根据这些近似,可以得出($1^2+(\omega/\omega_0)^2 \approx \omega^2$),因此

$$20\lg[\lim_{\omega \gg \omega_0}|H_4(\mathrm{j}\omega)|] = -20\lg\left[\lim_{\omega \gg \omega_0}\sqrt{1^2+\left(\frac{\omega}{\omega_0}\right)^2}\right]$$
$$= -20\lg|\omega|\,\text{dB}(\omega > 0) \tag{1.92}$$

其相位函数在第四象限的 arctan(α)极限为

$$-\lim_{\omega\to\infty}\arctan\frac{\omega}{\omega_0}=-\arctan(\infty)=-\frac{\pi}{2}=-90^\circ \tag{1.93}$$

(2)交点($\omega=\omega_0$):在特定的给定频率 ω_0 处,幅值和相位函数为

$$20\lg|H_4(\omega_0)|=-20\lg\sqrt{2}=-3\text{dB} \tag{1.94}$$

$$\angle H_4(\omega_0)=-\arctan(1)=-\frac{\pi}{4}=-45^\circ \tag{1.95}$$

(3)低频区域($\omega\ll\omega_0$):对于低频相对于 ω_0 振幅函数式(1.88)退化为线性函数,因为如果($\omega\ll\omega_0$),则($\omega/\omega_0\approx0$)以及($1^2+(\omega/\omega_0)^2\approx1^2$),因此

$$20\lg\lim_{\omega\to0}|H_4(\mathrm{j}\omega)|=-20\lg\left[\lim_{\omega\to0}\sqrt{1^2+\left(\frac{\omega}{\omega_0}\right)^2}\right]=-20\lg(1)=0\text{dB} \tag{1.96}$$

同时,相位函数式(1.90)的极限为

$$-\lim_{\omega\to0}\arctan\frac{\omega}{\omega_0}=-\arctan(0)=0^\circ \tag{1.97}$$

图1.28总结了增益和相位分段线性逼近情况。从直流到 ω_0,振幅函数在零电平近似为一个水平线性截面,然后继续到另一个斜率为-20dB的线性截面,且$\angle H_4(\mathrm{j}\omega_0)=-45^\circ$。也就是说,从直流开始,相位约为0°直到10十倍频前3dB点,即在直流到 $0.1\omega_0$ 范围。高频近似从相对于3dB点的 $10\omega_0$ 开始直到无穷远。在 $0.1\omega_0$ 到 $10\omega_0$ 的范围内,相位函数近似为0°和-90°的线性函数,因此它必须在-3dB的频率上穿过-45°点。

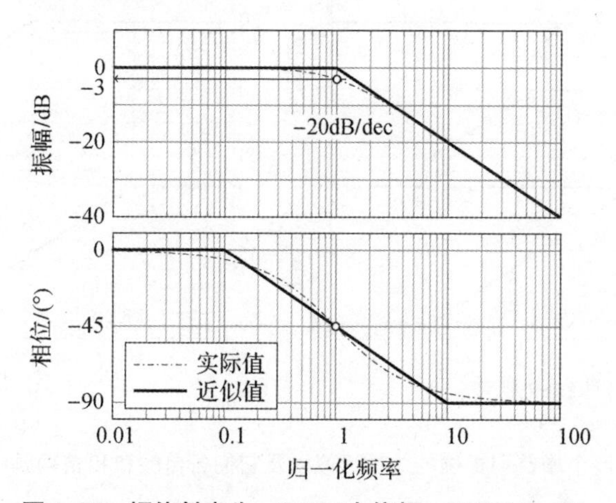

图1.28 幅值斜率为-20dB/十倍频-20dB/decade,相位在0到-π/2之间的一阶传递函数的波特图。(见彩图)

例13:波特图:一阶函数

给出以下传递函数的波特图:

$$H(\omega)=\frac{100}{\mathrm{j}\omega+10} \tag{1.98}$$

解13:这是一个一阶函数,有必要把它改写为基本形式

$$H(\omega)=\frac{100}{\mathrm{j}\omega+10}=100\frac{1}{\mathrm{j}\omega+10}=\frac{100}{10}\frac{1}{1+\mathrm{j}\dfrac{\omega}{10}}=10\frac{1}{1+\mathrm{j}\dfrac{\omega}{10}} \tag{1.99}$$

因此,通过对式(1.99)的分析,发现 $\omega_0=10$,增益函数(1.99)的对数形式为

$$20\lg H(\omega)=20\lg\left(10\frac{1}{1+\mathrm{j}\dfrac{\omega}{10}}\right)=\underbrace{\underset{1.6.1节}{20\lg 10}}_{①}+20\lg(1)-\underbrace{\underset{1.6.4节,\omega_0=10}{20\lg\left(1+\mathrm{j}\dfrac{\omega}{10}\right)}}_{④}$$

第一项为常数项,其值为20dB(1.6.1节形式1),第二项为零,第三项为1.6.4节形式4中介绍的形式。

则相位函数为

$$\angle H(\omega)=\underbrace{\underset{1.6.1节}{0°}}_{①}\underbrace{\underset{1.6.4节,\omega_0=10}{-\arctan\frac{\omega}{10}}}_{④}$$

增益和相位波特图是增益和相位图中线性部分的简单叠加而得到的,如图1.29所示。

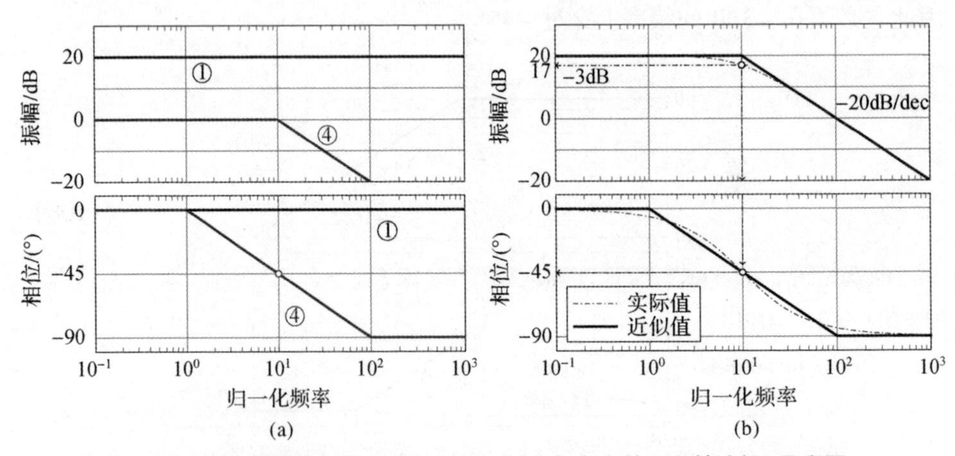

图1.29 两个增益和相位的线性近似以及它们各自的和和精确解(见彩图)

1.6.5 二阶传递函数

二阶传递函数的一般形式为

$$H_5(j\omega)=\frac{\omega_0^2}{s^2+2\xi\omega_0 s+\omega_0^2} \tag{1.100}$$

替代形式为

$$H_5(j\omega)=\frac{1}{\left(\frac{s}{\omega_0}\right)^2+\frac{2\xi}{\omega_0}s+1}=\frac{\omega_0^2}{\omega_0^2-\omega^2+j2\xi\omega_0\omega} \tag{1.101}$$

$$=\frac{\omega_0^2\omega_0^2-\omega^2}{\sqrt{(\omega_0^2-\omega^2)^2+2\xi\omega_0\omega^2}}-j\frac{\omega_0^2 2\xi\omega_0\omega}{\sqrt{(\omega_0^2-\omega^2)^2+2\xi\omega_0\omega^2}} \tag{1.102}$$

$$=\Re(H_5(j\omega))-j\Im(H_5(j\omega)) \tag{1.103}$$

式中：$s=j\omega$ 为复变量。分母中的二次多项式必须有两个零（即传递函数 $H_5(j\omega)$ 的极点），可以通过多项式分解方法或使用二次函数的零点公式来计算，即

$$s_{1,2}=-\xi\omega_0\pm\omega_0\sqrt{\xi^2-1} \tag{1.104}$$

当 $\xi>1$ 时，二次函数的1个极点为实数，可以分解为一阶形式。但是，有特殊意义的情况是 $0<\xi<1$，即二次函数的极点为复共轭对。在这种情况下，将式(1.101)的对数形式改写为

$$20\lg H_5(j\omega)=20\lg\frac{\omega_0^2}{(\omega_0^2-\omega^2)+j(2\xi\omega_0\omega)} \tag{1.105}$$

$$=20\lg\omega_0^2-20\lg[(\omega_0^2-\omega^2)+j(2\xi\omega_0\omega)] \tag{1.106}$$

（1）$H_5(j\omega)$ 的幅值：通过式(1.106)的变形得出幅值的精确方程

$$20\lg|H_5(j\omega)|=20\lg\omega_0^2-20\lg\sqrt{(\omega_0^2-\omega^2)^2+(2\xi\omega_0\omega)^2} \tag{1.107}$$

$$20\lg|H_5(\omega_0)|=20\lg(\omega_0^2)-20\lg(2\xi\omega_0^2)$$

$$=20\lg\frac{\omega_0^2}{2\xi\omega_0^2}=20\lg\frac{1}{2\xi} \tag{1.108}$$

也就是说，$|H_5(\omega_0)|$ 的精确值取决于参数 $\xi(\xi>0)$，注意到，如果 $\xi=1/2$，则 $|H_5(\omega_0)|=0\text{dB}$。

（2）$H_5(j\omega)$ 的相位：式(1.102)的 $(\omega,\omega_0,\xi>0)$ 的相位的精确表达式为

$$\angle H_5(j\omega)=\arctan\frac{\Im(H_5(j\omega))}{\Re(H_5(j\omega))}=\arctan\frac{-2\xi\omega_0\omega}{\omega_0^2-\omega^2}=\arctan\frac{-2\xi\frac{\omega}{\omega_0}}{1-\left(\frac{\omega}{\omega_0}\right)^2} \tag{1.109}$$

式(1.109)相对于第一象限的简单 $\arctan(x)$ 函数是不明确的。设 $\xi=1/2$，$x=\omega/\omega_0$，这样就可以将式(1.109)改写为

$$\angle H_5(x) = \arctan \frac{-x}{1-x^2} \tag{1.110}$$

如果 $\omega > \omega_0$,则 $x > 1$ 即 $1 - x^2 < 0$,使相位进入第三象限(分子分母均为负)。同理,如果 $\omega < \omega_0$,则 $x < 1$ 即 $1 - x^2 > 0$,使相位进入第四象限(分子为负,分母为正)。当 $\omega \to \omega_0$ 时,即 $x \to 1$ 使式(1.110)中的分母趋近于零,使得 arctan 函数在式(1.110)的辐角趋近于无穷。因此,必须注意如何计算极限值

$$\lim_{x \to 1}\left(\arctan \frac{-x}{1-x^2}\right) \tag{1.111}$$

这对于缺少一个 arctan2(y,x)数学函数的数值程序是不明确的。人们使用 tan(α)函数及其在 $\omega \to \omega_0$ 时的极限的图形表示,如图 1.30 所示,即 $1 - x^2 \to 0$,得出结论为

$$\angle H_5(\omega_0) = -\frac{\pi}{2} = -90° \tag{1.112}$$

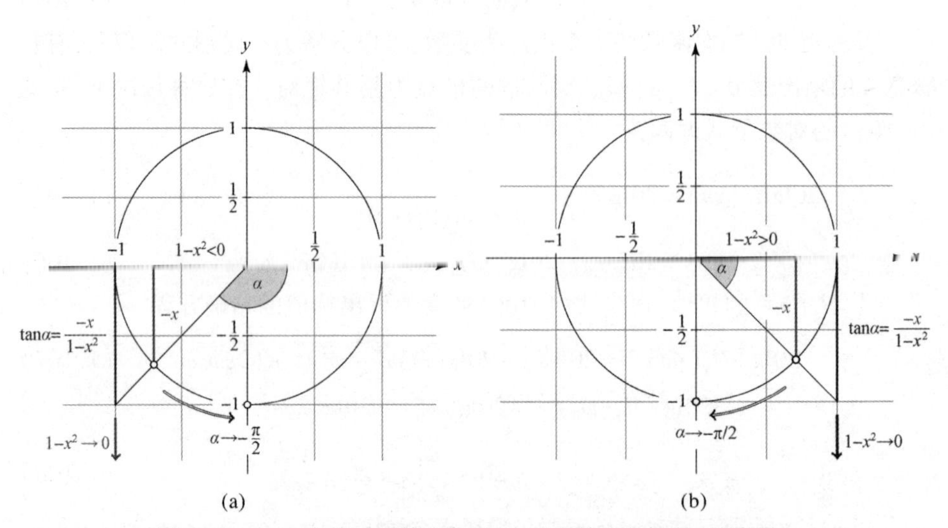

图 1.30 tanα 在第三和第四象限(1.110)的几何解释(见彩图)

(3)$H_5(\mathrm{j}\omega)$的阻尼系数 ξ:振幅和相位都依赖于 ξ,如式(1.108)和式(1.109)所示,因此检验这种相关性是很重要的。根据式(1.108)计算幅值 $|H(\mathrm{j}\omega)|$ 可知,ξ 值越小,其幅值越会在接近 ω_0 时产生较大的“峰值”,而 ξ 值越大,其幅值越会保持在其渐近水平以下,如图 1.31 所示。通过搜索最大值,式(1.107)求出参数 ξ 的峰值频率位置和范围,即

$$\frac{\mathrm{d}}{\mathrm{d}\omega} 20\lg |H_5(\mathrm{j}\omega)| = 0$$

$$\frac{\mathrm{d}}{\mathrm{d}\omega}\left[20\lg(\omega_0^2) - 20\lg\sqrt{(\omega_0^2 - \omega^2)^2 + (2\xi\omega_0\omega)^2}\right] = 0$$

$$-\frac{40\omega(\omega^2+2\omega_0^2\xi^2-\omega_0^2)}{\ln(10)[(\omega_0^2-\omega^2)^2+4\omega_0^2\xi^2\omega^2]}=0$$

也就是说 $|H(j\omega)|$ 的最大值出现在频率 ω_m 处,当

$$\omega_m^2+2\omega_0^2\xi^2-\omega_0^2=0$$

$$\omega_m=\omega_0\sqrt{1-2\xi^2} \tag{1.113}$$

由此得出,为了使 ξ 值达到最大值,ξ 值限制在区间 $0\leqslant\xi\leqslant 1/\sqrt{2}$(使平方根函数的参数为正)。式(1.109)的数值计算如图1.31(b)所示。

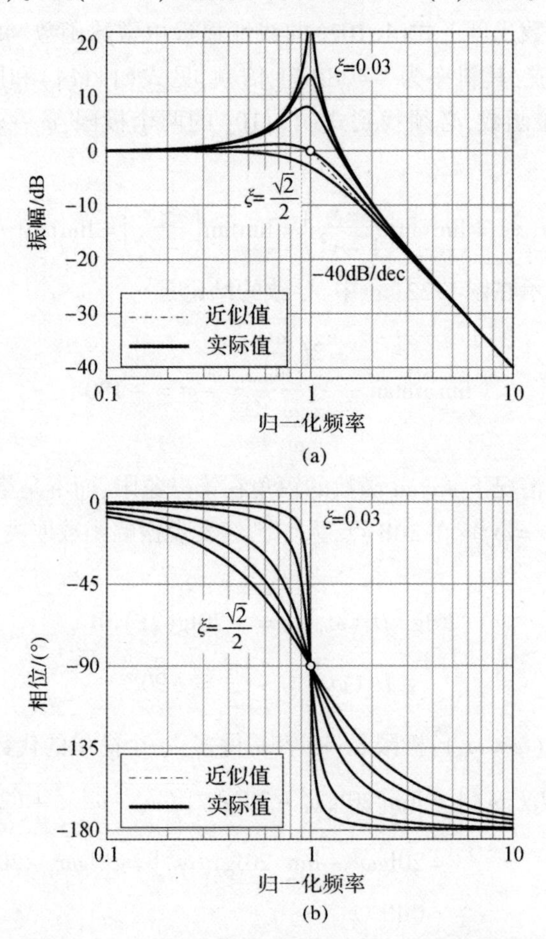

图1.31　第1.6.5节二阶函数相位函数的计算值及波特图(见彩图)

(4)分段线性逼近:手绘的波特图是通过式(1.107)和式(1.109)分段线性逼近实现的,如下极限和逼近所示。

①高频区域($\omega\gg\omega_0$):在高频范围内,相对于给定的 ω_0(且已知 $0\leqslant\xi\leqslant 1/\sqrt{2}$),式(1.107)退化为线性函数为

$$20\lg[\lim_{\omega \gg \omega_0} |H_5(j\omega)|] = \lim_{\omega \gg \omega_0}[20\lg\omega_0^2 - 20\lg\sqrt{[(\omega_0^2-\omega^2)^2+(2\xi\omega_0\omega)^2]}]$$
$$=20\lg\omega_0^2 - 20\lg\sqrt{\lim_{\omega \gg \omega_0}[(\omega_0^2-\omega^2)^2+(2\xi\omega_0\omega)^2]}$$
$$=20\lg\omega_0^2 - 20\lg\sqrt{\lim_{\omega \gg \omega_0}[\omega^4+(2\xi\omega_0)^2\omega^2]}$$
$$=20\lg\omega_0^2 - 20\lg\omega^2$$
$$=40\lg\omega_0 - 40\lg\omega = 40\lg\frac{\omega_0}{\omega} \tag{1.114}$$

即对数-对数尺度下式(1.107)的线性逼近由常数函数“$40\lg\omega_0$”和线性函数“$-40\lg\omega$”组成,其斜率为-40dB/十倍频,见式(1.114)和图1.31(a)。此外,为了解析相位函数,必须找到式(1.110)的两个极限:$\omega\to\infty$ 和 $\omega\to 0$,这相当于

$$\lim_{x\to\infty}\tan f(x) = \lim_{x\to\infty}\tan\left(\frac{-x}{1-x^2}\right) = \lim_{x\to\infty}\tan\left(\frac{-x}{-x^2}\right) = \lim_{x\to\infty}\tan\left(\frac{1}{x}\right) \to 0 \tag{1.115}$$

这个极限显示在图1.32(a)中,导致的结论是

$$\lim_{\omega\to\infty}\arctan\frac{-2\xi\dfrac{\omega}{\omega_0}}{1-\left(\dfrac{\omega}{\omega_0}\right)^2} = -\pi = -180° \tag{1.116}$$

因为在这种情况下 arctan 函数的辐角在第三象限,而不是第四象限。

②交叉点($\omega=\omega_0$):在3dB点,人们已经发现振幅函数取决于 ξ 且相位函数穿过-90°值,即

$$20\lg|H_5(\omega_0)| = -20\lg(2\xi)\,\mathrm{dB} \tag{1.117}$$

$$\angle H_5(\omega_0) = -\frac{\pi}{2} = -90° \tag{1.118}$$

③低频区域($\omega \ll \omega_0$):极限 $\omega\to 0$ 容易得多,一个简单的代数给出

$$20\lg\lim_{\omega\to 0}|H_5(j\omega)| = \lim_{\omega\to 0}[20\lg\omega_0^2 - 20\lg\sqrt{[(\omega_0^2-\omega^2)^2+(2\xi\omega_0\omega)^2]}]$$
$$=20\lg\omega_0^2 - \lim_{\omega\to 0}[20\lg\sqrt{\omega_0^4}] = 20\lg\omega_0^2 - 20\lg\omega_0^2$$
$$=0\,\mathrm{dB} \tag{1.119}$$

同样,图1.32(b)所示的相位函数极限也可以解析得到为

$$\lim_{\omega\to 0}\arctan\frac{2\xi\dfrac{\omega}{\omega_0}}{1-\left(\dfrac{\omega}{\omega_0}\right)^2} = \arctan(0) = 0° \tag{1.120}$$

图1.31总结了上述幅函数和相位函数的分段线性逼近,从图中可以看出,

从直流到 ω_0，该函数的振幅近似为 0，然后继续到另一个斜率为 -40dB 的线性截面，峰值见式(1.108)。另外，在 ω_0 阶段函数经历从零快速切换到 -180°值，在 $\angle H_5(\omega_0)=-90°$ 的为所有 ξ 值的公共交点。

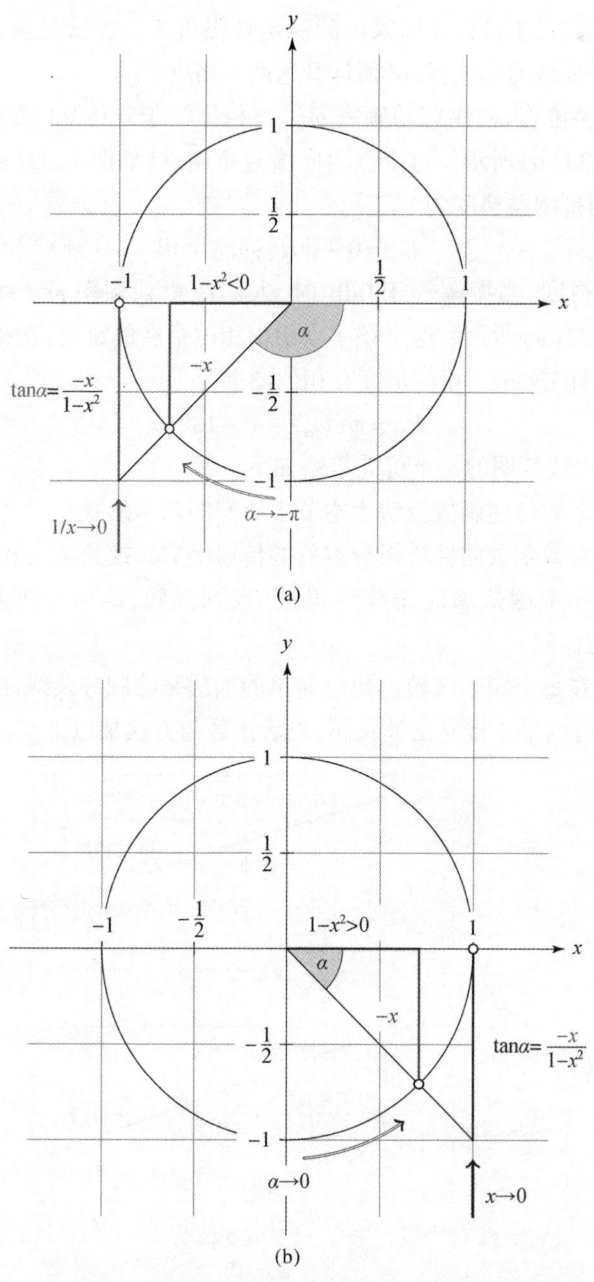

图 1.32　第三和第四象限 arctan 极限的几何解释(见彩图)

1.6.6 增益和相位裕度

在波特图中固有的附加量被称为“增益裕度”(G_M)和“相位裕度”(P_M)值，了解这两个参数对于量化评估系统的稳定性很重要。也就是说，如果要在闭环结构中使用开环传递函数，就必须计算这两个裕度。

(1)增益裕度：人们注意到频率 ω_M，当相位等于 $-180°$(又名“相位交叉频率”)，如图1.33(b)所示。这个点通向增益裕度点，如图1.33(a)所示。因此，在幅值图上测量增益裕度为

$$G_M = 0 - |H(j\omega_M)|\,\text{dB} \tag{1.121}$$

(2)相位裕度：当振幅等于0dB时，人们注意到频率 ω_0(即“增益交叉频率”)，如图1.33(a)所示。这个频率点引出相位裕度的定义，在相位图中可以找到，如图1.33(b)所示。相位裕度在相位图上为

$$P_M = \phi(\omega_0) - (-180°) \tag{1.122}$$

总之，画出波特图的一个可能策略如下：

(1)将给定的传递函数分解为本节中研究的基本形式；

(2)利用对数函数的性质将分解后的传递函数转换为项的和；

(3)对每一个因式项应用线性逼近，找到低频、高频范围和交叉频率 ω_0 (± 3dB)点的极限；

(4)通过在每个频率区域内执行简单的加法来绘制分段线性图。

这样，就可以手工推导出波特图，然后用数值方法加以证实。

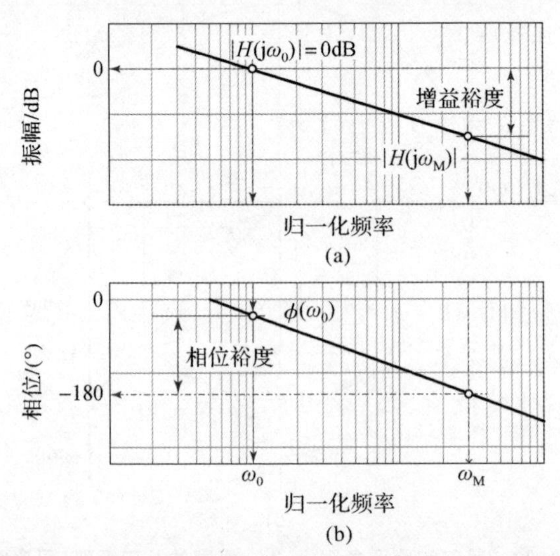

图1.33 说明增益和相位裕度定义的波特图(见彩图)

例 14:给出以下传递函数的波特图:

$$H(\omega)=100\frac{s+1}{s^2+110s+1000} \tag{1.123}$$

式中:$s=\mathrm{j}\omega$。

解 14:这是一个二阶函数,因此,为了找出它的分母的根是实数还是复数,有必要对它的分母进行因式分解。

$$\begin{aligned}
H(\mathrm{j}\omega)&=100\frac{s+1}{s^2+110s+1000}=100\frac{s+1}{s^2+10s+100s+1000}\\
&=100\frac{s+1}{s(s+10)+100(s+10)}=100\frac{s+1}{(s+10)(s+100)}\\
&=100\frac{1+\frac{s}{1}}{10\left(1+\frac{s}{10}\right)100\left(1+\frac{s}{100}\right)}=\frac{1}{10}\frac{1+\mathrm{j}\frac{\omega}{1}}{\left(1+\mathrm{j}\frac{\omega}{10}\right)\left(1+\mathrm{j}\frac{\omega}{100}\right)}
\end{aligned}$$

这种分解形式适合转换成基本形式的和,只要把它改得到成对数形式,即

$$\begin{aligned}
20\lg H(\mathrm{j}\omega)&=20\lg\left[\frac{1}{10}\frac{1+\mathrm{j}\frac{\omega}{1}}{\left(1+\mathrm{j}\frac{\omega}{10}\right)\left(1+\mathrm{j}\frac{\omega}{100}\right)}\right]\\
&=\underbrace{\underbrace{20\lg\frac{1}{10}}_{1.6.1节}}_{①}+\underbrace{\underbrace{20\lg\left(1+\mathrm{j}\frac{\omega}{1}\right)}_{1.6.3节,\omega_0=1}}_{②}-\underbrace{\underbrace{20\lg\left(1+\mathrm{j}\frac{\omega}{10}\right)}_{1.6.4节,\omega_0=10}}_{③}-\underbrace{\underbrace{20\lg\left(1+\mathrm{j}\frac{\omega}{100}\right)}_{1.6.4节,\omega_0=100}}_{④}
\end{aligned}$$

显然,这个例子是一个二阶函数,其极点是实数,因此可以将其分解为基本的一阶函数。如注释所示,对数形式的每一个求和项实际上都是已经学习过的基本形式之一。

类似地,相位图是相应线性项的和。

$$\angle H(\omega)=\underbrace{\underbrace{0°}_{1.6.1节}}_{①}+\underbrace{\underbrace{\arctan\frac{\omega}{1}}_{1.6.2节,\omega_0=1}}_{②}-\underbrace{\underbrace{\arctan\frac{\omega}{10}}_{1.6.3节,\omega_0=10}}_{③}-\underbrace{\underbrace{\arctan\frac{\omega}{100}}_{1.6.3节,\omega_0=100}}_{④}$$

一旦对增益和相位的对数形式进行分解,首先人们绘制所有四项的图形(包括振幅和相位),然后创建总的和的图形,如图 1.34 所示。

例 15:给出以下传递函数的波特图,此为二阶函数的复根情况(其中,$s=\mathrm{j}\omega$):

$$H(s)=10^2\frac{s+10}{s^2+40s+10^4} \tag{1.124}$$

解 15:传递函数(1.124)为二阶复极点函数,可得

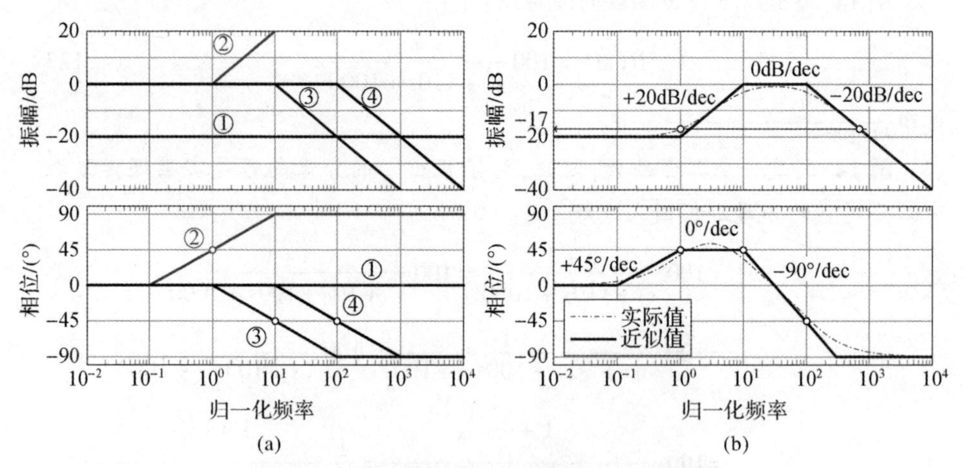

图 1.34　线性逼近及其和和精确解(见彩图)

$$H(s)=100\frac{s+10}{s^2+40s+10^4}=100\frac{10}{10^4}\frac{1+\dfrac{s}{10}}{\left(\dfrac{s}{10^2}\right)^2+\left(\dfrac{40}{10^4}\right)s+1} \tag{1.125}$$

二次方程的判别式为

$$\Delta=40^2-4\times1\times10^4=-38.4\times10^3<0$$

因此,这个二阶函数有复数极点。根据式(1.101),并使用式(1.125),有

$$\omega_0^2=10^4\Rightarrow\omega_0=100$$

$$2\xi\omega_0=40\Rightarrow\xi=\frac{40}{2\times100}=0.2$$

从式(1.108)和式(1.113)可以得到 $\omega_m=95.9\text{rad/s}$、$H(\omega_0)=8\text{dB}$,式(1.125)的对数为

$$20\lg H(j\omega)=20\lg\left[\frac{1}{10}\left(1+\frac{s}{10}\right)\frac{10^4}{s^2+40s+10^4}\right]$$

$$=\underbrace{-20\lg10}_{\substack{1.6.1\text{节}\\①}}+\underbrace{20\lg\left(1+j\frac{\omega}{10}\right)}_{\substack{1.6.3\text{节},\omega_0=10\\②}}+\underbrace{20\lg\left(\frac{10^4}{s^2+40s+10^4}\right)}_{\substack{1.6.5\text{节},\omega_0=100,\xi=0.2\\③}} \tag{1.126}$$

类似地,相位图是相应线性项的和(如图 1.35 所示)。

$$\angle H(\omega)=\underbrace{0°}_{\substack{1.6.1\text{节}\\①}}+\underbrace{\arctan\frac{\omega}{10}}_{\substack{1.6.3\text{节},\omega_0=10\\②}}\underbrace{-\arctan\frac{-0.4(\omega/100)}{1-(\omega/100)^2}}_{\substack{1.6.5\text{节},\omega_0=100,\xi=0.2\\③}}$$

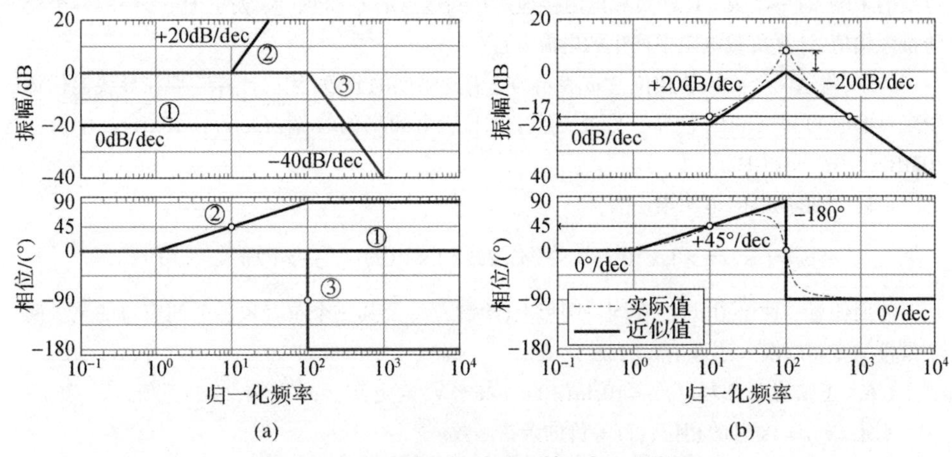

图1.35 线性逼近及其和和精确解(见彩图)

1.7 总结

本章概述了利用波进行远距离信息传输的基本原理。建立了通信系统是由一个主要的约束所驱动的理念,即信息最终必须被人类的感官探测到。例如,人类的听觉能够分辨20~20kHz的声波,因此这个频率范围几乎总是成为一些通信电路中的约束之一。与声音不同,光和其他电磁辐射不需要通过物质传播,它的传播速度接近300000000m/s。因此,很自然地人们使用它作为传输消息的主要手段。

将原始声波转换成特定频率的无线电波,然后再转换回来,是通过设计专门用于实现正向转换和逆向转换的数学运算电路完成的。无线通信中这两个主要步骤是用麦克斯韦方程和基本三角函数计算出来的。由于通信系统是基于电的应用,这本书的后续部分致力于详细讲解电力和时变电信号的一般原则、无线电背后的数学原则,以及设计实际的电子电路以实现所需的数学原理。

问题

1.1 $f_1=10\text{MHz}$,$f_2=100\text{MHz}$,$f_1=10\text{GHz}$,计算电磁波在自由空间中的周期、波长、传播常数和相速度。

1.2 推导正弦、方形、三角形和锯齿波形的平均值和均方根值,假设它们的振幅 $U_P=\pm1\text{V}$。

1.3 波形的瞬时电压描述为 $v(t)=U_m\cos(\omega t+\phi)$,其中 $\omega=2\pi\times10^3\text{rad/s}$,$\phi=\pi/4$。计算其频率 f 以及在 $t=125\mu\text{s}$ 时的瞬时相位 $\varphi(t)$。

1.4 $U_{PP}=2\text{V}$ 频率和幅值相同的两个正弦波形沿导电导线传播,其相位差 $\phi=\pi/2$。在导线的末端,有一个 $R=1\text{k}\Omega$ 负载电阻接地。在到达点的 t_0 时刻,假设两个波形中的一个处于最大幅值,计算负载电阻中产生的电流 $i(t_0)$。

另外,将这两个波形的相位差 ϕ 表示为它们的周期的分数,然后计算它们在导线上任意给定点的时间和空间的差异。另外,给出以下三个频率的答案:(a)$f_1=10\text{kHz}$;(b)$f_2=10\text{MHz}$;(c)$f_3=10\text{GHz}$。

1.5 波形的瞬时电压描述为

$$v(t)=\cos(2\pi\times1\times10^3t)+\frac{1}{2}\cos(2\pi\times2\times10^3t)+\frac{1}{3}\cos(2\pi\times3\times10^3t)$$

使用任意一种绘图软件,在同一图形上,绘制 $v(t)$ 及其三个单音项随时间窗口的至少两个最慢的音调周期。注释生成的波形。

1.6 正弦波定义为 $v(t)=10\sin(100t+45°)\text{V}$,确定其:(a)振幅;(b)$v_{rms}$ 值;(c)频率;(d)周期;(e)$t=1\text{s}$ 时的相位;(f)等价的余弦函数。

1.7 任意波形 $v(t)$ 由 $DC=1\text{V}$,基波 $v_0=2\sin\omega t$,二次谐波 $v_2=3/2\sin2\omega t$ 组成。画这个 $v(t)$ 波形的频域草图(大致按比例)。

1.8 一个 60W 的放大器开启 $t=8\text{h}$ 内需要消耗多少能量?并与 1000W 放大器开启 $t=60\text{s}$ 相比较。

1.9 50Hz 正弦波形的电压和电流分别为:$u(t)=220\sin(\omega t+\pi/3)\text{V}$ 和 $i(t)=10\sin(\omega t-2\pi/3)\text{A}$。计算电压和电流产生的瞬时功率 $P(t)$ 和平均功率 $\langle P\rangle$。

1.10 在使用图中显示的两个不同增益单元时,计算图 1.36 中两个放大器的总功率增益。

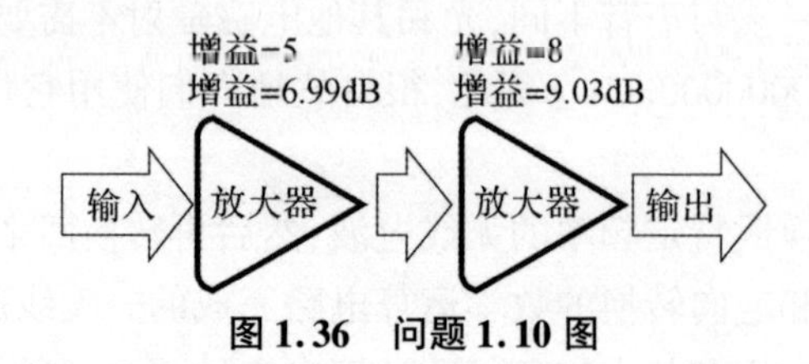

图 1.36 问题 1.10 图

第2章

基本特性和设备模型

在系统层面,电子电路的分析和设计是基于特性模型所表示的一组基本模块。在设计的初始阶段,重要的是在数学层面上验证整个电路的预期功能,而不考虑实现细节。因此,了解基础器件的功能,即开关、电压源和电流源以及 RLC 器件及其各自的阻抗,是下一阶段设计的前提。在本章中,我们将回顾这些基本器件及其传递函数。

2.1 “黑盒”技术

“黑盒”方法基于这样一种思想:为了创建系统的特性模型,不需要知道其确切的内部结构,而只需知道其激励/响应(即 I/O)传递函数就足够了。在电子电路中,传递函数与输入/输出电压/电流的时域和频域特性有关,传递函数可以是线性的,也可以是非线性的。

因此,总共有四种可能的 I/O 电压/电流传递函数。

(1)($v_{in} \to v_{out}$):此关系定义了系统的“电压增益”传递函数为

$$v_{out} = A_v \times v_{in} \quad \Rightarrow \quad A_v \overset{\text{def}}{=} \frac{v_{out}}{v_{in}} \tag{2.1}$$

(2)($i_{in} \to i_{out}$):这个关系定义了系统的“电流增益”传递函数为

$$i_{out} = A_i \times i_{in} \quad \Rightarrow \quad A_i \overset{\text{def}}{=} \frac{i_{out}}{i_{in}} \tag{2.2}$$

(3)($i_{in} \to v_{out}$):此关系将系统的“阻抗”传递函数定义为

$$v_{out} = Z \times i_{in} \quad \Rightarrow \quad Z \overset{\text{def}}{=} \frac{v_{out}}{i_{in}} \left[\frac{\text{V}}{\text{A}} \overset{\text{def}}{=} \Omega \right] \tag{2.3}$$

(4)($v_{in} \to i_{out}$):此关系将系统的“跨导”传递函数定义为

$$i_{out} = g_m \times v_{in} \quad \Rightarrow \quad g_m \overset{\text{def}}{=} \frac{1}{R} = \frac{i_{out}}{v_{in}} \left[\frac{\text{A}}{\text{V}} \overset{\text{def}}{=} \text{S} \right] \tag{2.4}$$

为了建立一个完整的系统模型,上述四个传递函数都是同等重要的。我们首先通过理论分析,然后通过实验确定这些 I/O 函数。因此,一个器件的最终模型通常是由理论参数和实验参数的混合创建的。一般来说,为了确定一个系统的传递函数,首先我们将一个输入激励源应用到一个可用的终端上,然后在其余的终端上收集输出数据。我们需要系统地选择一个终端作为"输入",另一个终端作为"输出",表征其 I/O 传输功能,然后继续选择另一对终端,直到所有组合都用尽。

在接下来的章节中,我们将会看到一些最典型的黑盒子实验"特征"以及与理想元素相关的模型。

2.2 双端模型

双端模型非常有用,因为 I/O 函数简单地用 I/O 变量表示"增益",即电压和电流,其中 I/O 函数可能是线性或非线性的。此外,还可以从时域和频域两方面研究输入输出函数。

2.2.1 理想的电阻

将数据拟合方法应用于实验数据,如图 2.1(a)所示,得到图 2.1(b)线性函数形式的解析模型。

$$V_{out} = a_1 I_{in} + a_0 \tag{2.5}$$

式中:a_1 和 a_0 系数由实验图的线性性质推导而来。

例 16:黑盒法

如果用 10μA 和 1V 绘制图 2.1(b) 中的传递函数,那么在这个黑盒子里可能隐藏着什么基本的电气元件?

解 16:在数学中,横轴表示输入变量,纵轴表示函数的实际值,即表示输出变量。该黑盒的传递函数是线性的,因此电压与电流之比或导数均为

$$R = \frac{\Delta V_{out}}{\Delta I_{in}} = \frac{V_{out}}{I_{in}} = \frac{1\text{V}}{10\mu\text{A}} = 100\text{k}\Omega$$

也就是说,黑盒子可能包含另一个完整的网络,但为了贴合黑盒子的设置目的,它可以看作一个简单的线性的 100kΩ 电阻。

2.2.2 理想的开关

假设实验设置如图 2.2(a)所示,由于其中一个端子接地,则 $V_{out} = V_{in}$。此外,实验产生了垂直或水平的线性响应,如图 2.2(b)所示,则可以得出结论,在黑盒中存在一个理想开关。为了得出这个结论,我们采用以下推理。

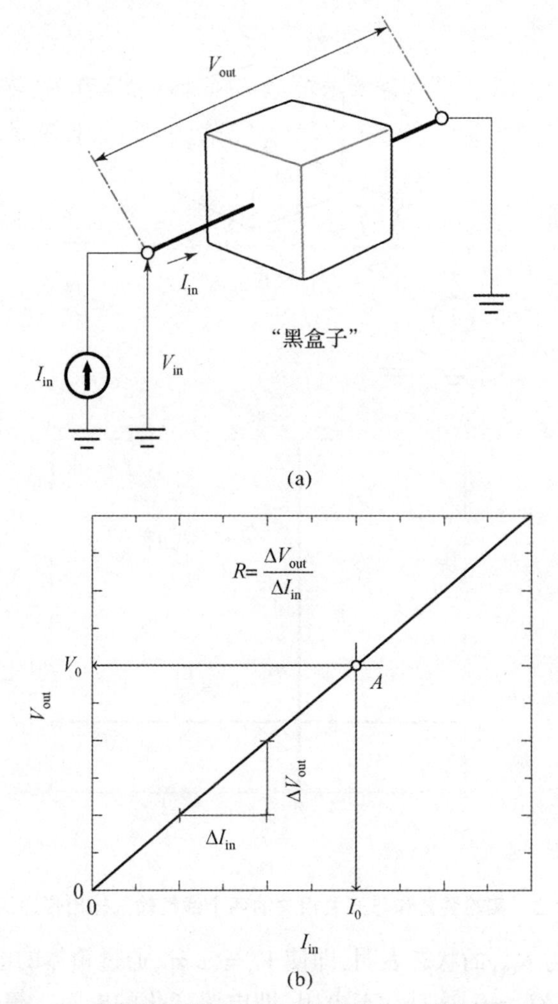

图2.1　"黑盒子"的概念及其理想的V/I线性传递函数

根据定义,电阻是黑盒子任意"输入"端电流与电位差的比值。在施加电流/电压测试激励后,我们发现两种不同的I/O关系:(a)I_{in}电流为零(无论电压V_{in}为多少);(b)电压V_{in}为零(不管多大的I_{in}电流进入盒子)。因此,这两个特性可以描述为在黑盒子的输入端与地之间感知到的输入电阻。在欧姆定律的形式中,我们把这两种状态描述为

$$R_{ON}=\frac{V_{out}}{I_{in}}=\frac{\Delta V_{out}}{\Delta I_{in}}=\frac{0}{I_{in}}=0\Omega \tag{2.6}$$

$$R_{OFF}=\frac{V_{out}}{I_{in}}=\frac{\Delta V_{out}}{\Delta I_{in}}=\frac{V_{out}}{0}=\infty\ \Omega \tag{2.7}$$

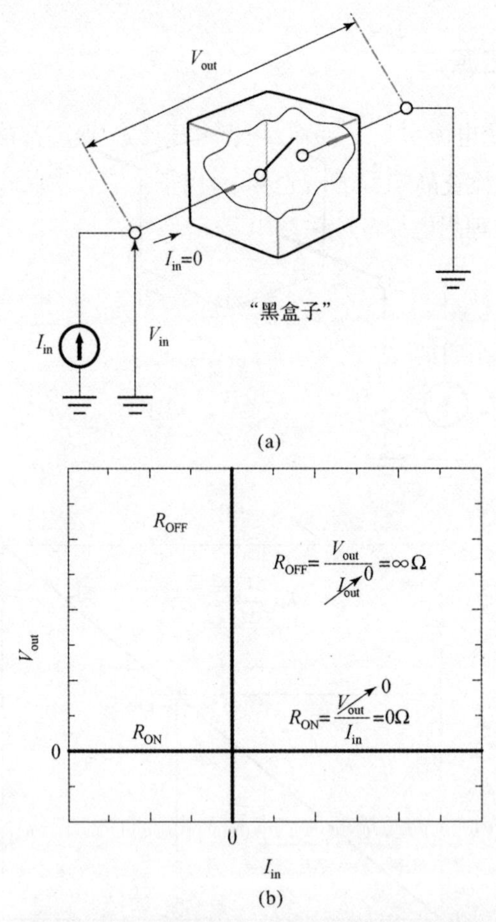

图 2.2　实验装置和与开关相关的两个线性输入输出传递函数

例如,表示为 R_{OFF} 的状态表明,即使 $V_{in}=\pm\infty$,通过箱体的电流也是零。此外,$I_{in}=\text{const.}\Rightarrow\Delta I_{in}=0$,这是动态电阻,即电流变化的电阻。等价的描述是说,黑盒子包含一个无限大的电阻。类似地,开关的第一种状态是两个端子的电压等于零,即 $V_{out}=0$,即使 $I_{in}=\pm\infty$。而且,因为 $V_{in}=\text{const.}\Rightarrow\Delta V_{in}=0$。它的动态阻力也等于0。也就是说,在这种状态下,即 R_{ON} 状态下,黑盒子的电阻为零,或者简单地说就是“短路”。

静态和动态电阻都表明盒子里有一个开关。由于存在两种不同的状态,双态开关的数学模型可以形式化为

$$R(\text{switch})=\begin{cases}0, V_{out}=0\\ \infty, I_{in}=0\end{cases}$$

在实践中,正如我们在下面的章节中所发现的那样,二极管的理想形式是充当一个电子开关,它可以阻挡或允许电流的流动。

2.2.3　理想电压源

根据定义，无论电流水平 I_{in} 如何，理想电压源 V_0 两端都能保持恒定电压，如图 2.3 所示。我们检查静态（当 V_0 恒定但 I_{in} 非常大）和动态（即输出电压的导数）响应，以计算与理想电压源相关的电阻

$$R_{V_0}=\frac{\Delta V_{out}}{\Delta I_{in}}=\frac{0}{\Delta I_{in}}=0\Omega \tag{2.8}$$

或者在极端静态的情况下

$$R_{V_0}=\frac{V_0}{I_{in}}=\frac{V_0}{\infty}=0\Omega \tag{2.9}$$

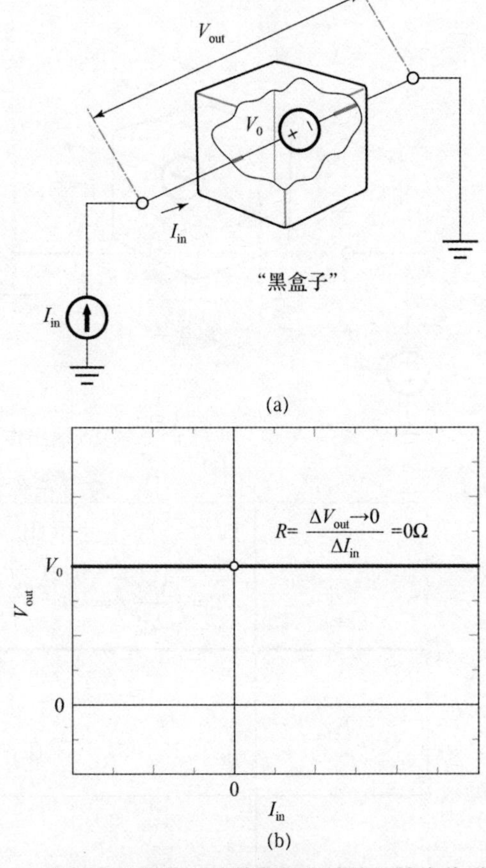

图 2.3　理想电压源的实验装置和线性输入输出传递函数

式(2.8)和式(2.9)揭示了其重要特性：电压源的静态和动态电阻均为零。此外，与闭合开关相反，还有一种“内部能量”，即使 $I_{in}=+\infty$，也能保持恒定的

(即 $\Delta V_0 = 0$)非零 V_0 电平。然而,在特殊情况下,当 $V_0 = 0\text{V}$ 时,内部电压源与闭合开关(或短路)是不可区分的。

2.2.4 理想电流源

在图 2.4 的实验设置中,我们可以写出 $V_{out} = V_{in}, I_{out} = I_{in}$,揭示了黑盒中的另一种能量来源。这一次,我们发现即使 $V_{in} = +\infty$ 也会使 $I_{out} = \text{const.} \Rightarrow \Delta I_{out} = 0$,它是静态的(当 $I_{out} = I_0 = \text{const.}$ 和 $V_{out} \to +\infty$)和动态(即 $\Delta I_{out} = 0$)电阻,因此

$$R_{I_0} = \frac{V_{out}}{I_0} = \frac{\infty}{I_0} = \infty\ \Omega \tag{2.10}$$

$$R_{I_0} = \frac{\Delta V_{out}}{\Delta I_{in}} = \frac{\Delta V_{out}}{0} = \infty\ \Omega \tag{2.11}$$

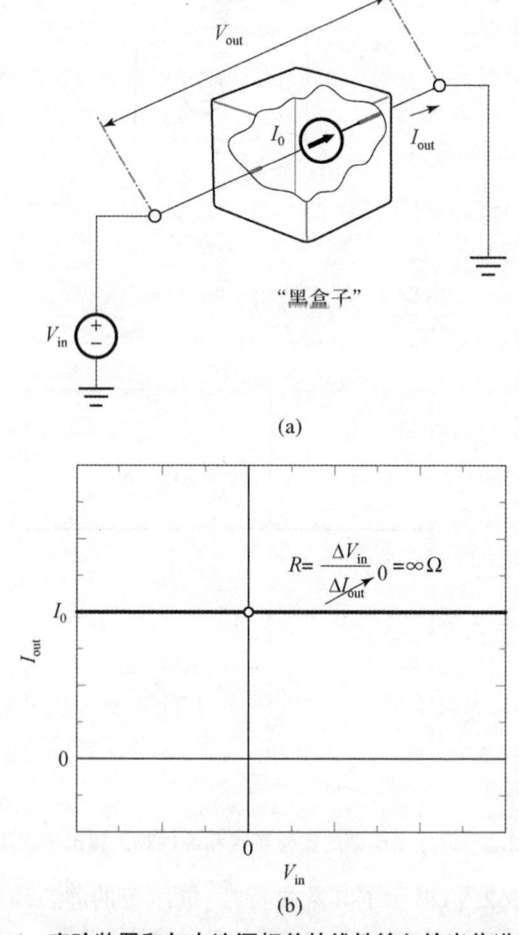

图 2.4 实验装置和与电流源相关的线性输入输出传递函数

我们注意到与开关打开情况(其电阻也可以是无限的)的不同之处在于,此时电流水平不是零,从而表明内部有能量来源,这不是开关的特性。然而,在 $I_0=0A$ 的特殊情况下,不可能进行这种区分。综上所述,在黑盒端存在无限电阻且有非零恒流表明存在电流源。

一般来说,所有这三个理想元素都能够处理“无限”的功率场景,正如 $P=VI$ 所揭示的那样,当两个变量中的任何一个被允许取无穷大的值时,这在实际的情况下是不可能的。然而,这些理想模型在电路分析中广泛使用,因为它们代表了“包络”的情况,即极限情况。此外,“包络”分析简化了电路的复杂性,使手工分析电路成为可能。

2.2.5　电压/电流源

图2.5(b)中,传递函数不越过图形原点(0,0),这表明,黑盒子不仅包含一个电阻 R_t(非垂直非水平线性函数),而且存在一个内部源,可以是戴维宁或诺顿类型。根据内阻线性传递函数的斜率推导出内阻,根据两种模型的等效性确定内部源的类型。因此,可以将戴维宁/诺顿内部源推导为电阻与理想电压/电流源的线性叠加。

除了已经介绍过的理想电压/电流源之外,还有一种特殊类型的理想电压或电流源广泛用于有源电路模型,这组源称为电压/电流受控源,如图2.6所示。共有四种类型,两个由电压控制、两个由电流控制:电压控制电压源(VCVS)、电压控制电流源(VCCS)、电流控制电压源(CCVS)和电流控制电流源(CCCS),控制电压或电流的基准 i_{IN} 和 v_{IN} 在给定电路的其他地方。输入/输出乘以常数(即增益)的物理量纲取决于输入输出变量的物理量纲,因此定义四种增益类型:电压控制电压(A_v)、电压控制电流(g_m)、电流控制电压(R)和电流控制电流(A_i)。为了从视觉上区分这组受控源和独立源,大多数教科书使用菱形符号,而不是传统的圆形符号,如图2.6所示。

2.2.6　理想模型综述

如2.1节所示,黑盒模型对于理解任何系统的基本功能都非常实用。考虑到内部阻抗,同时“观察”终端参数大大简化了整体分析过程。综上所述,图2.7列举了这些主要理想模型。

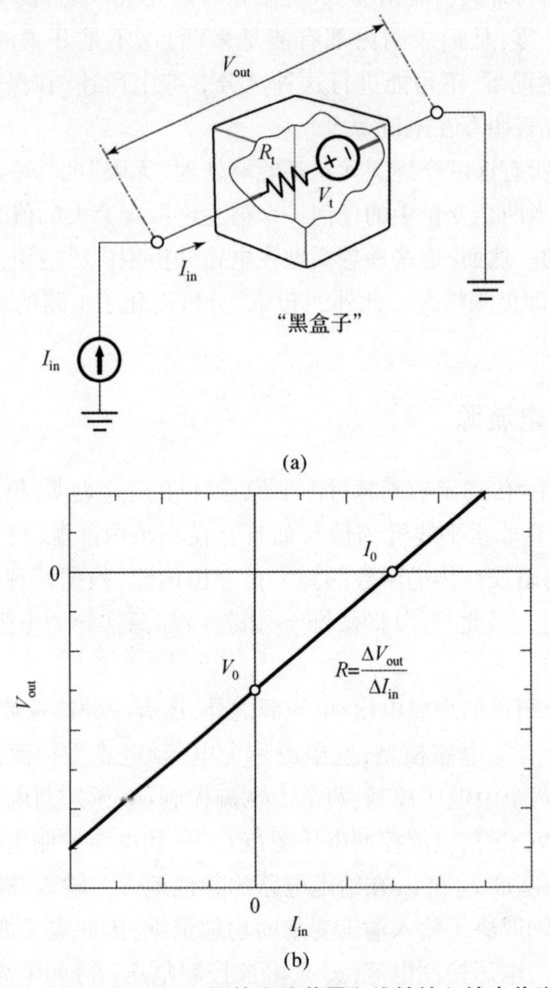

图 2.5 Thévenin/Norton 源的实验装置和线性输入输出传递函数

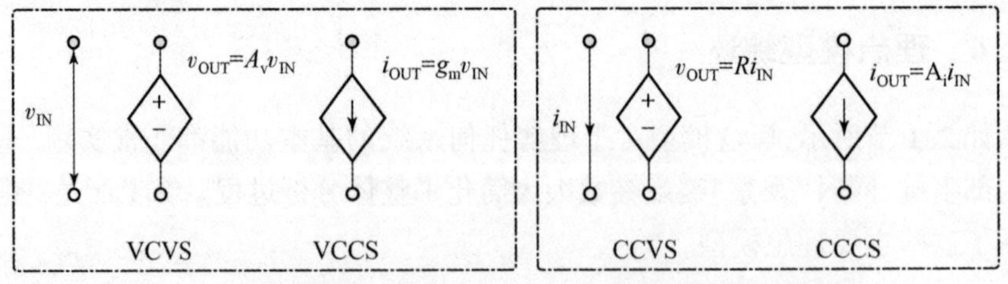

图 2.6 电压控制电压源(VCVS)、电压控制电流源(VCCS)、电流控制电压源(CCVS)、电流控制电流源(CCCS)符号

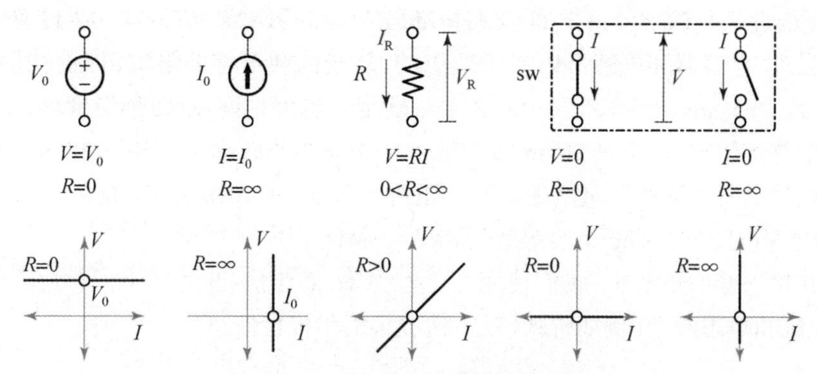

图 2.7　理想元素及其转移特性概述

2.3　阻抗

从工程师的角度分析，在通用电子学(如射频电子学、微电子学等)派生出的任何专题中，“阻抗”是控制任何电路的发展和功能的关键变量之一。

根据定义，阻抗 Z 视为电子学中两个基本变量之间的增益(即乘法)因子：电流(I)和电压(V)，如图 2.8 所示，由欧姆定律形式化：

$$V = ZI \tag{2.12}$$

“阻抗”依赖于频率，而“电阻”与频率无关，这是一个公认的惯例，两者都由式(2.12)定义。因此，电路理论中使用的三个基本电路元件(电阻 R、电容 C 和电感 L)以及任何一般的“黑盒”，其特征都是其电流对电压的增益特性，即：它的阻抗。因此，从广义上讲，所有的阻抗都可以分为两类，要么取决于频率(“复数”)，要么不取决于频率(“实数”)。对于实数的电阻，即频率无关元件，用电阻 R 表示；而对于电感器 X_L 或电容器 X_C 在给定频率 ω 处的等效电阻，用电抗表示，这是公认的惯例。

根据定义，“电抗”只能用复数 $Z = \Re + j\Im$ 的虚部项“$j\Im$”(包括 $j = \sqrt{-1}$部分，它在复数表示法中代表相位)。根据同样的惯例，例如，电阻与电容或电感的串行组合被称为阻抗 Z。任何阻抗的两个重要参数是其绝对值 $|Z(\omega)|$ 和参数 $\phi(\omega)$(也称为相位)，其中弧度频率 $\omega = 2\pi f$，单位为 rad/s。在复平面中，实轴和虚轴设为 $\pi/2$ 角，利用勾股定理和三角恒等式计算复数的模值和辐角[①]。目前，我们注意到 L/R 比和 RC 乘积都有时间维度。

考虑到这些定义，应该注意到电阻可以被视为理想的、真实的和固定的

---

① 参见附录 C 中复数的模块和阶段的定义。

阻抗(因此,其 $\Im(Z_R)=0$,即其相位 $\phi(Z_R)=0$),而"R"值是唯一要设置的变量。另外,电容器和电感可以视为理想的、复杂的和可控的阻抗(因此,其相位由 $\phi(Z_{L,C})=\arctan[\Im(Z_{L,C})/\Re(Z_{L,C})]$确定。也就是说,有两个变量可以控制它们的整体阻抗,一个是"L"或"C"值,另一个是工作频率 ω。因此,相同的复分量对信号的每个频率分量呈现不同的阻抗。例如,在 20Hz ~ 20kHz 的音频频率范围内,相同的 $C=1\text{nF}$ 电容等效为 8kΩ ~ 8MΩ。

在接下来的章节中,我们使用"黑盒"方法来评估(R,L,C)电子元件在直流、交流和瞬态激励(例如阶跃信号)情况下的阻抗特性。

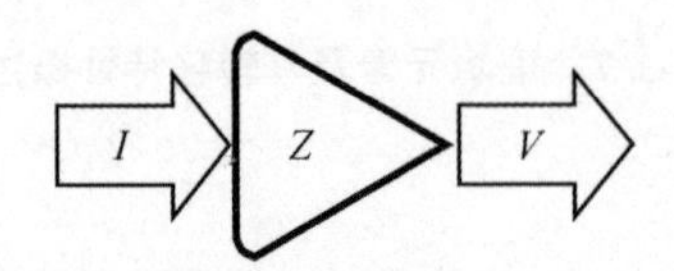

图 2.8　阻抗的功能模型看作增益为 Z 的电流电压放大器

2.3.1　线性电阻

不用考虑黑盒子内部情况,线性电阻在电压 - 电流图中通过电流 $I_{in}=I_R$ 激励输入端,读取电压 $V_{out}=V_R$ 产生的线性"特征"来识别,如图 2.9 所示。我们注意到,根据定义,它的传递函数必须通过(0,0)点,因为如果没有电流流过电阻(即 $I_R=0$)在其端子处不可能产生电压,因为 $V_R=I_R\times \text{R}$。如图 2.9 所示的几个传递函数中,$R_1 \sim R_5$,我们注意到两个不同的情况,R_1(水平)和 R_5(垂直),可以认为这是开/闭开关(即零电阻短接或无限电阻)。线性、非零、非无限电阻的传递函数类似于 $R_2 \sim R_4$。

2.3.1.1　带有电阻的电路的直流状态

线性电阻与电压/电流源及开关,是阻抗 Z_R 与频率无关的元件,即

$$Z_R=R\neq f(\omega)\Rightarrow R\in\mathbb{R}\,,\quad \angle Z_R=0° \tag{2.13}$$

众所周知,真正的电阻是唯一产生热量的元件。理想电阻的电阻 R 是一种线性器件,根据欧姆定律(2.12),其两端的电压 V_R 和电流 I_R 成正比

$$V_R=Z_RI_R=RI_R \tag{2.14}$$

式中:电阻 $Z_R=R$ 为比例常数,如图 2.9 所示。

换句话说,线性电阻的主要功能是在其两端产生与流过的电流成比例的电压差。一个理想的电阻元件能够吸收无限多的能量。它的内部电流和/或电压可以提高到无穷大)。值得注意的是,式(2.14)不包括频率 ω 变量,这意味着理想电阻是一个频率无关的分量。

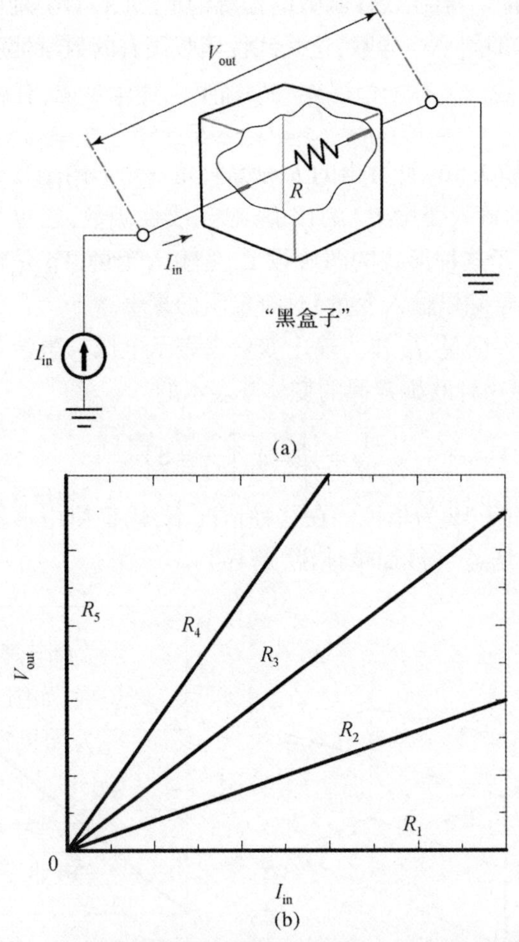

图 2.9　实验装置和线性电阻相关的线性输入输出传递函数

实际的电阻是用一种特定材料制成的,例如金属或半导体,其几何特性控制直流电流的整体电阻,如图 2.10(a)所示

$$R_{DC} = \rho \frac{l}{S} = \frac{1}{\sigma} \frac{l}{S} \tag{2.15}$$

式中　R_{DC}——直流导线电阻;

l——导线长度;

ρ——金属电阻常数,$\rho = 1/\sigma$;

σ——金属电导率常数;

S——导线截面积(对于半径为 a 的圆导线,$S = \pi a^2$)。

因此,超过一定的内部功率会导致真实电阻过热并永久损坏。

输入电流 I_R 与输出电压 V_R 之间的静态关系是线性函数,如图 2.10(b)所示,即为“线性电阻”。当在线性函数的任意给定点(A)计算时,电压电流比给出相同的“增益”值(即斜率或导数,这是线性函数固有的数学性质),即

$$R = \frac{V_0}{I_0} = \frac{dV}{dI} \tag{2.16}$$

几何解释为式(2.16)计算出的 R 只是直角三角形的竖直方向(即输出变量 V_0)与水平方向(即输入变量 I_0)的比值,对于线性函数,它也是一阶导数,如图 2.10(b)所示。由于这种形式的图假设 I_R 是输入变量,V_R 是输出变量,因此它们的比率(输出变量除以输入变量)具有电阻的量纲。

用 V_R 作为输入变量、I_R 作为输出变量来表示电压-电流关系也同样方便,图 2.10(b)就是用这种欧姆定律的变体来表示的

$$\frac{1}{R} = \frac{I_0}{V_0} \stackrel{\text{def}}{=} g_m \left[\frac{1}{\Omega} \stackrel{\text{def}}{=} \text{S} \right] \tag{2.17}$$

式中:电导以“西门子”S 为单位。在这种情况下,代替使用术语“电压到电流增益”,我们说“跨导增益”(或简单地说“跨导”)。

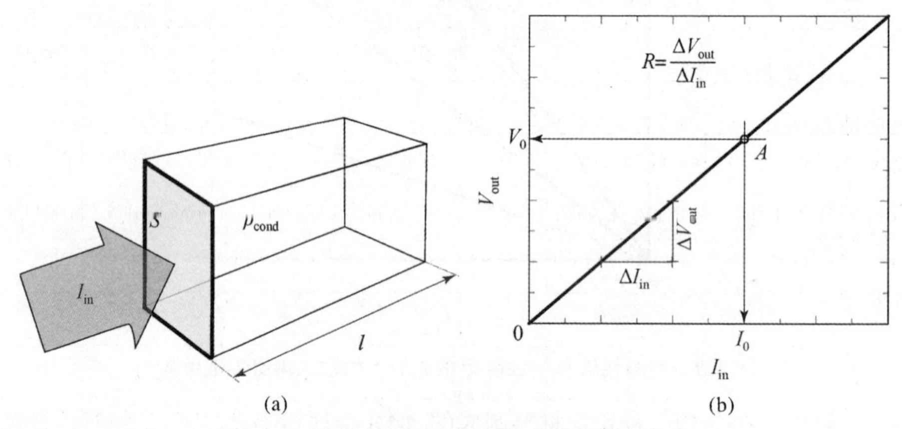

图 2.10　薄片材料的几何形状决定了整体电阻

2.3.1.2　有电阻器的交流稳态电路

与输入输出变量不是时间函数的直流静态关系不同,动态(或交流)电压-电流关系是通过正弦激励来研究的。正弦电压发生器与纯电阻负载的并联如图 2.11(a)所示。

很明显,在任何给定的时间点上,输出和输入正弦振幅的比值必须给出一个正弦波和正弦波的比值,因为它仍然遵循式(2.12)。然而,这一次,有另一个信息需要观察。电压与电流之间的相位差(即延时)为零,如图 2.11 所示,这与实际函数的期望值一致。

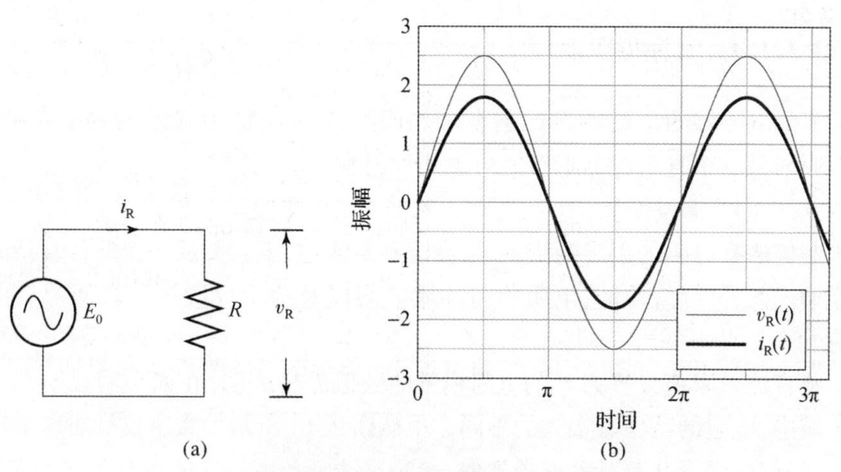

图 2.11　纯电阻负载和正弦电压发生器的电路示意图及对应的电压 – 电流时域图(见彩图)

2.3.1.3　瞬态电阻电流

除了静态(即直流)和稳态(交流)响应外,表征电阻器对“阶跃函数”激励的响应也很重要,我们的目标是找出在 I_R 激励之后 V_R 的生成速度是否有一定的限制。

由于式(2.14)不包含时间变量(即 ω),因此,在理想电阻的情况下,无论输入电流的变化有多快,输出电压之间不应该有任何时间延迟。图 2.12(b)中,数值模拟清楚地证实了阶跃输入电流立即产生阶跃输出电压的情况。

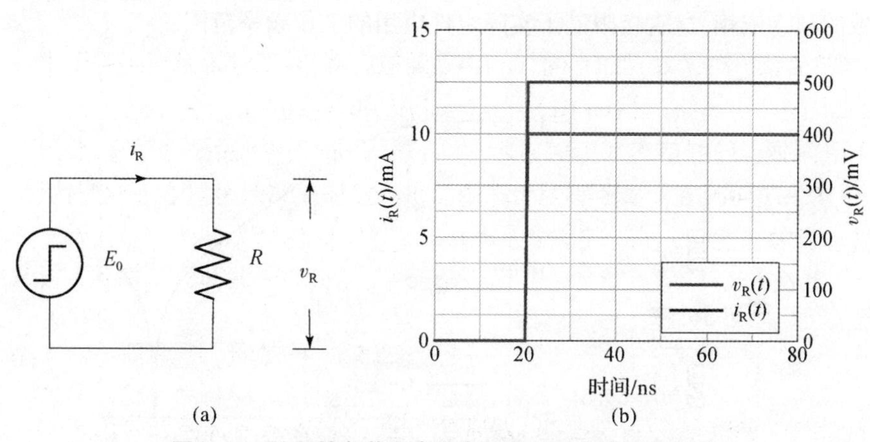

图 2.12　纯阻性负载和步进电压发生器电路示意图及对应的电压 – 电流时域图

2.3.1.4 实际电阻器

实际电阻器的电气特性比基本理想模型式(2.14)所显示的要复杂得多。主要原因是一个真正的电阻器使用了几种材料,每一种材料具有不同的电导率常数 σ,不同的温度系数(TC),等等。在现实中,即使是一根简单的电线,通常用来制作通孔电阻的引脚端子,一旦交流开始流过,就会变成一个非常复杂的等效模型。此外,导线匝间、电阻体与环境之间以及两个导线端子之间都有电容效应。

将直流电阻值设置为 R 的电阻模型的数值分析表明,在四个明显不同的频率区域中,电阻的特性有很大的不同。虽然图2.13所示的数字仅针对这个特定的例子,但曲线形状与其他例子类似。

(1)直流到7MHz:在这个频率区域,电阻是主导且恒定的。注意电阻器的值随频率的增加变化不大,即 $|Z| \approx R \neq f(\omega)$。

(2)20MHz~1GHz:在这个频率区域,电容性特性占主导地位,这可以通过阻抗振幅的线性下降(对数尺度)来说明。它与电容阻抗特性一致(电容阻抗与频率成反比)。

(3)接近3GHz:一个狭窄的尖锐区域是任何物理对象的一个非常重要的属性。现在,我们只把最小点的频率记为"自共振"频率(见第10章)。

(4)3GHz以上:在非常高的频率下,感性特性最为突出,其特征是阻抗振幅随着频率的增加线性增加,这是理想电感器的典型特征。

这个例子说明了实际组件特性的复杂性,这是由于它们内部的寄生参数所导致的频率依赖,这直接限制了实际组件应用的工作频率范围。

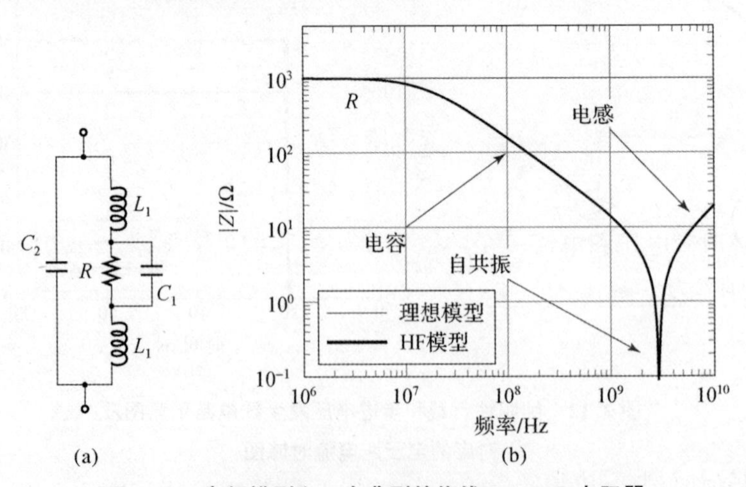

图2.13 高频模型和一个典型的绕线 $R=1\text{k}\Omega$ 电阻器

2.3.2 非线性电阻

式(2.14)给出的线性电阻的定义基本形式仅适用于电压与电流导数在任意点恒定的理想线性电阻元件(图2.14(a));在此条件下,直接使用式(2.14)就足够了。也就是说,用恒压V_0和恒流I_0的简单除法来计算电阻时,称为"直流电阻"。因此,图2.14(a)任意点(A,B,C)的电阻计算可表示为

$$R_{\mathrm{DC}}=\frac{V_0}{I_0}=\frac{V_{\mathrm{A}}}{I_{\mathrm{A}}}=\frac{V_{\mathrm{B}}}{I_{\mathrm{B}}}=\frac{V_{\mathrm{C}}}{I_{\mathrm{C}}}=\left.\frac{\mathrm{d}V_0}{\mathrm{d}I_0}\right|_{(A,B,C)}\geqslant 0 \tag{2.18}$$

无论是否使用简单的比率或导数来计算相关的电阻,都能给出相同的正的R_{DC}值。然而,电阻在电阻端子处的电压-电流关系是固有的非线性的,如图2.14(b)所示。因此,与电流变化相对应的电压变化会产生逐点电阻值的不同。

因此,有两种方法来计算在任何给定的电压-电流点的电阻:(a)"静态"或"直流"电阻,即V/I;(b)"动态/微变"或"交流"电阻,即在给定的点(A,B,C)求导数,也称为"偏置点"。对于非线性函数,这两种计算产生了非常不同的电阻,如图2.14所示。

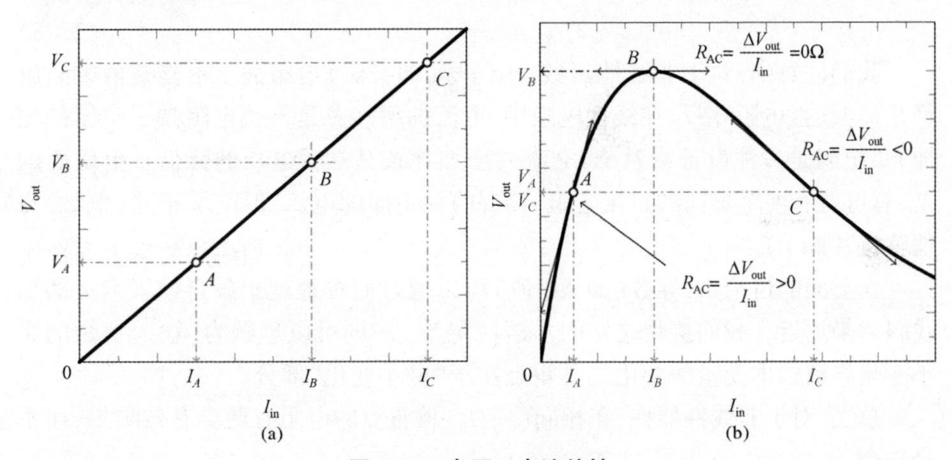

图2.14 电压-电流特性

(a)线性单元;(b)非线性单元。

描述时变电压和电流关系的欧姆定律的三种可能形式之一,常用来推导"交流电阻"为

$$v(t)=i(t)R\Rightarrow R=\frac{v(t)}{i(t)} \tag{2.19}$$

$$R_{\mathrm{AC}}\overset{\mathrm{def}}{=}\lim_{\Delta\to 0}\frac{\Delta v}{\Delta i}=\left.\frac{\mathrm{d}v}{\mathrm{d}i}\right|_{(V_0,I_0)} \tag{2.20}$$

在任何时刻,它应该解释为只在一个特定的电压-电流偏置点(V_0,I_0)有

效。让我们来看看三种可能的偏置点类型,如图 2.14(b)所示,使用图中标记的相对单位。

(1)点 A:直流和交流电阻

$$R_{DC}\big|_A=\frac{V_A}{I_A}\approx\frac{3.5}{0.5}\approx 7>0;R_{AC}\big|_A=\frac{dV_0}{dI_0}\bigg|_A\approx\frac{\Delta V_0}{\Delta I_0}\bigg|_A\approx\frac{4}{1}\approx 4>0 \quad (2.21)$$

式中:在第一次逼近时,沿切线求导数,如图 2.14(b)所示。两个结果 R_{DC} 和 R_{AC} 可能有太大的不同,也可能没有太大的不同,但是它们肯定都是有效的值。

(2)点 B:同理,直流和交流电阻的计算公式为

$$R_{DC}\big|_B=\frac{V_B}{I_B}=\frac{3}{2}=3>0;R_{AC}\big|_B=\frac{dV_0}{dI_0}\bigg|_B=\frac{0}{dI_0}\bigg|_B=0 \quad (2.22)$$

式中:在第一次近似中,$R_{DC}>0$,同时 $R_{AC}=0$,因为在 B 点,电压是恒定的,电流变化相对较小(切线是水平的)。也就是说,在这个偏置点 B,一个小的交流输入信号根本察觉不到电阻。

(3)点 C:在偏置点 C,两个电阻的计算公式为

$$R_{DC}\big|_C=\frac{V_C}{I_C}\approx\frac{3.5}{5}=0.7>0;\ R_{AC}\big|_C=\frac{dV_0}{dI_0}\bigg|_C\approx\frac{\Delta V_0}{\Delta I_0}\bigg|_C\approx\frac{3}{-3}\approx -1<0 \quad (2.23)$$

我们注意到,对于非线性函数,小信号(即交流)电阻甚至可能是负的。解释是(与线性电阻相反,在线性电阻中,电流的增加总是导致电阻端子电压的增加)负电阻是一种设备或系统,电流的增加导致其端子电压的降低。更重要的是,有可能有两个不同的直流电阻,具有两种不同的电流,但电压相同(例如,在偏置点 A 和 C)。

在上面的讨论中,导数(即 AC 值)可以通过简单地观察各自偏置点上的切线斜率来逼近。我们接受这样的术语:“导数”一词可以理解为“输入变量的微小变化导致输出变量的变化”,其重点在于“微小变化”部分。

总之,对于非线性器件,在相同(V_0,I_0)偏置点的电阻有两个有效结果,而不是一个。

$$R_{DC}=\frac{V_0}{I_0}$$
$$R_{AC}=\frac{dv}{di}\bigg|_{(V_0,I_0)} \quad (2.24)$$

因此,非线性器件需要指定相应的交流和直流电阻,如二极管和晶体管。

2.3.2.1 电阻性负载中耗散的功率

在本节中,我们将根据电阻性负载的电压-电流-功率关系,回顾其功耗情

况,如图2.15所示。由于交流信号的数学描述为正弦函数,且随时间不断变化,利用其均方根值来量化源和负载之间的能量传递是很方便的。我们已经知道(1.5.1节),功率是电压和电流乘积的产物。在同一节中,式(1.54)表明电压和电流波形之间的相位差是一个重要的因素。通过观察式(2.14),我们注意到电阻本身并没有频率相关的分量,因此在端子处测量到的电压 v_R 和电流 i_R 一定是同相的,如图2.15(b)所示。重要的是要注意①:

(1)因为通过电阻的电压和电流是同相的,即在半个周期内两者都是正的,在另外半个周期内两者都是负的,功率总是正的(它总是从源流入电阻并转化为热)。

(2)功率周期是信号周期的一半。

(3)即使电压和电流的平均值为零,平均功率在其最小值和峰值之间。

有效直流电压 E 就是通常所说的交流峰值电压 V_m 的"RMS"值(均方差值)。对于正弦波同样是取电流峰值的 $1/\sqrt{2}$,RMS功率可表示为

$$P_{rms} = \frac{1}{\sqrt{2}}V_m \times \frac{1}{\sqrt{2}}I_m = \frac{1}{2}V_m I_m \tag{2.25}$$

总之,因为平均值的平方并不总是等于平方的平均值,平均值和RMS值并不总是相等的。

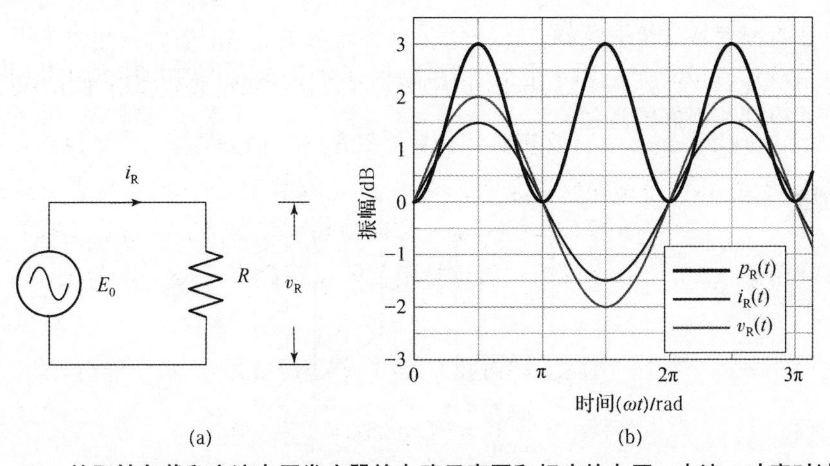

图2.15　纯阻性负载和交流电压发生器的电路示意图和相应的电压-电流-功率时域图(在这个特殊的例子中,$E_0(t)=2\sin(\omega t)=v_R$ V,$i_R=1.5\sin(\omega t)$ mA)(见彩图)

例17:交流电源耗散在电阻上,参照图2.15,假设以下数据:$v(t)=2\sin(\omega t)$ V,$i(t)=1.5\sin(\omega t)$ mA。计算:(1)电阻的平均功耗;(2)它的阻值;(3)产生与(1)中计算的平均功率相同功率水平的等效直流电压。

① 提示:$a\sin(x) \times b\sin x = \frac{ab}{2}(1-\cos(2x))$。

解 17:

(1)峰值功率 $P_m = V_m I_m = 2V \times 1.5mA = 3mW$,因此平均功率为 $(3mW + 0mW)/2 = 1.5mW$。

(2)任意时刻的电阻值为:$R = v(t)/i(t) = 2V/1.5mA = 1.333k\Omega$。

(3)产生与平均功率相等的功率电平所需的等效直流电压 V 为 $V = \sqrt{PR} = \sqrt{1.5mW} \times 1.333k\Omega = 1.414V$。

2.3.3 电容器

作为一种物理元件,最常用的电容形状是平行板电容器,它由两片薄金属片组成,中间夹有薄绝缘层,如图 2.16 所示。

与式(2.15)相似,平行平板电容器的几何性质与其电容的关系为

$$C = \varepsilon \frac{S}{d} = \varepsilon_0 \varepsilon_r \frac{S}{d} \tag{2.26}$$

式中 C——电容,与两块导电板的重叠表面积 S 成正比,与绝缘层的介电常数 $\varepsilon = \varepsilon_0 \varepsilon_r$ 成正比,与板间分离距离 d 成反比,如图 2.16 所示;

ε_r——绝缘材料的相对介电常数;

ε_0——真空介电常数。

虽然式(2.26)只适用于平板电容器,但许多其他形状的电容也可以用相同的公式得到相当好的近似。

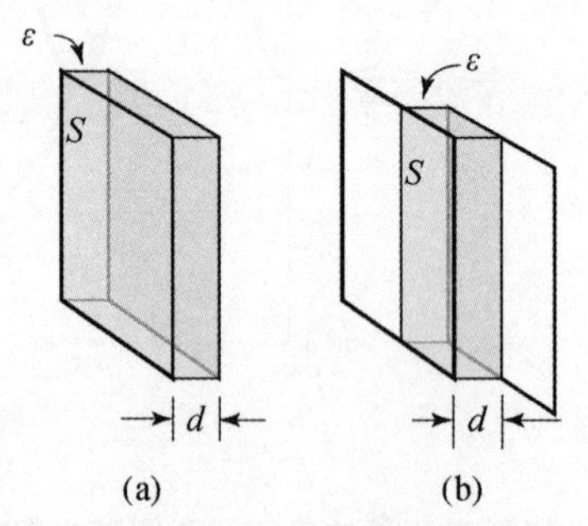

图 2.16 平行极板电容器 C_1 和部分重叠极板产生 C_2,因此 $C_2 < C_1$。

2.3.3.1 电容

电容器的主要特性是它可以将电荷储存在极板上,并作为临时能源(与电压电池相同)。这就是为什么电容器也被称为“能量存储设备”,能量存储在其内部电场中。我们将电容 C 定义为比例(即增益)常数,它定义了在两个物体之

间产生 $V=1\text{V}$ 电位差所需的电子总数 Q。即

$$Q \overset{\text{def}}{=} C \times V \tag{2.27}$$

只要两个物体之间的物理距离为 d,电荷 Q 和电位 V 就保持不变,换句话说,两个平板之间不存在直流电路。

2.3.3.2　容抗

回想电流 $i(t)$ 定义为电荷相对于时间的变化,即在数学上等价于式(2.27)的一阶导数,即

$$i(t) \overset{\text{def}}{=} \frac{d}{\text{d}t}Q = C\frac{\text{d}v(t)}{\text{d}t} \tag{2.28}$$

因此,电容 C 的一般定义为瞬时电流 $i(t)$ 与电压随时间的变化 $\text{d}v(t)/\text{d}t$ 的比例常数。换句话说,时间变化是电容的固有性质。

(1)直流情况:在无电压变化时,即在电容端子处 $v_C(t)=\text{const.}$ 则式(2.28)中 $\text{d}v/\text{d}t=0$ 项变为零,因此电容电流 $i_C=C\times 0=0$ 必须为零。因此,我们得出结论,一旦充电过程结束,终端电压稳定,电容器不允许直流电流通过(由恒压引起),这等于说电容的直流电阻是无限大的。

$$Z_C(\text{DC}) = \frac{v_C}{i_C} = \frac{v_C}{0} = \infty \tag{2.29}$$

(2)交流情况:电容电压随正弦函数周期性变化时称为稳态。稳态信号的变化速率为弧度频率,如式(1.15)所示,即 $\omega=2\pi/T$,因此电容的最大电压 V_m 随相同的速率变化。在数学上,我们定义周期电压为 $v_C(t)=V_m\cos\omega t$,我们可以将式(2.28)改写为

$$\begin{aligned} i_C(\omega t) &= C\frac{\text{d}}{\text{d}t}v_C(\omega t) = C\frac{\text{d}}{\text{d}t}V_m\cos\omega t = \omega C V_m(-\sin\omega t) \\ &= \omega C V_m \cos\left(\omega t + \frac{\pi}{2}\right) \\ &= \omega C \underbrace{v_C\left(\omega t + \frac{\pi}{2}\right)}_{\text{延迟}\frac{\pi}{2}} \end{aligned} \tag{2.30}$$

我们从复数角度考虑,一个实函数延迟 $\pi/2$ 与该函数在复平面上沿 $\pi/2$ 向 j 方向旋转的结果是一样的,因此我们写

$$I_C = \omega C \text{j} V_C$$

$$Z_C(\text{j}\omega) \overset{\text{def}}{=} \frac{\dot{V}_C}{\dot{I}_C} = \frac{1}{\text{j}\,\omega C} = -\text{j}\frac{1}{\omega C}\Omega \tag{2.31}$$

式中:大写字母表示稳态变量(即复数“相量”)。

由式(2.31)可知,电容抗 $Z_C(j\omega)$ 的值与频率成反比,从直流电阻值无穷大开始,随着频率的增加趋于零。此外,由于 $-j$ 因子,因此,式(2.31)中电压和电流分量之间的相位差为 $-\pi/2$。

绝缘层具有无限电阻的最初假设是抽象的,在现实中当然是不可能实现的。然而,好的绝缘体可以很好地阻挡直流电流,这使得电容器的漏电流可以忽略不计。因此,当漏电流接近于零时,一个良好的充电电容器可以保持它的电荷很长一段时间。

例 18:电容阻抗 $Z_C(j\omega)$

为了说明电容阻抗 Z_C 是相对于频率的量,计算一个 $C=159\text{pF}$ 电容在以下频率的阻抗:1Hz、100Hz、10kHz、1MHz、100MHz 和 1GHz。

解 18:直接套用式(2.31)得到 $|Z_C|=1/2\pi fC$,因此将该电容器阻抗($f\to Z_C$)对的频率写成:(1Hz→1GΩ)、(100Hz→10MΩ)、(10kHz→100kΩ)、(1MHz→1kΩ)、(100MHz→10Ω)、(1GHz→1Ω)。

2.3.3.3 电容器的高频模型

由于真实的介电材料是有损耗的,也就是说在所有条件下都有一个小的电流流动,即真实的电容绝缘子是漏电的,因此绝缘材料的有限电阻的计算方法与任何其他电阻材料相同,均可使用式(2.15)。这种寄生电阻可以认为是与理想电容并联的(实际上它提供了电容端子之间的直流路径)。

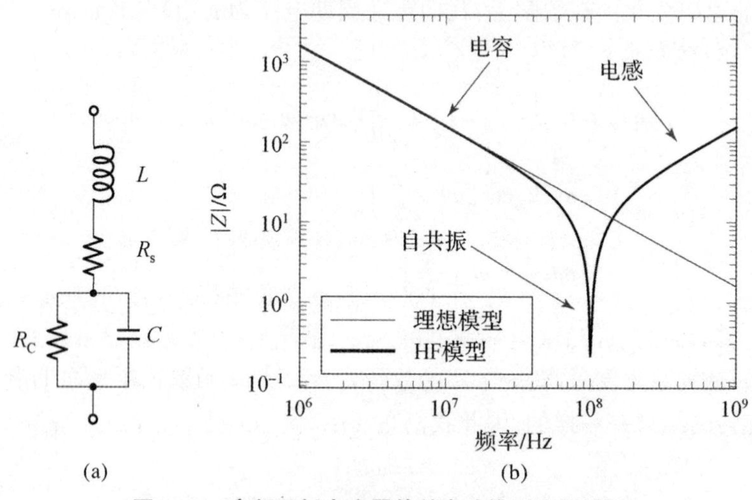

图 2.17 高频平板电容器等效电路模型及频域图

因此,实际电容器对应的等效电路包括所需电容 C、引线的寄生串联电阻 R_s 和电感 L 以及介质损耗电阻 R_C,如图 2.17(a)所示。计算出真实电容 Z_{Cr} 的总阻抗为

$$Z_{Cr} = (R_s + j\omega L) + \frac{1}{G_C + j\omega C} \tag{2.32}$$

与真实的电阻类似,图 2.17(a)中对真实电容模型的数值分析表明,存在两个明显不同的频率区域,其电容的特性截然不同。为了便于比较,理想电容器的阻抗幅值显示在同一图中。虽然用于创建图 2.17(b)的数值仅针对这个特定的示例,但其曲线形状也与其他示例类似。

(1)30MHz 以下:在这个频率区域内,可以实现预期的功能,即电容,能够紧跟理想电容的功能,也就是说寄生元件可以忽略不计。

(2)30MHz ~ 200MHz:在大约 100MHz 的自谐振频率下,真实电容的谐振特性清晰可见。

(3)在 100MHz 以上:在这个频率区域,寄生电感占主导,将这个电容变成一个电感,期望的电容功能完全消失。

这个例子说明了实际电容元件在频域特性的复杂性,因为它们的内部寄生限制了工作的有用频率范围。

2.3.3.4　电容电路的交流稳态特性

正弦信号发生器与纯容性负载的并联电路如图 2.18(a)所示。在本节中,我们将从交流电压 - 电流关系的角度来研究这类电路的特性。

式(2.8)虽然看起来非常普通,但对于理解图 2.18 中的电压 - 电流关系是非常重要的,因为它表明通过电容的交流电流取决于电压的变化率,即它对时间的一阶导数。在图 2.18 的电压波形开始时,即在 $t=0$,电容器放电完毕,根据式(2.28),电压 v_C 也必须为零。但此时电压变化率最高,也就是说,根据式(2.28),对应的电流 i_C 一定取得最大值。

沿电压波形移动,例如在 $t=\pi/2$ 处,其值为最大值(即其导数为零),因此电压变化率为零。因此,相应的电流 i_C 也必须为零,这正是图 2.18(b)所显示的。一旦对所有时间点进行了这类分析,得到的结论是,电流波形也为正弦形状,但它是存在相位差的,即超前电压波形 90°。这种"超前"的措辞常常是混淆的来源,因为读者可能提出这样的问题:"电流怎么可能提前四分之一周期知道它的值?"不,它不知道。在任何给定的时间点,电流值与相应电压值的瞬时变化率成正比,而不是提前四分之一周期的实际电压值。这种电压 - 电流关系通常被描述为"电流引导电压 90°相位"。

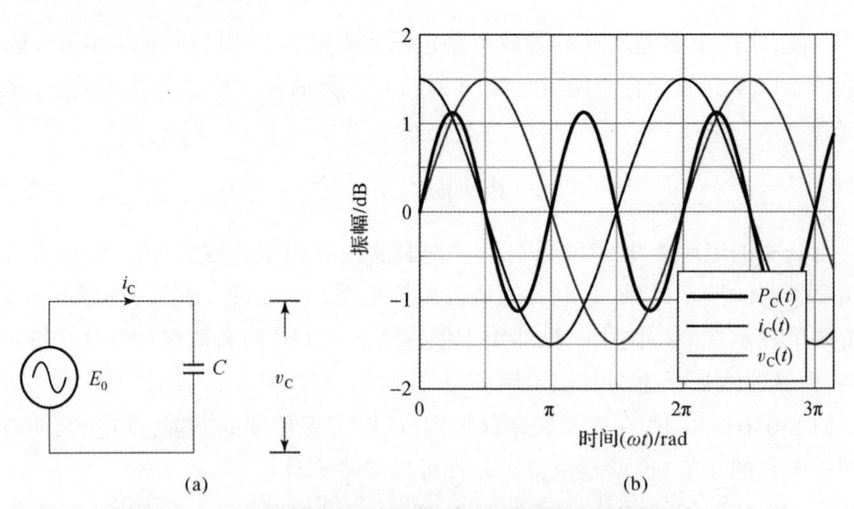

图2.18　纯容性负载和交流电压发生器的电路示意图及对应的电压－电流－功率时域图示例(见彩图)

对于图2.18中的具体数值例子,重要的观察点是

(1)由于通过电容的电压和电流是非同相的,功率从正的最大值经过零到负的最大值,然后再变化回来。它的波形也遵循一个正弦形状。这意味着,在一半的周期中,功率从电源流入电容,并以电场的形式存储在那里;在另一半周期中,功率流出电容器回到电源。

(2)功率周期为信号周期的一半。

(3)平均功率为零,即能量在源和电容之间不断反弹。总之,在一个理想的电容器中,没有热功率损耗。

2.3.3.5　电容电流暂态特性

假设初始条件为电容器 C 不充电,通过脉冲函数引入电压突变,如图2.19所示。电容器的时域非稳态特性分析如下。

在任何给定时刻,源电压 E_0 分割为电阻 v_R 和电容 v_C。一开始电容不充电,也就是说 $v_C=0$(两个极板在同一电位)。在 $t=t_0$ 时刻,当电压 E_0 级突然变高时,源电压仅分布在电阻上(因为初始电压 $v_C(t_0)=0$),电流突然跃迁到 $i(0)=E_0/R$ 级。然而,一旦电流开始流动,电荷就会积累到电容板上,这相当于说电容的电压 v_C 开始以非常高的速率上升(仅受初始电流 $i(0)$ 的限制)。因此,在电阻上留下的电压变小,这本身就进一步降低了电流,而电流的变化率也在不断降低。从理论上讲,这个在自然界中非常普通的过程会永远持续下去,因此,它被称为指数衰减或自然增长。

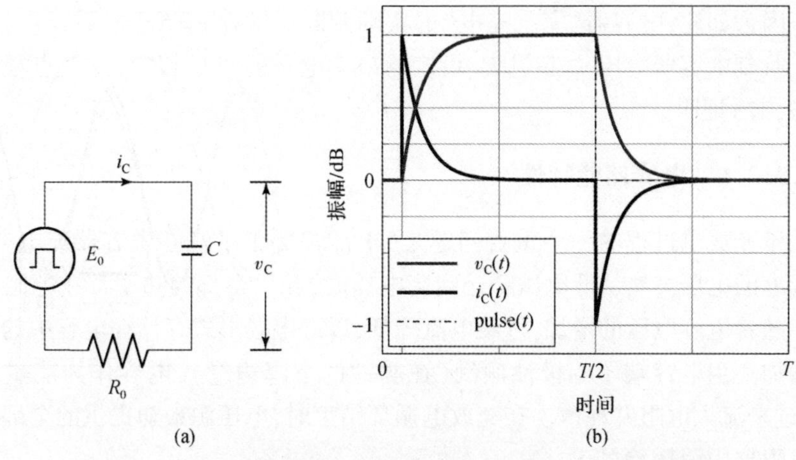

图 2.19　电容、限制电阻 R_0、脉冲电压发生器 E_0 电路示意图及相应的电压 – 电流时域图(见彩图)

在数学上,指数衰减过程用一阶微分方程来模拟。为了方便观察脉冲波形,两个恒定电压脉冲电平(即“低”和“高”)在它们持续期间可以认为是直流电压。另一种说法是,脉冲波形可以用直流电压源和 ON/OFF 开关来等效。因此,KVL 方程及其导数为

$$E_0 = v_R(t) + v_C(t) = i(t)R + \frac{q(t)}{C} \tag{2.33}$$

因此,两边的导数是

$$0 = R\frac{\mathrm{d}i(t)}{\mathrm{d}t} + \frac{1}{C}\frac{\mathrm{d}q(t)}{\mathrm{d}t} \quad \Rightarrow \quad 0 = \frac{\mathrm{d}i(t)}{\mathrm{d}t} + \frac{1}{RC}i(t) \tag{2.34}$$

则在初始条件 $i(t_0) = E_0/R$ 下,一阶微分方程(2.34)的解为

$$i(t) = i_C(t) = \frac{E_0}{R}\mathrm{e}^{-t/\tau_0} \tag{2.35}$$

其中

$$\tau_0 = RC \tag{2.36}$$

是系统的时间常数。将式(2.35)代入式(2.33)后,电容器的电压为

$$E_0 = i(t)R + v_C(t) \quad \Rightarrow \quad v_C(t) = E_0(1 - \mathrm{e}^{-t/\tau_0}) \tag{2.37}$$

式(2.35)和式(2.37)描述了电容上的电压和电流如何随电容端子上直流电压水平的突变而变化。用来表示这类变化的术语是瞬态特性,显然它是一种非线性的过程。注意事项如下:

(1)电容器能够很好地通过快速、突然的电压变化,同时对直流电流呈现开路状态;

(2)理论上,电容器永远不会达到 E_0 电压水平,它只会永远趋向该电压水

平。正因为如此,电容器“完全充电”的实际判断通常在 $t=5\tau_0$ 左右作出,因为在这一时刻电容器电压 v_C 超过 E_0 设定的最大电平的99%以上,这一点很容易用式(2.37)证明。

2.3.3.6 电容储能特性

关于充放电过程的一个重要问题是“电能去哪里了?”在电容器充电初期,当电容上的电压突然从低电压跃迁到高电压时,几乎全部的功率都在电阻器内耗散。随着电容电压的增加,过渡电流降低,以静电场形式存储在电容中的功率部分增加。当电容端子的极性颠倒(在脉冲的下降边缘),电容作为能量的来源,反过来流入电阻并耗散。在充放电循环结束时,电压源最初提供的全部能量已在电阻器中消耗殆尽。

根据定义,我们发现

$$P(t) \overset{\text{def}}{=} i(t)v(t) = vC\frac{\mathrm{d}v}{\mathrm{d}t} \Rightarrow E = \int_0^t P\mathrm{d}t = \int_0^V Cv\mathrm{d}v = \frac{1}{2}CV^2 \tag{2.38}$$

这是电容器中能量的一个常用表达。

2.3.4 电感

作为一个物理元件,电感器通常是由低电阻导线绕在圆柱体上形成的圆柱形线圈,而现代集成电路实现使用平面形式,如图2.20所示。短圆柱形空心电感器常用的近似公式为

$$L = \frac{\pi r^2 \mu_0 N^2}{l}(r \ll l) \tag{2.39}$$

式中 L——期望电感;

r——线圈半径;

L——线圈长度;

N——匝数;

μ_0——真空中的磁导率。

电感器在低频电子电路中并不常用。然而,在无线射频设计中,它们绝对是必不可少的组件。更重要的是,射频电感器的频率特性比任何其他组件都更能限制射频电路的最终规格。

2.3.4.1 感抗

与电容器类似,电感是一种能够储存能量的双端器件,能量以内部磁场的形式存储。电感端电压-电流关系描述为

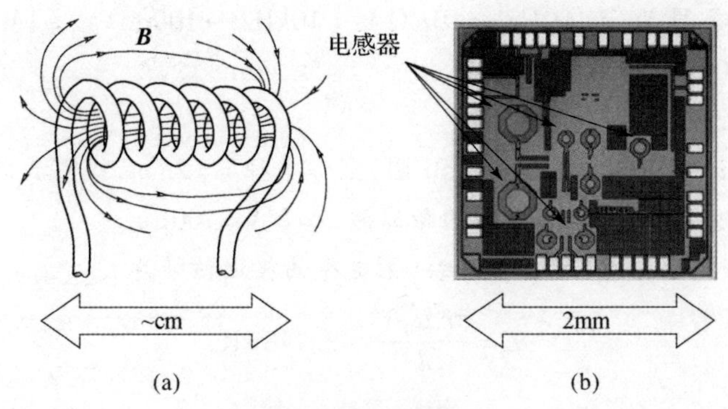

图 2.20 电感器

(a)圆柱形线圈;(b)平面 IC 线圈。

$$v(t) = L\frac{\mathrm{d}}{\mathrm{d}t}i(t) \tag{2.40}$$

式中:电压 $v(t)$ 和电流 $\mathrm{d}i/\mathrm{d}t$ 的变化由比例常数 L 连接,并以电感形式表示。因此,电感器端子处产生的电压与流过的电流变化率成正比。

(1)直流情况:如果没有电流变化,即 $i_{\mathrm{L}}(t) = \text{const.}$,则 $\mathrm{d}i/\mathrm{d}t = 0$ 在式(2.40)中项变为零,直接推论为感应电压 $v_{\mathrm{L}} = 0$ 必须为零,即

$$Z_{\mathrm{L}}(\mathrm{DC}) = \frac{v_{\mathrm{L}}}{i_{\mathrm{L}}} = \frac{0}{i_{\mathrm{L}}} = 0 \tag{2.41}$$

(2)交流情况:使用与 2.3.3.2 节相同的方法,周期电流 $i_{\mathrm{L}}(t) = I_{\mathrm{m}}\cos\omega t$,展开式(2.40)后,在复数表示法中,感应电抗 Z_{L} 定义为

$$Z_{\mathrm{L}}(\mathrm{j}\omega) \overset{\mathrm{def}}{=} \frac{V_{\mathrm{L}}}{I_{\mathrm{L}}} = \mathrm{j}\omega L \tag{2.42}$$

式(2.42)表明电感的阻抗 $Z_{\mathrm{L}}(\mathrm{j}\omega)$ 与频率成正比,从直流电阻为零开始,随着频率的增加趋于无穷大。因此,一旦过渡过程结束(即 $\omega\to 0$),电感对直流电流的电阻为零。

另外,工程中有一种重要的电感被称为高频扼流圈(或射频扼流圈,RFC),它的主要特征是故意将电感值做得很大。因此,在更高的频率下,它充当交流阻塞装置,同时允许直流电流通过。它广泛应用于射频电路中,为有源器件提供直流偏置和最小(理想情况下,完全不)干扰交流信号。总之,我们注意到 RFC 与交流信号的关系就像电容与直流信号的关系一样,反之亦然。

例 19:电感阻抗 $Z_{\mathrm{L}}(\mathrm{j}\omega)$

为了说明电感阻抗 Z_{L} 是如何相对于频率变化的,计算一个 $L = 159\mathrm{nH}$ 电感在以下频率的阻抗:100Hz、1kHz、10kHz、1MHz、100MHz、1GHz。

解 19:直接使用式(2.42)得到 $|Z_{\mathrm{L}}| = 2\pi fL$,因此我们将该电感器阻抗($f\to$

Z_L)对的频率写为:(100Hz→10μΩ)、(10kHz→100mΩ)、(1MHz→1Ω)、(100MHz→100Ω)、(1GHz→1kΩ)。

例 20:电感阻抗 $Z_L(N,l,r)$

用半径 $a=80\mu m$ 的铜线 $N=50$ 圈,空心半径 $r=2mm$,线圈长度 $l=10mm$,估测线圈电感 L。相邻两个匝间的距离为 $d=l/N=100\mu m$。

解 20:直接使用式(2.39)给出线圈电感的接近估计为

$$L=\frac{\pi r^2\mu_0 N^2}{l}\approx 3.948\mu H$$

2.3.4.2 电感的高频模型

应该注意的是,导线的内阻总是与寄生电容一起存在于:(1)相邻匝;(2)电感和周围环境之间,这意味着在现实中,它只能趋向于理想电感的特性,但从来没有"真正的理想电感"。因此,一个真正的电感器类似于一个相对复杂的 RLC 网络特性,其中主要的电感特性只在有限的频带范围内表现,而在最佳范围之外迅速失去其电感性质。

其中一个限制因素是电感的自共振现象(见第 10 章)。高频电感器的一种可能的等效电路(图 2.21)包括电感 L、导线串联电阻 R_s、电感器端子间的寄生并联电容 C_s。

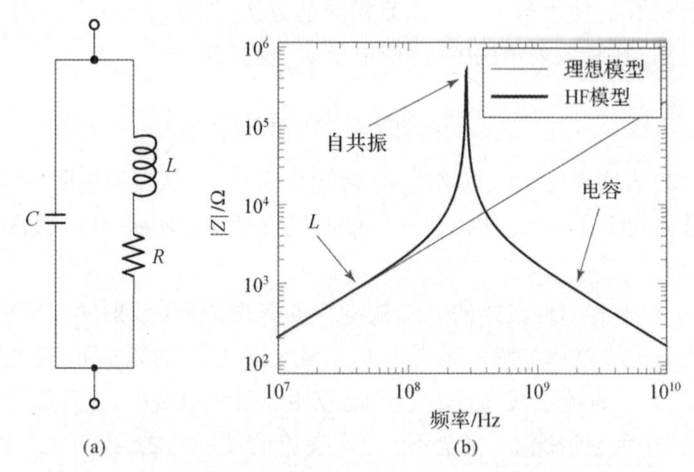

图 2.21 电感等效电路模型及阻抗随典型线绕电感频率的变化

一个典型的真实电感的频率特性曲线清楚地显示出三个不同的区域。为了便于比较,理想电感器的阻抗幅值如图 2.21 所示。

虽然图 2.21 所示的数值仅针对这个特定的示例,但其曲线形状也与其他示例类似。

(1)在 100MHz 以下:在这个频率区域内,能够实现预期的功能,即电感,表现为理想电感的功能,也就是说,寄生元件可以忽略不计。

(2)250MHz 左右:真实电感器在自谐振频率下清晰可见明显的谐振特性。

(3)1GHz 以上:在这个频率区域电容寄生占主,这个电感将变成一个电容,期望的电感功能几乎完全消失。

这个例子说明了实际组件(在本例中是电感器)在频域相关特性的复杂性,这是由于它们的内部寄生参数的影响,这直接限制了其有效工作频率范围。

2.3.4.3　带有电感器的交流稳态电路

图 2.22(a)所示为单音频发生器与纯感性负载的并联电路。仔细观察图 2.22(b)中的电压 – 电流关系,可见在电压波形周期的开始(即 $t=0$ 时)电压的变化率最大,即电流变化率最大(因为 $Z_L(t_0)=0$),但为负值,电流与大的电压变化率相反。另一方面,当电流达到最大值时,其一阶导数为零,电感电压也必须为零。在这个时间点之后,电流振幅减小,产生负电压,循环不断重复。一旦对所有时间点进行分析,我们得出的结论是,电流波形也为正弦波,但它是反相的,即落后(即“滞后”)电压波形 90°。这种电压 – 电流关系可以用“电流滞后于电压 90°”来方便地描述。

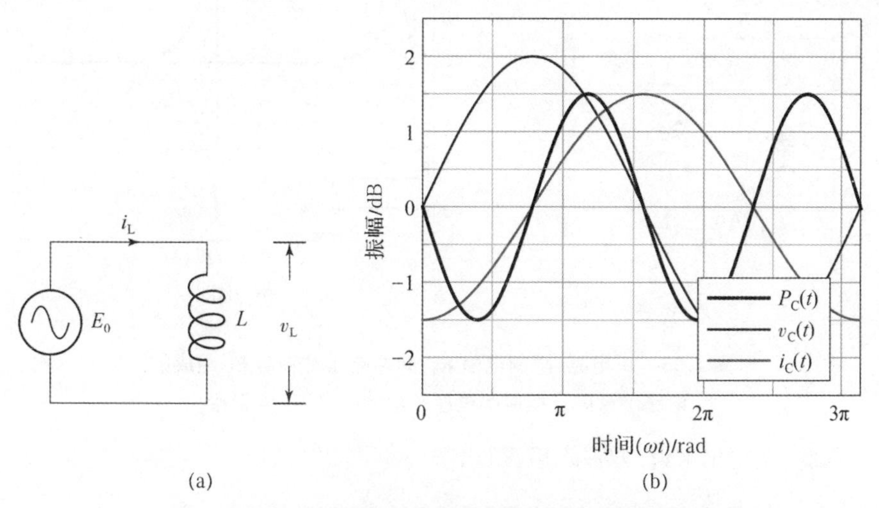

图 2.22　纯感性负载和交流电压发生器电路示意图及对应的电压 – 电流 – 功率时域图(见彩图)

对于图 2.22 中的数值例子,需要注意的要点有:

(1)由于通过电感器的电压和电流是异相的,所以功率从负的最大值,经过零到正的最大值,循环往复。它的波形也遵循一个正弦形状。这意味着,在一半

的周期中,功率从电源流入电感,并以磁场的形式存储在电感中。对于另一半,功率从电感流回电源;

(2)功率周期为信号周期的一半;

(3)平均功率为零,即它在源和电感之间不断地来回弹跳。简言之,理想的电感不存在热功率损耗。

2.3.4.4 电感电流的暂态特性

在给定初始条件下,即开始时电感 L 两端电压为零,电压突变由脉冲函数引入,如图 2.23 所示,电容器的时域非稳态特性分析如下。

在任何给定时刻,源电压 E_0 在电阻 v_R 和电感 v_L 之间分配。在电压 E_0 电平突然升高的 $t=t_0$ 时刻,电源电压仅分布在电感上(因为初始电压 $v_R(t_0)=0$),电流开始接近最大 $i(t)=E_0/R$ 电平(当 Z_L 变为 0 时)。然而,一旦电流开始流动,电阻的电压 v_R 开始以非常高的速率上升。因此,在电感器上留下的电压变小,这本身就进一步增加了电流,同时电流的变化率不断降低。

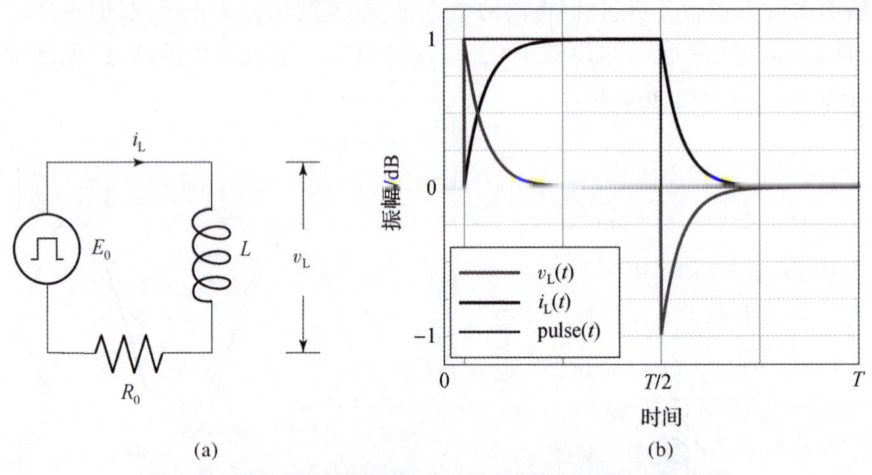

图 2.23 由电感、限制电阻 R_0、脉冲电压发生器 E_0 组成的电路示意图及相应的电压 - 电流时域图(见彩图)

因此,在写出 KVL 方程之后,得出结论

$$\left.\begin{aligned} v_R &= iR \\ v_L &= L\frac{\mathrm{d}i}{\mathrm{d}t} \end{aligned}\right\} \Rightarrow Ri + L\frac{\mathrm{d}i}{\mathrm{d}L} = E_0 \Rightarrow i(t) = \frac{E_0}{R}(1-\mathrm{e}^{-(R/L)t}) \tag{2.43}$$

$$\tau_0 = \frac{L}{R} \tag{2.44}$$

式中:τ_0 为 LR 电路的时间常数,电流遵循自然增长规律。

式(2.43)描述了电感的电流和电压随电感端子的直流电压水平的瞬态变化而变化规律。注意事项有:

(1)电感器能很好地通过快速、突然的电流变化,同时对直流电流产生短路;

(2)理论上,电感器永远不会达到 E_0/R 电流水平,它只会永远趋向电流水平。正因为如此,如式(2.43)所揭示的,在 $t=5\tau_0$ 时电感电压降至零,此时电感电流 i_L 超过了 E_0/R 所设定的最大电平的99%。

2.3.4.5 电感器储能特性

与电容器一致,我们提出的问题是"能量去哪里了?"一开始,在电感充电期间,当电感两端电压突然从低电压跃迁到高电压时,几乎所有的功率都储存在电感中($V_R=0$,因此电阻电流为零)。随着电阻器电压的增加,过渡电压 $v_L(t)$ 降低,以电磁场形式存储在电感中的功率部分减少。当电感端子的极性颠倒(在脉冲的下降边缘),电感完全充满电,它作为能量的来源,现在开始流入电阻并耗散。在充放电循环结束时,电压源最初提供的全部能量已在电阻器中消耗殆尽。整个循环的这两个阶段必须包含完全相同的能量,这些能量加起来等于总可用能量,根据定义我们得到

$$P(t) \stackrel{\text{def}}{=} i(t)v(t) = iL\frac{\mathrm{d}i}{\mathrm{d}t} \Rightarrow E = \int_0^t P\mathrm{d}t = \int_0^I Li\mathrm{d}i = \frac{1}{2}LI^2 \quad (2.45)$$

这是电感器中能量的一个常用表达。

例21:阻抗系列RL

推导出电阻 $R=1\text{k}\Omega$ 和一个电感 $L=1\text{mH}$ 串联的阻抗 Z_{RL}。

1. 计算阻抗 $|Z_{RL}(\omega)|$ 和相位 $\varphi_{RL}(\omega)$ 在以下两个频率上的绝对值:(1)$\omega_1=2\pi f_1=2\pi\times1\text{MHz}$;(2)$\omega_2=2\pi f_2=2\pi\times1\text{kHz}$。

2. 求阻抗 $|Z_{RL}(\omega)|$ 和相 $\varphi_{RL}(\omega)$ 的极限,当(1)$\omega\to0$(即频率为0时,又称为DC);(2)$\omega\to\infty$,即在非常高的频率。

解21:

1. 根据对这两个元件阻抗的定义式(2.13)和式(2.42),可以得到

$$Z_{RL}(\omega)=Z_R+Z_L=R+\mathrm{j}\omega L=1\text{k}\Omega+\mathrm{j}\omega\times1\text{mH}$$

因此,通过使用勾股定理(即复数),阻抗的模值如下

$$|Z_{RL}(\omega)|^2=R^2+(\omega L)^2 \Rightarrow |Z_{RL}(\omega)|=\sqrt{R^2+(\omega L)^2} \quad (2.46)$$

$$|Z_{RL}(\omega_1)|=\sqrt{(1\text{k}\Omega)^2+(2\pi\times1\text{MHz}\times1\text{mH})^2}=6.36\text{k}\Omega$$

$$|Z_{RL}(\omega_2)|=\sqrt{(1\text{k}\Omega)^2+(2\pi\times1\text{kHz}\times1\text{mH})^2}=1\text{k}\Omega$$

我们注意到,相对于 1kΩ 电阻,该电感在 1kHz 信号源激励下表现的阻抗是很小的。一个复数的相位 φ 其中一个是通过 $\tan(\varphi)$ 函数的定义来计算的。Z_{RL} 的实部和虚部都是正的,因此相关的 φ 在第一象限,即

$$\tan\varphi = \frac{\Im(Z_{RL})}{\Re(Z_{RL})} \tag{2.47}$$

$$\varphi_1(\omega_1) = \arctan\left[\frac{\omega_1 L}{R}\right] = \arctan\left[\frac{2\pi \times 1\text{MHz} \times 1\text{mH}}{1\text{k}\Omega}\right] = 81°$$

$$\varphi_2(\omega_2) = \arctan\left[\frac{\omega_2 L}{R}\right] = \arctan\left[\frac{2\pi \times 1\text{kHz} \times 1\text{mH}}{1\text{k}\Omega}\right] = 0.3°$$

也就是说,RL 网络在 1MHz 时的相位由电感器主导,而在 1kHz 时接近于零(因此由电阻主导)。

2. 当 $\omega \to 0$ 时,从式(2.46)得到 $|Z_{RL}(0)| = 1\text{k}\Omega$(即网络是电阻的),当 $\omega \to \infty$ 时,我们得到 $|Z_{RL}(\infty)| = \infty$(即网络是感性的)。

当 $\omega \to 0$ 时,从式(2.47)发现其中 $\varphi(0) = 0$(即网络是阻性的),当 $\omega \to \infty$ 发现其中 $\varphi(\infty) = +(\pi/2)$(即网络是感性的)。

综上所述,串行 RL 网络高频以电感为主,低频(电感的电抗很低时)以电阻为主。

例 22:阻抗并联 RL

重复例 21 的计算,但这次是在并联 RL 网络的情况下。

解 22:

1. 根据这两种元件的阻抗定义式(2.13),发现并联阻抗 $Z_{R\|L}$ 为①

$$\frac{1}{Z_{R\|L}(\omega)} = \frac{1}{Z_R} + \frac{1}{Z_L} \Rightarrow Z_{R\|L}(\omega) = \frac{1}{\frac{1}{Z_R} + \frac{1}{Z_L}} \Rightarrow |Z_{R\|L}(\omega)|$$

$$= \frac{1}{\sqrt{\frac{1}{Z_R^2} + \frac{1}{Z_L^2}}} = \frac{1}{\sqrt{\frac{1}{R^2} + \frac{1}{(\omega L)^2}}}$$

$$Z_{R\|L}(1\text{MHz}) = \frac{1}{\sqrt{\frac{1}{(1\text{k}\Omega)^2} + \frac{1}{(2\pi \times 1\text{MHz} \times 1\text{mH})^2}}} = 987.57\Omega$$

$$Z_{R\|L}(1\text{kHz}) = \frac{1}{\sqrt{\frac{1}{(1\text{k}\Omega)^2} + \frac{1}{(2\pi \times 1\text{kHz} \times 1\text{mH})^2}}} = 6.28\Omega$$

① 参见复数规则。

这表明，在低频时，该阻抗主要由电感器的低电阻所决定。

此时，相位 φ 是相对于频率倒置的，即

$$\varphi(1\text{MHz}) = \arctan\left[\frac{R}{\omega_1 L}\right] = \arctan\left[\frac{1\text{k}\Omega}{2\pi \times 1\text{MHz} \times 1\text{mH}}\right] = 0.3^\circ$$

$$\varphi(1\text{kHz}) = \arctan\left[\frac{R}{\omega_2 L}\right] = \arctan\left[\frac{1\text{k}\Omega}{2\pi \times 1\text{kHz} \times 1\text{mH}}\right] = 81^\circ$$

也就是说，RL 网络在 1kHz 时的相位由电感器主导，而在 1MHz 时接近于零（因此由电阻主导）。

2. 当 $\omega \to 0$，$|Z_{\text{R}\parallel\text{L}}(0)| = 0$，当 $\omega \to \infty$，$|Z_{\text{R}\parallel\text{L}}(\infty)| = R$。

当 $\omega \to 0$，$\varphi(0) = +\pi/2$，当 $\omega \to \infty$，$\varphi(\infty) = 0$。

综上所述，并联 RL 网络在低频以电感为主，在高频（当电感的电抗非常高时）以电阻为主。

2.4 总结

在本章中，我们回顾了电路设计中使用的基本元件的传递函数。我们发现两组器件，即电压/电流源和无源 RLC 组件，可以用它们的理想行为模型精确描述，无论是单独使用还是与其他设备结合使用，这些分析模型对这些设备理论上能够实现的功能设置了“封底”限制。通常情况下，这些模型都假设相关设备能够处理无限的能量，但我们很清楚这在现实中是不可能的。尽管如此，行为模型使我们能够非常快速地进行“粗略估计”分析和评估，并找到各种参数的理论极限。

另一方面，只是在有限的规格范围内，真正的物理设备的特性与理想设备的功能相似，在给定范围之外，实际设备几乎总是模仿一个或多个其他理想组件的特性。因此，可以使用多个方程来描述实际装置的功能，每个方程只在一定范围内有效。例如，我们发现，一个简单的电阻只在相对较低的频率下表现出真实电阻的特性，然后，随着频率的增加，它转变为电容特性，频率再增加，又成为几乎完美的电感器。接受和理解设备的物理现实和局限性是成功电路设计的关键之一。

问题

2.1 对于图 2.24 中的电流波形，画出其在电感上对应电压 $v(t)$ 的图形。

数据：$L = 3\mu\text{H}$。

2.2 电容 C 和电阻 R 并联。最初，在时间 $t_0 = 0\text{s}$ 时，电容器被充电到电压 V_0。画出电容上电压 $v_\text{C}(t)$ 在时间间隔 t 上的图形（提示：时间常数为 $\tau = RC$）。

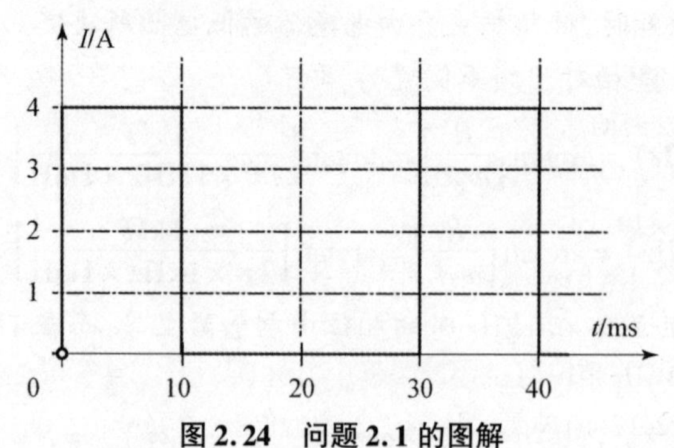

图 2.24　问题 2.1 的图解

数据：$C=1\mu F, R=1k\Omega, V_0=10V, t=5ms$。

2.3　计算四个网络的等效电阻 R_{AB}，如图 2.25 所示。首先求出频率函数处的等效电阻，然后估计直流和 $f=\infty$ 处的电阻。

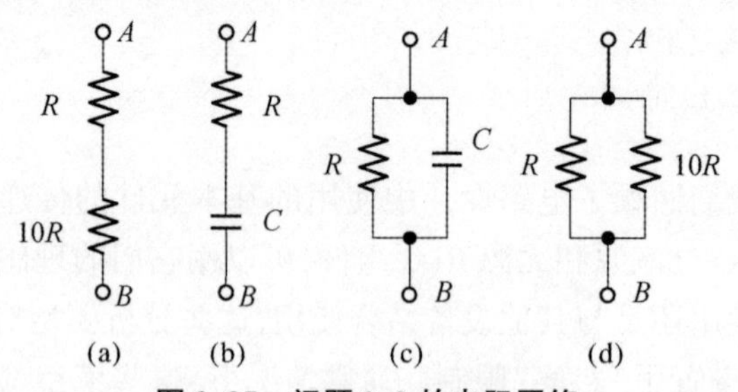

图 2.25　问题 2.3 的电阻网络

2.4　对于图 2.26 中给出的两种网络，推导出输出电压增益 $A_V=V_{AB}/V_{out,B}$，然后估计直流和 $f=\infty$ 处的增益。

数据：(1) $Z_1/Z_2=10:1$；(2) $Z_1/Z_2=1:10$。

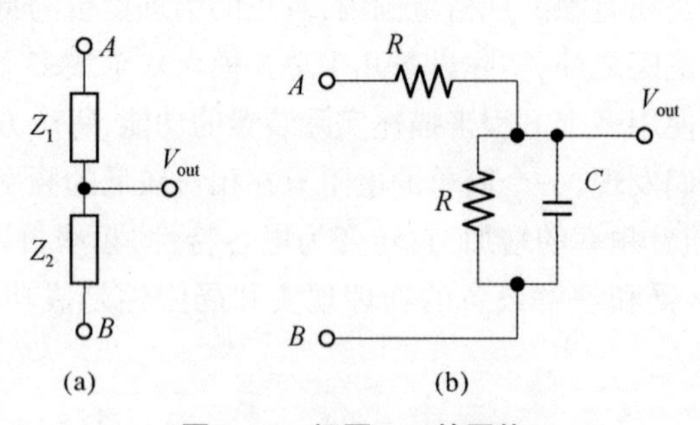

图 2.26　问题 2.4 的网络

2.5　典型的焊线直径为 $d=75\mu m$。计算电阻 $R=1\Omega$ 的导线有多长？如果所用材料是：(1)铜；(2)铝；(3)铁。

数据：(1) $\rho_{Cu}=1.68\times10^{-8}\Omega m$；(2) $\rho_{Al}=2.65\times10^{-8}\Omega m$；(3) $\rho_{Fe}=9.70\times10^{-8}\Omega m$。

2.6　图 13.15 中的转盘电容器由五对半圆形金属板组成，五个静板和五个转动板。所有的静态板都连接在相同的电位 V_1 上，所有的旋转板都连接在相同的电位 V_2 上。

初始时，电容器极板完全重叠，计算极板在：(1) 在初始位置；(2) 旋转极板 $\alpha = \pi/4$；(3) 旋转极板 $\alpha = \pi/2$ 时的总电容。

数据：极板半径 $r = 10\text{mm}$，相邻两个极板之间的距离 $d = 1\text{mm}$，用空气隔开，真空介电常数 $\varepsilon_0 = 8.854187812 \times 10^{-12}\text{F/m}$。

2.7　仅参考图 2.13(b) 的图，对该现实电阻器，估算其主要等效电容 C 和电感 L 的值，然后写出电阻器复阻抗 $Z_C = \Re(Z_R) + j\Im(Z_R)$ 的三种表达式：(1) 频率 $f < 10\text{MHz}$ 时；(2) 当频率在 $20\text{MHz} < f < 1\text{GHz}$ 范围内；(3) 当频率为 $f > 5\text{GHz}$ 时。在复平面上显示这些阻抗向量。

2.8　仅参考图 2.17(b) 的图，对于这个真实的电容，电容 C 及其寄生电感 L 的估定值，然后写出电容的复阻抗 $Z_C = \Re(Z_C) + j\Im(Z_C)$ 的两个表达式：(1) 频率 $f < 20\text{MHz}$ 时；(2) 当频率为 $f > 200\text{MHz}$ 时。在复平面上显示这些阻抗向量。

2.9　仅参考图 2.21(b) 的图，对于这个真实的电感，估计其电感 L 和寄生电容 C 的值，然后写出电感的复阻抗 $Z_L = \Re(Z_L) + j\Im(Z_L)$ 的两个表达式：(1) 频率 $f < 100\text{MHz}$ 时；(2) 频率为 $f > 1\text{GHz}$ 时。在复平面上显示这些阻抗向量。

2.10　参考图 2.19，推荐 RC 电路中应使用的方波的最高频率，如下：(1) $R = 1\text{k}\Omega$，$C = 1\text{pF}$；(2) $R = 1\text{k}\Omega$，$C = 1\text{nF}$；(3) $R = 1\text{k}\Omega$，$C = 1\mu\text{F}$。

第3章

多级接口

随着时间的推移,人类发展出了所谓的“从上到下、然后从下到上的设计流程”,也就是说一个复杂的系统是分层设计的,在其发展阶段,系统通常会分为十多个层次。一旦建立了层次链,每个阶段由其等效的戴维宁或诺顿模型取代,每个块被认为是一个“黑盒”,由其输入和输出阻抗及其传递函数描述,本节将回顾基本的接口模型。

3.1 系统分区的概念

一旦意识到“驱动级”(或简称“驱动器”)产生的每个输出信号都被“负载级”(或简称“负载”)接收为输入信号,人们就会欣赏系统级方法的优雅和效率。重要的是要理解,除了链中的第一个和最后一个单元,每个阶段都是驱动器和负载(相对于它在信号路径上的邻居)。为了信号传输的目的,每个级的内部结构是不相关的;事实上,重要的是知道以下几点。

(1)v_{OUT}:驱动器产生的电压(或电流)信号的幅值;

(2)Z_{out}:驱动器的输出阻抗;

(3)Z_{in}:负载级输入阻抗;

(4)A:每一阶段的增益。

从概念上讲,这些驱动-负载关系通常用来模拟每个接口点的信号传输。这样做,在概念层面上,对一个复杂系统的分析简化为在每个接口上重复计算一个简单的电压/电流分压器。

系统划分使人们能够计算例如图3.1所示的系统的总增益,结论是每个阶段的单个增益的乘积,如

$$A = A_1 \times A_2 \times A_3 \times \cdots \times A_n \tag{3.1}$$

式中:每个阶段的增益被定义为输出信号与输入信号比

$$A_1 = \frac{v_1}{v_S};\ A_2 = \frac{v_2}{v_1};\ A_3 = \frac{v_3}{v_2};\ \cdots\ A_n = \frac{v_{OUT}}{v_{n-1}} \tag{3.2}$$

式(3.2)可以化简为

$$A = \frac{v_1}{v_s} \times \frac{v_2}{u_1} \times \frac{v_3}{u_2} \times \cdots \times \frac{v_{OUT}}{u_{n-1}} = \frac{v_{OUT}}{v_s} \tag{3.3}$$

此外,如果每一级的增益用分贝表示,那么总增益就是各级增益的总和,如

$$A_{dB} = A_{1dB} + A_{2dB} + \cdots + A_{ndB} \tag{3.4}$$

基于这种通用的系统划分思想,可以通过“观察法”进行快速分析并获得答案,而且还洞察了考察的电路拓扑的基本限制。通常情况下,相对于模拟或实验得出的“准确”结果,包络背后的“粗略”估计误差不超过10%。

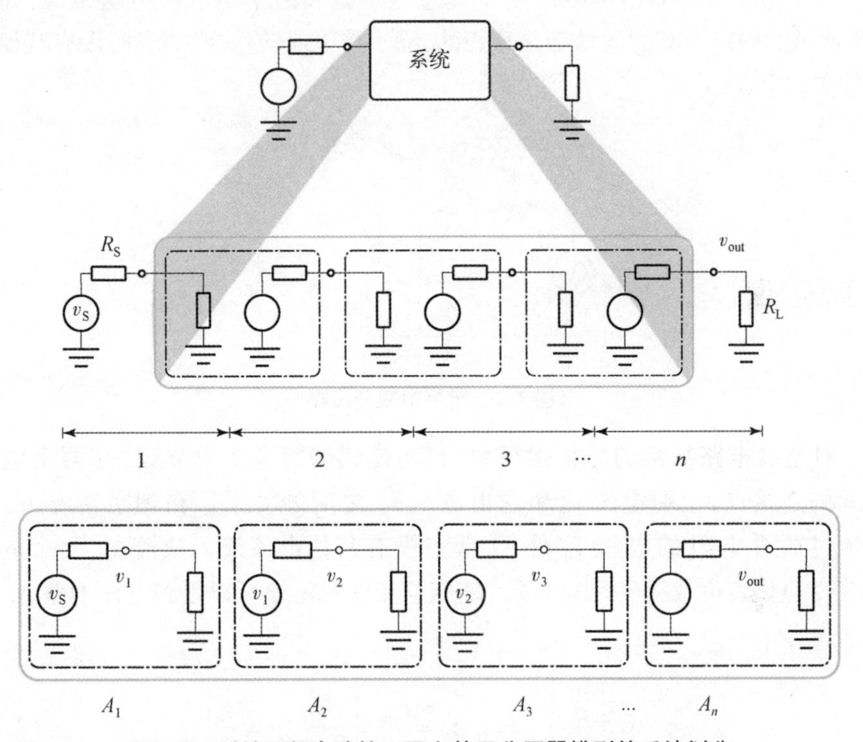

图3.1　后续两级电路接口面上基于分压器模型的系统划分

3.2　电压传输接口

分压器模型的两个主要应用可以大致分为字面和概念上的两类应用。以两个阻抗串联为基本形式的分压器可能是最简单的电路模型。由于三种基本器件中只有两种(即R、L和C)用于构建分压器,因此有九种可能的串行配置(如R－R、R－C、R－L等),每种器件的行为略有不同。

当在概念上应用时,一个分压器通常用来对任意两个系统级模块之间的信号传输进行建模。图3.1引入了基于分压器的系统划分概念。对所有电气工程

师来说,清楚地了解简单分压器的特性及其应用是至关重要的。

需要回答的问题是:参考图 3.1,从电阻为 R_s 的电压源 v_s 开始,内部电压 v_1、v_2 等有多大,送直到 R_L 处的 v_{out}? 这个系统的好处是什么? 为了方便回答这个问题,下面的章节回顾了三种重要的分压器结构。

3.2.1 电阻分压器

一个最重要的简单网络由一个理想电压源和两个串联的电阻组成,如图 3.2 所示。假定所有的元件都是理想的,除了将电能转化为热能外,没有其他能量损失。

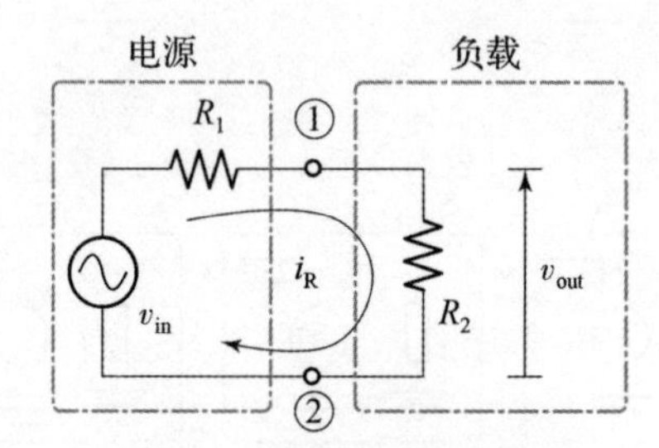

图 3.2　简易电阻分压器

对这种电路结构的分析很简单,目的是找出图 3.2 中节点①(两个电阻之间的连接点)上源电压 v_{in} 和输出电压 v_{out} 之间的关系。在理想情况下,除了流过两个电阻的电流 i_R 外,①节点没有其他电流流入或流出,两个电阻 (R_1+R_2) 代表负载和理想电压源。直接应用欧姆定律可以得到电压增益 A_V 的表达式为

$$\left.\begin{aligned} i_R &= \frac{v_{in}}{R_1+R_2} \\ v_{out} &= i_R R_2 \end{aligned}\right\} \Rightarrow \quad A_V \overset{\text{def}}{=} \frac{v_{out}}{v_{in}} = \frac{R_2}{R_1+R_2} = \frac{1}{1+\dfrac{R_1}{R_2}} \tag{3.5}$$

换句话说,源电压 v_{in} 和输出电压 v_{out} 的比值等于 1 加上它们各自电阻的比值。输出电压 v_{out} 在 R_2 上测量,而源电压 v_{in} 分布在两个串联电阻 (R_1+R_2) 上(如图 3.2 所示)。由式(3.5)可以清楚地看出,阻性分压器增益 A_V 的理论极限为 1,即无源阻性电路不能对信号进行放大。在最理想的情况下,电压源产生的电压 v_{in} 不衰减地传递到接收负载 R_2,即 $v_{out}=v_{in}$。这只可能在两种情况下:$R_2\to\infty$ 和/或 $R_1=0$,然后 $v_{out}=v_{in}$,如下所示

$$\lim_{R_1\to 0} A_V = \frac{1}{1+\dfrac{0}{R_2}} = 1 \Rightarrow v_{out} = v_{in}$$

$$\lim_{R_2 \to \infty} A_V = \frac{1}{1 + \frac{R_1}{\infty}} = 1 \Rightarrow v_{out} = v_{in}$$

然而,在实践中,可将上述两个条件近似为

$$R_2 \gg R_1 \Rightarrow v_{out} \approx v_{in} \tag{3.6}$$

因此式(3.6)适用于实际电路。因此,该方程可作为电阻分压器接口设计的"粗略估计"准则。此外,电阻分压器还广泛用作从电源电压推导偏置直流电压的"参考电压"电路。

总结,电阻分压器作为频率独立的电路,无差别的缩放直流和交流电压信号。

例 23:电阻式分压器 – 最大功率

推导出一个实际电压发生器(即具有非零内阻的电压发生器)可向电阻性负载提供的最大可能功率 P_{max} 的表达式。这种情况用图 3.2 中的电路网络进行建模,其中理想电压源 v_{in} 和电阻 R_1 代表实际电压源,电阻 R_2 代表负载。

解 23:使用式(3.5)和功率的定义,参照图 3.2 可写出

$$P \overset{\text{def}}{=} i_R v_{out} = I_R^2 R_2 = \left[\frac{v_{in}}{R_1 + R_2}\right]^2 R_2 = \frac{v_{in}^2 R_2}{(R_1 + R_2)^2}$$

$$= \frac{v_{in}^2}{R_1} \frac{\frac{R_2}{R_1}}{\left(1 + \frac{R_2}{R_1}\right)^2} = \frac{v_{in}^2}{R_1} \frac{x}{(1 + x)^2} \tag{3.7}$$

将 $R_2/R_1 = x$ 代入式(3.7),得到函数 $f(x)$

$$f(x) = \frac{x}{(1 + x)^2} \quad \Rightarrow \quad f'(x) = \frac{1 - x}{(1 + x)^3} \tag{3.8}$$

当 $x \geqslant 0$ 时,$x = 1$ 有最大值(当导数 $f'(x) = 0$ 时),得到 $\max[f(x)] = 1/4$,则

$$P_{max} = \frac{v_{in}^2}{4R_1} \tag{3.9}$$

得出结论:当 $x = 1$ 时,内阻为 R_1 的电压发生器产生的最大功率为式(3.9),即 $R_1 = R_2$。该结论的广义复数是射频电路设计的关键准则之一。

3.2.2 RC 分压器

本节分析了电容阻抗 Z_C 代表负载的 RC 串行网络,如图 3.3(a)所示。与 3.2.1 节中与频率无关的电阻式分压器相比,RC 分压器包含一个阻抗为式(2.31)的电容元件 C。因此,RC 分压器改变了输出信号的频谱。

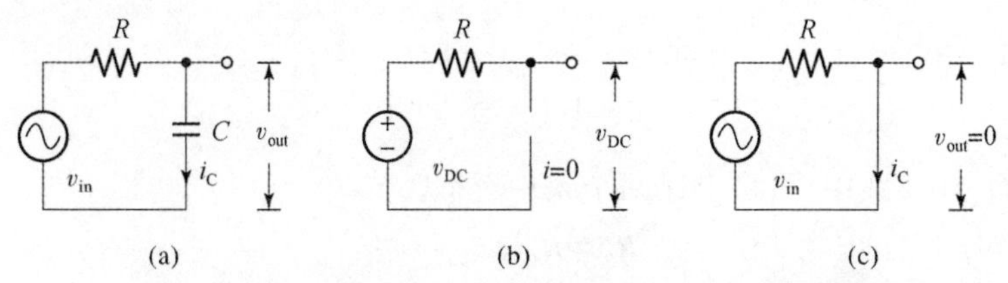

图 3.3　RC 交流分压器、直流分压器;$\omega=\infty$ 时的电路。

本节用复数方法对 RC 分压器进行稳态分析。通过这样做,所有三个变量(振幅、相位和输出信号的频率)都使用相同的方程来计算。此外,将电阻 R_2 替换为阻抗 $Z_C=1/j\omega C$ 后,只要使用复数代数,则式(3.5)仍然成立。通过查看图3.3(a)的原理图,可推导出电压源 v_{in} 下阻抗 Z_{RC} 的表达式为

$$Z_{RC}=Z_R+Z_C=R+\frac{1}{j\omega C}=R-\frac{j}{\omega C} \tag{3.10}$$

因此,与式(3.5)相似,RC 分压器的传递函数为

$$A_V=\frac{v_{out}}{v_{in}}=\frac{Z_C}{Z_R+Z_C}=\frac{\frac{1}{j\omega C}}{R+\frac{1}{j\omega C}}=\frac{1}{1+j\omega RC}=\frac{1}{1+j\frac{\omega}{1/RC}}=\frac{1}{1+j\frac{\omega}{\omega_0}} \tag{3.11}$$

式中:$\omega_0=1/RC$,注意到式(3.11)的形式为式(1.84)。因此式(3.11)的振幅为

$$A_V=\left|\frac{1}{1+j\omega RC}\right|=\frac{1}{\sqrt{1+(\omega RC)^2}} \tag{3.12}$$

重复 1.6.4 节中提出的分析过程,能发现相位表达式可以写为

$$\phi=-\arctan\frac{\omega}{\omega_0}=-\arctan(\omega RC) \tag{3.13}$$

为了便于讨论,现在再次分析传递函数(1.84),但这次是在 RC 分压器的背景下。用线性近似的方法计算式(3.12)的极值,可发现对于直流(即 $\omega=0$),电容的阻抗为无穷大,即为开路连接,如图 3.3(b)所示,因此 $A_V=1$,即 $v_{out}=v_{in}$。在频谱的另一端,$\omega=\infty$ 时,电容的电阻为零,即它是一个短路,如图 3.3(c)所示,因此 $A_V=0$ 或 $v_{out}=0$。因此,在这两个极端之间的频域的输出振幅根据式(3.12)计算得出。

根据 1.6.4 节的分析,可将“-3dB”频率的表达式写为

$$\omega_0=\frac{1}{RC} \tag{3.14}$$

这种类型的 RC 分压器通常称为“低通滤波器”(LPF),因为它衰减了多音信号的高频分量,而同时接近直流通的分量不受影响。-3dB 振幅点对应的频率 ω_0 是决定其通带频率和 -45°相移的频率参数,如图 3.4 所示。同样,对于 RC 滤波器,可以注意到输出电压的相位滞后于输入电压的相位。

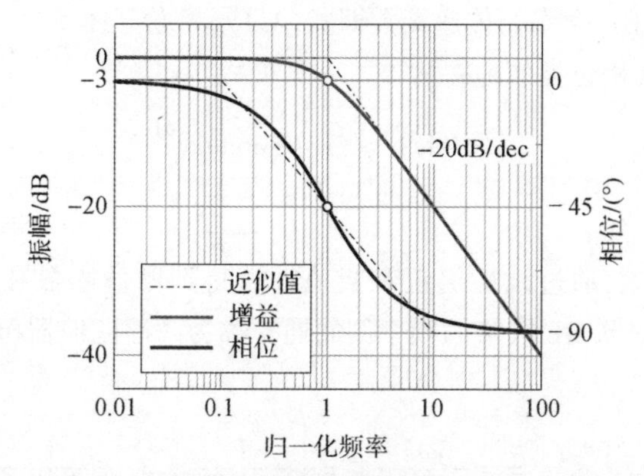

图 3.4 低频 RC 滤波器的频域图:幅频响应和相位响应(见彩图)

3.2.3 RL 分压器

由串联 RL 网络和电压源组成的分压器类似于 3.2.2 节的 RC 网络,采用电感代替电容,如图 3.5(a)所示。由于电感器的频率依赖性,该网络也改变了输出信号的频谱分布。串联 RL 网络的阻抗为

$$Z_{RL} = Z_R + Z_L = R + j\omega L = R\left(1 + j\frac{\omega}{R/L}\right) = R\left(1 + j\frac{\omega}{\omega_0}\right) \tag{3.15}$$

式中:$\omega_0 = R/L$。由图 3.5(a)可知,将式(3.15)代入后,RL 网络的增益传递函数为

$$A_V = \frac{v_{out}}{v_{in}} = \frac{Z_L}{Z_R + Z_L} = \frac{j\omega L}{R + j\omega L} = \frac{j\frac{\omega}{\omega_0}}{1 + j\frac{\omega}{\omega_0}} \tag{3.16}$$

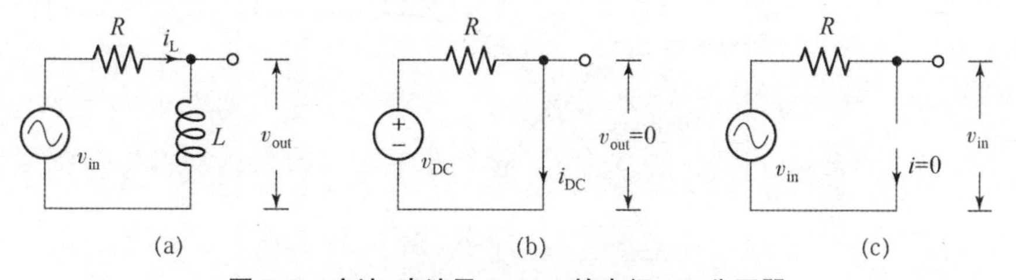

图 3.5 交流、直流及 $\omega_0 = \infty$ 的串行 RL 分压器

因此,式(3.16)的对数形式为

$$20\lg A_V = 20\lg\left(\frac{j\frac{\omega}{\omega_0}}{1 + j\frac{\omega}{\omega_0}}\right) = \underbrace{+20\lg\left(j\frac{\omega}{\omega_0}\right)}_{\substack{1.6.2节 \\ ①}} \underbrace{-20\lg\left(1 + j\frac{\omega}{\omega_0}\right)}_{\substack{1.6.4节 \\ ②}} \tag{3.17}$$

由此发现该 RL 网络的传递函数即式(3.17)等价于 1.6.2 节和 1.6.4 节中函数的和,因此其相位类似地写为

$$\angle H(\omega)=\underbrace{\frac{\pi}{2}}_{\substack{1.6.2节\\①}}\underbrace{-\arctan\frac{\omega}{\omega_0}}_{\substack{1.6.4节\\②}} \tag{3.18}$$

根据这一结论,通过线性逼近和数值计算得到增益函数和相位函数,如图 3.6 所示。用于串联 RL 网络的频率剖面通常称为高通滤波器(HPF),其增益函数为

$$A_V=\left|\frac{v_{out}}{v_{in}}\right|=\left|\frac{j\omega L}{R+j\omega L}\right|=\left|\frac{1}{1-j\dfrac{R}{\omega L}}\right|=\frac{1}{\sqrt{1+\left(\dfrac{R}{\omega L}\right)^2}} \tag{3.19}$$

为了便于讨论,我们再次分析传递函数即式(3.16),但这次以 RL 分压器为例,如图 3.5 所示。在零频率下,电感的电抗变为零(即短路),导致输出电压也降为零,如图 3.5(b)所示。在频谱的另一端,在无限频率下,电感器成为开路连接,因为它的电抗也变得无限大,从而有效地阻止交流通过它的分支。不同的表述,根据式(3.6),输出电压等于输入电压,如图 3.5(c)所示。通过式(3.15)的检验,可得到 -3dB 的频率

$$\omega_0=\frac{R}{L} \tag{3.20}$$

并且可以注意到,输出电压相位在低频率是“超前”于输入相位 90°。在 -3dB 点处相位引线减少到45°,自然,在高频情况下输入和输出信号因为相等而使其相位对齐。

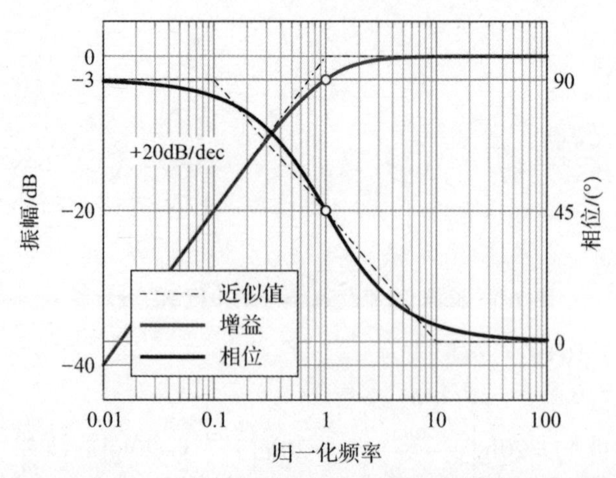

图 3.6 高压 RL 滤波器的频域图:幅值和相位响应(见彩图)

3.3 电流传输接口

电流分配器的基本形式是两个阻抗并联连接,这是第二种简单电路模型。如果只使用三个基本器件中的两个(即R、L和C)来构建电流分压器,那么就有六种不同的可能的并联配置。与分压器相反,在串联配置中"第一"和"第二"阻抗的顺序是重要的,在并联配置中,路径上没有"第一"或"第二"阻抗。就比如说,$Z_R \parallel Z_L$ 和 $Z_L \parallel Z_R$ 是等价的。

从字面意思讲,分流只是用来将电流源 i_{in} 产生的电流(直流或交流)分成两个并联的电流通路 i_1 和 i_2,如图3.7所示。当与电流源的内阻(非无限大电阻)相关联时,电流路径 i_1 被认为是"内部路径"(见2.2.4节)。因此,源电流实际上通过接口节点①传递到"负载"的部分记为 i_2,它取决于两个电阻的关系。

从概念上讲,电流分压器用于模拟任意两个系统级模块(源和负载)之间的信号传输过程,如图3.7所示。需要回答的问题是:从输出电阻为 R_1 的输入电流源 i_{in} 开始,有多少电流传递到节点①(即负载 R_2)。换句话说,源和负载之间的电流增益有多大?

接下来的章节回顾了三种最重要的电流分压器结构。

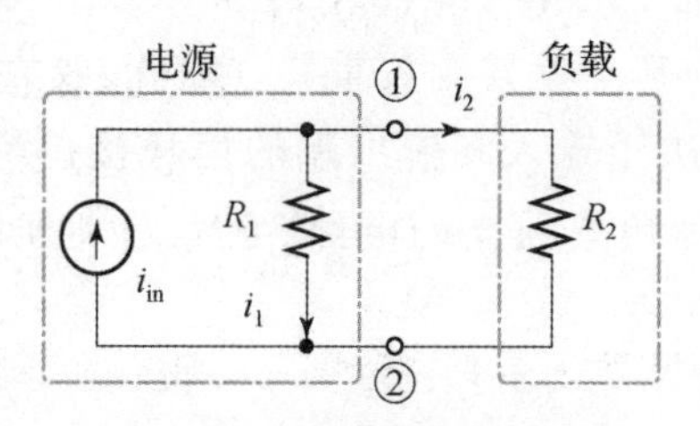

图3.7 简易电阻式分压器

3.3.1 电阻分流器

假定所有的元件都是理想的,除了电能转化为热能外,没有其他能量损失。这种网络结构的分析很简单,目的是找出源电流 i_{in} 和输出电流 i_2 穿过节点①之间的关系,如图3.7所示。理想电流源认为这两个电阻为并联电阻 $R_1 \parallel R_2$。直接应用基尔霍夫定律可以得到当前增益 A_i 的表达式为

$$\left.\begin{aligned} &i_{in} = i_1 + i_2 \\ &v_{R_1} = v_{R_2} = v_1 = i_{in}(R_1 \parallel R_2) \end{aligned}\right\} \Rightarrow \quad i_{R_2} = \frac{v_{R_2}}{R_2} = \frac{i_{in}(R_1 \parallel R_2)}{R_2} = i_{in}\frac{R_1 R_2}{R_1 + R_2}\frac{1}{R_2}$$

$$A_i = \frac{i_2}{i_{in}} = \frac{1}{1 + \frac{R_2}{R_1}} \tag{3.21}$$

换句话说,源电流 i_{in} 和输出电流 i_2 的比值等于1加上两个电阻的比值。由式(3.21)可以清楚地看出电阻分流器的理论最大电流增益 A_i 等于1。在最理想的情况下,源电流 i_{in} 不衰减地传递到接收负载 R_2,即 $i_2 = i_{in}$。这只可能在两种情况下:如果 $R_1 \to \infty$ 和/或 $R_2 = 0$,那么 $i_2 = i_{in}$,可以通过以下极限找到:

$$\lim_{R_1 \to \infty} A_i = \frac{1}{1 + \frac{R_2}{\infty}} = 1 \Rightarrow i_2 = i_{in}$$

$$\lim_{R_2 \to 0} A_i = \frac{1}{1 + \frac{0}{R_1}} = 1 \Rightarrow i_2 = i_{in}$$

在实际操作中,上述两个极限可以用以下近似概括:

$$R_1 \gg R_2 \Rightarrow i_2 \approx i_{in} \tag{3.22}$$

式(3.22)作为当前接口设计的"粗略估计"准则。

值得注意的是,在电流分配器的情况下,源电阻和负载电阻之间的关系式(3.22)与分压器的情况下的结论式(3.6)正好相反。这一结论对于理解电压和电流接口模型之间的基本差异至关重要。因此,放大器的输入和输出电阻以及放大器的类型,取决于输入和输出端的信号接口类型。总而言之,人们注意到电阻式分流器是频率独立的电路,它无差别地缩放直流和交流电压信号。

3.3.2 RC分流器

当分流器中的负载阻抗采用电容的形式,即 $R_2 = Z_C = 1/j\omega C$,那么,相对于输入信号的频率,有三种不同的可能性,如图3.8所示。

(1)直流情况($\omega = 0$):当使用直流电流源时,容性负载阻抗变为无穷大(见2.3.3.2节),分电流器的等效示意图如图3.8(a)所示。因此,没有电流传递到负载,即 $i_2 = 0$,100%的源电流通过 R 循环。

(2)交流情况($0 < \omega \ll \infty$):如式(3.21)描述,对于频率的中间值,交流源电流在两个可用的并联路径上按各自电阻的比例分布,如图3.8(b)所示。电流源看到的等效阻抗为 $Z_{eq} = R \parallel Z_C$ 为

$$Z_{R \parallel C} = Z_R \parallel Z_C \Rightarrow \frac{1}{Z_{R \parallel C}} = \frac{1}{R} + j\omega C = \frac{1 + j\omega RC}{R}$$

$$Z_{R\parallel C}(\omega)=R\frac{1}{1+j\omega RC}\Rightarrow|Z_{R\parallel C}(\omega)|=\frac{R}{\sqrt{1+(\omega RC)^2}}=\frac{R}{\sqrt{1+\left(\frac{\omega}{\omega_0}\right)^2}} \tag{3.23}$$

式中：ω_0 为 -3dB 频率，$\omega_0=1/RC$。

(3)交流情况($\omega\to\infty$)：对于高频率，容性负载阻抗趋于 $Z_C\to 0$，也就是说源电流的100%必须通过电容，如图3.8(c)所示。

由式(3.23)可知等效RC阻抗的极限值，如图3.8所示：当 $\omega\to 0$ 时，由式(3.23)得到 $|Z_{R\parallel C}(0)|=R$；当 $\omega\to\infty$ 时，由(3.23)得到 $|Z_{R\parallel C}(\infty)|=0$。通过这个粗略估算已经可以得出结论，RC电流分配接口表现为一个HP滤波器：它抑制了接近直流的频率信号，同时允许高频分量到达负载而不衰减。

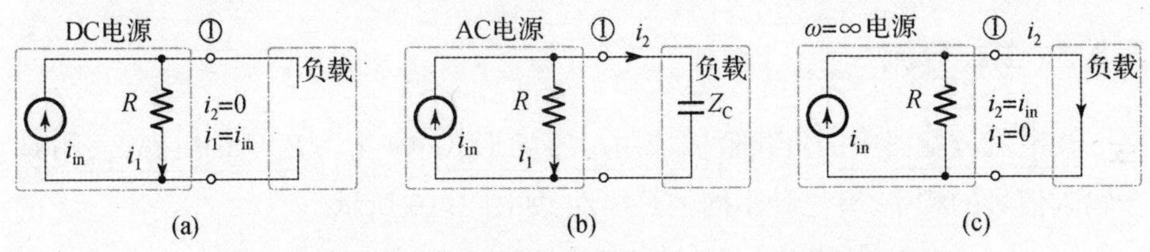

图3.8 直流分压器、交流分压器及在 $\omega_0=\infty$ 处的等效电路

由分电流器传递函数的一般表达式(3.21)出发，代入 $R_2=Z_C=1/j\omega C$ 得到

$$A_i=\frac{i_2}{i_{in}}=\frac{1}{1+\frac{Z_C}{R}}=\frac{1}{1+\frac{1}{j\omega RC}}=\frac{j\omega RC}{1+j\omega RC} \tag{3.24}$$

因此，可以得到电流增益的极限

$$\lim_{\omega\to 0}|A_i|=\lim_{\omega\to 0}\frac{\omega RC}{\sqrt{1+(\omega RC)^2}}=0$$

$$\lim_{\omega\to\infty}|A_i|=\lim_{\omega\to\infty}\frac{\omega RC}{\sqrt{1+(\omega RC)^2}}=\lim_{\omega\to\infty}\sqrt{\frac{\omega RC^2}{1+(\omega RC)^2}}$$

$$=\lim_{\omega\to\infty}\sqrt{\frac{1}{\frac{1}{(\omega RC)^2}+1}}=1 \tag{3.25}$$

因此，通过推导得出结论：

$$\omega_0=\frac{1}{RC} \tag{3.26}$$

RC分流器的交流仿真再次验证了已经得到的结论，如图3.9所示。

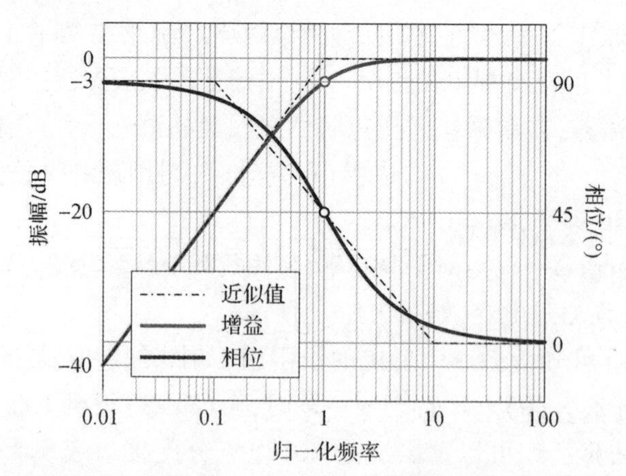

图 3.9　分电流高压 RC 滤波器($\omega_0 = 1/RC$)的频域图:幅值和相位响应(见彩图)

3.3.3　RL 分流

当电流分配器中的负载阻抗采用电感的形式,即 $R_2 = Z_L = j\omega L$,那么,相对于输入信号的频率,有三种不同的可能性,如图 3.10 所示。

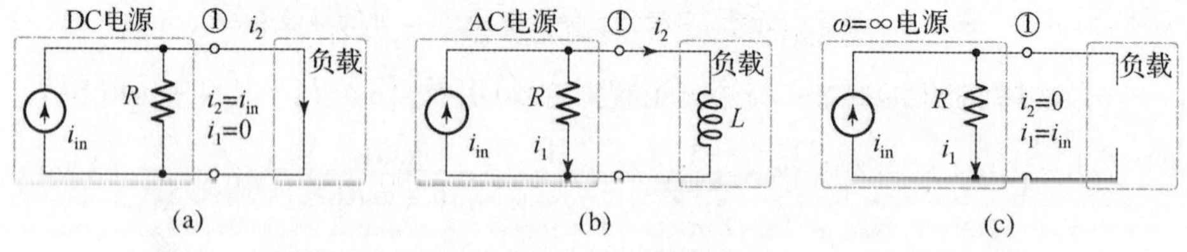

图 3.10　直流 RL 分压器、交流 RL 分压器及在 $\omega_0 = \infty$ 处的等效电路

(1)直流情况($\omega = 0$):当使用直流电流源时,感应负载阻抗为零(见 2.3.4 节),分电流器的等效示意图如图 3.10(a)所示。因此,100% 的源电流必须通过电感器 $i_2 = i_{in}$。

(2)交流情况($0 < \omega \ll \infty$):在中频,交流电流有两条可用的并联路径,如图 3.21 所示。由图 3.10(b)可知,电流源看到的等效阻抗为 $Z_{eq} = R \parallel Z_L$。也就是说

$$Z_{R\parallel L} = Z_R \parallel Z_L \Rightarrow \frac{1}{Z_{R\parallel L}} = \frac{1}{R} + \frac{1}{j\omega L} = \frac{j\omega L + R}{j\omega RL}$$

$$Z_{R\parallel L}(\omega) = \frac{j\omega RL}{j\omega L + R} \Rightarrow |Z_{R\parallel L}(\omega)| = \frac{|j\omega L|}{\left|1 + j\omega \frac{L}{R}\right|} = \frac{\omega L}{\sqrt{1 + \left(\frac{\omega L}{R}\right)^2}} \tag{3.27}$$

(3)交流情况($\omega \to \infty$):高频时电感阻抗 $Z_C \to \infty$,即 $i_2 = 0$,如图 3.10(c)所示。

由式(3.27)可知等效 RL 阻抗的极限值如图 3.10 所示,当 $\omega \to 0$ 时,由式(3.27)得到 $|Z_{R\|L}(0)| = 0$;当 $\omega \to \infty$ 时,由式(3.27)得到 $|Z_{R\|L}(\infty)| = R$,即

$$\lim_{\omega \to \infty} |Z_{R\|L}| = \lim_{\omega \to \infty} \frac{\omega L}{\sqrt{1 + \left(\frac{\omega L}{R}\right)^2}} \approx \lim_{\omega \to \infty} \frac{\omega L}{\sqrt{\left(\frac{\omega L}{R}\right)^2}} = \lim_{\omega \to \infty} \frac{R\omega L}{\omega L} = R$$

通过这个粗略估算,可以得出结论,RL 电流划分接口表现为一个低频滤波器:它抑制高频分量,同时允许低频分量通过而不衰减。

将 $R_2 = Z_L = \mathrm{j}\omega L$ 代入式(3.21),得到 RL 分压器具有 2.3.4 节已经介绍过的一般传递函数形式,即

$$A_i = \frac{i_2}{i_{\text{in}}} = \frac{1}{1 + \frac{Z_L}{R}} = \frac{1}{1 + \mathrm{j}\frac{\omega L}{R}} = \frac{1}{1 + \mathrm{j}\frac{\omega}{\omega_0}} \tag{3.28}$$

其中

$$\omega_0 = \frac{R}{L} \tag{3.29}$$

此外,可获得电流增益的极限为

$$\lim_{\omega \to 0} A_i = \lim_{\omega \to 0} \frac{1}{\sqrt{1 + \left(\frac{\omega L}{R_1}\right)^2}} = 1$$

$$\lim_{\omega \to \infty} A_i = \lim_{\omega \to \infty} \frac{1}{\sqrt{1 + \left(\frac{\omega L}{R_1}\right)^2}} = 0 \tag{3.30}$$

RL 分流器的交流数值模拟再次证实了此结论,如图 3.11 所示。

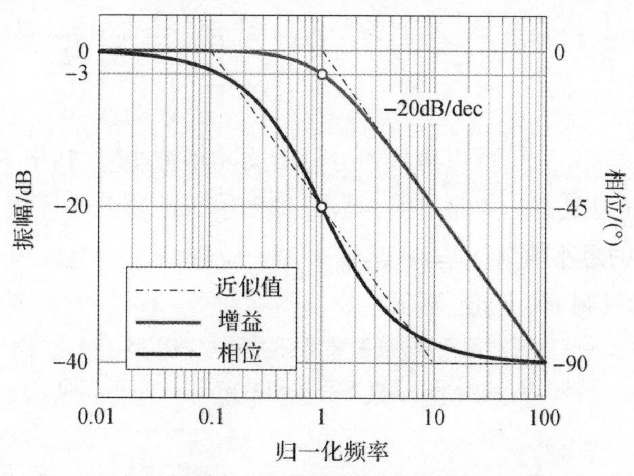

图 3.11 分流低压 RL 滤波器($\omega_0 = R/C$)的频域图:幅值和相位响应(见彩图)

3.4 最大功率传输

低频电路分析的目的是快速地提供“足够好的”电压和电流计算。这种方法是可以接受的,因为寄生元件本身具有较小的 RLC 值,通常在低频率时对电路性能没有显著影响。因此,对于低频设计,一阶(即粗略估计)近似寄生电抗的短路/断路连接提供了一种方便的分析方法。

然而,在 RF 频率下,有源电路元件内部的电压和电流水平通常不等于电路端子处的电压和电流水平。因此,与电路元件相关的寄生元件造成了不可忽略的能量浪费。由于这种不可避免的能源浪费,比起单独评估内部电压和电流,更重要的是评估“瞬时信号功率”($p=vi$)如何从一级转移到另一级,这意味着需要考虑所有内部阻抗。也就是说,需要回答的重要问题是:分频器的阻抗如何影响任何两级电路之间的功率转移?如何将电能传输损耗降到最低?

根据已经得出的结论,有两种极端情况需要考虑,即负载阻抗为 $Z_{\text{load}}=0$ 或 $Z_{\text{load}}=\infty$。在 $Z_{\text{load}}=0$ 的情况下,跨负载端子的电压为零,这意味着交付给负载的功率必须为 $p_{\text{load}}=vi=0\times i=0$。但是在 $Z_{\text{load}}=\infty$ 的情况下,没有电流传递到负载,因此传递的功率必须再次为零。考虑到电子电路在这两个极端之间的负载阻抗传递信号功率,可以得出至少存在一个非零的最大功率传递条件。

让我们假设由理想电压源 v_S 驱动的复源阻抗 $Z_S=R_S+jX_S$ 和复负载阻抗 $Z_L=R_L+jX_L$。如式(1.44)所示,平均功率$\langle P_L\rangle$在负载的电阻部分耗散,而电流是复数,即

$$\langle P_L\rangle=I_{\text{rms}}^2R_L=\frac{1}{2}|I|^2R_L=\frac{1}{2}\left[\frac{v_S}{|Z_S|+|Z_L|}\right]^2R_L=\frac{1}{2}\frac{|v_S|^2}{(R_S+R_L)^2+(X_S+X_L)^2}R_L \tag{3.31}$$

通过分析式(3.31),可以得到当分母的无功项最小时,功率 P_L 增加。平方函数的最小值(总是有一个非负值)是零,即源电抗与负载电抗相等且符号相反时$(X_L+X_L)^2$ 的最小值为 $X_0=-X_L$。

式(3.31)只剩下电阻项,因此

$$P_L=\frac{1}{2}\frac{|v_S|^2}{(R_S+R_L)^2}R_L=\frac{1}{2}\frac{|V_S|^2}{\dfrac{R_S^2}{R_L}+2R_S+R_L} \tag{3.32}$$

因此,P_L 最大值的求解问题可以简化为式(3.32)中关于负载电阻 R_L 的分母的最小值的求解问题,即

$$\frac{\mathrm{d}}{\mathrm{d}R_{\mathrm{L}}}\left(\frac{R_{\mathrm{S}}^{2}}{R_{\mathrm{L}}}+2R_{\mathrm{S}}+R_{\mathrm{L}}\right)=-\frac{R_{\mathrm{S}}^{2}}{R_{\mathrm{L}}^{2}}+1=0 \quad \Rightarrow \quad R_{\mathrm{S}}=R_{\mathrm{L}} \tag{3.33}$$

因为电阻值总是正的,将导出的电抗 $X_{\mathrm{S}}=-X_{\mathrm{L}}$ 和电阻 $R_{\mathrm{S}}=R_{\mathrm{L}}$ 两个条件合并为

$$Z_{\mathrm{S}}=Z_{\mathrm{L}}^{*} \tag{3.34}$$

称为“共轭匹配”。这个条件保证了最大的功率传递,但是,只有在源电抗和负载电抗共轭的同一个频率下,即 $\mathrm{j}X_{\mathrm{L}}=-\mathrm{j}X_{\mathrm{S}}$。

此外,通过将 $R_{\mathrm{L}}=xR_{\mathrm{S}}$ 代入式(3.32)可以得出负载和源电阻的比值 x 如何影响功率匹配和效率

$$P_{\mathrm{L}}=\frac{1}{2}\frac{xR_{\mathrm{S}}}{(R_{\mathrm{S}}+xR_{\mathrm{S}})^{2}}|V_{\mathrm{S}}|^{2}=\frac{1}{2}\frac{x}{(1+x)^{2}}\frac{|V_{\mathrm{S}}|^{2}}{R_{\mathrm{S}}}=\frac{1}{2}\frac{x}{(1+x)^{2}} \tag{3.35}$$

归一化后 $V_{\mathrm{S}}=1\mathrm{V}$ 和 $R_{\mathrm{S}}=1\Omega$,可写成 $x=1$

$$P_{\mathrm{L}}(\max)=\frac{1}{2}\cdot\frac{1}{4} \tag{3.36}$$

即 $R_{\mathrm{L}}=R_{0}$(即 $x=1$)条件下,式中 $P_{\mathrm{L}}(\max)$ 为负载耗散的最大功率。图3.12中的归一化图显示了在负载比下最大的交付功率 $R_{\mathrm{L}}=R_{\mathrm{S}}$ 时的 $R_{\mathrm{L}}/R_{\mathrm{L}}(\max)$。另外,如果将功率传递效率定义为

$$\eta=\frac{R_{\mathrm{L}}}{R_{\mathrm{L}}+R_{\mathrm{S}}}=\frac{1}{1+\dfrac{R_{\mathrm{S}}}{R_{\mathrm{L}}}}=\frac{1}{1+\dfrac{1}{x}} \tag{3.37}$$

如图3.12所示,当将最大功率传递给负载时,效率仅为50%,这对于阻抗匹配的情况是直观正确的。有趣的是,要达到90%的效率,$R_{\mathrm{L}}/R_{\mathrm{S}}=9$ 是必要的。

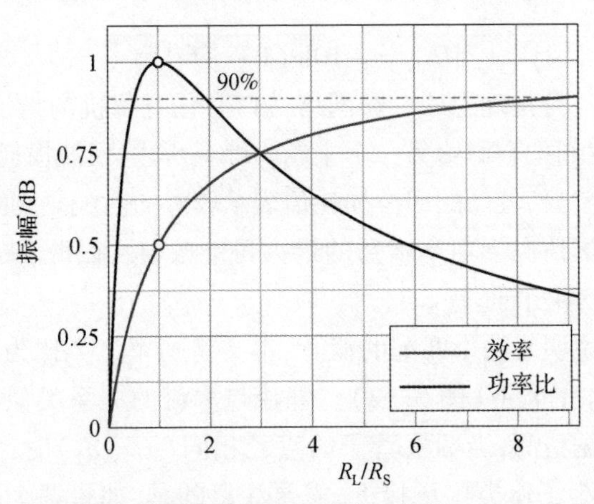

图3.12　最大功率传递示意图(各方程的比值;式(3.31)和式(3.36),最大功率效率公式(3.37),归一化到 $V_{\mathrm{S}}=1\mathrm{V}$,$R_{\mathrm{S}}=1\Omega$)(见彩图)

非共轭匹配或宽带匹配条件

$$Z_S = Z_L \tag{3.38}$$

也称为无反射匹配,它不像共轭匹配那样有效,但它提供了更广泛的最大值。在实际应用中,匹配条件的选择取决于应用的具体情况。

3.4.1 失配造成的功率损失

当未达到最大功率传输时,必须量化功率损耗的大小。对于任意两个源/负载阻抗 Z_1 和 Z_2 的情况,通常定义"反射系数"Γ 为

$$\Gamma = \frac{Z_2 - Z_1}{Z_2 + Z_1} \tag{3.39}$$

式中:$0 \leqslant |\Gamma| \leqslant 1$。

理论上,功率传递通常表示为两种功率波的总和:来自源的入射功率和未传递到负载的反射功率。为了良好的功率传递,反射应尽可能小。在完全匹配情况下,阻抗 Z_1 和 Z_2 相等,即 $\Gamma=0$。在通信系统中,相关标准规定了反射系数的最大允许值。更多时候,反射系数是一个无单位的数字,将其转换成 dBs,称为"回波损耗"。

$$R_L = 10\lg(|\Gamma|^2) = 20\lg|\Gamma| \tag{3.40}$$

式中:$0\text{dB} \leqslant R_L \leqslant \infty$。粗略地说,回波损耗量化了传递到两个接口阻抗的功率差异。为了找出在接口上浪费了多少功率,"失配损耗"(ML)会定义为

$$ML = \frac{1}{1 - |\Gamma|^2} \tag{3.41}$$

或转换成 dBs 后

$$ML_{dB} = -10\lg(1 - |\Gamma|^2) \tag{3.42}$$

假设信号源本身是理想的。在网络端口有任意阻抗的情况下,失配损失的计算有点复杂,我们把它留给另一个主题。综上所述,回波损耗表示反射功率和入射功率之间的差异,较低的回波损耗值表示较好的匹配。同时,失配损耗代表了相对于完全匹配情况下功率增益的最大可能改善。因此,失配损耗 ML 的单位值越接近 1,表示匹配越好。

为了直观地说明复功率匹配的概念,本文将功率流类比为水流流过两根直径分别为 d_1 和 d_2 的管道(图 3.13)。管径与水流的关系类似于阻力与水流的关系。可以凭直觉猜测,当两根管子的直径相同($d_1 = d_2$)时,水流的效率最高(即不会溢出)。为了使类比更接近,需要注意的是,如果两个连接的管道在一个直角 $\varphi=90°$切割,那么它不重要的管子是如何沿着它们的轴旋转,他们总是能建立良好的联系,即他们"匹配"。但是,如果在其他角度 $\varphi \neq 90°$上切割管道,

则 $\varphi_1 + \varphi_2 = \pi$ 时水流最有效。非垂直角度相当于分压器中的复阻抗 Z_S 和 Z_L，其中正斜率相当于"电感"阻抗，负斜率相当于"容性"阻抗，而直角则是特殊(更简单)的电阻情况。

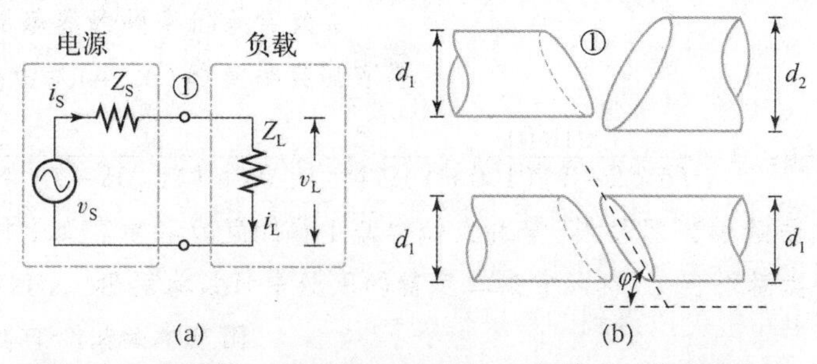

图3.13 复阻抗匹配网络和不匹配与匹配情况下的管道类比

3.5 案例研究:信号缓冲的需要

为了说明在源阻抗和负载阻抗有较大差异的情况下信号能量的损失情况，现在考虑下面的实际例子。基于电阻分压器的电压源用于驱动 $R_L = 100\Omega$ 负载，如图3.14 所示。作为一个数值例子，假设 $v_S = 10V$，$R_1 = R_2 = R = 10k\Omega$，加载电阻 $R_L = 100\Omega$。连接负载时，节点①的可用电压计算为

$$v_1 = \frac{i_S}{R_2} = \frac{v_S}{R_1 + R_2} R_2 = \frac{v_S}{2R} R = \frac{v_S}{2} = 5V$$

但是，当节点①直接连接到节点②，中间没有缓冲区时，可计算

$$R_2 \parallel R_L = 10k\Omega \parallel 100\Omega = 99\Omega \approx 100\Omega$$

这与负载电阻非常接近。因此，可用电压 v_1 变为

$$\begin{aligned} v_1 &= i_S(R_2 \parallel R_L) = \frac{v_S}{R_1 + (R_2 \parallel R_L)}(R_2 \parallel R_L) \\ &= \frac{v_S}{\dfrac{R_1}{R_2 \parallel R_L} + 1} = \frac{10V}{\dfrac{10k\Omega}{99\Omega} + 1} = 98mV \approx 100mV \end{aligned}$$

说明了将小负载连接到这种基准电压上的后果。在此条件下，交付给 R_L 的总功率为

$$P_{R_L} = vi = \frac{v_1^2}{R_L} = \frac{(98mV)^2}{100\Omega} = 96\mu W \approx 100\mu W$$

这个结果将与节点②的完整 $v_1 = 5V$ 的理想情况进行比较，

$$P_{R_L} = vi = \frac{v_1^2}{R_L} = \frac{(5V)^2}{100\Omega} = 250mW$$

也就是说,输出功率的比例为

$$P = vi = \frac{250\text{mW}}{99\mu\text{W}} \approx 2500 = 68\text{dB}$$

这个巨大的差异说明了为什么“隔离”参考电压和最大限度地提供给负载的功率是重要的。对这个问题的实际工程解决方案如图 3.14 所示,其中添加了一个中间模块电路,作为源和负载之间的缓冲。在这种情况下,缓冲器的输入阻抗必须非常高(理想情况下是无限的),所以没有电流从源流入缓冲级即 $i_{in}=0$。然而在输出端,该放大器必须作为理想的电压源,增益 $A_V=1$。在此条件下,$v_2=v_1$,并向负载传递最大功率。而在真实电路中,v_1 总是有一个很小的衰减,因此在真实电路中可以得到的结果是 $v_2 \approx v_1$。

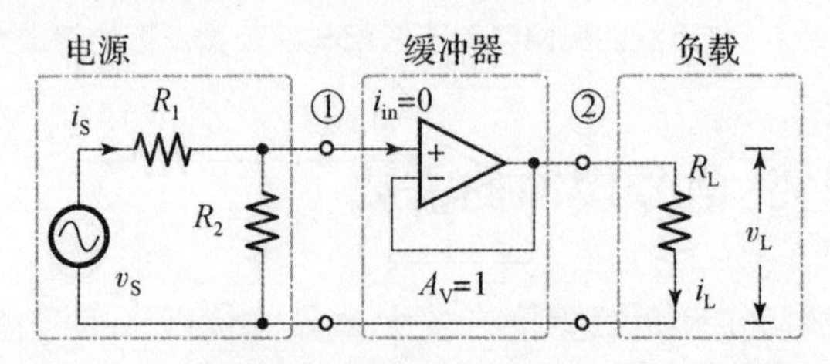

图 3.14　提供给负载最大功率的缓冲阶段示意图

3.6　总结

本章回顾了多级系统各级之间接口的基本类型。其中两种主要的模型,即分压器和分流器,均被用来评估级之间的功率转移。根据是使用电压还是电流来传输信号,接口规格有很大的不同。更重要的是,一个简单的电阻接口的特性与诸如实现低通滤波器或高通滤波器的 RC 或 RL 接口特性差别巨大,设计人员通过阻抗匹配和缓冲技术来实现功率传递的最大化。

问题

3.1　三级通信系统由一个理想的戴维宁源驱动,它包括:

1. 射频放大器:输入电阻 $R_{in}=5\text{k}\Omega$,电压增益 $A_V=10$,$R_{out}=25\Omega$;

2. 混频器:输入电阻 $R_{in}=1\text{k}\Omega$,电压增益 $A_V=1$,$R_{out}=100\Omega$;

3. 中频放大器:输入电阻 $R_{in}=10\text{k}\Omega$,电压增益 $A_V=6\text{dB}$,$R_{out}=50\Omega$。

在中频放大器的输出端有一个负载电阻 $R_L=1\text{k}\Omega$ 计算该系统的总电压增益 A_V,用 V/V 和 dB 两种单位表示。

3.2　参考图 3.2,假设电源为 $v_{in}=5\text{V}$,使用电阻分压器设计 $v_1=v_{out}=2\text{V}$ 的基准电压。第二个规范是观察节点①的等效电阻为 $R_{out}=R_{①}=6\text{k}\Omega$。

3.3　参考图3.2，假设电源为 $v_{in}=10V$，在节点①使用电阻分压器设计基准电压，使(1)$v_{out}=0.1v_{in}$；(2)$v_{out}=0.5v_{in}$；(3)$v_{out}=0.9v_{in}$。

对于这个问题中的每一种情况，你将如何分类(v_{in}，R_1)源：作为电压源还是电流源？哪种情况（如果有的话）可以称之为“最好的电压源”，哪种情况可以称之为“最好的电流源”？

3.4　参照图3.3，假设输入信号 $v_{in}(t)=10V\sin\omega t$，计算电容值 C，使最大电压幅值 v_{out} 为

1. 给定 $R=1k\Omega$，$f_1=10kHz$ 和：(1)$v_{out}=0.1v_{in}$；(2)$v_{out}=0.5v_{in}$；(3)$v_{out}=0.9v_{in}$；
2. 给定 $R=1k\Omega$，$f_2=1MHz$ 和：(1)$v_{out}=0.1v_{in}$；(2)$v_{out}=0.5v_{in}$；(3)$v_{out}=0.9v_{in}$；
3. 给定 $R=1k\Omega$，$f_3=1GHz$ 和：(1)$v_{out}=0.1v_{in}$；(2)$v_{out}=0.5v_{in}$；(3)$v_{out}=0.9v_{in}$。

对于本问题中的每一种情况，计算 $-3dB$ 频率。

3.5　参照图3.5，假设输入信号 $v_{in}(t)=10V\sin\omega t$，计算电感值，使最大电压幅值 v_{out} 为

1. 给定 $R=1k\Omega$，$f_1=10kHz$ 和：(1)$v_{out}=0.1v_{in}$；(2)$v_{out}=0.5v_{in}$；(3)$v_{out}=0.9v_{in}$；
2. 给定 $R=1k\Omega$，$f_2=1MHz$ 和：(1)$v_{out}=0.1v_{in}$；(2)$v_{out}=0.5v_{in}$；(3)$v_{out}=0.9v_{in}$；
3. 给定 $R=1k\Omega$，$f_3=1GHz$ 和：(1)$v_{out}=0.1v_{in}$；(2)$v_{out}=0.5v_{in}$；(3)$v_{out}=0.9v_{in}$。

对于本问题中的每一种情况，计算 $-3dB$ 频率。

3.6　参照图3.7，设 $i_{in}(t)=10mA\sin\omega t$ 为输入信号，计算电阻 R_2 值，使最大电流幅值 i_1 为

1. 给定 $R=100k\Omega$，$f_1=10kHz$ 和：(1)$i_2=0.1i_{in}$；(2)$i_2=0.5i_{in}$；(3)$i_2=0.9i_{in}$；
2. 给定 $R=100k\Omega$，$f_2=1MHz$ 和：(1)$i_2=0.1i_{in}$；(2)$i_2=0.5i_{in}$；(3)$i_2=0.9i_{in}$；
3. 给定 $R=100k\Omega$，$f_3=1GHz$ 和：(1)$i_2=0.1i_{in}$；(2)$i_2=0.5i_{in}$；(3)$i_2=0.9i_{in}$。

对计算结果进行评论。

3.7　参照图3.8，假设输入信号 $i_{in}(t)=10mA\sin\omega t$，计算电容 C 值，使最大电流幅值 i_2 为

1. 给定 $R=100k\Omega$，$f_1=10kHz$ 和：(1)$i_2=0.1i_{in}$；(2)$i_2=0.5i_{in}$；(3)$i_2=0.9i_{in}$；
2. 给定 $R=100k\Omega$，$f_2=1MHz$ 和：(1)$i_2=0.1i_{in}$；(2)$i_2=0.5i_{in}$；(3)$i_2=0.9i_{in}$；
3. 给定 $R=100k\Omega$，$f_3=1GHz$ 和：(1)$i_2=0.1i_{in}$；(2)$i_2=0.5i_{in}$；(3)$i_2=0.9i_{in}$。

针对本问题中的每一种情况，计算 $-3dB$ 频率，并对计算结果进行注释。

3.8　参照图3.10，设 $i_{in}(t)=10mA\sin\omega t$ 为输入信号，计算电感 L 值，使最大电流幅值 i_2 为

1. 给定 $R=100k\Omega$，$f_1=10kHz$ 和：(1)$i_2=0.1i_{in}$；(2)$i_2=0.5i_{in}$；(3)$i_2=0.9i_{in}$；
2. 给定 $R=100k\Omega$，$f_2=1MHz$ 和：(1)$i_2=0.1i_{in}$；(2)$i_2=0.5i_{in}$；(3)$i_2=0.9i_{in}$；
3. 给定 $R=100k\Omega$，$f_3=1GHz$ 和：(1)$i_2=0.1i_{in}$；(2)$i_2=0.5i_{in}$；(3)$i_2=0.9i_{in}$。

针对本问题中的每一种情况，计算 $-3dB$ 频率，并对计算结果进行解释。

3.9　射频放大器的输入节点上连接天线，模型为 $Z=50\Omega$，其输入电阻为(1)$R_{in}=50\Omega$；(2)$R_{in}=100\Omega$；(3)$R_{in}=1k\Omega$。

在每种情况下，计算反射系数、回波损耗和失配损耗。

3.10　设计 $-3dB$ 频率为 $f_0=1kHz$ 的低电平和高电平无源滤波器。讨论你的解决方案。

第4章

基本的半导体器件

一般的电网络理论都是以理想无源器件的四个基本功能为基础的，即电阻(R)、电容(C)、电感(L)和记忆电阻(M)。然而，为了放大信号只有无源元件是不够的。另一方面，如果在三端有源器件的输入端施加一个小的输入信号，则可以控制其输出端的大电流。也就是说，输出端的大波形是输入侧小波形的忠实复制，从而实现放大。而关键是该设备仅控制输出电流。输入端和输出端使用的信号能量是由外部能源提供的，例如电池。一个机械的类比，三端设备的功能类似于一个控制水流的水龙头(但它并非制造水流)。

本章回顾了基本有源电子器件的性质，即二极管和三种类型的晶体管：BJT、FET 和 JFET。

4.1 有源器件

基本的无源器件(参见第2章)本身不能放大电信号。作为无源器件，它们本质上只能沿信号路径形成电压/电流分配器，从而逐步降低输入信号的振幅。为了使增益大于1，网络必须包含有源元件，即二极管和晶体管。然而，增加的信号功率是由外部能源，即电池提供的，而不是神奇地在晶体管内部产生的(能量守恒定律仍然成立)。也就是说，晶体管仅仅起到一个阀门的作用，它通过输入端的低功率信号来控制通过晶体管输出端的大电流。简单地说，人们用少量能量的流量(控制信号)来控制大量能量的流量(外部能源，如电池)，因此产生了“放大”效应。例如，变压器本身也可以在输出端增加电压或电流的幅值，但不能同时增加两者，这就是功率的定义。因此，变压器不是功率放大设备。

本节的其余部分将回顾 PN 结、二极管和晶体管的基本特性，以便应用于微弱射频信号的放大。

4.2 二极管

使用黑盒方法(图4.1)，人们发现二极管的传递函数表现出类似于理想的通/关开关的行为，该开关由其终端的电压控制。开启/关闭二极管状态之间的转换发生在电压称为“阈值电压”，通常表示 V_t。相对于阈值电压，我们发现两种不同的工作模式：

1. 当二极管电压 U_D 在一定范围内（$U_D \leqslant V_t$）时，二极管表现为开路连接，即 OFF 状态的开关。在这个电压区间内，通过黑盒的电流（理想情况下）为零，因此可以得出结论，黑盒中要么包含一个打开的开关，要么包含一个等效的无限电阻。

2. 当二极管电压 $U_D \geqslant V_t$ 时，在相当大的电流范围内，二极管电压 U_D 与电流 I_D 呈指数函数关系。在端子电压的这一区间内，可以得出黑盒中含有非线性电阻的结论。因此，有必要找出直流和交流电阻的值。

注意到，二极管反向偏压的最大电压不是无限的，它是特定于二极管类型的（例如，在图 4.1 中，负电压只显示到 $U_D = -1$）。另一方面，对于大多数商业二极管，阈值电压通常设置为 $V_t \approx 0.6 \approx 0.7\text{V}$，这是严格的技术参数。

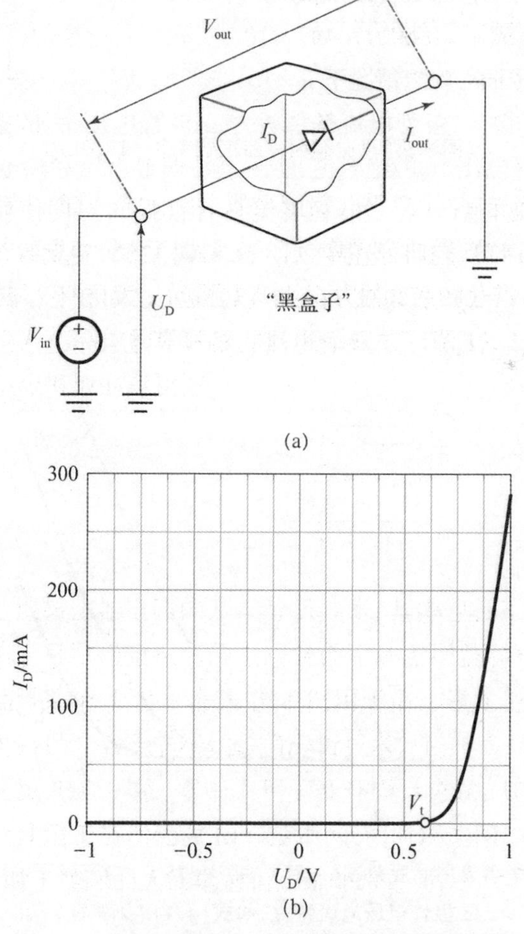

图 4.1　黑盒子设置、二极管电压电流非线性特性

4.2.1 数学模型

从理论和实验上都发现,PN 结器件的电压 - 电流特性服从“指数定律”,其曲线拟合到下面的数学模型中

$$I_D(U_D)=I_S\left[\exp\left(\frac{U_D}{nV_T}\right)-1\right]=I_S\left[\exp\left(\frac{qU_D}{nkT}\right)-1\right] \tag{4.1}$$

式中 I_D——通过二极管的电流;

I_S——二极管漏电流;

U_D——二极管的电压,即偏置电压;

V_T——在室温下热电压($V_T=kT/q\approx 25\text{mV}$);

k——波耳兹曼常数($k=1.380650\times10^{-23}$[J/K]);

T——温度,单位为 K,($K=+273.15$℃);

q——元电荷($q=1.602176487\times10^{-19}$C);

n——理想因子,理想情况下 $n=1$。

由式(4.1)可知,二极管电流幅值 I_D 是二极管电压 U_D 的指数函数。然而,并不是关注二极管电压 U_D 的绝对值,实际上是偏置电压和热电压的 U_D/V_T 的比率是重要的。直接的结果是二极管电流具有很强的温度依赖性。作为示例,图 4.2 中的二极管特性表明,当温度从 -55℃ 到 125℃ 变化时,对于相同的二极管电压 $U_D=750\text{mV}$,二极管电流 I_D 在 0 ~ 125mA 之间变化。因此,只有在特定的温度和偏置点(U_D,I_D)下,二极管电流 I_D 的计算才有效。

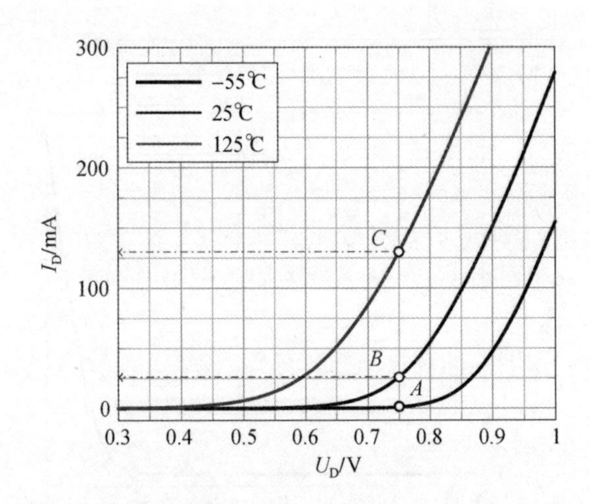

图 4.2 军事应用温度范围(-55℃≤T≤125℃)内三种不同温度下的二极管电压电流特性,如式(4.1)(见彩图)

式(4.1)的一个非常重要的限制是,它意味着温度升高时,二极管电流 I_D 减小。但是,图4.2的仿真结果清楚地表明,温度的升高会导致二极管电流的增大。这一趋势是由于式(4.1)中没有包含具有非常强的温度依赖性的电流 I_S 引起的,而 I_S 电流主导了整体的温度响应。

从数学角度来看,指数函数被认为是一个"强"函数,因此,通常做法是对二极管工作的两个不同区域使用其近似的V-I表达式。

(1)($U_D \gg V_T$):当二极管偏置电压远大于热电压 V_T 时(例如,甚至是热电压 V_T 的3~4倍或更多),式(4.1)中的指数项远大于"-1"项。在这种情况下,式(4.1)退化为一个简单的指数函数,从数学的角度(考虑其导数和积分)处理起来容易得多,即

$$I_D(U_D) = \left[\exp\left(\frac{U_D}{V_T}\right) - 1\right] \approx I_S \exp\left(\frac{U_D}{V_T}\right)(U_D \gg V_T) \tag{4.2}$$

在这种情况下的二极管称为完全"正向偏置",即它完全传导电流,其行为类似于与带 V_t 的理想电压源串联的导线或闭合开关其端子处的电压,即其内阻非常低(理想电压源模型见第2.2.3节)。一旦二极管正向偏置,在所有实际用途中,它可以近似于理想电压源 V_t(因此其内阻很小,理想情况下为零)。我们注意到式(4.2)是双向的:电压 U_D 不仅控制二极管的电流 I_D,而且外部电流源强制通过二极管的电流 I_D 也会设置整个二极管的 U_D。在后一种情况下,二极管用作电压基准装置。

(2)($U_D \ll V_T$):当偏置电压 U_D 比热电压 V_T 小很多(例如10倍或更多)时,式(4.1)中的指数项变得非常接近1。在这种情况下,式(4.1)退化为

$$I_D(U_D) = I_S\left[\exp\left(\frac{U_D}{V_T}\right) - 1\right] \approx 0, U_D \ll V_T \tag{4.3}$$

该二极管称为"反向偏置",即它完全关闭,其行为类似于开路开关——只有一小部分泄漏电流流过P-N结边界。注意到,如果阳极和阴极端子短路(或设置为相同的电位),换句话说,$U_D = 0$,那么从式(4.1)开始,$I_D = 0$。这种关系经常用于需要保证二极管关断的电路中外部电路强制 $U_D = 0$ 就足够了。

在实践中,有许多方法可以设计出针对特定行为进行优化的二极管。例如,肖特基二极管的开关时间非常快;齐纳二极管(即一种雪崩二极管)是为特定的反向偏置击穿电压设计的,这在稳压电路中是有用的参考;一种变容二极管专门设计用于其电压控制电容;PiN二极管在P型和N型区域之间设计了一个固有硅区域(PiN因此得名),以使其线性压控电阻行为,这在微波系统中特别有用;发光二极管(LED),通过控制自由载流子的能级,使电荷复合过程产生光子的释放,从而控制释放光子的频率,即控制发射的光颜色。

4.2.2 偏置点

通常,电路设计过程的第一步是确定所有有源器件的“参考”偏置电流。将I_D的值选择为一个“完美的数字”是很实用的。在后来的电路设计过程中,I_D频繁地出现在方程中,因此一个很好的数字可以减少分析的工作量。但是,只要设置了特定的偏置电流 $I_D = I_0$,因此也会设置偏置电压 $U_D = V_0$。通过这样做,不可避免地地设置这个二极管的电压-电流增益“g_m”。在任何模拟电路的设计过程中,人们都会注意到这种“多米诺效应”。

为了说明电压-电流关系,通过仿真或实验得到的典型二极管转移特性如图4.3(b)所示。采用理想电压源精确控制二极管电压 U_D,从而控制相应的二极管电流 I_D。我们注意到,如果使用理想电流源而不是电压源,那么二极管电流就是控制 U_D电压的电流。也就是说,式(4.1)无论选择 U_D还是 I_D哪个变量为独立变量,都是双向有效的。

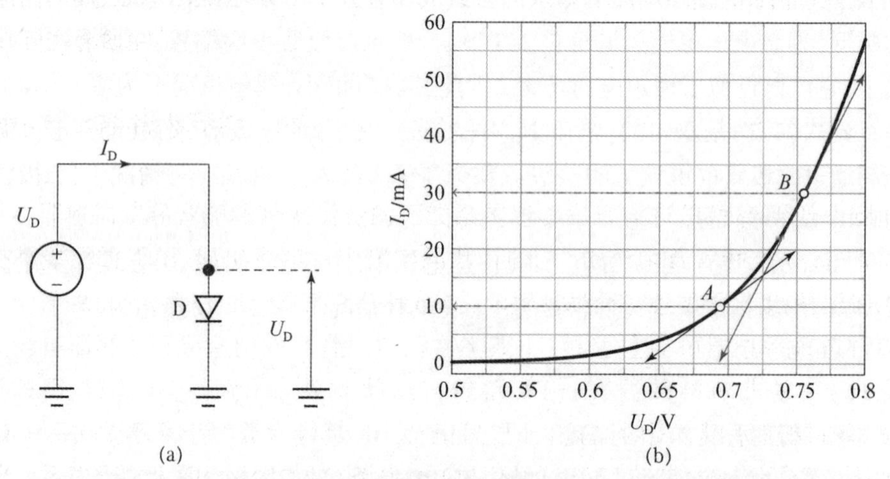

图4.3 确定二极管电压-电流转移特性的典型模拟设置两个不同的偏置点A和B说明了它的非线性性质(见彩图)

例24:二极管偏压点

参考图4.3,估计和比较A点和B点的直流偏置(I_0,V_0),并确定二极管在这两点的直流电阻。

解24:图4.3在这两个偏置点附近放大,如图4.4所示,可以用来评估该二极管的设置。

偏置点A和B:通过读取它们各自的坐标来估计,即

A:$(I_0, V_0) = (10\text{mA}, 695\text{mV})$,$B$:$(I_0, V_0) = (30\text{mA}, 755\text{mV})$。

因此，偏置电流 I_0 的选择（这是由应用和技术约束所驱动的）导致产生了与其相关的偏置电压 V_0。

直流电阻：根据欧姆定律，直流电阻是相关联的电压与电流之比，因此

$$R_{DC}(A) \overset{\text{def}}{=} \frac{V_0}{I_0}\bigg|_A = \frac{695\text{mV}}{10\text{mA}} = 69.5\Omega; R_{DC}(B) \overset{\text{def}}{=} \frac{V_0}{I_0}\bigg|_B = \frac{755\text{mV}}{30\text{mA}} = 25.1\Omega$$

这说明，与线性电阻的电阻总是恒定的相反，非线性器件的电阻不是恒定的，即它取决于流经器件的直流电流。

现在考虑下面的实际问题。根据图4.5(a)的电路设置和图4.5(b)二极管的电压－电流转移特性，设置二极管偏置点 $A:(I_0,V_0)$ 需要多大的电阻值 R？

电阻和二极管是串行连接的，因此它们共享相同的电流，我们写

$$I_D = I_R \tag{4.4}$$

$$V_{CC} = V_R + U_D \tag{4.5}$$

$$I_R = \frac{V_{CC} - U_D}{R} \tag{4.6}$$

$$I_D = I_S\left[\exp\left(\frac{U_D}{V_T}\right) - 1\right] \tag{4.7}$$

在数学上，这是一个由线性和非线性方程组成的系统的经典例子，因此，无论是图形或迭代数值方法都可以解决它的 I_D 和 U_D。

图4.5(b)说明了图形方法，它是式(4.4)～式(4.7)的直接实现，其中 A 是唯一同时属于式(4.6)和(4.7)的点。因此，点(V_0,I_0)是该系统的解，即唯一 $I_D = I_R$ 的点。根据欧姆定律，电阻器的电压－电流关系是线性函数[①]。从式(4.5)开始电阻电压为

$$V_R = V_{CC} - U_D \tag{4.8}$$

本节得到的 I_R 与 U_D 图如图4.5(b)所示。当 $U_D = V_{CC}$ 时，R 的两端电位相同，由式(4.8)可知 $V_R = 0$，代入式(4.6)可得 $I_R = 0$。同样，当 $V_D = 0$ 时，在式(4.8)处得到 $V_R = V_{CC}$，代入式(4.6)得到 $I_R = V_{CC}/R$。两点足以确定一个线性函数。可以得出结论，该电阻所有可能的电流－电压值都在实线上，实线通常称为“负载线”，由两个点决定：$(V_R,I_R):(V_{CC},0)$ 和 $(V_R,I_R):(0,V_{CC}/R)$。

作图画出负载线与二极管的传递函数，使我们能够以图形的方式确定偏置点 $A:(V_0,I_0)$，正如图4.5(b)所示。可以注意到，改变电阻值将改变其线性函数的斜率，该斜率将在不同的偏置点穿过二极管的传递函数。因此可以得出结论，这个电阻R确实控制了二极管的偏置点。

① 见2.3.1节。

例 25:二极管偏压点

参照图 4.5,假设 A:(10mA,0.695V)计算所需的电阻。

数据:$V_{CC}=5V$

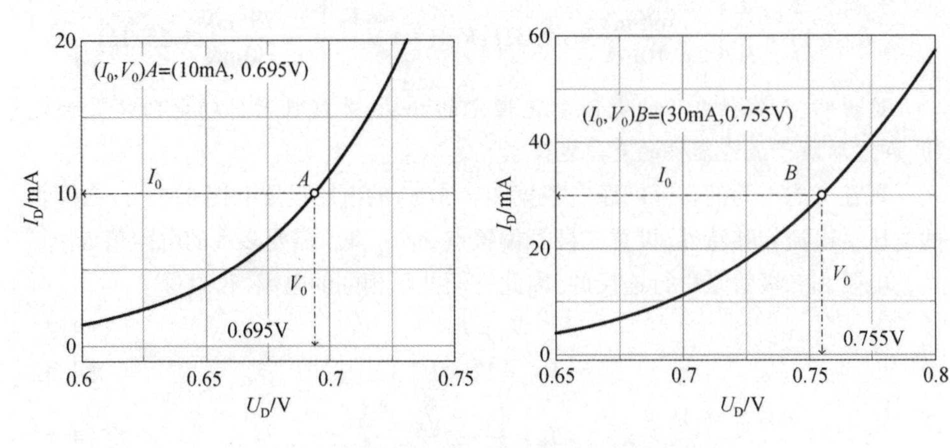

图 4.4 将图 4.3 放大显示偏置点周围的细节

解 25:对于式(4.4),直接实现式(4.6)的结果是

$$I_D=I_R=\frac{V_{CC}-U_D}{R}\Rightarrow R=\frac{V_{CC}-U_D}{I_D}=\frac{5-0.695V}{10mA}=430.5\Omega$$

例 26:二极管偏压点

参照图 4.5 计算偏置点 A:(I_0,V_0)

数据:$V_{CC}=5V$,$R=430.5\Omega$,$V_T=25mV$,$I_S=8.445\times10^{-15}A$(假设恒定)

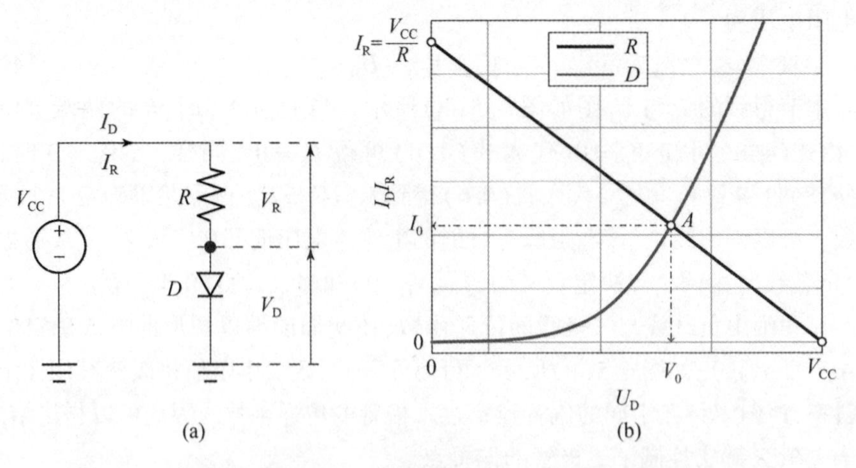

图 4.5 二极管的实际应用,伴随电阻 R 作为二极管的“局部”电流源,限制 R-D 支路的最大电流。

解决方案26：从式(4.4)、式(4.6)和式(4.7)开始

$$\frac{V_{CC}-U_D}{R}=I_S\left[\exp\left(\frac{U_D}{V_T}\right)-1\right]$$

把迭代方程重新整理为

$$U_{D_{(n+1)}}=V_T\ln\left[\frac{V_{CC}-U_{D_{(n)}}}{RI_S}+1\right] \tag{4.9}$$

式中：第$(n+1)$个指标指使用第(n)个指标后计算的后续值。

取任意数$U_{D_{(n)}}=1\text{V}$作为初值，代入式(4.9)得到

$$U_{D_{(n+1)}}=25\text{mV}\ \ln\left[\frac{(5-1)\text{V}}{430.5\Omega\times8.445\times10^{-15}\text{A}}+1\right]=0.693\text{mV} \tag{4.10}$$

因此，第一次迭代的结果$U_D=0.693\text{mA}$。现在在第二次迭代中使用这个值，将$U_{D_{(n)}}=0.693\text{mA}$代入式(4.9)，得到

$$U_{D_{(n+1)}}=25\text{mV}\ \ln\left[\frac{5-0.693\text{V}}{430.5\Omega\times8.445\times10^{-15}\text{A}}+1\right]=0.695\text{mV} \tag{4.11}$$

将$U_{D_{(n)}}=0.695\text{mV}$代入式(4.9)，重复这个过程得到

$$U_{D_{(n+1)}}=25\text{mV}\ \ln\left[\frac{5-0.695\text{V}}{430.5\Omega\times8.445\times10^{-15}\text{A}}+1\right]=0.695\text{mV} \tag{4.12}$$

由于前两次迭代没有变化，所以可以在结果中接受这个1mA的分辨率，停止迭代过程。用其他一些初始值重复这个过程，并确认迭代过程确实是快速的。例如，$U_{D_{(n)}}=4.999\text{V}^2$收敛到相同的结果。

4.2.3　小信号通用增益

根据定义，二极管电压－电流增益g_m等于电压U_D的微小变化引起的电流I_D的微小变化，即计算为式(4.1)在二极管偏置点的一阶导数，理想情况下为①

$$g_m\overset{\text{def}}{=}\left.\frac{\text{d}I_D}{\text{d}U_D}\right|_{(I_0,V_0)}=\frac{\text{d}}{\text{d}U_D}\left[I_S\exp\left(\frac{U_D}{V_T}\right)-I_S\right]=\frac{1}{V_T}\underbrace{\left[I_S\exp\left(\frac{V_0}{V_T}\right)\right]}_{I_0}$$

$$g_m=\frac{I_0}{V_T}\text{S} \tag{4.13}$$

然而，应该注意到式(4.13)是理想的，因为它计算了g_m上限。具体来说，假设在式(4.1)中$n=1$，以及I_S和V_T对温度的强烈依赖。此外，二极管的小信号电阻r_d对于U_D的微小变化是g_m的逆，即

① 对数函数只对正参数定义。

$$r_d \stackrel{def}{=} \frac{1}{g_m} = \frac{V_T}{I_0}\Omega \tag{4.14}$$

对"小信号"电阻的快速估算表明如果 $I_D = 1mA$,假设室温 $T = 290K$,$V_T \approx 25mA$,则 $r_d = 25\Omega$,但是如果 $I_D = 2mA$,则 $r_d = 12.5\Omega$,等等。虽然只是一个粗略的估计,但由式(4.13)和式(4.14)产生的估计是非常有用的。

通过了解 I_D与 U_D传输特性的确切形状,如图 4.3 所示,可以通过使用一阶导数的图形解释,即通过在偏置点构造切线,来获得 g_m的估计。例如,A 点的切线斜率小于 B 点的切线斜率,那就说明 $g_m(B) > g_m(A)$此外,利用偏置点处的直角三角形,也可获得较准确的 g_m估计。

因此,一旦选择了偏置点,就能计算输入信号的小信号增益。根据式(4.13),可以得出二极管电压的微小变化会产生二极管电流的微小变化。为了明确"小"的确切含义,人们接受相当宽松的工程定义,即"小信号"假设信号的振幅远小于相关偏置点的直流值。在工程实践中,1/10 或更大的比率(即 10% 或更小)可以认为是"小得多"。例如,如果偏置电压为 $V_0 = 1V$,则 100mA 或更小的振幅被认为是"小得多"。因此,当二极管电流/电压保持在直流偏置点(I_0,V_0)附近时,我们可以假设 g_m 为常数。并且写出

$$U_D(t) = V_0 + v_S(t), I_D(t) = I_0 + i_D(t) \tag{4.15}$$

由于假设(I_0,V_0)保持恒定,(因此其导数为零)我们只关注小的交流二极管电流并得出结论

$$i_D = g_m v_S \tag{4.16}$$

式中,i_D、v_S均为交流小信号。

式(4.16)是基于 PN 结的有源器件运行的基础。图 4.6(a)模拟设置显示了由于输入电压 v_S(实际上与交流二极管电压 v_D相同)的微小变化导致输出电流 i_D的小信号幅值,如图 4.6(b)所示。

为了通过仿真说明非线性器件的小信号增益,可以用已发现的二极管的结论,其传输特性如图 4.3 所示,A:(I_0,V_0) = (10mA,695mV)和 B:(I_0,V_0) = (30mA,755mV)。在仿真设置中,采用直流电压源设置偏置点 V_0,采用交流电压源作为"小信号"$v_S(t)$源。

如图 4.6(b)所示,对于一个振幅为 ±10mV 的小正弦信号(因此相对于 695mV 或 755mV 来说是"小"的),二极管电流振幅为 $i_d(B)$ = ±5mA 和 $i_d(A)$ = ±2mA。输出正弦电流电平 i_D的时域图显示,两个小信号输出电流分别加到各自的偏置电平上,即 $I_D(t) = I_0 + i_D(t)$。

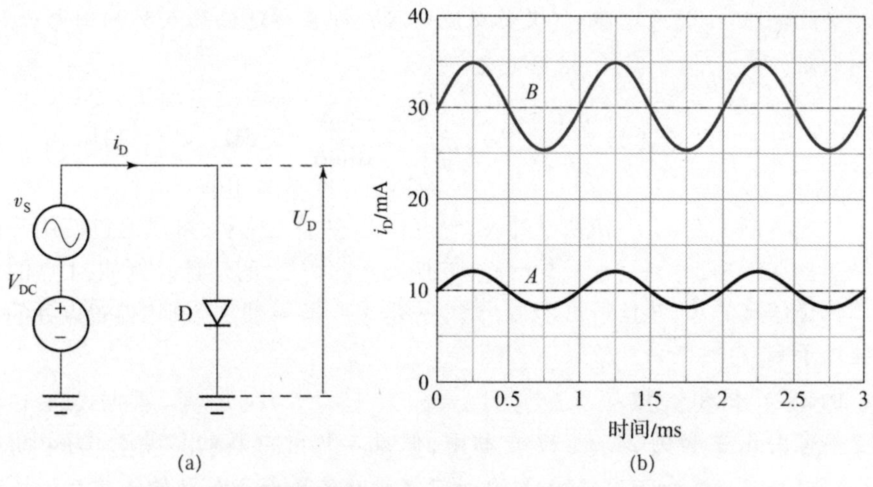

图 4.6　交流仿真设置和两个偏置点二极管交流电流(见彩图)

例 27:二极管的通用增益和交流电阻

参照图 4.3,估算:$g_m(A)$,$g_m(B)$,$r_d(A)$,和 $r_d(B)$。

解 27:图 4.3 在两个偏置点附近的放大,如图 4.7 所示,可以使我们能够估计非线性器件的交流参数,如本例中的二极管和示例 24。这里提出的一种基于一阶导数几何解释的实用快速估计方法,通过数值模拟得到了精确的结果。

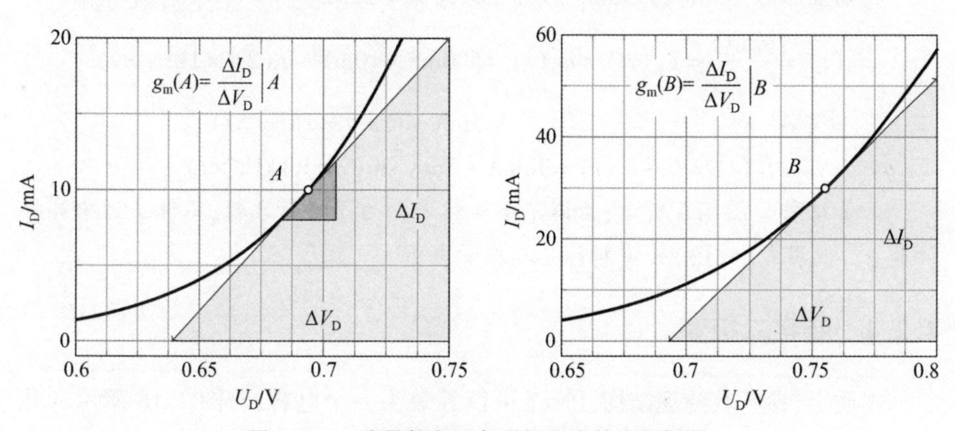

图 4.7　一阶导数和三角形相似度的几何解释

g_m 增益:在偏置点 g_m 的实际估计如图 4.7 所示,在偏置点 A,则:$\Delta I_D = 10\text{mA} - 0 = 10\text{mA}$,$\Delta U_D = 695 - 640\text{mV} = 55\text{mV}$。同样,在偏置点 B:$\Delta I_D = 30\text{mA} - 0 = 30\text{mA}$,$\Delta U_D = 755 - 695\text{mA} = 60\text{mV}$。

因此,

$$g_m(A) \approx \frac{\Delta I_D}{\Delta U_D}\bigg|_A = \frac{10\text{mA}}{55\text{mV}} = 180\text{mS}; g_m(B) \approx \frac{\Delta I_D}{\Delta U_D}\bigg|_B = \frac{30\text{mA}}{60\text{mV}} = 500\text{mS}$$

交流电阻:小信号电阻 r_d(又称交流电阻),即在所选偏置点 V_0 周围电压 U_D 变化电阻(即 ΔU_D)。因此,根据定义,可得

$$r_d(A) \overset{\text{def}}{=} \frac{1}{g_m}\bigg|_A \approx \frac{\Delta U_D}{\Delta I_D}\bigg|_A = \frac{55\text{mV}}{10\text{mA}} = 5.5\Omega;$$

$$r_d(B) \overset{\text{def}}{=} \frac{1}{g_m}\bigg|_B \approx \frac{\Delta U_D}{\Delta I_D}\bigg|_B = \frac{60\text{mV}}{30\text{mA}} = 2\Omega$$

值得注意的是,在任何情况下,导电二极管的电阻都是相对较低的,因此常常接近于零。

例 28:小信号 g_m 增益

参考图 4.3 和例 24、例 27 中的解,假设二极管电压的信号变化很小,为 $u_D(t) = 10\text{mV}\ \sin(2\pi\times 1\text{kHz}\times t)$,估计二极管在偏置点 A 和 B 的总电流 $i_D(t)$。

解 28:在偏置点 A:(10mA,695mV),计算交流电流为:

$$i_D(t) = \frac{u_D(t)}{r_d(A)} \overset{\text{def}}{=} g_m(A)\times u_D(t) = 180\text{mS}\times 10\text{mV}\ \sin(2\pi\times 1\text{kHz}\times t)$$

$$= 1.8\text{mA}\ \sin(2\pi\times 1\text{kHz}\times t)$$

$$I_D(t) = I_0 + i_D(t) = 10\text{mA} + 1.8\text{mA}\ \sin(2\pi\times 1\text{kHz}\times t)$$

在偏置点 B:(30mA,755mV)处,计算交流电流为

$$i_D(t) = \frac{u_D(t)}{r_d(B)} \overset{\text{def}}{=} g_m(B)\times u_D(t) = 500\text{mS}\times 10\text{mV}\ \sin(2\pi\times 1\text{kHz}\times t)$$

$$= 5\text{mA}\ \sin(2\pi\times 1\text{kHz}\times t)$$

$$I_D(t) = I_0 + i_D(t) = 30\text{mA} + 5\text{mA}\ \sin(2\pi\times 1\text{kHz}\times t)$$

仿真结果如图 4.6 所示,验证了手算结果。为了进行比较,不像本例中那样计算 g_m,使用式(4.13)并重新计算二极管电流。

4.2.4 变容二极管

本质上,参考其物理结构,PN 结可以等效为一个电容,与图 2.16 所示的几何结构没有太大区别。一旦在 P 型结层和 N 型结层之间建立耗尽区,该区域就相当于两个带电板之间的任意其他非导电层。因此,根据式(2.26),重叠的极板表面和两极板之间的距离决定了电容器的值。

与金属板制成的线性电容器相反,两块板之间的距离 d 是固定的,二极管耗尽区宽度取决于施加在二极管端子上的外部电压 $d=f(U_D)$。因此,二极管的内部电容 C_D 也与外加电压 $C_D=f(U_D)$ 有关。在标准二极管中,内部电容通过设计最小化,例如通过使二极管在物理上尺寸很小来实现。然而,人们可以利用这种

电压－电容关系来创建一个电子可调谐的、具备大 C_D 值的二极管,因此它可以用来设计一个可调谐 LC 谐振器。这种类型的二极管通常称为“变电容二极管”(或“变容二极管”),以强调其内部电容 C_D 是其主要参数。

与任何设备一样,有必要事先了解其 C－V 特性。这种特性是通过实验和模拟得到的。对于变容二极管来说,考察其的内部电容具有一定的挑战性。在这里展示了两种可以使用的模拟方法:(1)TRAN 模拟允许通过监测 RC 放电时间测量给定 R 的 5τ 常数;(2)交流模拟允许测量 LC 谐振器的谐振频率 ω_0,其中使用了变容二极管和已知电感。这两种方法都使人们能够考察二极管的内部电容 C_D,如图 4.8 所示。参照图 4.9,利用电路简化技术推导出等效 LC 电路。将两个电容的串联支路 $2C_p$ 替换为其等效电容 C_p 后,总等效电容为

$$\frac{1}{C}=\frac{1}{C_p}+\frac{1}{C_D}\Rightarrow C=\frac{C_pC_D}{C_p+C_D} \tag{4.17}$$

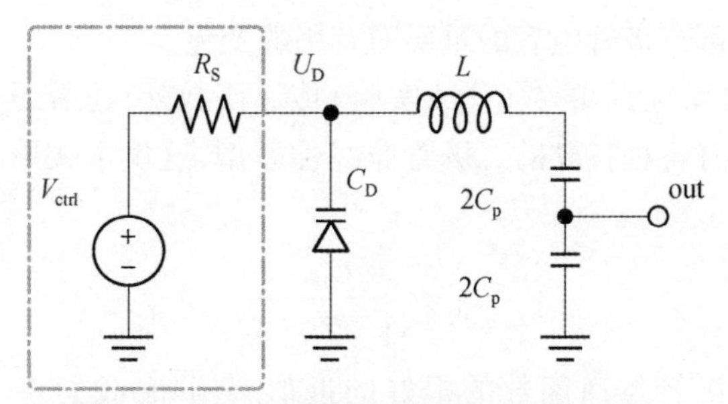

图 4.8　变容二极管压控谐振腔的仿真设置

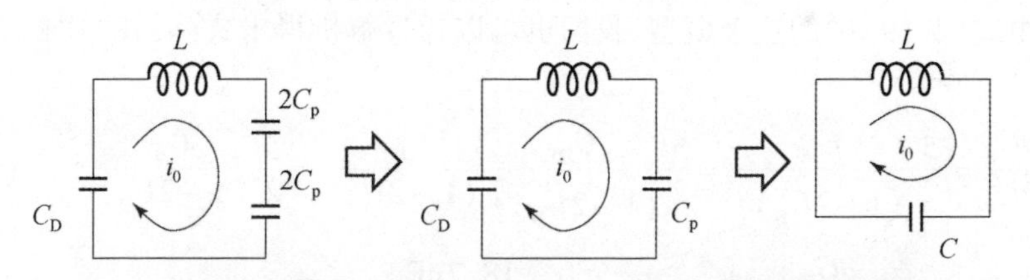

图 4.9　图 4.8 中基于变容二极管的 LC 压控谐振器的交流模型

图 4.10 显示了反向偏置二极管的典型 C－V 特性($-7\text{V}\leqslant U_D\leqslant -0.5\text{V}$),在实践中,可以获得零电压偏置时的电容值,在这个例子中,$C_{D0}\approx 140\text{pF}$,如图 4.10(a)所示。注意到,由于二极管反向偏置,其电流 $I_D\approx 0$,因此源电阻 R_S 两端的电位实际上是相等的,即 $V_{ctrl}=U_D$(对于 V_{ctrl} 没有直流路径),该方法对二极管在偏置点(如 $U_D=-2\text{V}$)的 C－V 特性灵敏度的估计具有实用价值。用图形方法求一点的切线,如图 4.10 所示,对于给出的例子,可以写出:

$$\left.\frac{\Delta C_D}{\Delta U_D}\right|_{(U_D=-2\text{V})}=\frac{(0-38)\text{pF}}{(-3.8-0)\text{V}}\approx 10\text{pF/V} \tag{4.18}$$

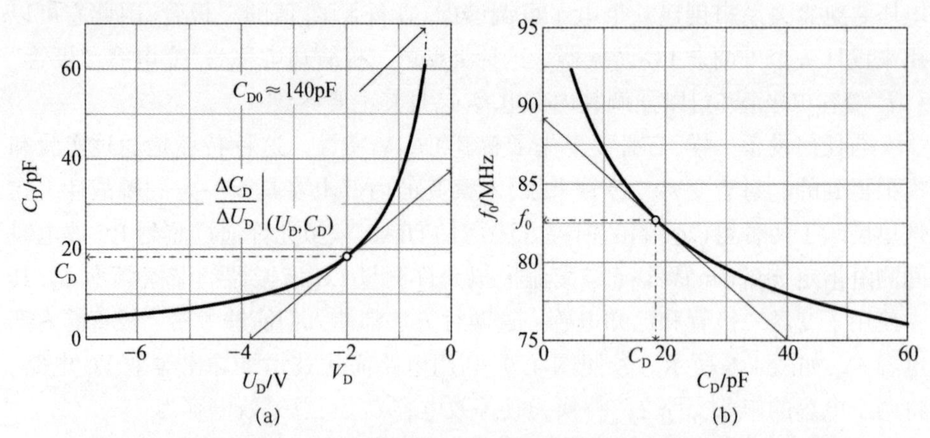

图 4.10　使用变容二极管的可调谐 LC 谐振腔的传输特性关系曲线(见彩图)

(a)C_D与V_D;(b)f_0与C_D。

这说明了内部二极管电容的重要而有用的变化。

除了图 4.10(a)所示的数值(或实验)传递函数外,还需要有某种形式的解析函数。文献中有各种各样的二极管非线性模型,这里本文用曲线拟合的方法推导出下面的模型

$$C_D=\frac{C_{D0}}{(1-2U_D)^{\frac{5}{4}}} \tag{4.19}$$

这是变容二极管传递函数的很好的近似。例如,我们将 $U_D=-2\text{V}$ 代入式(4.19),得到 $C_D(-2\text{V})=18.7\text{pF}$,这与图 4.10(a)中的图是一致的。

由式(4.19)中的这个模型,我们也可以通过解析得出式(4.18)中的灵敏度如下:

$$\frac{\partial C_D}{\partial U_D}=\frac{5}{2}\frac{C_{D0}}{(1-2U_D)^{\frac{9}{4}}}=\frac{5}{2}\frac{C_{D0}}{(1-2U_D)^{\frac{5}{4}}}\frac{1}{(1-2U_D)}=\frac{5}{2}\frac{C_D}{(1-2U_D)} \tag{4.20}$$

$$\left.\frac{\partial C_D}{\partial U_D}\right|_{(U_D=-2\text{V})}=\frac{5}{2}\frac{18.7\text{pF}}{[1-2(-2\text{V})]}=9.35\text{pF/V} \tag{4.21}$$

这与用切线法图解得到的结果式(4.18)非常接近。

通过对图 4.8 电路进行交流仿真得到图 4.10(b)的传输特性,其谐振频率f_0与C_D的关系表明,该电路确实是一个电压-可控谐振器,适用于调频射频范围。图 4.8 中的电压控制谐振器电路由一个电感 L 和由 C_p和 C_D串联而成的等效电容 C_{eq}组成。由定义可知,谐振频率 ω_0为

$$\omega_0=\frac{1}{\sqrt{LC_{eq}}}=\frac{1}{\sqrt{L\frac{C_pC_D}{C_p+C_D}}}=\sqrt{\frac{C_p+C_D}{LC_pC_D}}\Rightarrow L=\frac{C_p+C_D}{\omega_0^2C_pC_D} \tag{4.22}$$

借助式(4.22)可以获得 ω_0 对 C_D 的灵敏度如下：

$$\frac{\partial\omega_0}{\partial C_D}=\frac{\partial}{\partial C_D}\left(\sqrt{\frac{C_p+C_D}{LC_pC_D}}\right)=\frac{1}{2}\frac{1}{\sqrt{\frac{C_p+C_D}{LC_pC_D}}}\frac{LC_pC_D-(C_p+C_D)LC_p}{(LC_pC_D)^2}$$

$$=\frac{1}{2}\sqrt{\frac{LC_pC_D}{C_p+C_D}}\frac{(-1)}{LC_D^2}=-\frac{1}{2}\sqrt{\frac{C_pC_D}{L(C_p+C_D)}}\frac{1}{C_D^2} \tag{4.23}$$

用式(4.22)中的 L 代替式(4.23)相对于(4.23)的 ω_0 来表示方便，即为

$$\frac{\partial\omega_0}{\partial C_D}=-\frac{1}{2}\sqrt{\frac{C_pC_D}{\frac{C_p+C_D}{\omega_0^2C_pC_D}(C_p+C_D)}}\frac{1}{C_D^2}=-\frac{1}{2}\sqrt{\frac{\omega_0^2C_pC_DC_pC_D}{(C_p+C_D)(C_p+C_D)}}\frac{1}{C_D^2}$$

$$\frac{\partial\omega_0}{\partial C_D}=-\frac{1}{2}\frac{\omega_0C_p}{(C_p+C_D)}\frac{1}{C_D}=-\frac{1}{2}\frac{\omega_0}{C_D}\frac{1}{1+\frac{C_D}{C_p}}=-\frac{1}{2}\frac{\omega_0}{C_D}\frac{1}{1+n}$$

用 $n=C_D/C_p$ 的比率替换是很方便的。因此，进一步将 $\omega_0=2\pi f_0$ 代入最后一个方程的两边，得到

$$\frac{\partial f_0}{\partial C_D}=-\frac{1}{2}\frac{f_0}{C_D}\frac{1}{1+n} \tag{4.24}$$

例如，图4.8中的LC谐振器的SPICE模拟显示了典型的变容二极管的 f_0 与 C_D 函数，如图4.10(b)所示。根据毕达哥拉斯三角形法则在一点上求切线，对于给出的这个例子中

$$\left.\frac{\Delta f_0}{\Delta C_D}\right|_{(C_D=18.7\mathrm{pF})}=\frac{(102.5-75)\mathrm{MHz}}{(0-35)\mathrm{pF}}\approx-0.786\mathrm{MHz/pF} \tag{4.25}$$

对于图4.8所示的电路，式(4.24)给出

$$\left.\frac{\partial f_0}{\partial C_D}\right|_{(C_D=18.7\mathrm{pF})}=-\frac{1}{2}\frac{f_0}{C_D}\frac{1}{1+n}=-\frac{1}{2}\frac{88.4\mathrm{MHz}}{18.7\mathrm{pF}}\frac{1}{1+1.87}=-0.823\mathrm{MHz/pF}$$

这说明，在对 C_D 有较好的估计的情况下，图解法相对于解析法的结果是比较好的。

在实践中，压控振荡器通常被视为电压－频率转换器。在这种情况下，必须导出输出频率相对于变容二极管的偏置电压 U_D 变化的灵敏度。利用式(4.20)和式(4.24)，可以得到频率偏差常数 k，它是频率对在谐振频率 f_0 处 V_0(也就是说，其对应的变容二极管电容 C_0)的变容二极管偏置电压 U_D 的导数。即

$$k=\left.\frac{\partial\omega_0}{\partial U_D}\right|_{V_0,C_0}=\frac{\partial\omega_0}{\partial C_D}\frac{\partial C_D}{\partial U_D}=\left[\frac{5}{2}\frac{C_D}{(1-2U_D)}\right]\left[-\frac{1}{2}\frac{f_0}{C_D}\frac{1}{1+n}\right]$$

$$= -\frac{5}{4}\frac{f_0}{(1-2V_D)(1+n)} \tag{4.26}$$

对于这个数值例子,结果是 $k = -7.7\text{MHz/V}$。

二极管是所有现代电子器件中的关键器件之一,因为尽管它的电容是电压的非线性函数,但它可以实现电路参数的电子调谐。

例 29:电压控制 LC 谐振器

对于给定的电压控制 LC 振荡器,图 4.8 计算了控制电压 V_{ctrl} 的范围,使该振荡器能够在商业 FM 无线电范围内调节其谐振频率,即 f_0 在 87.5 ~ 108MHz 之间。二极管的传递函数如图 4.10 所示。

数据:$C_p = 10\text{pF}$, $L = 500\text{nH}$, $C_{D0} = 140\text{pF}$, $C_p = 10\text{pF}$, $V_{ctrl} = (0.5 - 0.7\text{V})$, $R_S = 20\text{k}\Omega$。

解 29:式(4.22)给出

$$C_{eq} = \frac{1}{L\omega_0^2} \Rightarrow \frac{C_p C_D}{C_p + C_D} = \frac{1}{L\omega_0^2} \Rightarrow C_D = \frac{C_p}{C_p L\omega_0^2 - 1} = \frac{C_p}{C_p L(2\pi f_0)^2 - 1}$$

对于给定的数据,数值解为:$f_0 = 87.5\text{MHz}$ 对应电容 $C_D = 19.559\text{pF}$, $f_0 = 108\text{MHz}$ 对应电容 $C_D = 7.678\text{pF}$。

要设置这两个电容值,按照式(4.19)的要求可以得到

$$U_D = \frac{1}{2}\left[1 - \left(\frac{C_{D0}}{C_D}\right)^{\frac{4}{5}}\right]$$

因此,设置 $C_D = 7.678\text{pF}$,二极管必须要求偏置 $U_D = -4.601\text{V}$,设置 $C_D = 19.559\text{pF}$,二极管必须要求偏置 $U_D = -1.914\text{V}$。图 4.8 中电路的交流仿真证实了这些结果的有效性,如图 4.11 所示。

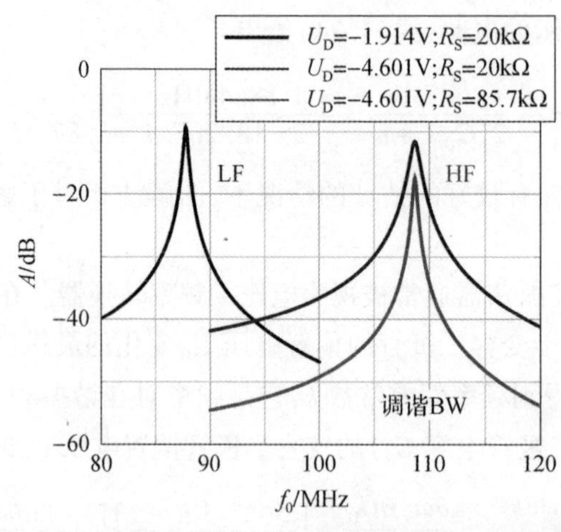

图 4.11　基于变容二极管的 87.5 ~ 108MHz 可调谐 LC 谐振器的交流仿真

4.3　双极性结型晶体管

与双端器件相比，如第 4.2 节所示，分析三端器件需要更大的实验工作量。然而，通过“分而治之”的方法，人们能够系统地创建三端设备的工作模型。

一般的科学和工程策略是将未知的复杂问题简化为几个已经很好理解的简单问题。在这种情况下，这意味着通过固定三个 I/O 端中其中的一个，对三端设备的分析将简化为对两端设备的不同情况的分析(同时跟踪对第三端施加的偏置)。另外，声明三个终端中的一个为参考点，即它被黑盒的输入端和输出端“共享”。在两个终端的情况下，“地面”作为公共 I/O 参考点。在不分析所有可能的 I/O 组合的情况下，本文只回顾两种重要的情况，其余情况的分析遵循相同的思路。

在第一个典型实验中，如图 4.12(a)所示，对黑盒的连接方式如下。

(1)在它的右边，称为“输出”，一个电压源连接在标有“C”和“E”的端子之间。该源标记为 V_{CE}，产生固定的直流电压，而其电流 I_C 作为输出(即控制)变量。电压本身视为一个工艺参数。在这里，我们假设 V_{CE} 是一个非零正电压，与这个特定的设备一起使用是安全的(例如 10V)。

(2)在它的左边，称为“输入”，一个电压源连接在标有“B”和“E”的端子之间。这个标记为 V_{BE} 的源产生可变的直流电压。声明该电压为输入(即控制)变量，并在电压值的一定范围内扫描。

我们注意到标有“E”的端子固定在地面层，因此作为参考点和“共享”I/O 端子。因此，从 B 端和 C 端角度来看，这种设置相当于二极管的两端设置，如图 4.1 所示，因为第三端 E 暂时固定在参考点上，不影响实验。

扫描输入变量 V_{BE} 后，例如在 -1 到 1V 范围内[①]，输出 I_C 作为输入电压 V_{BE} 的函数，如图 4.12(b)所示。在不知道任何其他关于黑盒的内容的情况下，这个结果与本文已经给出的二极管的“特性”是无法区分的，如图 4.1 所示。本实验的结论是输出电流 I_C 是输入电压 V_{BE} 的指数函数，即在输出端之间连接了一个二极管。

因此，当使用“B”端接受控制输出电流 I_C 的输入电压 V_{BE} 时，重复第 4.2.2 节和 4.2.3 节(对于黑盒中的二极管)中已经使用的相同步骤来设置 BJT 晶体管的偏置点和通用增益。需要注意的是，与任何其他二极管一样，有一个最小电压 $V_t \approx 0.7$V。

① 这个电压范围是事先不知道的，我们逐渐放大。

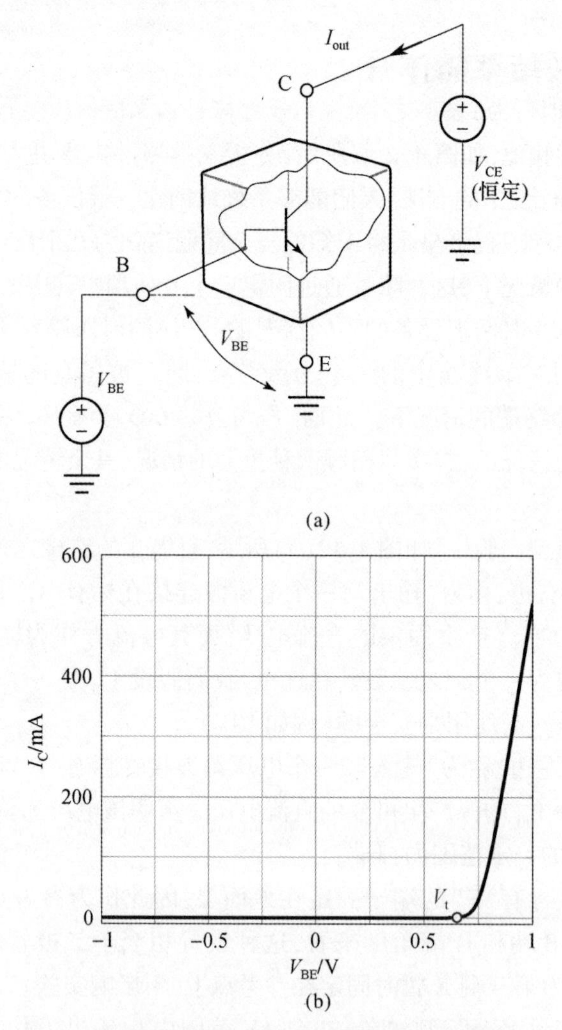

图 4.12　黑盒三端元件及其输入侧电压电流特性

如果将图 4.12 中的电压源 V_{BE} 替换为电流源 I_B，则可以建立电流 I/O 关系。对 $I_B \geqslant 0$ 进行扫描后，通过实验我们发现了这两种关系

$$I_C = \beta I_B, I_E = I_C + I_B \tag{4.27}$$

式中：β 是 B 端子和 C 端子之间的电流倍增系数。

另外测量表明，在 E 端子处发现有两个电流通过 B 端子和 C 端子进入黑盒，见式 4.27)。换句话说，这个黑盒的三个终端都遵循基尔霍夫电流定律：从这个节点流出的电流是进入的电流之和。

在现代技术中，目前的倍增系数 β 约为 50 和 300。因此，根据式(4.27)，下面的近似是非常常用的

$$I_C \gg I_B, I_E \approx I_C \tag{4.28}$$

这个实验本身仍然没有给出黑盒子里有什么完整的图像。在做出最终结论和适当的数学(即行为)模型之前,我们还需要找到其他 I/O 关系。

在第二次实验中,如图 4.13(a)所示,对黑盒的连接方式如下。

(1)在它的右边,一个电压源连接在标有“C”和“E”的端子之间。这个标记为 V_{CE} 的源产生一个直流电压,声明该电压为输入(即控制)变量,而其电流 I_C 为为输出(即控制)变量。在每次测量过程中,该控制变量 V_{CE} 在一定的电压值范围内扫描,例如 0 ~ 10V。

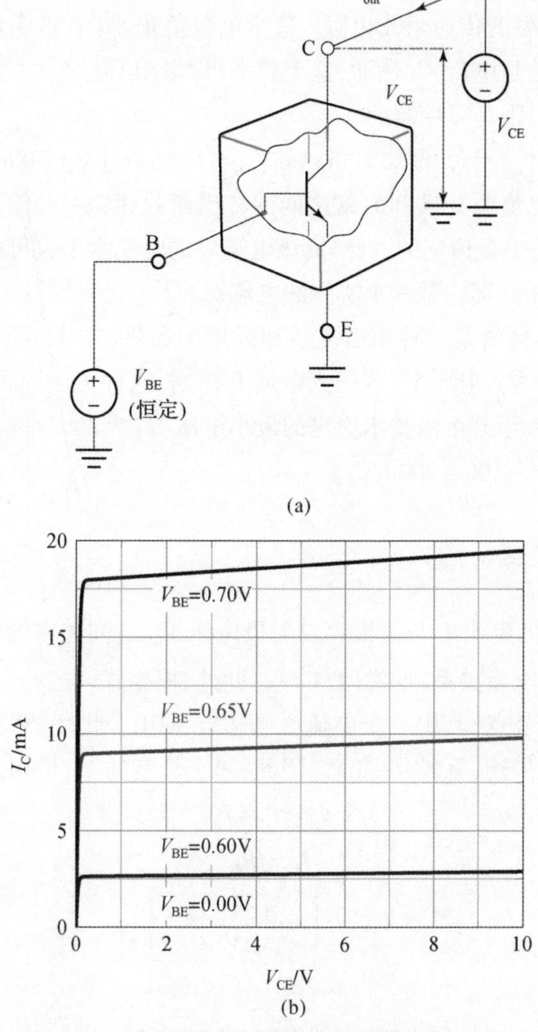

图 4.13　黑盒三端元件及其输出侧电压电流特性

(2)在其左侧,电压源连接在标有“B”和“E”的端子之间。这个标记为 V_{BE} 的源产生固定的直流电压;在每次实验中,该源保持在一个恒定值(即“常数”)。这个参数常数在每次测量之间改变,以产生一系列参数 I/O 特性。

例如,图 4.13(b)给出了四次测量后产生的典型 I/O 特性系列。在这里,从 $V_{BE}=0V$ 开始,在随后的每次测量中,这个参数变量增加①到 0.600V、0.650V 和 0.700V。图 4.13(b)中产生的实验特性解释如下。

(1) $V_{BE}=0$:无论 V_{CE} 的输出电流 $I_C=0$,即开关行为在 OFF 状态;C 端子和 E 端子之间没有电流流动。

(2) $V_{BE}>0$,V_{CE} 较小,例如 $0\leqslant V_{CE}\leqslant 100mA$:对于每一个 V_{BE} 值,I_C 与 V_{CE} 的传递函数与线性电阻的传递函数相似。这个电阻值很小(看这个函数在这个区域的斜率,注意纵轴是电流)。然而,这个斜率(即电阻)随 V_{BE} 的每个值而变化,换句话说,这个小电阻是可控制的。

(3) $V_{BE}>0$,V_{CE} 较大,例如 $100mA\leqslant V_{CE}\leqslant 10V$:在 $V_{CE}=100mA$ 左右,传递函数迅速变化,与电流源 C 端和 E 端之间的传递函数相似——输出电流在很大的 V_{CE} 电压范围内几乎是恒定的。此外,该电流源的电流水平也可由 V_{BE} 控制,其电阻高但不是无限的(即它是一个实际的电流源)。

总之,BJT 晶体管是一种相当复杂和通用的器件,主要用作可控电流源,其中输出电流 I_C 由输入电压 V_{BE} 或输入电流 I_B 控制,这种恒流模式是可能的,条件是输出电压 V_{CE} 大于某个由技术决定的最小电压(称为 $V_{CE}(min)$,在现代技术中典型的 $V_{CE}(min)\approx 100\sim 200mA$)。

4.3.1 数学模型

BJT 中集电极电流 I_C 与基极-发射极电压 V_{BE} 之间关系的数学描述类似于二极管的电压-电流关系,见式(4.1)②。此外,根据式(4.29),晶体管可以看作是一个三端电流节点,其中三个电流必须遵守 KCL。此外,基极到集电极电流增益放大可用 β 描述,见式(4.30)。因此,对于给定的 V_{BE} 电压,可以写出

$$I_E = I_C + I_B \tag{4.29}$$

$$I_C = \beta I_B \tag{4.30}$$

$$I_C = I_S\left[\exp\left(\frac{V_{BE}}{nV_T}\right) - 1\right] \tag{4.31}$$

① 这只是图 4.12(b)中所有可能的 V_{BE} 值的一个典型子集。

② 在正向偏压基极-发射极二极管,且 $V_{CE}\geqslant V_{CE}(min)$ 的条件下。

式中　I_C——集电极电流；

I_B——基极电流；

I_E——发射极电流；

I_S——BJT 漏电流，即“暗电流”或反向饱和电流，其单位为 pA；

V_{BE}——基极 - 发射极电压；

β——电流增益因子；

n——理想因子，除非另有规定，否则假设 $n=1$。

由式(4.30)可知 BJT 的基本电流放大特性——集电极电流是基电极电流的 β 倍。电流放大系数 β 通常在 100 ~ 300 量级，具体增益值由制造工艺控制。然而，给定的 β 也不是恒定的，实际上它是温度、晶体管类型、集电极电流和集电极 - 发射极电压 V_{CE} 的强关联函数。总之，电路设计师努力设计增益与 β 无关的电路。

将式(4.30)代入式(4.29)，得到发射极电流与集电极电流的关系如下：

$$I_E = I_C + \frac{I_C}{\beta} \Rightarrow I_C = \frac{\beta}{\beta+1} I_E = \alpha I_E \approx I_E \tag{4.32}$$

式中：α 是集电极和发射极电流的比值，当 $\beta \gg 1 \Rightarrow \beta + 1 \approx \beta \Rightarrow \alpha \approx 1$（这种原则适用于几乎所有现代晶体管）。保持这些关系也是有用的

$$\alpha = \frac{\beta}{\beta+1} = \frac{1}{1+\frac{1}{\beta}} \Rightarrow \frac{1}{\alpha} = 1 + \frac{1}{\beta} \Rightarrow \beta = \frac{\alpha}{1-\alpha} \tag{4.33}$$

一个可能有助于理解晶体管功能的物理类比是，在其基本功能中，晶体管可以视为一个控制 CE 支路电流的简单阀门。BJT 晶体管就像一个具有第三个端子(基)的单向管，控制通过 CE“管”的电流总量，从全封闭到全开，如图 4.14 所示。

例 30：NPN BJT 偏置点

假设室温情况下，如果集电极电流增加十倍，估计 ΔV_{BE}。

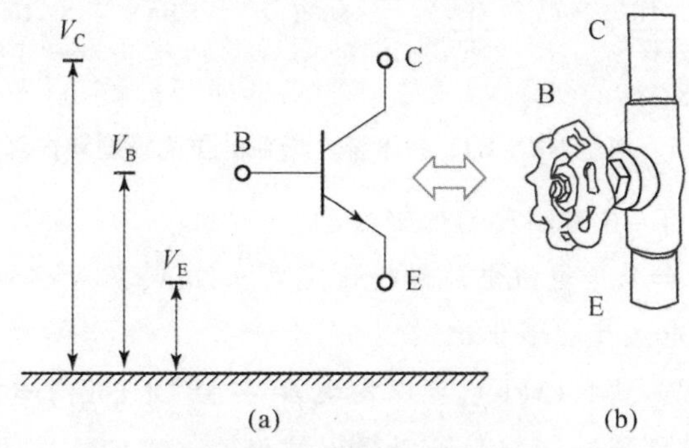

图 4.14　BJT 的电气符号及其功能阀类比，显示了阀门“开启”情况下三个端子的相对电位水平。

解 30:对两个电流直接使用式(4.34)

$$I_C = I_S\exp\left(\frac{V_{BE1}}{V_T}\right),10 \times I_C = I_S\exp\left(\frac{V_{BE2}}{V_T}\right)$$

$$\frac{10 \times I_C}{I_C} = \frac{I_S\exp\left(\frac{V_{BE2}}{V_T}\right)}{I_S\exp\left(\frac{V_{BE1}}{V_T}\right)} = \exp\left(\frac{V_{BE2} - V_{BE1}}{V_T}\right) = \exp\left(\frac{\Delta V_{BE}}{V_T}\right)$$

$$\Delta V_{BE} = V_T \ln 10 = 25\text{mA} \times 2.3026 = 57.567\text{mA} \approx 60\text{mA}$$

4.3.2 电流增益 β

假设β增益不变,BJT 晶体管既可视为电流放大器,其电流增益为$\beta = I_C/I_B$,又可作为电压放大器,其增益为$g_m = i_C/v_{BE}$。然而,在现实中,β强烈地依赖于温度和偏置电流I_C。用于评估典型 NPN 晶体管的β的仿真技术如图 4.15(a)所示,用理想电流源施加基极电流,测量集电极电流。所有 SPICE 仿真器都能够对所模拟的波形进行数学运算,因此图 4.15(b)中的图形是通过计算$\beta = I_C/I_B$创建的,见式(4.30)。

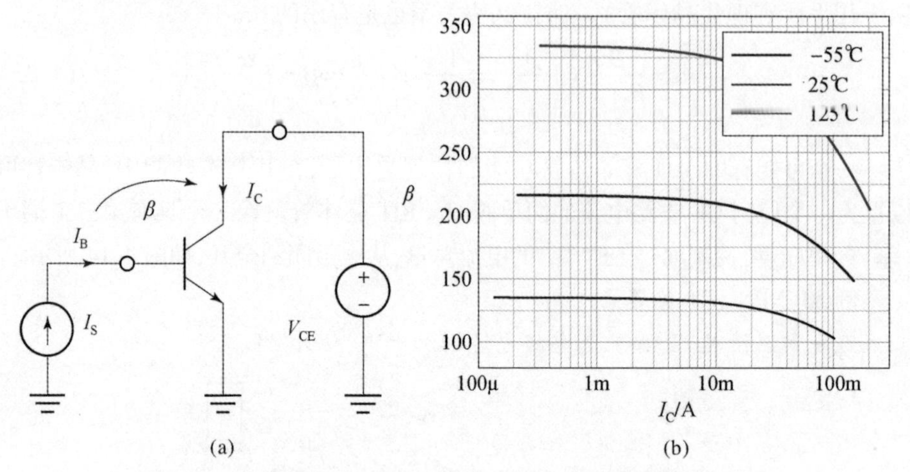

图 4.15 典型 NPN BJT 晶体管β增益的仿真模型和仿真特性

例 31:NPN BJT −β对温度的依赖

参考图 4.15,如果集电极电流保持恒定$I_C = 1$mA,在 −55 到 125℃的整个温度范围内,估计基电流变化多少次?

解 31:通过观察图 4.15(b),可以发现β(−55℃,1mA) = 135 和β(125℃,1mA) = 335。直接利用式(4.30)可以得出结论:

$$I_{B}(-55℃,1mA)=\frac{1mA}{\beta(-55℃,1mA)}=\frac{1mA}{135}=7.41\mu A \text{ 和}$$

$$I_{B}(125℃,1mA)=\frac{1mA}{\beta(-55℃,1mA)}=\frac{1mA}{335}=2.98\mu A$$

也就是说,如果要使集电极电流保持恒定,基极电流必须改变

$$n=\frac{I_{B}(-55℃,1mA)}{I_{B}(125℃,1mA)}=\frac{7.41\mu A}{2.98\mu A}=2.48\text{ 倍}=248\%$$

这是一个重大的变化,说明了在高精度应用中(如A/D转换器)或用于恶劣环境(如空间、军事)的电路中使用温度补偿技术的必要性。然而,如果环境温度是稳定的(例如生物医学植入),那么β因子自然而然的在相对宽的偏置电流范围保持稳定。

4.3.3 小信号模型

随后的分析只考虑与小变量信号(即交流)有关的影响,同时假设偏置点(即直流)已经设置。为了表明是否使用了直流或交流值的电压和电流,按照大多数教科书,尽可能使用以下规则:

(1)交流电压和电流:小写索引表示交流值,如i_{in}、v_{out}

(2)直流电压和电流:大写表示直流值,如I_C、V_{BE}、I_0

(3)总电压和电流:为了表明给定的变量是其直流和交流值的和,我们使用大写的指标,如i_{IN}、v_{OUT}、i_C、v_{BE}

线性电路分析采用传统的小信号BJT模型,如图4.16(a)、(b),基于控制电流源(或VCCS或CCCS,如图2.6所示),强调两个主要的BJT功能:电压到电流$i_C=g_m v_{BE}$或电流到电流放大器$i_C=\beta i_B$。二极管基极-发射极正向偏压按照指数函数式(4.31)控制整体i_C电流;β因子控制集电极和基极电流之间的比率,见式(4.30)。

注意到,有源器件的完整模型(即BJT、MOS、二极管)非常复杂,因此只适用于数值模拟。因此,对于手工分析,没有一种单一的模型可以用于所有情况。相反,根据给定时刻计算有源器件时,人们使用多种简化版本的BJT晶体管模型,有时称为"T型",如图4.16(a)、(d)、(e)所示。例如,图4.16(c)、(d)的BJT模型显示了电压到电流的转换特性(因此,$i_C=g_m i_B$),两者的区别为基极-发射极支路是二极管还是等效发射极电阻r_E。同样,右边的T模型强调了电流放大特性$i_C=\beta i_B$和基极端输入电阻r_π。注意到,当$r_o=\infty$时,即C端和E端连接理想电流源的情况,该T模型与图4.16(a)、(b)中的模型相同。

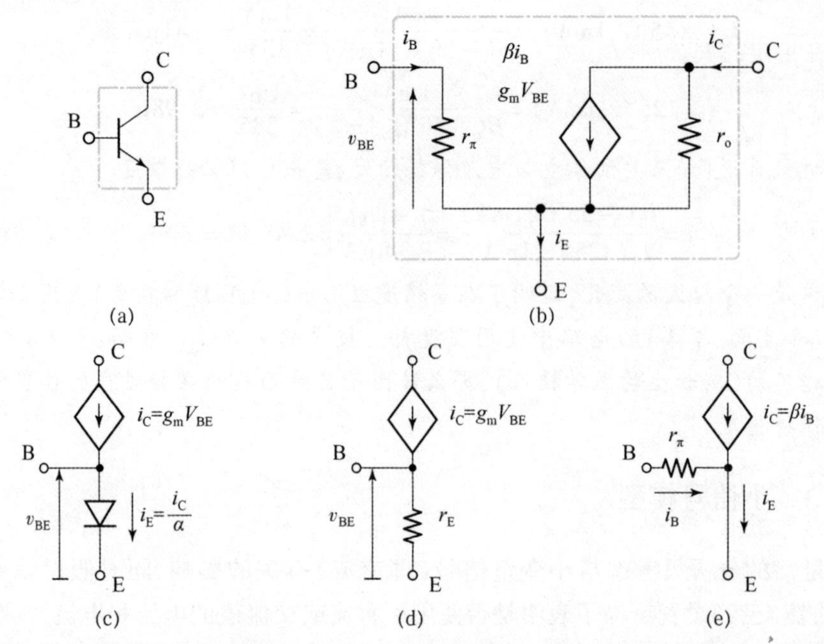

图 4.16 基于可控电流源的 NPN BJT 晶体管模型；三种简化和经常使用的 BJT 模型版本是 T 模型假设 $r_o=\infty$，即 r_o 忽略。对于 $i_C=g_m i_B$ 或 $i_C=\beta i_B$ 的计算，所有的控制电流源都是 VCCS 或 CCCS。

4.3.4 小信号增益

式(4.29)说明了 BJT 服从 KCL，而式(4.31)强调了 BJT 器件本质上是一个 g_m(即跨导)放大器。总集电极电流 i_C(输出变量)由基极－发射极电压 v_{BE}(输入变量)控制。类似于二极管近似式(4.2)和式(4.3)，BJT 的基极－发射极二极管表达式近似为

$$I_C = I_S\left[\exp\frac{V_{BE}}{V_T}-1\right] \tag{4.34}$$

然后根据定义，在室温 $T=290.22\text{K}$ 时

$$V_T \overset{\text{def}}{=} \frac{kT}{q} \approx 25\text{mV} \tag{4.35}$$

这意味着在室温下，只要 V_{BE} 电压大于 $4V_T$，式(4.34)中的"－1"项就可以忽略。此时式(4.34)是基极－发射极电压 V_{BE} 控制集电极电流。然而，这种关系是双向的，即如果集电极电流 I_C 受到外部源的强迫，那么就会产生相应的 V_{BE}——在这种情况下，人们创建了一个"二极管电压基准"。在室温($T=290.22\text{K}$)下，式(4.34)变为

$$I_C \approx I_S e^{40V_{BE}} \tag{4.36}$$

在给定的偏置点(I_{C0},V_{BE0}),BJT 的跨导增益 g_m 定义①为

$$g_m \stackrel{\text{def}}{=} \left.\frac{\partial I_C}{\partial V_{BE}}\right|_{(I_{C0},V_{BE0})} = \frac{\partial}{\partial V_{BE}}\left[I_S \exp\left(\frac{V_{BE}}{V_T}\right)\right] = \frac{I_S \exp\left(\frac{V_{BE}}{V_T}\right)}{V_T} = \left.\frac{I_C}{V_T}\right|_{(I_{C0},V_{BE0})} = \frac{I_{C0}}{V_T}$$

$$g_m = \frac{I_{C0}}{V_T} \tag{4.37}$$

同样,我们注意到式(4.37)假设了理想条件($n=1$),因此它产生了上限值。通过式(4.37)的检验,可以得出在给定温度下,BJT 的跨导增益严格由其偏置电流决定。图 4.12 中传输特性与图 4.7 中相同,因此对给定偏置点的 g_m 采用相同的图形方法进行估计。

实际应用中,一旦外部网络设计完成,就将会为 BJT 设置偏置点。在随后的小信号分析中,通过 g_m 值简单地假设了该网络的偏置参数细节。或者,等效的方式是,设计过程的第一步是确定收集器电流 I_{C0},随后确定相关的 V_{BE0},g_m,和 r_e(见式(4.37))。

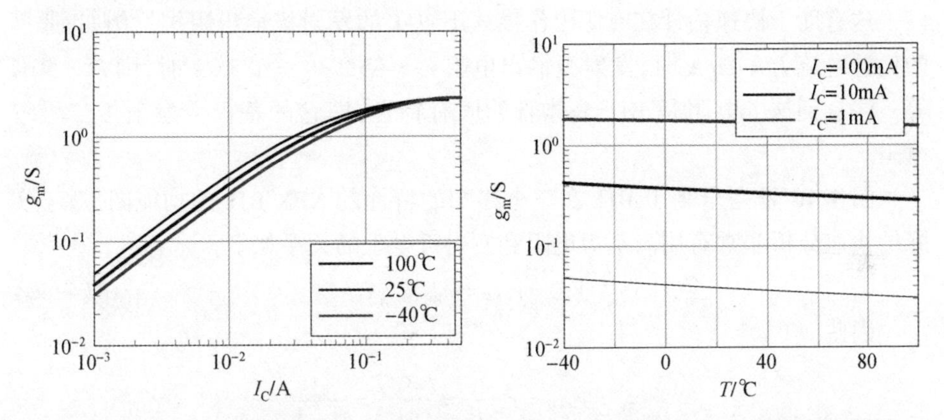

图 4.17　g_m 对 I_C 的依赖关系(温度为参数)和 g_m 对 T 的依赖关系(I_C 为参数)(见彩图)

例 32:NPN BJT − g_m 温度依赖

通过模拟,一个典型的 NPN BJT 可以给出如下曲线:(a)在三个典型温度 100℃、25℃和 −40℃下,g_m 随集电极电流变化曲线;(b)在三种典型集电极电流取 100mA、10mA 和 1m A 时,g_m 随温度的变化曲线。

解 32:式(4.37)表明 g_m 增益与 I_C 成正比、与 V_T 成反比。就其本身而言,I_C 和 V_T 都是与温度相关的。

① 见 4.2.3 节。

模拟表明,g_m依赖性并不完全像式(4.37)所描述的那样,如图4.17所示。这是因为还涉及到一个与温度强相关的电流$I_S(T)$函数。然而,通过精心巧妙的设计,$g_m(T)$函数可以实现非常好的的温度补偿。

4.3.5 发射极电阻

BJT的“小信号电阻”是通过从发射极“看进去”获得的。假设集电极和发射极的电流近似相同,即$I_C \approx I_E$,当$\beta \gg 1$,或者等效的基极电流相对于集电极电流是可忽略的,这个电阻根据定义计算为

$$r_E \overset{\text{def}}{=} \frac{\partial V_{BE}}{\partial I_E} \approx \frac{\partial V_{BE}}{\partial I_C} \Rightarrow \frac{1}{r_E} = \frac{\partial I_C}{\partial V_{BE}} \overset{\text{def}}{=} g_m \tag{4.38}$$

或者不精确、但实际工程可用的关系,室温$T = 290.22\text{K}$下为

$$\begin{aligned} r_E &= \frac{1}{g_m} \approx \frac{25\text{mV}}{I_C} \\ &= \frac{25}{I_C \text{mA}}\ \Omega \end{aligned} \tag{4.39}$$

这有助于快速估计在有源工作模式下BJT的发射极输出阻抗。例如,典型的偏置电流$I_C = 1\text{mA}$时,发射极输出电阻$r_E = 25\Omega$;$I_C = 0.5\text{mA}$时,则$r_E = 50\Omega$等。注意到这个电阻是BJT晶体管的固有特性,即它的基极-发射极二极管电阻。

图4.16是完全基于BJT在三个终端的特性的NPN BJT的功能图,对于实际的快速分析非常有用。基极电阻和发射极电阻的关系如下:

$$V_{BE} = r_E i_E \Rightarrow v_{BE} = r_E i_E \tag{4.40}$$

因此

$$v_{BE} = r_\pi i_B = r_\pi \frac{i_C}{\beta} = \frac{r_\pi \alpha i_E}{\beta} = \frac{r_\pi i_E}{\beta + 1}$$

$$r_E = \frac{r_\pi}{\beta + 1} \approx \frac{r_\pi}{\beta} \tag{4.41}$$

式(4.41)再次表示基极和发射极电阻之间的双边关系,将其解释为基极和发射极电阻之间的“放大效应”是非常方便的:与发射极节点相关的电阻,在基极节点需乘$(\beta + 1)$倍;与基极节点相关的电阻,在发射极节点需除以$(\beta + 1)$倍。

这个相对较小的发射极电阻r_E是非常重要的,因为它作为发射极分支中的最小电阻,防止发射极分支电阻变为零。因此,它决定放大器的最大电压增益,见第6.2节。

另一方面,详细分析表明,与式(4.31)所表明的相反,基极-发射极电压具

有正的温度系数(TC),基极－发射极电压 V_{BE}增加约2mV/℃,这一结论在工程非常有用,这是由于“暗电流”I_S非常强的温度依赖性(在式(4.31)中没有明确显示)。在实践中,这种关系对于设计不依赖温度的电压基准(称为“带隙基准”)很重要。

4.3.6　基极电阻

在式(4.41)中已经确定,可以认为基极电阻是发射极电阻的“反射”。在这里,参考图4.18中的两个“T”模型,根据定义写出

$$r_E \overset{\text{def}}{=} \frac{v_{BE}}{i_B} = \frac{V_{BE}}{i_C/\beta} = \frac{V_{BE}}{g_m V_{BE}/\beta} \Rightarrow r_\pi = \frac{\beta}{g_m} \tag{4.42}$$

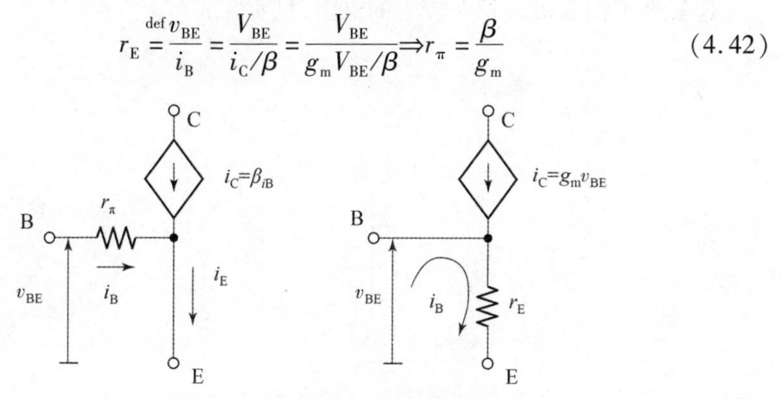

图4.18　计算r_E和r_π的T模型

另外,式(4.42)可以用式(4.37)的直流基极电流(即偏置点)表示,即

$$r_\pi = \frac{\beta}{g_m} = \frac{\beta}{I_C/V_T} = \frac{\beta}{\beta I_B/V_T} = \frac{V_T}{I_B} \tag{4.43}$$

此外,则

$$i_C = g_m V_{BE}, i_B = \frac{V_{BE}}{r_\pi}, i_E = \frac{V_{BE}}{r_E} \tag{4.44}$$

$$i_E \overset{\text{def}}{=} i_C + i_B = g_m V_{BE} + \frac{V_{BE}}{r_\pi} = \frac{V_{BE}}{r_\pi}(g_m r_\pi + 1)$$

$$= \frac{V_{BE}}{r_\pi}\left(g_m \frac{\beta}{g_m} + 1\right) = \frac{\frac{V_{BE}}{r_\pi}}{\beta + 1}(4.44) \overset{\text{def}}{=} \frac{V_{BE}}{r_E}$$

$$r_E = \frac{r_\pi}{\beta + 1}, r_\pi = (\beta + 1) r_E \tag{4.45}$$

这再次表明,基底侧电阻可以视为一个“虚拟”电阻,其值是发射极电阻“放大”率$(\beta+1)$倍。这就是说,尽管r_E相对较小,但它乘以较大的β并投射到基极端,从而产生相对较大的基极电阻。同样,相对较大的基极侧电阻r_π在发射极

节点视为一个小电阻 r_E,因为 r_π 除以相对较大的数值 β,即被“放大”了非常小的倍增因子 $1/(\beta+1)$。

这种对发射极和基极电阻的“放大”解释对于快速估计是非常有用的。更重要的是,即使有分立电阻连接到每一侧,这种放大效应仍然是有效的评估总电阻。例如,在非常重要的情况下,当有外部分立电阻 R_E 连接到发射极(又称“退化发射极”),如图4.19所示,首先假定有总发射极电阻由 R_E+r_E 组成,然后将它投影到基极侧为

$$R_B=(\beta+1)(r_E+R_E) \tag{4.46}$$

这解释了在基极端相对较大的电阻,见4.3.8节。

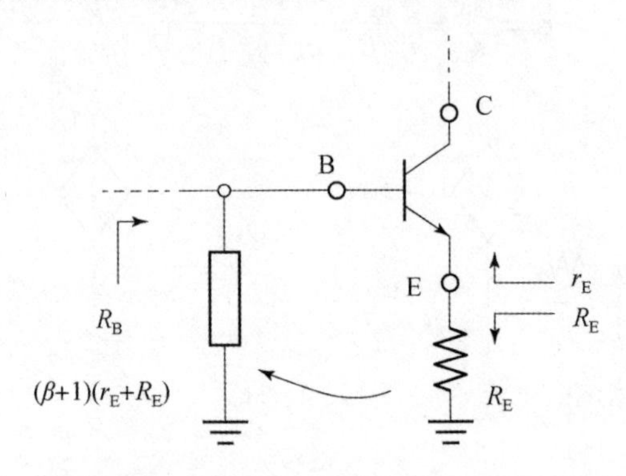

图4.19 从基极“看进去”的基极电阻,包括“投射”的发射极电阻 R_E

4.3.7 集电极电阻

图4.13中的电压/电流特性表明,在较宽的 V_{CE} 电压范围内,从 $V_{CE}(\min)$ 到 V_{CC},集电极电流非常稳定,但它不是完全恒定的,如图4.20所示。因此,根据欧姆定律,集电极电阻参数 $r_o\neq\infty$ 表示集成电路电流依赖于 V_{CE} 电压。为了解释集电极-发射极电压对集电极电流的这种相对较小但很重要的影响作用,可以在式(4.31)中添加项,这样 I_C 相对于 V_{CE} 的线性依赖性可以解释为

$$I_C=I_S\left[\exp\left(\frac{V_{BE}}{V_T}\right)-1\right]\left(1+\frac{V_{CE}}{V_A}\right)$$

$$\frac{1}{r_o}\overset{\text{def}}{=}\frac{\partial I_C}{V_{CE}}\bigg|_{V_{BE}=\text{const.}}=I_S\left[\exp\left(\frac{V_{BE}}{V_T}\right)-1\right]\frac{1}{V_A}=\frac{I_{C0}}{V_A}\Rightarrow r_o=\frac{V_A}{I_{C0}} \tag{4.47}$$

因此,E: I_cV_A 表示从集电极“看进去”的集电极电阻 r_o,其中 I_{C0} 是恒定的集电极电流水平,不依赖于 V_{CE} 电压。工艺参数 V_A 又称厄利电压(Early Voltage)。该参数是通过外推几种 I_C 与 V_{CE} 特性的斜率得到的,这些外推线在厄利电压下

汇聚在一个点(图 4.20)。综上所述,集电极端提供了一种电流源的实际实现形式,参见 2.2.4 节,这意味着输出电阻 r_o越高,就越接近理想电流源。

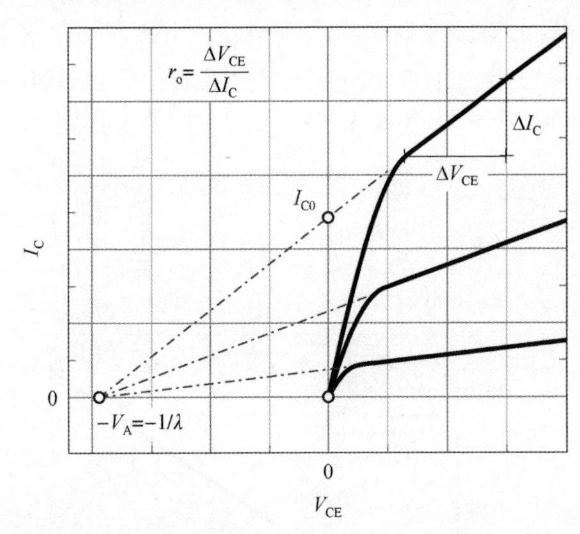

图 4.20　集电极电流以夸张的斜率表示不同电流 I_{C0}时的 r_o和 V_A参数(见彩图)

4.3.8　集电极电阻:"退化发射极"情况

在意识到 BJT 的集电极端表现出非常接近电流源模型的行为后,现在的问题是:能否改善 BJT 的这一特殊表现,并使之更好地逼近理想电流源?为此,有必要增加集电极的有限电阻 r_o,使 I_C对其端子处电压 V_{CE}的依赖程度降低(在理想情况下 $r_o \to \infty$,见 2.2.4 节)。

特殊的晶体管配置称为"退化发射极",是通过在 BJT 发射极和地节点之间添加外部电阻 R_E创建的,如图 4.21(a)和(b)所示。这个电阻的加入导致"从集电极看进去"的电阻 R_C显著增加,这正是接近理想电流源模型所需要的。

为了说明所实现的集电极电阻的增加,首先进行模拟并定性地显示,然后可以推导分析公式来量化这种影响。在非退化发射极情况下,即 $R_E=0$ 时,对于这个特定的晶体管根据图 4.21(c)中图形的斜率获得 $r_o \approx 100\text{k}\Omega$。但随着 R_E值的增大,集电极电阻也随之增大,在极限情况下 $R_E \to \infty$接近 $R_C \to (\beta+1)r_o$ 值。

为了提高对晶体管内部功能的直观认识,促进读者更好的理解,本书推导了退化 BJT 发射极下集电极电阻 R_{OUT}的解析表达式。人们已经发现 BJT 的一个端口的电阻受连接到其他端口电阻的影响(例如,查看 r_π和重新显示"反射电阻"之间的关系,见式(4.45))。因此,我们考虑图 4.22(a)中的晶体管设置,其中 R_B表示连接到基极的总电阻,例如,偏置网络的等效电阻和/或信号源电阻。

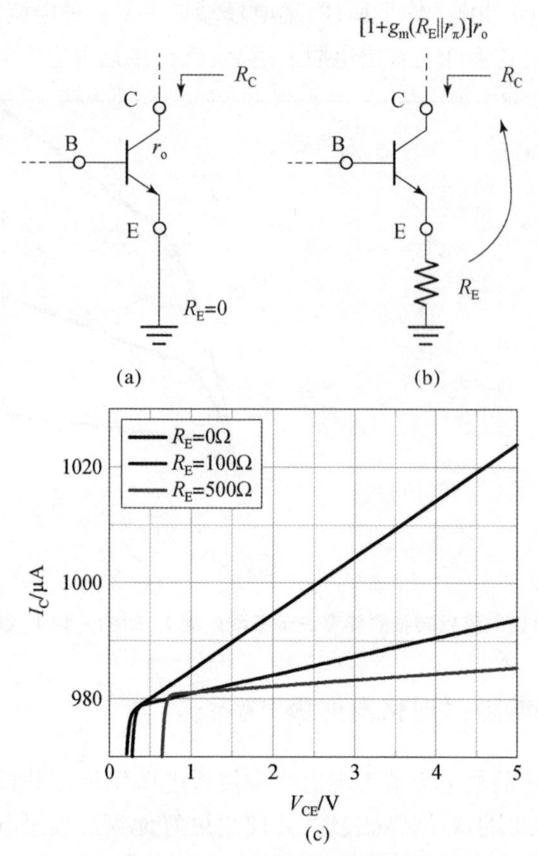

图 4.21　带有和不带有 R_E 电阻的 BJT 晶体管及集电极电阻随 R_E 的变化

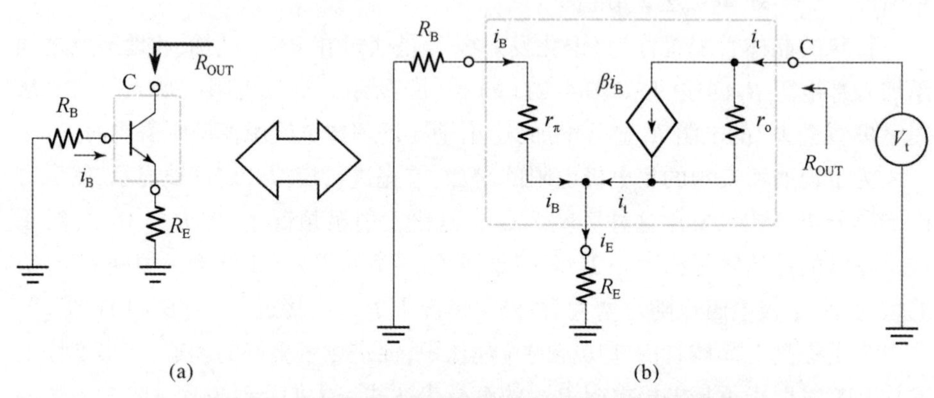

图 4.22　在发射极退化情况下提供集电极电阻的设置

为了一般性,假设为 $R_E \gg r_E$,因此本分析省略了对发射极电阻 r_E 的讨论,现在假设 R_E 为总发射极电阻。将 BJT 用其小信号模型(图 4.22(b))替换后,在集电极端子上施加测试信号 V_t,通过定义计算测得的集电极电阻 R_{OUT},即

$$R_{\text{OUT}} \overset{\text{def}}{=} \frac{V_t}{i_t} \tag{4.48}$$

将图4.22(b)的示意图进一步整理为图4.23,以明确地显示器件之间的串联/并联关系,以及内部的电流/电压关系。

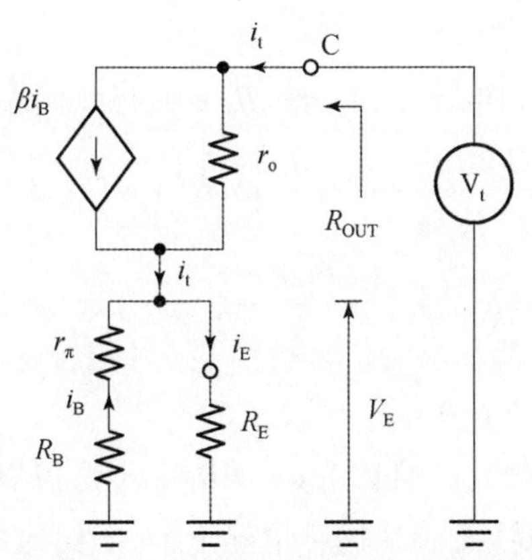

图4.23　图4.22中发射极退化情况的等效原理图

注意到i_B和V_E的相对方向是反向的,并联的(R_B+r_π)与外部电阻R_E并联,测试电流i_t最初在CCCS和r_o分支之间分流,然而它在进入等效电阻R_{eq}串联/并联谐振分支(R_E, r_π, R_B)之前再次组合。根据图4.23,可以得出如下方程组

$$i_B = -\frac{V_E}{R_B+r_\pi}, V_E = i_t R_{eq} = i_t R_E \parallel (R_B + r_\pi)$$

$$i_B = -\frac{i_t R_E \parallel (R_B+r_\pi)}{R_B+r_\pi} = -i_t \frac{R_E(R_B+r_\pi)}{R_E+R_B+r_\pi}\frac{1}{R_B+r_\pi} = -i_t \frac{R_E}{R_E+R_B+r_\pi} \tag{4.49}$$

同样

$$i_t = \beta i_B + \frac{V_t - V_E}{r_o} \tag{4.50}$$

将式(4.49)代入式(4.50)将导致

$$i_t = \beta\left(-i_t \frac{R_E}{R_E+R_B+r_\pi}\right) + \frac{v_t - i_t R_E \parallel (R_B+r_\pi)}{r_o}$$

$$\frac{V_t}{r_o} = i_t\left[1 + \frac{\beta R_E}{R_E+R_B+r_\pi} + \frac{R_E \parallel (R_B+r_\pi)}{r_o}\right]$$

$$R_{\text{OUT}} = \frac{V_t}{i_t} = r_o\left[1 + \frac{\beta R_E}{R_E+R_B+r_\pi} + \underbrace{\frac{R_E \parallel (R_B+r_\pi)}{r_o}}_{\approx 0}\right] \tag{4.51}$$

因为$r_o \gg R_E \parallel (R_B+r_\pi)$,因此式(4.51)中的第三项非常小而经常被忽略。

因此得出的结论是,集电极电阻取决于连接到其他两个端口的电阻[①],即信号源电阻、等效偏置网络和发射极电阻。

接下来展示由式(4.51)得到的几个有用的简化和近似形式:

(1)非退化的情况,$R_E=0$:在这种情况下式(4.51)退化为已知的解[②]

$$R_{OUT}=r_o \tag{4.52}$$

(2)驱动基极的理想电压源,$R_B=0,R_E\neq 0$:将此代入式(4.51)给出

$$R_{OUT}=r_o\left[1+\frac{\beta R_E}{R_E+r_\pi}\frac{r_\pi}{r_\pi}+\frac{R_E\parallel r_\pi}{r_o}\right]=r_o\left[1+\frac{\beta}{r_\pi}(R_E\parallel r_\pi)+\frac{R_E\parallel r_\pi}{r_o}\right]$$

$$=r_o\left[1+g_m(R_E\parallel r_\pi)+\underbrace{\frac{R_E\parallel r_\pi}{r_o}}_{\approx 0}\right] \tag{4.53}$$

$$\approx r_o[1+g_m(R_E\parallel r_\pi)] \tag{4.54}$$

这里利用了式(4.42),并且因为($r_o\gg R_E\parallel r_\pi$),可以忽略它们在式(4.53)第三项中的比率。可以注意到在这种情况下,对于给定的 $R_E\parallel r_\pi$ 电阻,R_{OUT}是g_m的线性函数,换句话说,它是偏置电流的函数。式(4.54)表明,通过增加 g_m,应该能够无限地增加集电极的电阻。

(3)驱动基极的理想电压源,$R_B=0,R_E\gg r_\pi$:在这种情况下式(4.51)(或同样地式(4.54))可简化为

$$R_{OUT}\sim r_o\left[1+g_m r_\pi+\underbrace{\frac{r_\pi}{r_o}}_{\approx 0}\right]=r_o(1+\beta) \tag{4.55}$$

在这里我们要记住,小电阻并联到大得多的电阻时,其等效并联电阻近似等于小电阻(当 $R_E\gg r_\pi$)。因此,由于 $r_o\gg r_\pi$ 我们也忽略了它们的比值,代入式(4.42)后得到最终的形式(4.55)。式(4.55)为“发射极开路”时电路的极限情况,即无负载共集电极放大器($R_E\to\infty,R_L=\infty$)。因此,式(4.55)为 BJT 集电极电阻的理论极限。

(4)驱动基极的理想电压源,$R_B=0,R_E\ll r_\pi$:若 $r_o\gg R_E$,式(4.51)简化为

$$R_{OUT}\approx r_o\left[1+g_m R_E+\underbrace{\frac{R_E}{r_o}}_{\approx 0}\right]=r_o(1+g_m R_E) \tag{4.56}$$

可以注意到,在这种情况下,集电极的电阻与式(4.54)中推导的结果相似,因此关于其与 g_m的关系的结论是相同的。

---

① 多个并联电阻的等效电阻小于组中最小电阻的电阻,而 r_o一般为大电阻。

② 电阻 r_o与阻抗无穷大的理想电流源并联,见 2.2.4 节,因此只有 r_o值才算等效电阻。

4.3.9　总结

为了说明 BJT 晶体管功能的多样性,我们再次总结它的三端电阻。通过从晶体管端口“看进去”(即“观察”)来估计三端电阻是一种非常有效的方法,可以简化包含晶体管的电路。随后,手工分析变得更加简单,并且可以快速得出结论,因为晶体管本身可以为等效端口电阻所取代。这三个端口等效终端电阻的可视化解释如图 4.24 所示。

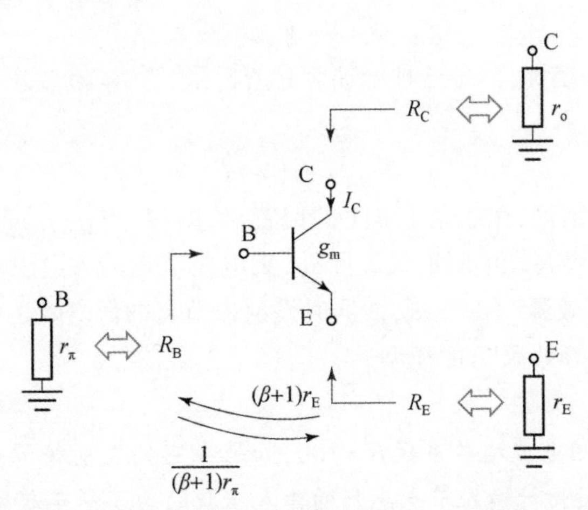

图 4.24　用“观察”方法解释的 BJT 及其主要参数 g_m、I_C 和等效端口电阻的电气符号

(1)发射极电阻 r_E:在式(4.37)中,我们推导出理想 g_m 的近似上限表达式,由定义可知,理想 g_m 与发射极等效电阻 r_E 互逆,如式(4.39)中所示。因此,

$$r_E \stackrel{\text{def}}{=} \left.\frac{\mathrm{d}V_{BE}}{\mathrm{d}I_C}\right|_{(I_{C0},V_{BE0})} = \frac{1}{g_m} = \frac{V_T}{I_C} \tag{4.57}$$

式中:$V_T = kT/q$ 在室温下约为 25 ~ 26mA。

(2)基极电阻 r_π:研究 BJT 的基极端,由式(4.42)和式(4.43),可以推导出其等效电阻 r_π 的多个版本:

$$r_\pi = \frac{\beta}{g_m} = (\beta+1)r_E = \frac{V_T}{I_B} \tag{4.58}$$

观察式(4.58)的一种方法是想象发射极电阻(在这种情况下只有 r_E)在被 β 因子放大后再“投射”到基极,从而产生 $r_\pi = (\beta+1)r_E$。因此,也就是说即使外部电阻 R_E 连接到发射极节点,我们注意到基极电阻总是发射极总电阻的函数。

(3)集电极电阻 r_o:观察 BJT 的集电极端,在式(4.51) ~ 式(4.55)中导出了 r_o 电阻的表达式。图 4.13 所示的实际模拟技术,需要在晶体管处于式(4.47)的恒流模式时确定 r_o 值。也就是说,将等效电阻的计算简化为计算集电极电压变化与集电极电流变化的简单比值①。

$$r_o \approx \frac{\Delta V_{CE}}{\Delta I_C}\bigg|_{V_{BE}=\text{const.}} = \frac{V_A}{I_{C0}} \tag{4.59}$$

(4)退化发射极的集电极电阻:如果在黑盒中观察集电极端子的特性,它看起来非常类似于理想电流源。理想电流源的特性之一是它的无限大的电阻值②。在实际应用中,人们发现采用简并源技术时,集电极电阻相对于晶体管的r_o电阻增大

$$R_{OUT} \approx r_o[1 + g_m(R_E \parallel r_\pi)] \tag{4.60}$$

它随R_E线性增加,但是这种增加有它的极限,当$R_E \gg r_\pi$并且源发生器是理想时

$$R_{OUT} = r_o(1+\beta) \tag{4.61}$$

由此可得出结论,在建立了 BJT 的偏置点,即(I_{C0},V_{BE0}),或者说它的g_m,晶体管可用它的一个终端电阻取代。此外,集电极节点的大电阻是一个非常好的电流源(“诺顿等效源”)的实现,而同时发射极节点的低电阻是一个非常好的电压源(“Thévenin 等效源”)的模型。

例 33:R_E放大效应

BJT 晶体管的电流增益系数$\beta = 100$,如果在它的发射极节点和地面之间连接一个$R_E = 1\text{k}\Omega$,估计输入节点感知的输入阻抗。为了简单起见,假定$R_E \gg r_E$。

解 33:利用放大效应推理,电阻与发射极节点相关,$R_E = 1\text{k}\Omega$,从基极节点看为

$$R_{in} = (\beta+1)(R_E + r_E) \approx \beta R_E = 100\text{k}\Omega$$

这说明了发射极电阻是如何投射到基节点的。

4.4 MOSFET 晶体管

从功能的角度来看,场效应晶体管(FET)相当于 BJT。其分立器件版本是一个三端器件,如图 4.25 所示,三个端子分别是漏极(D)、栅极(G)和源极(S),它们的作用相当于 BJT 的集电极、基极和发射极③。类似于 BJT,它的主要作用是控制通过其漏源支路的电流。

① 线性函数的导数是简单的 $\Delta y/\Delta x$ 比。

② 见 2.2.4 节。

③ 在其 IC 版本中,它是一个四端器件,第四端是主体,即基板。

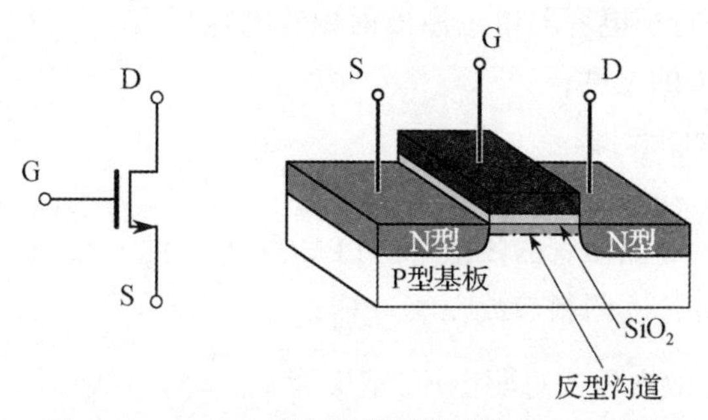

图 4.25　NMOS 的电子符号及其物理几何形状

4.4.1　数学模型

黑盒法揭示了 MOS 器件的传递函数，与 BJT 晶体管的传递函数类似，如图 4.26 所示。在其饱和模式下，即当 I_D 为常数时，MOS 晶体管也可作为可控电流源，其数学模型遵循二次函数定律

$$I_D = \frac{1}{2}\mu_n C_{ox}\frac{W}{L}(V_{GS} - V_t)^2(1 + \lambda V_{DS}) = \frac{1}{2}\mu_n C_{ox}\frac{W}{L}V_{OV}^2(1 + \lambda V_{DS}) \tag{4.62}$$

$$I_G = 0 \tag{4.63}$$

$$I_D = I_S \tag{4.64}$$

式中　I_D——漏极电流；

I_G——栅极电流；

I_S——源极电流；

μ_n——诱导 n 通道中电荷的迁移率；

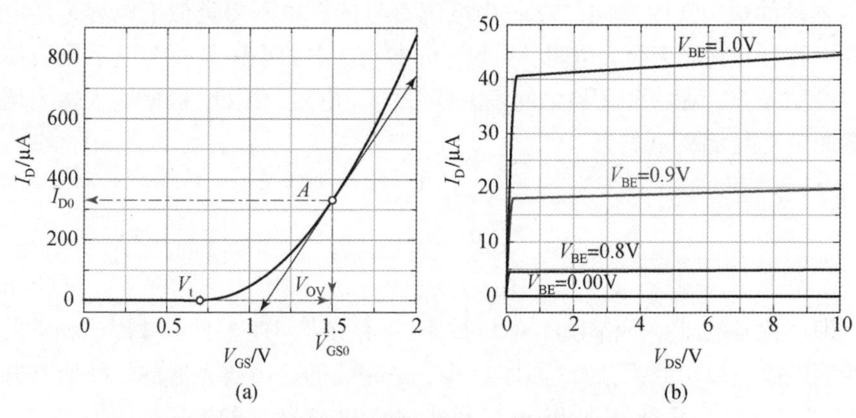

图 4.26　NMOS 晶体管的电压 - 电流特性(见彩图)

(a)为 I_D 与 V_{GS}；(b)为 I_D 与 V_{DS}($V_{BE} = V_{GS}$)。

C_{ox}——平行板电容器单位栅极面积的电容;

W——栅极的宽度;

L——栅极的长度;

V_{GS}——栅-源电压;

V_t——NMOS 晶体管的阈值电压(PMOS 为负);

λ——信道长度调制参数,$\lambda = 1/V_A$;

V_{OV}——有效电压或过驱电压,定义为 $V_{OV} \stackrel{\text{def}}{=} V_{GS} - V_t$。

图 4.26(a)明确显示了 $V_t \approx 0.7V$ 时 I_D 与 V_{GS} 的转移曲线,例如在偏置点 A:$(I_D, V_{GS}) = (330\mu A, 1.5V)$ 处,可以发现静态 $V_{OV} = 1.5V - 0.7V = 0.8V$。与 BJT 器件类似,图 4.26(b)中的漏极电流 I_D 与 V_{DS} 特性表明,MOSFET 处于恒流模式区域需要一个最小 $V_{DS}(\min)$ 电压。与 BJT 类似,$V_{DS}(\min) \approx 100mA$,这取决于晶体管技术,类似于它的双极对应关系。

4.4.2 MOS 小信号模型

从黑盒的角度来看,NMOS 晶体管的功能与 NPN BJT 晶体管非常相似,如图 4.26 中的转移特性清楚地说明了这一点。然而,对于 MOS 晶体管有几个典型的重要细节,我们将在下面的章节中指出。

BJT 晶体管和 MOS 晶体管的主要区别如式(4.63)和式(4.64)所示。如图 4.25 所示,正常情况下栅极不存在直流电。通过观察 MOS 晶体管的物理结构,可以发现在上方的导电栅极板和下方的导电反转层之间有 SiO_2 隔离层。换句话说,所述栅极端子结构为片状电容器,因此没有直流电流流过。为了强调 MOS 器件的这一特性,图 4.27(a)中电气符号的栅极画得类似于电容。零电流可视为开启开关或无限大电阻,因此图 4.27(b)中的小信号模型显示栅极端子为"浮动"节点。栅极和源极之间没有等效的 r_π 电阻。因此,根据输入输出增益关系的定义①,漏极电流为

$$g_m \stackrel{\text{def}}{=} \left.\frac{dI_D}{dV_{GS}}\right|_{(I_{D0}, V_{GS0})}$$

$$i_D = f(g_m, V_{GS}) \tag{4.65}$$

即小信号电流 i_D 严格由 V_{GS} 电压控制,不存在与 BJT 器件的 β 因子相关的电流控制模式。换句话说,MOS 晶体管几乎是完美的通用放大器件。在所有其他方面,两个小信号模型(BJT 和 MOS 器件)的功能是相似的。

① 见 6.1 节。

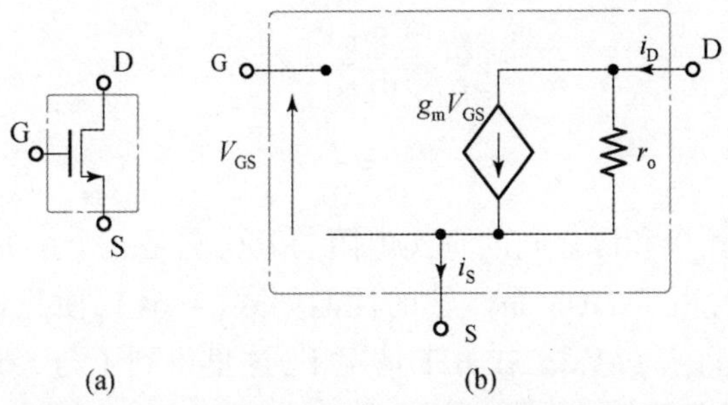

图 4.27　基于可控电流源的 NMOS 晶体管小信号模型

4.4.3　小信号增益

假设 $\lambda=0$,则 g_m增益可由式(4.62)在给定直流偏置点求导数得到,即

$$g_m \overset{\text{def}}{=} \left.\frac{\mathrm{d}I_D}{\mathrm{d}V_{GS}}\right|_{(I_{D0},V_{GS0})} = \frac{\mathrm{d}}{\mathrm{d}V_{GS}}\left[\frac{1}{2}\mu_n C_{ox}\frac{W}{L}(V_{GS}-V_t)^2(1+\lambda V_{DS})\right]$$

$$=\mu_n C_{ox}\frac{W}{L}(V_{GS}-V_t)(1+\lambda V_{DS})=\mu_n C_{ox}\frac{W}{L}V_{OV}(1+\lambda V_{DS}) \tag{4.66}$$

我们用 $V_{OV}=(V_{GS}-V_t)$表示高于最小 V_t电压的栅极电压,如图 4.26 所示,这表明,在给定的方法中,为了增加 g_m,除了增加 V_{OV}外,还需要使用更短更宽的场效应管(即增加导电沟道宽长比,W/L)。通过式(4.66),假设 $\lambda=0$,可以改写式(4.62)

$$I_D=\frac{1}{2}\mu_n C_{ox}\frac{W}{L}V_{OV}V_{OV}=\frac{1}{2}g_m V_{OV} \tag{4.67}$$

将式(4.67)代入得到 g_m的另一个实用表达式

$$g_m=\left.\frac{2I_D}{V_{OV}}\right|_{I_D=I_{D0}}=\frac{2I_D}{V_{GS}-V_t} \tag{4.68}$$

结果表明,通过设置 MOS 偏置电流 I_{D0},从而设置过驱动电压 V_{OV},可以有效地设置 MOS 晶体管的 g_m增益。

4.4.4　源极电阻

而在 4.3.5 节中,由于假设($\beta\gg1$),使用了近似 $i_E\approx i_C$,在 MOS 晶体管的情况下,不需要做类似的假设——漏极电流和源极电流相等,见式(4.63)和式(4.64),并且栅极电流为零。

即使进入栅极的电流是零,离开源的电流也不是零,因为它等于漏极电流即式(4.64),因此,通过式(4.65)可得出

$$i_S=g_m V_{GS}\Rightarrow i_D=g_m V_{GS}$$

$$\frac{1}{r_S} \stackrel{\text{def}}{=} \frac{\mathrm{d}i_D}{\mathrm{d}V_{GS}} = g_m$$

$$r_S = \frac{1}{g_m} \tag{4.69}$$

注意到 r_S 并不是栅极和源之间的真实电阻,相反,它是一个小的电阻信号模型,“通过观察”源端,由于 MOS 晶体管的性能如式(4.64),使我们能够计算源电流,其结果恰好是 $i_s = g_m V_{GS}$。在 BJT 情况下,这里得到了与 r_E 近似值相同的结果,也就是说两种晶体管的功能实际上是相同的。

4.4.5 漏极电阻

为了解析确定漏极端输出电阻 r_o,有必要考虑 I_D 相对于 V_{DS} 的依赖关系,如式(4.62)所示。为此,有必要对 I_D 使用完整的方程式(式(4.62)),其中包括参数 $\lambda \neq 0$。

漏极电流与输出电压 V_{DS} 的关系,即有限的 r_o,如图 4.28 所示。I_D 的斜率为式(4.62)的一阶导数。

$$\frac{1}{r_o} \stackrel{\text{def}}{=} \left.\frac{\mathrm{d}I_D}{\mathrm{d}V_{DS}}\right|_{V_{GS}=\text{const.}} = \frac{\mathrm{d}}{\mathrm{d}V_{DS}}\left[\frac{1}{2}\mu_n C_{ox}\frac{W}{L}V_{OV}^2(1+\lambda V_{DS})\right]$$

$$= \left[\frac{1}{2}\mu_n C_{ox}\frac{W}{L}V_{OV}^2\right]\frac{\mathrm{d}}{\mathrm{d}V_{DS}}(1+\lambda V_{DS})$$

$$= \lambda\,\frac{1}{2}\mu_n C_{ox}\frac{W}{L}V_{OV}^2 = \lambda I_{D0}$$

$$r_o = \frac{1}{\lambda I_{D0}} = \frac{V_A}{I_{D0}} \tag{4.70}$$

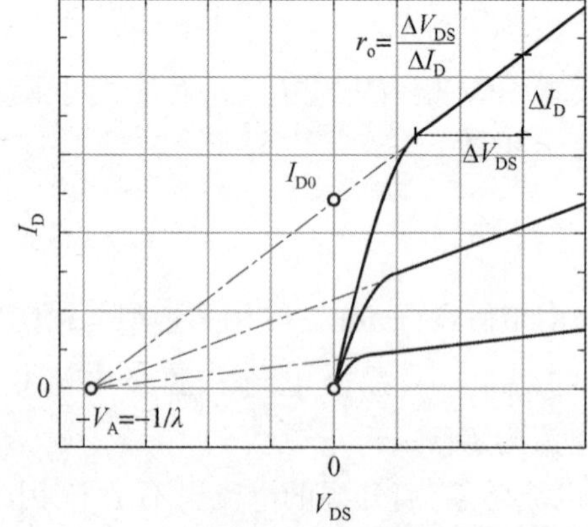

图 4.28 估算 r_o 的实际方法是通过计算饱和区域漏极电流的斜率

(为了说明 λ 参数,图中的斜率被夸大了)

式中,I_{D0}为理想漏极电流,即 $\lambda=0$ 时。式(4.70)通过直角三角形规则和图 4.28 在几何上很容易验证,它与 BJT 的情况(见式(4.47))在实际中是相同的。

例 34:NFET $-g_m$和 r_o

NMOS 晶体管的偏置点设为 $I_D=1\text{mA}$ 和 $V_{OV}=1\text{V}$,试估计 g_m。若 $V_A=-100\text{V}$,估计其 r_o。

解 34:利用式(4.68)得出

$$g_m=\left.\frac{2I_D}{V_{OV}}\right|_{I_D=I_{D0}}=\frac{2\times1\text{mA}}{1\text{V}}=2\text{mS}$$

利用式(4.70)得出

$$r_o=\frac{V_A}{I_{D0}}=\frac{|-100\text{V}|}{1\text{mA}}=100\text{k}\Omega$$

4.4.6　漏极电阻:"信号源退化"情况

我们考虑图 4.29(a)中的场效应管设置,其中 R_G 表示连接到栅极的总电阻,例如偏置网络的等效电阻和/或信号源电阻。假设 $R_S\gg r_S$,在本分析中,我们可以省略显式电阻 r_S。在这个过程中,第一步是将 NMOS 替换为其小信号模型,如图 4.29(b)所示。然后,将测试信号 v_t连接到漏极,通过定义(使用黑盒方法)测试电压与进入漏极的测试电流之比,得到漏极电阻 R_{OUT}。

$$R_{OUT}=\frac{V_t}{i_t}\tag{4.71}$$

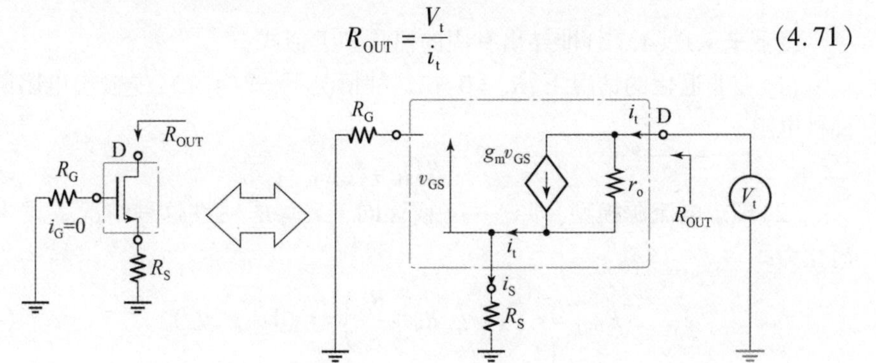

图 4.29　源退化情况下计算漏极电阻的装置

为了使下面的分析更明显、更容易理解,我们将图 4.29(b)的原理图重组为图 4.30,以明确显示出电阻之间的串联/并联关系,以及内部电流和电压的相对方向。

可以注意到,测试电流 i_t最初在 $g_m v_{GS}$的 VCCS 和 r_o分支之间分流,但在进入

R_S分支之前又重新合并。因此,初始方程组为:

$$V_S = i_t R_S = -V_{GS}(\text{因为栅极电流为零})$$

$$i_t = g_m V_{GS} + \frac{V_t - V_S}{r_o} = -g_m i_t R_S + \frac{V_t}{r_o} - \frac{i_t R_S}{r_o}$$

$$\frac{V_t}{r_o} = i_t\left(1 + g_m R_S + \frac{R_S}{r_o}\right)$$

$$R_{OUT} \overset{\text{def}}{=} \frac{v_t}{i_t} = r_o\left(1 + g_m R_S + \frac{R_S}{r_o}\right) \tag{4.72}$$

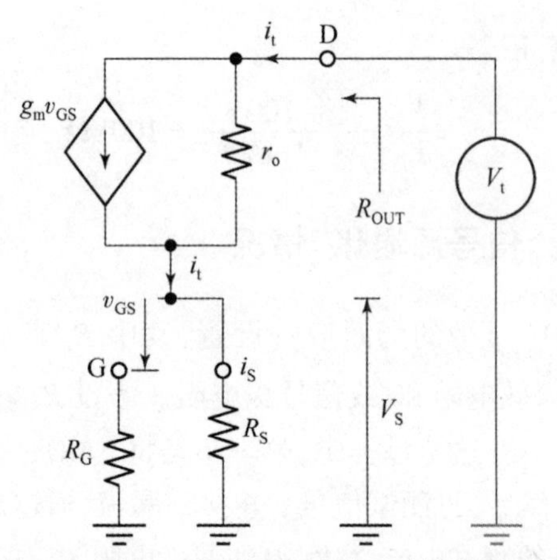

图 4.30　图 4.29 中源退化情况的等效示意图

接下来从式(4.72)推导出有用的简化和近似式:

(1)在非退化的情况下,$R_S = 0$:在这种情况下,式(4.72)中输出电阻降低到漏极电阻 r_o,

$$R_{OUT} = r_o \tag{4.73}$$

(2)理想电流源模型,即 $r_o \to \infty$(或等同于 $r_o \gg R_S$):在这种情况下式(4.72)简化为

$$R_{OUT} = r_o\left(1 + g_m R_S + \frac{R_S}{r_o}\right) = r_o(1 + g_m R_S) \tag{4.74}$$

式(4.74)意味着,给定 g_m,随着 R_S的增大,漏极电阻线性增加,这提供了另一种方法来获得漏极理想电流源模型。通常,由于 $R_{OUT} \approx g_m R_S$ 近似,可以认为($g_m R_S \gg 1$)。

4.4.7　小结

我们对 MOS 终端电阻进行总结,以简化手工分析更快地得出结论,如图 4.31 所示。

(1)源极电阻 r_S:观察 NMOS 源端,由式(4.69)推导出 g_m的表达式,由定义可知,g_m与源等效电阻 r_S互逆。综上所述

$$r_S = \frac{1}{g_m} \tag{4.75}$$

(2)栅极电阻:观察 MOS 的栅极端,正常情况下,进入该端口的直流电流为零。换句话说,MOS 晶体管的栅极电阻是无限大的,因为它的物理结构相当于一个电容。

(3)漏极电阻 r_o:观察 MOS 的漏极端,在式(4.70)中导出了 r_o电阻的表达式。图4.28中的函数族用于确定晶体管在恒流模式下的 r_o值。也就是说,用漏源极电压变化量与漏极电流变化量的简单比值来计算等效电阻。

$$r_o \stackrel{\text{def}}{=} \left.\frac{\Delta V_{DS}}{\Delta I_D}\right|_{V_{GS}=\text{const.}} = \frac{1}{\lambda I_{D0}} = \frac{V_A}{I_{D0}} \tag{4.76}$$

(4)退化源的漏极电阻:在理想控制电流源的情况下,其电阻 r_o是无限大的[①]。因此,通过增加电阻观察漏极源,本文构造了一个理想电流源以便更好的近似。由式(4.72)可知,退化源技术使漏极电阻增加为

$$R_{OUT} = r_o(1 + g_m R_S) \tag{4.77}$$

与式(4.61)表示的 BJT 限制相比,MOS 漏极电阻在理论上不受限制,而是随着 R_S电阻的增加而线性增加。

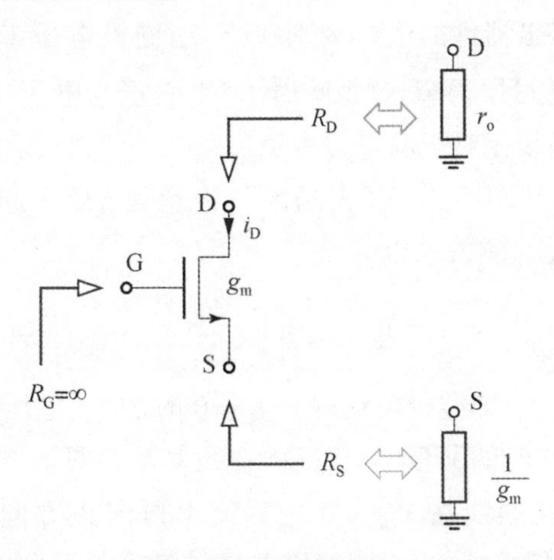

图4.31　用"观察"技术解释的NMOS的电气符号及其主要参数 g_m、i_D和等效端口电阻

① 见2.2.4节。

4.5 结型场效应晶体管

虽然结场效应晶体管(JFET)结构是在前面介绍的结构之前构想出来的,但由于技术限制,它的实现比其他结构晚了几年①。不像其他两种类型的器件,在漏源极路径上没有PN结。相反,JFET是由带有金属触点的N型掺杂材料制成的,如图4.32所示,因为栅极电流为零,因此JFET是专门的电压控制器件。

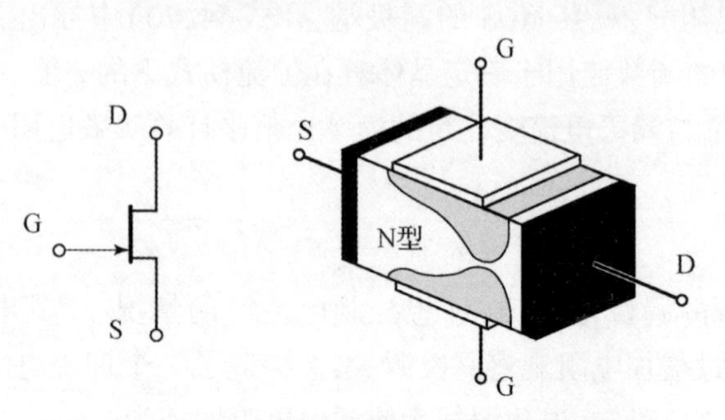

图4.32 JFET的电子符号及其物理几何形状

4.5.1 小信号模型

JFET与其他FET器件的主要区别在于,当栅极电压 $V_{GS}=0$ 时,JFET工作在"可变电阻区",耗尽层很窄,这意味着JFET表现为电压控制电阻。为了增加耗尽区,栅极电势必须相对于源电势为负。

在恒流模式下,JFET工作在"夹断区",表现为VCCS。在夹断模式下,栅极电压 V_{GS} 与漏极电流 I_D 的关系由

$$I_D=I_{DSS}\left[1-\frac{V_{GS}}{V_P}\right]^2 \tag{4.78}$$

式中:V_P——压接电压,即漏极电流降至 $I_D=0$ 时的 V_{GS} 电压;

I_{DSS}——$V_{GS}=0$ 时的漏极电流,其抛物线关系如图4.33(a)所示。

可以注意到特性曲线在 $V_{GS}=0$ 之后就不再向正方向扩展了。这是因为JFET必须使用反向偏置栅极,否则栅极二极管就会打开,式(4.78)就不再有效了。对于特定的JFET器件,其 I_{DSS} 值和 V_P 值通过工艺技术来设定。然后,抛物线函数式(4.78)提供了一种计算偏置点(I_{D0}, V_{GS0})的方法。如图4.33(a)所示,

① 美国1745175朱利叶斯·埃德加·利连菲尔德:"控制电流的方法和装置"于1925年10月22日在加拿大首次提出(原始文献CA272437(A)),描述了一种类似MESFET的装置。

当 $V_{DS0}=525\text{mA}$ 时，$I_{D0}=40\text{mA}$。

通过计算变阻区式(4.78)的导数，求出了在夹断区工作的 JFET 的跨导 g_m

$$g_m \stackrel{\text{def}}{=} \frac{dI_D}{dV_{GS}}\bigg|_{V_{DS}=\text{const.}} = \frac{2I_{DSS}}{|V_P|}\left(1-\frac{V_{GS}}{V_P}\right) \tag{4.79}$$

与栅极电压 V_{GS} 成线性函数关系。注意，由于是二次函数，在变阻区式(4.79)中只使用正的(即绝对值) g_m。JFET 的线性特性在基于 JFET 的乘法电路中很有用。在图 4.33(a)给出的例子中，我们估计 g_m 为

$$g_m \approx \frac{\Delta I_D}{\Delta V_{GS}} = \frac{68\text{mA}}{1250\text{mV}} = 54.4\text{mS} \tag{4.80}$$

由图 4.33(b)可知，有限输出电阻 r_o 为

$$r_o = \frac{\Delta V_{DS}}{\Delta I_D} = \frac{V_A}{I_{D0}} \tag{4.81}$$

在 $V_{DS}<1\text{V}$ 的线性区域，如图 4.33(b)所示，JFET 作为一个压控电阻，由栅极电压 V_{GS}(图中为 V_{BE})控制

$$I_D = \frac{2I_{DSS}}{|V_P|}\left(1-\frac{V_{GS}}{V_P}\right)V_{DS} \tag{4.82}$$

一般来说，JFET 器件能够耗散功率，因此，它们常常用于功率传输比电压/电流增益更重要的射频电路中。

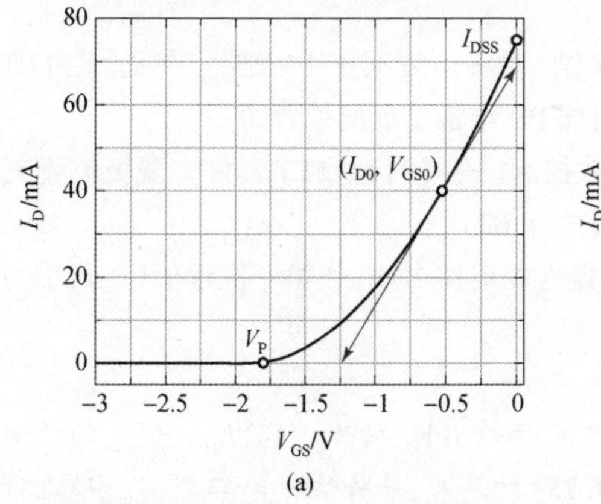

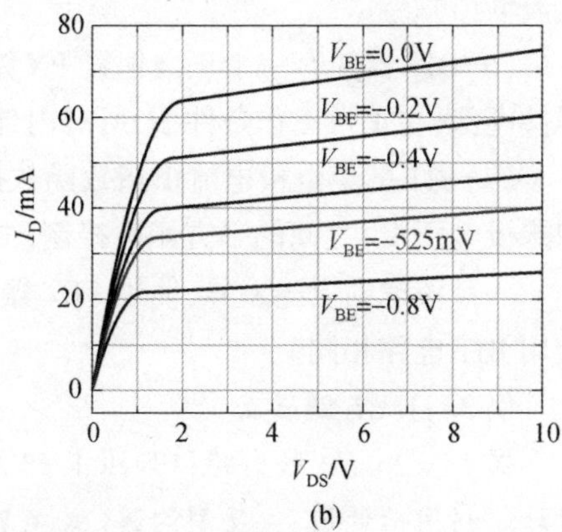

图 4.33　JFET I_D-V_{GS} 函数显示了一个典型的偏置点设置在大约 50% 的 I_{DSS} 电流和 I_D-V_{DS} 曲线族，其中 VCCS 电流由偏置点在图(a)中显示为红色(见彩图)

4.5.2　BJT 和 MOSFET 晶体管的比较

尽管它们的功能基本相同，但在如何实现电流控制功能方面，MOS 场效应

晶体管(MOSFET)和 BJT 器件之间有以下基本的区别。

(1)BJT 器件中的电流是由电子和空穴同时运动引起的(因此它是“双极”),在 FET 器件中,只有一种载流子产生电流,即电子或空穴,因此 FET 器件是“单极”的。

(2)BJT 器件的电流传导机制是基于注入少数载流子的原理,而 FET 器件的电流传导机制是基于“反型沟道”原理。创建反型层所需的最小栅极 - 源极电压称为“阈值电压”V_t。随后,即使是由漏极和源极之间的电压差引起的很小的水平电场也会引起电流流动。

(3)BJT 器件在设计上是不对称的,因此电流总是从集电极流向发射极。FET 器件是对称的,漏极和源极的作用仅由每个器件在特定电路中各自的电位决定。

(4)BJT 是一种“垂直器件”——它的制造使得 NPN(或 PNP)夹层相对于基板表面是垂直的。场效应晶体管视为一个“横向器件”——它的导电反型层与衬底表面平行。

(5)在所有实际应用中,场效应晶体管栅极代表电容器的一个极板(衬底本身是第二个极板),如图 4.25 所示。与 BJT 的基极电流相比,在正常工作条件下,没有直流电流入栅极①。因此,BJT 视为一个电流放大器件(即基极电流流入导致集电极电流流出),而 FET 器件是一个真正的跨导器件(即电压输入控制电流输出)。

(6)BJT 器件有一个正向偏置 PN 结(基极 - 发射极 PN 结)。然而,在 FET 器件内部,在正常工作条件下,所有内部 PN 结都是反向偏置的。

(7)BJT 的集电极电流由指数函数控制(式 4.31)。FET 器件由漏极电流 I_D 和栅极电压 V_{GS} 之间的平方函数控制(式 4.62)。

一旦考虑到上述差异,使用 FET 器件的电路分析,在第一次近似中,几乎与使用 BJT 电路相同。

例 35:JFET 偏压点

若 $I_D = 26\text{mA}$,给出特征如图 4.33 所示的 JFET 的 V_{GS}、V_P、I_{DSS}、g_m、r_o 的近似估计。利用估计值,按反型沟道(式 4.78)计算 I_D,并将估计 g_m 与式(4.79)进行比较。

解 35:通过图 4.33(a)中的图,可以估算:$I_D = 26\text{mA} \rightarrow V_{GS} = 800\text{mA}$,以及 $V_P \approx -1.8\text{V}$,和 $I_{DSS} \approx 75\text{mA}$。为了估算 g_m,可以在(I_D, V_{GS}):(26mA,800mA)偏置点处画一个切线,如图 4.34(a)所示,这使我们能够估算

① 现代场效应晶体管器件有一个非常薄的栅极层,因此存在“漏电流”,在第一近似中被忽略。

$$g_m \approx \frac{\Delta I_D}{\Delta V_{GS}} \approx \frac{62\text{mA}}{1.35\text{V}} \approx 46\text{mS}$$

通过图 4.33(b)中的放大图(如图 4.34(b)所示),可以估算输出电阻为

$$r_o \approx \frac{\Delta V_{DS}}{\Delta I_D} \approx \frac{8\text{V}}{4\text{mA}} = 2\text{k}\Omega$$

根据式(4.78)计算 I_D 给出

$$I_D = I_{DSS}\left[1 - \frac{V_{GS}}{V_P}\right]^2 = 75\text{mA}\left[1 - \frac{-0.8\text{V}}{-1.8\text{V}}\right]^2 \approx 23\text{mA}$$

在图 4.34(b)的输出特性中,由于有限的输出电阻 r_o,最大值为 26mA。类似地,当使用式(4.79)计算增益 g_m 收益时,可以发现

$$g_m = \frac{2I_{DSS}}{|V_P|}\left(1 - \frac{V_{GS}}{V_P}\right) = \frac{2 \times 1.75\text{mA}}{1.8\text{V}}\left(1 - \frac{0.8\text{V}}{1.8\text{V}}\right) = 46.3\text{mS}$$

说明了图解法的适用性。

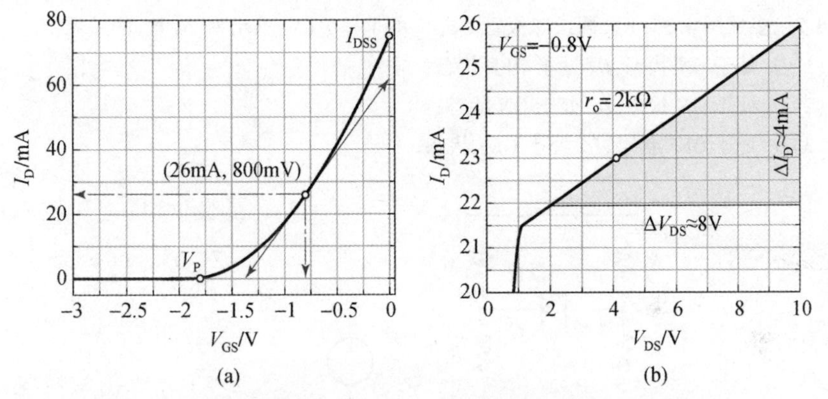

图 4.34　显示偏置点的 V_{GS} 对 I_D 的依赖以及例 35 中 I_D 对 V_{DS}(相同偏置点)的放大(见彩图)

4.6　总结

本章回顾了射频电路设计中使用的基本有源器件。但这些回顾绝不是完整和彻底的,它的目的仅仅是提醒读者关于器件功能的基本和近似的事实。对所提到的每一种器件的详细论述将涵盖与本书类似的一本书,建议读者遵循文献并扩展本章中所学到的新概念;如果不了解器件的基本特性,任何对设计射频电路的尝试都是徒劳的。

问题

4.1 计算典型二极管的电流 I_D,当:(1)正向偏置电压 $U_D=200\text{mV}$ 时,如果使用式(4.2)而不是式(4.1),估计计算误差的百分比;(2)正向偏置电压 $U_D=70\text{mV}$。如果使用式(4.2)而不是式(4.1),估计计算误差的百分比。

数据:$I_S=72.2\text{nA}$,$T=28℃$

4.2 假设为理想二极管,即 $r_D=0\Omega$ 和 $V_t=0\text{V}$ 参考图4.35,在如下条件下,二极管的状态为ON(开启)或OFF(关闭):

(1)$R_3=R_4$,$R_1=R_2$;

(2)$R_3=R_4$,$R_1=9R_2$;

(3)$R_3=R_4$,$R_2=9R_1$;

(4)$R_1=R_2$,$R_3=9R_4$;

(5)$R_1=R_2$,$R_4=9R_3$。

你的结论是什么?

4.3 参照图4.35(b),假设二极管 D_1、D_2 的 $V_t=0.6\text{V}$,求出 V_1 与 V_{CC}的关系:

(1)D_1 处于ON状态,D_2 处于OFF状态;

(2)D_1 处于ON状态,D_2 处于ON状态;

(3)D_1 处于OFF状态,D_2 处于OFF状态。

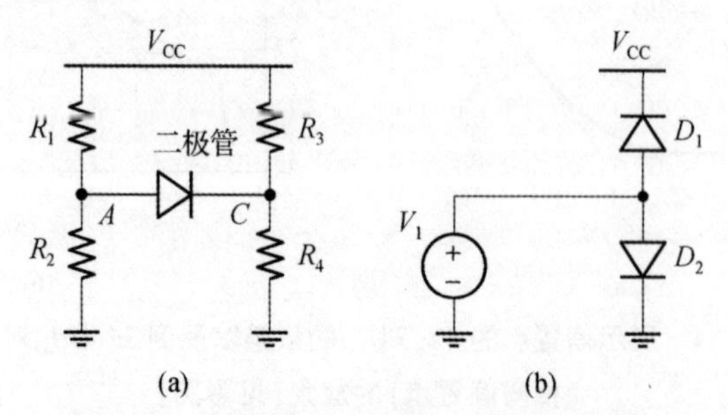

图4.35 问题4.2和问题4.3的电路网络

4.4 一个典型的二极管与理想电流源 $I=1\text{mA}\pm10\%$ 串联。计算给定电流源的电压 V_D 及其变化。

数据:$I_S=72.2\text{nA}$,$T=28℃$

4.5 绘制典型JFET晶体管的 I_D 与 V_{GS}曲线。如果 $I_D=I_{DSS}/2$,估算其 g_m 收益。

数据:$V_P=4.5\text{V}$,$I_{DSS}=1\text{A}$。

4.6 对于室温下 $I_S=5\times10^{-15}\text{A}$ 的BJT晶体管,偏置电流为 $I_C=1\text{mA}$。计算其偏置点(I_C,V_{BE})。

(1)在基极-发射极电压 $V_{BE}=0.500\text{V}$ 到 $V_{BE}=0.800\text{V}$ 范围内,以50mV为步长重新计算集电极电流 I_C;

(2)计算每个 V_{BE}电压下的 g_m 增益。

4.7　对于图4.36(a)所示的网络，

(1)假设基极-发射极二极管阈值电压为$V_T(BE)=0V$，即理想BE二极管，求使晶体管Q_1导通的R_2的值。在集电极节点C上需要什么潜在的V_C来维持饱和运行模式？

(2)假设基极-发射极二极管阈值电压为$V_T(BE)=0.7V$，即现实的BE二极管，求使晶体管Q_1导通的R_2的值。在集电极节点V_C处需要什么电位来维持饱和运行模式？

4.8　图4.36(b)中网络所需的电阻比R_1/R_2是多少，使晶体管Q_1工作在饱和状态，假设：

(1)基极-发射极二极管阈值电压为$V_T(BE)=0V$，即理想BE二极管，求R_2的值，使晶体管Q_1导通。在集电极节点V_C处需要什么电位来维持饱和运行模式？

(2)基极-发射极二极管阈值电压为$V_T(BE)=0.7V$，即现实的BE二极管，求R_2的值，使晶体管Q_1导通。在集电极节点V_C处需要什么电位来维持饱和运行模式？

数据：$V_{CC}=10V$，$R_E=1k\Omega$？

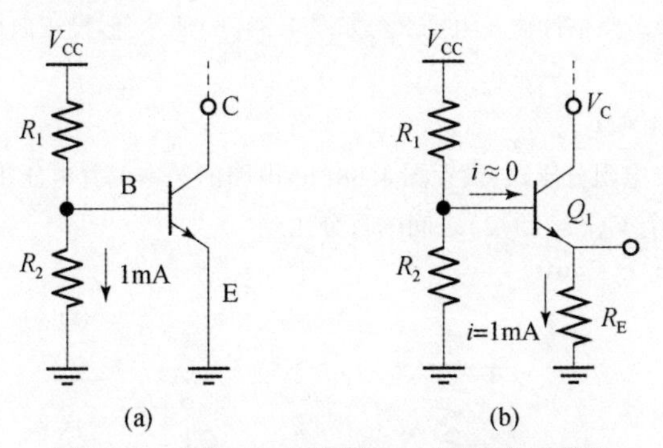

图4.36　问题4.7和问题4.8的网络示意图

4.9　估计网络(a)、(b)和(c)的电阻，如图4.37所示。

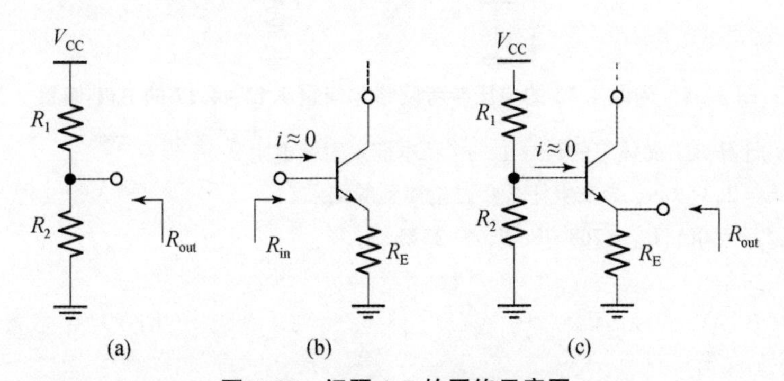

图4.37　问题4.9的网络示意图

4.10　在以下条件下计算热电压V_T：(1)$T=-55℃$；(2)$T=25℃$；(3)$T=125℃$，然后只计算室温下二极管的电流。(这三种温度通常用来表征军用级电子设备。)

数据：$V_D=200mV$，$I_S=72.2nA$。

4.11　假设二极管电压V_D如下条件：(1)$V_D=0.1V_T$；(2)$V_D=V_T$；(3)$V_D=10V_T$，在室温

下计算二极管电流 I_D。

数据：$I_S = 72.2\text{nA}$。

4.12 如图4.38(a)所示,用一个电阻和一个二极管建立一个简单的电压基准。计算室温下二极管的电压。

数据:$V_{CC} = 5\text{V}$,$R = 1\text{k}\Omega$,$I_S = 1\text{fA}$。

4.13 在室温下,BJT集电极电流设置为 $I_C = 1\text{mA}$,$I_S = 100\text{fA}$,计算偏置电压 V_{BE},如图4.38(b)所示。对 $I_S = 200\text{fA}$ 重复计算。

4.14 假设室温,估计未知集电极电流 I_C,如图4.38(b)所示,即当:(1)$I_S = 100\text{fA}$;(2)$I_S = 200\text{fA}$ 时,需要施加偏置电压 $V_{BE} = 768.78\text{mV}$。

4.15 对于图4.38(b)中的BJT晶体管,估计基极节点所需的偏置电压 V_B,使集电极偏置电流设为 $I_C = 1\text{mA} \approx I_E$。

数据:$I_S = 100\text{fA}$,$R_E = 100\Omega$,$T = 25℃$。

4.16 查看基极节点估计输入阻抗 Z_{in},如图4.38(b)所示,假设正向增益 β_F 为:(1)$\beta_F = 99$;(2)$\beta_F \to \infty$。

数据类型:$R_E = 100\Omega$。

4.17 设计一个电阻分压器,设置图4.38(b)电路的基本偏置电压 V_{BE},设:(1)$\beta_F = 99$;(2)$\beta_F \to \infty$。计算两个 V_{BE}(1)和(2)之间的百分比差。

数据:$R_E = 100\Omega$,$V_{CC} = 9\text{V}$。

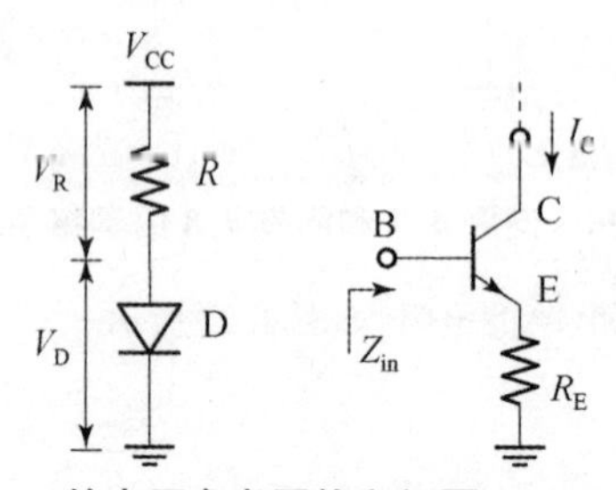

图4.38 问题4.12的电压参考网络和问题4.13~4.17的BJT偏置

4.18 计算BJT晶体管的跨导 I_C、g_m 和本征发射极电阻 r_e。

如果 $I_C = 2,3,\cdots,r_E$ 会发生什么?讨论得到的结果。

数据:$I_S = 100\text{fA}$,$V_{BE} = 768.78\text{mV}$,$T = 25℃$。

第 5 章

晶体管的偏置

有源器件由于其非线性的电压－电流特性使电路设计具有挑战性。在 V－I 转移特性曲线上的每个点上都有两个非常不同的电阻,一个是静态的,一个是动态的。当在有源器件的终端施加固定的电压/电流激励时,根据欧姆定律,只需计算 V/I 比,就可以在给定点找到静态(即直流)电阻。而当输入信号相对于其平均水平变化时,通过使用一阶导数数学运算来计算动态电阻。根据非线性函数的特定形状,这个动态(即交流)电阻很大程度上依赖于函数在给定静态点的曲率,也就是说依赖于它的导数。本章回顾了选择和设置有源器件的直流和交流电阻的基本方法,这一过程称为偏置设置。

5.1 偏置的问题

从根本上说,BJT 器件表现为电流控制电流源,集电极的输出电流通过 $i_C = \beta i_B$ 关系由基极的输入电流控制,其中 β 为器件的电流增益。此外,BJT 被用作通用放大器,也就是说,对于给定的输入电压 v_{BE},它提供输出电流 i_C。但人类的制造技术并不理想,因此,至少有三个主要问题与电路设计相关:

(1) 首先,BJT 电流增益因子 β 不是恒定的,它取决于器件的几何形状和制造参数。两者都不可避免有一定的加工变化,这导致电流因子 β 在其标称值附近有较大的变化。此外,β 具有较强的温度依赖性,并在一定程度上依赖于集电极电流。最后的结果是,如果不进行纠正,预期是固定的整体实际增益将有很大的变化,这将导致 BJT 设备在实际无法使用。

(2) 其次,g_m 也取决于集电极电流和温度。详细的器件特性分析表明,基极－发射极电压 V_{BE} 以 2.5mA/℃的速率变化。另一方面,例如军事和空间标准规定的环境温度范围 $T_1 = -55℃$ 至 $T_2 = +125℃$,高可靠性的电子电路必须满足特定需求。不可避免的,$\Delta T = T_2 - T_1 = 180℃$ 的宽温度范围导致 V_{BE} 电压的偏置变化 $\Delta V_{BE} = 180℃ \times 2.5\text{mA}/℃ = 450\text{mV}$。同时,热电压 V_T 为

$$V_T(T_2) = \frac{kT_2}{q} = 34.31\text{mV}, V_T(T_1) = \frac{kT_2}{q} = 18.8\text{mV}$$

因此,假设一个典型的 BJT 晶体管,$V_{BE}(T_2)=0.925\text{mV}$ 和 $V_{BE}(T_1)=0.475\text{mV}$,同时假设饱和电流 I_S 是恒定的,引入到

$$I_{C2}(T_2)\approx I_S\exp\frac{V_{BE2}}{V_{T_2}},I_{C1}(T_1)\approx I_S\exp\frac{V_{BE1}}{V_{T_1}}$$

$$\frac{I_{C2}(T_2)}{I_{C1}(T_1)}=\exp\left(\frac{V_{BE2}}{V_{T_2}}-\frac{V_{BE1}}{V_{T_1}}\right)\approx 5.4$$

这直接转化为整体增益的变化。结论是,如果没有某种形式的外部机制来稳定电流,BJT 作为放大器是无用的。

(3)最后,元器件老化、有源器件漏电流以及集成电路技术的其他次要影响,构成了电流增益的不一致和不可预测的变化,这也必须由外部机制进行补偿。

显然,建立稳定的偏置电流是电路设计过程中必须完成的首要任务。接下来的章节回顾设置晶体管偏置点的基本技术,并简要地比较了这些技术的相对稳定性。

5.1.1 偏置点的设置

设置非线性器件的偏置点,是指根据待设计电路的目标规格选择固定的电压/电流对(V_0,I_0)。要做到这一点,首先,必须对晶体管的输入和输出端 I_{DC} 与 V_{DC} 特性进行表征,如图 5.1 所示。

现代低功率集成电路在微安级偏置电流下工作良好,而分立晶体管在毫安级偏置电流下工作良好。实用的方法是选择集电极电流作为一个“合适的”整数,例如“1,2,3,…”或“10,20,30,…”,使后续的计算简化(偏置电流直接或间接地出现在几乎所有的设计方程中)。偏置点的选择是根据具体需要的 g_m 增益而定的。一旦选择了偏置集电极电流 I_{C0},则由图 4.12 中的传递函数可确定所需的偏置 V_{BE0} 电压,同时确定该特定偏置点(I_{C0},V_{BE0})的 g_m 增益。最后,已知 g_m 则发射极的交流电阻也统一确定为 $r_E=1/g_m$。

人们注意到,从非线性器件的角度来看,控制其偏置点的是外部电路,而不是器件本身。例如,如图 5.1 所示,偏置电路由两个外部电压源组成,用于直接控制晶体管的输入端和输出端。在大多数应用中,晶体管是偏置的,因此集电极电流是恒定的,即 MOS 的“饱和”模式和 BJT 的“有源”模式。恒流运行方式是通过同时设置以下两个条件来实现的:

(1)发射极二极管(MOS 的源极)是正向偏置的,即设置为传导电流,因此通过重新观察发射极(二极管是 ON 的)来模拟“低电阻”模式。

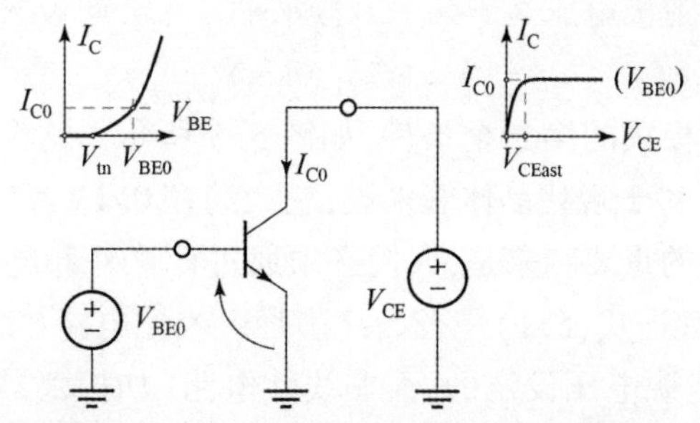

图 5.1　使用两个电压源的 NPN BJT 偏置点设置(输入侧图显示了偏置点(V_{BE0},I_{C0})的位置,输出侧图表明,对于给定的 V_{BE0},在 $V_{CE} \geqslant V_{CE}$(min)的条件下,I_{C0}(V_{CE})是一个常数函数)

(2)集电极二极管(MOS 的漏极)是反向偏置的,即设置为阻塞电流,因此在分析集电极时可建模为 r_o(二极管是 OFF)来模拟“高电阻”模式。

“背对背二极管”模型是将建立晶体管恒流模式的这两种条件可视化的实用方法,如图 5.2 所示。,虽然这个模型对于总结在恒流模式下晶体管偏置的两种条件非常有用,但它不是完全准确的。晶体管工作的实际物理机制的细节可以在“半导体物理学”的书中找到。

两个二极管分别由两个外部电压控制。例如,在 NPN 晶体管的情况下,打开发射极二极管需要设置 $V_B \geqslant V_E + V_t$(这是 BJT 的有源模式的第一个条件),同时为了保持集电极二极管 OFF 需要设置 $V_C \geqslant V_B - V_t$(这是第二个条件)。对于 PNP 晶体管,两种情况是对称的,如图 5.2(b)所示。在第一个近似中,同样的背靠背二极管模型也适用于 NMOS 和 PMOS 晶体管。

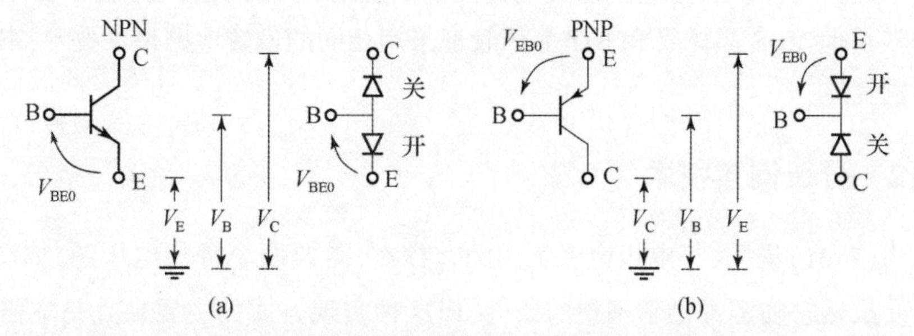

图 5.2　NPN(或 NMOS)晶体管的背靠背二极管模型和 PNP(或 PMOS)晶体管的背靠背二极管模型,说明了将 NPN 晶体管设置为恒流工作模式的两个必要条件。

5.1.1.1　集电极 - 发射极饱和电压 V_{CE}(min)

另一方面,如图 5.2(b)所示,设置 N 型晶体管偏置点的两种条件的需注意输出侧特性,输入侧 $V_{BE} \geqslant V_t$ 电压(第一种条件)“要求”的恒定集电极电流 I_{C0},

只有在集电极-发射极电压高于某一最低水平时才会起效。

$$V_{CE} \geqslant V_{CE}(\min) \tag{5.1}$$

这是建立恒流模式的第二个条件,如图5.3所示。这个工艺参数称为"饱和电压"$V_{CE}(\min)$,对于现代晶体管来说,它大约在$0.1\text{V} \leqslant V_{CE}(\min) \leqslant 0.2\text{V}$的范围内。这一极限的重要结果是,人们必须通过计算外部电路施加的集电极-发射极电压V_{CE}来验证式(5.1)是否始终满足。线性电路(如线性放大器)的上限$V_{CE}(\max)$是由电源电压设定的,而非线性电路(如振荡器和其他包含LC元件的电路)则不是这样。

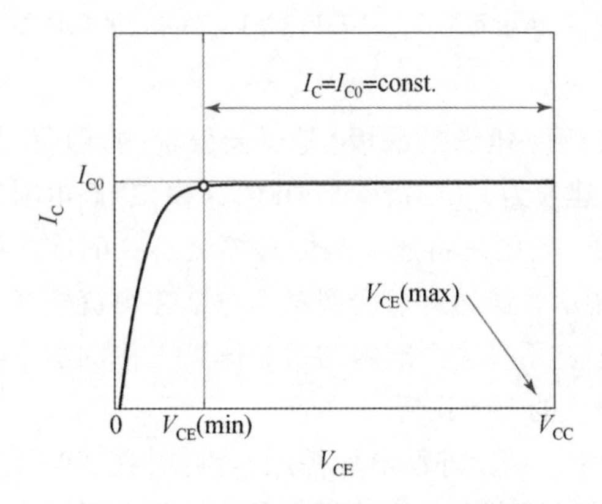

图5.3 NPN晶体管集电极电流特性

因此,问题是如何实现实际电路来代替图5.1中的理想模型,从而设定所需的偏置点。在接下来的章节中,将展示用于NPN和PNP晶体管的典型偏置网络的实际设置过程。虽然电流模式偏置设置仅适用于BJT晶体管(由于其基极电流非零),但MOS晶体管和BJT晶体管都采用相同的偏置电路设计技术,本书将不再重复。

5.1.2 分压偏置技术

式(4.31)说明,集电极电流I_C由V_{BE}控制,需要两个理想电压源,如图5.1所示。虽然它确实提供了理想的条件,但这种实现方式的主要缺点是它需要两个大型且昂贵的电压源(如电池):一个源提供V_{BE0}控制集电极电流的,另一个源提供V_{CE}并作为大型集电极电流的能量源。实际上,控制V_{BE0}的电压源简单的电阻分压器所取代(见第3.2.1节)。我们计算的分压器比为

$$V_{BE0} = I_{R_2} R_2 = \frac{V_{CE}}{R_1 + R_2} R_2 = V_{CE} \frac{1}{1 + \dfrac{R_1}{R_2}} \tag{5.2}$$

式中：R_1/R_2 比值控制 V_{BE0} 电压，而不是它们各自的绝对值。分压器式(5.2)设计完成后，如图 5.4(a)所示，可以安全地替换 V_{BE0} 源，如图 5.4(b)所示。该技术既适用于 BJT 晶体管，也适用于 MOS 晶体管。

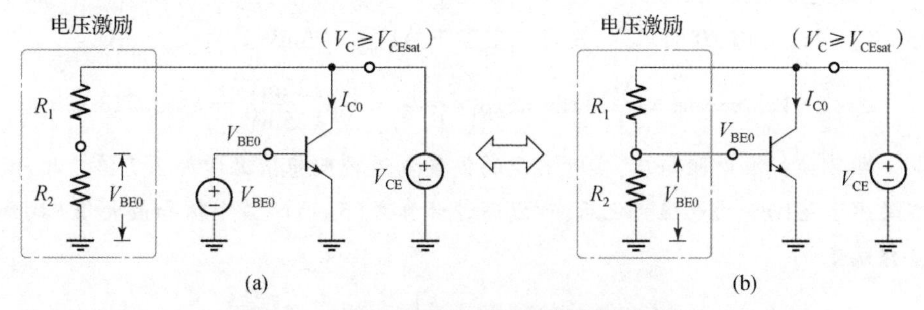

图 5.4　设置 NPN 设备所需的偏置网络演化

例 36：分压偏置技术

由图 5.4(b)中 BJT 计算偏置电压(V_{BE0})。

数据：$V_{CE} = 10V, R_1 = 143.85k\Omega, R_2 = 10k\Omega$。

解 36：直接利用式(5.2)，在忽略基极电流后，导致

$$V_{BE0} = V_{CE}\frac{1}{1+\dfrac{R_1}{R_2}} = 10V\frac{1}{1+\dfrac{143.85k\Omega}{10k\Omega}} = 10V \times 65 \times 10^{-3} = 650mA$$

同时，我们总是认为 10V≫100mV 在这种情况下是正确的，因为 $V_{CE} > V_{CE}$(min)，因此我们认为 BJT 处于恒流模式。

例 37：电压分压器偏置技术分析

对于图 5.4(b)中的 BJT 晶体管，设 $V_{CE} = 10V, V_{BE0} = 0.650V$，设计所需的分压器偏置电路。然后，计算当使用离散工业标准值和 ±10% 公差的电阻时 V_{BE0} 的变化。

解 37：直接应用式(5.2)，结果为

$$1+\frac{R_1}{R_2} = \frac{V_{CE}}{V_{BE0}} \Rightarrow \frac{R_1}{R_2} = \frac{V_{CE}}{V_{BE0}} - 1 \Rightarrow \frac{R_1}{R_2} = \frac{10V}{0.650V} - 1 = 14.385$$

如果没有额外的约束，这个比值可以通过选择，例如，$R_2 = 1k\Omega$ 结果是 $R_1 = 14.385k\Omega$。将介绍两个分压器电阻的附加约束。允许 ±10% 公差的标准分立电阻器值是基于这些(10、12、15、18、22、27、33、39、47、56、68、82)[①]阻值的。因此，$1 \times 10^3\Omega \pm 10\%$ 是一个标准电阻值，而最接近 $14.385k\Omega$ 是 $R = 15 \times 10^3\Omega \pm 10\%$。重新计算式(5.2)的偏置电压为

① 搜索此标准的外部资源。

$$V_{BE0}=10V\frac{1}{1+\frac{15k\Omega}{1k\Omega}}=625mV \tag{5.3}$$

因此,如果使用标准电阻,这个偏置电路 V_{BE0} 相对于初始值 650mV 降低了 25mV。通过对例 30 的跟踪,发现在室温下 $\Delta V_{BE0}=25mV$ 的变化会导致

$$\Delta V_{BE}=V_T\ln x\Rightarrow \ln x=\frac{\Delta V_{BE}}{V_T}\Rightarrow x=\exp\left(\frac{\Delta V_{BE}}{V_T}\right)=\exp\left(\frac{25mV}{25mV}\right)=e=2.718\cdots$$

即替换标准电阻值后,实际实现的偏置电流较理想情况增加 2.7 倍。此外,在考虑了 ±10% 的电阻变化后,可以通过计算式(5.3)的最小值和最大值[①]找到了极端变化

$$V_{BE0}(\min)=10V\frac{1}{1+\frac{15k\Omega+10\%}{1k\Omega-10\%}}=517mV$$

$$V_{BE0}(\max)=10V\frac{1}{1+\frac{15k\Omega-10\%}{1k\Omega+10\%}}=753mA$$

即考虑标准 ±10% 电阻公差的最坏情况后,实际偏置电压偏差为 $\Delta V_{BE0}=753mV-517mV=236mV$。因此,实际实现的偏置电压为 $V_{BE0}=625\pm118mV$。此外,考虑到这种变化,集电极偏置电流的变化系数为 $x\approx12\times10^3$。此外,还必须考虑电源、温度和 β 因子的变化以及元件的老化等影响因素。

总之,这个例子说明了偏置网络的设计必须考虑到在最初的“理想”设计中所做的所有近似和假设。然而,在实践中,分压器偏置常常用于不适合高精度应用的电子电路。否则,就必须使用更昂贵的低误差组件,包括集成电路设计中使用的定制“修调”技术。

5.1.3 基极电流偏置技术

一种式(4.30)的简单实现方式如下,其中集电极电流 I_C 通过 β 参数由 I_B 控制,需要一个电流(I_B)和一个电压(V_{CE})源。然而,电流源也可以由单个电阻实现。因此,可以通过去除 R_2 电阻,使用 R_1(改名为 R_{BB})来控制基极电流,进一步简化图 5.4(b)中的偏置电路,如图 5.5 所示。

经过精心的设置,V_{CE} 和 R_{BB} 可以产生理想的 V_{BE0} 偏置电压。因此,从晶体管的角度来看,相对于第 5.1.2 节介绍的偏置技术没有什么改变。

① 有理函数在分母减小时增大,反之亦然。

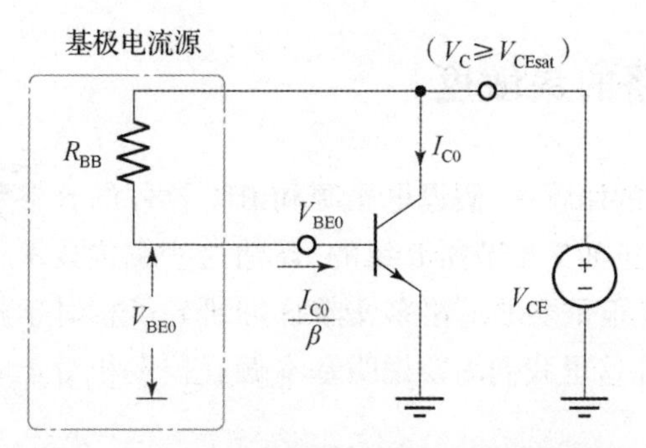

图 5.5　BJT 晶体管控制基极电流的偏置技术

注意到 R_{BB} 上的电压是由基电流 I_B 产生的,这是该支路中唯一的电流。通过检验,可得到直流电压方程

$$V_{CE} = V_{R_{BB}} + V_{BE0} = R_{BB}I_{B0} + V_{BE0}$$

$$R_{BB} = \frac{V_{CE} - V_{BE0}}{I_{B0}} \tag{5.4}$$

其中

$$I_{C0} = \beta I_{B0} \Rightarrow I_{B0} = \frac{I_{C0}}{\beta} \tag{5.5}$$

在这种偏置技术中,假设 BJT 的 β 是先验已知的,它决定了所有三个终端电流之间的关系。在这种解释中,BJT 晶体管是基尔霍夫电流节点的物理实现:两个电流进入节点(I_C 和 I_B)和一个电流存在(I_E)。换句话说,$i_E = i_C + i_B = \beta i_B + i_B = (\beta+1)i_B$,其中输入电流 i_b 乘以电流增益因子 β 产生输出集电极电流。

例 38:电流偏置技术

参照图 5.5,给出 $\beta = 100$, $V_{CE} = 10\text{V}$,计算设置偏置点($V_{CE} = 650\text{mV}$, $I_{C0} = 1\text{mA}$)所需的 R_{BB},然后用最优的 10% 标准值替换初始理想电阻值,并评估实际实现的偏置点。

解 38:直接实现式(5.5)和式(5.4)的结果是

$$I_{B0} = \frac{I_{C0}}{\beta} = \frac{1\text{mA}}{100} = 10\mu\text{A} \Rightarrow R_{BB} = \frac{V_{CE} - V_{BE0}}{I_{B0}} = \frac{10\text{V} - 0.65\text{V}}{10\mu\text{A}} = 935\text{k}\Omega$$

虽然有各种可能性来实现 935kΩ 电阻,为了讨论用两个 470kΩ 电阻串联电阻器 $R_{BB} = 940\text{k}\Omega \pm 10\%$ 实现。因此,为了实现所需的 $I_{C0} = 1\text{mA}$,根据式(5.4)计算出等效 V_{BE0} 电压为

$$V_{BE0} = V_{CE} - I_{B0}R_{BB} = 10\text{V} - 10\mu\text{A} \times 940\text{k}\Omega = 600\text{mV}$$

与例 37 中的分压器偏置技术类似,基于基准电流设置的偏置技术对电阻值也显示出类似的灵敏度。

5.2 偏置电路的灵敏度

在对偏置技术的回顾中,假设电压源和 BJT 器件的β参数是恒定的。事实上,情况并非如此,正如5.1节所介绍的,评估这些偏置技术对电路和环境参数变化的灵敏度S_x^y是很重要的。诸多文献详细研究了相对于各种环境和器件参数的敏感性研究,在这里我们简要说明基本偏置技术相对于电压变化和β参数的敏感性。

计算灵敏度S_x^y给出了以下问题的答案:如果输入变量变化了x个百分点,输出变量y变化了多少个百分点[①]? 敏感度的计算以比率的形式给出,因此,答案$S_x^y=1$可以解释为,例如x增加10%导致y增加10%,即输入变量和输出变量变化的百分比相同。结果$S_x^y=0$表示y不依赖于x变量。这个比值的正式定义是

$$S_x^y=\frac{\frac{\mathrm{d}y}{y}}{\frac{\mathrm{d}x}{x}}=\frac{x}{y}\frac{\mathrm{d}y}{\mathrm{d}x} \tag{5.6}$$

其广泛应用于科学和工程领域。灵敏度分析使我们能够识别对整体电路功能有重大影响的变量。在现代电路设计流程中,使用数值模拟来估计各种情况的总体分布,方法是将极端方差分配给各个部件。这种方法称为"角分析",它是能够进行初步成本分析的主要工具。

例39:偏置电路 - 电压分压器灵敏度

计算分压器参考的$S_{V_{\mathrm{BE0}}}^{V_{\mathrm{CE}}}$。

解39:使用结果式(5.2),根据式(5.6)得出给定的比率R_1/R_2,有

$$\frac{\mathrm{d}V_{\mathrm{BE0}}}{\mathrm{d}V_{\mathrm{CE}}}=\frac{\mathrm{d}}{\mathrm{d}V_{\mathrm{CE}}}\left(V_{\mathrm{CE}}\frac{R_2}{R_1+R_2}\right)=\frac{R_2}{R_1+R_2}\overset{(5.2)}{=}\frac{V_{\mathrm{BE0}}}{V_{\mathrm{CE}}}$$

$$S_{V_{\mathrm{BE0}}}^{V_{\mathrm{CE}}}=\frac{\frac{\mathrm{d}V_{\mathrm{BE0}}}{V_{\mathrm{BE0}}}}{\frac{\mathrm{d}V_{\mathrm{CE}}}{V_{\mathrm{CE}}}}=\frac{V_{\mathrm{CE}}}{V_{\mathrm{BE0}}}\frac{\mathrm{d}V_{\mathrm{BE0}}}{\mathrm{d}V_{\mathrm{CE}}}=\frac{V_{\mathrm{CE}}}{V_{\mathrm{BE0}}}\frac{V_{\mathrm{BE0}}}{V_{\mathrm{CE}}}=1$$

这个结果很重要,因为它表明分压器产生的电压基准V_{BE0}的变化直接随所使用电压源的变化而变化。根据式(4.34),ΔV_{BE0}变化转换为集电极电流ΔI_{C0}变化。可以注意到,标准商用电源电压变化为$V_{\mathrm{CC}}\pm10\%$,这直接导致$V_{\mathrm{BE0}}\pm10\%$,

① 召回定义百分比计算,$\Delta x\%=(\Delta x)/x\times100$。

对于精度要求更高的应用可能无法接受。

例40:偏置电路对β变化的敏感性

图5.5计算偏置技术的$S_{I_{C0}}^{\beta}$。

解决40:将式(5.4)代入式(5.5)后,有

$$I_{C0}=\beta\frac{V_{CE}-V_{BE0}}{R_{BB}}$$

可得

$$\frac{dI_{C0}}{d\beta}=\frac{d}{d\beta}\left(\beta\frac{V_{CE}-V_{BE0}}{R_{BB}}\right)=\frac{V_{CE}-V_{BE0}}{R_{BB}}\overset{(5.4)}{=}\frac{I_{C0}}{\beta}$$

$$S_{\beta}^{I_{C0}}=\frac{\dfrac{dI_{C0}}{I_{C0}}}{\dfrac{d\beta}{\beta}}=\frac{\beta}{I_{C0}}\frac{dI_{C0}}{d\beta}=\frac{\beta}{I_{C0}}\frac{I_{C0}}{\beta}=1$$

这个结果同样很重要,因为它表明在这种偏置技术中,I_{C0}直接随晶体管β因子的变化而变化。商用BJT晶体管具有很强的工艺属性(即元件之间的较大分布)和温度属性。

例41:β变化导致偏置电路—电压分压器灵敏度降低特性分析。

图5.4(b)计算分压器偏置技术的$S_{I_{C0}}^{\beta}$。

解41:为求集电极电流的表达式,首先将图5.4(b)电路用戴维南源变换为其等效电路(图5.6)

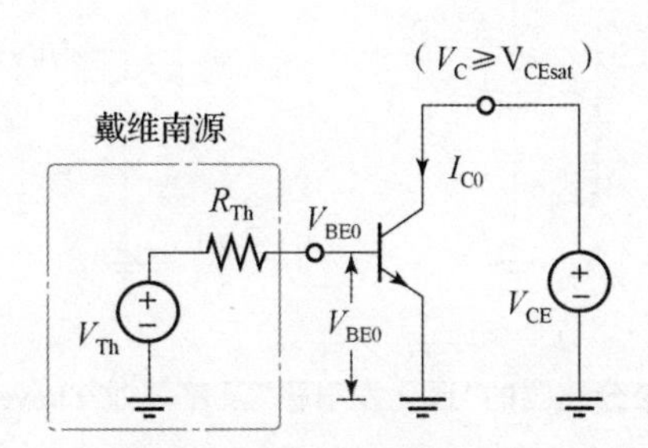

图5.6　带戴维南源等效分压器基准的BJT(例41)

其中,$R_{Th}=R_1\parallel R_2$,$V_{Th}=V_{CE}R_2/(R_1+R_2)$。在这个变换之后,通过分析推导得到

$$V_{Th}=V_{R_{Th}}+V_{BE0}=I_{B0}R_{Th}+V_{BE0}=\frac{I_{C0}}{\beta}R_{Th}+V_{BE0}$$

$$I_{C0}=\beta\frac{V_{Th}-V_{BE0}}{R_{Th}}$$

得到

$$\frac{dI_{C0}}{d\beta}=\frac{d}{d\beta}\left(\beta\frac{V_{Th}-V_{BE0}}{R_{Th}}\right)=\frac{V_{Th}-V_{BE0}}{R_{Th}}=\frac{I_{C0}}{\beta}$$

$$S_{\beta}^{I_{C0}}=\frac{\dfrac{dI_{C0}}{I_{C0}}}{\dfrac{d\beta}{\beta}}=\frac{\beta}{I_{C0}}\frac{dI_{C0}}{d\beta}=\frac{\beta}{I_{C0}}\frac{I_{C0}}{\beta}=1$$

结果表明分压器偏置技术的灵敏度 $S_{\beta}^{I_{C0}}$ 与基底电流技术的灵敏度相同,如例40所示。总之,通过无源电阻从电压源导出的电压基准直接跟随电压源本身的变化。此外,元件本身的变化,即电阻和 β 因子,以及工艺和温度的变化对设计者提出了重大挑战,他们必须应用一些补偿技术来稳定参考电压和电流。

5.3 用"退化发射极"技术稳定偏置电流

为了解决前几节中指出的偏置点灵敏度问题,让我们"退化发射极"版本的BJT电路,如图5.7所示。这种拓扑结构的显著特点是,与发射极直接接地相反,在发射极和地端子之间增加了外部 R_E。因此,发射端电位升高到 $V_E=I_ER_E$。

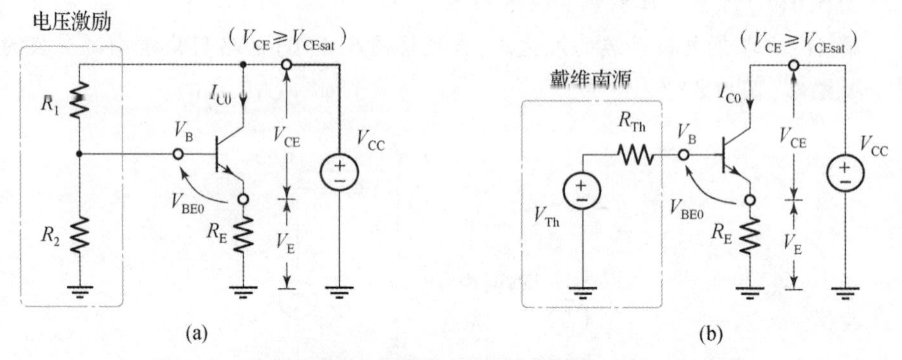

图5.7 带分压器的"退化发射极"及其等效 Thévenin 电路

通过图5.7(b)中的电路,分析推导得到

$$V_{Th}=V_{R_{Th}}+V_{BE0}+V_E=I_{B0}R_{Th}+V_{BE0}+I_{E0}R_E=\frac{I_{C0}}{\beta}R_{Th}+V_{BE0}+\frac{\beta+1}{\beta}I_{C0}R_E$$

$$I_{C0}=\frac{V_{Th}-V_{BE0}}{\dfrac{R_{Th}}{\beta}+\dfrac{\beta+1}{\beta}R_E}=(V_{Th}-V_{BE0})\frac{\beta}{R_{Th}+(\beta+1)R_E}$$

因此

$$\frac{dI_{C0}}{d\beta}=(V_{Th}-V_{BE0})\frac{d}{d\beta}\left(\frac{\beta}{R_{Th}+(\beta+1)R_E}\right)=(V_{Th}-V_{BE0})\frac{R_{Th}+R_E}{(R_{Th}+(\beta+1)R_E)^2}$$

$$=\frac{I_{C0}}{\beta}\frac{R_{Th}+R_E}{R_{Th}+(\beta+1)R_E} \tag{5.7}$$

$$S_\beta^{I_{C0}}=\frac{\dfrac{dI_{C0}}{I_{C0}}}{\dfrac{d\beta}{\beta}}=\frac{\beta}{I_{C0}}\frac{dI_{C0}}{d\beta}=\frac{\beta}{I_{C0}}\frac{I_{C0}}{\beta}\frac{R_{Th}+R_E}{R_{Th}+(\beta+1)R_E}=\frac{R_{Th}+R_E}{R_{Th}+(\beta+1)R_E}<1$$

因为(R_{Th},R_E,β)是正数,且($\beta\gg1$),因此式(5.7)中的分母大于分子。所以与以往 $S_\beta^{I_{C0}}=1$ 的偏置技术相比,退化发射极技术的灵敏度较低,因此是首选的方法。

更重要的是,从式(5.7)可以得到

$$S_\beta^{I_{C0}}=\frac{R_{Th}+R_E}{R_{Th}+(\beta+1)R_E}\frac{\beta}{\beta}=\frac{\dfrac{R_{Th}}{\beta}+\dfrac{R_E}{\beta}}{\dfrac{R_{Th}}{\beta}+\dfrac{(\beta+1)}{\beta}R_E} \tag{5.8}$$

假设($\beta\gg1$),则

$$\frac{(\beta+1)}{\beta}\approx1\Rightarrow\frac{R_{Th}}{\beta}+\frac{(\beta+1)}{\beta}R_E\approx\frac{R_{Th}}{\beta}+R_E$$

若假定

$$\frac{R_{Th}}{\beta}\ll R_E\Rightarrow\frac{R_{Th}}{\beta}+R_E\approx R_E$$

因为($\beta\gg1$),将导致

$$S_\beta^{I_{C0}}\approx\frac{\dfrac{R_{Th}}{\beta}+\dfrac{R_E}{\beta}}{R_E}\approx0 \tag{5.9}$$

这对设计不受 β 变化影响的偏置网络具有重要的指导意义。

在满足条件

$$\frac{R_{Th}}{\beta}\ll R_E \tag{5.10}$$

本例的结论是,当采用退化发射极技术和现代晶体管时,$S_\beta^{I_{C0}}$ 的灵敏度几乎可以被消除。注意,实际上“小得多”意味着十倍或更多。

在本节的总结中,为了实现最大的电压增益,人们通常期望发射极电阻为内阻 r_e,这是在发射极节点可以拥有的最小电阻。随后,电压增益由集电极电阻和 r_e 的比值设定。然而,二极管电阻对温度的依赖性较大,会导致偏置电流的变化。实际的解决方案是使用外部 $R_E\gg r_e$ 并与 r_e 串联起来,以减小 r_e 对偏置电流的影响。随后,外部 C_E 对交流信号旁路 R_E 恢复最大电压增益。

例 42:偏置电路－退化发射极技术

对于图 5.7 中的 BJT,设计偏置网络使得偏置点为($V_{BE0}=650mA,I_{C0}=1mA$)。

数据:$V_{CC}=10V,\beta=100,V_{CE_{sat}}=0.1V,R_E=1k\Omega$。

解 42:通过分析图 5.7 分析,发现底部的直流电压为

$$V_B=V_{RE}+V_{BE}=R_EI_E+V_{BE}=R_E\frac{\beta+1}{\beta}I_C+V_{BE}$$

$$=1k\Omega\frac{100+1}{100}\times1mA+650mV=1.660V$$

生成 V_B 所需的分压器可由式(5.2)计算得到

$$\frac{R_1}{R_2}=\frac{10V}{1.660V}-1=5.024\approx5$$

为了最小化 β 变化的影响,我们按式(5.10)和 $R_{Th}=R_1\parallel R_2$,得出

$$\frac{R_{Th}}{\beta}\ll R_E\Rightarrow\frac{R_1\parallel R_2}{\beta}\ll R_E\Rightarrow\frac{R_1R_2}{R_1+R_2}\ll\beta R_E$$

这就得到了下面的方程组:

$$R_1=5R_2,\frac{R_1R_2}{R_1+R_2}\ll100k\Omega\Rightarrow R_2\ll\frac{6}{5}100k\Omega$$

根据经验法则,更大的是十倍或更多,选择一个标准值 $R_2=10k\Omega$,这促使 $R_1=50k\Omega$ 这两个值使 $R_{Th}=8.33k\Omega$,代入式(5.8)后,得到灵敏度为

$$S_\beta^{I_{C0}}=\frac{\frac{R_{Th}}{\beta}+\frac{R_E}{\beta}}{\frac{R_{Th}}{\beta}+\frac{(\beta+1)}{\beta}R_E}=\frac{\frac{8.33k\Omega}{100}+\frac{1k\Omega}{100}}{\frac{8.33k\Omega}{100}+\frac{(100+1)}{100}1k\Omega}=85.3\times10^{-3}\approx9\%$$

也就是说,集电极电流的变化几乎比 β 因子的变化低十倍,其有效性见式(5.8)和式(5.9)。

R_E 的引入,依赖于发射极电流,引入了 V_E 电压过高的可能性,违反了最小 $V_{CEmin}=0.1V$ 的条件。我们有这种可能性

$$V_{CC}=V_E+V_{CE}\Rightarrow V_{CE}\approx V_{CC}-R_EI_C=10V-1k\Omega\times1mA=9V>0.1V$$

并确认晶体管仍在恒流模式下工作。

例 43:偏置电路－I_{c0}与温度依赖关系

使用典型的 BJT 晶体管偏置电路如图 5.4,然后其“退化发射极”版本如图 5.7 所示,设置两个偏置电流 $I_{C0}=1mA$。通过 SPICE 模拟比较了两种集电极电流对温度的依赖性。使用标准工业温度范围区间,即(－40℃,+80℃)。然后与 $I_{C0}=5mA$ 的情况进行比较。

解 43:SPICE 模拟证明了无论有无发射极电阻两种基本关系式(4.31)和

式(4.35)对两个集电极电流值的影响。

将 R_E 与发射极电阻 r_e 串联，可以发现在室温下，两个偏置电流在 $I_C \approx I_{C0} \pm 200\mu A$ 时，集电极电流呈适度线性变化，而不是指数关系，如图 5.8(a)所示。

此外，较大的 R_E 是有益的，因为近似 $R_E + r_e \approx R_E = f(T)$ 更好，如图 5.8(b)所示。在这里，“更好”意味着更高的输出电阻，即更好的电流源。

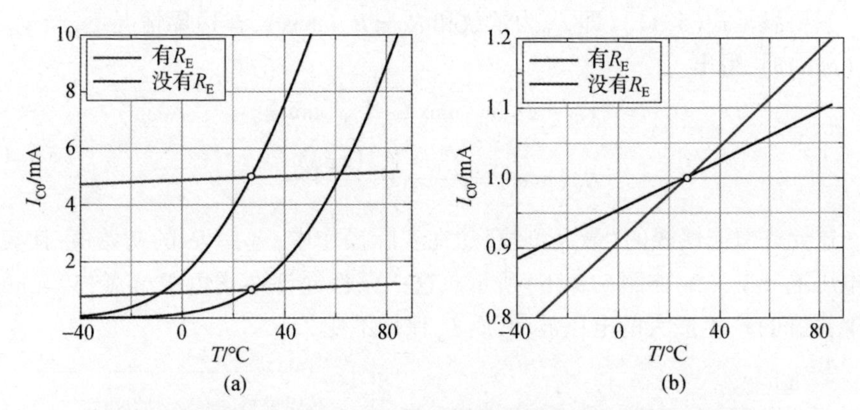

图 5.8　有和没有发射极电阻时 I_D 的温度依赖性(例 43)(见彩图)

此示例说明了在设计过程中可能出现的多种折衷和权衡。如果最终应用需要更严格的电压依赖性，则必须使用更复杂的温度补偿技术。

再次，集电极电流随着温度的增加而增加，这与式(4.31)所推论相反。这一趋势是由于 I_s 电流对温度有很强的依赖性。

5.4　集电极电阻 R_C

到目前为止，在我们对偏置电路的讨论中，忽略了集电极电阻(又称“负载”)R_C，因为偏置电流是由输入侧电阻网络设置的，并且有很宽的 V_{CE} 电压范围可用。因此，通过设置负载电阻 $R_C = 0$，我们计算出 $V_{CE} \geqslant V_{CE}(\min)$ 条件下的偏置点(I_{C0}, V_{BE0})。然后，理想情况下，集电极电流在更宽的 V_{CE} 范围内是恒定的，包括 $V_{CE} = V_{CC}$，如图 5.9 所示。

现在讨论使 BJT 进入恒流模式的第二个条件(第一个条件是 $V_{BE} \geqslant V_t$，如图 4.12 所示)，即

$$V_{CE} \geqslant V_{CE}(\min) \tag{5.11}$$

式中：$V_{CE}(\min)$ 为晶体管的工艺参数。

在背对背二极管模型中，如图 5.2 所示，如果式(5.11)不满足，集电极基极二极管开始导通，晶体管越过恒流模式边缘，进入线性区域工作模式，即 $V_{CE} \leqslant$

$V_{CE}(\min)$,如图5.9所示。

因此,由图5.9的电压–电流特性可知,负载电阻可以在 $R_C(\max) \geqslant R_C \geqslant 0$ 区间内取值。我们发现 $R_C(\max)$ 定义了线性区域的边缘,并且仍然允许恒流工作模式。通过分析图5.9(a)得

$$V_{CC} = V_{R_C} + V_{CE} = I_{RC}R_C + V_{CE} = I_{C0}R_C + V_{CE} \tag{5.12}$$

只要满足式(5.11),即 I_{C0} 为常数和 $R_C < R_C(\max)$,在边界情况下,当 $V_{CE} = V_{CE}(\min)$ 时,得出

$$V_{CC} = I_{C0}R_C(\max) + V_{CE}(\min)$$
$$R_C(\max) = \frac{V_{CC} - V_{CE}(\min)}{I_{C0}} \tag{5.13}$$

这允许恒流模式的"最大负载"。在实际操作中,选择 R_C 的初始值,使集电极电压 $V_C \approx V_{CC}/2$,如图5.9(b)所示。这一条件允许在集电极节点($V_{CE}(\min)$ 和 V_{CC} 之间)产生最大的电压波动,而 I_{C0} 保持不变。

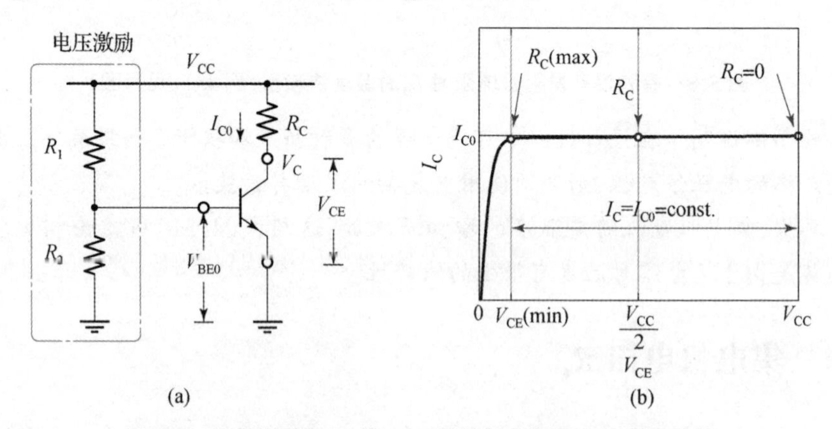

图5.9　带有偏置和 R_C 的BJT晶体管和恒集电极电流特性

例44:偏置电路–$R_C(\max)$ 计算

设图5.9中晶体管的偏置电流为 $I_{C0} = 1\text{mA}$,设 $V_{CC} = 10\text{V}$,$V_{CE}(\min) = 0.1\text{V}$,求出电阻 R_C 的取值范围。

解决44:直接实现式(5.13)给出最大 R_C 为

$$R_C(\max) = \frac{V_{CC} - V_{CE_{sat}}}{I_{C0}} = \frac{10\text{V} - 0.1\text{V}}{1\text{mA}} = 9.9\text{k}\Omega$$

因此,负载电阻必须为 $0 \leqslant R_C \leqslant 9.9\text{k}\Omega$,如前所述"最优"负载可在 $V_{CE} = V_{CC}/2$ 时计算,即

$$R_C = \frac{V_{CC} - V_{CC}/2}{I_{C0}} = \frac{10\text{V} - 5\text{V}}{1\text{mA}} = 5\text{k}\Omega$$

R_C值设置集电极节点的直流电压为 $V_C = V_{CC}/2$,允许正弦输出电压有最大可能的振幅上下摆动,而晶体管仍然处于恒流模式。

5.5 BJT 偏置

无论使用什么类型的晶体管,偏置电压的极化必须遵循相同的规则:在 BJT 晶体管的情况下,基极 - 发射极二极管必须导通(正向偏置),同时集电极 - 基极二极管必须关闭(反向偏置)。此外,集电极 - 发射极电压必须保持在最小 V_{CE}(min)电压以上,如图 5.9 所示。对于 FET 晶体管,栅源电压、漏源电压和漏源电压的等效关系是必需的。通过提供这些偏置条件,我们将晶体管设置为恒流工作模式。最后要注意的一点是,NPN 和 NFET 器件的偏置电压的极性与 PNP 和 PMOS 器件所需的极性相反。观察偏置电压方向的一种实用方法是 N 型器件用地作为参考,P 型器件用正电源 V_{CC}作为参考电平。

5.5.1 单 N 型晶体管放大器的偏置设置

虽然可以在文献中找到更完整和先进的偏置技术的细节,但是迄今为止所提出的技术均为必不可少的。同样,本书只使用基于晶体管的恒流模式电路。现代和更先进的低功耗 IC 模拟设计技术是高级课程的内容。

随着负载电阻 R_C的引入,我们完成了单个晶体管的基本设置,如图 5.10 所示。请注意,虽然显示了分压器偏置技术,但当 R_2被移除时,这个偏置设置变为基电流偏置技术。图 5.10(b)中的电路是静态的,即没有“信号”注入到三个晶体管端子中的任何一个。也就是说,在我们决定哪一端是“输入”,哪一端是“输出”之前,不存在“放大器”。

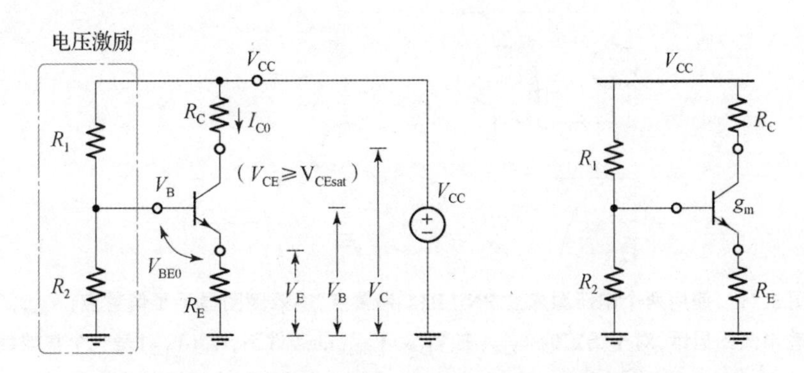

图 5.10　基于分压器的 NPN BJT 偏置装置的完整静态示意图

例 45:偏置电路 – R_C(max)计算

假设图 5.10 中晶体管的偏置设置与例 44 相同,加入 $R_E = 1\text{k}\Omega$,计算出电阻 R_C的最大值。

解 45:R_C的加入并不影响例 44 中已经完成的偏置点计算,但这次我们将集电极 – 发射极支路中的电压方程写成

$$V_{CC} = V_{R_C} + V_{CE} + V_{R_E} \approx R_C I_C + V_{CE} + R_E I_C \Rightarrow R_C \approx \frac{V_{CC} - V_{CE} - R_E I_C}{I_C}$$

$$R_C(\max) = \frac{V_{CC} - V_{CE}(\min) - R_E I_C}{I_C} = \frac{10\text{V} - 0.1\text{V} - 1\text{k}\Omega \times 1\text{mA}}{1\text{mA}} = 8.9\text{k}\Omega$$

这将导致集电极电压为

$$V_C = V_{CC} - V_{R_C} = V_{CC} - R_C I_C = 10\text{V} - 8.9\text{k}\Omega \times 1\text{mA} = 1.1\text{V}$$

当 $V_{C0} = (10\text{V} - 1.1\text{V})/2 = 5.55\text{V}$ 时,允许最大信号摆幅(或振幅)的平均集电极电压在 1.1 ~ 10V 之间。这个设置要求“最优”负载电阻设置为

$$R_C = (10\text{V} - 5.55\text{V})/1\text{mA} = 4.45\text{k}\Omega$$

5.5.2 PNP 型晶体管的偏置

为了完整起见,简要地介绍 P 型(PNP BJT 或 PMOS)晶体管所使用的与 N 型器件所使用的对称的偏置模式。图 5.11 显示了 P 型设备所需的双电压源偏置设置。注意到,尽管图形形式相同,电流和电压的方向相对于 N 型器件是负的。这一事实也反映在所用的符号上,如 V_{EB}代替 V_{BE}和 $V_{EB} = -V_{BE}$。一种简便的分析 P 型器件原理的方法是用电源电压电平作为参考,而不是通常使用的地电平。通过这样做,P 型器件的机理看起来就像是 N 型器件机理的镜像版本。因此,网络方程相对于各自的正负号也是对称的。

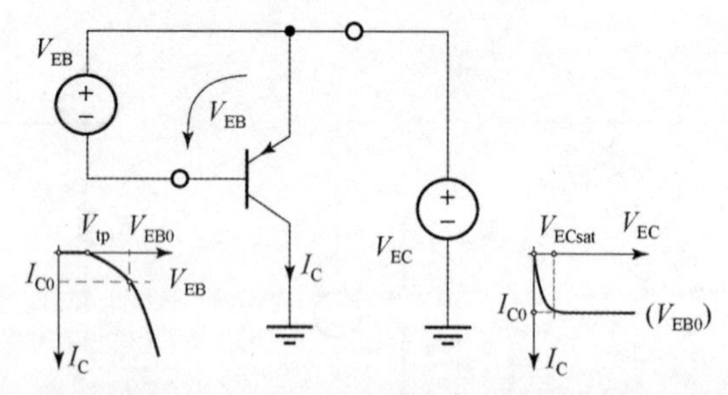

图 5.11　使用两个电压源建立 PNP BJT 偏置点,输入侧图显示了偏置点(V_{EB0},I_{C0})的位置,输出侧图显示,对于给定的 V_{EB0},在 $V_{EC} \geqslant V_{ECsat}$的条件下,$I_{C0}(V_{EC})$是一个常数函数。

按照这一思路,应用分压器和基极电流偏置技术,可现获得如图 5.12 所示的电路。注意到基极电流现在通过 R_{BB}电阻指向地节点。

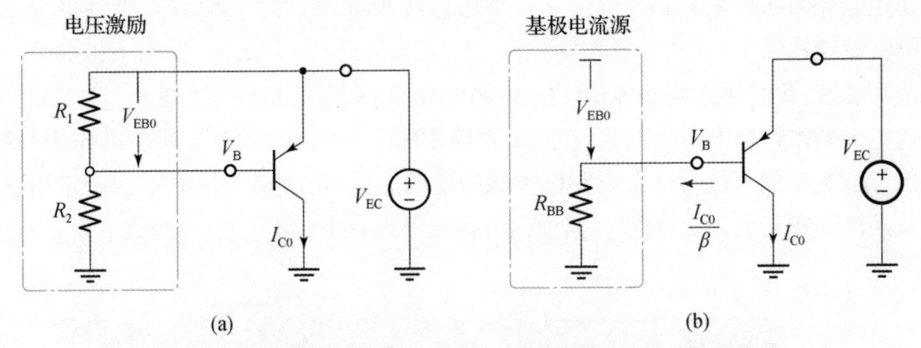

图 5.12　采用分压器和基极电流技术偏置的 PNP BJT 晶体管

例 46：偏置电路 – PNP BJT 偏置

参考图 5.12(a)，设计分压器基准使得 $V_{EB0}=650\text{mA}$，$V_{EC}=10\text{V}$。然后，参照图 5.12(b)，在 PNP 晶体管 $\beta=100$ 的情况下，设计基极电流参考实现偏置点(650mA,1mA)。

解 46：通过分析，在忽略基极电流后得出

$$V_{EC}-V_{EB0}=V_{R_2}=\frac{V_{EC}}{R_1+R_2}R_2=V_{EC}\frac{1}{\dfrac{R_1}{R_2}+1}$$

$$\frac{R_1}{R_2}=\frac{V_{EC}}{V_{EC}-V_{EB0}}-1=\frac{V_{EC}-V_{EC}+V_{EB0}}{V_{EC}-V_{EB0}}$$

$$\frac{R_1}{R_2}=\frac{V_{EC}-V_{EB0}}{V_{EB0}}=\frac{10\text{V}-0.650\text{V}}{0.650\text{V}}=14.385$$

因为没有额外的约束，选择 $R_1=1\text{k}\Omega$，这使得 $R_2=14.385\text{k}\Omega$。由此，分压器产生 $V_{EB0}=650\text{mV}$，$V_B=9.35\text{V}$。

通过分析图 5.12(b)得出

$$I_{R_{BB}}=I_B=\frac{I_{C0}}{\beta}=\frac{V_B}{R_{BB}}=\frac{V_{EC}-V_{EB0}}{R_{BB}}$$

$$R_{BB}=\beta\frac{V_{EC}-V_{EB0}}{I_{C0}}=100\frac{10\text{V}-0.650\text{V}}{1\text{mA}}=935\text{k}\Omega$$

设 $V_B=9.35\text{V}$，即 $V_{EB0}=650\text{mV}$。在例 37 中，我们注意到该电路相对于 N 型电路具有一定对称性。

5.5.3　单 P 型晶体管放大器的偏置设置

随着负载电阻的引入，已经设计了单个晶体管的基本实用偏置电路，如图 5.13 所示。三个晶体管端子之间的相对电压水平如图 5.13(a)所示，等效的

实用原理图如图5.13(b)所示。由分压器技术可知,当R_2被去除,它变形为基电流偏置技术。

最后,我们注意到图5.13(b)中的电路是静态的,即没有"信号"注入到任何一个晶体管端子中。因此,在定义电路中哪一端作为"输入",哪一端作为"输出"之前,我们不能对这个电路做更多的说明。此时,电路传递的唯一确定信息是晶体管在某个g_m点偏置。其他内容将在第6章中讨论。

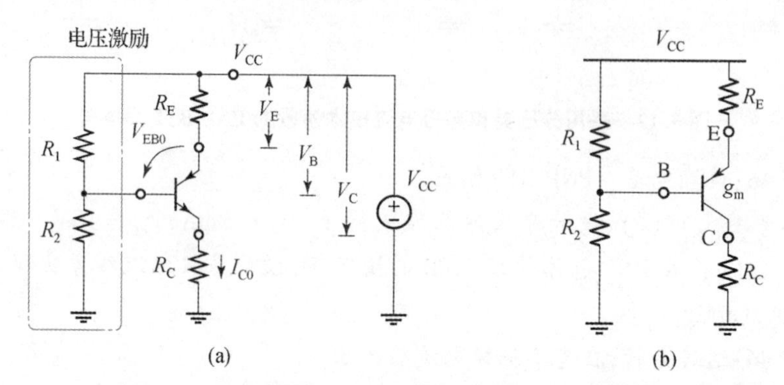

图5.13　完成的基于分压器的PNP BJT偏置电路的静态示意图(包括负载电阻R_C)

5.6　总结

设置有源器件(二极管、BJT或FET)的直流工作点是电路设计的第一步,这本身就决定了它们各自的增益。随后的交流信号分析通过省略直流偏置电路的细节而简化,而保留有源器件的g_m值。此外,在第一个近似中,BJT器件要么被视为电流放大器,其中电流增益为β;要么被视为g_m放大器,其中u_{BE}是输入变量,i_C是输出变量。相应地,BJT偏置在电压-电流配置中实现g_m放大,或在电流-电流模式中实现电流放大。另一方面,MOS器件只能设置在电压-电流配置中实现g_m放大。

顺便说一下,基极-发射极电压V_{BE}仍然取决于温度,即$V_{BE}=f(T)$。因此,在高精度应用中,采用一些温度补偿技术来进一步稳定偏置点,而在第一次近似中,所有电路都假定在"室温"下工作。

问题

5.1　对于单个NPN BJT晶体管,画出符号,并指出三个终端的电位,即V_C、V_B和V_E,以及它们的关系,假设晶体管是打开的,即它工作在正向有源区。使用PNP BJT晶体管重复练习。

5.2　如果 BJT 晶体管的 V_{BE} 电压改变了 18mA，用 dB 表示的 I_C 的变化是什么？如果 V_{BE} 变化 60mv 会怎样？（注：$V_T = kT/q = 25mA$）

5.3　通过观察 BJT 发射极看到的电阻是 $R_{out} = 100\Omega$，电阻观察到的基极是 $R_{in} = 100k\Omega$，对于 $\beta = 99$，计算基极 - 发射极节点的总电阻 R_B 和 R_E。

5.4　给定简单 CE 放大器，电阻负载 R_C，在（1）$V_{out} = 7.5V$；（2）$V_{out} = 5V$；（3）$V_{out} = 0.2V$ 时，估计其电压增益。对计算结果进行评论。

数据：$V_{CC} = 10V$，$R_C = 5.1k\Omega$，$V_T = 25mA$。

5.5　假设中的 BJT 为恒流工作模式，估计图 5.14（1）电路的电压增益 A_V，增益用[dB]表示。

数据：$R_C = 10k\Omega$，$C_E = 0F$，$R_E = 1k\Omega$

5.6　计算图 5.14（a）中电路的电压增益。估计电压增益 A_V：（1）$C_E = 1.6pF$；（2）$C_E = 160nF$；（3）$C_E \to \infty$。与第 5.5 题中计算的增益相比，增益差异有多大？对计算结果进行分析。

数据：$f = 10MHz$，$T = 25℃$，$R_C = 10k\Omega$，$R_E = 1k\Omega$，$I_S = 100fA$，$V_{BE} = 650.6mV$。

5.7　如图 5.14（b），理想信号发生器通过电容 C 连接到 CE 放大器的输入端。假设电压增益大，忽略基电流，估计该 CE 放大器应使用的频率范围。

数据：$C = 1\mu F$，$R_1 = 2k\Omega$，$R_2 = 2k\Omega$

5.8　进一步计算问题 5.6，估计米勒电容 C_M。

数据：$C_{CB} = pF \Rightarrow C_{CB} = 1pF$。

5.9　在放大器（图 5.14（b））中，电阻 R_1 和 R_2 构成 Q_1 基分压器，应使其电流为 $I_{R_{1,2}} = 1/10 I_E$（在此计算中仅忽略基电流），$V_B = 1/3 V_{CC}$。在室温下，信号源电阻为 R_{sig} 时，估计基电压 V_B、R_1、R_2、R_E、I_C、g_m、r_e、R_C 和放大器在基节点的输入电阻。

数据：$A_V = -8$，$V_{CC} = 9V$，$I_E = 2mA$，$\beta = 100$，$V_{BE} = 0.7V$，$R_{sig} = 10k\Omega$，$C = C_E = \infty$。

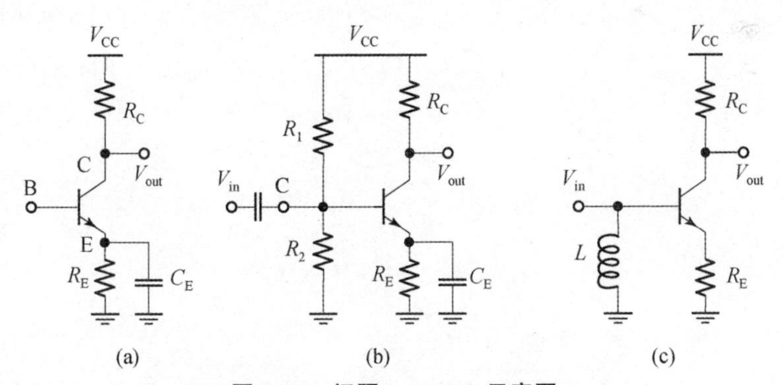

图 5.14　问题 5.5 ~ 5.9 示意图

5.10　给定数据，说明必要的假设并估算图 5.14（c）中 CE 放大器应使用的频率范围。如果电流增益 β 不是无限的，结果会是什么？

数据：$\beta \to \infty$，$L = 2.533\mu H$，$R_C = 9.9k\Omega$，$R_E = 100\Omega$，$C_{CB} = 1pF$

5.11　对于放大器，图 5.15（a）为使输入级接收信号频率为 f_0 的电感 L 的估定值。假定基电流为零。

数据:$A_V = -99$, $C = 1pF$, $f_0 = 15.915MHz$

5.12 图 5.15(b)所示电路为共基放大器。假设 $\beta \gg 1$,估计:(1)集电极直流电压;(2)$g_m(Q_1)$;(3)交流电压增益,$A_V = v_C/v_i$。

数据:$\beta = \infty$, $V_T = 25mV$, $R_C = 7.5k\Omega$, $I = 0.5mA$, $C = \infty$, $V_{CC} = 5V$

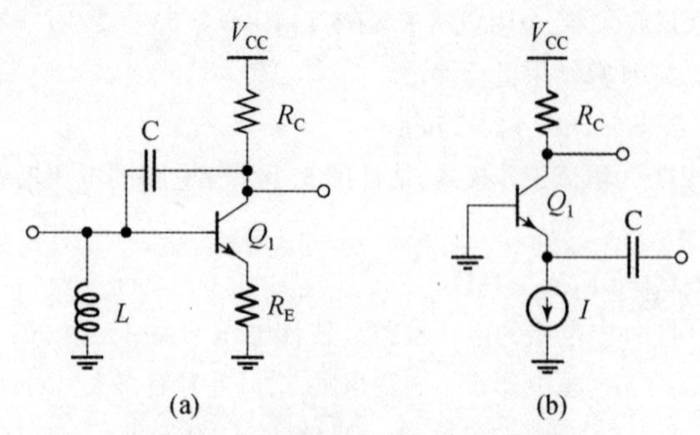

图 5.15　问题 5.11 和 5.12 示意图

第6章

基本放大电路

微弱的射频(RF)信号到达天线后,通过无源匹配网络将其传输到射频放大器的输入端,为了实现最大功率传输,调整阻抗使接收信号通过的天线的阻抗与射频放大器的输入阻抗相匹配,射频放大器提高接收信号的功率并且为接收的信号进一步处理做好准备。本章的第一部分将回顾线性基带放大器的基本原理和常见的电路拓扑结构;本章的第二部分,介绍射频和中频放大器。除了工作频率不同外,射频和中频放大器在所有的实际用途中原理图没有太大的差别。本书中除非要将这两个部分具体分开,否则对于所有的调谐放大器都称为射频放大器。

6.1 放大器

针对线性基带放大器,本书引入一种粗略的电路分析方法,其目的是培养电路直觉,并且采用快速的方法进行电路分析。尽管“估算法”相比于以往的方法更多地是基于非常粗糙的近似,并且由此得出的结论有时仅会是数量级的“正确”数值解,但它的有用之处在于使电路设计者能够专注于电路工作的基本原理,而不是精细而晦涩的数值细节。因此,得出正确结论所花费的时间往往以秒为单位来衡量。通过练习快速电路分析方法,设计人员最终培养出对电路基本原理的直觉以及发现潜在问题、电路限制或改进的能力。事实上,计算机和模拟器仍然不能直接提供解决问题和改进现有的解决问题的方案,在人类到达智能机器时代之前,大脑仍然是所拥有的唯一能够进行创造性推理的工具。

此外,电路的内部状态在时域和频域中都在不断变化,所谓“正确”答案的概念往往是模糊的。即使在信号处理工作完成之前,电路的内部电压和电流已经发生了多次变化。因此“哪一个是‘正确的’状态?”是一个重要的问题,答案就是“所有的这些状态都是正确状态,但状态是随时间实时变化的”,这就是数值模拟器重要的作用。它使设计人员能够观察到电路不断变化的内部状态,而这是手动分析无法做到的。

6.1.1 放大器的分类

工程中通常根据放大器输入和输出信号的性质进行简单的分类。在电子电路的世界中,信号以电压或电流的形式出现,两者并非可以随意分离的两个独立变量。相反,它们是相同现象的两种表示,即电荷载流子在时间和空间中的位置。在最高级别抽象中,电压和电流关系由麦克斯韦方程描述,其中还包括电荷所在的介质。基尔霍夫定律和欧姆定律只是麦克斯韦方程在被测信号波长 λ 远大于它需要传播的距离 d(即 $\lambda \gg d$)假设下的低频近似。

自然的,经常被问到的问题是"那么,如何决定是使用电压信号还是电流信号呢?"。事实上,确定以电压还是以电流的形式处理信号本身就是一个难题,因为除了在纯粹抽象的数学世界中,没有纯粹的"电压放大器"或纯粹的"电流放大器"之类的东西,或者任何其他"纯"信号处理电路。相反,根据两个主要电路特性,即输入和输出阻抗,将电路功能近似为"电压放大器"或"电流放大器"。

从纯数学的角度来看,理想线性放大器的函数为

$$y(x(t)) = Kx(t) \tag{6.1}$$

式中 $x(t)$——放大器输入端的时间相关信号变量;

$y(x(t))$——放大器输出端的时间相关变量;

K——变量 $x(t)$ 与 $y(t)$ 之间的乘法因子,称为增益。

严格来说,尽管"增益"这个词意味着大于 1 的数字,但增益 K 可以取任何值,即 $-\infty \ll K \ll \infty$。负增益表示变量 x 和 y 具有相反的相位,而它们的幅度关系仍然由 K 的绝对值决定;而增益小于 1,即 $y < x$,或称为损耗。但术语增益假设"增益"和"损耗"都为增益。此外,在式(6.1)中,假设 K 为常数,这表示 $y = x(t)$ 在理想情况下是线性函数。

在现实的物质世界中,两个抽象变量(x, y)被赋予了物理意义。电子放大器有输入端和输出端两组端子,能够接受两种形式的信号,即电压和电流,因此只有四种可能的放大器形式。

(1)电压放大器:如果一个电路的输入端的电压信号 u_{in} 在其输出端产生成比例的电压信号 u_{out},从而 $u_{out} = A_v u_{in}$,则该电路被归类为"电压放大器",其中倍增常数 A_V 称为电压增益,单位为 V/V(或 dB)。

(2)电流放大器:如果一个电路的输入端的电流信号 i_{in} 在其输出端产生成比例的电流信号 i_{out},从而 $i_{out} = A_i i_{in}$,则电路被归类为"电流放大器",其中倍增常数 A_i 称为电流增益,单位为 A/A(或 dB)。

(3)跨导放大器:如果一个电路在其输入端的电压信号 u_{in} 在其输出端引起成比例的电流信号 i_{out},从而 $i_{out} = G_m u_{in}$,则该电路被归类为"跨导(G_m)放大器",其

中倍增常数 G_m 被称为以 S 为单位的电压电流增益（“西门子”，$S = A/V = 1/\Omega$）。公认的惯例是使用大写字母 G_m 表示电路的跨导，例如放大器；小写字母 g_m 表示单个器件的跨导，例如 BJT 晶体管。

（4）跨阻放大器：如果一个电路的输入端的电流信号 i_{in} 在其输出端产生成比例的电压信号 u_{out}，从而 $u_{out} = A_R i_{in}$，则电路被归类为“跨阻放大器”，其中倍增常数 A_R 称为电流电压增益，单位为 Ω（“欧姆”，$\Omega = V/A$）。跨阻放大器的一个例子是线性电阻，$u_R = Ri_R$。

通过组合这四种可能的理想放大功能，能够综合和分析任何复杂的多级放大电路，优化这些电路可以处理电压或电流形式的信号，或者甚至在整个过程中不断的切换信号的形式。作为从理想放大器的理想数学概念过渡到现实世界的第一步，对于四个理想放大器中的每一个，需要仔细研究它们与信号源和后续加载电路接口的特征和结果。

6.1.2　电压放大器

理想电压放大器如图 6.1(a) 所示，确切的描述了式(6.1)的实现过程，它是基于电压增益为 A_V 的理想压控电压源（VCVS）建立的模型①。

理想电压放大器的特性：从理想电压放大器模型的左侧开始，在放大器外部的输入端子上出现的任何电压 u_{in} 都会立即传输到放大器内部，而没有任何损耗或变化。这是因为理想电压放大器的输入阻抗 Z_i 无穷大相当于开路连接，输入电流为零。即理想电压放大器的输入阻抗为 $Z_i = \infty$，输入电流为 $i_{in} = u_{in}/Z_i = u_{in}/\infty = 0$。

在理想电压放大器图形的右侧，输出电压 u_{out} 由内部 VCVS 产生，该 VCVS 获取在放大器的内部节点处的输入电压值 u_{in}，并且将其与乘法常数 A_V 相乘后传递给输出节点。由于理想电压源的内部阻抗为零，请参见第 2.2.3 节图 6.1(a)中的理想电压放大器的输出阻抗也必须为零，即 $Z_o = 0\Omega$（从理想电压放大器的输出端子看进去，VCVS 是唯一连接的元件）。

因此，一个可归类为“电压放大器”的元件或电路必须尽可能接近理想模型，如图 6.1(a)所示。衡量一个元件或者电路是否为“电压放大器”的标准如下：

（1）输入阻抗 Z_i 必须非常高，理想情况下为无穷大；

（2）输出阻抗 Z_o 必须非常低，理想情况下为零；

（3）电压增益 A_V 必须是唯一定义且恒定的。

---

① 受控源通常由菱形符号表示，而不是圆形符号。

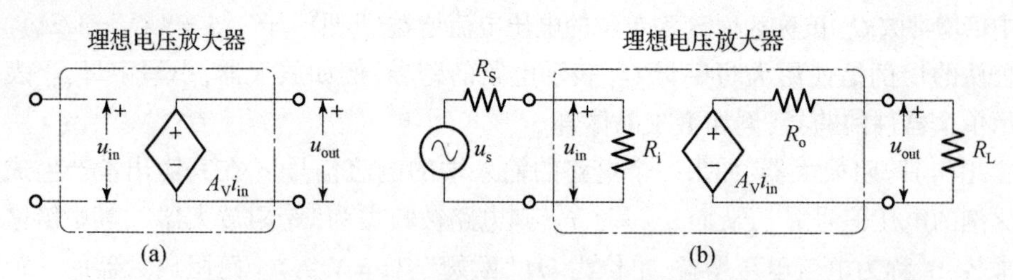

图 6.1　理想电压放大器及与输入信号源和输出负载相连的实际电压放大器

工程上,放大器的输入电阻由电阻 R_i 替代;输出侧的显示的 VCVS 内部电阻为 R_o。同样的,输入信号源模型(即驱动器)由与非零电阻 $R_S>0$ 串联的理想电压源 u_S 所组成。放大器输出信号 u_{out} 的负载仅由其输入阻抗决定,通常用一个简单的负载电阻 R_L 建模来代替。

在放大器的输入端,可视为一个由电压源 u_S、电阻 R_S 和放大器的输入电阻 R_i 组成的分压器。因此,传输到放大器内部节点源信号 u_S 的部分信号 u_{in}(并随后乘以增益 A_V)的计算为

$$u_{in}=i_{in}R_i=\frac{u_S}{R_S+R_i}R_i \Rightarrow A'_V=\frac{u_{in}}{u_S}=\frac{R_i}{R_S+R_i}=\frac{1}{\frac{R_S}{R_i}+1} \tag{6.2}$$

式中:A'_V是输入侧分压器本身的电压增益(显然小于 1)。为了有效地将源电压信号无衰减地传输到放大器中,应该使分压器的这种衰减效应最小化。

对于无源元件,期望的理论最大值是将源信号全部电平 u_s 转移到放大器的内部,即达到 $u_{in}=u_S$(或等价地,$A'_V=1$)。通过分析式(6.2),发现可以使 $u_{in}=u_S$ 的两种可能性,第一种是

$$\lim_{R_S\to 0} A'_V=\frac{1}{\frac{R_S}{R_i}+1}=1 \tag{6.3}$$

即对应理想源信号发生器的情况(即信号源阻抗 $R_s=0$)。

第二种为

$$\lim_{R_i\to \infty} A'_V=\frac{1}{\frac{R_S}{R_i}+1}=1 \tag{6.4}$$

即对应理想电压放大器的情况(即输入阻抗 $R_i=\infty$).

实际上,源端理想电压传输的两个条件式(6.3)和式(6.4)可以完美的结合在一起,即电压放大器必须具有相对于信号源阻抗 R_S 较大的输入阻抗 R_i,即

$$R_i \gg R_S \tag{6.5}$$

一种重要的情况是匹配阻抗 $R_i=R_S$ 导致 A'_V电压增益等于 1/2,这意味着只

有一半的输入电压通过匹配网络传输。换句话说，由于 $P=f(V^2)$ 关系，仅传输四分之一的输入信号功率。

同样，输出分压器由放大器的输出阻抗 R_o 和负载阻抗 R_L 组成。因此，可以得出

$$u_{out}=i_{out}R_L=\frac{A_V u_{in}}{R_o+R_L}R_L$$

$$A''_V=\frac{u_{out}}{u_{in}}=A_V\,\frac{R_L}{R_o+R_L}=A_V\,\frac{1}{\dfrac{R_o}{R_L}+1} \tag{6.6}$$

式中：A''_V 是输出侧分压器的电压增益。同样，负载侧的非零阻抗与放大器的输出电阻会产生电阻分压器，这会导致输出信号 u_o 在其到达负载端的途中按比例减少。

通过分析式(6.6)发现两个条件可以使 $u_{out}=A_V u_{in}$，第一个是

$$\lim_{R_o\to 0}A''_V=A_V\,\frac{1}{\dfrac{R_o}{R_L}+1}=A_V \tag{6.7}$$

即对应输出阻抗 R_o 为零的情况。

第二个是

$$\lim_{R_L\to\infty}A''_V=A_V\,\frac{1}{\dfrac{R_o}{\infty}+1}=A_V \tag{6.8}$$

即对应放大器连接到无限大负载阻抗的情况。这种情况的物理解释是放大器与负载断开连接，它被称为只有在理论上才可能实现的“无负载增益”。

通过说明电压放大器必须具有相对于负载阻抗 R_L 小得多的输出阻抗 R_o，可以将在负载端式(6.7)和式(6.8)处能够实现完美电压转移的两个条件组合在一起，即

$$R_L \gg R_o \tag{6.9}$$

在 $R_i\to\infty$ 和 $R_o\to 0$ 的条件下，实际电压放大器模型图(图6.1(b))简化为理想电压放大器模型图(图6.1(a))。理解实际电压放大器的另一种方法是将条件式(6.2)和式(6.6)放在一起。然后，找到实际信号源、实际放大器和实际负载的总增益，就好像两个增益 A'_V 和 A''_V 相乘一样。因此，从信号源到负载端的总增益 A_V 为

$$A_V=\frac{u_{out}}{u_S}=A'_V A''_V=\underbrace{\frac{R_i}{R_S+R_i}}_{<1}\times\underbrace{A_V}_{\text{电压增益}}\times\underbrace{\frac{R_L}{R_o+R_L}}_{<1} \tag{6.10}$$

(6.10)式清楚地显示了三个部分对实际放大器的总增益的贡献，这就是在

快速评估中使用的估算法。第一部分和第三部分表示由于输入和输出端分压器引起的衰减,每一项都小于1。第二部分是唯一可能大于1的部分,它表示在输入和输出接口零损耗的理想条件下可以实现的最大可能电压增益。

6.1.3 电流放大器

理想电流放大器的模型图如图6.2(a)所示,展示了式(6.1)的实际实现过程,它是基于增益为A_i的理想电流控制电流源(CCCS)的。

需要注意的理想电流放大器的重要特性如下:从理想电流放大器模型的左侧开始,出现在放大器外部输入端子上的任何输入电流i_{in}都会立即传输到放大器内部,而不会造成任何损耗或变化。这是因为理想电流放大器的输入阻抗Z_i相当于短接,即理想电流放大器的输入阻抗为$Z_i = 0\Omega$,即输入电压为$u_{in} = i_{in}$、$Z_i = i_{in} \times 0 = 0$。

在理想电流放大器模型的右侧,输出电流i_{out}由CCCS生成,CCCS仅取放大器内部支路所见的输入电流i_{in}的值,并将其与乘法常数A_i相乘,然后再输出到输出节点。因为理想电流源的内阻是无限的(参见第2.2.4节),所以理想电流放大器的输出电阻也是无限的,即输出端$R_o = \infty$(CCCS是唯一连接的元件,其阻抗是无限的)。

总的来说,能够被称为“电流放大器”的元件或电路必须尽可能接近理想的电流放大器模型,如图6.2(a)所示。评价元件或电路是否为“电流放大器”的标准是:

(1)输入阻抗R_i必须为零;

(2)输出阻抗R_o必须为无穷大;

(3)电流增益A_i必须唯一定义且恒定。

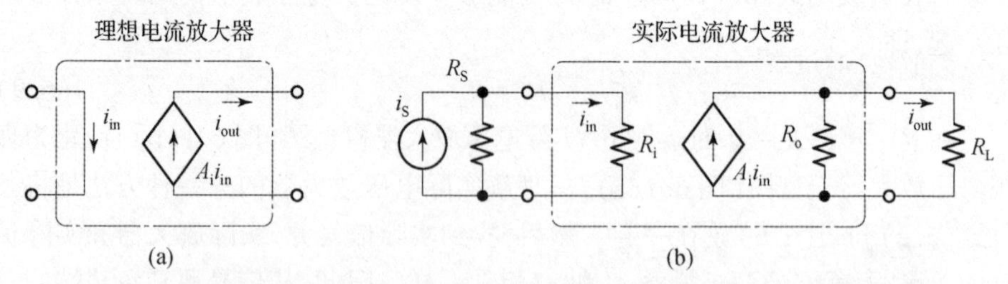

图6.2 理想电流放大器及与输入信号源和输出负载相连的实际电流放大器。

按照与6.1.2节相同的分析步骤,推导出将源电流信号i_s有效地传输到进入负载的输出电流i_{out}所需的条件。实际的电流源是使用其等效的诺顿模型来建模的,因此并联电阻R_S和R_o,如图6.2(b)所示。同时,将负载阶段的模型用

R_L 所代替。

与使用分压器模型分析的电压放大器电路网络不同,分流器是在由实际电流源驱动的实际电流放大器的输入端创建的,如图 6.2(b)所示,其中非零输入电压 u_{in} 在 $R_i \parallel R_s$ 上产生。因此,在输入端接口上,能够得出

$$i_S = \frac{u_{in}}{R_i \parallel R_S} = \frac{R_S + R_i}{R_S}\frac{u_{in}}{R_i} = \frac{R_S + R_i}{R_S} i_{in} \Rightarrow A_i' = \frac{i_{in}}{i_S} = \frac{R_S}{R_S + R_i} = \frac{1}{1 + \frac{R_i}{R_S}} \tag{6.11}$$

式中:A_i'是输入侧分流器的电流增益。

信号源输入端的非零阻抗会产生电阻分流器,这会导致电流信号 i_s 在到达放大器内部节点的途中按比例减少。

最小电流信号损耗转化条件为 $i_{in} = i_S$(或等效地,$A_i' = 1$)。通过观察式(6.11)发现两个条件会使通过输入侧放大器端子的电流无损耗传输,第一个是

$$\lim_{R_i \to 0} A_V' = \frac{1}{1 + \frac{R_i}{R_S}} = 1 \tag{6.12}$$

即对应输入电阻 R_i 为零的情况。

第二个条件是

$$\lim_{R_S \to \infty} A_i' = \frac{1}{1 + \frac{R_i}{R_S}} = 1 \tag{6.13}$$

即对应理想电流源的情况(即输出阻抗为 $R_S = \infty$的电流源)。

通过说明电流放大器必须具有相对于信号源阻抗较小的输入阻抗,可以将在信号源侧的式(6.12)和式(6.13)两个实现电流完美传输的条件组合在一起,即

$$R_i \ll R_S \tag{6.14}$$

类似地,通过观察电流放大器的输出端,如图 6.2(b),可以得出

$$i_{out} = \frac{R_o}{R_o + R_L} A_i i_{in} \Rightarrow A_i'' = \frac{i_{out}}{i_{in}} = A_i \frac{R_o}{R_o + R_L} = A_i \frac{1}{1 + \frac{R_L}{R_o}} \tag{6.15}$$

式中:A_i''是输出侧分流器的电流增益。负载侧的非零阻抗会产生电阻分流器,从而导致输出电流 i_{out} 在流向负载端的过程中按比例减少。

通过观察式(6.15)发现两个条件会使 $i_{in} = A_i i_{out}$,第一个条件是

$$\lim_{R_L \to 0} A_i'' = A_i \frac{1}{1 + \frac{R_L}{R_o}} = A_i \tag{6.16}$$

即对应零负载电阻 R_L 的情况。

第二个条件是

$$\lim_{R_o\to\infty} A_i'' = A_i \frac{1}{1+\frac{R_L}{R_o}} = A_i \tag{6.17}$$

即对应输出阻抗 R_o 无限大的情况。在 $R_i \to 0$ 和 $R_o \to \infty$的条件下,实际电流放大器模型图(图 6.2(b)),简化为理想电流放大器模型图(图 6.2(a))。

通过说明电流放大器必须驱动相对于其自身输出阻抗较小的负载阻抗,可以将在负载端式(6.16)和式(6.17)处两个实现完美电流传输的条件组合在一起,即

$$R_L \ll R_o \tag{6.18}$$

根据式(6.11)和式(6.15),从源端到负载终端的总增益 A_i 为

$$A_i = \frac{i_{out}}{i_S} = A_i' A_i'' = \underbrace{\frac{R_S}{R_S + R_i}}_{<1} \times \underbrace{A_i}_{\text{电流增益}} \times \underbrace{\frac{R_o}{R_o + R_L}}_{<1} \tag{6.19}$$

式(6.19)清楚地展示了这三个部分如何对实际放大器的总增益做出的贡献,这就是估算法在快速评估中使用的方法。第一部分和第三部分表示输入端和输出端分流器造成的衰减,每一项都小于 1。第二部分是唯一可能大于 1 的部分,它表示在输入和输出端零损耗的理想条件下可以实现的最大可能电流增益。

6.1.4 跨导放大器

根据定义,跨导(G_m)放大器将输入电压信号 u_{in} 转换为输出电流信号 i_{out},看起来就像将电压放大器的输入级与电流放大器的输出级合并。理想 G_m 放大器的模型图如图 6.3(a)所示,其展示了式(6.1)的实际实现过程,它是基于理想电压控制电流源(VCCS)的元件。

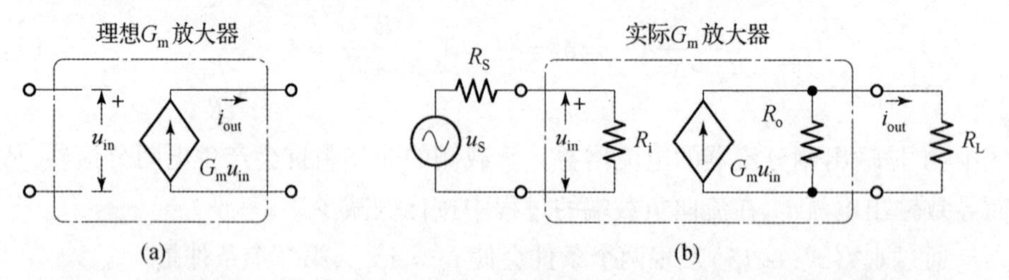

图 6.3 理想跨导(G_m)放大器及与输入信号源和输出负载连接的实际跨导放大器

因此,本章前面部分关于电压放大器输入端和电流放大器输出端的所有解释和结论仍然适用,这简化了对此类放大器的分析。

通过结合式(6.2)到式(6.19)中的结果,可以直接将实际 G_m 放大器增益的表达式得出为

$$G_m = \frac{i_{out}}{u_S} = \underbrace{\frac{R_i}{R_i + R_S}}_{<1} \times \underbrace{G_m}_{g_m\text{跨导增益}} \times \underbrace{\frac{R_o}{R_o + R_L}}_{<1} \tag{6.20}$$

为了使放大器能够通过输入电压有效控制输出电流,其输入阻抗必须远大于信号源阻抗,同时其输出阻抗必须远大于负载阻抗,即

$$R_i \gg R_S \text{ 和 } R_o \gg R_L \tag{6.21}$$

即称为"G_m 放大器"的元件或电路必须尽可能接近理想模型,如图6.3(a)所示。判断元件或电路是否为"G_m 放大器"标准是:

(1)输入阻抗 R_i 必须是无穷大;

(2)输出阻抗 R_o 必须是无穷大;

(3)跨导增益 G_m 必须是唯一定义和恒定的。

注意到,在技术允许的情况下,单个 MOSFET 晶体管器件可能很接近理想的 G_m 放大器。这是因为 FET 器件具有极高的输入阻抗(兆欧级),在有源模式下,其漏电流 I_D 由输入侧的过驱动电压 $u_{OV} = (u_{GS} - U_{Th})$ 控制,u_{GS}是栅源电压,U_{Th}是 N 型器件的阈值电压。换句话说,FET 器件是跨导增益定义的实际实现,见式(4.67)。

6.1.5 跨阻放大器

第四种放大器是跨阻(A_R)放大器,顾名思义,就是将输入电流信号 i_{in} 转换为输出电压信号 u_{out},看起来就像将电流放大器的输入级与电压放大器的输出级合并。理想 A_R'放大器的模型图如图6.4(a)所示,展示了式(6.1)的实际实现方式,它是基于电流增益为 A_R 的理想电流控制电压源(CCVS)元件的。

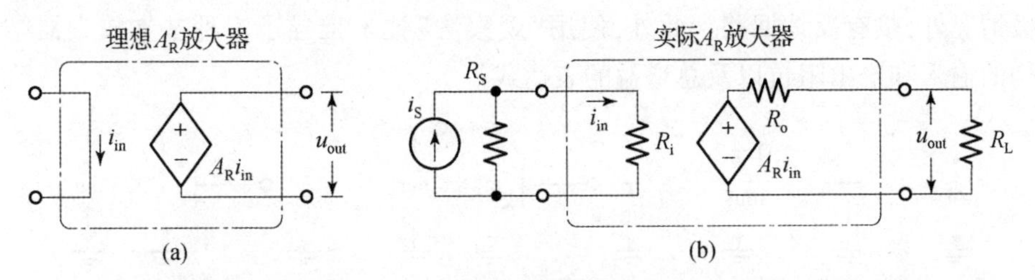

图6.4 理想跨阻(A_R')放大器和与输入信号源和输出负载连接的实际跨阻放大器

从式(6.2)到式(6.19),得出结论如下

$$A_R = \frac{u_{out}}{i_S} = \underbrace{\frac{R_S}{R_i + R_S}}_{<1} \times \underbrace{A_R'}_{R\text{跨阻增益}} \times \underbrace{\frac{R_L}{R_o + R_L}}_{<1} \tag{6.22}$$

需要指出的是,为了使放大器能够通过输入电流信号有效地控制输出电压信号,其输入阻抗必须远低于信号源阻抗,同时其输出阻抗必须远小于负载阻抗,即

$$R_i \ll R_S \text{ 和 } R_o \ll R_L \tag{6.23}$$

即说,被称为“跨阻放大器”的元件或电路必须尽可能接近理想模型,如图6.4(a)所示。判断元件或电路是否为“跨阻放大器”标准是:

(1)输入阻抗 R_i 必须为零;

(2)输出阻抗 R_o 必须为零;

(3)跨阻增益 A'_R 必须唯一定义且恒定。

6.2 单级 BJT/MOS 放大器

如3.1节所述,快速电路分析的主要思想是将一个复杂的电路分解成一系列简单的接口电路,或者是分压电路,或者是分流电路,如图3.1所示。然后,利用“级联法则”计算总增益,其中等效源/负载电阻通过串/并网络变换来计算。

在6.1节,从最抽象的角度考虑了理想化的放大功能。目标是确定外部参数如何影响整个放大器的运行,并得出电路与外部世界相互作用的一般规则。结果表明,知道输入、输出、信号源和负载阻抗,以及内部增益系数,就足以确定四种可能放大输入信号的方法的条件。电路内部结构的确切细节以及可能的实现方式在分析中没有发挥任何作用。

在本节中,使用BJT或FET器件分析了图6.5所示的三种主要单晶体管放大器拓扑结构,即共基极CB(或共栅极CG)、共发射极CE(或共源极CS)和共集电极CC(或共漏极CD)。此外,还介绍了级联放大器,它是众多多级放大器中的一种。在一般情况下,假设所有晶体管都处于恒流模式,除退化发射极/源极情况外,没有反馈回路。此外,使用“观察法”技术推导了三种基本放大器结构的输入和输出阻抗以及总增益的表达式。

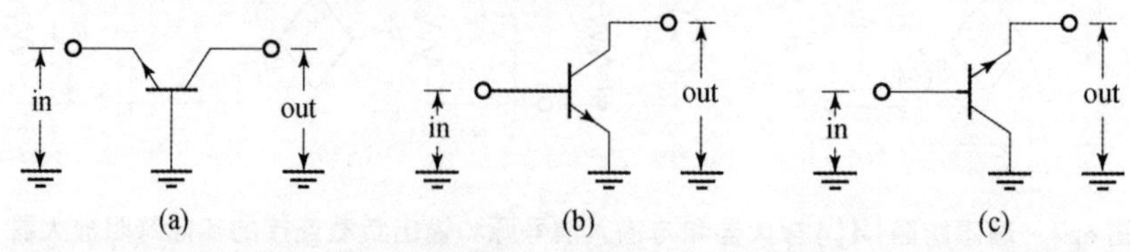

图6.5 基本单级放大器:公共基极、公共发射器和公共集电极(未显示偏置NPN BJT的详细信息,即使用的接地符号表示小信号接地)

电路分析或综合的一般策略是使用一系列电路简化推导出四个基本模型之一,见6.1.1节。在接下来的章节中,只考虑没有反馈回路的电路。

6.3　共基极/栅极放大器

图5.10中设置了偏置点的静态电路，其常作为设计三种放大器的起始点。根据图6.5，共基极放大器由输入和输出端口之间共享的基极端固定无扰动的电压所定义，如图6.6(b)所示。在下面的讨论中，使用戴维南模型，该模型总是可以替换为等效的诺顿模型。从信号源的角度来看，整个放大器电路被视为一个简单的电阻，即放大器的输入电阻 R_i，如图6.6(a)所示。有了这一认知，输入侧接口随后被简化为一个简单的分压器，见3.3.1节。同样，从负载电阻的角度来看，放大器被视为具有并联 R_o 电阻的电流源(这实际上是放大器的输出电阻)，因此输出侧接口也被简化为简单的分压器或其等效的诺顿模型，以强调输出变量是电流，如图6.6(c)所示。

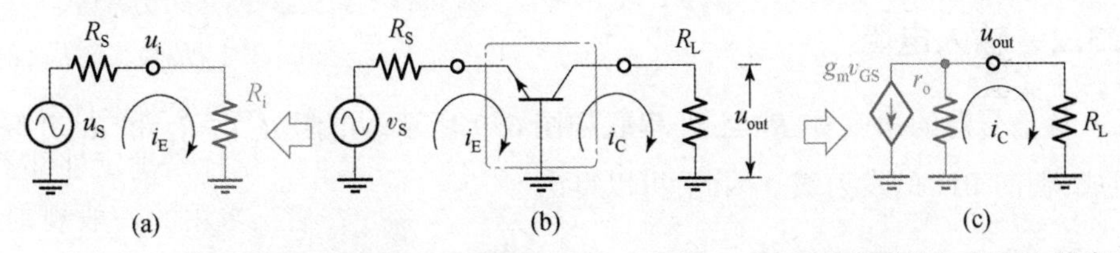

图6.6　共基放大器的等效分压原理图(图(a)和图(c)可分别查看输入电阻和输出电阻；图(b)为基本单级共基放大器由内阻为 R_S 的电压源 u_S 驱动，并驱动阻性负载 R_L)

共基放大器的实际电路如图6.7所示，一个戴维南源通过耦合电容器 C_0 连接到发射极端子，它保护已经建立的偏置点，但允许小正弦交流信号通过。另一个耦合电容 C_0 用于输出侧，即BJT集电极，使交流信号能够到达负载电阻 R_L，而不会干扰集电极的直流工作点。在此忽略 C_B 电容，将在本节后面介绍。

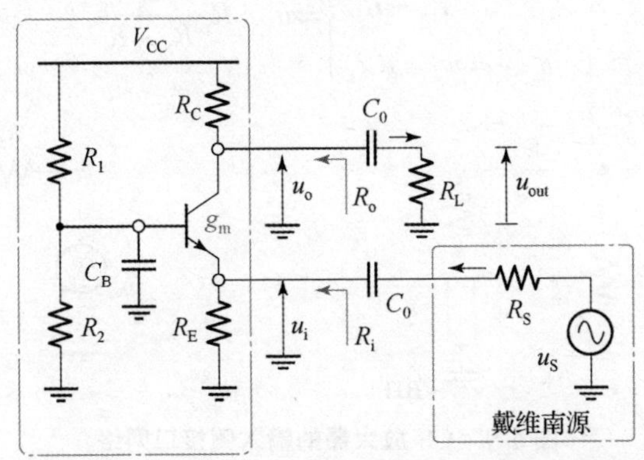

图6.7　共基放大级(来自图5.10(b)中的BJT偏置，通过在发射端添加戴维南源和在集电极端添加负载电阻来实现)

6.3.1 交流等效电路

图 6.7 中的电路必须首先转换成其等效的交流模型:即电源“短接”到地①,C_0 电容短路。同时,用其等效交流电阻 $R_B = R_1 \parallel R_2$ 替换两个分压电阻 R_1 和 R_2,它变换得到等效交流电路如图 6.8 所示。

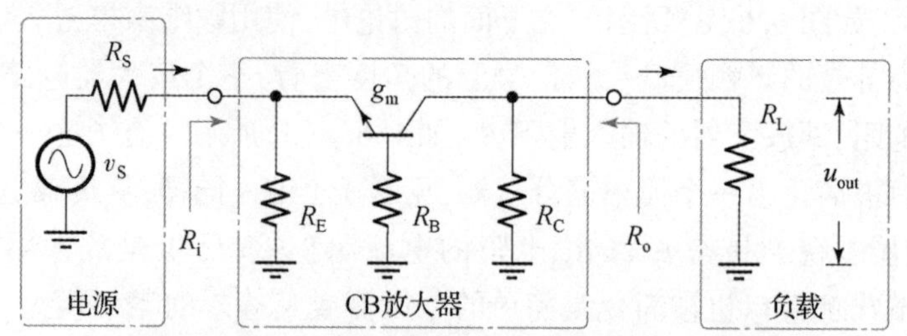

图 6.8 图 6.7 中单级 CB 放大器的交流等效电路

6.3.2 输入电阻

从信号源的角度看,R_i 与 R_s 串联如图 6.9 所示。电阻 R_i 由 R_E 和 R_{IN} 并联组成,朝向 BJT 的发射级。因此,可以得出

$$R_{IN} = r_e + \frac{R_B}{\beta + 1}$$

$$R_i = R_E \parallel R_{IN} = R_E \parallel \left(r_e + \frac{R_B}{\beta + 1} \right) \approx R_E \parallel \left(r_e + \frac{R_B}{\beta} \right) (\beta \gg 1) \tag{6.24}$$

其与 R_s 串联形成输入端口的分压器,如图 6.9(b)所示。显然,这是分压接口,因此

$$\left.\begin{aligned} i_E &= \frac{u_S}{R_S + R_i} \\ u_i &= u_E = R_i i_E \end{aligned}\right\} \Rightarrow u_i = R_i \frac{u_S}{R_S + R_i}$$

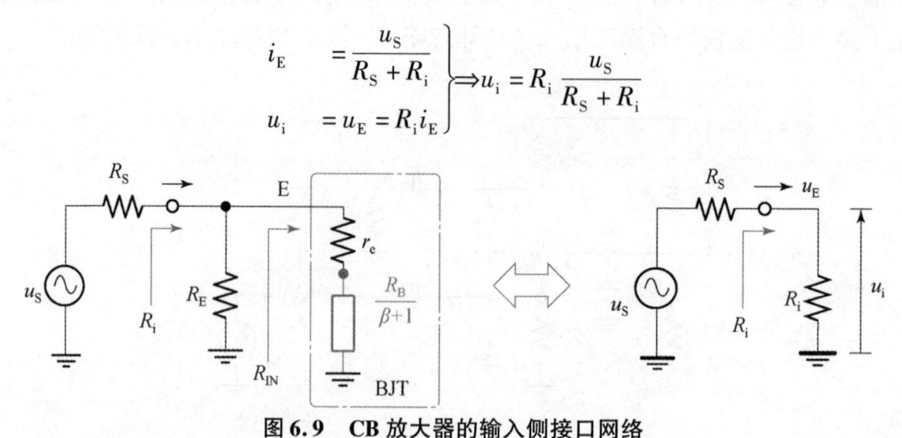

图 6.9 CB 放大器的输入侧接口网络

① 理想电压源电阻为零,因此 R_C 和 R_1 连接到交流接地节点。

$$A_1 \stackrel{\text{def}}{=} \frac{u_i}{u_S} = \frac{R_i}{R_S + R_i} = \frac{1}{1 + \dfrac{R_S}{R_i}} \tag{6.25}$$

正如预期的那样，这表明有必要使源电阻远小于输入电阻。然而，内阻 r_e 相对较小，与 R_B/β 相当，因此得出的结论是很难使用电压源，因为它的电阻必须比已经很小的 R_i 小得多。因此，为了达到相同的结果，通过使用诺顿源更容易强制输入电流，该源的电阻相对于 R_i 应该尽可能高。

6.3.3　输出电阻

图 6.10 中的变换步骤显示了图 6.8 中的共基级放大器的简化方式，从而使其输出侧接口简化为等效的分流器。从等效的并联电阻 $R_S \parallel R_E$ 开始，然后将其视为与投影的基极电阻 R_B 并联。

由于目标是找到集电极观察的等效电阻，因此关注 BJT 本身(图 6.10(b))。得出结论，从集电极的角度来看，这是具有退化发射极的 BJT，其中 $R_B = R_1 \parallel R_2$，等效发射极电阻为 $R_S \parallel R_E$。已经在式(4.51)中分析了这种情况，因此可以得出

$$R_{OUT} \approx r_o \left[1 + \frac{\beta R_S \parallel R_E}{R_S \parallel R_E + R_B + r_\pi}\right] \tag{6.26}$$

获得式(6.26)电阻后，将图 6.8 中的等效交流原理图转换为仅显示电路的输出端，其中 BJT 被其等效电压控制电流源 $g_m V_{BE}$ 及其电阻 R_{OUT} 代替，如图 6.10 所示。

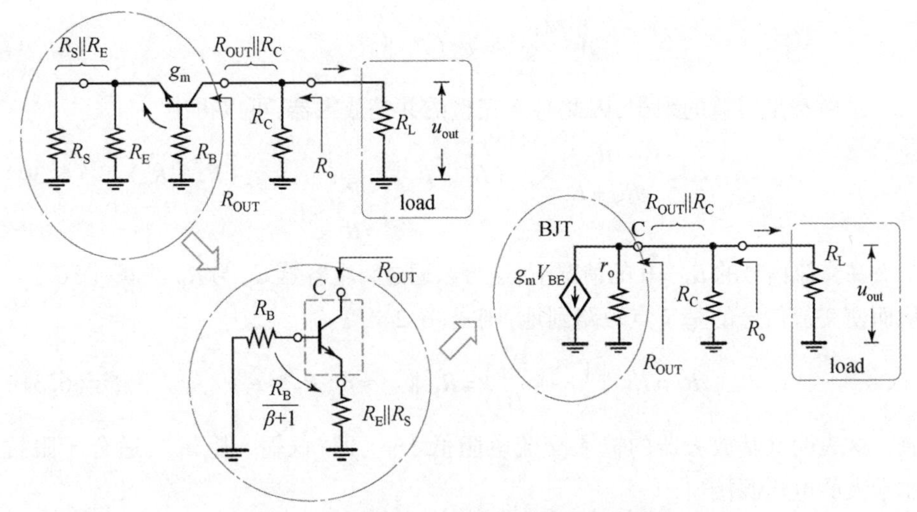

图 6.10　转换共基放大器导出输出侧接口

根据分析,可得出

$$R_o = R_C \parallel R_{OUT} = R_C \parallel r_o\left[1+\frac{\beta R_S \parallel R_E}{R_S \parallel R_E + R_B + r_\pi}\right] \quad (6.27)$$

其中,R_o 是无负载共基放大器输出端的电阻,在发射极退化的情况下,它由 R_C 和集电极电阻组成。

6.3.4 电压增益

输出电压 u_{OUT} 是由 $g_m V_{BE}$ 电流源驱动连接到其端子的总等效电阻产生的,该总等效电阻由三个并联的电阻组成,如图 6.10、图 6.11 所示。

$$\begin{aligned} v_{out} &= g_m V_{BE} \times R_L \parallel R_o = g_m V_{BE} \times R_L \parallel R_C \parallel R_{OUT} \\ &= g_m V_{BE} \times R_L \parallel R_C \parallel r_o\left[1+\frac{\beta R_S \parallel R_F}{R_S \parallel R_E + R_B + r_\pi}\right] \end{aligned} \quad (6.28)$$

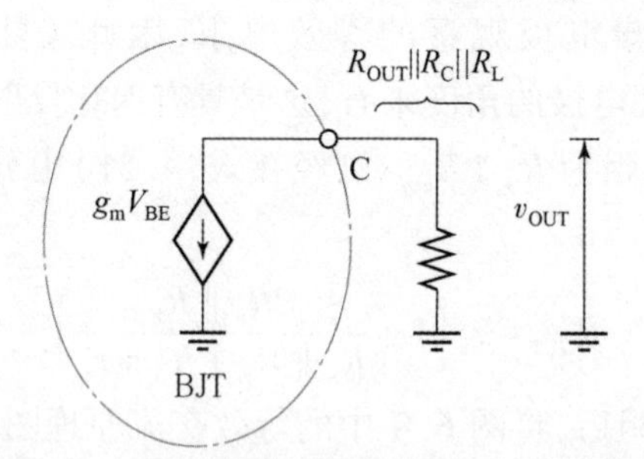

图 6.11 负载共基放大器的等效输出端网络

因此,估计输出接口级本身的电压增益 A_2 为

$$A_2 \overset{\text{def}}{=} \frac{u_{out}}{V_{BE}} = g_m(R_L \parallel R_o) \quad (6.29)$$

总增益是增益的乘积,因此对于完整的共基放大器,可以得出

$$A_V = A_1 \times A_2 = \frac{R_i}{R_S + R_i} \times g_m(R_L \parallel R_o) = \frac{1}{\dfrac{R_S}{R_i}+1} \times g_m(R_L \parallel R_o) \quad (6.30)$$

在交流信号的 $R_B = 0$ 的情况下,这可以通过将电容器 C_B 与 R_B 并联(图6.7),从而使交流信号的基节点短路到地,则式(6.24)变为

$$R_i = R_E \parallel \left(r_e + \frac{R_B}{\beta}\right) = R_E \parallel r_e \approx r_e (R_E \gg r_e) \quad (6.31)$$

这表明共基放大器的输入交流电阻低于 r_e,即“低输入阻抗”,适合于阻抗非常大的电流源接口。

同时,输出阻抗也受 R_B 影响,因此式(6.27)变为

$$R_o = R_C \parallel r_o\left[1+\frac{\beta R_S \parallel R_E}{R_S \parallel R_E + R_B + r_\pi}\right] = R_C \parallel \underbrace{r_o\left[1+\frac{\beta R_S \parallel R_E}{R_S \parallel R_E + r_\pi}\right]}_{>r_o}$$

$$\approx R_C (r_o \gg R_C) \tag{6.32}$$

即说，对于集电极的大输出电阻 r_o（即当接近理想电流源模型时），共基放大器的总输出阻抗由外部 R_C 电阻确定（R_B 趋于0）。

此外，电压增益的表达式（式(6.30)）近似为

$$A_V = \frac{R_i}{R_S + R_i} \times g_m (R_L \parallel R_o) \approx \frac{r_e}{R_S + r_e} \times g_m (R_L \parallel R_C)$$

当 $r_e = 1/g_m$ 替换后，可得出成以下形式：

$$A_V = \underbrace{\frac{r_e}{R_S + r_e}}_{A_1} \times \underbrace{\frac{R_L \parallel R_C}{r_e}}_{A_2} \tag{6.33}$$

对式(6.33)式的一个非常有用的解释是，图6.7中共基放大器的电压增益非常接近于集电极处的总电阻（即 $R_L \parallel R_C$）除以发射极处的总电阻（r_e）、再乘以输入端的增益分压接口的比率。通过一些实践，电压增益评估是通过检测这些电阻来完成的，其中 R_C 和 R_L 由设计者控制，而 r_e 是由所选偏置点确定。

6.3.5 共基级放大器总结

下面简要地总结这种基本放大器结构的最重要的特性。

(1)电流增益：鉴于式(4.32)和现代晶体管具有 $\alpha \approx 1$ 特点，因为发射极端子用作输入端口，集电极用作输出端口，所以得出

$$i_C = \alpha i_E \Rightarrow i_C \approx i_E \Rightarrow A_i(\mathrm{CB}) = \frac{i_{out}}{i_{in}} = \frac{i_C}{i_E} \approx 1 \tag{6.34}$$

换句话说，共基级放大器并不具有真正的电流放大能力。相反，它通常被称为“电流缓冲器”。

(2)输入电阻：共基级放大器的输入电阻近似为 r_e

$$R_i \approx r_e = \frac{1}{g_m} = \frac{V_T}{I_C}, R_B \to 0 \tag{6.35}$$

其中，室温下 $V_T = \frac{K_T}{q} \approx 25\text{mV}$。换句话说，当 $I_C = 1\text{mA}$ 时，大约为25Ω。当 $I_C = 2\text{mA}$ 时，约为12.5Ω。如6.1.3节所示，低输入电阻是电流放大器或跨阻放大器的特性。所以可以得出结论，即使共基电流增益约为1，共基级放大器也应与电流信号源（其输出电阻远高于 r_e，这不是很难的要求）一起使用。

(3)输出电阻：对共基级放大器输出电阻的分析表明，如果使用高阻信号

源,则总输出节点电阻 R_{tot}变为

$$R_{tot}=R_o \parallel R_C \parallel R_L \approx R_C \parallel R_L (r_o \gg R_C) \tag{6.36}$$

一般来说,这是很高的。6.1.3 节表明,高输出电阻是电流放大器的特性。可以得出结论共基级放大器应该用来驱动相对较低的阻性负载($R_L \ll R_C$),用来传输电流信号。

(4)电压增益:具有一定 g_m 的共基级晶体管后接电阻性负载 R_L 会产生电压如式(6.29)所示的电压增益。值得注意的是,为了放大电压,通用器件(其输入是电压,输出是电流)后面必须跟有跨阻器件(其输入是电流,输出是电压)。因此,参考 6.1.1 节,其中介绍了四种基本的放大拓扑,可以将实际的共基级放大器想象为由两个通用放大器组成,其中 R_L 电阻用作接受 g_m 放大器的电流输出的普通跨阻放大器。

6.4 共发射极放大器

在基础层面上,确定了四种类型的基本放大器,参见 6.1.1 节。因此,第一种倾向可能是实用的电压放大器(即"电压到电压")的实现就像使用变压器一样简单,这是图 6.1 中模型的实际实现电路。但事实并非如此,因为变压器是一种无源器件,即说根据定义它不能放大功率,它的输出电压的增加是随着它的输出电流的减少而增加的。

为了实现功率放大,除了使用外部能源外,还必须使用有源器件。如果目的是设计电压放大器,首先要面对的实际问题是:晶体管不能放大电压与电压之比,而"g_m 器件"可以,即电压电流放大器。那么问题是:如何从图 6.1 中的模型得到实际实现电路呢?

6.4.1 共发射极放大器基本原理

为了解决这个问题,不得不使用两个基本放大器进行组合:第一个 g_m 型放大器将电压转换为电流(6.1.2 节中的图 6.1),第二个将电流转换为电压的跨阻型放大器(6.1.5 节中的图 6.4)。因此,可以将实际的电压放大器看作两级放大器并得出结论,如图 6.12 所示,根据定义,总增益是两个增益的乘积,即

$$A_V = g_m R \tag{6.37}$$

在这种解释中,了解到式(6.37)提供了电压增益的粗略估计值。这一估计给出了这种两级结构的理论增益条件,这设定了尽可能接近的设计目标。更重要的是,现在可以实现图 6.12 的模型,该模型基于 NPN BJT 晶体管和一个电阻器,如图 6.13 所示。

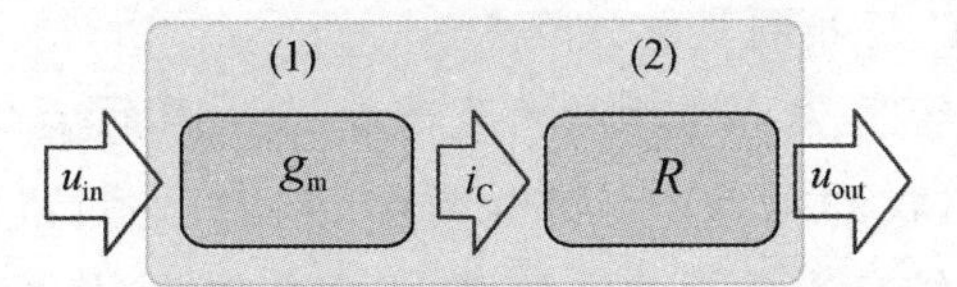

图 6.12　BJT 共发射极放大器的基本原理

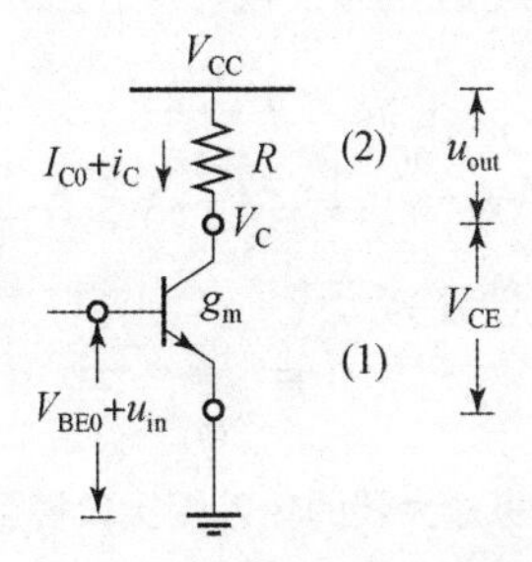

图 6.13　BJT 共发射极功的“基本”的实现

示例 47:BJT 电压增益

参考图 6.13,为了说明 BJT 的电压增益 A_V 实现原理,假设在其输入端施加一个小的交流信号 u_{in},输出电阻为 R_o 计算电压增益 A_V。数据:$\beta \gg 1$,$r_e = 25\Omega$,和 $R = 10k\Omega$。

解 47:在其电阻为 r_e 的发射二极管上施加小交流信号 u_{in},从而

$$i_E = \frac{u_{in}}{r_e}$$

由于 $\beta \gg 1$ 假设 $I_C \approx I_E$ 有效,因此

$$u_{out} = i_C \times R \approx u_{in}\frac{R}{r_e}$$

$$A_V = \frac{u_{out}}{u_{in}} = \frac{R}{r_e} \overset{\text{def}}{=} g_m \times R = \frac{10k\Omega}{25\Omega} = 400 = 52\text{dB}$$

输出集电极电流 i_c 通过用作第二级放大器的负载电阻 R 转换为电压。

另一种显示相同结果的方法是定义为

$$A_V \overset{\text{def}}{=} \frac{u_{out}}{u_{in}} = \frac{u_{out}}{V_{BE}} = \frac{i_C R}{i_E r_e} \approx \frac{i_C R}{i_C r_e} = \frac{R}{r_e}$$

最后一种形式的电压增益解释非常有用:共发射极放大器电压增益 A_V 是集电极端子上的总电阻与发射极节点上的总电阻之间的简单比。由于这一陈述是一般性的,因此使用“观察法”来评估电压增益。

当基极端子作为输入端口,集电极端子作为输出端口时,组成了基本的单晶体管共发射极(CE)放大器。因此,晶体管的第三个终端 - 发射极 - 在输入/输

出端口之间共享。如图 6.14 所示,具有内阻 R_S 的实际电压源 v_s 提供小信号扰动,并且负载电阻 R_L 连接到集电极节点。

在这种简化程度下,从信号源的角度来看,放大器的输入侧被认为是其等效的 R_i 电阻,如图 6.14(a)所示。同样如图 6.14(c)所示,集电极电流(由 $g_m V_{BE}$ 源和 R_o 电阻建模)将交流信号传递到 R_L 电阻。因此,使用一系列简单电路进行简化建模,直到通过分析获得 R_i 和 R_o 的表达式。

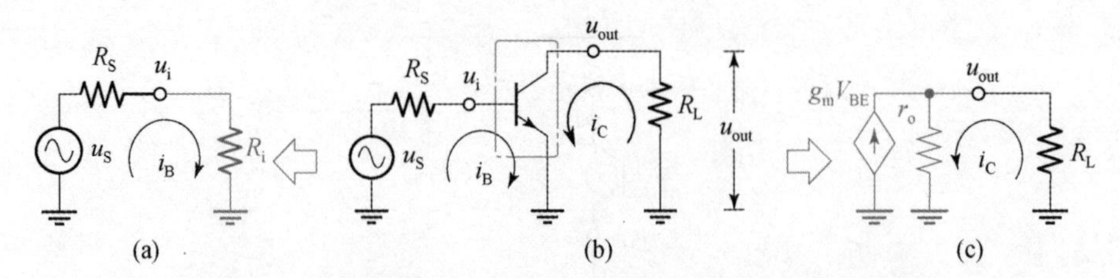

图 6.14　共发射极放大器的输入端接口模型和其输出端模型

如图 6.15 所示,一旦设置了 BJT 的偏置点,就可以通过连接信号源和负载来实现真实的 CE 放大器。为了保护直流电压电平,在两个接口处都使用了耦合电容器 C_0。还注意到,在 R_E 中添加了旁路 C_E 电容器,但目前忽略它,在本节的后面,将更详细地评估它的作用。首先,推导出共发射极放大器的输入电阻、输出电阻和电压增益的表达式。

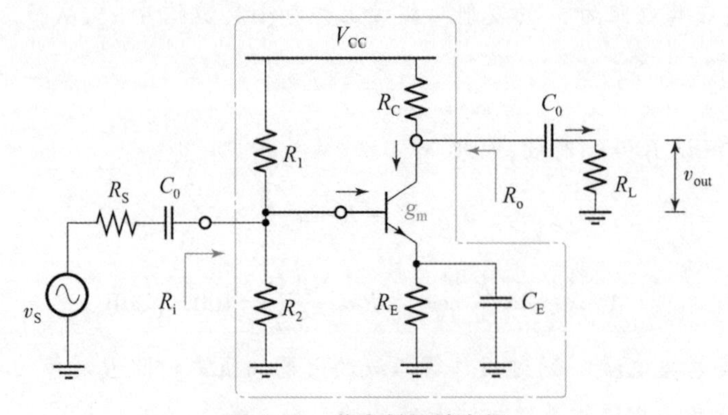

图 6.15　共发射极放大级

6.4.2　交流等效电路

图 6.16 所示为一个输入交流信号的电路,电路简化的目的是为了创建交流等效电路。令电源短路(其内阻为零),其端子“短接”到接地参考节点(现在变成小信号接地)。此外,电容器对交流信号也是短路的(它们对交流信号也是零电阻)。因此,在输入侧存在与虚拟基极电阻(即投影发射极电阻)并联连接的

$R_B=(R_1 \parallel R_2)$。同样,输出侧的总电阻变为并联($R_{OUT} \parallel R_C \parallel R_L$)。

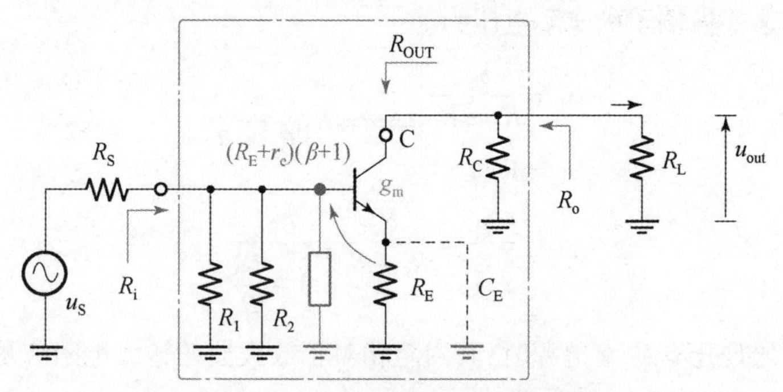

图 6.16　共射极放大器交流模型

6.4.3　输入电阻

参考图 6.14(a),通过观察得出

$$i_B=\frac{u_S}{R_S+R_i} \tag{6.38}$$

若只关注输入端接口,将图 6.15 电路的输入端简化为图 6.17 所示电路,这样就可以通过分析得出

$$R_i=R_B \parallel (R_E+r_e)(\beta+1) \approx R_B \parallel \beta(R_E+r_e) \tag{6.39}$$

如图 6.14(a)所示,它与 R_S 串联创建输入端分压器接口。在共发射极放大器的实际电路中,通常认为 $R_E \gg r_e$,这样式(6.39)变为

$$R_i \approx R_B \parallel \beta R_E \tag{6.40}$$

进一步设置为 $\beta R_E \gg R_B$ 得到

$$R_i \approx R_B \parallel \beta R_E \approx R_B \tag{6.41}$$

式(6.41)减少了对 BJT 偏置点(在第 5.2 节中讨论过,由 R_1、R_2 和 R_B 的比率设置)的依赖性。

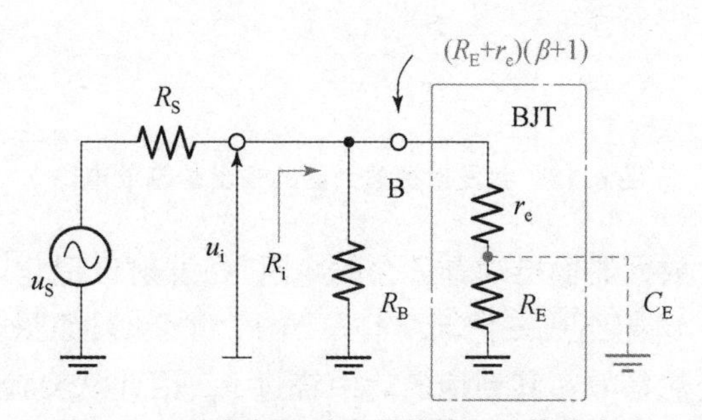

图 6.17　共发射极放大器的输入端等效电路

遵循级联接口增益的思想,将此输入侧接口作为级联链中的第一个增益 A_1,计算到达基极端子的实际电压为

$$\left.\begin{aligned} i_B &= \frac{u_S}{R_S + R_i} \\ u_i &= R_i i_B \end{aligned}\right\} \Rightarrow v_i = R_i \frac{u_S}{R_S + R_i}$$

$$A_1 \overset{\text{def}}{=} \frac{u_i}{u_S} = \frac{R_i}{R_S + R_i} = \frac{1}{1 + \frac{R_S}{R_i}} \tag{6.42}$$

总之,当使用戴维南电源时,其内阻相对于放大器的输入电阻应尽可能小。

6.4.4 输出电阻

考察输出端接口,将图 6.15 电路的输出端替换为图 6.18 的等效电路。因此,连接到基极的总电阻为 $R_b = R_S \parallel R_B$,除以$(\beta + 1)$因子后的电阻作为与 R_E 串联的非常小的电阻投影到发射极侧。随后,两个电阻都与外部 R_E 串联。总的来说,从集电极节点的角度来看,BJT 处于退化发射极配置状态(式(4.51)),所以得出

$$R_{OUT} \approx r_o \left[1 + \frac{\beta R_E}{R_E + R_B + r_\pi}\right]$$

$$R_o = R_C \parallel r_o \left[1 + \frac{\beta R_E}{R_E + R_B + r_\pi}\right] \tag{6.43}$$

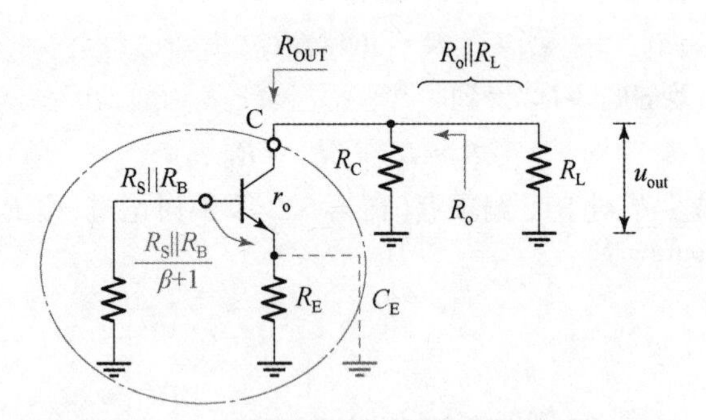

图 6.18 共发射极放大器的输出端等效电路

式中:R_o 是从 CE 放大器输出端看进去的电阻,在发射极退化的情况下,该输出由 R_C 和集电极的电阻组成。然而,当 C_E 与 R_E 并联时,如图 6.18 中的虚线所示,它有效地使交流信号在其到地的途中绕过 R_E,因此从交流信号的角度来看(而直流不受此连接的影响),得出

$$R_o = R_C \parallel r_o \left[1 + \underbrace{\left(\frac{\beta R_E}{R_E + R_B + r_\pi}\right)}_{\to 0}\right]$$

$$\approx R_C \parallel r_o \tag{6.44}$$

这也是为在 R_E 两端增加了旁路电容器的原因之一,体现了其在共发射极放大器中的重要性(R_E 趋于 0)。

6.4.5 电压增益

图 6.18 中电路的进一步简化就成为图 6.11 中相同的输出端接口,通过观察得出

$$u_{out} = -g_m V_{BE} \times R_L \parallel R_o$$

$$= -g_m V_{BE} \times R_L \parallel R_C \parallel r_o \left[1 + \frac{\beta R_E}{R_E + R_B + r_\pi}\right] \tag{6.45}$$

式中:负号是由于信号极性反转引起的[①]。因此,估计输出端网络本身的电压增益 A_2 为

$$A_2 \overset{\text{def}}{=} -\frac{u_{out}}{V_{BE}} = -g_m(R_L \parallel R_o) \tag{6.46}$$

这两个级联级的总增益为

$$A_V = A_1 \times A_2 = -\frac{R_i}{R_S + R_i} \times g_m(R_L \parallel R_o) = -\frac{R_i}{R_S + R_i} \times \frac{(R_L \parallel R_o)}{r_e} \tag{6.47}$$

式(6.47)表明,电压增益由集电极处的总电阻除以发射极处的总电阻、再乘以输入侧分压器的增益来确定。

(1)对于 $R_E = 0$,当旁路电容器 C_E 连接到发射极节点时,如式(6.44)所示的情况是可能出现的。因此,在 $r_e = 1/g_m$ 替换之后,总共发射极放大器增益式(6.47)变为

$$A_V = -\frac{R_i}{R_S + R_i} \times g_m(R_L \parallel R_o) \approx -\frac{R_B}{R_S + R_B} \times g_m(R_L \parallel R_C \parallel r_o)$$

$$A_V = -\underbrace{\frac{1}{\frac{R_S}{R_B} + 1}}_{A_1} \times \underbrace{\frac{R_L \parallel R_C \parallel r_o}{r_e}}_{A_2} \tag{6.48}$$

通常,$R_L \parallel R_C \ll r_o$ 使式(6.48)进一步逼近

$$A_V = -\frac{1}{\frac{R_S}{R_B} + 1} \times \frac{R_L \parallel R_C}{r_e} \tag{6.49}$$

---

① CE 是典型的反相放大器。

其可解释为,在考虑了输入侧电压连接的分压器接口增益(R_S、R_B 分压器)后,电压增益等于集电极节点的总电阻(即 $R_L \parallel R_C$)与发射极节点的总电阻(即使用 C_E 时的 r_e)之比。

6.4.6 共发射极放大器总结

简要总结共发射极放大器架构的最重要特性。

(1)输入电阻:发现当 βR_E 大得多时,共发射极放大器的输入电阻大约为 R_B。因此,共发射极放大器的输入电阻中等偏大,适合接受电压型输入信号。

(2)输出电阻:在共发射极放大器的情况下,总输出电阻由并联 $R_C \parallel R_L$ 组成,如果 $u_{CE} < V_{CE}$(sat.),两者都可能影响 BJT 偏置点。给定 R_C,负载电阻范围是非常重要的参数。"空载"放大器情况(即 $R_L \to \infty$,即开路连接)提供最大的理论电压增益(但由于输出电流为零,因此功率为零)。输出短路(即 $R_L = 0$,换句话说,输出节点接地短路)将集电极电压拉至 V_{CE}(sat.)以下,并有效地将集电极电流强制为零。总之,指定最小负载电阻很重要。

(3)电压增益:如式(6.49)所示,具有一定 g_m 的共发射极晶体管后跟电阻负载 $R_L \parallel R_C$ 会产生电压增益。需要注意的是,电压放大是分两步实现的,BJT 器件的 g_m(输入为电压,输出为电流)之后是跨阻器件(输入为电流,输出为电压)。

6.5 共集电极放大器

如图 6.19 所示,共集电极(CC)放大器是在集电极端作为小信号接地(即共用端)时实现的,发射极用于恢复放大后的信号。与其他两个基本放大器一样,电路分析基于产生输入和输出接口分压器的简化技术,如图 6.19 所示。将输出接口等效为戴维南信号源,因为发射极电阻很小,见 4.3.5 节,从而更接近理想的电压源模型。实际的共集电极放大电路如图 6.20 所示,其中应注意的是移除了 R_C 电阻,因为在共集电极放大器中它不起作用①。

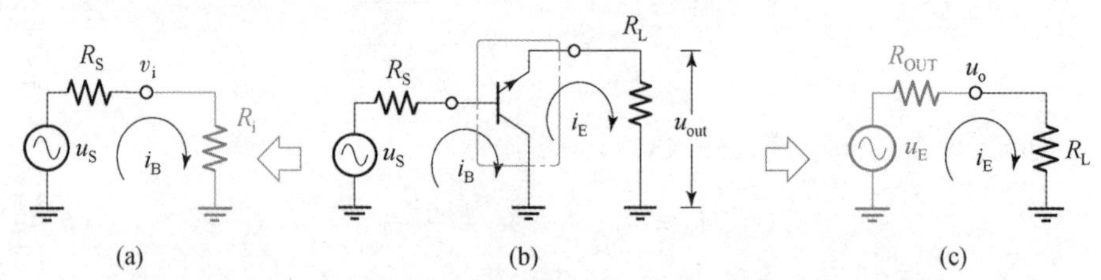

图 6.19 共集电极放大器的输入端接口模型和输出端接口模型

① 回顾允许恒流模式的 RC 电阻范围,见 5.4 节。

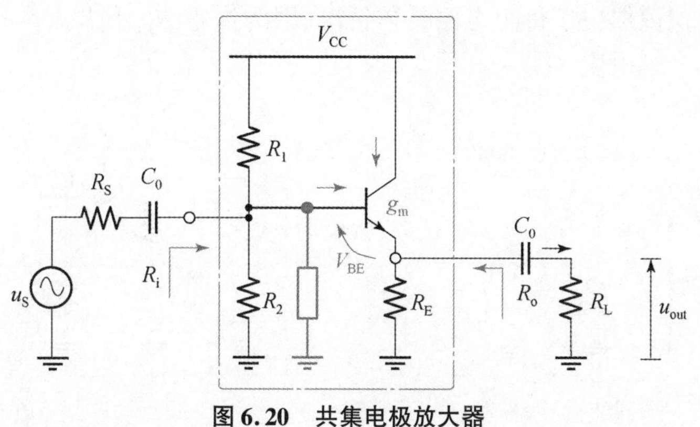

图 6.20　共集电极放大器

6.5.1　交流电路模型

实际共集电极放大电路的简化如图 6.21 所示。注意到,在该电路中,R_C 不是关键的,实际上被短连接线取代,即 $R_C = 0$。此外,基极和发射极端子上的电压关系如下

$$u_E = u_B - V_{BE0} \tag{6.50}$$

换句话说,输出信号只是在相差 V_{BE0} 处"跟随"输入信号(因此也称为"射级跟随器"放大器)。

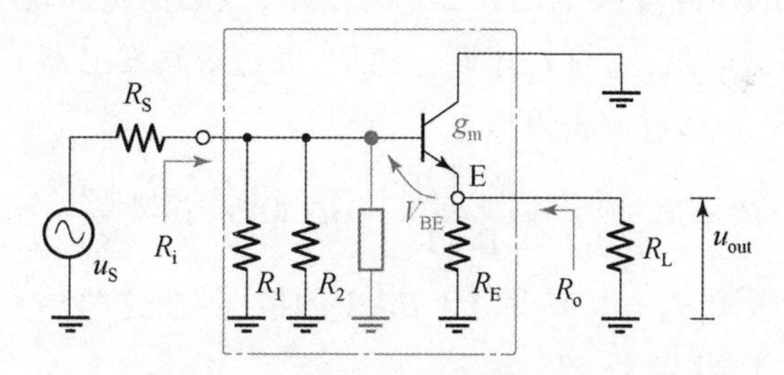

图 6.21　共集电极放大器交流等效电路

6.5.2　输入电阻

为了计算共集电极放大器的输入电阻,首先将两个偏置分压电阻替换为它们的等效并联电阻 $R_B = R_1 \parallel R_2$,如图 6.22(a)所示。然后,发射极节点上的两个并联电阻也被其等效的 $R_E \parallel R_L$ 取代、且与 r_e 形成串联电阻,如图 6.22(a)所示,该支路作为与 R_B 并联的虚拟电阻投射到基极。通过分析,可以得到

$$R_i = R_B \parallel (\beta+1)(R_E \parallel R_L + r_e) \approx R_B \parallel \beta(R_E \parallel R_L + r_e) \tag{6.51}$$

其他近似值取决于每个电路具体情况,因为通常 R_E 不太大,而 R_L 的实际值也影响输入端电阻。

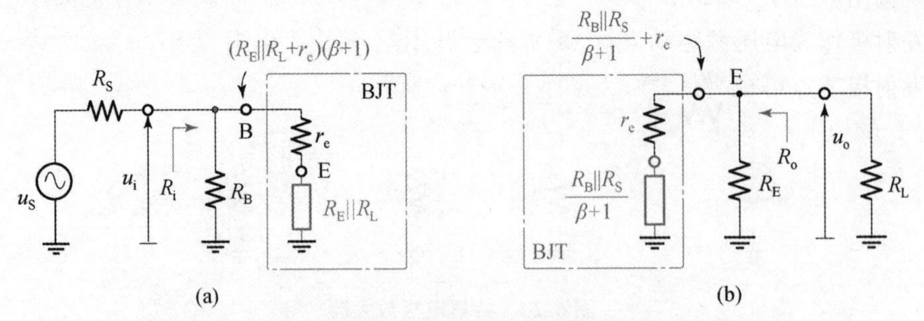

图 6.22　共发射极放大级及其输入端和输出端的等效电路

输入端分压器由 R_S 和 R_i 组成,因此输入端接口的增益为

$$A_1 = \frac{u_B}{u_S} = \frac{R_i}{R_S + R_i} \tag{6.52}$$

如果信号源电阻比 R_i 小得多,即如果信号源发生器接近理想的电压源,则增益接近 1。

6.5.3　输出电阻

发射极节点的电路变换如图 6.22(b)所示,该图清楚表现了发射极节点感知的虚拟 BJT 基极电阻,它与 r_e 串联。然而,通过观察发射器节点,该分支似乎与 R_E 并联形成 R_o。通过分析得出

$$R_o = R_E \| \left(r_e + \frac{R_B \| R_S}{\beta + 1}\right) \approx R_E \| \left(r_e + \frac{R_B \| R_S}{\beta}\right) \tag{6.53}$$

对于理想电压源 $R_S = 0$,或者对于 $\beta \gg 1$ 的情况,在这两种情况下,括号中的第二项都非常小,因此得出

$$R_o \approx R_E \| \left(r_e + \frac{R_B \| R_S}{\beta}\right) \approx R_E \| r_e \approx r_e \tag{6.54}$$

式中:最后一个近似往往是在 $R_E \gg r_e$ 的情况下获得的。例如,室温下当 I_C = 1mA 时,$r_e = \frac{V_T}{I_C} \approx 25\Omega$。因此,如果 $R_E = 100\Omega$ 或更多,那么 $R_o \approx 20\Omega \approx r_e$ 就越近似。

6.5.4　电压增益

发射极上的电压与基级处的电压相差一个 V_{BE0},如式(6.50)所示,换句话

说，在基极和发射极节点之间有大约 1 的增益。已经推导出输入端分压器即式(6.52)的增益 A_1，输出端分压器的增益 A_2。根据式(6.54)和图 6.22(b)，发现输出电压 V_{out} 横跨 $R_L \parallel R_E$；观察发射极节点，图 6.23 所示电路变换表明 BJT 发射极作为电压源驱动 $R_E \parallel R_L$ 负载电阻；由于其输出电阻与内阻 r_e 一样很小，发射极节点可视为是戴维南信号源很好的实际实现电路。

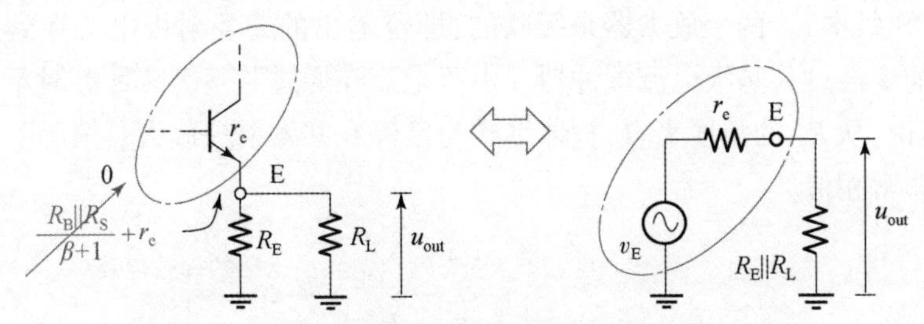

图 6.23　共集电极放大器：输出端等效戴维南发生器

因此如图 6.23 所示，输出分压器由 r_e 和 $R_L \parallel R_E$ 组成，通过观察，可以得出

$$A_2 = \frac{u_{out}}{u_E} = \frac{R_L \parallel R_E}{R_L \parallel R_E + r_e} \tag{6.55}$$

不考虑其他的增益，得出共集电极放大器的总电压增益的表达式为

$$A_V = A_1 \times A_2 = \frac{R_i}{R_S + R_i}\frac{R_L \parallel R_E}{R_L \parallel R_E + r_e} \tag{6.56}$$

式(6.56)清楚地表明，共集电极放大器的最大可能电压增益是当 $R_i \gg R_S$ 和 $R_L \parallel R_E \gg r_e$ 时，可以将式(6.56)简化为

$$A_V \approx 1 \tag{6.57}$$

总之，在正常工作状态下，共集电极放大器的电压增益为 1，适合用作“电压跟随器”或阻抗转换器(高输入阻抗，低输出阻抗)。

6.5.5　共集电极放大器总结

简要地总结了共集电极放大器结构的最重要的特性。

(1)电压增益：因为发射极端电压与基极电压只相差一个 v_{BE0}，因此输入输出分压器接口实际上将这种类型的放大器限制为 $A_V = 1$。所以，它通常被称为“电压跟随器”或“射极跟随器”。

(2)输入电阻：发现共集电极放大器的输入电阻中等偏大，适合接受电压型输入信号。

(3)输出电阻：在共集电极放大器的情况下，观察发射极端口，发现 r_e 迫使节点电阻变低，即使在添加 R_E 和 R_L 电阻之后也是如此，因为从交流信号的角度来看，所有三个电阻最终都是并联连接的。输出节点的电阻不可避免地很低。

6.6 共射(源)共基(栅)放大器

此种放大器是一种重要的放大器配置,它实际上是两个单级放大器组合的级联放大器,即共发射极放大器后跟共基级放大器,如图 6.24 所示(或各自的等效 MOS 版本)。两个放大器是级联的,即说输出的共发射极电流在到达负载电阻之前要经过共基级电流缓冲器。由于电流在通过共基级缓冲器时不会发生变化,即说,从 R_L 的角度来看,整体结构与已经在共发射极放大器情况下分析过的结构非常相似。

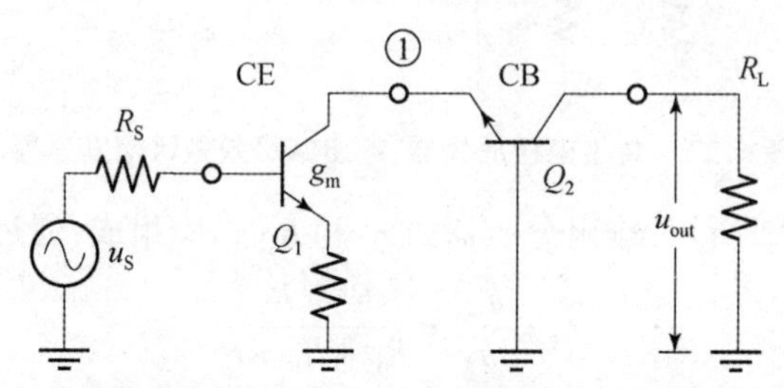

图 6.24 说明共发射极和共基级放大器串联的共源共栅放大器结构

将图 6.7 和图 6.15 合并,得到了共射共基(对应场效应管的共源共栅)放大器的实际原理图,如图 6.25 所示。注意到,从 Q_1 的角度来看,它感知到 Q_2 的输入电阻 $r_{in2} - r_e$,而不是作为其负载的无源 R_G 分量。同时,从 Q_2 的发射极的角度看,它感知到实际上由 Q_1 及其集电极电阻 r_{o1} 产生的输入电流 i_C。因此,Q_2 处于退化的发射级结构中,由集电极感知到 r_{o1}。

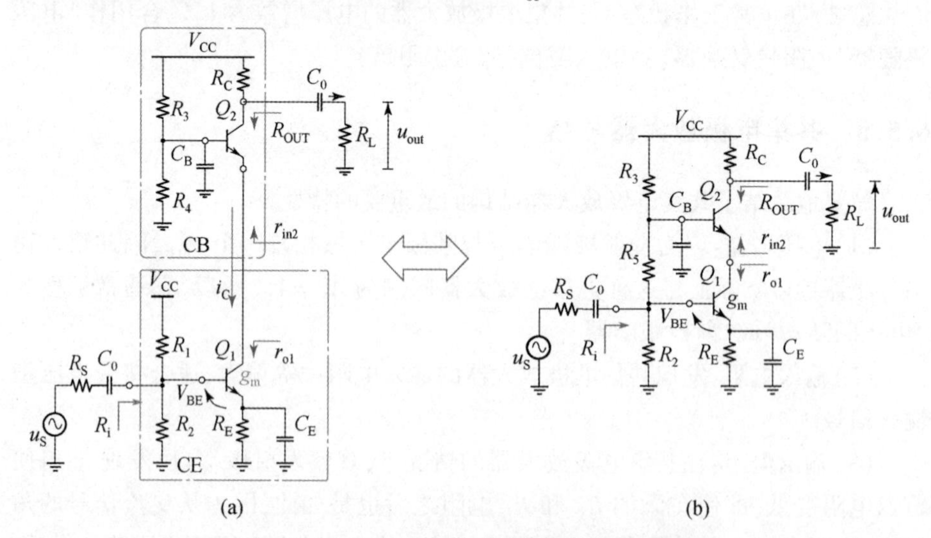

图 6.25 共射共基放大器实际电路原理图

此外,并非使用两个独立的电阻 R_1 和 R_4 来得出偏置电压,而是将它们组合在一个 R_5 电阻中,如图 6.25(b)所示。此外,为了最大化共发射级放大器的增益,C_E 绕过了连接到 Q_1 的 R_E(式(6.39)),从而实现了交流虚拟接地。

6.6.1　交流电路模型

从图 6.25 中导出了共射共基放大器的小信号交流模型,得到了图 6.26 中的电路,通过前几节的分析可以得出以下结论。

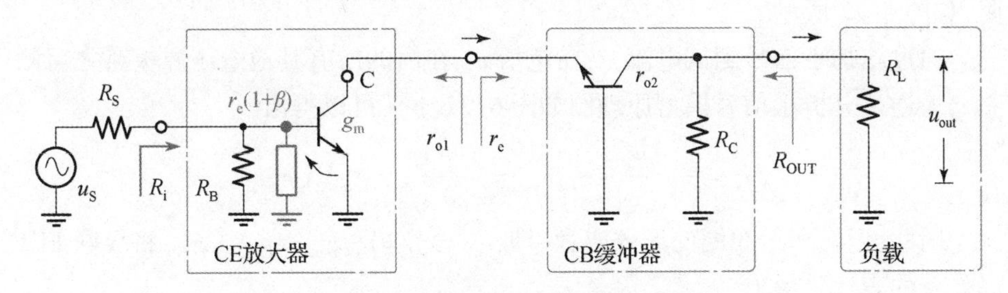

图 6.26　级联放大器交流电路模型

(1)由于旁路电容器 C_E 而导致 $R_E=0$ 的情况,共发射极放大器的输入电阻是 R_B 和 $r_\pi=r_e(\beta+1)$的并联(式(6.39)),即

$$R_i=R_B \parallel r_\pi \tag{6.58}$$

(2)共基级放大器集电极处的输出电阻由 R_C 与具有退化发射极的 Q_2 的集电极电阻 r_{o2}并联组成(式(4.60)),其中虚拟发射极电阻实际上是 Q_1 的集电极电阻 r_{o1},因此

$$R_{OUT}=R_C \parallel r_{o2}\left[1+\frac{\beta r_{o1}}{r_{o1}+r_\pi}\right] \tag{6.59}$$

在 $r_{o1} \gg r_\pi$ 和 $\beta \gg 1$ 的情况下,可以进一步近似

$$R_{OUT}\approx R_C \parallel r_{o2}\left[1+\frac{\beta r_{o1}}{r_{o1}}\right]\approx R_C \parallel \beta r_{o2} \tag{6.60}$$

这说明 BJT 集电极的输出电阻大幅增加,这是级联晶体管的结果。因此,级联放大器输出节点处的总电阻 R_o 为

$$R_o=\beta r_{o2} \parallel R_C \parallel R_L \tag{6.61}$$

(3)电压增益:通过观察,可以得出

$$u_{out}=-i_C\times R_C \parallel R_L=-g_m V_{BE}\times R_C \parallel R_L$$

$$A_V=\frac{u_{out}}{V_{BE}}=-g_m(R_C \parallel R_L) \tag{6.62}$$

这与共发射极放大器本身的电压增益相同。然而,相对于共发射极放大器,输出电阻增加了几个数量级,这使其加更接近理想情况的电流源(其输出电阻等于无穷大)。因此,几乎在默认真实的电流源都是由共射共基电路构成的。

6.6.2 共源共栅场效应管的输出电阻

使用共源共栅晶体管的原因主要是由于输出电阻比单个晶体管更高(数量级),如式(6.61)中所示。在本节中,将快速分析出 JFET 共栅晶体管的输出电阻,如图 6.27 所示。

通过施加小信号测试电流 i_x,在包括 u_{sig} 在内的所有其他电压源短路之后测量 v_x。通过分析小信号模型原理图如图 6.27(b),可以得出

$$i_x = \frac{u_x - u_1}{r_{o2}} + g_{m2}u_{gs2} = \frac{u_x - i_x r_{o1}}{r_{o2}} - g_{m2}i_x r_{o1}$$

因此,假设两个相同的场效应管(即,$r_{o1} = r_{o2} = r_o, g_{m1} \approx g_{m2} = g_m$)将级联 FET 晶体管的表达式得出为

$$r_{oc} \stackrel{\text{def}}{=} \frac{u_x}{i_x} = (1 + g_{m2}r_{o1})r_{o2} + r_{o1} = r_{o1} + r_{o2} + g_{m2}r_{o1}r_{o2} \approx 2r_o + g_m r_o^2 \approx g_m r_o^2 \tag{6.63}$$

例如,假设单个 JFET 晶体管 $g_m = 6\text{ms}$ 和 $r_o = 75\Omega$,式(6.63)展示了共源共栅晶体管的输出为 $r_{oc} = 34\text{M}\Omega$。即,在目前的技术条件下,共源共源晶体管的输出尽可能接近理想的电流源。注意到,从 J_2 管的角度来看,其漏极处的电阻类似于退化发射极(或源极)的情况。

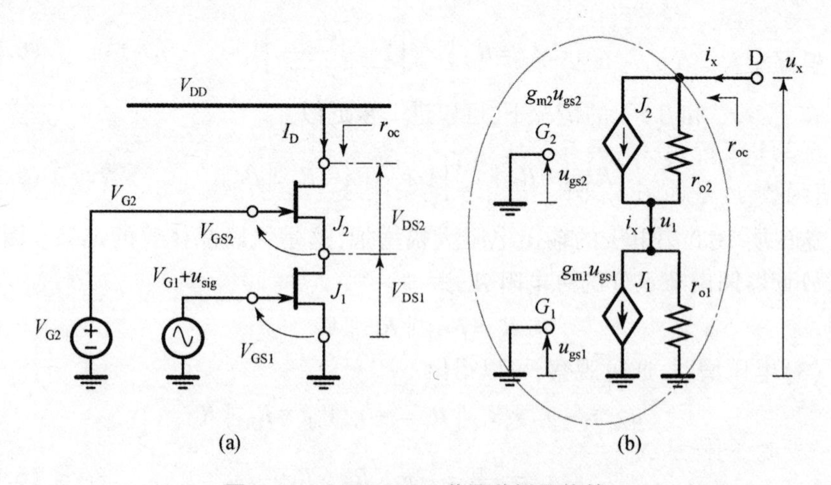

图 6.27 JFET MOS 共源共栅晶体管

6.7　案例研究：双极结型晶体管和共发射极放大器参数

在本节中，根据前面几节的讨论，将给出两个用于确定N型CE放大器参数的设计过程示例。

放大器（或任何其他电路）的设计始于建立集电极电流 I_C 与基极发射极电压 V_{BE} 的传递函数，如图6.28所示。这一功能可以通过仿真得到，也可以在晶体管的数据表中提供。在本例中，偏置电流被任意选择为 $I_{C0}=1\text{mA}$。注意到，这是在设计过程中做出的第一个设置。现代集成电路电子产品通常偏置1μA、10μA或其他类似的“优美的整数”。类似地，一般分立元件电路可以设置为1mA、10mA或一些其他较优美的整数。这种偏置电流的选择极大地简化了所有进一步的计算。

图6.28中的原理图显示了用于产生图6.29中的传递函数的直流模拟设置。作为BJT器件的直流仿真的结果，获得了第一组设计参数：

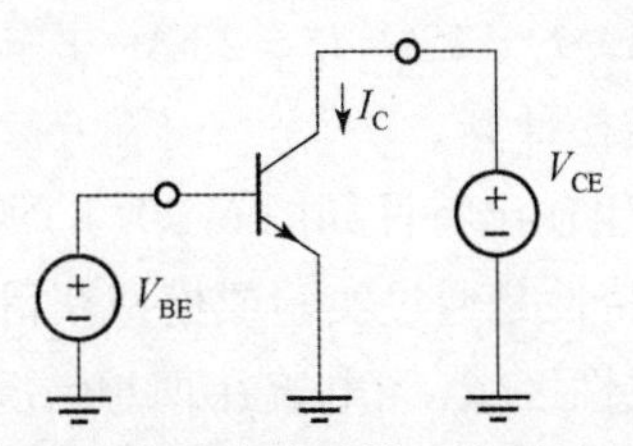

图6.28　NPN BJT模拟直流传输特性示意图 I_C VS. V_{BE} 和 I_C VS. V_{CE}

（1）偏置点：如果 $I_{C0}=1\text{mA}$，对于这个特定的晶体管，那么偏置电压必须是 $V_{BE0}=653\text{mV}$。由于指数关系式（式（4.31）），1mV的分辨率适用于偏置电压，因此，根据图6.29（a）中的传递函数，偏置点设置为

$$(I_{C0},V_{BE0})=(1\text{mA},653\text{mV}) \tag{6.64}$$

（2）BJT g_m 增益：偏置点也由其关联的 g_m 增益来解释。无论是使用SPICE数值函数，还是如图6.29（a）所示手动估计偏置点的切线。一旦选择了偏置点，g_m 增益就已经固定了。手动计算方法基于将毕达哥拉斯定理应用于简单的直角三角形，例如图6.29（a）中的黄色三角形（或任何其他类似的三角形），其结果是

$$g_m=\left.\frac{dI_C}{dV_{BE}}\right|_{(I_{C0},V_{BE0})}=\frac{\Delta I_C}{\Delta V_{BE}}=\frac{(1-0)\text{mA}}{(0.653-0.628)\text{V}}=40\text{mS} \tag{6.65}$$

或者，同样从式（4.35）和式（4.37），在室温下，计算出

$$g_m=\frac{I_C}{V_T}=\frac{1\text{mA}}{25\text{mV}}=40\text{mS} \tag{6.66}$$

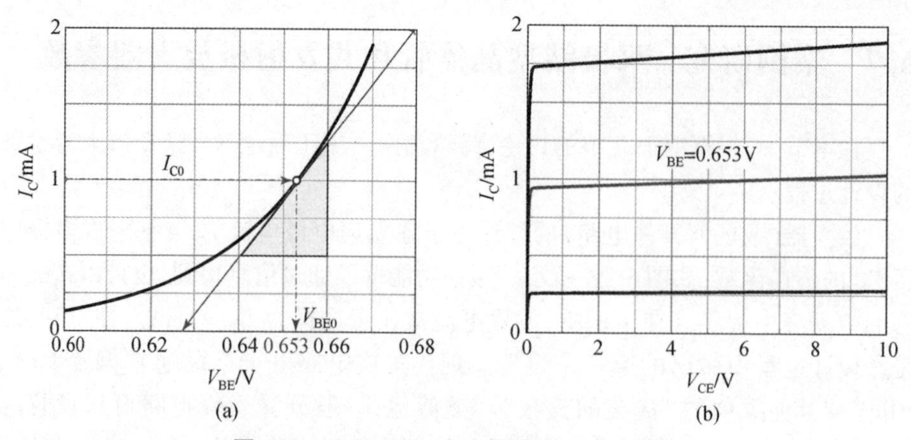

图 6.29　NPN BJT:直流传输特性(见彩图)

(3)发射极电阻 r_e:I_{C0}选择的直接结果是通过式(4.39)发现

$$r_e = \frac{1}{g_m} = \frac{25\text{mV}}{1\text{mA}} = 25\Omega \tag{6.67}$$

请注意,对于 $I_C = 1\text{mA} \to r_e = 25\Omega$、$I_C = 2\text{mA} \to r_e = 12.5\Omega$ 等,上述结果很容易计算,无需计算器即可轻松计算。

(4)集电极电阻 r_o:一组输出特性如图 6.29(b)所示,用于确定各种集电极电流的集电极电阻。这一特性是通过实验或模拟获得的,对于 $I_{C0} = 1\text{mA}$ 的这个特殊晶体管,使用图形的线性区域(当电流在理想情况下是恒定的)来估计集电极电阻,如图 6.30(a)所示。然后,根据式(4.59)和勾股定理,得出

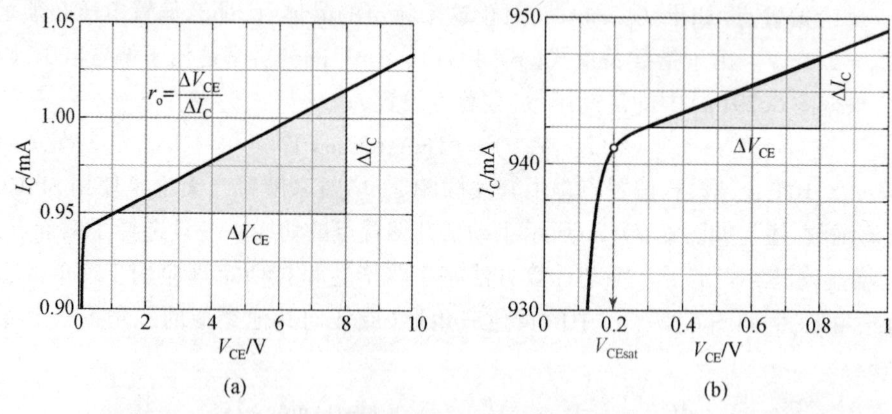

图 6.30　NPN BJT 原理图用于模拟交流传输特性 I_C vs. V_{CE}(见彩图)

$$r_o \overset{\text{def}}{=} \frac{\Delta V_{CE}}{\Delta I_C}\Big|_{V_{BE}=\text{const.}} = \frac{(10-1.1)\text{V}}{(1010-950)\mu\text{A}} = 115\text{k}\Omega \approx 100\text{k}\Omega \tag{6.68}$$

重要的是,要注意较低的 I_{C0} 值具有较小的电流变化,即较高的 r_o。这一关

系为选择偏置电流提供了另一个论据,并允许在必要时进行权衡。

(5)Early 电压 V_A:此技术参数通过图6.29中的曲线外推法计算得出。聚焦于对应于 $I_{C0}=1mA$ 如图6.30(a),以及相似三角形的性质,得出了图6.30(a)的黄色三角形和由 I_{C0} 和 V_A(例如图4.20)形成的三角形的比例方程

$$\frac{\Delta V_{CE}}{\Delta I_C}=\frac{V_A}{I_{C0}}\Rightarrow V_A=I_{C0}\times\frac{\Delta V_{CE}}{\Delta I_{C0}}=1mA\times100k\Omega=100V \tag{6.69}$$

(6)饱和电压 $V_{CE}(min)$:放大到接近(几乎)恒定电流模式结束的区域,图6.30(b)显示集电极电阻保持恒定直到 V_{CE} 降至 $V_{CE}(min)\approx0.2V$。V_{CE} 电压的进一步降低迫使晶体管开始表现为线性电阻,并进入其"线性电阻"工作模式,其中输出电阻 r_o 是 V_{CE} 的直接函数。记住这种关系很重要

$$V_{CE}\geqslant V_{CE}(min) \tag{6.70}$$

进而在电路设计完成后验证其有效性。除非有意将晶体管设置在这种工作模式下,否则如果电路中任何晶体管在验证时显示违反式(6.70),则必须重新设计电路。对于现代晶体管,工艺参数 $V_{CE}(min)$ 通常在100~200mA的范围内。

偏置电流 I_{C0} 的初始选择受到目标应用、当前技术、器件尺寸、功耗、价格等规格的限制,以及偏好权衡。因此,用交流小信号模型来表征BJT晶体管,然后通过"多米诺效应"得到随后的 V_{BE0}、g_m、r_e、r_o、V_A 和 $V_{CE}(min)$ 参数。一旦确定了这些小信号BJT参数,就可以开始电路开发。然而,电路设计是一个迭代的过程,经常被迫返回到第一步,并选择另一个偏置电流值。

6.8　放大器设计流程

在本节中,将简要回顾图6.13中简单BJT共发射极放大器电路的简单设计流程,目的是说明电路设计过程中的一些实际问题,这些困难的主要来源是基础方程组的迭代性质。为了了解设计是如何创建的,我们从创建具有电压增益 A_v 的共发射极放大器的目标开始。

自然地,可以从式(6.37)开始,它给出的上限增益为 $A_V=g_mR_o$。因此,必须两个设计变量 g_m 和 R_o,由于它们的乘积等于 A_V 有无限的可能性可供选择,若没有其他约束,被迫选择两者之一做为基准。所以首先可以选择一个特定的晶体管来给出一个特定范围的 g_m 值。

然后,对于给定晶体管的 g_m,随之确定以下参数:r_e、I_{C0}、V_{BE0}。同时,为了满足式(6.37),对总集电极阻抗值也要进行强制设定。注意到,总的集电极电阻由 $R=R_L\parallel r_o\parallel R_C$ 组成,r_o 是BJT集电极电阻,R_C 是外部集电极电阻,R_L 是外部

负载电阻。

然而,总集电极的电阻 R 与偏置电流 I_{C0} 结合将集电极的直流电压设置为

$$V_C = V_{CE} = V_{CC} - V_{out} = V_{CC} - RI_{C0}$$

这可以追溯到增益 A_V,如图 6.31 所示。可能存在的问题是,产生的 V_{CE} 可能太靠近底部,因此小于 $V_{CE}(\min)$,或者太靠近 V_{CC}。这两种情况都不是好的结果:要么晶体管被关闭(因为 $V_{CE} < V_{CE}(\min)$),要么没有足够的余量来容纳信号。理想情况下,V_{CE} 应在 $V_{CC}/2$ 电平附近,以便为放大信号提供最大的对称裕量。

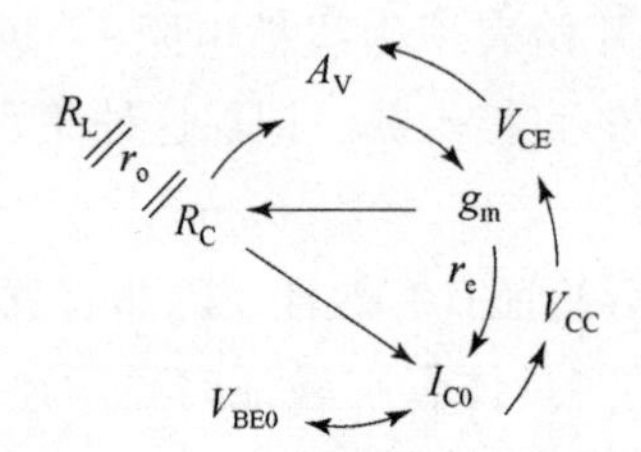

图 6.31 设计变量之间的关系

6.9 总结

本章中,回顾了低频放大器的基本概念,并直观地了解了内部放大器的工作原理。在的回顾中,得出结论,任何放大器的重要参数都是它的输入和输出电阻以及它的增益。还认识到,电压和电流这两个基本的电变量决定了四个可能的放大器传递函数:电压增益 A_V、电流增益 A_i、电压-电流增益 G_m 和电流-电压增益 A_R。

作为放大器设计的第一步,有源器件(BJT 或 FET)的增益由它们的直流工作点来设置,随后的信号分析通过省略偏置电路的细节来简化,即简单地假设设置 G_m 增益。回顾了为有源器件设置稳定的直流工作点的基本电路结构,在第一种近似中,BJT 器件被视为电流放大器,其中电流增益 β 在基极电流和集电极电流之间的关系中充当倍增因子。集电极电流通过阻性负载 R_{ct} 后,R_{ct} 实际上可视为电流-电压放大器,即输入基极电流被放大转变为负载电阻两端的电压。BJT 和 FET 器件的另一种观点是 G_m 放大器的观点,即将输入电压转换为输出电流。

用 RLC 谐振器代替集电极电阻,实现了低频基带放大器向射频放大器的转换。

问题

6.1　例如,设计其增益为 $A_V = 40\text{dB}$ 的电压放大器的模型。理想的放大器模型是两级放大器,其中第一级必须是 G_m 放大器。输入电压信号 v_s 由天线产生,并且将被传递到负载电阻 R_L。

通过假设两个增益级都是:

(1)理想的,即根据需要假设它们各自的输入/输出电阻是理想的;

(2)实际的,即它们各自的输入/输出电阻是非理想的。

评论你的两个解决方案,以及上述假设带来的必要约束。

6.2　在图6.13中设计一个简单的NPN BJT放大器,唯一的目标是使 $A_V = 40\text{dB}$。使用特性如图6.32所示的晶体管。

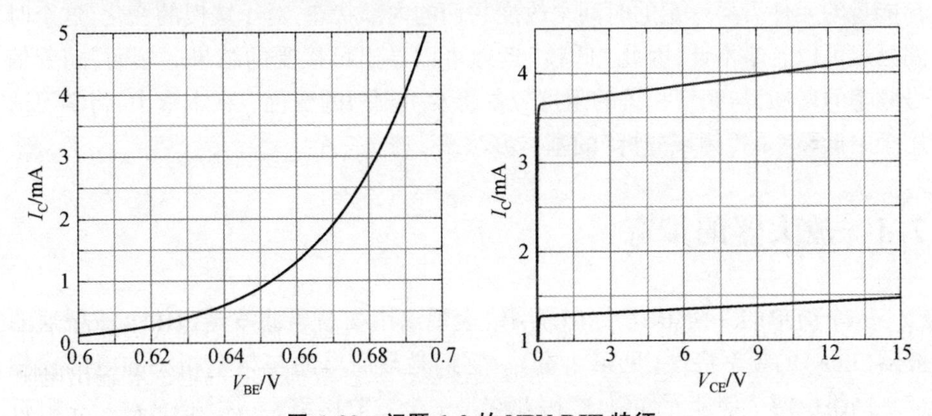

图6.32　问题6.2的NPN BJT特征

6.3　根据问题6.2,计算集电极节点处的最大电阻。

6.4　鉴于问题6.2中的结果和经验,提出对初始设定的修改和可能的设计流程,以实现新目标。

6.5　设计偏置电路,以支持问题6.4中设计的共发射极BJT放大器。你能提出多少可能的解决方案?

6.6　通过SPICE仿真,在航空航天和军用标准规定的温度范围内,即从 -55 ~ +125℃,验证问题6.5中设计的放大器的功能。结果显示了什么?你认为这一结果的原因是什么?你能提出一个可能的补救办法吗?

6.7　通过添加外部发射极电阻 R_E 来修改问题6.4的设计解决方案,同时保持所获得的增益 A_v。

6.8　比较问题6.5和问题6.7中设计的两个放大器在相同温度范围 -55 ~ +125℃下的性能。解释观察到的模拟结果。

6.9　根据您选择的NFET和JFET晶体管设计类似的放大器,并与你基于NPN BJT的最佳解决方案进行比较,评论三种功放优缺点。

第 7 章

放大器频域分析

到目前为止,在本书中使用频率分析实现了放大器和其他电子电路快速和相对简便的分析和设计。该方法基于一个简单的假设,即该电路能够接收和处理包括从负无穷大到正无穷大的所有频率的信号。尽管如此,已经知道能够储存能量的元件需要一定的时间来改变它们的内部状态,对于缓慢的变化,这个时间延迟可以忽略不计,因此“低频”近似可以导出可接受的结果。然而,随着信号频率的增加,与频率相关的阻抗分量将发生剧烈的变化。在本章中,将学习适用于中低频率的“频域分析”的基本方法。

7.1 放大器的带宽

一个简单的一阶 RC(或 RL)网络表现出诸如高通滤波器(HPF)或低通滤波器(LPF)的频率特性(见第 3 章)。它们是最简单的与频率相关的电路模型(LC 网络由两个储能元件组成,因此它是一个二阶网络)。原则上,对于一阶近似,任何电路都可以简化并将其近似等价为 RC 或 RL 网络。换句话说,确定放大器频域响应的实用技术包括一系列电路简化,直到实现和分析简单的 RC 或 RL 网络。

复杂的组件(即 C 或 L)实际上是频率控制的电阻,其产生的电压/电流分配器的增益也与频率相关。同时,现实的通信系统都是基于多音信号处理的(见 9.1.2节),如方波和其他调制波形,而不仅仅是单一的正弦波形。因此,重要的是要确定用于射频应用的放大器的“频率带宽”,即可接受的频率范围(或 I/O 信号的频谱)。

典型电子电路的频率特性如图 7.1 所示,其中三个明显的分区清晰可见:

(1)低频频段:这个区域是直流频率分量被高频滤波器支路的无穷大电阻完全阻挡的特性(见第 3.2 和 3.3 节)。在分贝尺度上,直流增益限制到负无穷(即直流意味着 $\omega=0$,因此 $\lg(0)=-\infty$)。接近直流的极低频率,在极低频到 ω_L 范围内,被高通滤波器以 +20dB/十倍频进行增加。该边界频率取相对于以分贝测量的最大振幅衰减 -3dB 的频点。这个区域主要是由电路中较大的电容/电感元件影响的结果,注意到这个区域的大部分相位为 π/2。但是,在 ω_L 时,相位是 π/4。

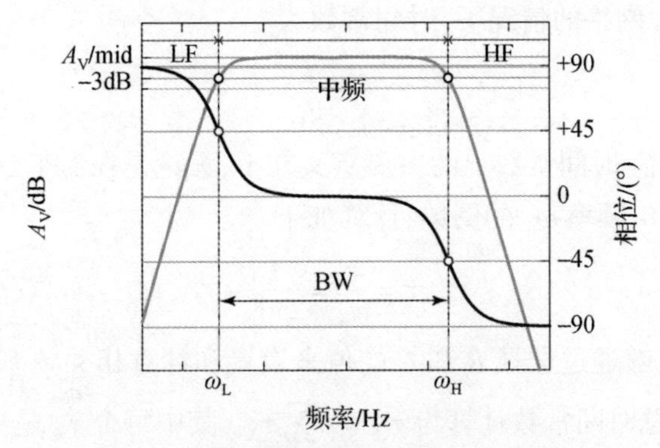

图 7.1 典型频率带宽分布图及其定义

(2)中频带:该区域的特点是在从 ω_L 到 ω_H 的较大频率范围内具有较平坦的增益。此处,所有外部和内部电容都被忽略:外部电容被短路,内部寄生电容被省略。这个频率范围很重要,通常称为“带宽”(BW),在线性电路的情况下,“增益-带宽”(GBW)乘积的定义为

$$\mathrm{GBW} \stackrel{\mathrm{def}}{=} A_{V_{\mathrm{mid}}} \times \mathrm{BW} \tag{7.1}$$

在线性电路的情况下 GBW 是一个常量。式(7.1)表明,可以通过减少增益来增加带宽,反之亦然。这种权衡通常用于放大器设计中,以实现所需的高窄带增益或低宽带增益。中频带末端的-3dB 频率由 ω_H 设置。注意到,对于大部分中频带区域,相位为零(即电路传递函数为实数)。

(3)高频频段:该高频区域的低通滤波衰减始于 ω_H 频率,这是 BJT/MOS 器件中的输出电阻和小寄生电容产生的等效低通滤波器的-3dB 点。当电路降低到一阶低通滤波时,衰减率为-20dB/十倍频,相应的相位如图 7.1 所示。注意到,这个区域的大部分相位是-π/2,而在 ω_H 的相位是-π/4。

进行频率分析的目的是确定放大器的带宽,即放大器处理的信号的可能频率范围。实际上,此分析分四个步骤进行:①计算中频带增益,适当忽略所有电容;②低频分析仅考虑外部阻抗;③高频分析仅包括内部寄生阻抗;④创建主体图。

7.2 频域分析基本概念

关于单晶体管放大器频率分析的“关键参数”如下。

(1)时间常数 τ:值得注意的是,电阻(单位为 Ω)和电容(单位为 F)这两个

基本电变量的乘积会产生时间的物理变量(单位为 s)

$$\tau = RC \tag{7.2}$$

同样,在 RL 网络的情况下,时间常数为

$$\tau = \frac{L}{R} \tag{7.3}$$

(2)3dB 频率:时间常数 τ 的主要意义在于,无论是在 LPF 还是 HPF 的情况下,它都等于 3dB 频率 ω_0 的倒数,计算如下

$$\tau = \frac{1}{\omega_0} = \frac{1}{2\pi f_0} \tag{7.4}$$

这使我们能够通过选择 R 和 C 的值来设置和计算相关频率范围的边界;在多极的情况下,总时间常数计算为 $\tau_H \cong \sum \tau_K$,其中每个 τ_K 是独立计算的。

(3)零点:由于电抗元件特性,得到的传递函数 $A(s)$ 是复变量 $s = j\omega$ 的复数和有理函数,其因式分解形式写为

$$A(s) = A_0 \frac{(s-z_1)(s-z_2)(s-z_3)\cdots}{(s-p_1)(s-p_2)(s-p_3)\cdots} \tag{7.5}$$

式中:$z_1, z_2, z_3, \cdots$ 称为函数 $A(s)$ 的"零点"。这个术语来自代数,了解到如果分子中的任何一个因子等于0,那么 $A(z_i)$ 的幅值就会被强制为零。即

$$s - z_1 = 0 \Rightarrow s = z_1 \Rightarrow A(s) = 0$$

$$s - z_2 = 0 \Rightarrow s = z_2 \Rightarrow A(s) = 0$$

通过设置 $s = j\omega = 2\pi f$,对上述代数推理给出如下物理解释:在频域中,传递函数 $A(j\omega)$ 的增益在频率 $f_1, f_2, \cdots$ 处变为零,计算得到

$$s = z_1 \Rightarrow j\omega_1 = j2\pi f_1 = z_1 \Rightarrow f_1 = \frac{z_1}{j2\pi}$$

$$s = z_2 \Rightarrow j\omega_2 = j2\pi f_2 = z_2 \Rightarrow f_2 = \frac{z_2}{j2\pi}$$

简而言之,$A(j\omega)$ 的因式分解形式(式(7.5))传达了 z_i 的数值数学意义上(它们就是数字),这些数值很容易转换成 ω_i 和 f_i(它们转变为具有物理意义的值)。在频率响应函数的分段线性近似中(见第 1.6 节),我们发现在频率 f_1、f_2 等处,对于随后频率的每十倍增加、增益函数 $A(s)$ 开始以 +20dB 的速率增加,从而得到" +20dB/dec"的表达式。精确计算显示增益为 $1/\sqrt{2} = -3$dB,因此" +3dB 极点频率"表达式(例如图 1.26)。

(4)极点:$A(s)$ 函数(式(7.5))的另一个极端是当它的分母等于零时,即 $s_i = p_i$,这将迫使 $A(s) \to \infty$ 的幅度,从而在每个相应的频率上传递函数的"极点"。在频率响应函数的分段线性逼近(见 1.6 节)中,频率 f_1、f_2 等对应于频率

响应的各个极点(即增益)函数 $A(s)$ 在频率每增加十倍的情况下以 -20dB 开始减小,从而得到" -20dB/dec"的表达式。精确的计算显示增益为 $1/\sqrt{2} = -3\text{dB}$,从而得到" -3dB 零点频率"表达式(例如图 1.28)。

(5)主极点 f_0:如式(7.5)所示,在具有多个极点和零点的电路的情况下,有两种可能的情况。如果极点频率和零点频率完全分开,那么可以认为它们之间没有显著的相互作用。在这种情况下,可认为对应最高频率的极点占主导地位,其他极点被忽略。注意到,在单极网络中,已经只有一个极点,因此它是主导的。然而,在多个极点和零点的情况下,可以发现主极点频率 f_0 非常接近

$$f_0 \cong \frac{1}{\sqrt{\frac{1}{f_{p_1}^2} + \frac{1}{f_{p_2}^2} + \cdots - \frac{2}{f_{z_1}^2} - \frac{2}{f_{z_2}^2} - \cdots}} \tag{7.6}$$

这再次帮助我们通过使用单极点模型来近似多极点电路。

例 48:主极点估计

如果放大器的传递函数包含两个极点和一个零频率:$f_{p_1} = 10\text{kHz}$, $f_{p_2} = 50\text{kHz}$, $f_{z_1} = 100\text{kHz}$,则估计主极点。

解 48:直接使用式(7.6)

$$f_0 = \frac{1}{\sqrt{\frac{1}{f_{p_1}^2} + \frac{1}{f_{p_2}^2} - \frac{2}{f_{z_1}^2}}} = \frac{1}{\sqrt{\frac{1}{10\text{kHz}^2} + \frac{1}{50\text{kHz}^2} - \frac{2}{100\text{kHz}^2}}} = 9.76\text{kHz}$$

它非常接近于 $f_{p_1} = 10\text{kHz}$,因为第二极和零点"足够"远,因此可以在不进行上述计算的情况下进行近似。

7.3　单级放大器的频域分析

在本节中,将回顾电路简化方法,这些方法能够估计时间常数,即在三个基本的单晶体管放大器中找到的极点和零点。有了这些信息,可以进一步估计可以放大的输入信号频率的频率范围,或者衰减的输入信号频率的频率范围,而观察法是基于与每个 RC 分支相关联的近似时间常数的。

7.3.1　共发射极放大器的时间常数

在频率无关分析中,假设所有内部分立电容器都近似为短连接(即大电容器或高频情况)。换句话说,假设理想的频率无关的放大器能将所有输入从直流放大到无限频率信号进行无差别大放大。在本节中,估计实际放大器的频率限制,即确定能够放大和衰减的信号频率范围。在第一个近似值中,仅考虑相对

于有源器件中的内部寄生电容而言较大的外部分立电容器,因此这种近似被称为“低频分析”。

在这种技术中,目标是将给定的电路简化为网络中的每个 C 都能“看到”的简单等效电阻 R。图 7.2 中共基极放大器中,连接到三个离散电容器 C_1、C_2、C_3 的等效电阻是由电路简化技术确定的。因此,三个相关的时间常数如下:

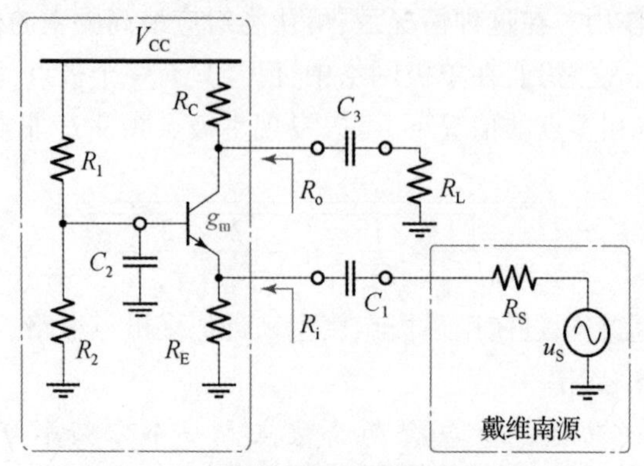

图 7.2　由戴维南源驱动的共基级放大器

(1)输入侧节点:只关注将电压源 u_S 连接到 CB 输入端子的 C_1,并搜索该电容器所感知的等效电阻。电压源 u_S 的电阻为零,因此它是短路的,它将 R_S 的底部节点连接到地,而其另一个节点保持连接到 C_1。如图 7.3(a)所示,C_1 的第二个端子的电阻相当于共基极放大器的 R_i。已经发现(见式(6.24))共基极放大器的输入侧电阻等于

$$R_i = R_E \parallel \left(r_e + \frac{R_B}{\beta + 1}\right) \tag{7.7}$$

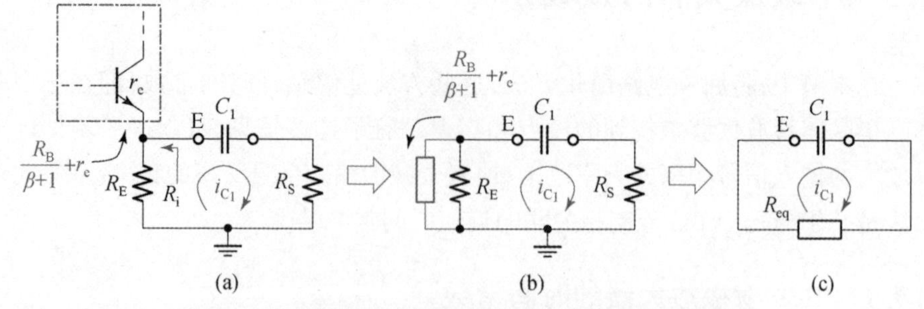

图 7.3　与共基极放大器输入端子连接的等效 RC 网络

跟随电容器的电流 i_C 的流动,通过观察图 7.3 可以写出

$$R_{eq} = R_S + R_i = R_S + R_E \parallel \left(r_e + \frac{R_B}{\beta + 1}\right)$$

将其代入式(7.2)后,输入端时间常数 τ_1 的表达式为

$$\tau_1 = C_1\left[R_S + R_E \parallel \left(r_e + \frac{R_B}{\beta+1}\right)\right] \tag{7.8}$$

$R_{eq}C_1$ 回路中的一个内部节点连接到直流接地这一事实并没有改变 R_S 和 R_i 串联的结论，交流电流 i_C 的路径有助于确定电阻是串联还是并联。

(2)基极节点：电容器 C_2 在基极端产生交流接地。发现如图7.4所示，一方面 C_2 连接到地，另一方面连接到由 R_B 和虚拟等效电阻并联组成的等效电阻 R_{eq}，如

$$R_{eq} = R_B \parallel (\beta+1)(R_E + r_e)$$

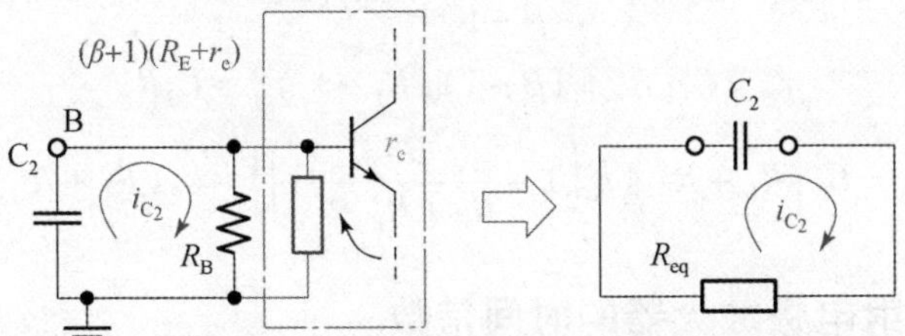

图7.4　与共基级放大器的基极连接的等效RC网络

将其代入式(7.3)中后，第二个时间常数 τ_2 为

$$\tau_2 = C_2[R_B \parallel (\beta+1)(R_E + r_e)] \tag{7.9}$$

(3)输出节点：在信号到达输出侧之后，电容器 C_3 的一侧连接到 R_L，另一侧连接到与集电极节点连接的等效电阻 R_{OUT} 如图7.5所示。因此，通过观察，可以写出

$$R_{OUT} = R_C \parallel r_o\left(1 + \frac{\beta R_E}{R_E + R_B + r_\pi}\right)$$

$$R_{eq} = R_L + R_{OUT} = R_L + R_C \parallel r_o\left(1 + \frac{\beta R_E}{R_E + R_B + r_\pi}\right)$$

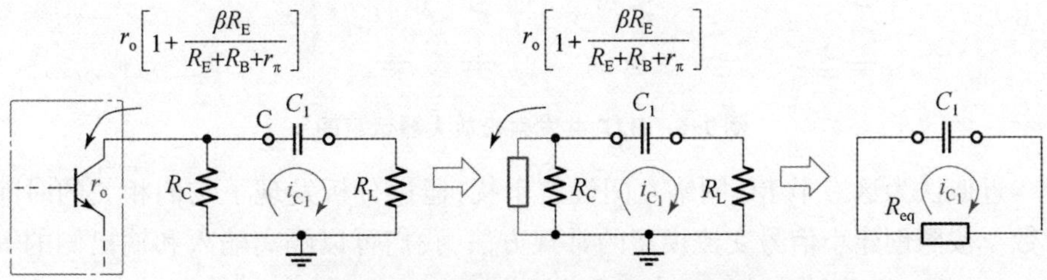

图7.5　与共基极放大器的输出端连接的等效RC网络

$$\tau_3 = C_3\left[R_L + R_C \parallel r_o\left(1 + \frac{\beta R_E}{R_E + R_B + r_\pi}\right)\right] \tag{7.10}$$

等效RC电路网络决定了时间常数的性质，即它是属于极点还是零点。如

果电容器在信号的路径上,则它产生零值(即阻塞信号的直流分量,因为如果 $f \to 0$,则 $Z_C = 1/(2\pi fC) \to \infty$),因此它是高通滤波器。如果电容器提供到地的路径(因为如果 $f \to \infty$,则 $Z_C = 1/(2\pi fC) \to 0$),即它短路信号的高频分量,从而创建低通滤波接口。

示例 49:共基极放大器的时间常量

假设 $\beta \to \infty$ 和 $R_E \gg r_e$,重新估算共基极放大器的时间常数 τ_1、τ_2、和 τ_3。

解 49:给定数据,得到以下近似值

$$\tau_1 = C_1\left[R_S + R_E \parallel \left(r_e + \frac{R_B}{\beta + 1}\right)\right] \approx C_1(R_S + R_E \parallel r_e) \approx C_1 R_S$$

$$\tau_2 = C_2[R_B \parallel (\beta + 1)(R_E + r_e)] \approx C_2 R_B$$

$$\tau_3 = C_3\left[R_L + R_C \parallel r_o\left(1 + \frac{\beta R_E}{R_E + R_B + r_\pi}\right)\right] \approx C_3(R_L + R_C)$$

7.3.2 共发射电极放大器的时间常数

共发射极放大器中的三个主电容器(图 7.6)中的每一个都在放大器运行期间不断地充电和放电,它们各自的端子上都有一个等效的电阻连接。这些电阻提供了充电/放电电流路径,实际上决定了总放大器的频率响应。

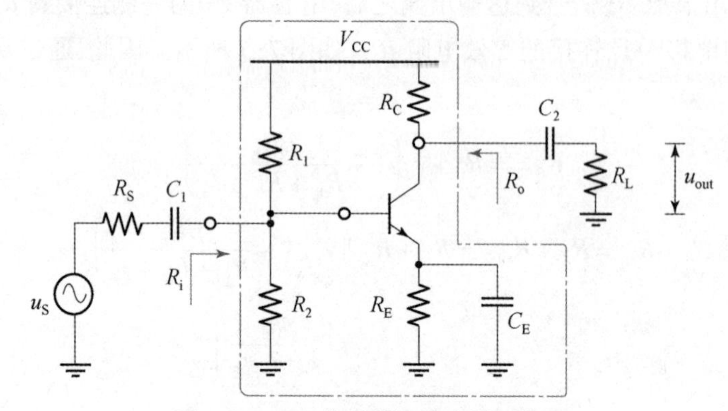

图 7.6 BJT 共发射极放大器示意图

近似认为这三个 RC 网络之间没有干扰,通过分析发现了它们相关的时间常数。按照创建小信号交流模型的常规方法,我们可以隔离输入和输出侧的等效 RC 电路,以及连接到发射极端子的网络。

(1) 由 C_1 引起的时间常数:图 7.7 中的电路变换序列使我们能够使用"观察法"来确定由 $R_{eq}C_1$ 网络引起的时间常数,并且可以写出

$$R_{eq_1} = R_S + R_1 \parallel R_2 \parallel r_e(\beta + 1) \approx R_S + R_1 \parallel R_2 \parallel \beta r_e$$

$$\tau_1 = R_{eq_1} C_1 = [R_S + R_B \parallel (\beta + 1) r_e] C_1, (R_B = R_1 \parallel R_2) \tag{7.11}$$

因此

$$\omega_{\tau_1} = \frac{1}{[R_S + R_B \parallel (\beta+1) r_e] C_1} \tag{7.12}$$

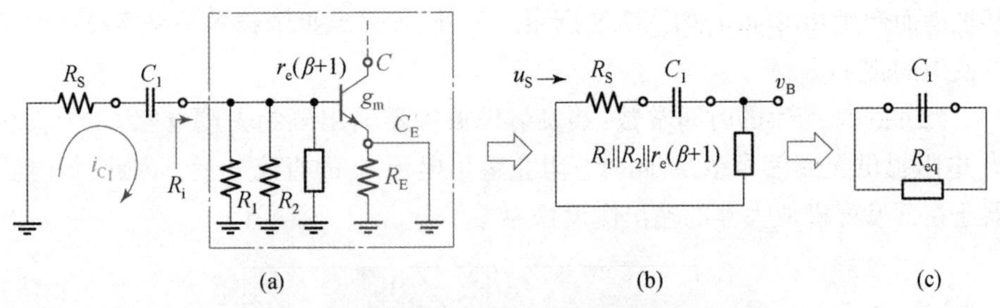

图7.7　共发射极放大器输入端的等效RC网络

通过电路简化技术找到的时间常数给出了由于 C_1 而导致的总体增益传递函数的极点/零点的频率。因此,在这种特殊情况下,有必要考察出这个常数的性质。

电容器 C_1 将串联阻抗插入到输入信号的路径中,因此它阻止了输入信号电流 i_{C_1} 的直流分量。换句话说,在直流频率下信号增益为零。由一侧的(R_S,C_1)和另一侧的总等效基极电阻 $R'_B = R_b \parallel r_e(\beta+1)$ 形成的RC分压器的增益明显地与频率有关。因此,观察到该分压器的直流增益为零,因为在这种情况下 $Z_{C_1} \to \infty$,从而阻止直流信号电流。在频谱的另一边,在高频时,电容阻抗变为 $Z_{C_1} \to 0$,这将该RC网络转换为简单的阻性分压器。通过分析图7.7(b),可以写出

$$u_B = \frac{u_S}{R_S + Z_{C_1} + R'_B} R'_B$$

$$A_1 \stackrel{\text{def}}{=} \frac{u_B}{u_S} = \frac{R'_B}{R_S + \dfrac{1}{j\omega C_1} + R'_B} = \frac{j\omega C_1 R'_B}{1 + j\omega C_1 (R_S + R'_B)} = \underbrace{\frac{R'_B}{R_S + R'_B}}_{a_{01}} \frac{j\dfrac{\omega}{\omega_{\tau_1}}}{1 + j\dfrac{\omega}{\omega_{\tau_1}}} \tag{7.13}$$

式中:直流增益由基极节点上的等效电阻分压器确定

$$a_{01} = \frac{R'_B}{R_S + R'_B} \tag{7.14}$$

$a_{01} < 1$(即在对数刻度中为负数)总是正确的。总增益传递函数(式(7.13))以对数标度表示为

$$20\lg(A_1) = +\underbrace{20\lg(a_{01})}_{(1)\text{Sect. 1.6.1}} + \underbrace{20\lg\left(j\frac{\omega}{\omega_{\tau_1}}\right)}_{(2)\text{Sect. 1.6.2}} - \underbrace{20\lg\left(1 + j\frac{\omega}{\omega_{\tau_1}}\right)}_{(3)\text{Sect. 1.6.3}} \tag{7.15}$$

这是一阶网络(仅使用一个能量存储元件),其中式(7.15)中的三个项清楚地表明:①由于电阻分压器,直流增益 a_{01} 项(即 $\omega = 0$);②零点形成项;③极点形

成项。因此,在对数/对数标度中,总频率响应;④可导出为式(7.15)中三项的简单总和①。我们注意到在相同的频率 ω_{τ_1} 处获得极点(贡献 -20dB/dec)和零点(贡献 +20dB/dec)。因此,对于高于 ω_{τ_1} 的频率和整体 HPF 频率响应,它们相互抵消而产生 0dB/dec,如图 7.8 所示。另外,零极点抵消技术是电路设计中经常使用的技术。

(2)由 C_2 产生的时间常数:共发射极放大器输出侧的去耦电容 C_2 为负载 R_L 电阻提供交流信号路径,同时它阻止输出电流 i_{C_2} 的直流分量。因此,该电容器还在共发射极放大器的输出侧设置为零。

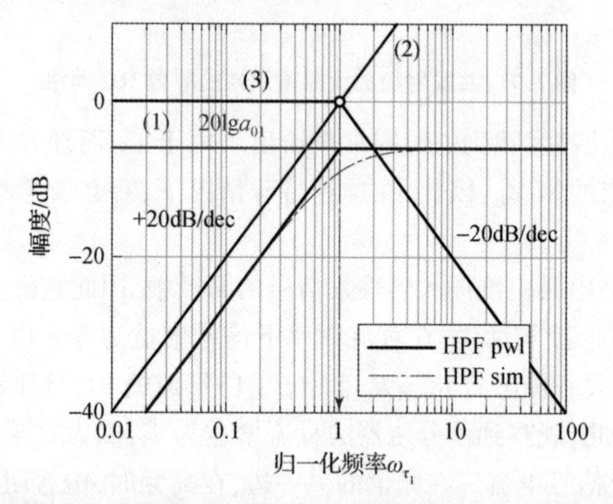

图 7.8　共发射极放大器等效输入侧网络的 HPF 增益函数(分段近似(4)由式(7.15)中的三项之和得到,及其模拟的交流曲线(红色))(见彩图)

通过观察图 7.9(b),我们发现 RC 分压器由一侧的 $r_o \parallel R_C$ 和 Z_{C_2} 和另一侧的 R_L 组成。在高频下,这个 RC 分压器也转换为一个由 $r_o \parallel R_C$ 和 R_L 组成的简单电阻分压器。因此,可以得出结论,这个 RC 网络的频率响应与式(7.15)和图 7.8 中的形式相同。然而,通过观察图 7.9(b),可以写出

$$R_{eq} = r_o \parallel R_C + R_L \approx R_C + R_L \text{ 当}(r_o \gg R_C) \tag{7.16}$$

$$\tau_2 = (r_o \parallel R_C + R_L)C_2 \approx (R_C + R_L)C_2 \tag{7.17}$$

这决定了极点/零点频率

$$\omega_{\tau_2} = \frac{1}{\tau_2} = \frac{1}{(r_o \parallel R_C + R_L)C_2} \tag{7.18}$$

旁路电容 C_E 连接在发射极端和地之间,因此没有发射极退化,换句话说,集电极电阻为零。此外,通过分析图 7.9(b),发现电阻分压器(当 $Z_{C_2}=0$ 时)的增益

① 请查阅 1.6 节。

$$a_{02} = \frac{R_{\mathrm{L}}}{r_{\mathrm{o}} \parallel R_{\mathrm{C}} + R_{\mathrm{L}}} \tag{7.19}$$

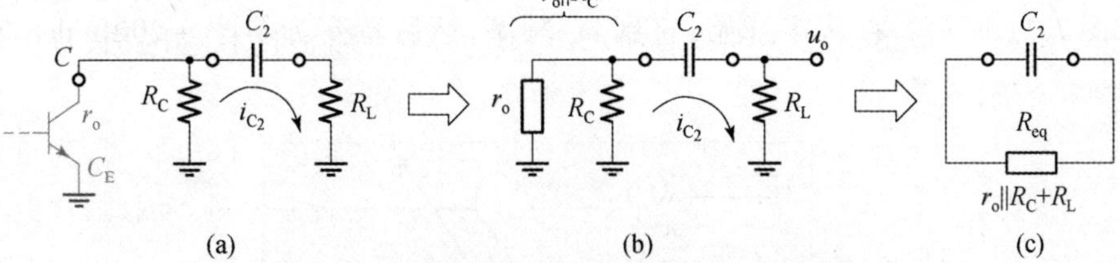

图 7.9　共发射极放大器输出端的等效 RC 网络

(3) 由 C_{E} 产生的时间常数：与 C_1 和 C_2 相反，详细的分析表明，电容器 C_{E} 产生的零点和极点对彼此不抵消，它们出现在两个不同的频率点(图 7.10)。

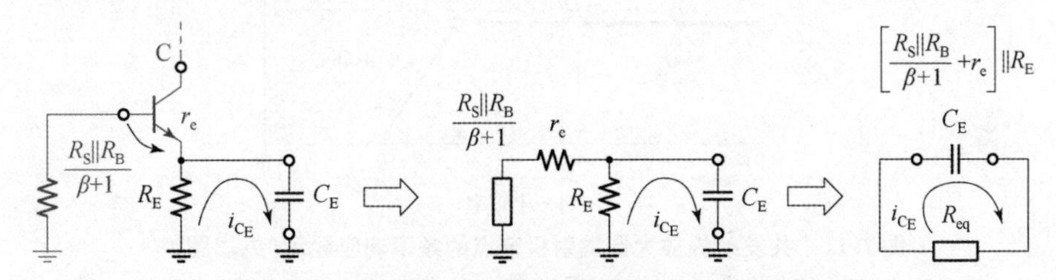

图 7.10　共发射极放大器发射极节点的等效 RC 网络

①由于 C_{E} 不为零：在直流时，离开发射极节点的输入信号电流只能通过 R_{E} 到达地节点(因为 Z_{CE}(直流) = ∞)。因此，在这种情况下，直流增益不为零。相反，正如在前几章中已经发现的，共发射极放大器电压增益[①] A_{V} 处于其最小理论值

$$a_{03} \approx \frac{R_{\mathrm{C}}}{R_{\mathrm{E}}} \quad (r_{\mathrm{o}}, R_{\mathrm{L}} \to \infty, R_{\mathrm{E}} \gg r_{\mathrm{e}}) \tag{7.20}$$

式中：通常为 $a_{03} > 1$。因此，在对数/对数比例中，直流增益是一个正数，如图 7.11 中的常量函数(1)所示。

然而，随着信号频率从直流开始增加，C_{E} 的阻抗减小，从而导致发射极总阻抗 $R'_{\mathrm{E}} = R_{\mathrm{E}} \parallel Z_{\mathrm{CE}}$ 也减小。因此，电压增益 $|A_{\mathrm{V}}| \approx R_{\mathrm{C}}/R'_{\mathrm{E}}$ 以 +20dB/dec 速率逐渐增加[②]。

因此，传递函数中有一个零点，其时间常数 τ_{z} 很简单

$$\tau_{\mathrm{z}} = R_{\mathrm{E}} C_{\mathrm{E}} \tag{7.21}$$

---

①　CE 放大器的电压增益相当于集电极总电阻与发射极总电阻之比。

②　参见 1.6.3 节。

$$\omega_z = \frac{1}{R_E C_E} \tag{7.22}$$

在对数/对数标度中,该零点形成项是斜率为 +20dB/dec 的分段函数(2),如图 7.11 所示。它从零开始,直到 ω_z 频率,然后转变为斜率 +20dB/dec 的直线。

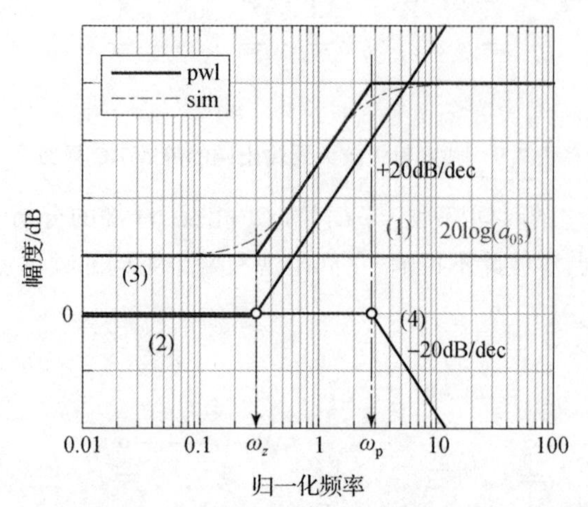

图 7.11　共发射极放大器发射极节点的频率响应显示(见彩图)

(1)直流增益项;(2)零点项;(3)极点项;(4)分段线性和(黑色实心)以及模拟的交流曲线(实心细红色)。

②C_E 引起的极点:如图 7.10 所示,注意到 C_E 的一个端子接地,而它感知到由其另一侧的总发射极电阻传递的信号。因此,该网络等效于 RC 分压器,其在 $Z_{C_E}=0$ 时在高频处增益为零。换句话说,该 RC 网络等效于[1]低通滤波器,通过观察发现其极点频率 $\omega_p(C_E)$ 为

$$\tau_p = R_{eq} C_E = \left[\left(\frac{R_S \parallel R_B}{\beta+1} + r_e\right) \parallel R_E\right] C_E \tag{7.23}$$

$$\omega_p = \frac{1}{\left[\left(\frac{R_S \parallel R_B}{\beta+1} + r_e\right) \parallel R_E\right] C_E} \tag{7.24}$$

尽管看起来很复杂,但式(7.24)是通过观察共发射极放大器电路的发射极节点并进行图 7.10 中的电路变换时快速地得出的。

7.3.3　案例研究:共射电极放大器的零极点

问题:估计图 7.6 共射极放大器的分段线性波特图。将人工推导出的结果与交流仿真进行比较,估计仿真的带宽,然后说明如何实现更宽的带宽。数据:

① 参见 3.2.2 节。

$R_1=2.5\text{k}\Omega, R_2=1\text{k}\Omega, R_S=50\Omega, R_C=1250\Omega, R_E=500\Omega, R_L=100\text{k}\Omega, r_o=5\text{k}\Omega, C_1=10\mu\text{F}, C_2=80\text{nF}, C_E=200\text{nF}, g_m=160\text{mS}, \beta=200$。

解:知道 g_m 后,我们可以得到发射极电阻,即 $r_e=1/g_m=6.250\Omega$(见式(4.39))。尽管在本例中没有明确要求,但快速估计室温下偏置电流的上限是有用的(见式(4.14)、式(4.37)),则

$$I_{C0}=g_m V_T=g_m\frac{kT}{q}\approx 160\text{mS}\times 25\text{mV}=4\text{mA}$$

这是在测量 g_m 的偏置点处找到的分立晶体管的合理电流水平(牢记在BJT模型中假设 $n=1$)。

(1)中频带增益计算:中频带范围内的放大器增益 A_{V0} 是在假设 C_E 电容器未被忽略的情况下计算的,即它绕过 R_E 并将交流接地到发射器节点。

参考式(6.46),估计了 C_E 放大器的中频带增益。为了说明可能的近似值,对中频带增益的逐渐地精确的计算方法如下

$$(R_L,\beta,r_o\to\infty)\ |A_{V0}|=|-g_m R_C|=\frac{R_C}{r_e}=\frac{1250\Omega}{6.250\Omega}=200\text{V/V}=46\text{dB}$$

$$(R_L,\beta\to\infty)\ |A_{V0}|=|-g_m R_C\parallel r_o|=\frac{R_C\parallel r_o}{r_e}=\frac{1000\Omega}{6.250\Omega}=158.4\text{V/V}=44\text{dB}$$

$$(R_L\to\infty)\ |A_{V0}|=\left|-\frac{R_C\parallel r_o}{r_e+\dfrac{R_B}{\beta}}\right|=\frac{1\text{k}\Omega}{9.821\Omega}=101.8\text{V/V}=40.2\text{dB}$$

$$|A_{V0}|=\left|-\frac{R_C\parallel r_o\parallel R_L}{r_e+\dfrac{R_B}{\beta}}\right|=\frac{990.1\Omega}{9.821\Omega}=100.8\text{V/V}=40.1\text{dB}$$

上述结果说明在考虑实际参数和负载电阻的情况下,中频带增益(对于带有理想晶体管的空载放大器)如何从46dB降低到 $A_{V0}=40\text{dB}$,即 ω_p 频率之后的增益水平。

(2)低频带增益计算:在直流阻抗 Z_{CE} 等于无穷大时,这意味着不能绕过 R_E。因此,由于相对于其最小值 r_e,总发射极电阻增加,因此放大器增益减小(见6.4.4节)。

为了说明可能的近似值,不断精确的直流增益计算过程如下:

$$(R_L,\beta,r_o\to\infty)\ |A_{DC}|=\frac{R_C}{R_E}=\frac{1250\Omega}{500\Omega}=2.5\text{V/V}=8\text{dB}$$

$$(R_L,\beta\to\infty)\ |A_{DC}|=\frac{R_C\parallel r_o}{R_E}=\frac{1000\Omega}{500\Omega}=2\text{V/V}=6.02\text{dB}$$

$$(\beta\to\infty)\ |A_{DC}|=\frac{R_C\parallel r_o\parallel R_L}{R_E}=\frac{990.1\Omega}{500\Omega}=1.98\text{V/V}=5.93\text{dB}$$

$$|A_{DC}| = \frac{R_C \parallel r_o \parallel R_L}{R_E + \frac{R_B}{\beta}} = \frac{990.1\Omega}{503.6\Omega} = 1.97\text{V/V} = 5.87\text{dB}$$

上述结果表明,对于给定的 R_C,由于 R_E 本身的原因,低频增益被限制在 8dB 以内,而其他实际参数的加入使低频增益进一步降低到大约 5.9dB。还注意到,这一增益是式(7.14)、式(7.19)和式(7.20)之和的结果。

(3)零极点计算:三个主要的离散电容器根据式(7.12)、式(7.18)、式(7.22)和式(7.24)确定传递函数中的极点和零点的时间常数。

①过渡频率 f_{τ_1} 和由 C_1 引起的直流增益:显然,由于 C_1 在其路径上串联,输入直流信号被阻断,因此 C_1 创建了高通滤波器(见 7.3.2 节和图 7.8),其过渡频率为

$$(\beta\to\infty) f_{\tau_1} = \frac{1}{2\pi C_1 (R_S + R_B)} = \frac{1}{2\pi \times 10\mu\text{F} \times (50\Omega + 714.3\Omega)} = 20.8\text{Hz}$$

$$(\beta\neq\infty) f_{\tau_1} = \frac{1}{2\pi C_1 (R_S + R_B \parallel \beta r_e)} = \frac{1}{2\pi \times 10\mu\text{F} \times (50\Omega + 526.2\Omega)} = 30.2\text{Hz}$$

根据式(7.14),首先计算 $R'_B = R_B \parallel r_e(\beta+1) = 455.4\Omega$。因此,直流增益计算如下

$$a_{01} = \frac{R'_B}{R_S + R'_B} = \frac{455.4\Omega}{50\Omega + 455.4\Omega} = 0.9\text{V/V} = -0.9\text{dB}$$

这个高通滤波函数在图 1.33(a)中标记为(1)。它显示每十倍频斜率 + 20dB/dec,直到过渡频率 f_{τ_1} 达到 $a_{01} = -0.9$dB 增益水平。

②过渡频率 f_{τ_2} 和 C_2 引起的直流增益:集电极侧电阻和 C_2 引起的时间常数也会影响高通滤波曲线

$$(r_o\to\infty) f_{\tau_2} = \frac{1}{2\pi C_2 (R_C + R_L)} = \frac{1}{2\pi \times 80\text{nF} \times (1250\Omega + 100\text{k}\Omega)} = 19.6\text{Hz}$$

$$(r_o\neq\infty) f_{\tau_2} = \frac{1}{2\pi C_2 (R_C \parallel r_o + R_L)} = \frac{1}{(2\pi \times 80\text{nF} \times 101\text{k}\Omega)} = 19.7\text{Hz}$$

根据式(7.19),直流增益计算为

$$a_{02} = \frac{R_L}{r_o \parallel R_C + R_L} = \frac{100\text{k}\Omega}{5\text{k}\Omega \parallel 1250\Omega + 100\text{k}\Omega} = 0.99\text{V/V} = -0.1\text{dB}$$

这个高通滤波函数在图 7.12(a)中标记为曲线(2)。它还显示斜率为每十倍频增长 20dB,直到过渡频率 f_{τ_2} 达到 $a_{02} = -0.1$dB 增益水平。

③由于 R_E 导致的极点和零点对:根据式(7.22)和式(7.24)计算发射器节点处的两个时间常数,因此零频率计算如下

$$f_z = \frac{1}{2\pi R_E C_E} = \frac{1}{2\pi \times 500\Omega \times 200\text{nF}} = 1.6\text{kHz}$$

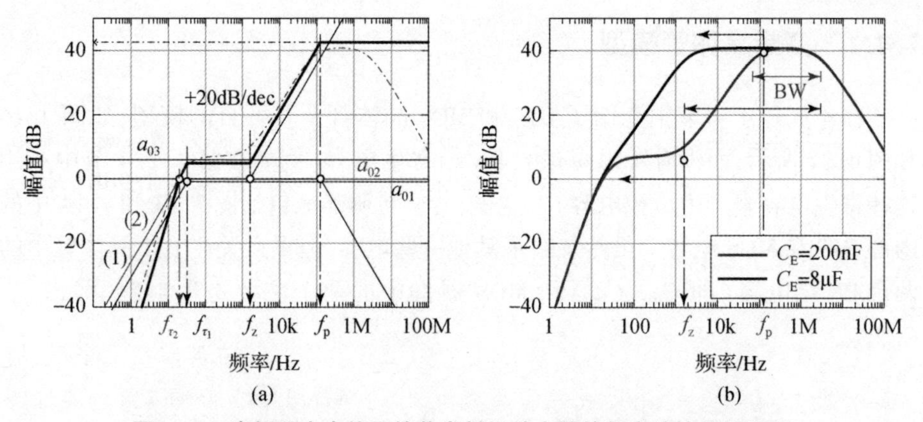

图7.12　案例研究中使用的共发射极放大器的频率特性(见彩图)

极点频率为

$$(\beta\to\infty)f_p=\frac{1}{2\pi C_E(R_E\parallel r_e)}=\frac{1}{2\pi\times 200\text{nF}\times(500\Omega\parallel 7.14\Omega)}=66.7\text{kHz}$$

$$(\beta\neq\infty)f_p=\frac{1}{2\pi C_E\left[\left(\dfrac{R_S\parallel R_B}{\beta+1}+r_e\right)\parallel R_E\right]}=\frac{1}{2\pi\times 200\text{nF}\times 6.4\Omega}=124.3\text{kHz}$$

f_z 在零频率引入了每十倍频增益斜率 +20/dec dB,这会增加放大器增益,直到 $f_p=124.3$kHz 频率处的下一个极点达到大约42dB。当以电阻比计算时,取决于近似水平,中频带增益在40~46dB范围内,而模拟显示最大值为40.1dB。

图7.12(a)是手动计算的增益传递函数的分段逼近接近模拟增益曲线,在这个近似值中,没有额外的高通极点来限制该放大器的上限频率。然而如图7.12(b)所示,仿真清楚地表明在2MHz附近必须有一个额外的极点。这个额外的高通极点是BJT寄生电容的结果,这将在7.4节中详细介绍。发射极电容控制零极点对的位置,因此如果发射极电容值增加到例如 $C_E=8\mu$F,则发射极的零极点频率会降低,带宽大约会从BW=2.93MHz增加到BW=3MHz,如图7.12(b)所示。

7.4　单级放大器的高频分析

到目前为止,在讨论中假设有源器件是理想的,只有外部组件决定了电路的功能。换句话说,使用了低频到中频的近似值。在本节中,将内部寄生电容纳入分析。本质上,这些电容很小,因此它们贡献了高频零点和极点。

7.4.1 高频晶体管模型

在4.3和4.4节中介绍了BJT和MOS晶体管及其各自的模型,如图4.16和图4.27所示,而没有考虑固有的PN结寄生电容(例如在第4.2.4节中利用这些寄生电容来产生压控电容)。这里,分析将明确地包括图7.13和7.14中的内部BJT和MOS电容。虽然忽略了其他一些电容,但重点关注BJT晶体管中的两个PN结电容(即C_{BE},C_{BC})和MOS器件中的两个主要寄生电容,即(C_{GD},C_{GB})。

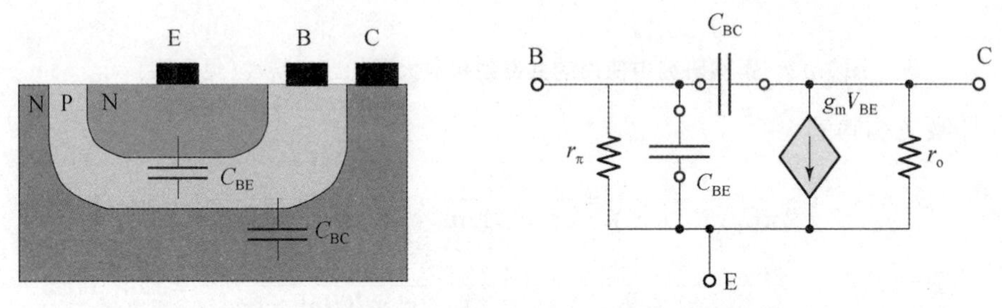

图7.13 高频BJT横截面(纵轴放大)和交流模型

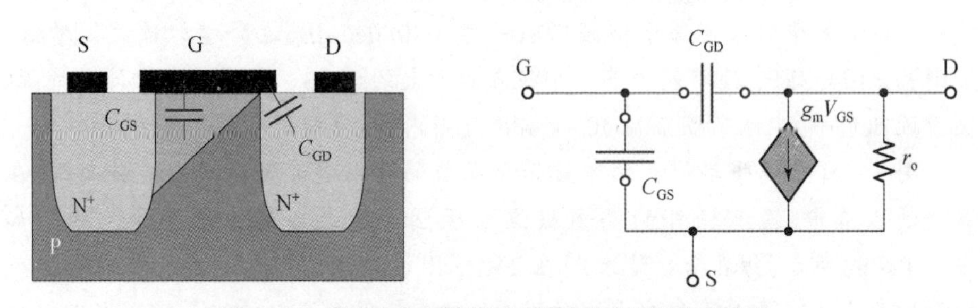

图7.14 高频MOS横截面(纵轴放大)和交流模型

这些寄生电容的绝对值在几个fF到pF的数量级之间;然而在足够高的频率下,即使它们各自的阻抗也变得很小,也将显著影响电路的整体功能。

特别是,即使其中的一个小电容为信号创建了反馈回路,整个电路也可能变得不稳定。另一方面,如果使用得当,反馈回路可以用于设计重要的电路,例如振荡器和锁相环(PLL)。为了理解这一特殊现象,在接下来的一节中,我们回顾了工程中非常重要的定理之一——米勒定理。

7.4.2 米勒定理

米勒定理电路频率分析中经常使用一个适用于"浮地"(即未连接到接地节点)阻抗Z_{AB}情况的定理,典型电路如图7.15中所示A、B两个节点间的支路所示。米勒定理推导出了图 7.15(a)和(b)中网络之间的等价性变换。这种变换的主要优点是将难以分析的浮动阻抗 Z_{AB} 替换为接地的阻抗 Z_A 和 Z_B。

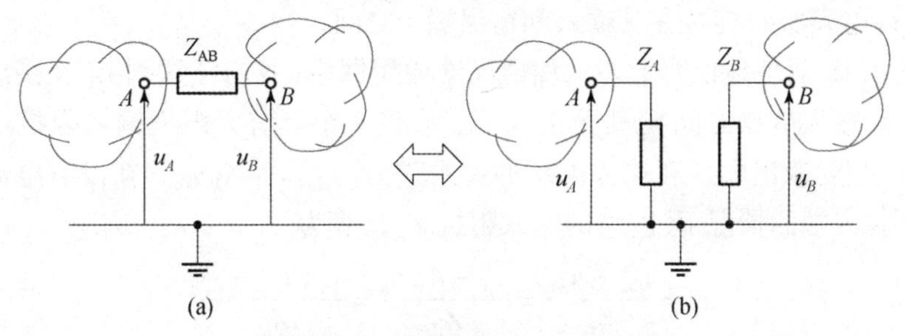

图 7.15　米勒定理的一般情形

观察左侧电路和右侧电路上的节点 A,如果两个电路要相同,则在两种情况下都吸引相同的电流,即由

$$i_A = \frac{u_A - u_B}{Z_{AB}} \text{和 } i_A = \frac{u_A}{Z_A}$$

得

$$\frac{u_A - u_B}{Z_{AB}} = \frac{u_A}{Z_A} \Rightarrow Z_A = \frac{u_A}{u_A - u_B} Z_{AB} = \frac{1}{1 - \dfrac{u_B}{u_A}} Z_{AB}$$

观察节点 B,应用相同的推理,由

$$i_B = \frac{u_B - u_A}{Z_{AB}} \text{和 } i_B = \frac{u_B}{Z_B}$$

得

$$\frac{u_B - u_A}{Z_{AB}} = \frac{u_B}{Z_B} \Rightarrow Z_B = \frac{u_B}{u_B - u_A} Z_{AB} = \frac{1}{1 - \dfrac{u_A}{u_B}} Z_{AB}$$

根据定义,在“起始”和“终止”节点的电压之比是电压增益 A_V,在这种情况下,$A_V = u_B/u_A$,因此由米勒定理导出的上述表达式通常写为

$$Z_A = \frac{1}{1 - A_V} Z_{AB} \text{和 } Z_B = \frac{1}{1 - \dfrac{1}{A_V}} Z_{AB} \tag{7.25}$$

式(7.25)的物理解释是,已知的桥接阻抗 Z_{AB} 在乘以它们各自的因数之后可得出在电路的输入和输出侧“看进去”的等效阻抗值,这些因子是两个分支节点之间的电压增益的函数。

7.4.3　米勒电容和反相放大器

电子和自然界中很常见满足以下三个条件的放大网络:

(1)该放大器为反向电压放大器;

(2)放大器电压增益大于1,即$|A_V|\gg1$;

(3)电容器C连接在其输入和输出端子之间;

图7.16清楚地说明上述三种情况的通用网络(我们注意到C_f连接放大器的输出和输入节点之间),其分析如下。假设一个具有无限大输入阻抗的反向电压放大器,输出电压和输入电压的关系式为:$u_{out}=-A_V u_{in}$。在没有电流流入放大器输入端的情况下,网络的输入阻抗Z_{in}计算为

$$i_{in}=\frac{u_{in}-u_{out}}{Z_{C_f}}=\frac{u_{in}+A_V u_{in}}{Z_{C_f}}=\frac{u_{in}(1+A_V)}{Z_{C_f}} \tag{7.26}$$

$$Z_{in}\overset{\text{def}}{=}\frac{u_{in}}{i_{in}}=\frac{Z_{C_f}}{1+A_V} \tag{7.27}$$

在电容桥接阻抗$Z_C=1/sC$的情况下,其形式为

$$Z_{in}=\frac{1}{\mathrm{j}\omega\underbrace{C(A_V+1)}_{\text{电容}}}=\frac{1}{\mathrm{j}\omega C_M} \tag{7.28}$$

式中:有效米勒电容定义为

$$C_M=C(A_V+1) \tag{7.29}$$

注意到,C_M不是一个物理电容器,而是反馈电容器C_f(这是一个真正的电容器)的一种“投射和放大”。与信号源源电阻有效的相结合,米勒电容C_M创建了一个低通滤波器。因此,反相放大器,如共发射极放大器,不是射频应用的好选择,因为它的频率带宽受到米勒效应的限制。

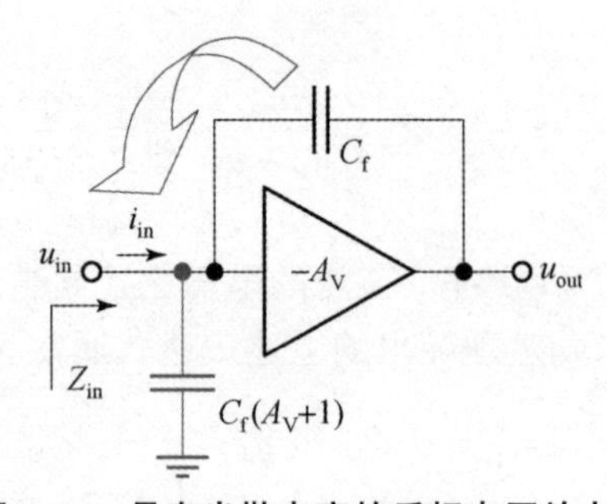

图7.16 具有米勒电容的反相电压放大器

例50:米勒定理

图7.17(a)假设放大器具有无穷大的输入阻抗,在图7.17(b)情况下计算输入Z_{in}和输出Z_{out}侧的等效阻抗:(1)$A_V=100$,$R_f=1\text{k}\Omega$;(2)$A_V=-100$,$R_f=1\text{k}\Omega$;(3)$A_V=-100$,$C_f=1\text{pF}$,$\omega=10\text{Mard}$。

解50:直接利用式(7.25),可以写出

(1)在同相A_V放大器的输入和输出节点,反馈电阻$R_f=1\text{k}\Omega$被认为是真正

的电阻器，其值是

$$Z_A = \frac{R_f}{1 - A_V} = \frac{1k\Omega}{1 - 100} = -\frac{1k\Omega}{99} \approx -10\Omega$$

$$Z_B = \frac{R_f}{1 - \frac{1}{A_V}} = \frac{1k\Omega}{1 - \frac{1}{100}} = \frac{1k\Omega}{0.99} \approx 1k\Omega$$

在输入端，一个同相放大器将一个实际反馈电阻器转换为一个负的小电阻器，它本身确实是有用的应用。然而，同相放大器输出节点的阻抗非常接近 R_f。

(2)在 $A_V = -100$ 的反相放大器的输入和输出节点，反馈电阻 $R_f = 1k\Omega$ 是真正的电阻器，其值为

$$Z_A = \frac{R_f}{1 - A_V} = \frac{1k\Omega}{1 - (-100)} = \frac{1k\Omega}{99} \approx 10\Omega$$

$$Z_B = \frac{R_f}{1 - \frac{1}{A_V}} = \frac{1k\Omega}{1 - \frac{1}{-100}} = -\frac{1k\Omega}{1.01} \approx 1k\Omega$$

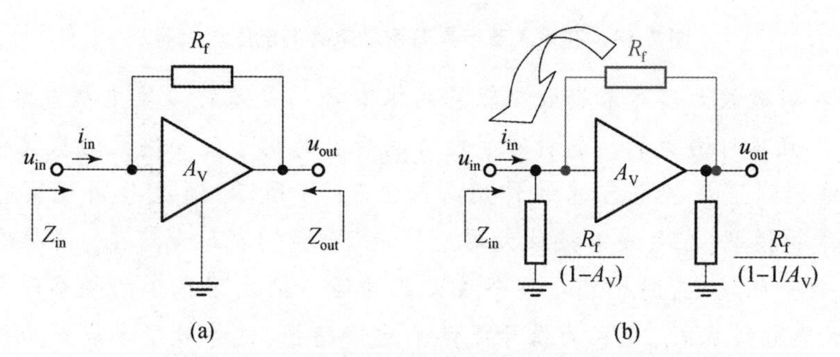

图 7.17　带反馈阻抗的电压放大器和米勒变换后的等效电路

这一次，在输入端，反相放大器将一个相对较大的实数反馈电阻转换为一个 Z_{in} 的小电阻。同样，在输出节点，高增益同相放大器的电阻约为 R_f。

(3)如果连接的是1pF反馈电容器而不是电阻器，则在 $A_V = -100$ 的反相放大器的输入和输出节点处，它被视为电容器。首先，有必要计算给定频率下的阻抗为

$$Z_f = \left|\frac{1}{j\omega C_f}\right| = \frac{1}{10\text{Mrad} \times 1\text{pF}} = 100k\Omega \tag{7.30}$$

现在，计算输入和输出阻抗为

$$Z_A = \frac{R_f}{1 - A_V} = \frac{100k\Omega}{1 - (-100)} = \frac{100k\Omega}{101} \approx 1k\Omega \Rightarrow C_A \cong \frac{1}{10\text{Mrad} \times 1k\Omega} = 100\text{pF}$$

$$Z_B = \frac{R_f}{1-\frac{1}{A_V}} = \frac{100\text{k}\Omega}{1-\frac{1}{-100}} = \frac{100\text{k}\Omega}{1.01} \approx 100\text{k}\Omega \Rightarrow C_B \cong 1\text{pF} = C_f$$

观察放大器的输出节点,阻抗没有变化,也就是说,在输出节点看到的电容保持等于 C_f。然而在输入节点,反相高增益放大器降低反馈阻抗的系数等于电压增益 A_V,这导致电容增加相同的系数。

这种情况特别令人感兴趣,因为在其他条件不变的情况下,反相放大器在其输入节点产生较大的米勒电容,从而降低了放大器的带宽,因此不是射频应用的理想选择(图 7.18)。

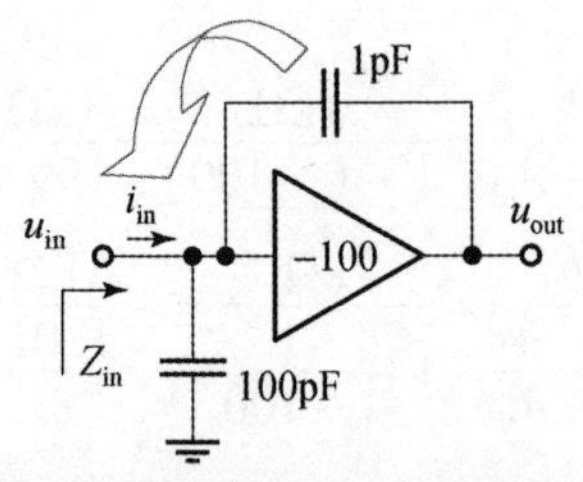

图 7.18　在输入节点具有密勒电容的电压放大器

共发射极放大器对米勒效应敏感的根本原因是基极-集电极电容 C_{CB} 是真实存在且不可避免的。这种寄生电容的存在是由于反向偏置的基极-集电极 PN 结起到了压控电容器的作用。如图 7.13 所示,通过分析观察等效的 BJT 晶体管模型,在共发射极放大器的情况下,我们发现电容 C_{BE} 连接在输入端子上且一侧接地,因此只对整个放大器的运行引入了很小的频率限制。然而,浮置集电极基 C_{CB} 电容为信号提供了反馈路径,这导致了米勒效应。为了完成米勒效应所需的三个条件的设置,CE 级固有地将信号反相,并具有较大的电压增益。

鉴于共发射极放大器的这一弱点,在其低输入电阻与驱动级兼容的情况下,共基极放大器通常用于射频设计。在其他条件相同的情况下,共基极放大器没有显著的电容连接共基级输入输出端子。

例 51:米勒效应:共发射极放大器

假设一个理想的单级共发射极放大器(即其输入电阻 $R_{in} \to \infty$),电压增益为 $A_V = -99$,如图 7.19(a)所示。该放大器由输出电阻 $R_S = 50\Omega$ 的电压源驱动。此外,在晶体管的集电极和基极之间还有一个 $C_{CB} = 1\text{pF}$ 的电容器。假定电压增益为常数,即 $A_V \neq f(\omega)$,且集电极-基极电容 C_{CB} 与集电极-基极电压无关,即 $C_{CB} \neq f(V_{CB})$;偏置详细信息没有在此展示,估计 CE 放大器的频带宽度。

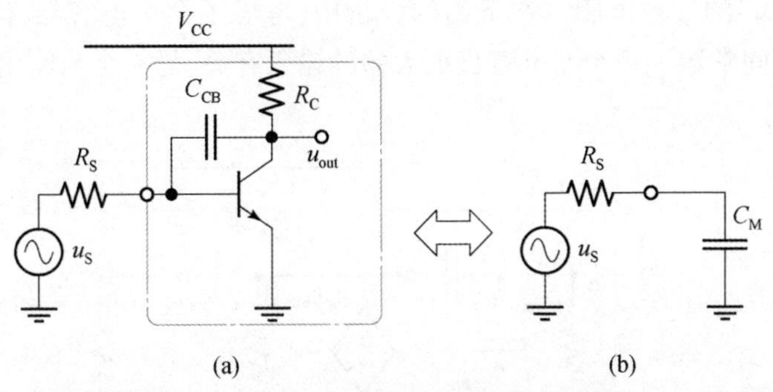

图 7.19　带反馈电容 C_{CB} 的共发射极电压放大器及其等效输入侧低频滤波网络

(a)共发射极电压放大器;(b)等效输入侧低频滤波网络。

解 51:此共发射极放大器满足米勒效应所需的所有三个条件,它是一个反相放大器,它的电压增益大于 1,它有一个电容组件,在输出和输入端子之间创建反馈回路。因此,图 7.19(b)的输入侧等效电路可由源极电阻 $R_S = 50\Omega$ 和米勒电容 $C_M = C_{CB}(|A_V| + 1) = 100\text{pF}$ 所组成的分压器替代。

由这个(R_S, C_M)低频滤波器定义的频率带宽实际上是信号频率的“可用范围”,即

$$f_{3dB} = \frac{1}{2\pi R_S C_M} = \frac{1}{2\pi \times 50\Omega \times 100\text{pF}} = 31.831\text{MHz} \tag{7.31}$$

与之强烈对比的是,一个简单的(50Ω,1pF)低通滤波器允许的带宽为 3.183GHz,这个例子说明了由于米勒效应,共发射极放大器的带宽显著降低。

7.4.4　高频共基极放大器模型

图 7.20 中的高频共基极放大器模型是在用其高频 BJT 模型替换 BJT 并短路(C_1, C_2, C_3)电容后获得的,可由图 7.2 推导而来。将图 7.20 的原理图重新排列成图 7.21 所示的更简洁的形式。现在更明显的是电流源 $g_m V_{BE}$ 在输出节点(集电极)和输入节点(发射极)之间创建了一条反馈回路,如图 7.21 所示。此外,我们还通过 C_{BE} 和 C_{BC} 的串联找到了反馈路径。然而在这种情况下,等效串联电容小于两个已经很小的电容 C_{BE} 和 C_{BC} 中的任何一个。

因此,这种电容路径的影响仅在甚高频/超高频(VHF/UHF)范围内不可忽略,在这种情况下,它通常被称为“馈通”路径。

最后,共基放大器不是反相型放大器,因为信号在输入和输出节点之间不会改变其相位。因此在共基放大情况下,不存在密勒效应。因此,在这方面,共基极放大器被认为是一种适用于射频应用的宽带放大器。

通过电路简化技术得到共基极放大器的时间常数,从而能够估计每个电容

器所能“感知”的等效电阻。在下面的分析中,考虑了两个电容器,因此我们计算了两个时间常数——一个与共基极放大器的输入有关,另一个与输出有关。

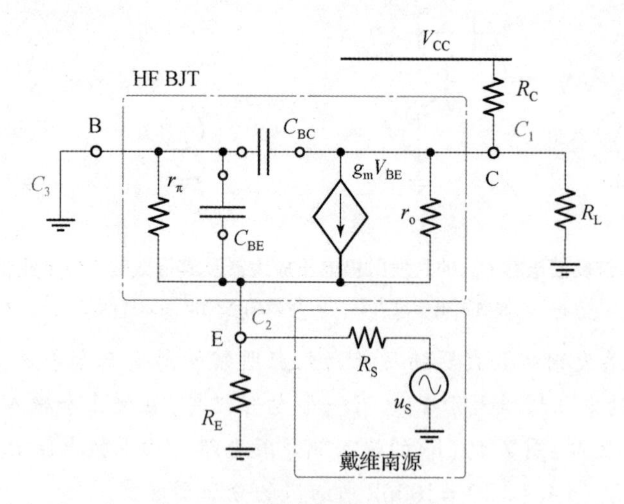

图 7.20　高频共基放大器模型

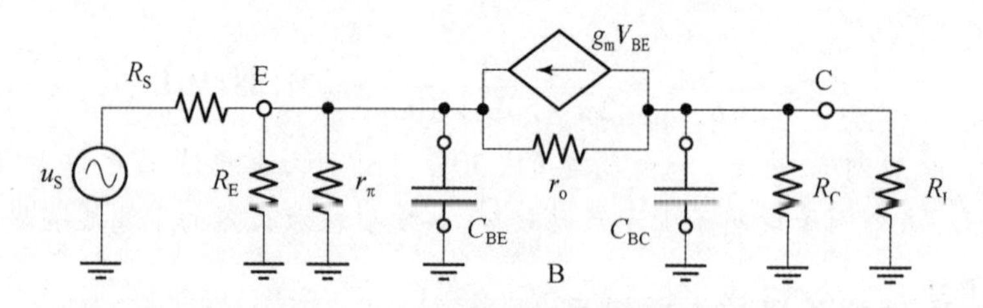

图 7.21　高频共基放大器模型

(1)输入端的时间常数:通过观察,我们发现与 C_{BE} 相连接的总等效电阻由 $(R_S \parallel R_E \parallel r_\pi)$ 与 R_{in} 并联组成,如图 7.22(a)所示。在 4.3.5 节中,我们发现在发射极节点 $R_{in} \approx 1/g_m$,为了清楚起见,我们再次分析它。为了简化书写,我们表示为 $R'_C = R_C \parallel R_L$。首先,我们注意到 $u_x = v_E = -V_{BE}$,所以通过应用 KCL,可以写出

$$i_x + g_m V_{BE} = i_{r_o} \Rightarrow i_x - g_m u_x = \frac{u_x}{R'_C + r_o}$$

$$i_x = u_x \left(g_m + \frac{1}{R'_C + r_o} \right) = u_x \left(\frac{g_m (R'_C + r_o) + 1}{R'_C + r_o} \right)$$

$$R_{in} \stackrel{\text{def}}{=} \frac{u_x}{i_x} = \frac{R'_C + r_o}{g_m (R'_C + r_o) + 1} \approx \frac{R'_C + r_o}{g_m (R'_e + r_o)} = \frac{1}{g_m} \tag{7.32}$$

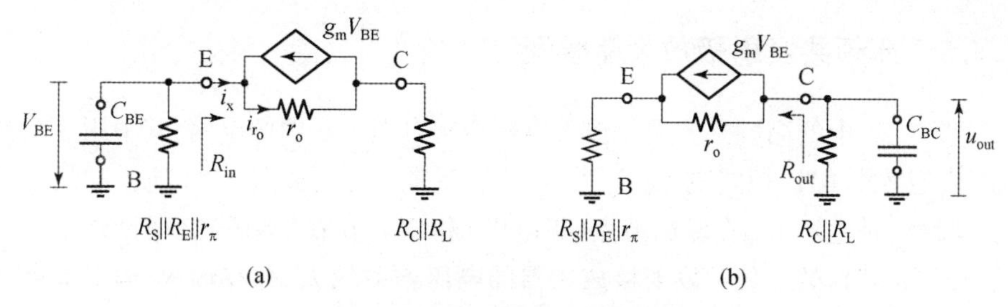

图 7.22 高频共基放大器模型

(a)等效电路;(b)忽略电容特性后的等效电路。

高频电容 C_{BE} 产生对地短路,因此它在频率上定义了高频极点

$$\tau_{C_{BE}} = \left(R_S \parallel R_E \parallel r_\pi \parallel \frac{1}{g_m}\right)C_{CE} \Rightarrow \omega_{C_{BE}} = \frac{1}{\left(R_S \parallel R_E \parallel r_\pi \parallel \dfrac{1}{g_m}\right)C_{BE}} \tag{7.33}$$

通过观察式(7.33)可以发现电阻 $1/g_m$ 远低于($R_S \parallel R_E \parallel r_\pi$),因此将整体并联电阻近似为($R_S \parallel R_E \parallel r_\pi \parallel 1/g_m$)$\approx 1/g_m$ 并且导出

$$\omega_{C_{BE}} = \frac{1}{\left(R_S \parallel R_E \parallel r_\pi \parallel \dfrac{1}{g_m}\right)C_{BE}} \approx \frac{1}{\left(\dfrac{1}{g_m}\right)C_{BE}} = \frac{g_m}{C_{BE}} \tag{7.34}$$

由于 g_m 的数值除以数量级较小的 C_{BE} 值,导致此频率非常高。

(2)输出端的时间常数:在高频下,C_{BC} 提供了一条到地的短路径,因此它还创建了一个高频极点,其时间常数可通过观察图 7.22(b)得到。由于在发射极节点连接有电阻,所以当观察 BJT 集电极时,我们看到"退化的发射极"。在 4.3.8 节中,推导出式(4.54),它的应用如下

$$R_{out} = r_o[1 + g_m(R_S \parallel R_E \parallel r_\pi)]$$

$$\tau_{C_{BC}} = \{r_o[1 + g_m(R_S \parallel R_E \parallel r_\pi)]\} \parallel R_C \parallel R_L \times C_{BC} \tag{7.35}$$

在退化发射极的情况下,R_{out} 非常高,这使得集电极节点成为驱动低阻抗 R_L 负载的非常好的电流源(见第 6.3 节)。因此,我们得出结论,R_L 电阻是式(7.35)中并联电阻中最低的。因此可以写出

$$\tau_{C_{BC}} = \{r_o[1 + g_m(R_S \parallel R_E \parallel r_\pi)]\} \parallel R_C \parallel R_L \times C_{BC}$$

$$\omega_{C_{BC}} \cong \frac{1}{R_L C_{BC}} \tag{7.36}$$

同样,相对较小的 R_L 乘以非常小的数 C_{BC} 会产生非常高的频率 $\omega_{C_{BC}}$,从而证实了共基极放大器的宽带特性。我们得出结论,由于两个 VHF 极点的贡献,在第一个极点之后,-20dB/dec 增益斜率,在第二个极点之后增加到 -40dB/dec。

7.4.5 高频共发射极放大器模型

图7.23中的高频共发射极放大器模型来自图7.6中的电路,其中用其高频BJT模型替换BJT,短路电容(C_0,C_E),并重新排列得到如图7.24所示的最终电路。显然,是电容C_{BC}在输出节点(集电极)和输入节点(基极)之间创建了一条反馈回路,其目的是使共发射极放大器的电压增益较大,并在输入/输出节点之间使信号的相位反转。因此,如图7.25(b)所示,米勒定理的所有三个条件都满足。

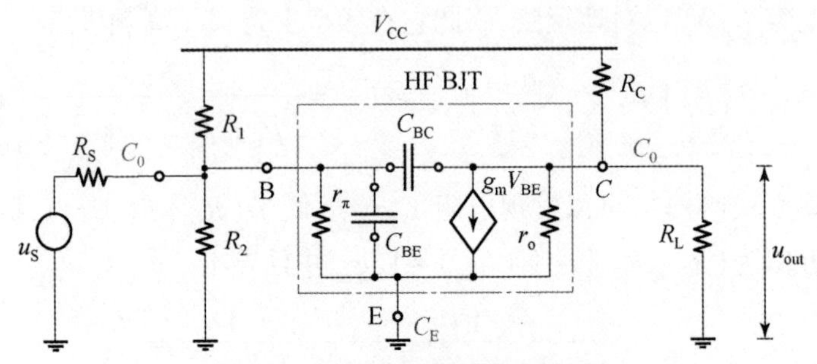

图7.23 高频共发射极放大器模型

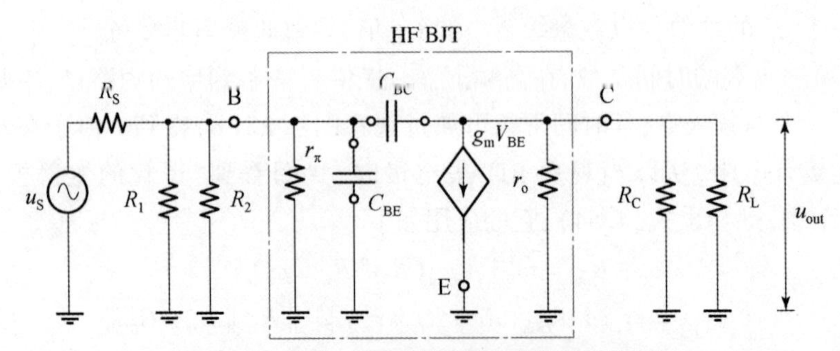

图7.24 图7.23中高频放大器的交流模型

通过观察图7.25,得到了共发射极放大器输入端的总等效电容C_{eq}和电阻R_{eq}为

$$R_{eq} = R_S \parallel R_1 \parallel R_2 \parallel r_\pi$$

$$C_{eq} = C_{BE} + (A_V + 1) C_{CB} = C_{BE} + C_M \tag{7.37}$$

更重要的是,随着频率的增加,C_{eq}阻抗减小,从而使输入信号短路。换句话说,由于米勒效应,这个电容在共发射极放大器的传递函数中产生了一个高频极点,即它产生了低通滤波。通过分析图7.25(b),该极点的时间常数和频率可写为

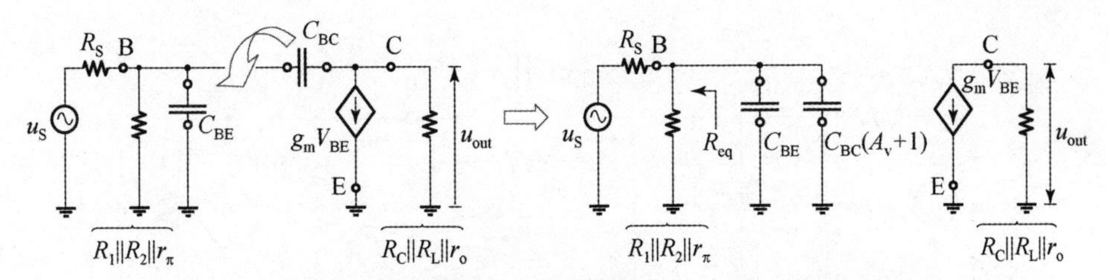

图 7.25　高频共发射极简化交流模型显示 C_{BC} 电容器的密勒效应

(a)共发射级简化交流模型;(b)考虑密勒效应的等效电路。

$$\tau_M = R_{eq}C_{eq} \Rightarrow f_M = \frac{1}{2\pi(R_S \parallel R_1 \parallel R_2 \parallel r_\pi)(C_{BE}+C_M)} \tag{7.38}$$

总之,在高频下,BJT 晶体管的内部电容与共发射极放大器的输入侧电阻形成一个极点,即形成的固有低通滤波器决定了放大器的带宽。真正的问题是,由于米勒效应,通常这个带宽被限制在远低于无线电频率的频率范围内,这就是说,由于带宽的减少,共发射极放大器不是射频放大器的最佳选择。

7.4.6　高频共集电极放大器模型

在明确设置 $R_C=0$ 并替换高频 BJT 模型后,图 6.21 中的射极跟随器放大器原理图如图 7.26 所示。我们观察到集电端是接地的,因此 C_{BC} 不受米勒效应的影响。然而它连接在基极和接地端子之间,因此对总输入侧电容有贡献。

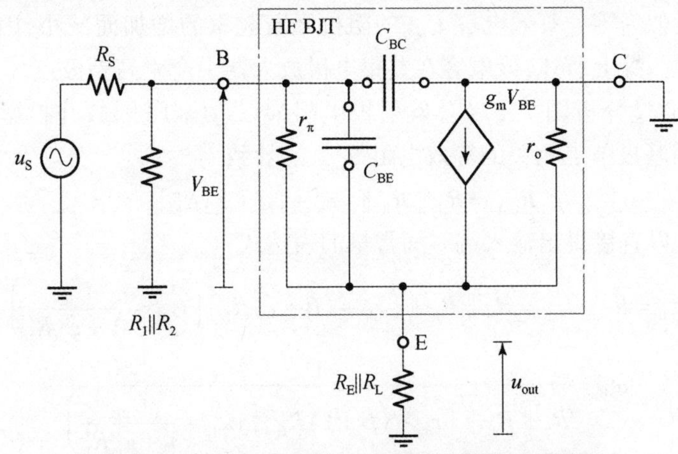

图 7.26　图 6.21 所示共集电极放大器的高频模型

另一方面,C_{BE} 确实提供了输入(基极)和输出(发射极)端子之间的路径。参照图 7.26,我们建立了如图 7.27 所示的输入侧网络的高频模型,其中 $R_B=R_1 \parallel R_2$ 和 $R_L'=R_E \parallel R_L$。我们已经发现,共集电极放大器的电压增益为 $A_V \approx 1$,由此得出结论:C_{BE} 的影响可能很小。

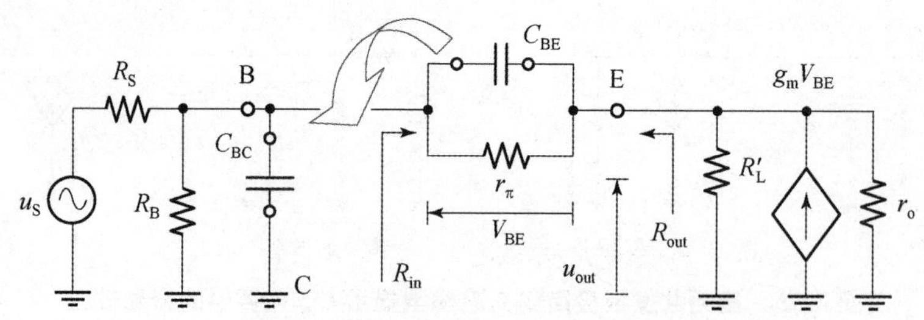

图 7.27　计算输入端时间常数的共集电极放大器高频模型

(1)输入端的时间常数:通过观察基极,发现发射极和基极端子上的电压是

$$u_E = g_m V_{BE}(R'_L \parallel r_o)$$

$$u_B = V_{BE} + v_E = v_{BE} + g_m V_{BE}(R'_L \parallel r_o) = V_{BE}[1 + g_m(R'_L \parallel r_o)]$$

$$A_V(BE) \stackrel{\text{def}}{=} \frac{u_E}{u_B} = \frac{V_{BE} g_m(R'_L \parallel r_o)}{V_{BE}[1 + g_m(R'_L \parallel r_o)]} \approx \frac{g_m R'_L}{1 + g_m R'_L}(R'_L \ll r_o) \tag{7.39}$$

借助于米勒定理,见 7.4.2 节,我们将在基极端看到的总(实际和投影的)电容的表达式写为①

$$C_{eqB} = C_{BC} + C_{BE}(1 - A_V(BE)) = C_{BC} + C_{BE}\left(1 - \frac{g_m R'_L}{1 + g_m R'_L}\right)$$

$$= C_{BC} + C_{BE}\frac{1 + g_m R'_L - g_m R'_L}{1 + g_m R'_L} = C_{BC} + \frac{C_{BE}}{1 + g_m R'_L} \tag{7.40}$$

第二项清楚地表明,只有原始 C_{BE} 的一小部分(分母大于 1)加到总和中,因此它通常近似为零。等效电容 C_{eqB} 的阻抗随着频率的增加而减小,因此输入信号短路到地。综上所述,该电容在共集电极放大器中产生高频极点。

此外,通过分析图 7.27(总发射极电阻乘以 $(\beta+1)$ 因数并投影到基极节点),找到与基极节点相关的等效电阻 R_{eqB},这导致②

$$R_{eqB} = R_S \parallel R_B \parallel [r_\pi + (\beta + 1)R'_L] \tag{7.41}$$

现在可以直接得出输入端时间常量的表达式

$$\tau_B = R_{eqB} C_{eqB} = R_S \parallel R_B \parallel [r_\pi + (\beta + 1)R'_L]\left(C_{BC} + \frac{C_{BE}}{1 + g_m R'_L}\right)$$

$$\omega_B = \frac{1}{R_S \parallel R_B \parallel [r_\pi + (\beta + 1)R'_L]\left(C_{BC} + \frac{C_{BE}}{1 + g_m R'_L}\right)} \tag{7.42}$$

事实上,由 C_{BE} 是一个小电容,而且总的并联电阻小于相对较低的电阻 R_S,所以输入侧的时间常数很小,这使得极点频率很高。

---

① 计算米勒电容时注意电压符号。

② 我们要牢记 $(\beta+1)(r_e + R'_L) = (\beta+1)r_e + (\beta+1)R'_L = r_\pi + (\beta+1)R'_L$。

(2)输出端的时间常数:通过分析发射极节点,发现等效电容和电阻①为

$$C_{eqE} = C_{BE}$$

$$R_{eqE} = R_{out} \parallel R'_L = \left(\frac{R_S \parallel R_B}{\beta + 1} + \frac{1}{g_m}\right) \parallel R'_L$$

$$\omega_E = \frac{1}{R_{eqE} C_{eqE}} = \frac{1}{\left[\left(\frac{R_S \parallel R_B}{\beta + 1} + \frac{1}{g_m}\right) \parallel R'_L\right] C_{BE}} \approx \frac{1}{r_e C_{BE}} \tag{7.43}$$

这再次说明输出侧极点频率确实很高。

此外,C_{BE}提供的回馈通路在发射极节点处创建一个零点,其时间常数约为

$$\tau_z \cong r_e C_{BE} = \frac{1}{g_m} C_{BE} \Rightarrow \omega_z \cong \frac{g_m}{C_{BE}} = \frac{1}{r_e C_{BE}} \tag{7.44}$$

总之,共集电极放大器在宽通频频带工作方面与共基极放大器相似,因此它也适用于用作"阻抗转换器"的高频应用,即电压缓冲级。

7.4.7　级联放大器高频模型

图 6.26 中多级放大器的低频交流模型经过修改,以明确显示 BJT 晶体管的内部寄生电容,如图 7.28 所示,而外部电容被短路。

虽然通过替换有源器件的全高频模型来分析该电路是可能的,更简单的方法是保留晶体管符号并明确显示感兴趣的内部电容。由于级联放大器由两级组成,因此可以通过应用共发射极和共基极放大器以及接口电路已导出结果来进行分析②。这种快速方法使我们能够很好地了解电路行为,并使我们能够对复杂电路进行手工分析,使随后的数值模拟产生更精细的结果。

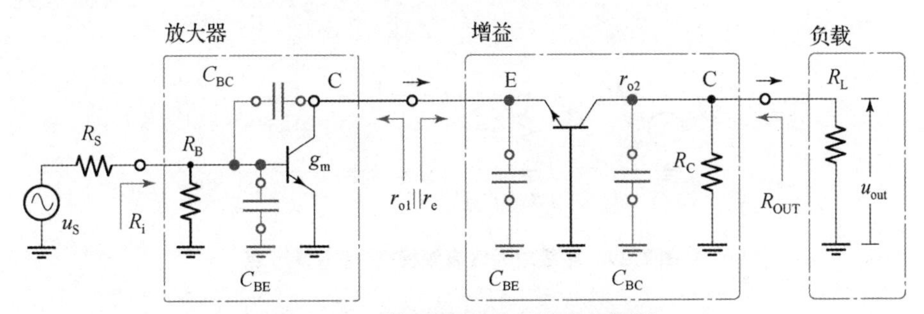

图 7.28　共源共栅放大级的高频模型

---

① 总基极电阻 $R_S \parallel R_B$ 在除以$(\beta+1)$因子后等效到发射器侧,然后与 $r_e = 1/g_m$ 串联出现。此外,在发射器节点上看不到 r_o,并且 C_{BE} 没有相乘。

② 参考第 3 章。

通过观察图 7.28 中的集电极 - 发射极的端口,我们推断出该节点的等效电阻很低。实际上,向左观察共发射级的输出,我们看到集电极输出电阻 r_{o1}(相对较高,kΩ 数量级);而向右看共基级的输入,我们看到 r_e 电阻(相对较低,Ω 数量级)。因此,节点等效电阻为 $r_{o1} \parallel r_e \approx r_e$。在这种低阻负载下,经分析,共发射极放大器的增益为①

$$A_V = \frac{R_{Ceq}}{R_{Eeq}} = \frac{r_{o1} \parallel r_e}{r_e} \cong \frac{r_e}{r_e} \approx 1 \tag{7.45}$$

集电极负载电阻降低导致电压增益为 1 的结果,这与单级共发射极放大器不同。然而,通过消除三个条件之一,即 C_{BC} 反馈电容器的大倍增系数方法,这种低电压增益实际上消除了密勒效应。

通过分别分析输入端、共发射极和共基极放大器之间的接口以及输出侧节点,对级联放大器进行了高频手工分析。

(1)输入端节点:输入节点的等效高频模型,图 7.29 显示集电极反馈电容 C_{BC} 同时等效到基节点(C_{Mi})和集电极节点(C_{MO}),因此我们应用米勒定理来计算这两个有效电容。此外,通过分析发现输入电阻和时间常数为

$$C_i = C_{BE} + C_{Mi} = C_{BE} + C_{BC}(1 + A_V) \cong C_{BE} + 2C_{BC}$$

$$R_i = R_S \parallel R_B \parallel r_\pi$$

$$\tau_i = R_i C_i = (C_{BE} + 2C_{BC})(R_S \parallel R_B \parallel r_\pi)$$

$$\omega_i = \frac{1}{(C_{BE} + 2C_{BC})(R_S \parallel R_B \parallel r_\pi)} \tag{7.46}$$

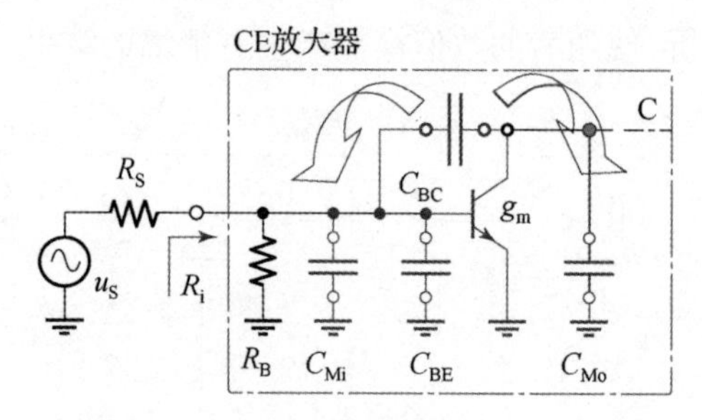

图 7.29　多级放大级高频模型:输入端节点

由于相对较低的总电阻 R_i(低于 R_S)和非常小的电容器(C_{BE},C_{BC}),导致这个时间常数非常小,这迫使极频率进入 UHF/VHF 范围。

(2)CE 到 CB 接口节点:沿着信号路径,已经推导出该节点的电阻约为 r_e。

① 共射极放大器电压增益为集电极处的总电阻与发射极处总电阻之比,请参见 6.4.4 节。

高频模型(图 7.30)表明,米勒投影 C_{MO} 与 CB 放大器的 C_{BE} 电容并联。因此,它很容易写成

$$C_1 = C_{BE} + C_{Mo} = C_{BE} + C_{BC}\left(1 + \frac{1}{A_V}\right) \cong C_{BE} + 2C_{BC}$$

$$R_1 = r_{o1} \parallel r_e \approx r_e$$

$$\tau_1 = R_1 C_1 = (C_{BE} + 2C_{BC}) r_e$$

$$\omega_1 = \frac{1}{(C_{BE} + 2C_{BC}) r_e} \tag{7.47}$$

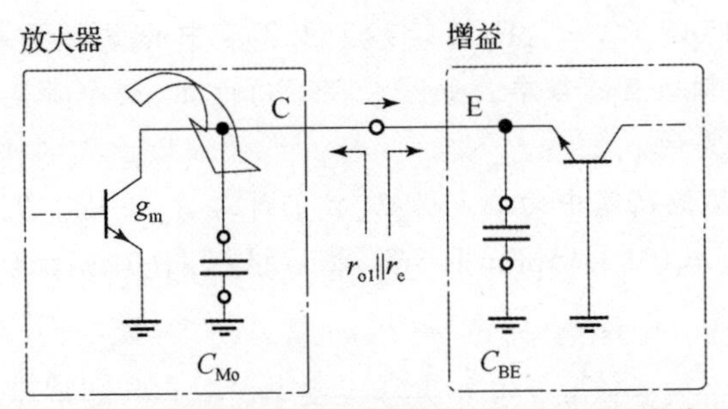

图 7.30　多级放大级高频模型:CE - CB 接口节点

同样,考虑到式(7.47)中的所有三个量都非常小,因此该极频 ω_1 也在 UHF/VHF 范围内。

(3)输出端节点:共基极放大器不受密勒效应的影响,因此如图 7.31 所示输出节点的高频模型,只有 C_{BC} 电容。另一方面,观察共基极放大器的集电极,看到退化的发射极电阻 r_{o2} 比 r_o 高一个数量级,因此通过观察,写出

$$C_o = C_{BC}$$

$$R_o = r_{o2} \parallel R_C \parallel R_L \approx R_C \parallel R_L$$

$$\tau_o = R_o C_o = (R_C \parallel R_L) C_{BC}$$

$$\omega_0 = \frac{1}{(R_C \parallel R_L) C_{BC}} \tag{7.48}$$

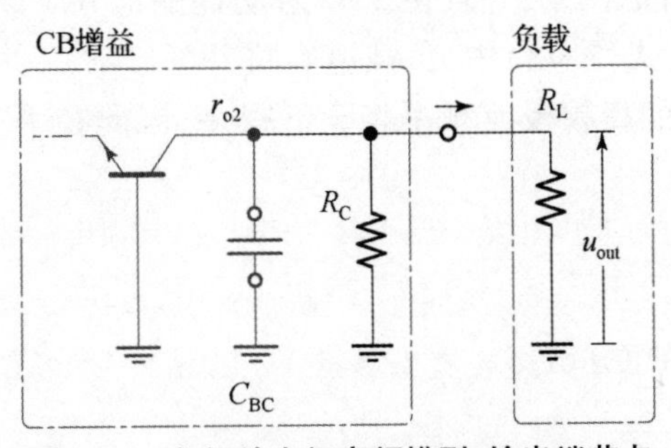

图 7.31　多级放大级高频模型:输出端节点

最后,虽然比其他两个稍大一些,但输出侧时间常数仍然非常小,这在 VHF 范围内创建了另一个极点。

本节对多级放大器进行了高频包络分析,说明了它的宽带特性。发现,这种频率范围扩展的根本原因是共发射极放大器电压增益的降低,从而消除了米勒效应。然而,由于共发射极放大器的输出电流被传递到共基极放大器(其电流增益非常接近于1),所以相同的电流到达负载 R_L,也就是说,总体结果是共发射极放大器电压增益不变,而带宽增加。

示例 52:共发射极放大器:高频带限极点

假设 $C_{BC}=15pF$,$C_{BE}=5pF$,继续第 7.3.3 节中的案例研究,并估计未被低频模型预测的高频极点的频率。如图 1.33(b)所示,这个带宽限制极点在数值模拟中是清晰可见的。

解 52:对于案例研究中的给定数据,我们计算 $R_{eq}=R_S \parallel R_B \parallel r_\pi =1.256k\Omega$,$C_M=(A_V+1)C_{BE}=101\times 15pF=1.5nF$,然后根据式(7.38)进行计算并与模拟进行比较

$$f_M=\frac{1}{2\pi(R_S \parallel R_1 \parallel R_2 \parallel r_\pi)(C_{BE}+C_M)}=\frac{1}{2\pi\times 1.256k\Omega\times(5pF+1.5nF)}\approx 2.3MHz \tag{7.49}$$

7.5 总结

本章回顾了低频和高频手工分析的基本概念,并在频域中直观地介绍了放大器的内部结构,得出结论:任何放大器的重要参数都是它的输入和输出电阻、内部和外部电容以及它的增益。为简单起见,使用了只有两个主要内部电容器的高频版本的 BJT/MOS 器件(见 7.4.1 节),而忽略了所有其他相对不太重要的寄生电容。

此外,在本章中,使用严格的电阻模型作为负载阻抗 R_L。实际的高频负载应该被建模为 RC 并联网络,并且在 VHF 和更高的地方应该被建模为 RLC 并联网络。因此,例如在式(7.48)中,负载电容将并联于 C_{BC},并将总电容负载增加到($C_{BC}+C_L$),相应的高频极点频率将会低得多,因此在手工频率分析时,采用了不同程度的简化。

问题

7.1 给定放大器的传递函数

(1)$H(s)=\dfrac{1}{1+\dfrac{s}{2\pi\times 10^6}}$

$$(2)H(s)=\frac{1-\frac{s}{10^6}}{\left(1+\frac{s}{10^5}\right)\left(1+\frac{1}{5\times10^5}\right)}$$

绘制波特图并估算其带宽。

7.2　在图7.32中给定RC和RL网络,推导出它们各自相对于终端AB的$Z_{AB}(j\omega)$函数。

7.3　给定图7.33中的电压网络,推导出它们各自相对于端子V_1、V_2的$H(j\omega)$函数,然后画出它们的波特图并估计带宽。

7.4　希望设计的共发射极放大器,其-3dB主频通过C_E电容器设置为f_1,如图7.6所示,计算所需的C_{BE}、C_1和C_2电容。

数据:$f_L=100\text{kHz}$,$R_B=R_1\parallel R_2=20\text{k}\Omega$,$R_C=R_L=10\text{k}\Omega$,$R_E=1\text{k}\Omega$,$r_{sig}=10\text{k}\Omega$,$g_m=400\text{ms}$,$R_o\to\infty$,$\beta=100$。

7.5　给定数据,计算CE放大器中的相关极/零点频率

数据:$C_1=C_2=C_3=100\text{pF}$,$R_B=100\text{k}\Omega$,$R_C=R_L=10\text{k}\Omega$,$r_o\to\infty$,$R_{sig}=1\text{k}\Omega$,$g_m=40\text{ms}$。

7.6　给定共发射极放大器的数据,计算其中频带增益A_{VMID}和上限-3dB频率f_H。那么,如果在其他条件相同的情况下,上限频率f_H需要加倍,C_{BC}的最大允许值是多少?

数据:$R_S=10\text{k}\Omega$,$R_i=100\text{k}\Omega$,$R_C=R_L=10\text{k}\Omega$,$r_o=20\text{k}\Omega$,$C_{BE}=1\text{pF}$,$C_{BC}=0.5\text{pF}$。

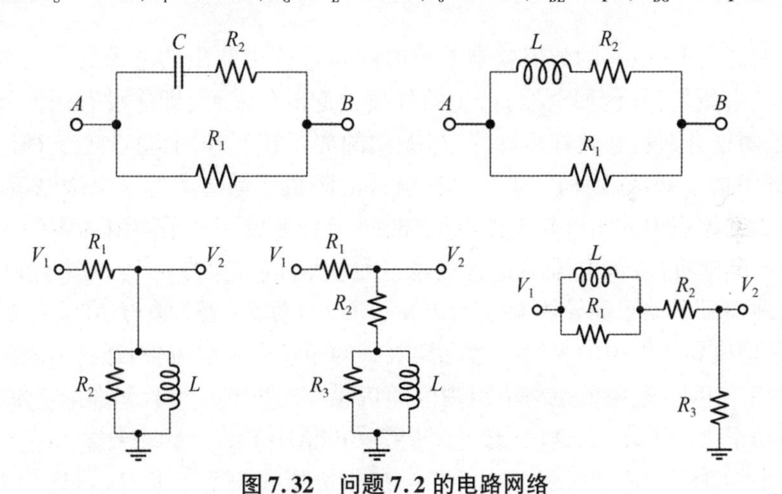

图7.32　问题7.2的电路网络

7.7　给定问题7.6中的放大器,在其他条件相同的情况下,负载电阻R_L的最大值是多少,从而使中频带增益加倍?GBW如何变化?

7.8　对于给定的共源共栅BJT共发射极放大器,假设在室温下,计算其输入电阻、中频带增益、输出电阻。

数据:$I_C=1\text{mA}$,$\beta=100$,$r_o=50\text{k}\Omega$。

第8章

电子噪声

任何使信息信号恢复变得更加困难的电信号都被认为是噪声。例如,电视画面上的“雪花”和音频信号中的“沙沙”声都是典型的电噪声。噪声主要影响接收系统,它设置为在被噪声淹没之前可以恢复的最低信号电平。注意到,放大已经混合了噪声的信号根本无助于信号恢复过程。一旦它进入放大器,噪声也被放大,即信噪比(SNR)功率没有改善,这才是问题所在。当噪声信号的功率相对于信息信号的功率变得太大时,信息内容可能不可逆转地丢失。在本章中,研究了噪声源的基本分类和噪声影响的评估方法。

8.1 热噪声

一般意义上,电流的数值就是单位时间从导体中流出的电子的平均数。这种运动是由能量源(例如电池)产生的外场引起的。然而,即使没有任何外加电场,电子团也会在材料内部运动,并与振动的离子相互作用,每个电子都以布朗运动(即类似于弹球)运动。每个单独电子的随机运动会产生一个微电流,该微电流与给定体积中的所有其他微电流加在一起,形成一个平均值为零的宏观电流。由于其随机性,该电流不包含信息,因此认为它是“噪声”,如图8.1(a)所示。这种随机运动受到导体温度的影响,所以也称为“热”噪声;在实际的导体中,它是构成导体电阻的因素。考虑到电子的运动产生电流,而通过电阻的电流在其两端产生电压,故此也将电阻视为随机噪声产生器。实验和理论都发现,热噪声的功率谱是平坦的,这(大致)意味着噪声谱中的每个频率分量具有相同的功率水平,如图8.1(b)所示。这一结论在非常宽的频率范围内(高达约10^{13}赫兹)是有效的。与包含所有颜色(即光频率)的白光类似,在所有可能的频率上包含单音的噪声信号被称为白噪声。当然,这只是一个非常好的近似值,因为这意味着从理论上讲,如果在所有可能的频率上测量噪声能量,总噪声能量加起来将是无限的。

如热噪声这种平均为零的变量,可通过测量它们的均方根值来更好地评估,如第1.5.2节所述。利用统计热力学和量子力学的方法,可证明1Hz带宽内的噪声谱密度S_n(有时称为资用噪声功率)是

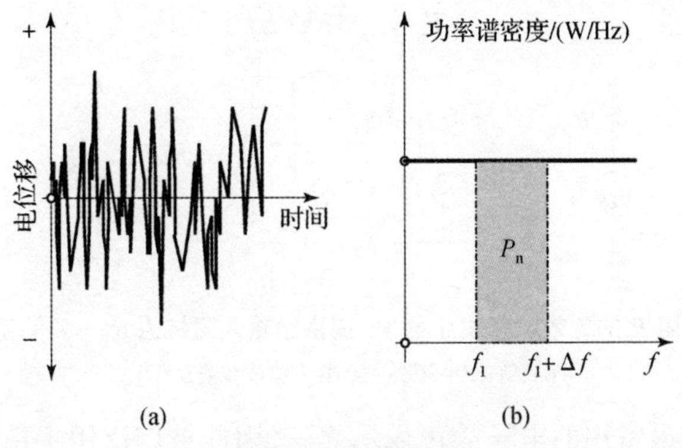

图8.1　噪声信号

(a)噪声时域波形;(b)噪声功率谱密度。

$$S_n(f)=kT[\mathrm{W/Hz}] \tag{8.1}$$

它不是频率的函数(因为它已经被归一化到1Hz),即它是恒定的,如图8.1(b)所示。因此根据定义,在频率带宽Δf内产生的噪声功率为

$$P_n=\int_{f_1}^{f_1+\Delta f}S_n(f)\mathrm{d}f=S_n(f)\int_{f_1}^{f_1+\Delta f}\mathrm{d}f=kT\Delta f[\mathrm{W}] \tag{8.2}$$

式中　k——玻尔兹曼常数(1.380×10^{-23}J/K);

T——导体的绝对温度K;

Δf——测量到的噪声的频率带宽Hz。

有趣的是,即使它是用电阻建模的,噪声功率也不取决于导体的电阻。式(8.2)也称为约翰逊定律,它意味着由于噪声功率与系统带宽成正比,因此希望将接收器的带宽减小到最小。

如图8.2所示,由于具有电阻R的实际导体产生电噪声功率,因此将其建模为由理想电压源V_n①和理想电阻R组成的等效电压(或等效电流)发生器电路。如图8.2(b)所示,当阻抗匹配(即$R_S=R_L$)②,内部有效值电压V_S和内阻R_S的电压发生器向负载R_L提供的平均功率是最大的。在替换式(8.2)之后,我们得出

$$P_{\mathrm{Lmax}}=\frac{\left(\frac{V_n}{2}\right)^2}{R_S}$$

$$kT\Delta f=\frac{V_n^2}{4R}$$

---

① 有些资料使用E代替V。

② 请参阅第11章。

$$V_n = \sqrt{4RkT\Delta f} \tag{8.3}$$

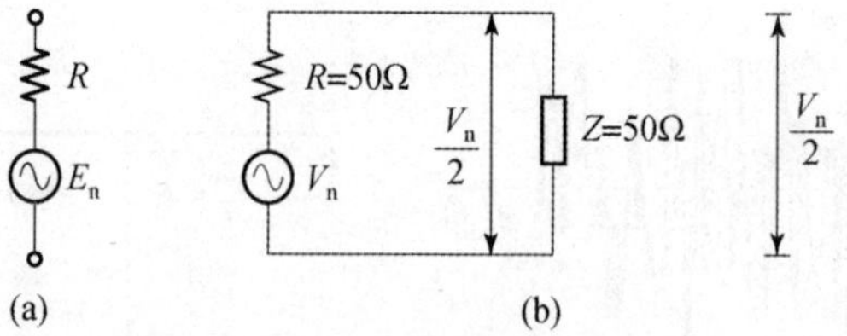

R E_n (a) R=50Ω V_n $\frac{V_n}{2}$ Z=50Ω $\frac{V_n}{2}$ (b)

图 8.2　具有内阻 R 的等效噪声发生器 V_n 提供给输入阻抗为 $R_L = Z$ 的系统的噪声功率

(a)等效噪声源;(b)噪声加载在复载上。

式(8.3)是最常用的电子噪声表示之一,因此被广泛用于系统噪声性能计算中。鉴于公式中出现了平方根,工程中用 V_n^2 运算比用 V_n 更方便。在求出等效电阻 R 或电导 G 后,计算串联和并联电阻组合的等效噪声电压如下

$$V_n^2 = 4(R_1 + R_2 + \cdots)kT\Delta f = V_{n_1}^2 + V_{n_2}^2 + \cdots \tag{8.4}$$

$$I_n^2 = \frac{V_n^2}{R} = 4(G_1 + G_2 + \cdots)kT\Delta f = I_{n_1}^2 + I_{n_2}^2 + \cdots \tag{8.5}$$

式中　R——等效噪声电阻;

G——等效噪声电导,$G = 1/R$;

V_n——等效噪声电压;

I_n——等效噪声电流。

示例 53:热噪声定义

(1)室温($T = 300\text{K}$)下热噪声的谱密度;

(2)在 1MHz 频带内的资用噪音功率;

(3)来自 50Ω 源的 1μV 信号的可用信号功率输送到匹配负载;

(4)(2)中的噪声和(3)中的信号的 SNR。

解 53:

(1)$S_n = kT = 1.38 \times 10^{-23} \times 300 = 4.14 \times 10^{-21}\text{W/Hz}$

(2)$P_n = kT\Delta f = 4.14 \times 10^{-21} \times 10^6 = 4.14 \times 10^{-15}\text{W}$

(3)$P_s = \dfrac{(V_S/2)^2}{R_S} = \dfrac{(1 \times 10^{-6}/2)^2}{50} = 5 \times 10^{-15}\text{W}$

(4)$\text{SNR} = \dfrac{P_S}{P_n} = \dfrac{5 \times 10^{-15}}{4.14 \times 10^{-15}} = 0.82\text{dB}$

示例 54:热噪声定义

电阻 $R_1 = 20\text{k}\Omega$,$R_2 = 50\text{k}\Omega$,在室温 $T = 290\text{K}$ 下,对于 BW = 100kHz 的给定带宽,计算:(1)每个电阻的热噪声电压;(2)它们的串联组合;(3)它们的并联组合。

解54：

(1)就这两个电阻器而言，由式(8.3)可得

$$V_{\mathrm{n}}^2(R_1)=4\times 20\mathrm{k\Omega}\times 1.38\times 10^{-23}\times 290\mathrm{K}\times 100\mathrm{kHz}=32\times 10^{-12}\mathrm{V}^2$$

$$V_{\mathrm{n}}^2(R_2)=4\times 50\mathrm{k\Omega}\times 1.38\times 10^{-23}\times 290\mathrm{K}\times 100\mathrm{kHz}=80\times 10^{-12}\mathrm{V}^2$$

$$V_{\mathrm{n}}(R_1)=5.658\mu\mathrm{V}$$

$$V_{\mathrm{n}}(R_2)=8.946\mu\mathrm{V}$$

(2)串联电阻为

$$R_{\mathrm{S}}=R_1+R_2=70\mathrm{k\Omega}\Rightarrow V_{\mathrm{n}}(R_{\mathrm{S}})=10.59\mu\mathrm{V}$$

(3)并联电阻为

$$R_{\mathrm{p}}=R_1\parallel R_2=14.286\mathrm{k\Omega}\Rightarrow V_{\mathrm{n}}(R_{\mathrm{p}})=4.78\mu\mathrm{V}$$

8.2 等效噪声带宽

因为无功元件不会耗散热功率，它们不会产生热噪声，但评估包含电感和电容电抗的网络的噪声功率是很重要的。这是因为电容和电感分量都会影响频率带宽，因此必须考虑电抗对 KT 噪声频谱的影响。

我们考虑了两种典型的网络情况：电阻－电容(RC)网络和电阻－电感－电容(RLC)网络。

8.2.1 RC网络中的噪声带宽

可以看出，当噪声通过具有复传递函数 $H(\omega)$ 的无源滤波器时，对于给定输入频谱密度式(8.1)的噪声输出频谱密度 S_{no} 通常可表示为

$$S_{\mathrm{no}}=|H(\mathrm{j}\omega)|^2kT \tag{8.6}$$

在电容负载的情况下(参见图8.3(a))，包括噪声发生器 V_{S}^2 和输出电压 V_{n}^2 的低通滤波器具有传递函数① $H(\mathrm{j}\omega)$ 为

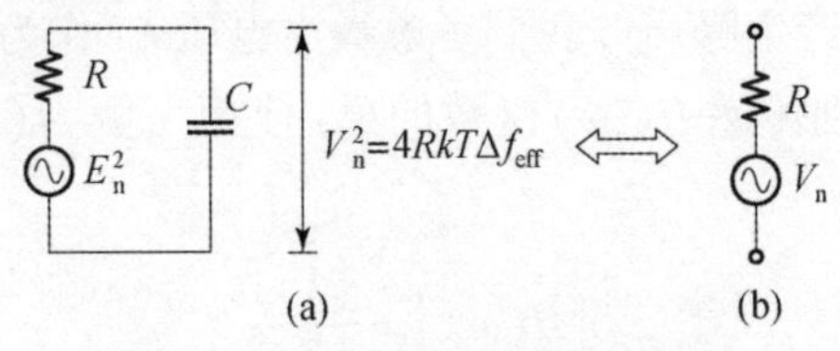

图8.3 RC电路的等效噪声电压

① 参考第1.6.4和3.2.2节。

$$|H(j\omega)| = \frac{1}{\sqrt{1+(\omega RC)^2}} \Rightarrow S_{no} = \frac{kT}{1+(\omega RC)^2} \tag{8.7}$$

$$P_{no} = \int_0^\infty S_{no}\mathrm{d}f = \int_0^\infty \frac{KT}{1+(2\pi RCf)^2}\mathrm{d}f = \frac{kT}{2\pi RC}\int_0^\infty \frac{1}{1+x^2}\mathrm{d}x \tag{8.8}$$

因此,由于低通滤波器的带宽限制,输出频谱的值随着频率的增加而减小。输出端可用的总噪声功率是从零到无穷大的积分①,如式(8.8)所示,积分结果为

$$P_{no} = \frac{kT}{2\pi RC}\arctan x\Big|_0^\infty = \frac{kT}{2\pi RC}\frac{\pi}{2} \overset{\text{def}}{=} kT\Delta f_{eff} \Rightarrow \Delta f_{eff} = \frac{1}{4RC} \tag{8.9}$$

在这里我们引入了 Δf_{eff} 作为“等效噪声带宽”。这一定义允许引入图 8.3(b)中的等效电路。因此,仅在等效带宽 Δf_{eff} 内的噪声频谱认为等于 KT,而在其他地方为零。

此外,等效噪声电压 V_n(见式(8.3))可以写为

$$V_n^2 = 4RkT\frac{1}{4RC} = \frac{kT}{C} \tag{8.10}$$

这表明,即使噪声是由电阻器 R 产生的,输出噪声电压也不是电阻器 R 的函数。相反,它由电容器 C 确定,而电容器 C 本身不产生热噪声。

示例 55:热噪声定义

计算室温 $T=300\text{K}$ 时,电阻 R 与 $C=100\text{pF}$ 电容串联产生的等效噪声电压 V_n

解 55:直接应用式(8.10)有

$$V_n^2 = \frac{kT}{C} = \frac{1.38\times10^{-23}\times300\text{K}}{100\text{pF}} = 4.14\times10^{-11}V^2 \Rightarrow V_n = 6.434\mu\text{V}$$

8.2.2 RLC 网络中的噪声带宽

图 8.4 中的 RLC 调谐电路由理想的无损电容器 C 和实际的电感 L 组成,实际电感的导线电阻 r 产生噪声。我们考虑噪声电压 E_n 作为网络的输入,V_n 作为网络的输出,从而得到传递 $H(j\omega)$ 函数的模(使用一侧为 $(r+Z_L)$ 阻抗、另一侧为 Z_C 的分压规则)为

$$|H(\omega)| = \frac{|X_C|}{|Z_S|} \tag{8.11}$$

① 使用代入法($2\pi RCf=x$)可以得到表格中的积分 $\int\frac{1}{1+x^2} = \arctan x$。

式中 Z_S——谐振 RLC 电路(见式(10.37))①的串联阻抗;

X_C——电容器 C 的电抗。

注意到网络中存在两个储能元件,即电感和电容器,这意味着幅度函数(见1.6.5节)具有以其谐振频率为中心的带通滤波器(BPF)的形式。

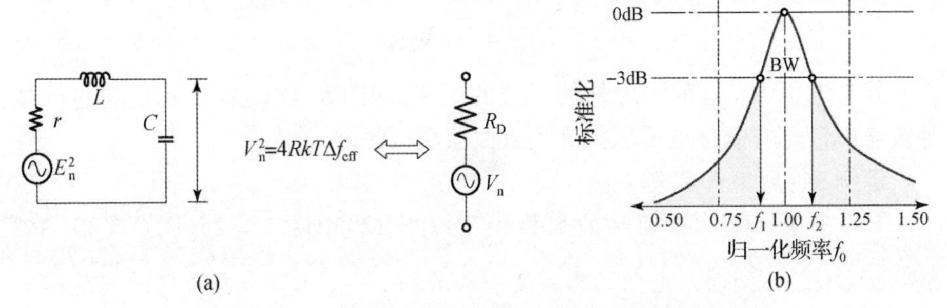

图8.4 RLC 调谐电路中的等效噪声电压及其幅度函数

(a)等效噪声电压;(b)等效噪声电压幅度函数。

如果噪声计算限于窄带宽 $\Delta f \ll f_0$ 附近的谐振频率 f_0,则传递函数 $H(\omega_0)$(见式8.11)可近似为 $H(j\omega_0)=Q$,即 RLC 网络的 Q 因子,其中 Q 定义之一具有如下形式

$$Q=\frac{\omega_0}{\mathrm{BW}}, \omega_0=2\pi f_0 \tag{8.12}$$

这里 BW 严格遵循 −3dB 点的定义,如图8.4(b)所示。在 $H(j\omega_0)\approx Q$ 的情况下求解积分(见式(8.6)),从而 $S_{no}=Q^2KT$,在频带 $\mathrm{BW}=\Delta f$ 内产生的噪声功率为

$$P_{no}=\int_0^\infty S_{no}\mathrm{d}f=\int_{f_0-\frac{\Delta f}{2}}^{f_0+\frac{\Delta f}{2}}Q^2kT\mathrm{d}f=Q^2kT\Delta f\overset{\mathrm{def}}{=}kT\Delta f_{eff}\Rightarrow\Delta f_{eff}=Q^2\Delta f \tag{8.13}$$

则等效噪声电压 V_n 为

$$V_n^2=4rkTQ^2\Delta f=4R_DkT\Delta f \tag{8.14}$$

式中:$R_D=Q^2r$ 是 RLC 电路在谐振时的"动态阻抗"。这一结果对于实际计算是非常重要的,因为 RLC 调谐网络的噪声带宽实际上被限制在谐振频率附近的窄带宽内。

通过组合式(8.2)、式(8.10)和式(8.14),可以将关于电容 C 的总噪声功率表示为

① 更多细节见第10.2节关于串行 RLC 谐振的内容。

$$P_{no} = \frac{kT}{4R_D C} = kT\Delta f_{eff} \tag{8.15}$$

式中:$\Delta f_{eff} = \frac{1}{4R_D C}$是谐振时 RLC 网络的有效噪声带宽。然而在实践中,RLC 网络的有效噪声带宽 Δf_{eff}近似为

$$\Delta f_{eff} = \frac{\pi}{2} BW_{3dB} \tag{8.16}$$

其考虑了 BW_{3dB}范围之外的区域的功率,如图 8.4(b)中所示的彩色区域,等效噪声带宽的概念也可以扩展到放大器和接收器。

示例 56:热噪声定义

一个并联 LC 谐振回路的数据如下:$f_0 = 120\text{MHz}$, $C = 25\text{pF}$, $Q = 30$,带宽 $\Delta f = 10\text{kHz}$。已知动态电阻的形式之一为 $R_D = \frac{Q}{\omega_0 C}$,计算出在给定带宽范围内,在室温下 LC 谐振回路的有效噪声电压。

解 56:根据式(10.79),LC 谐振器在谐振时的动态电阻计算如下

$$R_D = \frac{Q}{\omega_0 C} = \frac{30}{2\pi \times 120\text{MHz} \times 25\text{pF}} = 1.59\text{k}\Omega$$

然后根据式(8.14)

$$V_n^2 = 4Q^2 R_L kT\Delta f = 4R_D kT\Delta f = 0.254 \times 10^{-12}\text{V}^2$$
$$V_n = 0.50\mu\text{V}$$

8.3 信噪比

信噪比是衡量信号“噪声”的最重要的量化指标之一,它的定义为信号功率和噪声功率的比率,即

$$\text{SNR} = \frac{P_s}{P_n} \tag{8.17}$$

式中 P_s——信号功率;

P_n——噪声功率。信噪比表示了信号比噪声强大多少倍,显示了两种“力量”的相对大小。请注意,SNR 是一个无单位的数字,它仅显示信噪比的值。

通常用分贝为单位表示功率比,其定义如下

$$\text{SNR} = 10\lg\frac{P_s}{P_n}[\text{dB}] \tag{8.18}$$

$$= 10\lg\frac{\frac{V_s^2}{R}}{\frac{V_n^2}{R}} = 10\lg\left(\frac{V_s}{V_n}\right)^2 = 20\lg\frac{V_s}{V_n}[\text{dB}] \tag{8.19}$$

式中 V_s——信号电压；

V_n——噪声电压，其在阻性负载 R 上测量获得。尽管引入繁琐的对数函数来取代简洁的比率似乎有点违反常理，但事实证明，以 dB 为单位的计算要简单得多①，因为比率变成了差运算，因此变成了一个简单得多的算术运算。

功率的相对值表达式(8.18)告诉我们，例如在 SNR = 3dB 的情况下，P_1 是 P_2 的两倍。它没有告诉我们是比较 6 除以 3MW，还是 6 除以 3kW，也就是说，它没有告诉我们任何关于绝对功率水平的信息。为了传达这一信息，需要将功率的绝对单位 P_{dBm} 定义为

$$P_{dBm} = 10\lg\frac{P_1}{1mW}[dBm] \tag{8.20}$$

式中：P_1 功率归一化为 1mW。在接下来的部分中将展示如何使用 dBm 单位，它的单位步长与 dB 单位步长相同，这意味着将 dB 和 dBm 相加是一种完全有效的数学运算。

示例 57：信噪比定义

转换信号的功率等级：(1) $P_1 = 1mW$；(2) $P_2 = 1W$；(3) $P_3 = 10W$。然后，如果噪声功率为 $P_n = 1mW$，则求上述三个信号的信噪比。

解 57：根据式(8.20)得到：(1) $P_1 = 0dBm$；(2) $P_2 = 30dBm$；(3) $P_3 = 40dBm$。

根据式(8.18)得到：(1) SNR = 0dB；(2) SNR = 30dB；(3) SNR = 40dB。

请注意 dBm 中的绝对值和 dB 中的相对值概念之间的差异。

8.4 噪声系数

掌握提供给电路网络的输入端的信号的 SNR_{in} 只是电路设计过程中的一个步骤。为了测量电路本身的“噪声”，即为了找出电路的内部组件产生了多少噪声，在输入和输出端都需要测量 SNR(图 8.5)

$$SNR_{in} = \frac{P_{si}}{P_{ni}}$$

$$SNR_{out} = \frac{P_{so}}{P_{no}} \tag{8.21}$$

$$F = \frac{SNR_{in}}{SNR_{out}} = \frac{P_{si}P_{no}}{P_{ni}P_{so}} = \frac{P_{no}}{A_P P_{ni}} \tag{8.22}$$

式中 F——噪声因子，是输出和输入 SNR 的比率；

---

① 一些基本的对数特性是：$\lg(x/y) = \lg(x) - \lg(y)$；$\lg(xy) = \lg(x) + \lg(y)$；$\lg(x^n) = n\lg(x)$。

A_P——信号功率增益，$A_P = P_{so}/P_{si}$。

在工程中，使用式(8.22)中的三种形式中的任何一种来计算 F。例如，如果 $\mathrm{SNR}_{out} = \mathrm{SNR}_{in}$，则 $F = 1$，这意味着在输入和输出端子之间没有额外的噪声贡献，因此电路本身是无噪声的。请注意，由定义可见，噪声系数 F 是一个无量纲的数字。同样，将噪声系数(NF)引入为

$$NF = 10\lg F[\mathrm{dB}] \tag{8.23}$$

可见，无噪声电路(即 $F = 1$)具有噪声系数 $NF = 10\lg 1 = 0\mathrm{dB}$，这是理想情况，当然在实际系统中是不可能实现的。

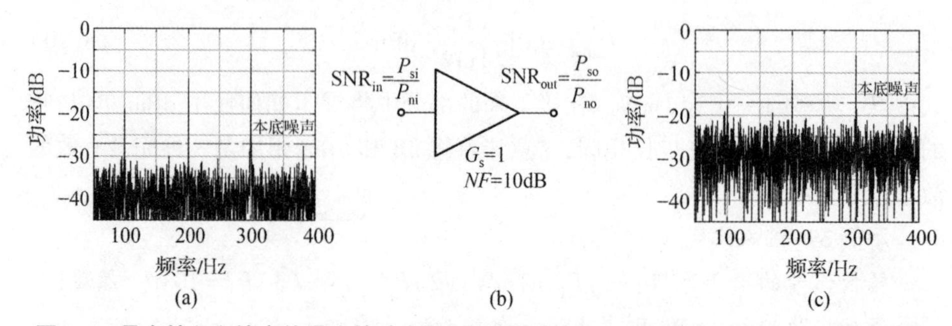

图 8.5　具有输入和输出信噪比的放大器，其信号增益为 $G_S = 1$ 和 $NF = 10\mathrm{dB}$。(见彩图)

(a)输入信噪比；(b)放大电路；(c)输出信噪比。

示例 58：热噪声定义

放大器的输入信噪比为 $\mathrm{SNR}_{out} = 5$，输出信噪比 $\mathrm{SNR}_{in} = 10$。计算其 F 和 NF。

解 58：通过直接应用式(8.22)，我们可以写出

$$F = \frac{\mathrm{SNR}_{in}}{\mathrm{SNR}_{out}} = \frac{10}{5} = 2 \Rightarrow NF = 10\lg 2 = 3\mathrm{dB}$$

也就是说，放大器本身在整个系统内贡献了 3dB 的噪声。

8.5　噪声温度

重新整理热噪声功率公式(式(8.2))，并将噪声温度 T_n 定义为

$$T_n = \frac{P_n}{k\Delta f} \tag{8.24}$$

式中：将指数 n 添加到温度 T，以指示噪声温度 T_n 是对应噪声功率 P_n。

然而对于给定的放大器，其热噪声是由内部元件产生的，可以在输出端测量。在噪声分析中，可以方便地将噪声引回电路的输入端，并假设它是由等效的外部噪声源产生的，而电路本身是无噪声的(见图 8.6)。如果电路的功率增益

为 A_P，并且输入端的等效噪声功率为 P_{ni}，则输出噪声功率 P_{no} 的简单计算如下

$$P_{no}=A_P P_{ni} \Rightarrow P_{ni}=\frac{P_{no}}{A_P} \tag{8.25}$$

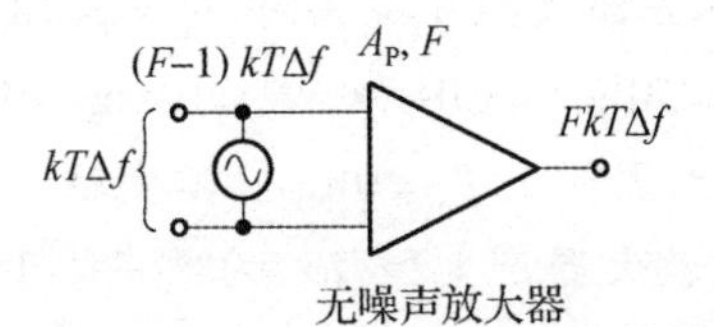

图8.6 无噪声放大器的等效输入参考噪声功率

另一方面，如果输入信号功率为 P_{si}，并且输入噪声功率为 $P_{ni}=kT\Delta f$，则输入侧信噪比 SNR_{in} 为

$$SNR_{in}=\frac{P_{si}}{kT\Delta f} \tag{8.26}$$

然后，已知信号和噪声都以相同的增益 A_P 被放大的同时，式(8.22)可以被改写为

$$F=\frac{P_{no}}{A_P P_{ni}}=\frac{P_{no}}{A_P kT\Delta f} \tag{8.27}$$

将式(8.25)代入式(8.27)，得出总可用输入参考噪声为

$$F=\frac{P_{no}}{A_P kT\Delta f}=\frac{P_{ni}}{kT\Delta f} \Rightarrow P_{ni}=FkT\Delta f \tag{8.28}$$

因此，放大器的噪声贡献 P_{na} 仅仅是输出和输入噪声功率之间的差值

$$P_{na}=FkT\Delta f-kT\Delta f=(F-1)kT\Delta f \tag{8.29}$$

在式(8.24)中替换式(8.29)，在 $P_n=P_{na}$ 的情况下，可以写出

$$T_n=(F-1)T \text{ 或 } F=1+\frac{T_n}{T} \tag{8.30}$$

式中 T_n——噪声温度；

T——环境温度。

式(8.30)的意义表示噪声因子 F 等效噪声温度 T_n（与噪声源的温度不同）之间的等价性；如果其中一个已知，则另一个也已知。此外，在低噪声功率级别的情况下，噪声温度比噪声系数更敏感，这使得测量变得更容易。正因为如此，噪声温度主要用于高频和射电天文学。

示例59：噪声系数和温度定义

放大器的等效噪声温度为 $T_n=50K$，计算放大器在室温 $T=300K$ 时的噪声因数 F，比较当 $T_n=300K$ 时和 $T_n=0K$ 时的 F。

解59：直接使用式(8.30)得

$$T_n=(F-1)T\Rightarrow 50\text{K}=(F-1)\times 300\text{K}\Rightarrow F=\frac{50\text{K}}{300\text{K}}+1=1.167$$

$$NF=10\lg 1.167=0.669\text{dB}$$

如果放大器的等效噪声温度与环境相同,$T_n=300\text{K}$ 和 $T_n=0\text{K}$ 并且发现

$$NF=10\lg 2=3\text{dB} \text{ 和 } NF=101\lg 1=0\text{dB}$$

也就是说,无噪声放大器等于 $T_n=0\text{K}$(它不向输入信号添加噪声),并且当 T_n 等于环境噪声时,由该放大器产生和引入的噪声等于输入信号的噪声。

8.6 级联网络的噪声系数

本章第8.4节和第8.5节证明了在放大器(或任何通用电路)输入端出现的任何噪声信号 P_{ni} 乘以其增益 A_P 形成输出噪声信号 P_{no},如式(8.25)所示。此外,放大器本身会产生内部噪声 P_{na},它由其噪声因子 F 量化,如式(8.29)所示。因此,单级放大器产生总输出噪声功率 P_1 作为总和

$$P_1=P_{no}+P_{na}=A_P P_{ni}+(F-1)kT\Delta f \tag{8.31}$$

或者,通常也可以重新整理式(8.27)写为总输出噪声功率 $P_{no(tot)}$

$$P_{no(tot)}=F_{(tot)}A_{P(tot)}kT\Delta f \tag{8.32}$$

式中:"(tot)"表示放大器的内部结构可以由多个级组成。

现在评估一系列网络的噪声因子,每个级都有其自己的噪声因子 F_i,($i=1,2,3,\cdots,n$)。考虑到系统级分析是基于驱动-负载对的级联,找到级联系统的总噪声系数的表达式是很重要的(见图8.7)。

为了简化分析,假设系统仅由 R_{eq} 两级($i=1,2$)组成,因此组合的噪声因数 F_{12} 计算如下。第一级的输入连接电阻,这个等效电阻用于对注入到两级系统的热噪声建模。为了简单起见,假设级的两个噪声带宽 Δf 相同,因此等于级联组合的噪声带宽 Δf。

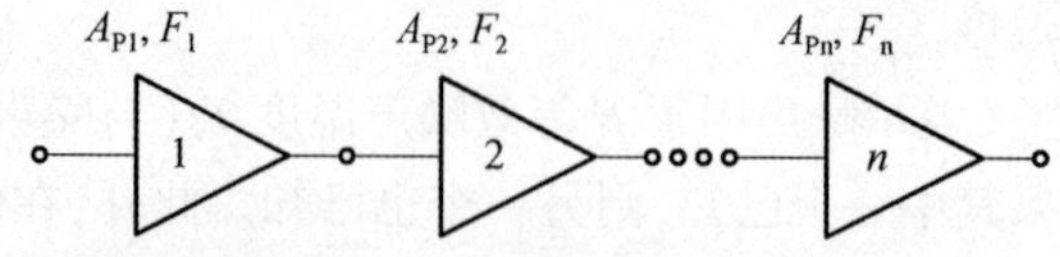

图8.7 具有 n 级的级联系统,每个级都有自己的噪声因数 F_i,($i=1,\cdots,n$)

显然,两个后续级的总增益 A_{P12} 必须是它们的乘积

$$A_{P12}=A_{P1}A_{P2} \tag{8.33}$$

且根据式(8.27),第一级之后的噪声输出 $P_{no(1)}$ 为

$$P_{(no)(1)}=F_1 A_{P1}kT\Delta f \tag{8.34}$$

在与第二级增益 A_{P2} 相乘之后,其为

$$P_{no(2)} = A_{P2}P_{no(1)} = F_1A_{P1}A_{P2}kT\Delta f \tag{8.35}$$

假设第二阶段是无噪声的。但它会放大自己的输入参考热噪声，见式(8.29)。

$$P_{i2} = A_{P2}(F_2 - 1)kT\Delta f \tag{8.36}$$

因此，第二级输出的总噪声是式(8.35)和式(8.36)的综合。

$$\begin{aligned}P_2 &= A_{P2}(F_2-1)kT\Delta f + F_1A_{P1}A_{P2}kT\Delta f \\ &= \left(F_1 + \frac{F_2-1}{A_{P1}}\right)A_{P1}A_{P2}kT\Delta f \\ &= \left(F_1 + \frac{F_2-1}{A_{P1}}\right)A_{P12}kT\Delta f\end{aligned} \tag{8.37}$$

通过比较式(8.32)和式(8.37)，我们得出

$$F_{(tot)} = F_1 + \frac{F_2-1}{A_{P1}} \tag{8.38}$$

这是两级级联网络的噪声系数表达式。通过重复相同的推理，可以将式(8.38)推广到由 n 个阶段组成的级联网络，结论是

$$F_{(tot)} = F_1 + \frac{F_2-1}{A_{P1}} + \frac{F_3-1}{A_{P1}A_{P2}} + \cdots + \frac{F_n-1}{A_{P1}A_{P2}\cdots A_{P(n-1)}} \tag{8.39}$$

式(8.39)称为弗里斯传输公式(Friis's formula)，广泛用于计算级联网络的 NF。弗里斯传输公式表明，在级联网络中，第一级(即 F_1)的噪声因数是最关键的，因为后续级的噪声因数除以所有先前级的综合增益。

示例60：级联网络的噪声系数

一种三级放大器的性能指标：第一级的增益为 $A_{P1} = 14\text{dB}$，噪声系数为 $NF_1 = 3\text{dB}$；第二级的增益为 $A_{P2} = 20\text{dB}$，噪声系数为 $NF_2 = 8\text{dB}$；第三级的放大器与第二级相同。计算系统的总体噪声系数 NF。

解60：使用弗里斯公式，我们可以写出：

$$A_{P1} = 14\text{dB} = 25.1, A_{P2} = A_{P3} = 20\text{dB} = 100$$

$$NF_1 = 3\text{dB}, F_1 = 2, NF_2 = NF_3 = 8\text{dB}, F_2 = F_3 = 6.31$$

因此

$$F_{(tot)} = 2 + \frac{6.31-1}{25.1} + \frac{6.31-1}{25.1\times 100} = 2.212$$

$$NF = 10\lg 2.212 = 3.448\text{dB}$$

这个例子说明，第一级的噪声系数是最重要的，即使后续阶段的噪声系数很差，系统的总体噪声系数也接近第一级的噪声系数。因此，射频前端电路的设计主要集中在第一级放大器的设计上，也就是所谓的低噪声放大器(Low Noise Amplifier, LNA)。

例 61:输入参考噪声

对于图 8.8(a)中的放大器,计算出现在输入端的信号电压 v_s 和等效噪声电压 V_n。数据:带宽 $\Delta f = 10\text{kHz}$,室温 $T = 290\text{K}$,等效内部噪声电阻 $R_n = 400\Omega$,放大器输入电阻 $R_i = 600\Omega$,源电阻 $R_S = 50\Omega$,源电压 $V_S = 1\mu\text{V}$。

解 61:将戴维宁定理应用于 V_s、R_S 和 R_i 网络,结果如下:

$$R_t = \frac{R_S R_i}{R_S + R_i} = 46.15\Omega$$

$$V_t = V_s \frac{R_i}{R_S + R_i} = 0.923\mu\text{V}$$

对于串联电阻的情况,放大器输入端的等效噪声电压计算如下

$$R = R_t + R_n = 400\Omega + 46.15\Omega = 446.15\Omega$$

在应用式(8.3)之后,结果是

$$V_n = \sqrt{4RkT\Delta f} = \sqrt{4 \times 446.15\Omega \times 1.38 \times 10^{-23} \times 290 \times 10\text{kHz}} = 0.267\mu\text{V}$$

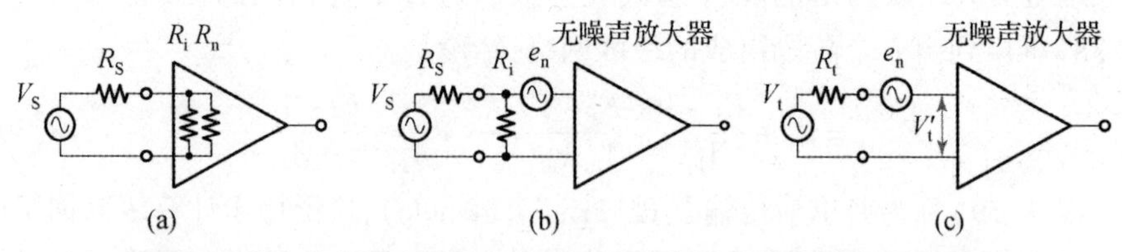

图 8.8 带有内部噪声和输入电阻的放大器及其等效戴维宁表示法

(a)带有内部噪声和输入电阻的放大器;(b)噪声等效电压发生器;(c)等效戴维宁表示法。

8.7 总结

实际中噪声分析的工作比本章中介绍的内容要广泛得多,大量的研究出版物和教科书可供进一步研究。在本章中,回顾了最重要的基本定义和应用,我们认为这些定义和应用是进一步讨论所必需的,因此鼓励读者熟练掌握与噪声分析相关的术语和原理。

问题

8.1 计算:

(1)室温($T = 300\text{K}$)下热噪声的频谱密度;

(2)1MHz 带宽内的可用噪声功率;

(3)来自 50Ω 的 1μV 信号的可用信号功率输送到匹配负载的源;

(4)(2)中的噪声和(3)中的信号的信噪比。

8.2 确定由 50Ω、1kΩ 和 1MΩ 产生的噪声电压电阻器在室温 290K 和 20kHz 带宽内。

8.3 电阻器 $R_1 = 20\text{k}\Omega$，$R_2 = 50\text{k}\Omega$ 在室温下 $T = 290\text{K}$。对于给定带宽 BW = 100kHz 求：(1)每个电阻器的热噪声电压；(2)用于它们的串联组合；(3)并联组合。

8.4 调谐并联 LC 谐振回路具有以下数据：$f_0 = 120\text{MHz}$，$C = 25\text{pF}$，$Q = 30$，带宽 $\Delta f = 10\text{kHz}$。在给定带宽内找到室温下 LC 槽的有效噪声电压。

8.5 示波器探头规定为 $R = 1\text{M}\Omega$，$C = 20\text{pF}$，带宽为 BW = 200MHz。确定由于探头在室温下产生的噪声电压。

8.6 电视机由以下子模块链组成：两个 RF 放大器，每个增益为 20dB，噪声系数为 3dB，一个混频器，增益为 -6dB，噪声系数为 8dB，两个附加放大器，20dB 增益和噪声系数分别为 10dB。假设室温，计算：(1)系统噪声系数；(2)系统噪声温度。

8.7 输入信号功率为 $5 \times 10^{-6}\text{W}$，输入噪声功率为 $1 \times 10^{-6}\text{W}$ 的放大器，输出信号功率为 $50 \times 10^{-3}\text{W}$，输出噪声功率为 $40 \times 10^{-3}\text{W}$。确定该功放的噪声系数 F 和噪声图像。

8.8 计算 $I_{\text{DC}} = 1\text{mA}$，室温 300K，带宽在 1MHz 内的二极管的噪声电流和等效噪声电压。

8.9 具有 R_{S} 内阻的电压源 V_{S} 向输入电阻为 R_{in} 的放大器提供信号。在此条件下，室温下的等效直流散粒噪声电流为 I_{DCn}。假设带宽为 BW，计算输入 SNR_{in}。

数据：$V_{\text{S}} = 100\ \mu\text{V}_{\text{rms}}$，$R_{\text{S}} = 50\Omega$，$R_{\text{in}} = 1\text{k}\Omega$，$I_{\text{DCn}} = 1\mu\text{A}$，BW = 10MHz，$T = 300\text{K}$。

8.10 增益为 50dB、噪声温度为 90K 的前端射频放大器向噪声系数为 12dB 的接收器提供信号。在室温 $T = 300\text{K}$ 的情况下，计算接收器本身的噪声温度以及放大器和接收器系统的总噪声温度。

第二部分

射频接收机电路

第9章

无线电接收机结构

无线通信系统是多学科研究的结果,这些研究以极富创造性的方式利用了各种数学、科学和工程原理。傅里叶变换揭示了信号波形(例如语音)的时频关系,这使人们能够设计合适的滤波器和放大器。通过傅里叶变换理论,人们能够合成和分解连续(即模拟)或采样(即数字)的波形,用麦克斯韦理论解释电磁波的产生和传播。通过使用特定的数学定理和技巧,例如基本三角恒等式,人们能够系统的处理信号。通过运用电路理论和技术,人们能够在现实中实现基本的理论方程,从而建立"无线通信系统"。本章将要简要介绍射频接收机的基本结构,人们熟知的"外差接收器",它是所有现代射频系统中使用的主要架构。

9.1 电磁波

与声波在空气中产生周期性压力扰动非常相似,电波也会对电磁场产生周期性扰动。为了使电磁感应产生有意义的电势,R_x/T_x 的天线长度必须与电磁干扰的波长 λ 相似。

因此,若要用音频辐射无线电波,天线必须是千米量级的,所以人们只可以像使用电话线一样在地面使用它。更重要的是,事实证明射频电磁波不需要空气来传播,而且在真空中传播要更容易。简而言之,声波和射频的根本区别在于声波是通过机械振动传播的,而射频是以电磁波的形式从天线辐射出来的。

相对于自然界中已知的完整频谱,人类的自然波感受器(耳朵和眼睛)只覆盖两个较小的频率范围(即音频和可见光)。另外,这两个频段之间的差距非常大。我们的大部分工程主要投入到建造人造波接收器上,这些接收器在人类的"盲点"中运行,使我们能够"看到"整个声音和电磁频谱。

9.1.1 多音波形

傅里叶敏锐的直觉使他推测,自然界中常见的一种典型形状的任意波形,如图9.1中的球面波,都可以分解为单音波形的总和。最终,他证明了这一想法,并通过发展“傅里叶变换”在历史上赢得了一席之地，“傅里叶变换”也几乎为世界上每个工程师和科学家所熟知。

傅里叶变换的一种非常直白、粗略的解释是，任何任意波形都可以由无限多的谐波按一定比例相加合成，这是由该特定波形公式决定的。让我们从频率为 ω 的单音开始，称为一次谐波(或基波)，二次谐波是频率为 2ω 的单音正弦波形，三次谐波是频率为 3ω 的单音正弦波形，依此类推。傅里叶变换中的所有单音调项(称为“谐波”)在幅度上适当地缩放，并且例如式(9.1)中那样叠加在一起。

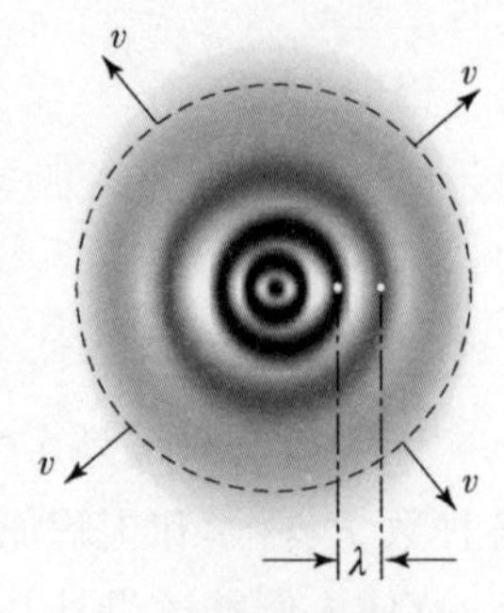

图 9.1　球面波向各个方向传播(见彩图)

利用傅里叶变换，图 9.2 中的方形波形 $y(t)$ 是通过仅将前三个奇数次谐波相加

$$y(t)=\frac{4}{\pi}\left[\sin\omega t+\frac{1}{3}\sin 3\omega t+\frac{1}{5}\sin 5\omega t+\cdots\right] \tag{9.1}$$

式中：sin 项及其各自的频率 $n\times\omega(n=1,2,3,4,5\cdots)$ 和幅度缩放系数(1、1/3、1/5、…)乘以 $4/\pi$ 表示波形 $y(t)$ 的谐波。式(9.1)的一种解释是说，使用三个单音信号作为其基本频率分量来构造波形 $y(t)$。在某种程度上，傅里叶变换对波形的作用类似于 X 光机对人体的作用：它显示了复杂的波形是由那些频率分量组成的。

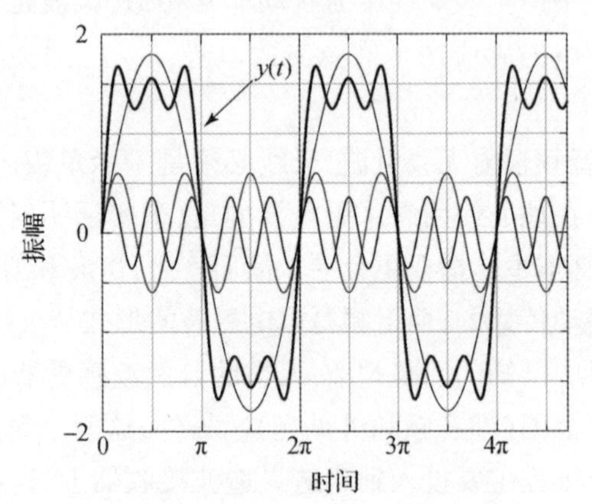

图 9.2　多色调波形(实线暗线)(见彩图)

9.1.2　频谱

正弦波的形状总是相同的，我们所需要描述的就是描述它的幅度、频率和相位的三个数值。如果正弦曲线图的轴进行了标记，则通过观察可以找到这

三个参数。

然而,更复杂的波形,如图9.2中的$y(t)$,不能仅通过目视观察来分析,因为它是通过添加多个谐波而产生的,并且由其总振幅、频率和相位参数来定义。

相反,式(9.1)中波的频谱清楚地表明,波可能包含无数个组合中的许多音频。创建一个曲线图来显示频率－功率域中所有谐波之间的关系是非常有用的,例如在图9.3中,它显示了如何使用谐波来创建两种常见的波形:方波和锯齿波。为了说明这一点,将波形转换为其等效频谱函数,对时域波形数据应用快速傅里叶变换(FFT)算法,如图9.4所示。在频域图中,通常的做法是将幅度单位(例如,伏特或安培)转换为分贝(DB)(相对增益的单位)。

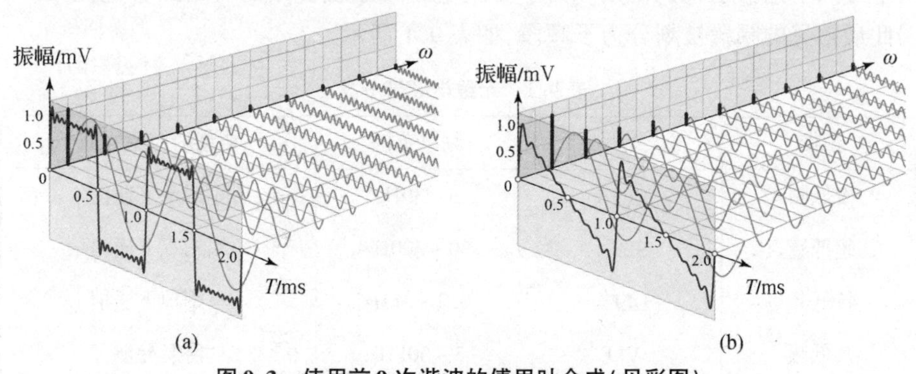

图9.3 使用前9次谐波的傅里叶合成(见彩图)

(a)方波;(b)锯齿波。

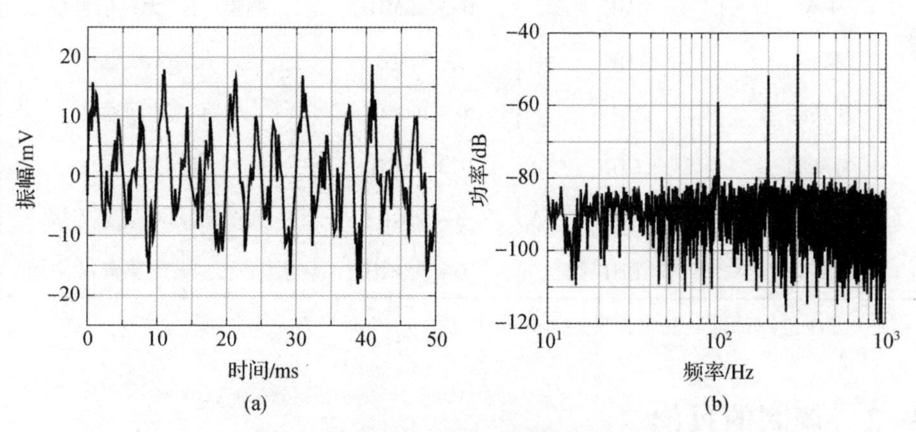

图9.4 时域波形以及功率谱图(见彩图)

(a)时域波形;(b)噪声下限的功率谱图。

图9.4(a)中的信号的时间域图被转换成其等价的频域曲线图9.4(b),其解释如下:从左侧的零频点(即DC)开始,沿水平轴(以Hz为单位)移动,图中的

每个点表示其各自的(x,y) =(频率,功率)数字对。换句话说,曲线的每个像素显示(在理想情况下)该频带内无限个可能的单音的各个功率电平。这三条不同的垂直线代表三种波形谐波,每一种都由最高垂直线量化其功率电平(单位:dB)。此外,还有一个由我们周围存在的各种随机源造成的“噪声海洋”(即“底噪”或背景噪声),这是相对恒定的。

应该强调的是,复杂波形的详细分析包括时间域和频域两个方面。为了使得这一过程形象化,示波器是充当时域波形绘图仪的测试仪器,频谱分析仪是对给定波形进行实时傅里叶变换并显示其“功率谱图”的测试仪器。本书假设所有的工程师和科学家都熟悉这两个测试仪器,它们使我们能够看到同一波形的两个截然不同但互补的视角。由于无线电通信系统使用的有用频率范围很广,因此最常见的频段被划分为子频段,如表 9.1 所示。

表 9.1　无线电频带分类

频带	缩写	频率范围	典型的应用方面
极低频	ELF[①]	3 ~ 30Hz	军用水下通信
超低频	SLF[①]	30 ~ 300Hz	军用水下通信
特低频	ULF[①]	0.3 ~ 3kHz	军用地下通信
甚低频	VLF	3 ~ 30kHz	潜艇导航
低频	LF	30 ~ 300kHz	远程导航,时间信号
中频	MF	0.3 ~ 3MHz	调幅广播,无线信号灯
高频	HF	3 ~ 30MHz	业余无线电
甚高频	VHF	30 ~ 300MHz	短距离地面通信
特高频	UHF	0.3 ~ 3GHz	电视广播,手机
超高频	SHF	3 ~ 30GHz	无线局域网,卫星连接
极高频	EHF	30 ~ 300GHz	射电天文学,收集资料,军事

注:[①]整个地球都可以视为天线。

9.2　调制的目的

通信系统的主要目的是将信息从空间的一个点传输到另一个点。如果我们有一个单一的通信系统,一次只能传输一条消息,那将是非常低效的。想象一下,如果整个世界的电话系统使用一根金属线,用户必须在两端排队才有机会与对方通信。一种渐进式的改进是开发具有多个通信点的网络。事实上,电话系统是建立在发送点和接收点之间的临时物理有线连接的基础上的,这当然需要交换电路的存在。如今直接传输相对低频的信号,如人类的语音,通常通过电话网络完成。

然而人类注意到,有线通信网络的建设和维护成本相当高。这主要是因为电线本身需要一个支撑介质(在这种情况下是地球表面),这带来了巨大的技术挑战,例如在大西洋和太平洋的底部铺设洲际电缆。

无线传输系统没有这个问题,然而在直接传输音频信号的情况下,其自身的问题变得明显。一种常用的天线被称为"半波偶极子天线"①,其名字源于天线导线长度 L 大约等于波长 λ 的一半(见图9.5),其计算公式为

$$L=\frac{1}{2}\lambda=\frac{1}{2}cT=\frac{1}{2}\frac{c}{f}\approx\frac{300\times10^{6}\mathrm{m/s}}{2}\frac{1}{f\mathrm{HZ}}=\frac{150}{f\mathrm{MHz}}\mathrm{m} \tag{9.2}$$

式中 λ——入射电磁波的波长;

T——其周期;

c——光速。

天线设计者通常将式(9.2)虚化大约5%,因此通常引用的用于接收频率为 f 的信号的导线长度 L 的经验公式被写为

$$L=\frac{143}{f\mathrm{MHz}}\mathrm{m} \tag{9.3}$$

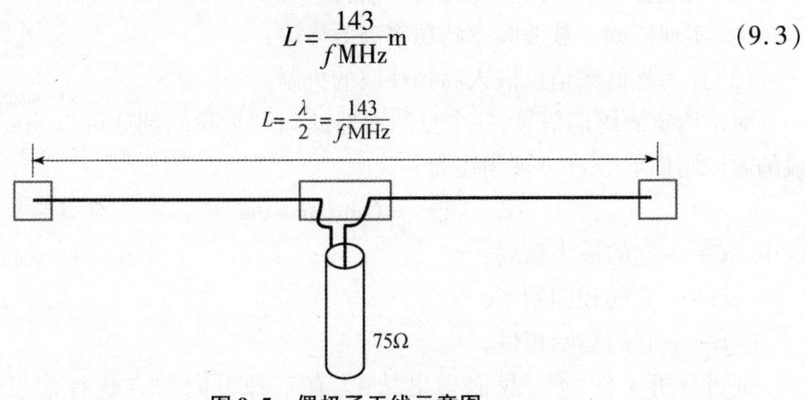

图9.5 偶极子天线示意图

对于音频 $f=1\mathrm{kHz}=0.001\mathrm{MHz}$ 的简单例子,这导致所需的天线 $L=143\mathrm{km}$。出于所有工程实际需求,我们已经在世界各地的壕沟中铺设了电话线形式的天线。也就是说,音频信号的直接无线电传输是不切实际的。这个问题的一个直接解决方案是应用频移原理在频域中将音频信号移动到更高频段。例如,如果

① 关于四分之一波和偶极子天线的详细理论,例如,见 S. Saunders 和 A. Aragón - Zavala 的《无线通信系统的天线和传播》。

信号频率为 $f = 10\mathrm{MHz}$，则我们从式(9.3)中计算出所需天线必须大约为 $L = 143/10 = 14.3\mathrm{m}$，而对于信号 $f = 1\mathrm{GHz}$，所需偶极子天线长度为 $L = 14.3\mathrm{cm}$，第一代手机使用 850MHz 频率，因此它的可伸缩天线是一根大约有这个长度的电线。显然，高频信号的使用带来了更实际的天线尺寸。电磁波传播特性的进一步研究表明，不同材料的传输损耗与频率有关。因此，对于给定的传输介质(在这种情况下是空气)，对于相同的初始信号功率，并不是所有的波长都传输相同的距离，这意味着工作频率的选择对于传输所使用的能量是非常重要的。

高效的通信系统需要能够同时承载多对通信传输业务。考虑到音频带宽需要大约 20kHz，如果 RF 设备能够在例如 1～2GHz 频段内工作，则 $(2-1)\mathrm{GHz} = 1\mathrm{GHz}$ 频率带宽可被视为由 $1\mathrm{GHz}/20\mathrm{kHz} = 50 \times 10^3$ 平行的“导线”组成的宽电缆，即 50000 个单独的“通道”，其中每个通道可承载一个完整的高保真音频信号。如果 50000 个音频源中的每一个在 1GHz 带宽内被精确地频移并彼此相邻对准，那么通过频移和滤波的手段使得无线系统能够同时传输多个信号。实际上，无线传输的信号由两个信号组成：用作载波的高频信号和以某种方式由发射机电路嵌入载波并由接收器解除嵌入的低频信息信号。

现在我们可以总结一下需要调制的原因：

(1)实现音频信号的实际无线传输；

(2)实现依赖于载波频率的功率高效传输；

(3)作为将低频信息嵌入高频载波的机制。

对于给定的周期信号，一个自然而然的问题是我们到底可以调制什么。一般的时域周期信号 $c(t)$ 被描述为

$$c(t) = C\sin(\omega t + \varphi) \tag{9.4}$$

式中　C——它的最大幅度；

ω——它的径向频率；

φ——它的初始相位。

通过分析式(9.4)，我们得出结论，有三种可能的方式将信息嵌入到载波中：

(1)随时间改变幅度 C，使 $C(t)$ 正比于信息信号随时间变化(这种方法称为“幅度调制”(AM))；

(2)随时间改变频率 ω，使 $\omega(t)$ 正比于信息信号随时间变化(这种方法称为“频率调制”(FM))；

(3)随时间改变相位 φ，使 $\varphi(t)$ 正比于信息信号随时间变化(这种方法称为“相位调制”(PM))。

虽然理论上三个参数 C、ω、和 φ 的任意组合都可以调制载波 $c(t)$，包括同

时调制所有三个参数,但实际上通信系统常被设计为仅使用一种调制类型。因此,我们只讨论幅度(AM)、频率(FM)或相位调制(PM)系统。

9.3 射频通信系统

其目标是使用射频波传输音频信号,并在接收端不失真地还原。根据到目前为止所介绍的原理,本节给出了一种可能的系统体系结构的粗略框图,如图9.6所示。

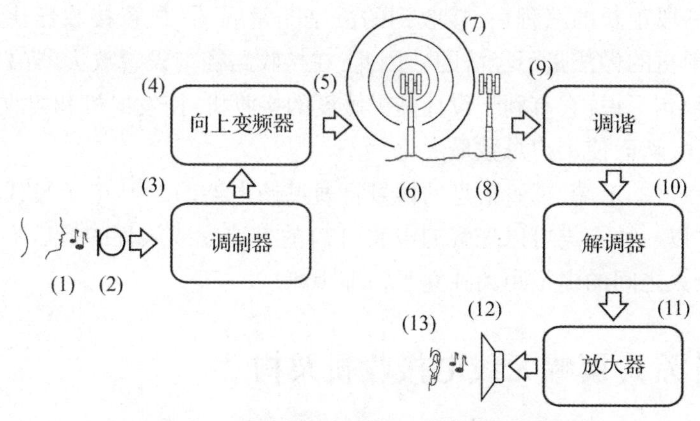

图 9.6 无线通及其所需组件的基本框图

在信号传输链的开始,人体声带(1)产生的机械声波必须通过麦克风转换成与其等效的电信号(2)。这个电信号包含需要传输的完整信息,现在它已经准备好加载到指定的载波。调制器(3)的工作是接受信号并将其与载波混合,并通过变频器(4)将载波频率提升,从而信号被印记为载波的包络。紧接着,以信息为包络的已调制载波(5)被推入发射天线(6),并以电磁波(7)的形式辐射到自由空间。从这一点处出发,在接收范围内任何拥有能够产生与载波波长匹配的电气设备的人都可以获得信息。应该指出的是,此时自由空间非常繁忙,就像挤满了试图到达各自目的地的许多其他航班。目前最重要的条件是,在给定的空间内,任何给定频率的载波不得超过一个,即每个载波必须使用其分配的和单独的信道。否则,在载波频率难以区分的不同载波上传输的两个信息包将无意中相互混合,并将永远丢失。在第 14.7 节中,人们将这一条件扩展到包括另一个频率,称为“幽灵频率”。在接收范围内的接收器数量没有限制,事实上,广播电视公司花费大量资金和资源,不断增加其广播信号在接收距离范围内的接收器数量。这个接收距离范围受发射信号的功率(其“信号强度”)和接收器的灵敏度(其“接收机系统”的质量)的限制。

接收消息的接收器必须首先调整其设置以匹配载波的频率。在这种情况下,接收天线(8)和调谐部分(9)开始与输入载波同步振荡,同时(理想地)忽略所有其他载波。用一个简单的类比,我们可以把接收器和调谐部分想象成一堵墙,墙上有许多不同颜色的门。在任何给定的时间,只有一扇门是打开的(即调谐的),只有匹配颜色的载体才能通过。所有其他运营商都面朝墙壁,关闭了与之相配的颜色门。

接收端不需要载波本身(这就像一辆车需要停在旅行的终点,而传输的信息类似于乘客从停着的车中走出来),解调器(10)的工作是提取包络并丢弃载波。经过一段很长的路程后,接收到的波是非常弱的(放置接收器比所需要的更接近发射机的做法是不经济的),因此,在接收路径上设置放大器(11)是很有意义的。换句话说,它有利于设计高灵敏度的接收机,使发射机和接收机之间的距离最大化,从而使用户总数最大化。

在接收链的末端,携带信息的信号将通过扬声器(12)从电子形式转换为机械形式,并以一种人类可以理解的声波(13)的方式完成旅程的最后一段。神奇的是,两个人之间的虚拟距离独立于物理距离。

9.4 外差式调幅无线电接收机架构

根据具体的应用及其频率范围,有许多遵循第 9.3 节中原理的通信系统的实际实现方式。为了达到介绍实际射频系统的设计思路的目的,本书以外差调幅接收机的设计为例逐步开展分析,如图 9.7 所示。这种接收机基于一种称为“外差”的电路架构,这意味着在信号路径上只有一个混频器,用于载波频率的上转换或下转换。逻辑上,常见的术语“超外差”意味着使用多个混频器。为了解释这个术语,首先我们要注意到,当载波频率远高于接收机电路中其他部分所使用的频率时,就会出现一个问题。比如当街道不是很宽的时候,行人可以轻松地“跳”过去。然而在宽阔的大道中间,我们会设置一个“行人避难岛”,作为行人继续前往对面之前的临时停留点,从而实现“两跳”跨越。类似地,若当载波频率为 10MHz,接收机电路的其余部分工作在 455kHz 时,设计一个能够使这种频率偏移(即外差架构)的混频器并不困难。同样的,如果载波频率是 2.4GHz,就不可能设计出一种一次跳跃即可实现达到目标载波频率上的实际混频器,而是将两个或多个混频器串联使用,直到达到目标载波频率(即超外差架构)。为了原理性的介绍实际的射频系统,外差架构显然是一个很好的选择。

之所以选择相对较低的 10MHz 频率(按照今天的标准看)来设计本书介绍的外差调幅接收机实例,是因为我们可以专注于射频电路设计的基本原则,而目前可以忽略与高频电路相关的更高级和更严格的约束，这些高频问题适当的留给更深度的射频课程。

作为三种调制技术中最古老、最简单的一种，第一步研究和设计调幅接收机是顺理成章的。

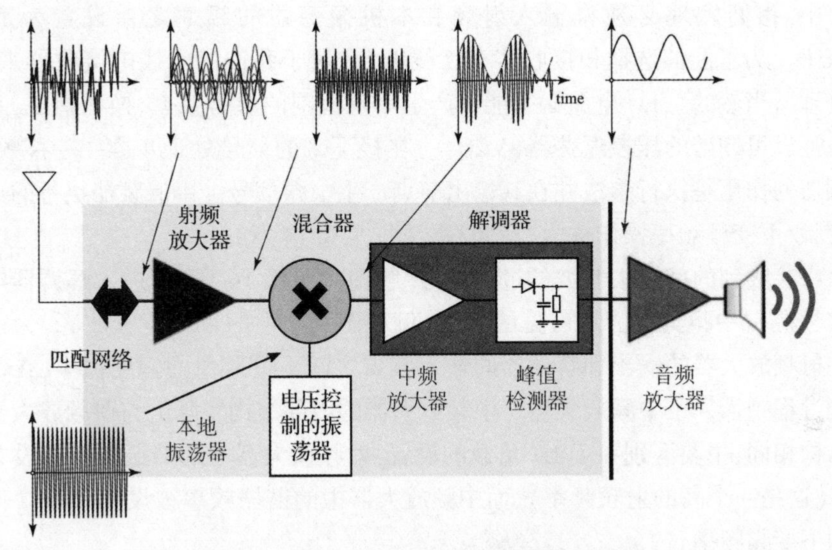

图 9.7　调幅接收机及其子电路的基本框图

作为这本书中所学知识的一个实例证明，我们设计一个可以工作的演示射频接收机，比如接收由国有发射台发射的时间基准射频信号。尽管 GPS 技术取得了进步，但这些地面发射器仍然在世界上许多国家使用，因为它们的时间基准是由原子钟得出的，如加拿大的 NRC 发送 14.67MHz 的时间基准信号，美国的 NIST 发送 10MHz 的信号，法国的 Allouis 长波发射机发送 162kHz 的 TDF 时间信号，中国国家授时中心发送的 2.5MHz、5MHz、10MHz 和 15MHz 授时信号等。

由于现有的大量射频通信系统都在持续传输（例如电台和电视台、手机、卫星和 GPS 系统等），从所有实际目的来看，我们周围的整个频谱看起来都是白噪声。

如图 9.7 所示，在 AM 接收器的前端接收的所有现有信号中，天线预先选择了所需的载波波形，该载波的射频频率与前端电路（见第 10 章）谐振频率 ω_0 相同。匹配网络接受传入的射频信号（见第 11 章）在通往射频放大器的过程中（见第 12 章），天线、匹配网络和射频放大器的组合带通滤波器（BPF）效应仅允许频率在 BPF 带宽[①]内的波形进入接收器。

---

① 这个真正的 BPF 的 Q 因子不是无限的，即 $Q=\Delta\omega/\omega_0$ 是通过设计设定的。

射频放大器输出的调幅信号以 ω_{RF} 为中心,必须将其下变频到 AM 接收器中使用的标准中频(Intermediate Frequency,IF)。在数学意义上,下变频过程可描述为简单地将接收到的 RF 信号与本地参考信号相乘。该精确的本地基准频率由本地振荡器(LO)电路以正弦信号的形式产生(见第 13 章)。在接下来的章节中,我们发现必须将输入射频和本机振荡器的频率之差设置为 IF = 455kHz。为了能够选择和接收多个无线电台(对于我们的无线电接收器来说,这是理所当然的),LO 电路必须能够产生一定范围的参考频率,换句话说,它必须设计成可调谐的压控振荡器(VCO)。在接下来的信号处理步骤——移频中,混频器的作用是执行乘法并在其输出节点产生中频信号。由混频器执行的这种上变频/下变频频率操作称为"变频/移频"(见第 14 章)。

将接收到的信号去载波的过程称为"解调"(见第 16 章)。进入解调器电路的信号在 ω 中频具有清晰可见的包络(例如图 9.7 中的单个正弦波)。为了补偿在射频放大器的输出和解调器的输入节点之间不可避免的幅度损失,在信号解调过程中插入了中频放大器。中频放大器的内部结构实际上与射频放大器中的结构相同,主要区别在于 LC 负载的设置:射频放大器中的谐振频率被设置为 ωRF(这是一个高的射频频率),而中频放大器中的谐振频率被设置为 ω_{IF}(低得多的下变频频率)。

AM 接收器的最后一级,恰好在音频放大器的输入节点之前,作为 AM 中频波形包络的音频消息由"峰值检测器"电路恢复(见第 16.2 节)。这个由二极管、电阻和电容器组成的小电路无疑是电子学中用途最广泛的电路之一。除了不可避免的失真外,其输出产生的波形与麦克风产生的波形几乎相同。接收信号的质量和局限性是通过一套标准规范来衡量的,其中一些最重要的规范将在第 17 章中介绍。随着发送/接收的这一结束步骤,AM 接收器设计流程完成。而所有这些处理过程乍一看似乎是不必要的,但实际上是必须的,其原因是不使用上变频/下变频技术而直接传输音频信号是不切实际的。

9.5 总结

在这一章中,我们介绍了 AM 接收器的体系结构,它是所有现代射频通信系统的核心。当然,随着时间的推移,我们开发了许多不同的电路和系统用于各种无线通信应用,既有模拟的,也有数字的,有高频的,也有甚高频的。尽管如此,到目前为止所介绍的以及在接下来的章节中应用的基本原理和思想是具有普适性的,因此在继续研究短波通信系统之前应该掌握这些基本原理和思想。

问题

9.1　给定两个正弦波形，$s_1(t)=\sin(2\pi\times 2\text{kHz})$和$s_2(t)=\sin(2\pi\times 3\text{kHz})$，使用仿真软件显示频谱：(1)作为独立波形的$s_1(t)$和$s_2(t)$；(2)$s(t)=s_1(t)+s_2(t)$；(3)$p(t)=s_1(t)\times s_2(t)$。对于这个乘积，推导出$p(t)$波形的解析形式。比较三个曲线图，并对结果进行讨论。

9.2　给定三个正弦波形，$s_1(t)=\sin(2\pi\times 1\text{kHz})$，$s_2(t)=\sin(2\pi\times 10\text{MHz})$和$s_3(t)=\sin(2\pi\times 9.45\text{MHz})$，先推导$s_1(t)$、$s_2(t)$和$s_3(t)$的解析形式，然后使用仿真软件显示它们各自的频谱。比较三个图并讨论结果。

9.3　给定$\omega=2\pi\times 103\text{Hz}$和一个正弦波形

$$p(t)=\frac{4}{\pi}\left[\sin(\omega t)+\frac{1}{3}\sin(3\omega t)+\frac{1}{5}\sin(5\omega t)+\cdots+\frac{1}{33}\sin(33\omega t)\right]\tag{9.5}$$

使用仿真软件显示它们的时域和频域图。然后，

(1)随机选择并去除式(9.5)中的一个或多个谐波，并再次观察时域和频域图；

(2)重复练习，但这次随机改变一些谐波幅度；

(3)重复练习，但这次随机添加一个相位$0\leqslant\varphi\leqslant 2\pi$到一些谐波；

(4)绘制$f(t)=(1+p(t))/2$，$f(t)=2+p(t)$，$f(t)=-3+p(t)$；

(5)添加一个简单的RC滤波器并同时观察其输出$f(t)$波形，如果：①$\tau=1.59\mu\text{s}$，②$\tau=15.9\mu\text{s}$，③$\tau=159\mu\text{s}$，④$\tau=1.59\text{ms}$，讨论观察到的波形。

9.4　给定$\omega=2\pi\times 10^3\text{Hz}$和一个正弦波形

$$w(t)=\frac{2}{\pi}\left[\sin(\omega t)-\frac{1}{2}\sin(2\omega t)+\frac{1}{3}\sin(3\omega t)-\cdots+\frac{1}{17}\sin(17\omega t)\right]\tag{9.6}$$

使用仿真软件显示它们的时域和频域图。

(1)随机选择并去除式(9.6)中的一个或多个谐波，并再次观察时域和频域图；

(2)重复练习，但这次随机改变一些谐波幅度；

(3)重复练习，但这次随机添加相位$0\leqslant\varphi\leqslant 2\pi$到一些谐波；

(4)绘制$f(t)=(1+\omega(t))/2$，$f(t)=2+\omega(t)$，$f(t)=-3+\omega(t)$；

(5)添加一个简单的RC滤波器并在其输出观察$f(t)$波形，如果：①$\tau=1.59\mu\text{s}$，②$\tau=15.9\mu\text{s}$，③$\tau=159\mu\text{s}$，④$\tau=1.59\text{ms}$。

讨论观察到的波形。

9.5　给定问题9.3和9.4中的波形$p(t)$和$\omega(t)$以及$\omega=2\pi\times 10^3$，绘制以下波形：

(1)$f(t)=p(t)-(4/\pi)\sin(\omega t)$，$f(t)=p(t)-(4/\pi)\sin(\omega t)-(4/3\pi)\sin(3\omega t)$；

(2)$f(t)=p(t)-(4/33\pi)\sin(33\omega t)$，$f(t)=p(t)-(4/33\pi)\sin(33\omega t)-(4/31\pi)\sin(31\omega t)$；

(3)$f(t)=w(t)-(2/\pi)\sin(\omega t)$，$f(t)=p(t)-(2/\pi)\sin(\omega t)+(2/2\pi)\sin(2\omega t)$，$f(t)=p(t)-(2/\pi)\sin(\omega t)+(2/2\pi)\sin(2\omega t)-(2/3\pi)\sin(3\omega t)$；

(4)$f(t)=w(t)-(2/17\pi)\sin(17\omega t)$，$f(t)=p(t)-(2/17\pi)\sin(17\omega t)+(2/16\pi)\sin(16\omega t)f(t)=p(t)-(2/17\pi)\sin(17\omega t)+(2/16\pi)\sin(16\omega t)-(2/15\pi)\sin(15\omega t)$。

讨论观察到的波形。

9.6 参考表9.1,估计使用真实或表面偶极子天线的长度：

(1)军用水下通信系统；

(2)业余无线电；

(3)GSM－850手机(载波频率$f_c=850\text{MHz}$)、UMTS－FDD手机(载波频率$f_c=2.1\text{GHz}$)；

(4)射电天文系统。

第 10 章

电 谐 振

在最熟悉的机械振荡形式中,钟摆总系统能量不断地在动能和势能形式之间来回转换;在没有摩擦(即能量耗散)的情况下,钟摆将永远振荡。类似地,在两个能够存储能量的理想电气元件(电容器和电感器)并联后,系统的总初始能量在电能和磁能形式之间来回转换。这个过程被称为电谐振,并联 LC 电路被称为“谐振电路”。电谐振现象对无线电通信技术至关重要,因为简单来说,没有它就没有现代通信。在本章中,我们研究电谐振电路的行为并推导出主要参数。

10.1 LC 电路

表现出振荡行为的最简单的电路由并联的电感 L 和电容器 C 组成,如图 10.1 所示。假设初始条件电容器含有 q 电荷,则 LC 并联网络上的初始电压 V 与电荷的关系为 $q = CV_C = Cv(\max)$。

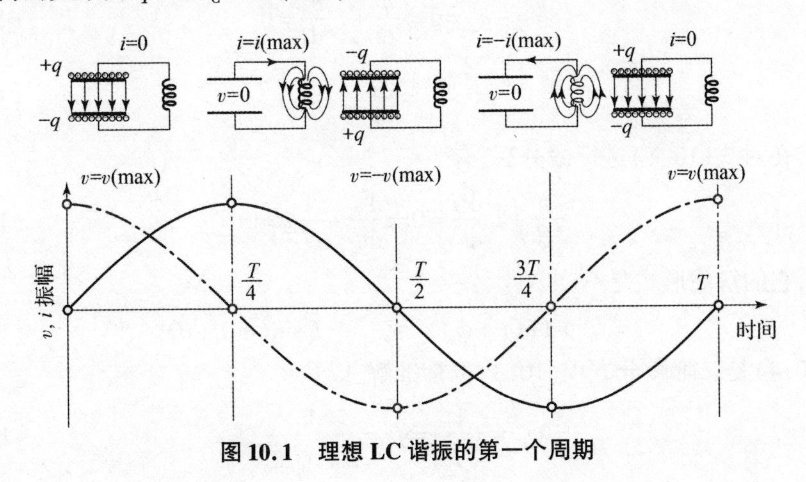

图 10.1 理想 LC 谐振的第一个周期

10.1.1 LC 谐振特性

在时间 $t=0$ 时,充电电容器两端的电压处于最大 $v(\max)$,其相关电场和存储能量也处于最大值,并且网络电流仍为零值。也就是说在时间 $t=0$ 时,电感仍然被电容器充电视为理想导线。自然地,在电场的作用下电容电荷被迫通过唯一可用的路径——电感线圈。然而,第一个电子一旦离开电容板,这种运动就被认为是随时间变化的电流,根据式(2-40),这种“理想导线”开始显示出强烈的电感特性,并伴随着一定的磁场。因此,当这个上升的电流流过电感时,它必须遵守楞次定律,并产生与产生它的变化相反的磁场。最终,当电容器完全放电时,电流达到其最大值 $i(\max)(t=T/4)$;LC 系统的全部能量现在存储在电感的磁场中。

现在由电感器作为电路中的能量源并在导线内部推动电荷,同时逐渐将磁能传递到电容性静电能中。电流的不间断流动继续导致电荷不断累积在另一个电容器极板上,并沿途产生与初始状态相反方向的电场。这个过程一直持续到电容器再次完全充电(在 $t=T/2$ 时)(见图 10.1),这次电容器两端的电压处于其最小值 $v(\min)=-v(\max)$。由于系统假定为理想系统,因此电线、电容器和电感器中没有热耗散。因此,必须保持能量守恒定律,这是电感和电容之间持续重复能量交换的条件。

10.1.2 LC 谐振的公式推导

在时间域中,图 10.1 中的理想 LC 电路确实产生了遵循正弦波形的电流。我们将循环一周的 KVL 方程写为

$$v_C - v_L = 0 \Rightarrow \frac{q}{C} + L\frac{\mathrm{d}i}{\mathrm{d}t} = 0 \tag{10.1}$$

$$i = \frac{\mathrm{d}q}{\mathrm{d}t} \tag{10.2}$$

因此,在对式(10.1)进行微分后,有

$$\frac{i}{C} + L\frac{\mathrm{d}^2 i}{\mathrm{d}t^2} = 0 \Rightarrow \frac{\mathrm{d}^2 i}{\mathrm{d}t^2} + \frac{1}{LC}i = 0 \tag{10.3}$$

因此,它的解的形式是①

$$i = I_0\cos(\omega_0 t + \phi) \quad \text{或} \quad i = I_0\sin(\omega_0 t + \theta) \tag{10.4}$$

式(10.4)是二阶微分方程(10.3)的标准解,以及

$$\omega_0 = \frac{1}{\sqrt{LC}} \Rightarrow f_0 = \frac{1}{2\pi\sqrt{LC}} \tag{10.5}$$

式中:ω_0 是理想 LC 谐振电路的振荡频率(即无热损耗)。

应当注意到,式(10.4)确实是一个正弦形式,既适用于谐振电流,也适用于

① 这是一个二阶微分方程,有一个标准形式的解。

电压(图10.1)。式(10.5)中的定义角频率ω_0是射频设计中的关键变量之一,称为谐振频率。谐振频率计算为ω_0(以rad/s为单位)或f_0(以赫兹为单位),其中$\omega_0 = 2\pi f_0$。共振的物理定义是系统在某一频率上以最大幅度振荡的趋势,这个频率被称为系统的共振频率。将共振频率与其他振荡模式区分开来是非常重要的。虽然一个系统可以在许多频率下振荡,但只有与最大振荡幅度(理论上趋于无穷大)相关的频率被称为共振频率或自然频率。

我们记得,LC谐振器网络中包含的总能量$W = W_C + W_L$的表达式是存储在电容器W_C和电感W_L中的能量之和,即

$$W_C = \frac{1}{2}\frac{q^2}{C} = \frac{1}{2}v_C q = \frac{1}{2}Cv_C^2 \tag{10.6}$$

$$W_L = \frac{1}{2}Li^2 \tag{10.7}$$

假设在时间$t=0$时,没有初始能量存储在电感$W_L(t=0)=0$中,即LC网络的全部初始能量存储在电容器中。

10.1.3 阻尼和保持振荡

在理想的谐振系统中,正弦振荡一旦启动,将永远保持其波形的幅度不变。当然,这将是一种永动机,因为我们忽略了系统内部阻力造成的内部能量损失。例如,将其类比为机械系统中的一个秋千,它一旦被推动,就会永远摇摆。在现实中,这种情况不会发生,因为秋千的内耗和身体运动的空气阻力造成了能量损失。因此随着每个周期的过去,振荡的幅度变得越来越小,直到运动最终完全停止。

出于这个原因,我们应该确定现实振荡器在什么条件下保持振荡,以及由于系统的内部和外部缺陷而从振荡器中损失能量的速率。振荡器的振幅随着时间的推移而衰减的谐振器被称为“阻尼谐振子”,这是自然界中一种非常普遍和常见的行为模式,由许多看似不相关的系统表现出来:不完美的LC谐振器、钟摆、吉他弦或桥梁等。

阻尼谐振子的一般数学处理在许多数学和物理教科书中都可以找到。为了主题的完整性,我们重复基本的定义。二阶线性微分方程式是

$$a_2\frac{d^2x}{dt^2} + a_1\frac{dx}{dt} + a_0 x = 0 \tag{10.8}$$

式中 a_2、a_1、a_0——常量;

x——变量。

将式(10.8)重写为与二阶导数相关的常量a_2归一化为1的形式更方

便,因此有

$$\frac{d^2x}{dt^2}+\frac{a_1}{a_2}\frac{dx}{dt}+\frac{a_0}{a_2}x=0\Rightarrow\frac{d^2x}{dt^2}+\gamma\frac{dx}{dt}+\omega_0^2x=0 \tag{10.9}$$

式中 γ——常数 $\gamma=a_1/a_2$;

ω_0——比率为 a_0/a_2 的阻尼谐振子的固有频率。

一般来说,式(10.9)有三种可能的解决方案,具体取决于施加到振荡器的阻尼量,如图 10.2 所示。

(1)弱阻尼振荡器具有最小的能量损失(即它们非常接近无阻尼振荡器的情况),如果任其自身发展,这类振荡器能够在相当长的时间内维持振荡;

(2)临界阻尼振荡器即将开始和维持振荡;

(3)由于能量损失大,过阻尼振荡器无法启动振荡过程。

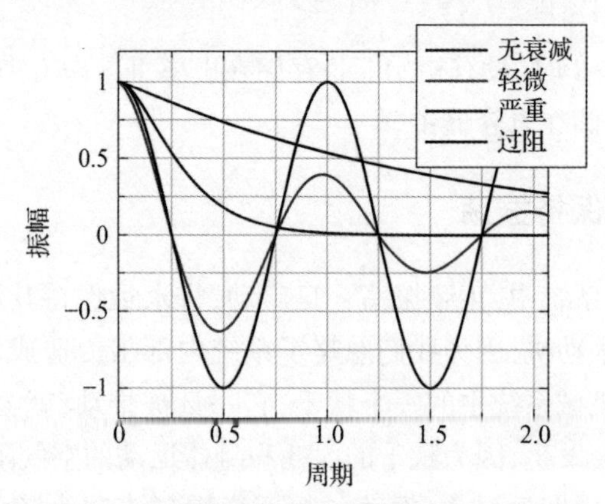

图 10.2 各种类型的阻尼的振荡波形(见彩图)

让我们把注意力集中在弱阻尼振荡器上,因为它是三种情况中唯一可以引起振荡的一种。可以得出结论,式(10.9)的解必须包括随时间减小初始幅度的项;因此,将式(10.4)的解乘以指数衰减函数,并采用以下形式的解:

$$x=e^{\left(-\frac{t}{\tau}\right)}A_0\cos\omega t \tag{10.10}$$

式中 t——时间变量;

ω——振荡频率;

τ——控制幅度衰减率的时间常数。

例如,如果 $\tau=\infty$,则幅度 A_0 不会减少,因为指数项始终等于 1。在另一个极端,如果 $\tau=0$,则指数项变为零,即余弦函数被完全抑制。对于 τ 的任何其他值,初始幅度 A_0 将自然衰减。

式(10.10)的一阶和二阶导数为

$$\frac{dx}{dt}=-A_0e^{\left(-\frac{t}{\tau}\right)}\left(\omega\sin\omega t+\frac{1}{\tau}\cos\omega t\right) \tag{10.11}$$

$$\frac{d^2x}{dt^2}=A_0e^{\left(-\frac{t}{\tau}\right)}\left[\frac{2\omega}{\tau}\sin\omega t+\left(\frac{1}{\tau^2}-\omega^2\right)\cos\omega t\right] \tag{10.12}$$

将式(10.10)~式(10.12)代入式(10.9)后,我们有

$$A_0e^{\left(-\frac{t}{\tau}\right)}\left[\left(\frac{2\omega}{\tau}-\gamma\omega\right)\sin\omega t+\left(\frac{1}{\tau^2}-\omega^2-\frac{\gamma}{\tau}+\omega_0^2\right)\cos\omega t\right]=0 \tag{10.13}$$

如果正弦和余弦项的两个乘法常数都为零,则式(10.13)在任何时候都是可能的,即

$$\left(\frac{2\omega}{\tau}-\gamma\omega\right)=0\Rightarrow\tau=\frac{2}{\gamma} \tag{10.14}$$

$$\frac{1}{\tau^2}-\omega^2-\frac{\gamma}{\tau}+\omega_0^2=0\Rightarrow\omega=\sqrt{\omega_0^2-\left(\frac{\gamma}{2}\right)^2} \tag{10.15}$$

在从余弦系数中消除 τ 之后,对于初始相位为零的弱阻尼振荡器的情况,可以将式(10.10)重写为

$$x=A_0e^{\left(-\frac{\gamma}{2}t\right)}\cos\omega t \tag{10.16}$$

式(10.16)对于式(10.15)中的 ω 是有效的,如果 ω 是实数,则表示振荡运动,即

$$\omega_0^2>\frac{\gamma^2}{4} \tag{10.17}$$

这是弱阻尼谐波振荡的条件。此外,如果弱阻尼振荡器的频率接近其自然谐振频率,则

$$\omega_0^2\gg\frac{\gamma^2}{4}\Rightarrow\omega=\sqrt{\omega_0^2-\left(\frac{\gamma}{2}\right)^2}\approx\omega_0 \tag{10.18}$$

请务必注意,参数 γ 和 ω_0 完全由电路的物理参数决定。图10.3显示了一个轻微衰减的简谐振动的例子。现在,让我们通过求余弦函数的两个极大值之比来确定衰减余弦函数的振幅是如何沿包络函数变化的。

在时间 $t=t_0$ 和 $t=t_0+nT$ 处写式(10.16),其中 T 是余弦周期,n 表示远离 t_0 处的最大值的第 n 个最大值的索引。因此,有两个幅度的表达式为

$$A_k=x(t_0)=A_0e^{\left(-\frac{\gamma}{2}t_0\right)}\cos\omega t_0 \tag{10.19}$$

$$A_{k+n}=x(t_0+nT)=A_0e^{\left[-\frac{\gamma}{2}(t_0+nT)\right]}\cos\omega(t_0+nT) \tag{10.20}$$

$$A_{k+n}=A_0e^{\left(-\frac{\gamma}{2}t_0\right)}e^{\left(-\frac{\gamma}{2}nT\right)}\cos\omega t_0 \tag{10.21}$$

$$\ln\left(\frac{A_k}{A_{k+n}}\right)=\frac{\gamma nT}{2}=\frac{\gamma n2\pi}{2\omega}=\frac{\gamma n\pi}{\omega}\approx\frac{\gamma n\pi}{\omega_0}=\frac{n\pi}{Q} \tag{10.22}$$

因为 $\cos(\omega(t_0+T))=\cos\omega t_0$,由式(10.22)引入了自然共振频率与 γ 之比作为振动质量的优劣系数,即 Q 因子

$$Q = \frac{\omega_0}{\gamma} \tag{10.23}$$

显然对于有限频率,$Q \to \infty$ 意味着 $\gamma \to 0$,它强制执行项 $A_0 e^{(-\gamma t/2)} \to A_0$,即没有阻尼。

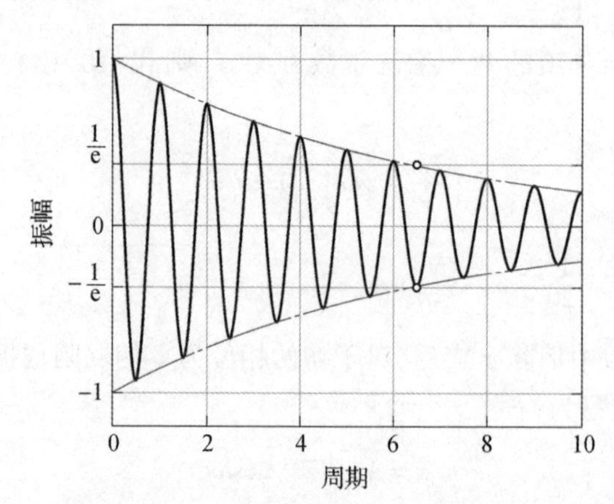

图 10.3 Q 为 20 的衰变振荡器的归一化幅度和周期(见彩图)

(通过对振荡周期数 n 进行计数,直到幅度降至 $1/e$,$Q = n\pi$,

在本例中,$n = 6.5$,然后 $6.5 \times \pi \approx 20$,红线是指数包络函数 $e^{(-\frac{\gamma}{2}t)}$)

示例 62:LC 谐振 $-Q$ 因子

通过测量确定,从 $t = 0$ 开始大约 6.5 个周期的衰减,余弦函数的幅度比初始幅度值 A_0 衰减了 e 倍,估计这个谐振器的 Q 因子。

解 62:根据式(10.22)写出

$$\ln(e) = \frac{6.5\pi}{Q} \Rightarrow Q = 6.5\pi \approx 20.4$$

如图 10.3 所示,现在已经确定了弱阻尼谐振子的行为,得出结论,式(10.17)将其他两个阻尼器的边界设置为

$$\omega_0^2 > \frac{\gamma^2}{4}, \text{欠阻尼} \tag{10.24}$$

$$\omega_0^2 = \frac{\gamma^2}{4}, \text{临界阻尼} \tag{10.25}$$

$$\omega_0^2 < \frac{\gamma^2}{4}, \text{过阻尼} \tag{10.26}$$

临界阻尼振荡器达到平衡的时间最快,并且仍然不会开始振荡。过阻尼系统缓慢地沿着包络路径由指数衰减函数控制而衰减(见图 10.2)。

示例 63:LC 谐振 $-Q$ 因子

衰减振荡的振幅为 $E(t) = E_0 \exp(-t/\tau)$,ω 为初始振幅,τ 为衰减时间。对

于产生 $f_0 = 334\text{Hz}$ 音调的吉他弦，声音在4s后衰减系数为2。估计衰减时间 τ 和品质因数 Q。

解63：可见

$$E(t) = E_0 \exp\left(-\frac{t}{\tau}\right) \Rightarrow \tau = \frac{t}{\ln\left(\frac{E_0}{E(t)}\right)}$$

$$\tau = \frac{4\text{s}}{\ln(2)} = 5.77\text{s}$$

由式(10.14)和式(10.23)所示，可以写出

$$Q = \frac{\omega_0}{\gamma} = \frac{\omega_0 \tau}{2} = \frac{2\pi \times 334\text{Hz} \times 5.77\text{s}}{2} \approx 6 \times 10^3$$

这个相对较高的 Q 表明吉他弦产生非常窄的频带[①]的音调，即非常干净的正弦，这是乐器所应有的。

一个现实的电谐振器由一个串联的 RLC 环路组成，类似于图10.6(a)所示，只是节点 a 和 b 是连接的。在这些条件下，KVL 方程如下

$$L\frac{\mathrm{d}i}{\mathrm{d}t} + iR + \frac{q}{C} = 0 \tag{10.27}$$

$$\frac{\mathrm{d}^2 q}{\mathrm{d}t^2} + \frac{R}{L}\frac{\mathrm{d}q}{\mathrm{d}t} + \frac{1}{LC}q = 0 \tag{10.28}$$

其中式(10.28)与式(10.9)具有相同的形式，因此(在考虑式(10.18)之后)通过观察可以写出

$$\omega_0^2 = \frac{1}{LC}, \gamma = \frac{R}{L} \tag{10.29}$$

$$q(t) = q_0 \exp\left(-\frac{R}{2L}t\right)\cos\left(\sqrt{\frac{1}{LC} - \frac{R^2}{4L^2}}t\right) \tag{10.30}$$

因此，Q 因子从式(10.23)和式(10.29)中求出

$$Q = \frac{1}{R}\sqrt{\frac{L}{C}} \tag{10.31}$$

观察到存在电阻元件 R 是阻尼因子 γ 和 Q 因子有限值的根本原因。在 $R = 0$ 的情况下，我们再次得到理想的谐振器，即 $\gamma = 0$ 和 $Q \to \infty$，没有阻尼且 $\omega = \omega_0$。

10.1.4 强迫振荡

为了能够控制有利于在真实系统中保持振荡的条件，理解式(10.16)弱阻

① 也可以表示为 $Q = f_0 / \Delta f$.

尼振荡器是很重要的。回到秋千的类比,为了保持摆动,在每个周期结束时,秋千需要在正确的方向上受到适量的推力。这一动作会使适量的能量定期注入系统,从而补偿因摩擦而造成的能量损失。关键是补偿能量必须在正确的时刻和正确的相位注入,即与正确方向的振荡同步。

与简单的机械系统(如秋千)相比,手动补偿电子系统中的热损失是不现实的。然而好消息是,使电子系统同步并不困难,以便正确补偿和维持振荡的损耗。如图 10.4(a)所示,假设将一个具有内部损耗的实际 LC 谐振器连接到用作电流源的晶体管 Q_1(为简单起见,省略了偏置细节)。如果在每个周期结束时,我们手动按下开关一小段时间,在适当的条件下,可以注入恰到好处的能量来补偿每个周期的损失,并迫使谐振器保持恒定的振荡幅度。上述操作仍然是假设的,但更实际的方法是用某种形式的反馈系统取代手动开关,该系统将自动执行相同的操作,如图 10.4(b)所示。

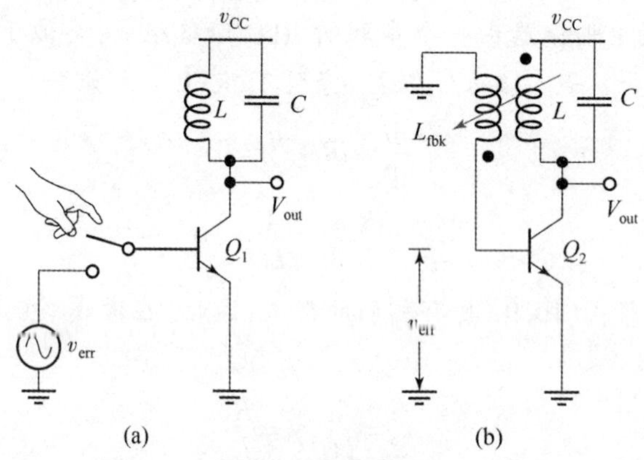

图 10.4 具有内部热损失 LC 谐振电路

(a)手动补偿机构;(b)自动补偿机构。

强制 RLC 谐振器的情况对于射频通信系统是必不可少的,我们将通过重写式(10.28)来更仔细地分析

$$\frac{\mathrm{d}^2q}{\mathrm{d}t^2}+\frac{R}{L}\frac{\mathrm{d}q}{\mathrm{d}t}+\frac{1}{LC}q=v_0\cos\omega t \tag{10.32}$$

式中:$v_0\cos\omega t$ 表示强迫振荡源。求解非齐次线性微分方程式(10.32)的数学过程比较复杂,但在微积分教科书中很容易找到,因此我们只将 RLC 强迫谐振器中电容器两端的电压 $v_C(t)$ 写为

$$v_C(t)=v_C(\omega)\cos(\omega t-\delta) \tag{10.33}$$

$$v_C(\omega)=\frac{\dfrac{v_0}{LC}}{\sqrt{(\omega_0^2-\omega^2)^2+\left(\dfrac{\omega R}{L}\right)^2}} \tag{10.34}$$

式中：δ 是电压源和振荡器频率之间的相位差。在共振条件下，当 $\omega = \omega_0$ 时，式(10.34)变为

$$v_{\mathrm{C}}(\omega_0) = \frac{v_0}{\omega_0 RC} = Qv_0 \tag{10.35}$$

观察到一个非常重要的事实，当内部 RLC 谐振器设计为谐振频率 ω_0 和外部驱动电压源 $V(\omega)$ 的频率重合时，即 $\omega = \omega_0$，有显著放大功能（Q 通常非常大）。简化的 RLC 电路由图 10.5 所示天线提供的输入无线电信号驱动。

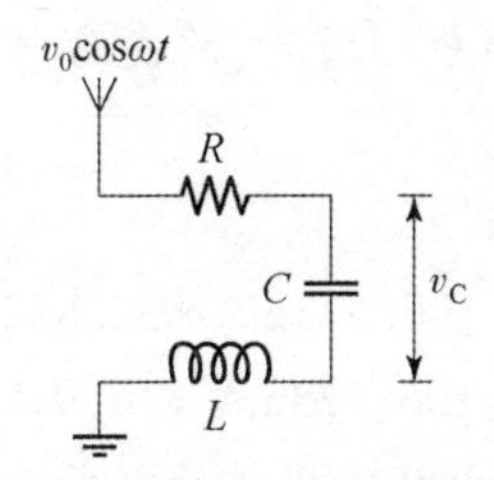

图 10.5 RF 电压源 $v_0\cos\omega t$ 驱动的 RLC 谐振电路

10.2 RLC 电路

在实际系统中，连接线和电感总是存在一定的小电阻 R，以及电容器中的小泄漏电流（由于电容器的介质材料的电阻小于无穷大），所有这些加在一起，会导致在每个振荡周期中以热的形式损失少量能量。因此如果实际 RLC 电路没有外部补偿的产生，则波形幅度呈指数衰减，如图 10.3 所示。这种幅度衰减是在实际振荡 RLC 电路中具有补偿内部热损失的外部能源的主要原因，如图 10.4 所示。由超导材料制成的 LC 谐振器实验证实这一说法；一旦内部电流被感应，超导谐振器在没有任何外部能源的情况下振荡非常长的时间（以天和月为单位）（严格地说这是不正确的——大量外部能量被花费在保持谐振器的冷却上。

10.2.1 RLC 串联谐振回路

在 2.3.3.4 节和 2.3.4.3 节中，我们已经了解到，在电容网络中，电容电压落后于电流 90°，而在电感网络中，电感电压领先电流 90°。可以得出结论，如果这两个元件被放在同一个网络中，那么两个电压必然具有 180°的相位差，这就引出了一个有趣的问题：如果两个电压的幅度相等，会发生什么？显然，必须减去一个电压（还记得差分信号吗？）。从另一个角度来看，这得出了有趣的结论。为了说明这一点，让我们来看一下下面的例子。

示例 64：LC 谐振 – Q 因子

交流电压源 v 通过串联 LC 连接。求出它们各自端子上的电容 X_C 和电感 X_L 的电抗和电压 v_C 和 v_L。数据:$v=5V, f=10MHz, C=1nF, L=1\mu H$。

解 64:两个电抗的计算公式为

$$X_L = 2\pi fL = +62.832\Omega, X_C = 1/2\pi fC = -15.915\Omega$$

$$X_{LC} = X_L + X_C = +46.916\Omega \Rightarrow L_{eq} = X_{LC}/2\pi f = 746.697\text{nH}$$

也就是说,在该频率下的总电抗等于电感的电抗①,这进一步意味着,从电压源的角度来看,在该特定频率下,可以用单个746.697nH电感取代串联LC连接,而不会干扰电路的其余部分。因此,总支路电流为 $I = v/X_{LC} = 106.573\text{mA}$,电流相对于电压的相位 $-90°$。

电感两端的电压计算如下

$$v_L = I \times X_L = 106.573\text{mA} \times 62.832\Omega = 6.696\text{V}$$

$$v_C = I \times X_C = 106.573\text{mA} \times 15.915\Omega = 1.696\text{V}$$

请注意,电感电压远高于电压源提供的电压。然而,两个电压之间的差异是 $v_L - v_C = 6.696\text{V} - 1.696\text{V} = 5\text{V}$,它应该与施加的电压一致。因此,工程师必须注意用于制造高 Q 值 RLC 谐振器的组件的工作范围。

将电阻 R 添加到串联 LC 网络中,将其转变为 RLC 网络(见图 10.6),改变了整个电路的特性。阻性元件负责最初存储在静电场和磁场中的能量的热耗散。因此,式(10.4)中计算的正弦谐振电流不能无限期地维持其最大值。随着每一个周期,一些电能消散成热,同时输出电压衰减(见图 10.2)。总阻抗的绝对值计算如下

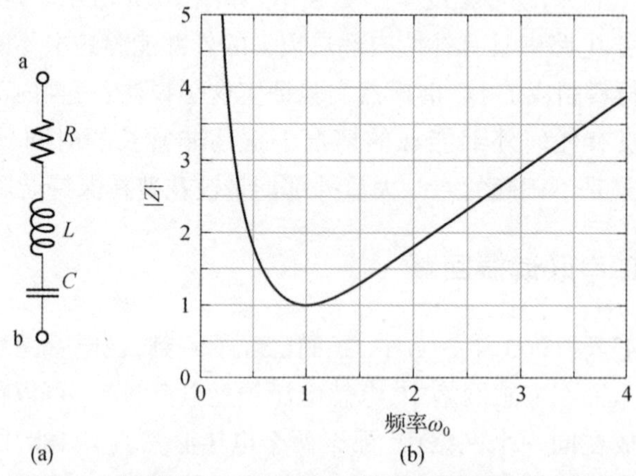

图 10.6 串联 RLC 电路网络及其总阻抗与频率的关系图

(a)归一化谐振频率 $\omega_0 = 1$;(b)总阻抗与频率的关系图。

① 这是一个相对的比较,因此约定俗成,负电抗与电容有关,因为 $X_C = 1/j\omega C = -j(1/\omega C)$

$$Z = R + j\omega L + \frac{1}{j\omega C} = R + j\underbrace{\left(\omega L - \frac{1}{\omega C}\right)}_{X_{\mathrm{RLC}}} \tag{10.36}$$

$$|Z| = \sqrt{R^2 + (X_L - X_C)^2} = \sqrt{R^2 + \left(\omega L - \frac{1}{\omega C}\right)^2} \tag{10.37}$$

式中:两个电抗 X_L 和 X_C 确定 RLC 网络的等效总电抗 X_{RLC},如果这两个电抗的绝对值相等,则 X_{RLC}变为零。这两个绝对值相等是共振的必要条件。

$$X_L = X_C \Rightarrow \omega L = \frac{1}{\omega C} \Rightarrow X_{\mathrm{RLC}} = 0 \tag{10.38}$$

在谐振条件下,串联阻抗的绝对值最小,即等于 R(见图 10.6),因此为实数,即总相角为零(见图 10.7)。谐振条件式(10.38)在唯一的频率 ω_0 处满足

$$\omega_0 = \frac{1}{\sqrt{LC}} \tag{10.39}$$

式中:ω_0 表示在 $X_L = X_C$ 条件下 LC 网络的谐振频率,这与从微分方程式得到的结果式(10.5)相同。在其他频率下,总电抗大于零,如式(10.37),这意味着 R 是绝对阻抗 Z 的最小值。在使用式(3.13)、式(3.18)和式(10.36)之后,很容易获得相图

$$\phi = \arctan\frac{\Im(Z)}{\Re(Z)} = \arctan\frac{\left(\omega L - \frac{1}{\omega C}\right)}{R} \tag{10.40}$$

归一化到 ω_0 的谐振频率后,如图 10.7 所示。

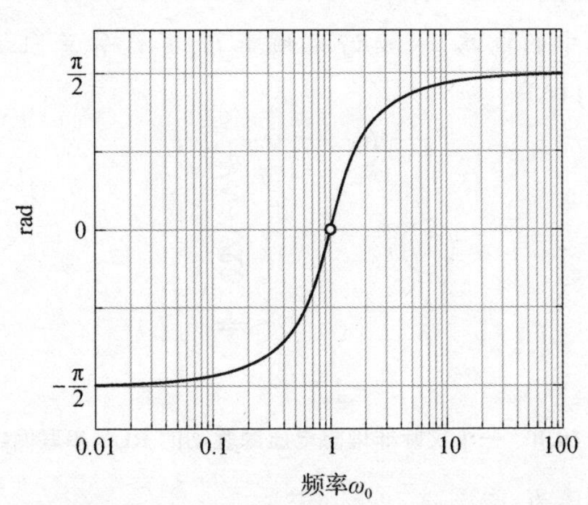

图 10.7 归一化到谐振频率 ω_0 的串联 RLC 图

示例 65:LC 谐振 – 串联 RLC

图 10.8 中的 RLC 电路连接到实际电压源 v_{in},其内阻为 R_s。求出:(1)当谐振频率 $f=f_0$ 时,在电阻 R 上测量的输出电压 v_{out}(即 v_R)。(2)当 $f=1\mathrm{kHz}$ 时,在

电容器 C 上测量的输出电压 v_{out}(即 v_C)。

数据:$C=1\text{nF}, L=1\mu\text{H}, R=1\text{m}\Omega, R_s=50\Omega, v_{in}=1\text{mV}$。

解 65:(1)在谐振频率 f_0 下,式(10.38)给出 $Z_L=Z_C \Rightarrow Z_{RLC}=R_O$ 因此,在应用分压规则后,如下所示

$$\frac{v_{out}}{v_{in}}=\frac{v_R}{v_{in}}=\frac{R}{R+R_s}=\frac{1\text{m}\Omega}{1\text{m}\Omega+50\Omega}\approx 20\times 10^{-6}$$

$$v_{out}=20\times 10^{-6}\times 1\text{mV}=20\text{nV}$$

(2)在频率 $f=1\text{kHz}$ 时,电感和电容器的电抗为

$$X_L=|\text{j}\omega L|=2\pi\times 1\text{kHz}\times 1\mu\text{H}=6.283\text{m}\Omega$$

$$X_C=\left|\frac{1}{\text{j}\omega C}\right|=\frac{1}{2\pi\times 1\text{kHz}\times 1\text{nF}}=159.2\text{k}\Omega$$

则理想电压源看到的总阻抗为

$$Z_{tot}=\sqrt{(R_s+R)^2+(X_L-X_C)^2}=\sqrt{(50\Omega+1\text{m}\Omega)^2+(6.283\text{m}\Omega-159.2\text{k}\Omega)^2}$$
$$\approx 159.2\text{k}\Omega$$

通过电压分压规则,再次计算电容器 v_C 上的电压为

$$\frac{v_{out}}{v_{in}}=\frac{v_C}{v_{in}}=\frac{X_C}{Z_{tot}}\approx\frac{159.2\text{k}\Omega}{159.2\text{k}\Omega}\approx 1^{\text{V}}/\text{V}\Rightarrow v_{out}=1^{\text{V}}/\text{V}\times 1\text{mV}=1\text{mV}$$

这说明了阻抗是如何作为频率的函数发生剧烈变化的,因此它们各自分量上的电压也会发生变化。

示例 66:LC 谐振 - 串联 RLC

对于图 10.8 中的电路,求出谐振频率 f_0,并计算总阻抗 Z_{tot}:(1)1kHz;(2)7.335MHz;(3)1GHz。

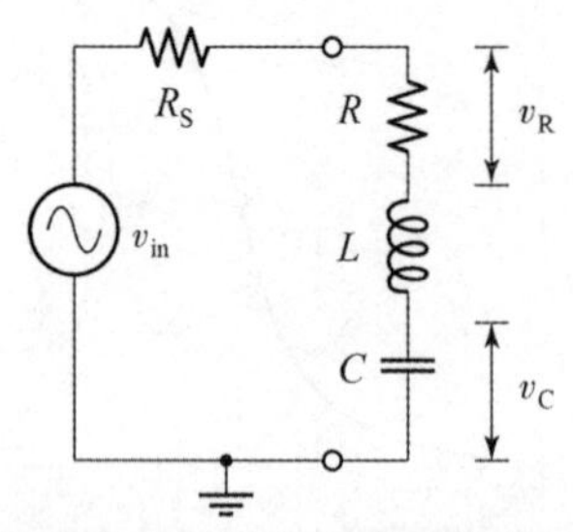

图 10.8 一个实际非理想电压源驱动的 RLC 串联网络

解 66:谐振频率为

$$f_0=\frac{1}{2\pi\sqrt{LC}}=\frac{1}{2\pi\sqrt{4.708\text{nH}\times 100\text{nF}}}\approx 7.335\text{MHz}$$

(1)在 $f=1\text{kHz}$ 时

$$X_L=2\pi fL=2\pi\times 1\text{kHz}\times 4.708\text{nH}=29.581\mu\Omega$$

$$X_C = \frac{1}{2\pi fC} = \frac{1}{2\pi \times 1\text{kHz} \times 100\text{nF}} = 1.592\text{k}\Omega$$

因此

$$Z_{tot} = \sqrt{R^2 + (X_L - X_C)^2} = \sqrt{1\ \text{m}\Omega^2 + (29.581\mu\Omega - 1.592\text{k}\Omega)^2} \approx 1.592\text{k}\Omega$$

也就是说,在$f = 1\text{kHz}$时,这个RLC网络主要由电容器的电抗决定。

(2)在$f = 7.335\text{MHz}$:这是谐振频率,因此$Z_{tot} = R = 1\text{m}\Omega$,即只有真实电阻$R$对源“可见”。

(3)在$f = 1\text{GHz}$时:在该频率下,电容器电抗为$X_C \approx 1.6\text{m}\Omega$,而$X_L \approx 29.581\Omega$,因此$Z_{tot} \approx X_L = 29.581\Omega$,即由电感器的电抗决定。

10.2.2 并联RLC网络

并联RLC网络与前面讨论的串联方式有一些细微的不同,它还表示频率控制阻抗,该阻抗具有与谐振频率相同的表达式,然而其阻抗的特性略有不同。

在并联RLC电路中(见图10.9),所有三个组件的电压相等,其中每个组件所在支路的电流都由欧姆定律所定义,并且每个组件保持其自己的电压、电流和相位关系。对于并联RLC网络,总电流I_{tot}写为

$$I_{tot} = \sqrt{I_R^2 + (I_L - I_C)^2} \tag{10.41}$$

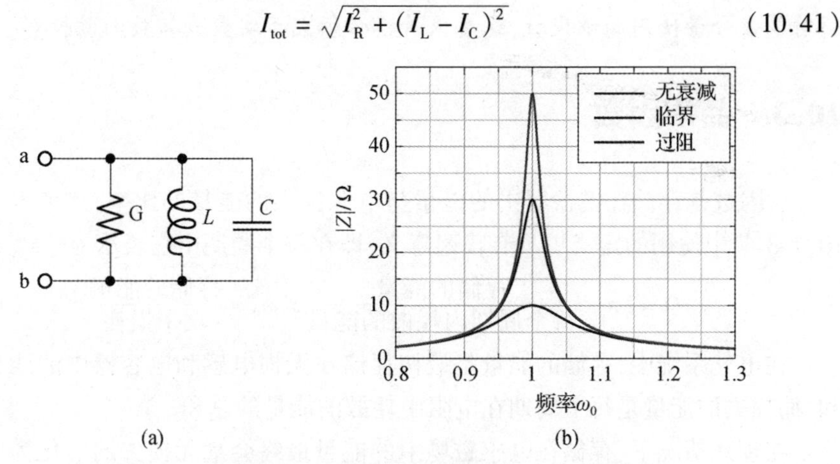

图10.9 并联RLC电路网络和阻抗图$|Z_{ab}|$(见彩图)

(a)并联RLC电路网络等效电路;(b)阻抗特性$|Z_{ab}|$针对频率,归一化为$\omega_0 = 1\text{Hz}$。

通过观察图10.9(a)并考虑两种极端情况,在直流和非常高的频率下得出以下结论。在直流时,电感器的阻抗为零(即它变成短路连接),电阻器保持R值,电容器具有无限阻抗(即它变成开路连接)。这三个组件是并联的,因此由于电感短路,等效阻抗为零。在非常高的频率下(即$\omega \to \infty$),电感器具有无限阻抗(即它变成一个开路连接),电阻器仍然保持R,而电容器具有零阻抗(即它

变成一个短路连接),同时等效阻抗为零。这种行为意味着在两个极值点之间至少存在一个最大值。我们暂且停留在这个结论上,只粗略地绘制阻抗的频率依赖性,如图 10.9(b)所示。

下面的示例说明了是三个并联组件如何分流的。

示例 67:LC 谐振 - 并联 RLC

对于图 10.9(a)中的电路,估计电源提供的总电流 I_{tot} 和电路阻抗 Z_{tot}。

数据:$R_s = 0\Omega, v_{in} = 12V, R = 400\Omega, X_L = 500\Omega, X_C = 200\Omega$。

解 67:三个支路电流是

$$I_R = \frac{v_{in}}{R} = \frac{12V}{400\Omega} = 30mA; I_L = \frac{v_{in}}{X_L} = \frac{12V}{500\Omega} = 24mA \text{ 和}$$

$$I_C = \frac{v_{in}}{X_C} = \frac{12V}{200\Omega} = 60mA$$

然后,从式(10.41)可以得出

$$I_{tot} = \sqrt{I_R^2 + (I_L - I_C)^2} = \sqrt{(30mA)^2 + (24mA - 60mA)^2} = 46.862mA$$

$$Z_{tot} = \frac{v_{in}}{I_{tot}} = \frac{12V}{46.862mA} = 256.074\Omega$$

注意到通过电容支路的电流大于信号发生器提供的总电流 I_{tot}。分析时必须对复数分量使用向量代数,这意味着模必须大于实数或复数向量投影。

10.3 品质因数

Q 因数是存储在谐振器中的能量与电源提供的能量的比率,这个定义比第 10.1.3 节中使用的定义更具有普遍意义,即在每个周期中它表示为

$$Q = 2\pi \times \frac{\text{存储的能量}}{\text{每个周期内耗散的能量}} = \omega_0 \times \frac{\text{存储的能量}}{\text{功率损耗}} \tag{10.42}$$

在电气系统中,存储的能量是最初存储在无损电感和电容器中的能量的总和,而损失的能量是每个周期在电阻中耗散的能量的总和。

在理想情况下,存储在电感磁场中的能量最终会毫无损失的转化为电容器的静电场能量。在谐振频率下,存储在网络中的最大能量保持在电感和电容器之间无损耗地来回反弹,所以要么在电容器完全放电(因此电感保持全部能量 W_L)的时刻计算,要么在电容器充满时(因此暂时保持全部能量 W_C)计算,即

$$W_L = \int_0^T i(t)v(t)dt = \int_0^T i(t)L\frac{di(t)}{dt}dt = L\int_0^{I_p} idi = \frac{1}{2}LI_p^2 = LI_{rms}^2 \tag{10.43}$$

或者

$$W_{\mathrm{C}} = \int_0^T u(t)i(t)dt = \int_0^T v(t)C\frac{\mathrm{d}u(t)}{\mathrm{d}t}\mathrm{d}t = C\int_0^{u_\mathrm{p}} v\mathrm{d}v = \frac{1}{2}Cv_\mathrm{p}^2 = Cv_{\mathrm{rms}}^2 \tag{10.44}$$

式中:$I_\mathrm{p} = \sqrt{2}I_{\max}$是通过电感的峰值电流,而 $v_\mathrm{p} = \sqrt{2}v_{\max}$是电容器两端的峰值电压①。

10.3.1 RLC 串联谐振回路的品质因数

在一个完整的谐振周期中

$$T_0 = \frac{1}{f_0} = \frac{2\pi}{\omega_0} \tag{10.45}$$

根据定义,简单地说在电阻器中消耗的能量 W_R 等于功率乘以时间,即

$$W_\mathrm{R} = P_\mathrm{R} \times T_0 = RI_{\mathrm{rms}}^2 \times T_0 = \frac{2\pi}{\omega_0}RI_{\mathrm{rms}}^2 \tag{10.46}$$

对于串联 RLC,这意味着式(10.42)变为(使用 W_L 或 W_C)

$$Q_\mathrm{s} = 2\pi\frac{W_\mathrm{L}}{W_\mathrm{R}} = 2\pi\frac{LI_{\mathrm{rms}}^2}{2\pi/\omega_0 RI_{\mathrm{rms}}^2} = \frac{\omega_0 L}{R} \tag{10.47}$$

在谐振时,谐振频率 ω_0、电感 L 和电容 C 的关系如式(10.39)中所示。因此,Q_s 的三个等价公式为

$$\omega_0 = \frac{1}{\sqrt{LC}} \Rightarrow Q_\mathrm{s} = \frac{\omega_0 L}{R} = \frac{1}{\omega_0 RC} = \frac{1}{R}\sqrt{\frac{L}{C}} \tag{10.48}$$

式(10.48)表示串联的 RLC 网络的 Q 的表达式的所有三种变形,品质因数 Q 非常重要,常用于量化无线电设计中的许多其他规范。

值得注意的是,对于理想电感,即 $R=0$,Q 因数变为 $Q=\infty$。出于本书中提到的诸多原因,需要保持对 Q 因子的控制。此外应当注意,在串联谐振中,Q 因子与电阻 R 成反比。

示例 68:LC 谐振 $-Q$ 因子

估算典型的串联 RLC 网络的谐振频率和 Q 因子。

数据:$L=1\mathrm{mH}$,$C=25.33\mathrm{pF}$,$R=15\Omega$ 是谐振频率下的总电阻。

$$f_0 = \frac{1}{2\pi\sqrt{(LC)}} \approx 1\mathrm{MHz}$$

品质因数为

$$Q = \frac{1}{R}\sqrt{\frac{L}{C}} = \frac{1}{15\Omega}\sqrt{\frac{1\mathrm{mH}}{25.33\mathrm{pF}}} \approx 420$$

① 举例说明正弦和平方函数的 v_p 的积分。

这是本领域当前状态下 Q 的典型值①。

10.3.2 RLC 并联谐振回路的品质因数

我们现在找到了实际并联 LC 网络的谐振频率 ω_{p0}，如图 10.10 所示，其中电阻 R 为等效的热损耗电阻，即包括了电感器和导线的等效电阻以及电容器的有效串联电阻(ESR)。

$$\begin{aligned} Y(\omega) &= \frac{1}{R+\mathrm{j}\omega L}+\mathrm{j}\omega C=\frac{R-\mathrm{j}\omega L}{R^2+(\omega L)^2}+\mathrm{j}\omega C \\ &= \frac{R}{R^2+(\omega L)^2}+\mathrm{j}\left(\omega C-\frac{\omega L}{R^2+(\omega L)^2}\right) \end{aligned} \tag{10.49}$$

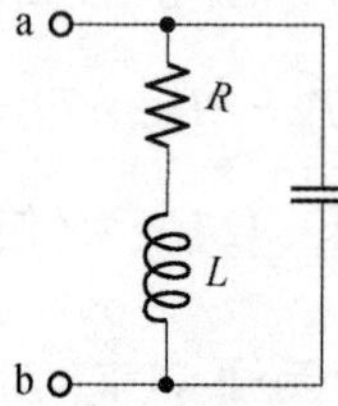

图 10.10　实际并联 LC 网络

在谐振时(即 $\omega=\omega_{p0}$)，两个电抗相等 $|Z_L|=|Z_C|$，也就是说虚部是 $\Im(Y)=0$，所以我们得出

$$\omega_{p0}C=\frac{\omega_{p0}L}{R^2+(\omega_{p0}L)^2} \Rightarrow R^2+(\omega_{p0}L)^2=\frac{L}{C} \tag{10.50}$$

进而得出

$$\omega_{p0}=\sqrt{\frac{1}{LC}-\frac{R^2}{L^2}} \tag{10.51}$$

最终得出结论，包含实际电感的并联 LC 网络的谐振频率 ω_{p0} 由于有限的导线电阻导致其具有附加项 $(R/L)^2$，这相对于理想 LC 谐振器的情况略微降低了谐振频率。当 $r\to 0$ 时，理想 LC 谐振器的式(10.51)逐渐与式(10.39)趋同，即 $\omega_{p0}\to\omega_0$。

然而对于并联 RLC 配置，如图 10.9(a)所示，为了降低功率损耗(即减少通过 RLC 网络的 R 分支的电流)，希望具有尽可能高的 $R=1/G$，也就是说，使用对偶原理(导致形式上呈现镜像，如式(10.48)所示)，用于并联 RLC 网络的三个等效品质因数为

① 举例说明如何在实验室中测量 R_D。

$$Q_{\mathrm{p}} = \frac{R}{\omega_0 L} = \omega_0 RC = R\sqrt{\frac{C}{L}} \tag{10.52}$$

为了详细说明这一点，一种有效的方式是评估串联和并联 RLC 网络的谐振频率之间的差异大小。我们已经导出了并联 RLC 网络的谐振频率 ω_{p0} 的表达式(10.51)，它可以在式(10.48)的帮助下重新表述

$$\omega_{p0} = \sqrt{\frac{1}{LC} - \frac{R^2}{L^2}} = \sqrt{\omega_{s0}^2 - \frac{R^2}{L^2}} = \omega_{s0}\sqrt{1 - \frac{R^2}{\omega_{s0}^2 L^2}} = \omega_{s0}\sqrt{1 - \frac{1}{Q_s^2}} \tag{10.53}$$

$$\omega_{p0} \approx \omega_{s0}, Q_S > 10 \tag{10.54}$$

其中，我们通过串联 Q_s 因子适当地引入了串联谐振频率 ω_{s0}。式(10.53)表明，对于理想或高 Q 网络(即 $Q > 10$)，由于项($1/Q_s^2$)→0，在计算串联和并联电路的谐振频率 ω_{s0} 和 ω_{p0} 时存在非常小的误差。因此只要 Q 因子高，ω_{s0} 和 ω_{p0} 就可以互换使用。

为了简化计算，对于高 Q 值，假定 $(\omega L)^2 \gg R^2$(这是因为电感的导线电阻相对较小)，相同的条件也可以写为 $R^2 + (\omega L)^2 \cong (\omega L)^2$。此外，从式(10.48)我们可以得到

$$\frac{\omega_0 L}{R} \times L = \frac{1}{\omega_0 RC} \times L \Rightarrow \frac{R}{(\omega_0 L)^2} = \frac{RC}{L} \tag{10.55}$$

因此在谐振时，导纳是阻性的，在施加式(10.54)的条件到式(10.49)的实部后产生

$$Y_0 = \frac{R}{R^2 + (\omega_0 L)^2} \approx \frac{R}{(\omega_0 L)^2} = \frac{RC}{L} \Rightarrow R_D = \frac{1}{Y_0} = \frac{L}{RC} \tag{10.56}$$

式中：R_D 代表谐振时 LC 谐振回路的“动态电阻”。可以看出这个等效电阻是 RLC 电路在谐振条件下呈现给其他地方的电阻，它不是 R、C 和 L 的实际电阻。

在给出了非谐振导纳 Y 和谐振导纳 Y_0 的表达式之后，很容易找出 LC 谐振导纳相对于其谐振值如何随频率变化规律。然后由式(10.49)和式(10.56)可以得出关于高 Q 因子值的的表达式

$$\frac{Y}{Y_0} \cong \frac{L}{RC}\left[\frac{R}{(\omega L)^2} + \mathrm{j}\left(\omega C - \frac{1}{\omega L}\right)\right] \tag{10.57}$$

$$\frac{Y}{Y_0} = \frac{1}{\omega^2 LC} + \mathrm{j}\left(\frac{\omega L}{R} - \frac{1}{\omega RC}\right) \tag{10.58}$$

$$\frac{Y}{Y_0} = \frac{\omega_0^2}{\omega^2} + \mathrm{j}\delta Q, \delta = \frac{\omega}{\omega_0} - \frac{\omega_0}{\omega} \tag{10.59}$$

其中在代入式(10.48)并重新排列后(对于高 Q 因子，串联谐振 ω_{s0} 和并联

谐振 ω_{p0} 相等)。因此①

$$|Y| = Y_0 \sqrt{\left(\frac{\omega_0}{\omega}\right)^4 + (\delta Q)^2} \tag{10.60}$$

式(10.60)是一个重要的关系式,用于估计位于 ω 处的信号的幅度,该信号不完全位于谐振频率 ω_0 处,该式的更多应用见第 14.7.1 节。

示例 69:LC 谐振—非理想谐振器

对于典型的 RLC 组件,$L = 1\text{mH}$、$C = 25.33\text{pF}$ 和 $R = 15\Omega$,求出实际谐振器的谐振频率相对于理想谐振器偏离了多少。

解 69:理想的谐振频率很简单

$$\omega_0 = \frac{1}{\sqrt{LC}} = \frac{1}{\sqrt{1\text{mH} \times 25.33\text{pF}}} = 1.00000584\text{MHz}$$

而实际谐振频率计算为

$$\omega_0 = \sqrt{\frac{1}{LC} - \frac{R^2}{L^2}} = \sqrt{\frac{1}{1\text{mH} \times 25\text{pF}} - \frac{(15\Omega)^2}{(1\text{mH})^2}} = 1.00000299\text{MHz}$$

因此对于大多数实际用途而言,2.85Hz 与 1×10^6Hz 的差异可以忽略不计。

10.4 电感器的自谐振

如前所述,实际电感器显示出复杂 RLC 电路的特性。基于对谐振的分析及非理想电感具有与导线相关的寄生电容的知识,我们可得出结论,如图 10.10 所示的电路图也可以单独表示一个真实的电感器,其中电感器的导线电阻为 $R_L = R_o$,这只是创建实际电感器模型的可能方法之一,它也是最常用的模型之一。按照与前几节相同的过程,并在应用低线电阻近似后,非理想电感器本身的导纳表达式为

$$\begin{aligned} Y_L &= \frac{1}{R_L + j\omega L} + j\omega C_L \approx \frac{R_L}{(\omega L)^2} + j\left(\omega C_L - \frac{1}{\omega L}\right) \\ &= \frac{R_L}{(\omega L)^2} - j\left(\frac{1 - \omega^2 L C_L}{\omega L}\right) = \Re(Y_L) + j\Im(Y_L) \end{aligned} \tag{10.61}$$

由于 R_L、C_L、L 分量值与电感的生产工艺、材料等相关,因此其将发生自谐振,即非理想电感确实有自己的谐振频率 ω_{0L}。对于设计人员来说,至少对这种自谐振频率的位置有一些估计是非常重要的。通常导线电阻 $R_L \leqslant 1\Omega$,相关寄生电容 C_L 在 pF 量级,这意味着自谐振频率通常在兆赫到几百兆赫的数量级。

① 因为,$|Z| = \sqrt{\Re(Z)^2 + \Im(Z)^2}$。

也就是说,如果要在 LC 谐振回路中使用非理想电感器,则设计人员不得不将预期的信号频率限制在不超过十倍频程(即十倍)低于电感器的自谐振频率,该经验法则最常用于衡量一个电感器对预期设计的要求有多高。

人们可能会问,为什么需要一个外部电容器 C、一个非理想电感器并联来设置谐振频率,为什么不单独使用非理想电感呢?这种方法将简化事情,至少在组件数量方面是这样。事实上,这种方法常用于设计在非常高频率下工作的电路,例如在卫星通信系统中。然而对这些元件和电路的详细分析超出了本书的范围。对于具有工作频率高达几百兆赫兹数量级的分立元件的电路的设计,它的局限性在于控制电感器的寄生电容是不切实际的。

在此模型中,与非理想 LC 相关的所有导线电阻都与电感电阻 R_L 合并。有效并联电阻 R_p 由式(10.61)的实部表示,即

$$\frac{1}{R_p}=\frac{R_L}{(\omega L)^2}\Rightarrow R_p=\frac{(\omega L)^2}{R_L} \tag{10.62}$$

而线圈左侧的有效并联电感由式(10.61)的虚部给出,即

$$\frac{1}{\omega L_{eff}}=\frac{1-\omega^2 LC_L}{\omega L}$$

$$L_{eff}=\frac{L}{1-\omega^2 LC_L}=\frac{L}{1-\left(\dfrac{\omega}{\omega_{0L}}\right)^2} \tag{10.63}$$

接下来,我们估计谐振 ω_0 处与理想 LC 谐振模型的偏差(它必须比线圈的自谐振 ω_{0L} 至少低 10 倍)。说明这种情况的另一种方式是谐振器的外部电容 C_T 必须比寄生电容 C_L 大得多(即理想电感 L 始终相同)。在电路谐振 ω_0 处,图 10.10 中的 LC 电路的动态电阻 R_D 与式(10.48)中一样

$$R_D=Q\omega_0 L \tag{10.64}$$

同时用有效值描述等效电路的动态电阻 R_D

$$R_D=Q_{eff}\omega_0 L_{eff} \tag{10.65}$$

由于这两个电路的等价性,并且从式(10.64)和式(10.65)可以得出

$$Q\omega_0 L=Q_{eff}\omega_0 L_{eff} \tag{10.66}$$

因此

$$Q_{eff}=Q(1-\omega^2 LC_L)=Q\left[1-\left(\frac{\omega}{\omega_0}\right)^2\right],\omega\ll\omega_0 \tag{10.67}$$

式中:$Q=\omega_{0L}/R$,见式(10.48)中定义。该结果表明,实际 LC 谐振回路的有效 Q 因子 Q_{eff} 随着工作频率 ω 接近自谐振频率 ω_{0L} 而降低,并最终在 $\omega=\omega_0$ 时变为零。

该如何应用上述结论?这需要参考实际情况。对于图 10.10 中的并联电路

情况,可以使用式(10.64)或式(10.65)来计算动态电阻;也可以使用式(10.79)和式(10.80)中的一般定义,只要将 C 替换为$(C+C_L)$或将 Q 替换为 Q_{eff}。然而,式(10.68)中的带宽 Δf 必须使用 Q 而不是 Q_{eff}来计算,因为对于给定的谐振频率,考虑电容 C_L,需要调整并联的电容 C。

请注意,串联调谐电路是不同的,即电容器 C 与电感电容 C_L 串联。实际上,C 与 L_{eff}发生谐振,这意味着使用 Q_{eff}而不是使用 Q,因此

$$Q_{eff}=\frac{f_0}{\Delta f} \tag{10.68}$$

在分析串联和并联 RLC 谐振电路时,应考虑这些微小差异。

10.5 串联到并联阻抗变换

通常将串联 RLC 网络转换为其等效的并联形式非常有用,反之亦然。该变换必须仅在单个频率上进行,这不会影响网络的串联和并联 Q 因数

$$Q_s=\frac{X_s}{R_s} \tag{10.69}$$

$$Q_p=\frac{R_p}{X_p} \tag{10.70}$$

因此,假设 $Q_s=Q_p=Q$,借助于式(10.69)和式(10.70),在给定的频率下

$$Z_s=R_s+jX_s=R_s+jQ_sR_s=R_s(1+jQ_s) \tag{10.71}$$

$$Y_p=\frac{1}{Z_s}=\frac{1}{R_s(1+jQ)}=\frac{1}{R_s(1+jQ)}\frac{1-jQ}{1-jQ} \tag{10.72}$$

$$Y_p=\frac{1}{R_s(1+Q^2)}-j\frac{Q}{R_s(1+Q^2)} \tag{10.73}$$

$$Y_p=\frac{1}{R_s(1+Q^2)}-j\frac{Q}{\frac{X_s}{Q}(1+Q^2)}=\frac{1}{R_p}-j\frac{1}{X_p} \tag{10.74}$$

因此

$$R_p=R_s(1+Q^2) \tag{10.75}$$

$$X_p=X_s\left(1+\frac{1}{Q^2}\right) \tag{10.76}$$

对于较大的 Q,即 $Q>10$,它变为

$$X_p\approx X_s \tag{10.77}$$

$$R_p\approx Q^2R_s \tag{10.78}$$

后两个表达式是谐振电路网络分析中经常使用的近似表达式。

10.6 动态电阻

虚部 $\Im(Y)$ 控制谐振频率,根据式(10.49),实部 $\Re(Y)$ 确定动态电阻 R_D,即 LC 谐振器在谐振频率 ω_{p0},有

$$\Re(Y(\omega_{p0}))=\frac{R}{R^2+(\omega_{p0}L)^2}=\frac{R}{R^2+\left[\sqrt{\frac{1}{LC}-\frac{R^2}{L^2}}\right]^2L^2}=\frac{R}{R^2+\left(\frac{L}{C}-R^2\right)}=\frac{RC}{L}$$

$$\Rightarrow R_D=\frac{1}{\Re(Y(\omega_{p0}))}=\frac{L}{RC} \tag{10.79}$$

在理想情况下,即 $R=0$,LC 谐振器的动态电阻(见图 5.9)变为 $R_D=\infty$。注意从在 RLC 环路内循环的谐振电流的角度来看,这三个元件是串联的。因此为了增加 RLC 谐振器外部的网络所感知的动态阻抗,需要减小与感应支路相关的电阻。

最后,在使用式(10.48)之后,动态电阻式(10.79)的表达式也可以根据 Q 因数($Q>10$)重新表示为

$$R_D=\frac{L}{RC}=\omega_0LQ=\frac{Q}{\omega_0C}=Q^2R \tag{10.80}$$

这是一个外部网络所感知的实际 RLC 谐振回路的电阻。一个重要的区别是电阻 R 是一个物理实体:在串联 RLC 网络中,它需要尽可能小;在并联网络中,它需要尽可能大。然而在谐振时,外部网络会感知到这个小电阻,就好像被 Q_2 因子放大了一样。在理想情况下,即当串联电阻 $R=0$ 时,Q 因子的值变为无穷大。因此如图 10.9 所示,式(10.80)只是一个数学近似。最大阻抗值出现在谐振频率 ω_0 处,如图 10.9(b)所示,然而这里它的计算为

$$Z_{max}=Z(\omega_0)=Q^2R \tag{10.81}$$

这是并联 RLC 网络的一个非常重要的性质,它表明在谐振频率下,理想的 LC 并联网络(即 $R=\infty$)将具有无穷大的 Q 因子,因此对于任何给定的电流,电压输出都是无穷大的,工程师应该注意到与高 Q 谐振器中使用的组件可能被破坏相关的明显风险。

10.7 通用 RLC 网络

一个真正实际的 LC 谐振器模型必须包括电感和电容器的损耗,由电阻 R_1 和有效串联电阻(ESR)组成(见图 10.11)。在这一部分中,我们推导出一般 LC 电路的谐振频率 ω_0 和相关的动态电阻 R_D 作为 Q_1(电感)和 Q_2(电容器)系数函

数的表达式。最后,假设电容器是无损的,即 ESR = 0,我们展示了如何将图 10.11 中的谐振器变换为其等效的并联 RLC 网络。

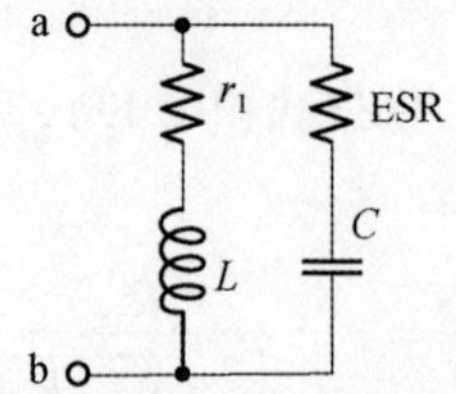

图 10.11 真实、通用的并联 LC 网络

根据定义,在谐振频率 ω_0 处 LC 网络中的电感支路和电容支路(替换后的 $\text{ESR}=r_2$)的 Q 因数为①

$$Q_1 \stackrel{\text{def}}{=} \frac{X_L}{r_1} = \frac{\omega_0 L}{r_1} = \tan\theta_1 \Rightarrow \theta_1 = \arctan Q_1 \tag{10.82}$$

$$Q_2 \stackrel{\text{def}}{=} \frac{X_C}{r_2} = \frac{1}{\omega_0 C r_2} = \tan\theta_2 \Rightarrow \theta_2 = \arctan Q_2 \tag{10.83}$$

式中:θ_1 和 θ_2 是由于电感和电容器各自热损耗而产生的相角(电阻 $r_{1,2}$ 分别表示线圈的内阻和电容器的 ESR)。

在式(10.48)之后,我们定义

$$Z_1 = r_1 + \mathrm{j}\omega_0 L = \frac{\omega_0 L}{Q_1} + \mathrm{j}\omega_0 L$$

$$|Z_1| = \sqrt{\left(\frac{\omega_0 L}{Q_1}\right)^2 + (\omega_0 L)^2} = \omega_0 L\sqrt{1 + \frac{1}{Q_1^2}} \tag{10.84}$$

以及

$$Z_2 = r_2 + \frac{1}{\mathrm{j}\omega_0 C} = \frac{1}{Q_2 \omega_0 C} + \frac{1}{\mathrm{j}\omega_0 C} \tag{10.85}$$

因此

$$|Z_2| = \sqrt{\frac{1}{(Q_2\omega_0 C)^2} + \frac{1}{(\omega_0 C)^2}} = \frac{1}{\omega_0 C}\sqrt{1 + \frac{1}{Q_2^2}} \tag{10.86}$$

从式(10.82)和式(10.83)出发,借助于三角恒等式②,我们可以写出

$$\sin\theta_1 = \frac{Q_1}{\sqrt{1+Q_1^2}};\quad \cos\theta_1 = \frac{1}{\sqrt{1+Q_1^2}} \tag{10.87}$$

$$\sin\theta_2 = \frac{Q_2}{\sqrt{1+Q_2^2}};\quad \cos\theta_2 = \frac{1}{\sqrt{1+Q_2^2}} \tag{10.88}$$

---

① 复数 z 的相位角 θ 可通过以下关系得到,$\tan\theta \stackrel{\text{def}}{=} \Re(z)/\Im(z)$;

② $\cos[\arctan x] = 1/\sqrt{1+x^2}$ 和 $\sin[\arctan x] = x/\sqrt{1+x^2}$。

10.7.1 谐振频率的推导

如果交流电压源 $v_{\text{in}}=v\cos\theta_1$ 连接到谐振器(见图10.12),则补偿热损失 $i=i_1+i_2$ 所需的总电流在两个支路之间分配。电感支路电流 i_1 具有两个分量:一个与源电压 v_{in} 同相,即 $(v\cos\theta_1)/Z_1$;一个滞后90°,即 $(v\sin\theta_1)/Z_1$。同时,电容支路电流 i_2 还具有两个分量:一个与电源电压 V_{in} 同相,即 $(v\cos\theta_2)/Z_2$;另一个超前电源电压 V_{in} 滞后90°,即 $(v\sin\theta_2)/Z_2$。

在谐振时,两个正交电流分量必须相反且相等(使得矢量和为零),得出以下表达式(使用式(10.84)~式(10.88)后)

$$(v\sin\theta_1)\frac{1}{Z_1}=(v\sin\theta_2)\frac{1}{Z_2} \tag{10.89}$$

因此

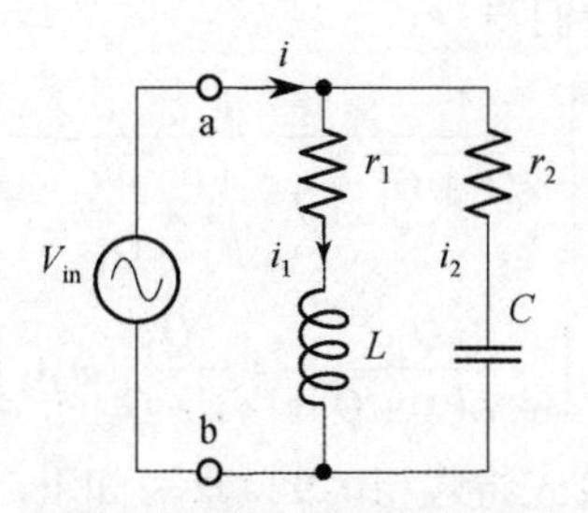

图10.12 由外部信号源 V_{in} 驱动的现实LC谐振器

$$\frac{Q_1}{\sqrt{1+Q_1^2}}\frac{1}{\omega_0 L\sqrt{1+\frac{1}{Q_1^2}}}=\frac{Q_2}{\sqrt{1+Q_2^2}}\frac{\omega_0 C}{\sqrt{1+\frac{1}{Q_2^2}}}$$

$$\frac{Q_1}{\sqrt{(1+Q_1^2)\left(1+\frac{1}{Q_1^2}\right)}}=\frac{Q_2}{\sqrt{(1+Q_2^2)\left(1+\frac{1}{Q_2^2}\right)}}\omega_0^2 LC \tag{10.90}$$

其中式(10.90)的左侧和右侧都包含代数项,可以简化如下:

$$\frac{x}{\sqrt{(1+x^2)\left(1+\frac{1}{x^2}\right)}}=\sqrt{\frac{x^2}{x^2+2+\frac{1}{x^2}}}=\sqrt{\frac{x^2}{\left(x+\frac{1}{x}\right)^2}}=\frac{x}{x+\frac{1}{x}}=\frac{1}{1+\frac{1}{x^2}} \tag{10.91}$$

使用式(10.91)则可以直接重写(10.90)

$$\frac{1}{1+\frac{1}{Q_1^2}}=\frac{1}{1+\frac{1}{Q_2^2}}\omega_0^2 LC$$

$$\omega_0 = \frac{1}{\sqrt{LC}}\sqrt{\frac{1+\frac{1}{Q_2^2}}{1+\frac{1}{Q_1^2}}} \approx \frac{1}{\sqrt{LC}}, Q_{1,2} \gg 1 \tag{10.92}$$

这是具有非理想电感和非理想电容的 LC 谐振器的谐振频率的解。当然,对于非常好的 L 和 C 组件,热损失可以忽略不计,即 $Q_{1,2} \gg 1$,因此式(10.92)可以用先前为理想 LC 谐振器的情况定义的谐振频率 ω_0 的表达式来近似。但注意,高 Q 的假设并不总是成立的,例如在现代无线设备中使用的以标准 CMOS 工艺制造的片上电感的情况。

10.7.2 动态电阻的推导

在谐振时,两个支路电流的复正交分量之和为零,仅留下两个同相电流分量。与前面的推导类似,我们写

$$i = v\left(\frac{\cos\theta_1}{Z_1} + \frac{\cos\theta_2}{Z_2}\right) = v\left[\frac{1}{\sqrt{1+Q_1^2}}\frac{1}{\omega_0 L\sqrt{1+\frac{1}{Q_1^2}}} + \frac{1}{\sqrt{1+Q_2^2}}\frac{\omega_0 C}{\sqrt{1+\frac{1}{Q_2^2}}}\right]$$

$$= v\left[\frac{Q_1}{\omega_0 L(1+Q_1^2)} + \frac{Q_2}{1+Q_2^2}\omega_0 C\right] \tag{10.93}$$

引入 $\omega_0 C$ 项的替代,首先将式(10.92)重写如下

$$\omega_0^2 LC = \frac{1+\frac{1}{Q_2^2}}{1+\frac{1}{Q_1^2}} \Rightarrow \frac{Q_2^2\omega_0 C}{1+Q_2^2} = \frac{Q_1^2}{(1+Q_1^2)\omega_0 L} \Rightarrow \omega_0 C = \frac{1+Q_2^2}{Q_2^2}\frac{Q_1^2}{(1+Q_1^2)\omega_0 L} \tag{10.94}$$

那么,式(10.93)变为

$$i = v\left[\frac{Q_1}{\omega_0 L(1+Q_1^2)} + \frac{Q_2}{1+Q_2^2}\frac{1+Q_2^2}{Q_2^2}\frac{Q_1^2}{(1+Q_1^2)\omega_0 L}\right] = v\frac{Q_1}{\omega_0 L(1+Q_1^2)}\left[1+\frac{Q_1}{Q_2}\right] \tag{10.95}$$

现在动态电阻 R_D 的表达式为

$$R_D \overset{\text{def}}{=} \frac{v}{i} = \omega_0 L\frac{Q_1+\frac{1}{Q_1}}{1+\frac{Q_1}{Q_2}} \tag{10.96}$$

对于非理想电感器和非理想电容器的情况,式(10.96)依然显示了动态电阻与 L 和 C 组件的 Q 因子的相关性。如果电感器非常好(但仍不完美),即$Q_1 \gg$

1 或 $1/Q_1 \approx 0$，那么式(10.96)可以写成非常接近的近似值，

$$R_D = \omega_0 L \frac{Q_1}{1 + \frac{Q_1}{Q_2}} = \omega_0 L \frac{Q_1 Q_2}{Q_1 + Q_2} \tag{10.97}$$

现代电容器是使用非常好的电介质制成的，也就是说 Q_2 不仅很大，而且可以近似为 $Q_2 \to \infty$ 即 $Q_2 \gg Q_1$，使 $Q_1/Q_2 \approx 0$。因此在无损电容器的情况下，式(10.97)进一步近似为

$$R_D = \omega_0 L Q_1 \tag{10.98}$$

这在实践中很常用，因为与电容器相比，电感器是更难构建的组件。

最后，对于快速“估算法”分析的进一步近似是甚至假设电感器是完全无损的，即 $Q_1 \to \infty$，这意味着式(10.98)简化为

$$R_D \to \infty \tag{10.99}$$

这就是早先在式(10.80)中得出的结论。根据上述分析中使用的假设，除了式(10.107)之外，动态电阻 R_D 的表达式(10.96)~式(10.99)也是有用的。

10.8 选择性

谐振电路对某一特定频率 ω_0 的微弱电压信号进行选择和放大的能力是其在射频电路中使用的核心价值，称为“选择性”。在 $Q \to \infty$ 的理想情况下，谐振电路将选择一个且仅一个频率 ω_0，而所有其他频率将被完全抑制，即它们的幅度乘以零增益。然而，在实际电路中，总会有一些有限的电阻导致热损耗，这是通过电路的有限 Q 因子来衡量的。作为 Q 因子函数的选择性曲线图如图 10.13 所示，该图表明，为了获得良好的选择性，我们需要高 Q 因子的谐振电路，换句话说，谐振频率附近的带宽非常窄。

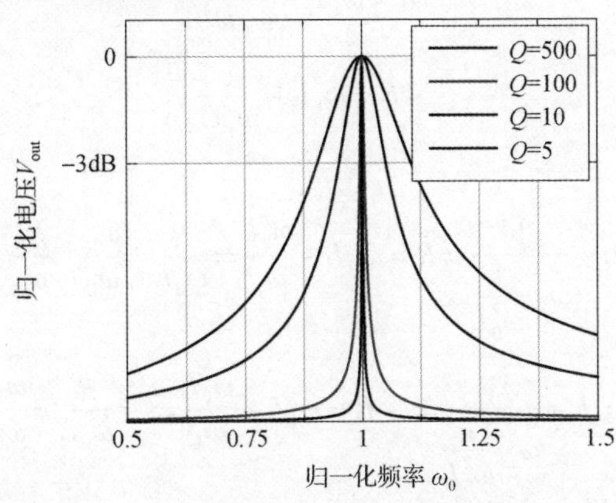

图 10.13 在归一化谐振频率 $\omega_0 = 1$ 时电感两端的归一化输出电压(适用于各种 Q 因子)(见彩图)

一个有趣的问题是:在具有有限 Q 的谐振器的情况下,通过谐振器而不被显著抑制的频率范围是多少?在接下来的段落中,我们将通过案例研究 RLC 网络这一重要过滤特性。

10.8.1 带通滤波器

我们考虑串联 RLC 网络,阻抗 $Z = \mathrm{j}(\omega_{\mathrm{L}} - 1/\omega_{\mathrm{C}})$,从电压源(电阻 R)的角度进行观察分析(见图 10.14),则最大功率传输发生在电源与负载匹配时,即 $R = |Z|$。否则,在直流时电容器为开路,而电感器短路;在频谱的另一侧,在非常高的频率下,电容器为短路连接,而电感器变成开路连接。在这两种极端情况下,都没有功率传输,因为由于直流和无限频率下的开路连接,环路电流必须降至零。

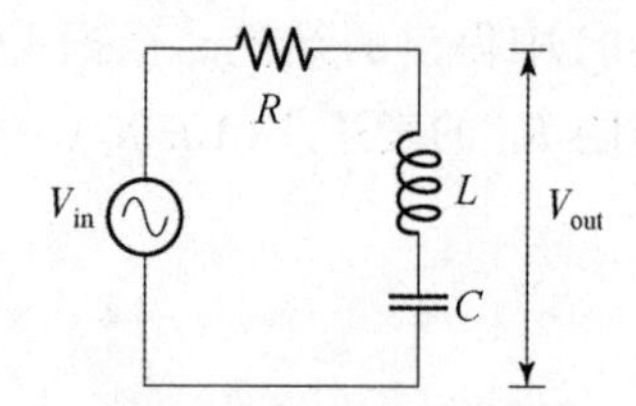

图 10.14 由正弦电压驱动的串联的 LC 网络

因此,最大功率传输的条件 $R = |Z|$ 使

$$V_{\mathrm{out}} = \frac{V_{\mathrm{in}}}{|R+Z|}|Z| = \frac{V_{\mathrm{in}}}{|R \pm \mathrm{j}R|}R = \frac{V_{\mathrm{in}}}{|1 \pm \mathrm{j}|} = \frac{V_{\mathrm{in}}}{\sqrt{2}} \tag{10.100}$$

这发生在两个频率点,让我们(暂时)将它们标记为 ω_{U} 和 ω_{L} 分别代表"上"和"下"频率),因此 $R = |Z|$成

$$R = \omega_{\mathrm{U}} L - \frac{1}{\omega_{\mathrm{U}} C} \tag{10.101}$$

$$-R = \omega_{\mathrm{L}} \mathrm{L} - \frac{1}{\omega_{\mathrm{L}} C} \tag{10.102}$$

其中,谐振使

$$\begin{aligned} R = \omega_{\mathrm{U}} L - \frac{1}{\omega_{\mathrm{U}} \dfrac{1}{\omega_0^2 L}} &\Rightarrow R = \omega_{\mathrm{U}} L - \frac{\omega_0^2 L}{\omega_{\mathrm{U}}} \Rightarrow \frac{R}{\omega_0 L} = \frac{\omega_{\mathrm{U}}}{\omega_0} - \frac{\omega_0}{\omega_{\mathrm{U}}} \\ -R = \omega_{\mathrm{L}} L - \frac{1}{\omega_{\mathrm{L}} \dfrac{1}{\omega_0^2 L}} &\Rightarrow -R = \omega_{\mathrm{L}} L - \frac{\omega_0^2 L}{\omega_{\mathrm{L}}} \Rightarrow -\frac{R}{\omega_0 L} = \frac{\omega_{\mathrm{L}}}{\omega_0} - \frac{\omega_0}{\omega_{\mathrm{L}}} \end{aligned} \tag{10.103}$$

代入 $Q = \omega_0 L/R$,得

$$\frac{1}{Q}=\frac{\omega_{\rm U}}{\omega_0}-\frac{\omega_0}{\omega_{\rm U}} \tag{10.104}$$

$$-\frac{1}{Q}=\frac{\omega_{\rm L}}{\omega_0}-\frac{\omega_0}{\omega_{\rm L}} \tag{10.105}$$

在带入式(10.104)和式(10.105)之后,可以得出

$$\frac{\omega_{\rm U}}{\omega_0}+\frac{\omega_{\rm L}}{\omega_0}=\frac{\omega_0}{\omega_{\rm U}}+\frac{\omega_0}{\omega_{\rm L}}\Rightarrow\omega_0^2=\omega_{\rm U}\omega_{\rm L} \tag{10.106}$$

现在,使用式(10.104)和式(10.106),可以得出

$$\frac{1}{Q}=\frac{\omega_{\rm U}}{\omega_0}-\frac{\omega_0}{\omega_{\rm U}}=\frac{\omega_{\rm U}^2-\omega_0^2}{\omega_{\rm U}\omega_0}$$

$$Q=\frac{\omega_{\rm U}\omega_0}{\omega_{\rm U}^2-\omega_0^2}=\frac{\omega_{\rm U}\omega_0}{\omega_{\rm U}^2-\omega_{\rm U}\omega_{\rm L}}=\frac{\omega_0}{\omega_{\rm U}-\omega_{\rm L}}=\frac{\omega_0}{\Delta\omega} \tag{10.107}$$

表达式的最后一部分(式(10.107))非常重要,因为两个频率 $\omega_{\rm u}$ 和 $\omega_{\rm L}$ 用于定义谐振器的带宽 BW(见图 10.15)。这两个频率相对于谐振器的最大幅度(在 ω_0 处)处于 -3dB 点。此外如图 10.13 所示,式(10.108)表明通过使用高 Q 分量可以实现窄带。

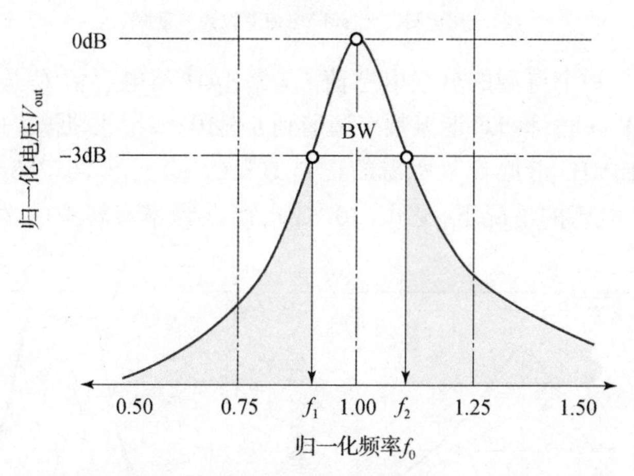

图 10.15 带宽定义曲线图(其中 f_1 对应于 $\omega_{\rm L}$,f_2 对应于 ω_u)

$$Q=\frac{\omega_0}{\Delta\omega} \tag{10.108}$$

在串联 RLC 网络中,高 Q 还意味着非常低的电阻 R 和高电感 L,这意味着它适合与低阻抗源匹配,例如天线,其阻抗通常在 50Ω 数量级。否则,如果电源阻抗非常高,必须使用并联 RLC 配置,其中高 Q 意味着高电阻和非常低的电感。

10.8.2 LC 谐振器动态电阻的测量

测量(或模拟)非理想 LC 谐振器动态电阻 R_D 的实用方法是基于以下思想的[①],它是由电感的非零串联直流电阻引起的。在其谐振时,LC 阻抗是实数,因为 $X_L + X_C = 0$。也就是说,戴维南电压源的内部实际电阻 R_s 会产生一个 $R_D = Q^2 r$ 的分压器。由于已知电压源及其电阻,因此测量 LC 谐振器两端的电压并从 R – R 分压器分析中推导出 R_D 就足够了(见第 3.2.1 节)。注意到,由于 LC 谐振器对与测量仪器相关的外部(寄生)电容的敏感性,在实际实验中使用了射频示波探头。这种测量的模拟设置如图 10.16 所示。

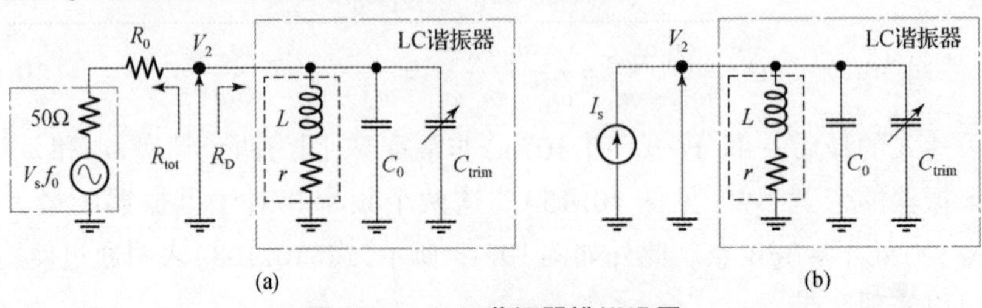

图 10.16 LC 谐振器模拟设置

(a)电压源测量 R_D;(b)电流源设置测量 BW。

在本例中,一个典型的分立电感值 $L = 3.3\mu H$ 与电容值 $C_0 = 50pF$ 和微调 $C_{trim} = 0 \sim 50pF$ 并联,将 LC 谐振频率调谐到 $f_0 = 10MHz$。依据式(10.39)我们知道,建立 $f_0 = 10MHz$ 谐振频率所需的正是 $C = C_0 + C_{trim} = 76.758pF$ 的精确值。然而在非理想电感的情况下,见式(10.51),谐振频率有轻微的偏移。然后 R_D 测量如下进行。

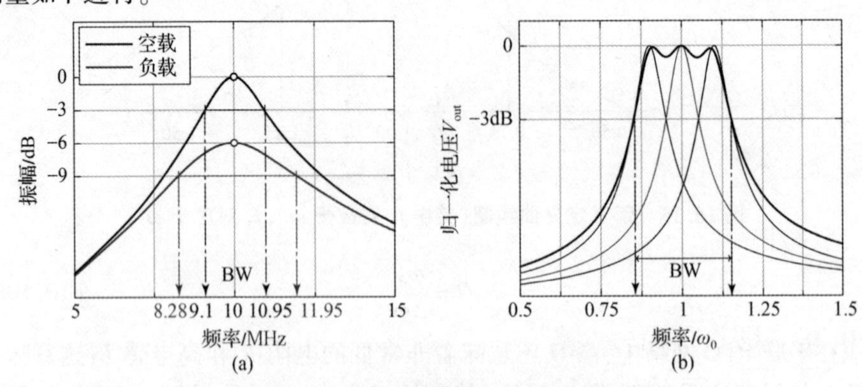

图 10.17 LC 谐振器仿真(见彩图)

(a)负载和空载谐振器;(b)耦合 LC 谐振器。

① 大多数 SPICE 仿真器默认电感器的串联电阻为 $r = 1m\Omega$。

(1)电容调谐:首先,将信号发生器设置为$f_0 = 10\text{MHz}$,然后调谐微调电容,直到V_2达到最大值。一旦找到该值,LC 谐振器就处于其谐振状态。

(2)电阻调谐:一般来说,R_D远大于源极电阻$R_{sig} = 50\Omega$。因此,用$R_0 = R_{trim} = 1 \sim 10\text{k}\Omega$与信号发生器的输出串联的微调电阻。调整微调电阻直到$V_2/V_s = 0.5$,这在$R_{trim} + R_{sig} = R_D$时发生。或者使用几个 kΩ 固定电阻R_0,根据分压规则计算R_D,$R_D = 1.1\text{k}\Omega$是经过测量的。

图 10.17(a)的频率响应显示了在 −6dB(即,当$V_2/V_s = 0.5$时)处的最大电压幅度,并根据式(10.108)Q因数求出该谐振器的Q因子为

$$Q = \frac{f_0}{\text{BW}} = \frac{10\text{MHz}}{3.67\text{MHz}} = 2.72 \tag{10.109}$$

然而当$R_{tot} = R_{trim} + R_{sig} = R_D$时,在式(10.109)中找到的$Q$因子是针对"负载"LC 谐振器的情况,也就是说在信号源侧电阻R_{tot}包括在内。我们必须认识到,"加载"LC 谐振器的有效电阻由$R_{tot} \parallel R_D = 550\Omega$(见第 11.3.1 节)。事实上,图 10.17(a)模拟显示空载带宽为 1.85MHz,这相当于 LC 谐振器本身的$Q = 5.4$。根据式(10.81),得出该电感的内阻为$r = R_D/Q^2 = 1100\Omega/5.4^2 = 37.7\Omega$。请注意,使用理想诺顿电源(即源极电阻为无穷大)来模拟 LC 谐振器电路。

示例 70:LC 谐振 − Q 因子

一个平行 LC 电路的组成为:$L = 2.533\text{mH}$,内线电阻$R_L = 1\text{m}\Omega$,$C = 100\text{nF}$。计算:(1)谐振频率f_0;(2)谐振时的Q因数;(3)谐振时的阻抗Z_{max};(4)带宽 BW。

解 70:

$$(1)\, f_0 = \frac{1}{2\pi\sqrt{LC}} = \frac{1}{2\pi\sqrt{2.533\text{nH} \times 100\text{nF}}} = 10\text{MHz}$$

$$(2)\, Q = \frac{X_L}{R_L} = \frac{2\pi f_0 L}{R} = \frac{2\pi \times 10\text{MHz} \times 2.533\text{nH}}{1\text{m}\Omega} = 159.153$$

$$(3)\, Z_{max} = Q^2 R_L = (159.153)^2 \times 1\text{m}\Omega = 29.330\Omega$$

$$(4)\, \text{BW} = \frac{f_0}{Q} = \frac{R_L}{2\pi L} = \frac{1\text{m}\Omega}{2\pi \times 2.533nH} = 62.833\text{kHz}$$

10.9 耦合调谐电路

虽然增加谐振电路的Q因子似乎总是可取的,但事实并非如此。除了提高接收器的选择性外,增加的Q系数还有助于放大到达天线的微弱 RF 信号(即具有灵敏度)。然而较高的Q也会降低带宽,这可能会开始切断信号的部分频率

信息,从而引入失真。

例如,如果接收器打算使用 10MHz 载波信号接收完整的语音频谱,即 20Hz ~ 20kHz,则根据式(10.108)计算的最小所需带宽情况下 $Q = f_0/\Delta f = 100\text{MHz}/20\text{kHz} = 500$。使用更宽的带宽不会提高接收信号的质量;相反,它会允许更多的噪声进入系统。无论出于何种原因,在实际系统中通常使用的是 Q 值较高的谐振器,并且总是可以通过多个谐振器来扩大总带宽,同时保持所需的灵敏度(见图 10.17(b))。每个谐振器被调谐到略有不同的谐振频率,并且整个频率响应变得等于各个响应的总和。

10.10 总结

在这一章中,我们介绍了串联和并联谐振 LC 电路。LC 谐振特性对于产生在时间域中遵循正弦形状的电压和电流变量是非常重要的。探讨了 LC 谐振器的理想和现实情况,并引入 Q 因子作为衡量 LC 谐振器内部热损失的常用指标参数。在 LC 谐振器的第二个重要应用中,通过控制 Q 因子,我们能够确定带通 LC 谐振器的带宽,从而限制通过 LC 谐振器的单音信号的频率范围。这两个功能是射频电路设计的基础,我们也正是使用了这两个功能。

问题

10.1 对于给定的线圈,$L = 2\mu\text{H}$, $Q = 200$, $f_0 = 10\text{MHz}$,计算:

(1)其等效串联电阻;

(2)其并联电阻;

(3)谐振电容器的值;

(4)并联电阻,添加后可提供 200MHz 的带宽。

10.2 如果单音信号 $f_0 = 8\text{MHz}$ 通过低通 RC 滤波器,然后通过高通 RC 滤波器:

(1)选择 R 和 C 值,使 f_0 周围的带宽为 BW = 10kHz;

(2)BW = 5kHz 你会选择什么;

(3)设计具有相同特性的 RLC 滤波器。

注:元件值随意选取,不一定是标准值。

10.3 对于给定的电感 $L = 2.533\text{nH}$ 和范围为 $C = 80\text{nF} \sim 120\text{nF}$ 的微调电容器,计算该 LC 谐振器的调谐范围($\Delta f = f_{\max} - f_{\min}$)。

10.4 如果只有以下组件可用,则设计一个谐振频率为 $f_0 = 10\text{MHz}$ 的 LC 谐振器:

(1)$L = 2.533\text{nH}$, $C_1 = 10\text{nF}$, $C_2 = 40\text{nF}$, $C_3 = 50\text{nF}$;

(2)$L = 2.533\text{nH}$, $C_1 = 20\text{nF}$, $C_2 = 30\text{nF}$, $C_3 = 60\text{nF}$;

(3)$L = 2.533\text{nH}$, $C_1 = 70\text{nF}$, $C_2 = 60\text{nF}$, $C_3 = 60\text{nF}$。

10.5　如果电感 $L = 2.533\text{nH}$ 和集总线电阻 $r = (\pi)\text{m}\Omega$，计算串联 RLC 网络的 Q 因子，在：

(1) $f_1 = 10\text{MHz}$；

(2) $f_2 = 100\text{MHz}$。

10.6　对于串联 RLC 网络，导出在谐振频率 ω_0 处的带宽 BW 作为 Q 函数的表达式，结论是什么？

10.7　$1\mu\text{H}$ 感应线圈的导线电阻为 $R = 5\Omega$ 和 5pF 的自电容。电感器用于创建 $f_0 = 25\text{MHz}$ 的 LC 谐振器，计算有效电感和有效 Q 因子。

10.8　计算串联 RLC 网络的谐振频率，其中 $R = 30\Omega$，$L = 3\text{mH}$，$C = 100\text{nF}$，计算其在 $f = 10\text{kHz}$ 时的阻抗。

10.9　LC 谐振器的频率响应曲线如图 10.15 所示。假设 $f_1 = 450\text{kHz}$，$f_2 = 460\text{kHz}$，$f_0 = 455\text{kHz}$。确定谐振器带宽、Q 因子、电感 L（如果电容为 $C = 1\text{nF}$）以及总内部电路电阻 R。

10.10　并联 LC 谐振回路由 $L = 1\text{mH}$ 的导线电阻为 $R = 1\Omega$ 和一个电容 $C = 100\text{nF}$ 组成。确定该谐振器的谐振频率、Q 因子、动态电阻 R_D 和带宽。

10.11　串联 RC 支路由 $R_s = 10\Omega$ 和 $C_s = 7.95\text{pF}$ 组成。在 $f = 1\text{GHz}$ 时将其转换为等效的并联 RC 网络形式。

第 11 章

匹配网络

电子电路的主要目的是处理到达其输入端子的电子信号,期望该电路根据预期的数学函数处理输入信号,并将结果传递到下一级。此外,一个真正的、设计良好的系统应该以最小的时间和能量浪费有效地执行信号处理操作,通常这个目标是通过使用“功率匹配”技术来实现的。

在本章中,我们研究了一种简单的方法,用于连接射频电子系统设计中常用的信号处理链中的前后两级,主要标准是不同级之间的最大功率传输。这种方法的原因和合理性是:到达系统输入端(例如天线)的无线射频信号非常微弱,导致随后的功率损耗将对整个系统性能产生巨大的影响。

11.1 匹配网络

第 3.4 节在假定驱动器/负载阻抗匹配的情况下,设计了最佳接口电路。在天线和射频放大器接口阻抗匹配的情况下,匹配网络使微弱的射频信号的损失最小化,如图 11.1 所示。然而通常(也是现实的)情况下两者阻抗并不匹配。回到管道的类比,当两个直径不等的管道需要连接时,我们添加第三个管道作为适配器,如图 11.2(a)所示。同样,为了在阻抗不匹配的两级之间实现有效的功率传输,必须设计附加电路网络并将其插入接口处,以充当“阻抗转换器”,如图 11.2(b)所示。匹配网络设计的详细内容超出了本书的范围,但通过实例介绍匹配网络设计的一些基本概念。

为了区分术语,我们必须区分两个相似但经常混淆的电路设计工作:阻抗变换和阻抗匹配。

阻抗变换用于将输入节点的一个阻抗转换为输出节点的不同值。在传输网络的输出节点,只有新的阻抗是可见的,它有效地屏蔽了连接到传输网络输入节点的阻抗。该接口始终是单向的,并且仅用于将一个阻抗与系统的其余部分连接。

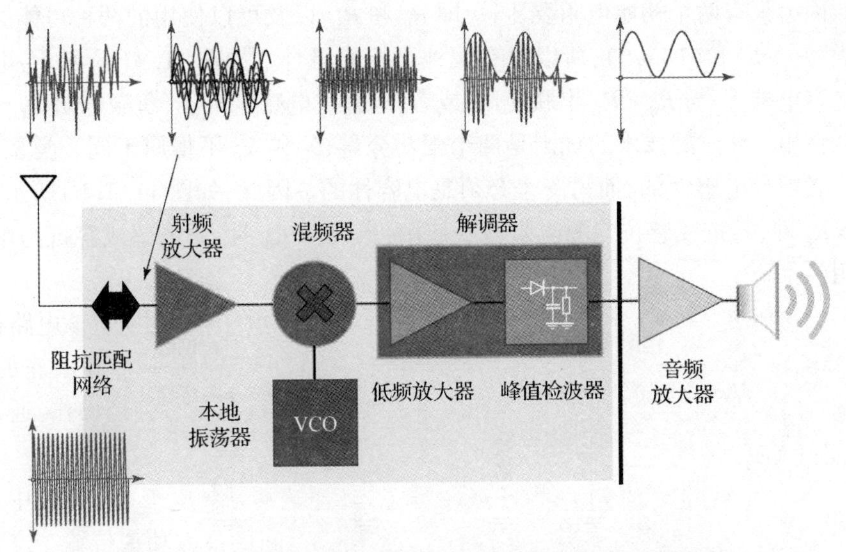

图 11.1 外差调幅无线电接收机架构:射频前端、匹配网络

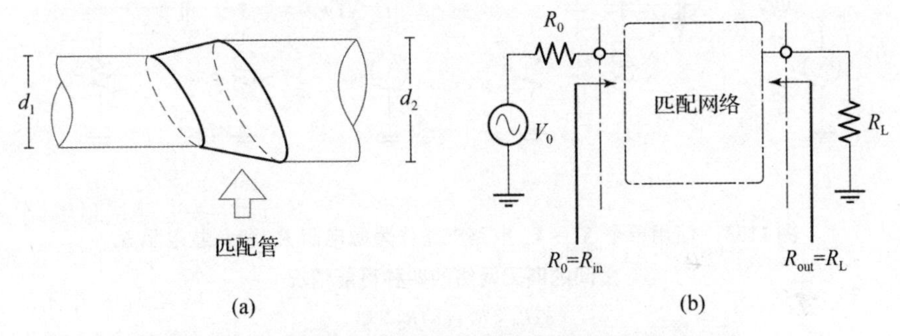

图 11.2 电源和负载电阻不匹配的典型情况示例,$R_0 \neq R$

(a)阻抗匹配类比;(b)电路阻抗匹配。

阻抗匹配总是在两个不相等的阻抗(实数或复数)之间执行。接口始终是双向的,旨在最大化两个阻抗之间的功率传输。在本书中,除非另有说明,否则我们将以最大化信号功率传输为目标设计插入式匹配网络。

11.2 Q 匹配技术

该阻抗匹配技术基于如下想法,即单个 L 形(X_s. X_p)支路足以在两个不相等的实阻抗 R_0 和 R_L 之间提供阻抗转换,如图 11.3 所示,但其限制为在一个且唯一的频率上实现完美匹配。当两个电阻已经相等时,即 $R_0=R_L$,则不需要额外的匹配。

因为只有两个初始电阻要比较,即 R_0 和 R_L,以及可以使用的两种可能的电抗类型($j\omega L$)和($1/j\omega C$),所以只有四种可能的组合。如图 11.3(a)所示,电感或电容电抗 X_s 与 $R_0 < R_L$ 串联使用;或者,电容或电感电抗 X_p 负载电阻 $R_L > R_0$ 并联使用。Q 匹配技术的规则是两个无功分量 X_s 和 X_p 不得属于同一类型,即一个必须是电感性的,而另一个必须是电容性的。因此,如图 11.3(b)所示,当 $R_0 > R_L$ 时,容抗或感抗与源电阻并联使用;当 $R_L < R_0$ 时,而电感或容抗与串联使用。

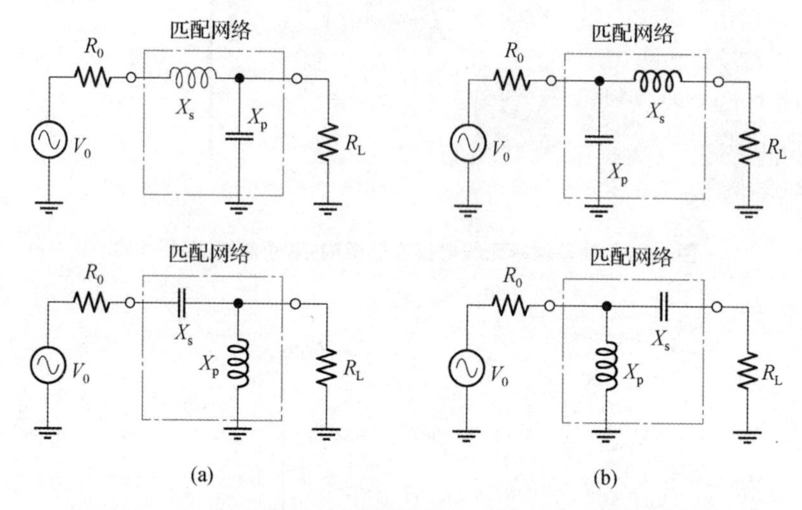

图 11.3　使用单个 $X_s - X_p$ 电路支路作为源电阻 R_0 和负载电阻 R_L 之间的匹配网络的四种可能情况

(a) $R_0 < R_L$;(b) $R_0 > R_L$。

在这一点上,我们有理由问,当同样的目标可以用电阻网络实现时,我们为什么要使用电抗。事实上,只使用电阻来设计匹配网络是可能的,但是功率损耗急剧增加,并且宽带网络总是噪声要大得多,这将降低了信噪比。此外,对于 $R_0 > R_L$ 或 $R_0 < R_L$ 之间的两个关系中的任何一个,都存在两种可能的匹配网络;我们可能会问,两者之间是否有任何区别。如果没有附加约束,则任一解决方案都有效。例如当 $R_0 < R_L$ 时,图 11.3(a)的两个匹配网络中的任何一个都是有效的。在实践中,我们通常有额外的约束,例如,如果源和负载电阻之间需要保持直流连接,则串联电抗必须是电感的,$X_s = j\omega L$(图 11.3 中的上两种情况);如果需要交流连接,串联电抗必须是电容的,$X_s = 1/j\omega C$(图 11.3 中下面一行中的两种情况)。在接下来的章节中,我们首先考虑实阻抗匹配的情况,然后研究复阻抗匹配的情况。

11.2.1 匹配实际阻抗

典型的匹配问题只涉及不相等的实源内阻和负载电阻 $R_0 \neq R_L$。让我们来看看像这样的一般问题是如何使用 Q 匹配技术来解决的。我们区分了两种典型的情况：$R_0 < R_L$ 和 $R_0 > R_L$（$R_0 = R_L$ 已经匹配）。

当两个匹配电阻不等于 $R_0 \neq R_L$ 时，我们直观地尝试通过将串联电抗 X_s 添加到较低的电阻（从而增加支路的等效电阻），同时通过向具有较高初始电阻的一侧添加并联电抗 X_p（从而降低该支路的等效电阻）来使两个电阻相等。显然，当串联支路的等效电阻等于并联支路的等效电阻时，就实现了匹配。我们区分了两种具体的情况：$R_0 < R_L$ 和 $R_0 > R_L$。在下一节中，我们将使用第10.5节中建立的式（10.78）和式（10.77）。

（1）案例（$R_0 < R_L$）：为了说明匹配技术，我们使用图11.4中的典型示例，其中源电阻 $R_0 = 5\Omega$、驱动 $R_L = 50\Omega$ 的负载。匹配网络后设计并插入后，源应该“看到”负载值，在信号源内阻 5Ω，同时负载电阻应该“感觉”好像它是由与其自身相等的源电阻驱动的，在本例中为 50Ω。

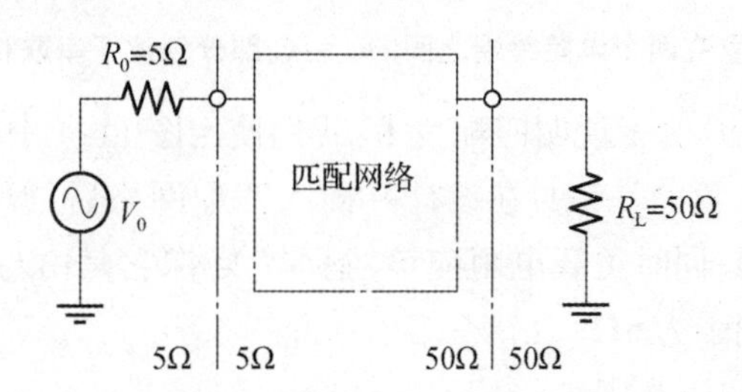

图11.4 源电阻和负载电阻不匹配的典型示例，$R_0 < R_L$

设计过程包括以下步骤。

①在 R_0 旁增加串联无功元件 X_s，增加串行子网支路的阻抗。在 R_L 旁边增加一个并联无功元件 X_p，并降低并行子网分支的阻抗。我们注意到，如果串联元件是一个电感，添加一个并联电容器就形成了一个低通拓扑（见图11.5）；一个串联电容器和一个并联电感结合在一起形成了一个高通部分。

②在设定频率下，新创建的两个子网络，一个串联，一个并联（见图11.5），必须代表彼此的复共轭阻抗。因此，在计算匹配的频率处，这两个子网络的 Q 必须相等。两个子网络的串联品质因数 Q_s 和并联品质因数 Q_p 为（见第10.5节）

$$Q_s = \frac{X_s}{R_0}, Q_p = \frac{R_L}{X_p} \tag{11.1}$$

③使用式（10.78）和式（10.77），计算两个子网络的串并联 Q 如下

$$Q_s = Q_p = Q = \sqrt{\frac{R_L}{R_0} - 1} \tag{11.2}$$

注意到,因为 $R_L > R_0$,所以平方根结果是正的。如图 11.4 所示,$R_0 = 5\Omega$ 和 $R_L = 50\Omega$,我们发现

$$Q = \sqrt{\frac{R_L}{R_0} - 1} = \sqrt{\frac{50\Omega}{5\Omega} - 1} = 3 \tag{11.3}$$

④一旦计算出 Q 因数,下一步就是从式(11.1)开始计算串联和并联电抗,并通过使用给定设计频率下的电感和电容值各自的阻抗定义来计算电感和电容值。

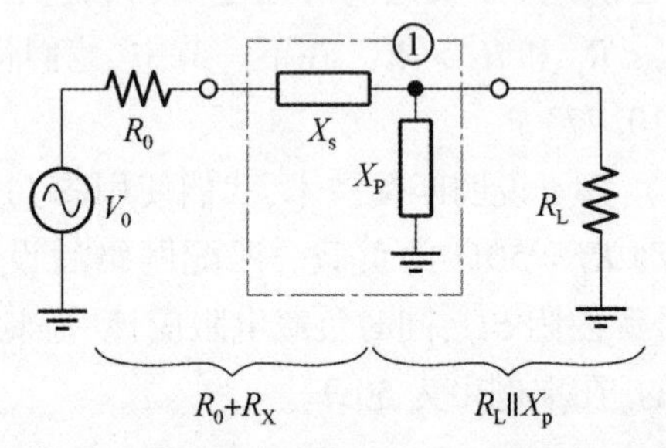

图 11.5　放置在两个电阻终端之间的 L–C 部分创建了串联和并联子网

(2)案例 $R_0 > R_L$:为了说明匹配技术,我们使用图 11.4 中的典型示例,其中源电阻 $R_0 = 50\Omega$、负载 $R_L = 5\Omega$,在设计并插入匹配网络后,源应该"看到"负载值,在本例中为 50Ω;同时负载电阻应该"感觉"好像它是由与其自身相等的源电阻驱动的,在本例中为 5Ω。

设计过程包括以下步骤。

①在 R_L 旁增加串联无功元件 X_s,增加串行子网支路的阻抗。在 R_0 旁边添加一个并联无功元件 X_p,降低并行子网分支的阻抗。我们注意到,如果串联元件是一个电感,添加一个并联电容器就形成了一个低通拓扑结构(见图 11.6);一个串联电容器和一个并联电感结合在一起形成了一个高通拓扑结构。

②在设定频率下,新创建的两个子网络,一个串联,一个并联(见图 11.6),必须代表彼此的复共轭阻抗。因此,在计算匹配的频率处,这两个子网络的品质因数必须相等。两个子网络的串联品质因数 Q_s 和并联品质因数 Q_p 为(见第 10.5 节)

$$Q_s = \frac{X_s}{R_L}, Q_p = \frac{R_0}{X_p} \tag{11.4}$$

③使用式(10.78)和式(10.77),我们计算了两个子网络的串并 Q 如下

$$Q_s = Q_p = Q = \sqrt{\frac{R_0}{R_L} - 1} \tag{11.5}$$

我们注意到,因为 $R_0 > R_L$,所以平方根结果又是正的。例如图 11.7 给定的,$R_0 = 50\Omega$ 和 $R_L = 5\Omega$,我们发现

$$Q = \sqrt{\frac{R_0}{R_L} - 1} = \sqrt{\frac{50\Omega}{5\Omega} - 1} = 3 \tag{11.6}$$

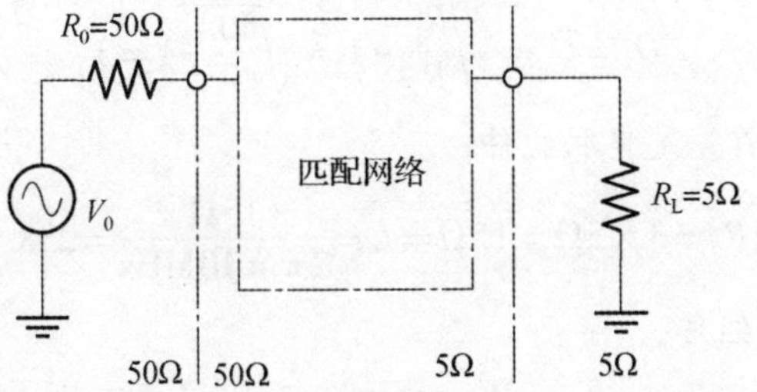

图 11.6 电源和负载电阻不匹配的典型情况示例,$R_0 > R_L$

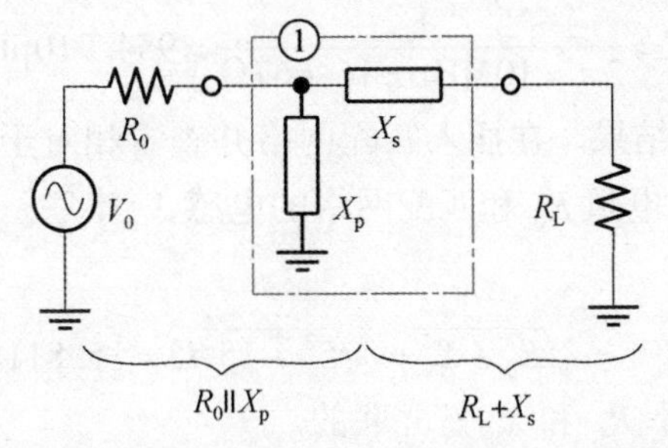

图 11.7 放置在两个阻性终端之间的 L-C 段形成一个串联和一个并联子网

④一旦计算出 Q 因数,下一步就是从式(11.4)开始计算串联和并联电抗,并使用给定设计频率下电感和电容的阻抗定义来计算电感和电容值(见图 11.7)。

总而言之,在信号源 V_0 具有实际源极电阻 R_0 的情况下,驱动具有实际电阻 R_L 的负载的 Q 匹配方法比较简单,因为只有四种可能的匹配网络需要考虑。为了使解唯一,必须引入附加约束以进一步确定匹配网络中串并联阻抗的性质。例如,如果匹配网络要保持电源和负载之间的直流连接,则必须选择电感作为串联元件。同样,如果要保留电源和负载之间的交流连接,则必须选择电容器作为串联元件。

例 71:Q 匹配技术,实际电阻($R_0 < R_L$)

利用 Q 匹配技术,在 $f = 10\text{MHz}$ 下设计一个单段 LC 网络来匹配源极电阻 $R_0 = 5\Omega$ 阻性、负载 $R_L = 50\Omega$(见图 11.4),要求保持电源和负载之间的

直流连接。

解 71:源极电阻小于负载电阻,$R_0 < R_L$(见图 11.4 和图 11.5)。因此,需要将串联电抗添加到源极电阻 R_0,并将并联电抗添加到负载电阻 R_L。将串联电感添加到 5Ω 电源侧和一个并联电容到 50Ω 负载侧,保持直流连接并创建低通匹配配置。

由式(11.2),所需的 Q 因数计算如下

$$Q_s = Q_p = \sqrt{\frac{R_L}{R_s} - 1} = \sqrt{\frac{50}{5} - 1} = 3$$

由式(11.1),首先是串联组件

$$X_s = Q_s R_0 = 3 \times 5\Omega = 15\Omega \Rightarrow L = \frac{15\Omega}{2\pi \times 10\text{MHz}} = 238.732\text{nH}$$

然后对于并联组件,

$$X_p = \frac{R_L}{Q_p} = \frac{50\Omega}{3} = 16.667\Omega$$

$$C = \frac{1}{2\pi \times 10\text{MHz} \times 16.667\Omega} = 954.910\text{pF}$$

让我们验证上述结果。在插入匹配网络并查看相对于节点①的源端后,图 11.4 和图 11.8 中,源电阻 R_0 和匹配网络的电感 X_s 串联。因此,总串行源侧阻抗为

$$|Z_0| = \sqrt{R_0^2 + X_s^2} = \sqrt{5^2 + 15^2}\Omega = 15.811\Omega$$

同时,从负载侧看,R_L 和 X_p 是并联的。

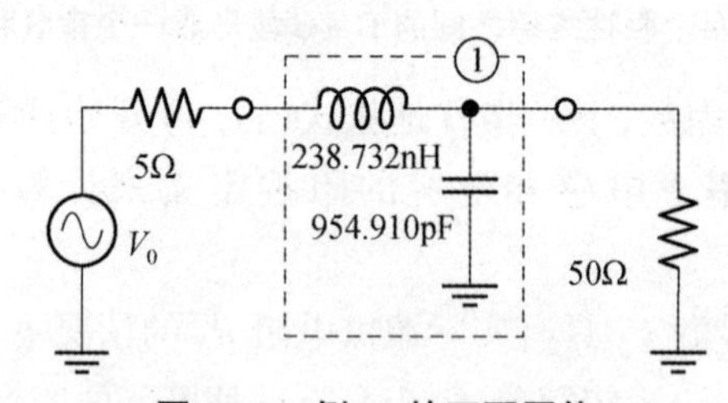

图 11.8　例 71 的匹配网络

因此,负载侧的并联阻抗为

$$|Z_L| = \frac{1}{\sqrt{\frac{1}{R_L^2} + \frac{1}{X_p^2}}} = \frac{1}{\sqrt{\frac{1}{50^2} + \frac{1}{16.667^2}}}\Omega = 15.811\Omega$$

因此,源端阻抗增加,负载端阻抗减小,两侧在节点①的匹配为 15.811Ω。

值得一提的是,匹配网络的设计会导致非标准元件值,既不是电容器的值,也不是电感的值。因此,除了制造定制电感外,使用“组合电容”也是一种

标准做法。

例71中的匹配电路的数值模拟表明，确实达到了源可以提供的最大功率水平，如图11.9所示。通过扫描源电阻 R_0 的范围超过两个数量级并测量两个实际电阻器中耗散的RMS功率，图11.9(a)中的图表证实当 $R_0=5\Omega$ 时源提供最大功率，即同时负载等于 50Ω 接收到的功率。同时，交流仿真表明，在所需的 $f=10\text{MHz}$ 时实现了最大功率，如图11.9(b)所示。注意到，该匹配网络具有相对于中心频率的非对称交流传递函数(也注意到相位函数的轻微偏移)。因此，例如在这种情况下，-3dB 带宽近似为 $BW\approx7.5\text{MHz}$。这个结果并不令人惊讶，因为通常简单的RLC网络会导致相对较低的 Q 因子①。

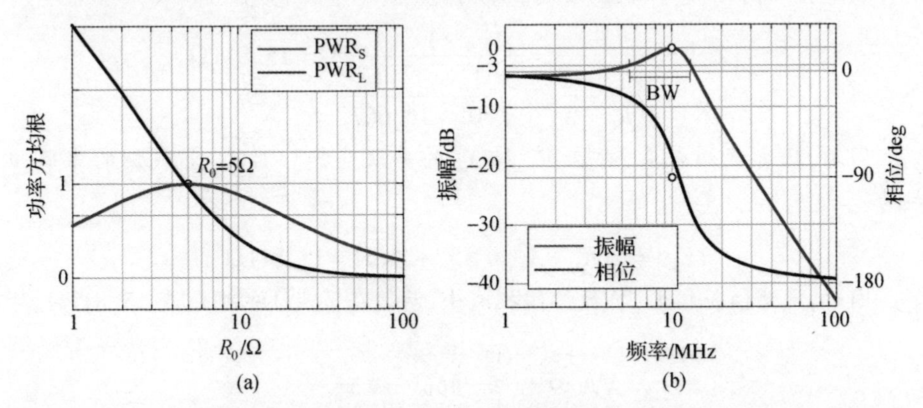

图11.9　例71中匹配网络的SPICE仿真显示了源提供的最大功率电平(归一化)(见彩图)

(a)电阻功率图；(b)频率振幅图。

示例72：Q 匹配技术，实际电阻($R_0>R_L$)

利用 Q 匹配技术，设计了一个单段LC匹配网络，源极电阻 $R_0=50\Omega$、阻性负载 $R_L=5\Omega$、$f=10\text{MHz}$(见图11.6)，保持电源和负载之间的直流连接。

解72：源电阻大于负载电阻($R_0>R_L$)，如图11.6和图11.7所示。因此，需要将并联电抗添加到源电阻 R_0，并将串联电抗添加到负载电阻 R_L。为 50Ω 源端电阻增加一个并联电容器和一个串联电感到 5Ω 负载侧，保持直流连接并创建低通匹配配置。

根据式(11.2)计算所需的 Q 因子为

$$Q_s=Q_p=Q=\sqrt{\frac{R_0}{R_L}-1}=\sqrt{\frac{50}{5}-1}=3$$

从式(11.4)开始，首先对于并联组件

① 参考第10.8.1节。

$$X_p = \frac{R_0}{Q_p} = \frac{50\Omega}{3} = 16.667\Omega$$

$$C = \frac{1}{2\pi \times 10\text{MHz} \times 16.667\Omega} = 954.910\text{pF}$$

然后对于该串联分量

$$X_s = Q_s R_L = 3 \times 5\Omega = 15\Omega \Rightarrow L = \frac{15\Omega}{2\pi \times 10\text{MHz}} = 238.732\text{nH}$$

让我们来验证一下上面的结果。在插入匹配网络并查看相对于节点①的源极侧之后,如图 11.7 和图 11.10 所示,存在源极电阻 R_0 和匹配网络的电容器 X_p 的并联连接。因此,总并联源极侧阻抗为

$$|Z_0| = \frac{1}{\sqrt{\frac{1}{R_0^2} + \frac{1}{X_p^2}}} = \frac{1}{\sqrt{\frac{1}{50^2} + \frac{1}{16.667^2}}}\Omega = 15.811\Omega$$

同时,从负载端来看,存在 R_L 和 X_s 的串联连接。因此,负载侧的串联阻抗为

$$|Z_L| = \sqrt{R_L^2 + X_s^2} = \sqrt{5^2 + 15^2}\Omega = 15.811\Omega$$

因此,源侧阻抗增大,负载侧阻抗减小,两侧在节点①的匹配在 15.811Ω。

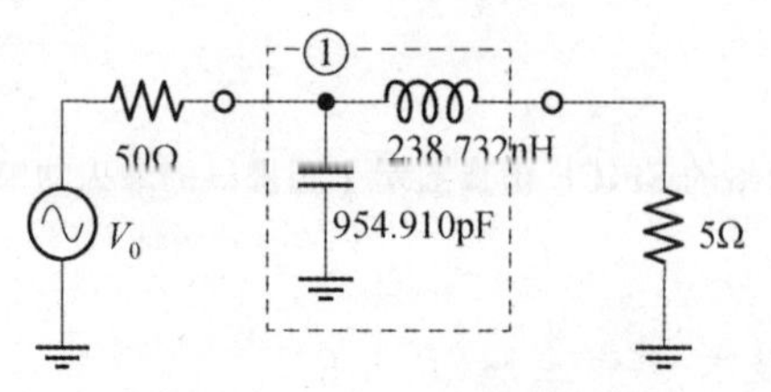

图 11.10 例 72 的匹配网络

11.2.2 复阻抗匹配

匹配复阻抗的一般情况遵循前面章节中给出的相同设计方法,即适当设计的匹配网络必须在输入端面和输出端面提供正确的复共轭匹配。当观察匹配网络的输出端时,我们需要看到负载阻抗的复共轭值;而当观察匹配网络的输入端时,我们需要看到源阻抗的复共轭值(见图 11.11)。在这些条件下,所有的信号功率都被输送到负载,而不在两个端口上有任何反射。

与源阻抗和负载阻抗相关的电抗称为“寄生阻抗”。如果两个匹配阻抗 Z_0 和 Z_L 中的任何一个已经包含寄生阻抗,则可以用两种可能的方式来处理匹配网络设计问题,这两种方法可能导致期望的解:我们可以尝试将寄生电抗吸收到匹配网络中,或者通过谐振消除寄生电抗,即“让他们产生共振”。在这两种方法

中,寄生电抗可以完全或部分消除。匹配复阻抗的设计过程从求解实部的匹配网络开始,然后通过完全或部分吸收寄生电抗或通过谐振消除。

11.2.2.1 吸收寄生电抗

让我们考虑一个源或负载阻抗包括寄生电抗的情况。此外,假设寄生电抗的值低于匹配网络的元件值,该匹配网络只需要匹配两个阻抗的实部。如果是这种情况,就有机会"吸收",即将这些源或负载寄生参数与匹配的网络组件结合起来。首先,我们解决负载和源的真实电阻的情况,然后我们探索吸收复阻抗的可能性。让我们看一下下面的例子。

示例73:Q 匹配技术,吸收寄生阻抗($R_0 < R_L$)

对于源 V_0 的情况设计一个工作于 $f = 10\text{MHz}$ 的单级 LC 匹配网络,其阻抗由电阻器 $R_0 = 5\Omega$ 组成与一个 $L_s = 138.732\text{nH}$ 电感串联连接,该电感必须驱动 $R_L = 50\Omega$ 与 $C_L = 454.910\text{pF}$ 并联的负载电阻,如图 11.12 所示。匹配网络有望在源和负载之间保持直流路径。

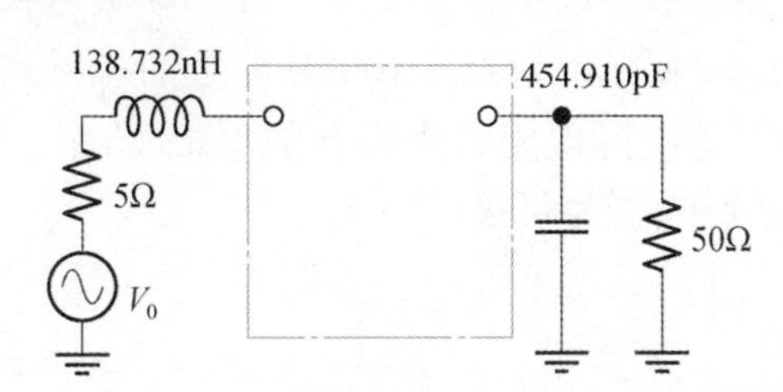

图 11.12 复杂电源和负载阻抗情况下的匹配网络

解73:在源或负载具有复阻抗的情况下,一般策略是首先仅针对两个阻抗的实部求解匹配网络。在例 71 中,我们已经为信号源内阻 $R_0 = 5\Omega$ 和负载 $R_L = 50\Omega$ 在频率为 10MHz 的情况设计了匹配网络,恰好在数值上等于本例中阻抗的实部。因此,我们重用结果并将这些计算视为本例的第一阶段。

正如我们在示例 71 中已经得到的,如图 11.8 所示,以匹配 $R_0 = 5\Omega, R_L = 50\Omega$ 我们需要一个 $X_s' = 238.832\text{nH}$ 的电感和一个 $X_p' = 954.910\text{pF}$ 的电容器。然而,本例中的源阻抗已包含 $L_s = 138.732\text{nH}$ 电感,这意味着需要串联额外的 $X_s = 238.732 - 138.732 = 100\text{nH}$ 电感。我们可以将图 11.8 中的匹配网络想象为图 11.13(a)中的等效网络。

由于现有电感小于所需的 238.732nH,因此可以重新使用现有电感并简单地添加一个 100nH 串联电感以使总电感变大,如 11.13(a)所示。通过进行这种添加,我们将现有的 138.732nH 寄生电感"吸收"到匹配 5Ω 源和 50Ω 实际负载。

同时,在 5 ~ 50Ω 的情况下匹配时,负载阻抗总共需要 $X'_{p}=954.910\text{pF}$ 电容,这意味着需要额外的 $X_{p}=954.910-454.910=500\text{pF}$ 电容与现有的 $C_{L}=454.910\text{pF}$ 寄生电容并联。通过将 500pF 的差值并联相加,如图 11.13(a)所示,我们将现有的寄生电容"吸收"到匹配网络所需的电容的总值中。

因此,所需的匹配网络包括一个 $X_{s}=100\text{nH}$ 的电感和一个 $X_{p}=500\text{pF}$ 的电容器,如图 11.13(b)所示。

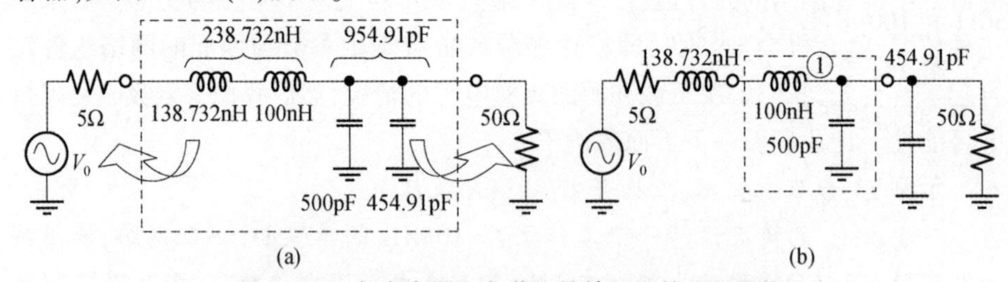

图 11.13　复杂电源和负载阻抗情况下的匹配网络

(a)匹配两个电感两个电容;(b)匹配一个电感一个电容。

例 73 中匹配电路的数值模拟证实了手工计算确实达到了源可以提供的最大功率水平,如图 11.14 所示。通过在 100nH 附近的一系列值范围内扫描串联 X_{s} 电感并测量负载和源实际电阻器中消耗的 RMS 功率,如图 11.14 所示,当 $L_{s}=100\text{nH}$ 在给定频率下,源提供最大功率。

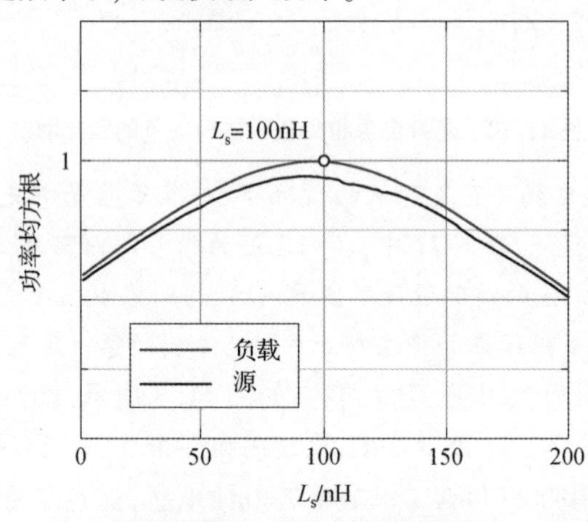

图 11.14　例 73 中匹配网络的 SPICE 仿真表明,当 $L_{s}=100\text{nH}$ 时,源提供的最大功率电平(归一化)

11.2.2.2　过度谐振产生寄生电抗

例如,让我们考虑负载阻抗包括寄生电抗的情况。假设寄生电抗的值大于匹配网络的分量的值,该匹配网络被设计为仅匹配两个阻抗的实部(见例 71)。

这样就有机会完全或部分地使负载的寄生电抗与匹配网络的元件“谐振”。

为了说明“谐振”阻抗的概念,考虑以下两个示例:首先在示例74中,有一个与实际负载电阻串联的寄生电容;然后在示例75中,寄生电容与负载电阻并联。在这两种情况下,我们都可以求出负载电容的总值。

例74:Q 匹配技术,谐振输出串联电容($R_0 = R_L$)

匹配一个50Ω电阻、10MHz的源连接到一个串联连接的负载,负载为电阻50Ω和100pF电容(见图11.5(a))。

解74:这是一种特殊情况,因为源阻抗和负载阻抗的实部相等。在这种情况下,我们的想法是通过使用“谐振”现有的100pF电容的技术来创建一个在给定频率下阻抗为零的支路。

因为已经匹配的负载具有额外的电容(即负)电抗

$$X_{sC} = \left|\frac{1}{j\omega C}\right| = -|j|\frac{1}{\omega C} = -j\frac{1}{2\pi \times 10\text{MHz} \times 100\text{pF}} = -j159.155\Omega$$

式中:负号表示“$-j$”带来的相位。为了抵消现有的负电抗,必须增加电感(即正)串联电抗 $X_{sL} = +159.155\Omega$。换句话说,在 $f = 10\text{MHz}$ 时,需要一个电感

$$|j|L = \frac{X_{sL}}{\omega} = \frac{+159.155\Omega}{2\pi \times 10\text{MHz}} = 2.533\mu\text{H}$$

式中:j的模数被计算为正电感的电抗。在 $f = 10\text{MHz}$ 时,该串联LC支路谐振,因此表示源和负载之间的总零阻,如图11.15(b)所示。

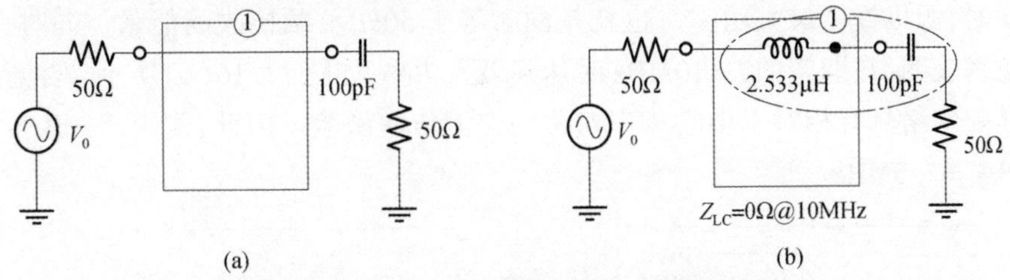

图11.15 串联C、R负载阻抗情况下的匹配网络

(a)无匹配电感图;(b)匹配电感图。

看待这个问题的另一种方法是,通过将电感和电容器的串联阻抗 Z_{LC} 设置为零来推导出相同的结果,这将得给出所需的电感,我们得到

$$Z_{LC} = j\omega L + \frac{1}{j\omega C} = j\omega L - j\frac{1}{\omega C} = j\left(\omega L - \frac{1}{\omega C}\right)$$

同样,上面的公式值得注意,因为它表明在给定的频率和理想的 L、C 分量下,可以使串联阻抗 Z_{LC} 等于零。这是由于 L 和 C 分量的复杂性以及信号的破坏性叠加造成的。回想在复平面中,虚轴的正(即“$+j$”)和负(“$-j$”)方向转化为180°的相位差,这实际上是两个正弦波形相加的条件(见第1.4.3节)。也就是说

$$Z_{LC}=0\Rightarrow\omega L-\frac{1}{\omega C}=0$$

这在特定频率 $\omega=\omega_0$ 下是可能的,该频率为

$$Z_{LC}=0\Rightarrow\omega L=\frac{1}{\omega C}\Rightarrow\omega_0=\frac{1}{\sqrt{LC}}\tag{11.7}$$

正如我们在第 10 章中已经发现的那样,式(11.7)中的频率 ω_0 称为“谐振频率”。ω_0 不仅是 LC 电路的关键性质之一,也是物理学中的基本关系之一。因此,对于给定的 C,在谐振频率 $\omega=\omega_0=10\text{MHz}$ 得到

$$L=\frac{1}{\omega_0^2C}=\frac{1}{(2\pi 10\text{MHz})^2\times 100\text{pF}}=2.533\mu\text{H}\tag{11.8}$$

通过式(11.8),我们正式确认所需的匹配网络仅由 $X_s=2.533\mu\text{H}$ 串联 100pF 电容器的电感组成,如图 11.15(b)所示,因为在 $f_0=10\text{MHz}$ 时,它有助于创建零阻抗。这一简单的单附加组件解决方案说明了在串联 RC 负载的情况下匹配网络设计的“谐振输出”技术。

最后,我们注意到,在这种串联 RC 复合负载的情况下,没有太多的选择余地,原来的连接已经阻塞了直流信号,因此串联添加电感并不能改变这种情况。对实例 74 中匹配电路的数值模拟表明,使用谐振输出技术实现了源和负载之间的短路连接,如图 11.16 所示。通过扫描源极电阻 R_0 令其数值变化跨越两个数量级并测量两个实际电阻器中的均方根功率消耗,图 11.16(a)证实了当 $R_0=50\Omega$ 时,源极提供最大功率。也就是同时等于 50Ω 负载接收的能量。同时,交流仿真表明,在期望的 $f=10\text{MHz}$ 时达到最大功率,如图 11.16(b)所示。注意到本匹配网络具有相对于中心频率对称的交流传递函数。因此,测得 -3dB 带宽为 BW=7.5MHz。

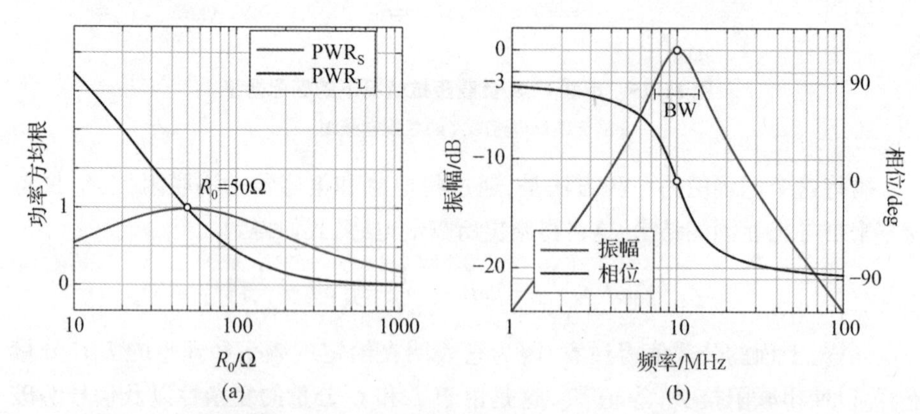

图 11.16 例 74 中匹配网络的 SPICE 仿真显示了源提供的最大功率电平(归一化)(见彩图)

(a)电阻功率图;(b)频率振幅图。

例75：Q 匹配技术，谐振输出并联电容（$R_0 = R_L$）

在10MHz时匹配50Ω电阻的信号源到50Ω电阻与100pF电容并联的负载上。

解75：类似于示例74，如果以某种方式去除100pF电容器的电抗，则不需要匹配，因为我们已知 $R_0 = R_L$ 无需匹配。

一种可能的方法是，如果电容器的电抗是无穷大的，这将使并联（R_L，C）阻抗等于 R_L。然而，有限电容的电抗只有在直流时才等于无穷大，这不属于该网络的工作频率。

联想到并联（L，C）网络在谐振时的阻抗等于无穷大，我们找到了另一种可能的方法来创建与 R_L 并联的无穷大阻抗①。

让我们来探索一下在负载电容器 C 上并联一个电感 L 的想法，等效导纳 $Y_{LC} = 1/Z_{LC}$ 是并联导纳之和，即

$$Y_{LC} = \frac{1}{Z_{LC}} = \frac{1}{Z_L} + \frac{1}{Z_C} = \frac{1}{j\omega L} + j\omega C = \frac{1 + (j\omega C)(j\omega L)}{j\omega L} = \frac{1 - \omega^2 LC}{j\omega L}$$

$$Z_{LC} = j\frac{\omega L}{1 - \omega^2 LC} \tag{11.9}$$

正如我们第10章中已经发现的，式（11.9）值得注意，因为它表明使理想并联LC分支的阻抗 Z_{LC} 等于无穷大是可能的，这是一件很重要的事情。

$$1 - \omega^2 LC = 0 \Rightarrow Z_{LC} = \infty$$

这在特定频率 $\omega = \omega_0$ 下是可能的，该频率为

$$1 - \omega^2 LC = 0 \Rightarrow \omega_0 = \frac{1}{\sqrt{LC}} \tag{11.10}$$

与例74中的结果相比，如预期的理想 L 和 C 串联和并联连接，式（11.7）和式（11.10）以相同的 ω_0 频率谐振。

如果满足式（11.10），则负载50Ω电阻与无穷大的电阻并联，也就是说，总的负载电阻只有 $R_L = (50\Omega \parallel \infty) = 50\Omega$，给定 $f_0 = 10\text{MHz}$ 和 $C = 100\text{pF}$，从式（11.10）我们得到

$$L = \frac{1}{(2\pi f_0)^2 C} = \frac{1}{(2\pi \times 10\text{MHz})^2 \times 100\text{pF}} = 2.533\mu\text{H}$$

因此如图11.17（b）所示，所需的匹配网络仅由 $X_p = 2.533\mu\text{H}$ 的电感和100p电容器并联组成，它在 $f_0 = 10\text{MHz}$ 时有效地产生了无穷大的阻抗。这一简单附加元件解决方案说明了在并行RC负载的情况下匹配网络设计的“谐振

① 参考第10章。

输出”技术。

注意在此解决方案中,电源和负载之间的直流连接本质上是短路连接设置。

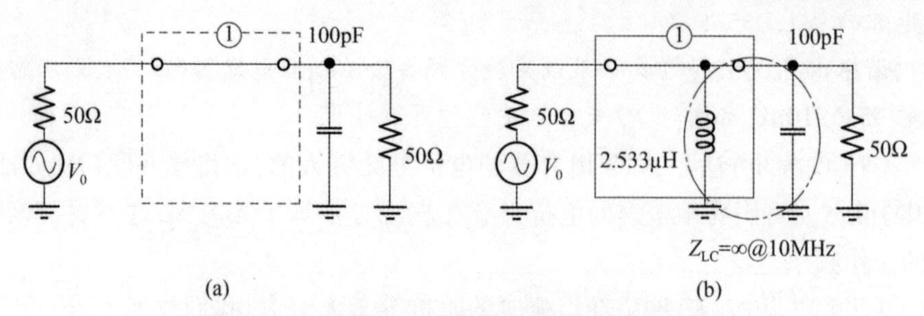

图 11.17　并联 RC 负载阻抗情况下的匹配网络

(a)无并联电感;(b)并联电感。

例如,当现有寄生电容大于前面示例中吸收的寄生电容时,会出现稍微不同的情况,并且有机会使用全部或部分谐振输出。在下面的例子中,我们举例说明 5Ω 的源驱动 50Ω 电阻器和 1.055nF 寄生电容并联的 RC 负载(见图 11.18)。

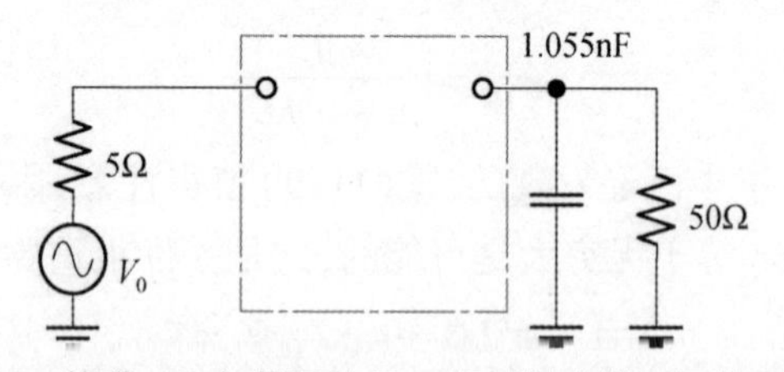

图 11.18　并联 RC 负载阻抗且 C 相对较大情况下的匹配网络

例 76:Q 匹配技术,谐振输出并联电容($R_0 < R_L$)

设计一个在 $f=10$MHz 的 5Ω 电阻的电压源 V_0 驱动 50Ω 电阻和 $C_L=1.055$nF 电容并联组成的负载的单极 LC 匹配网络,如图 11.19 所示。匹配网络在源和负载之间保持直流通路。

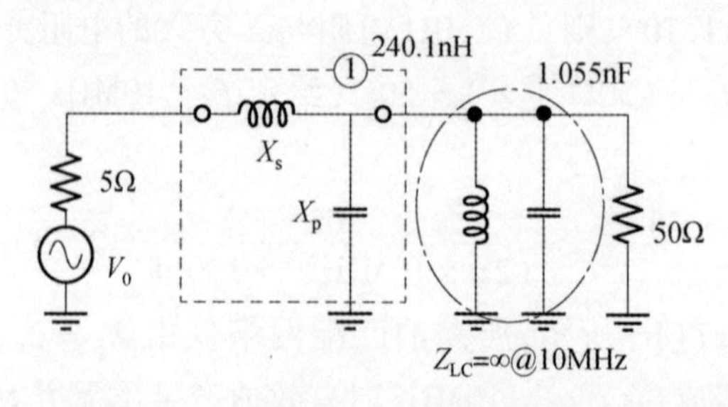

图 11.19　并联 RC 负载阻抗且 C 相对较大情况下的匹配网络

解 76:正如在示例 71 中得到的结论,匹配 $R_0=5\Omega$ 到 $R_L=50\Omega$,需要 $X'_s=238.732$nH 电感和 $X'_p=954.910$pF 电容。但是,负载阻抗已经包括并联寄生电

容 $C_L=1.055\text{nF}$,这意味着需要以某种方式将其降低到所需的 $X'_p=954.910\text{pF}$。

一般来说,有两种可能的方法来解决这类问题。第一种可能性是谐振出负载电容的总1.055nF值,然后使用示例71中已计算的匹配网络;第二种可能性是仅谐振出1.055nF的多余部分,即1.055nF − 954.910pF = 100pF,只留下总电容的954.910nF。让我们分析一下这两种可能性。

(1)总谐振输出:按照与例75中相同的想法和式(11.10),给定 $C_L=1.055\text{nF}$ 和 $f_0=10\text{MHz}$,计算

$$L=\frac{1}{(2\pi f_0)^2C}=\frac{1}{(2\pi\times 10\text{MHz})^2\times 1.055\text{nF}}=240.098\text{nH}\approx 240.1\text{nH}$$

这产生了在 $f_0=10\text{MHz}$ 时 $Z_{LC}=\infty$ 的条件。通过这一步,谐振出负载电容的总的阻抗值,从而产生相当于5Ω电阻真正的源驱动50Ω实际负载。现在重用示例71的结果,并添加 $X_s=238.732\text{nH}$ 和 $X_p=954.910\text{pF}$ 电容,如图11.19所示。总共使用了三个组件:两个电感器和一个电容器来创建这个匹配网络。

(2)部分谐振输出:可以使用的第二个想法是想象总的1.055nF电容由两个并联的电容器组成,即954.910pF + 100pF,如图11.20(a)所示。

为了用负载电容的100pF部分创建无限阻抗,计算电感

$$L=\frac{1}{(2\pi f_0)^2C}=\frac{1}{(2\pi\times 10\text{MHz})^2\times 100\text{pF}}=2.533\mu\text{H}$$

如图11.20(b)中的 X_p 所示。剩下要做的就是添加已经在示例71中计算的串联电感,即 $X_s=238.732\text{nH}$,如图11.20(b)所示。因此,该解决方案只需要两个新元件,电感 $X_s=238.732\text{nH}$ 和 $X_p=2.533\mu\text{H}$。部分原始负载电容与 X_p 产生谐振。而剩余部分与 X_s 电感结合使用以创建与示例71中相同的匹配网络。

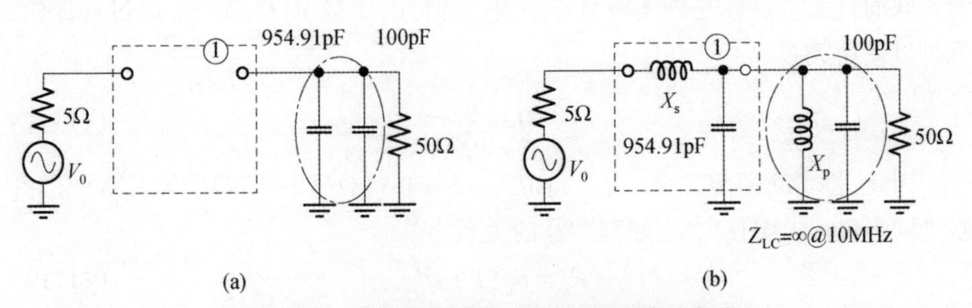

图11.20 阻抗匹配网络,部分谐振法等效电路

(a)电容并联图;(b)电感电容并联图。

总体而言,两种解决方案都是有效的,而差异是是否实用。第一个解决方案的三个组件或第二个解决方案的两个组件中决定性的是实用性、尺寸和价格的问题。

11.3 LC 匹配网络带宽

到目前为止,在单级 LC 匹配网络的讨论中,我们只关注匹配源侧阻抗和负载侧阻抗的主要目标。我们没有控制整个网络带宽。我们已经了解到,一般的 RLC 网络始终表现为以谐振频率 ω_0 为中心的带通滤波器,该频率由 LC 分量决定。我们还了解到,作为一个很好的近似值(假设 Q 因子大于 10 左右),串联和并联 RLC 网络以相同的频率谐振(见第 10.5 节)。在任何情况下,估计匹配网络的带宽都很重要,因为我们可能会碰到宽带解决方案(允许过多的噪声进入系统)或窄带宽的问题(这会改变传递信号的频率内容,即匹配网络本身会使信号失真)。

更详细的网络分析超出了本书的范围,至少使用基于 -3dB 的标准定义来确定网络带宽是有问题的。这一说法至少有两个充分的理由,原因一为事实上某些谐振网络可能永远达不到 -3dB 衰减点。例如,低 Q 谐振曲线几乎是平坦的——它在谐振频率点和边点的最大幅度之间甚至可能没有 3dB 的差异。原因二为,通常谐振曲线围绕谐振频率呈现不对称特性。为简化分析,在本书中假设高 Q 谐振网络(这在无线无线电的情况下是一个合理的假设),并假设谐振曲线是对称的(这是一个在谐振频率点附近的狭窄区域的有效假设)。

11.3.1 带宽的计算

为了说明这一点,让我们估算示例 71 的匹配网络的带宽,且使用手动计算代替数值模拟,如图 11.21(a)所示。为此,我们使用了一种将串联 RL 分支转换为并联的技术。目标是创建所有三个组件并行的等效 RLC 网络。通过这样做,就可以使用关系

$$Q=\frac{f_0}{\mathrm{BW}} \tag{11.11}$$

因此,将串联源阻抗 $Z_0=R_0+\mathrm{j}\omega L_s=(5+\mathrm{j}15)\,\Omega$ 子网络转换为其等效的并联子网络($f=10\mathrm{MHz}$)。串联与并联的关系为[①]

$$R_p=R_0(1+Q^2) \tag{11.12}$$

$$L_p=L_0\left(1+\frac{1}{Q^2}\right) \tag{11.13}$$

在这种情况下,首先计算由串联(R_0, L_s)网络组成的等效输入侧非理想电

① 参考第 10.5 节。

感的 Q_s 因子,即其复阻抗与实阻抗之比。

$$Q_s = \frac{X_s}{R_0} = \frac{|j\omega L_s|}{R_0} = \frac{2\pi \times 10\text{MHz} \times 238.732\text{nH}}{5\Omega} = \frac{15}{5} = 3$$

$$R_p = 5\Omega(1 + 3^2) = 50\Omega$$

$$L_p = 238.732\text{nH}\left(1 + \frac{1}{3^2}\right) = 265.258\text{nH}$$

如图 11.21(a)所示。同样注意,我们单独计算了独立 R_L 分支的 Q_s 因子。在此转换后,我们看到一个并联的 LC 谐振电路并联两个 50Ω 电阻,如图 11.21(b)所示,使总电阻等于 $R = 50\Omega \parallel 50\Omega = 25\Omega$ 这样就完成了等价的并联 RLC 网络。

为了确定匹配电路的 3dB 带宽,需要计算"负载"的 RLC 网络在谐振时的 Q 因子。通过使用谐振时的电容电抗或电感电抗,写作

$$Q_{\text{loaded}} = \frac{R_{\text{loaded}}}{X_p} = \frac{25\Omega}{16.667\Omega} = 1.5$$

$$\Delta f = \frac{f_0}{Q_{\text{loaded}}} = \frac{10\text{MHz}}{1.5} = 6.67\text{MHz} \tag{11.14}$$

这虽然不是完全准确,但仍然提供了一个非常好的带宽估计。如图 11.9 所示,数值模拟显示式(11.14)的结果相对于模拟的 7.5MHz 低估了实际带宽约 15%,这是由于求解中所做的假设和近似所导致的。

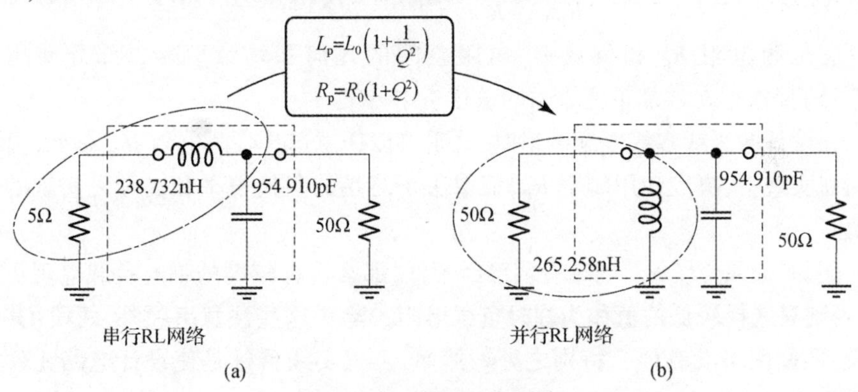

图 11.21 等效网络电路

(a)串联 RL 子网络;(b)并联 RL 子网络。

11.3.2 多段阻抗匹配

单级匹配网络的设计在某种意义上是受限的,即在建立由源/负载阻抗比和工作频率驱动的 LC 网络后,所产生的带宽已经确定。然而,在某些情况下,需要设计窄带宽匹配网络。例如,射频放大器的输入级应该被限制在最小必要的带宽。或者,有些应用需要增加单级网络的带宽。

为了获得对该参数的控制,需要扩展单级 L 型匹配网络,并增加第二个部分。原则上,两段匹配网络的求解方法是重复两次用于单段网络的方法。额外的自由度是通过引入临时负载电阻 R_{INT} 来实现的(见图 11.22)。这使得我们可以将两级匹配网络问题分成两个单级匹配网络,其中 R_{INT} 作为第一段的临时负载,并作为第二级的源阻抗。

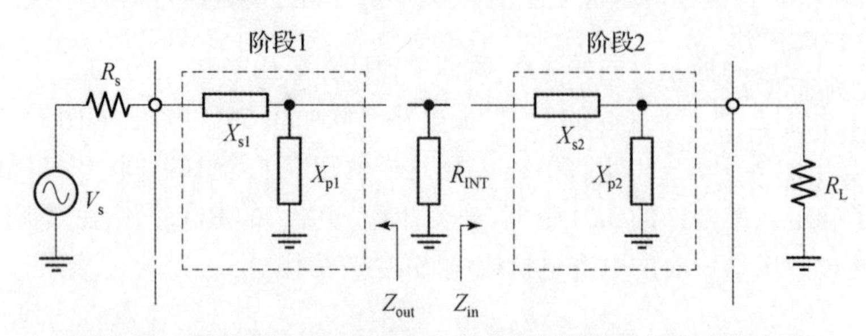

图 11.22 具有中间临时电阻 R_{INT} 的两级匹配网络,用于中间计算

11.3.2.1 两级网络:带宽增加

当目标是增加现有单级网络的带宽时,将临时电阻 R_{INT} 的值设置为

$$\frac{R_0}{R_{INT}}=\frac{R_{INT}}{R_L}\Rightarrow R_{INT}=\sqrt{R_0R_L} \tag{11.15}$$

它是源电阻 R_0 和负载 R_L 电阻之间的几何平均值。第二部分使用式(11.15)提供了在增加带宽方面的最佳折中方案。

在设计两级或多级匹配网络时,几乎可以任意选择临时电阻 R_{INT} 参数的值。然而在实践中,决定使用哪个 R_{INT} 值取决于终端的阻抗电平和实际可实现的分量值。

例如,如果[R_0,R_L]的现有值已经很低,那么选择较高的临时负载电阻更实际,否则只选择较低的值作为临时负载电阻。除了这些注意事项外,两段(甚至多段)匹配网络没有什么特别之处。然而,工程实践目标是使设计电路元件数量最少,因此,作为两段匹配网络设计的最后一步,应该用单个元件来代替多个串联电感,并且应该用单个电容器来代替多个并联电容。

再者,临时负载电阻 R_{INT} 是一个"假想"值,而不是一个真正的物理分量;它只是一个数字,如果它在中间分裂,那么通过查看匹配网络就可以得到。在任何情况下,我们遵循相同的想法:如果支路电阻需要增加,增加串联阻抗;如果需要减少支路电阻,增加并联阻抗。在下面的两个示例 77 和示例 78 中,说明了两个匹配网络的设计,一个用于增加初始带宽,另一个用于减少初始带宽。

例 77:Q 匹配技术,两级网络,增加带宽在 10MHz 时匹配 5Ω 的源极到 50Ω 的电阻负载。设计两级 LC 匹配网络,同时保持源和负载之间的直流连接。这种匹配网络设计的目标之一是相对于等效的单个 LC 匹配网络解决方案增加带宽。

解 77:当设计目标之一是增加匹配网络的带宽时,使用式(11.15)设置中间电阻值,即两个终端电阻的几何平均值。然后,将两级设计问题简化为设计两个单级 LC 匹配网络,第一个设计用于将源电阻 R_s 匹配到 R_{INT},第二个设计用于将 R_{INT} 匹配到负载 R_L。再强调一次,电阻 R_{INT} 不是添加到网络中的真实电阻组件,它只是一个虚构的数字,用于设置两个匹配网络级之间的内部节点的阻抗。对于本例中给出的给定数据,匹配网络设计如下。

(1)中间电阻的计算:

$$R_{INT} = \sqrt{R_s R_L} = \sqrt{5\Omega \times 50\Omega} = 15.811\Omega$$

(2)R_{INT} 的 Q 因子计算第一级第二级

$$Q = \sqrt{\frac{R_{INT}}{R_s} - 1} = \sqrt{\frac{15.811\Omega}{5\Omega} - 1} = 1.470$$

$$Q = \sqrt{\frac{R_L}{R_{INT}} - 1} = \sqrt{\frac{50\Omega}{15.811\Omega} - 1} = 1.470$$

(3)第一级 X_{s1} 和 X_{p1} 分量的计算:匹配 5 ~ 15.811Ω 结果是

$$X_{s1} = QR_s = 1.47 \times 5\Omega = 7.352\Omega \Rightarrow L_{s1} = \frac{X_{s1}}{2\pi f} = 117\text{nH}$$

$$X_{p1} = \frac{R_{INT}}{Q} = \frac{15.811\Omega}{1.47} = 10.753\Omega \Rightarrow C_{p1} = \frac{1}{2\pi f X_{p1}} = 1.480\text{nF}$$

其中,串联电感和并联电容在第一级保持直流连接。

(4)第二级 X_{s2} 和 X_{p2} 分量的计算:匹配 15.811 ~ 50Ω 结果是

$$X_{s2} = QR_{INT} = 1.47 \times 15.811\Omega = 23.250\Omega \Rightarrow L_{s2} = 370\text{nH}$$

$$X_{p2} = \frac{R_L}{Q} = \frac{50\Omega}{1.47} = 34\Omega \Rightarrow C_{p1} = 468\text{pF}$$

这个两级匹配网络的完整架构如图所示(见图 11.23)。

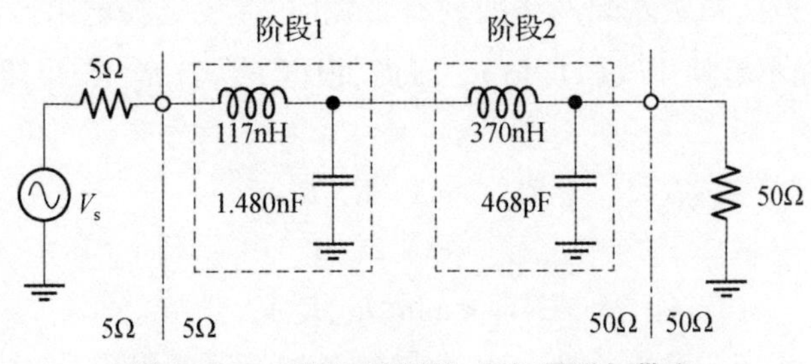

图 11.23 两级匹配网络,目标是增加带宽

例77所示匹配电路的数值模拟表明,使用两级匹配网络也提供了一种控制带宽的方法,如图11.24所示。通过扫描信号源电阻 R_0,令其数值变化覆盖两个数量级,并测量两个实际电阻器中的均方根功耗,图11.24(a)证实当 $R_0=5\Omega$ 时源提供最大功率,即同时等于 50Ω 负载接收到的功率。同时,交流仿真表明,在所需的 $f=10\text{MHz}$ 时达到了最大功率,如图11.24(b)所示。此外,带宽比较表明,相对于示例71中最初 BW≈7.5MHz,该网络允许 BW≈12MHz,如图11.24(b)所示。

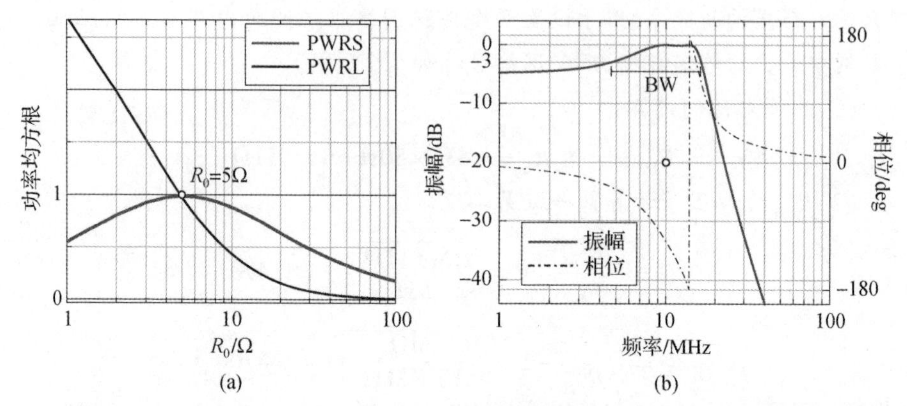

图11.24 例77中匹配网络的SPICE仿真显示了源提供的最大功率电平(归一化)(见彩图)
(a)电阻功率;(b)频率振幅。

我们注意到一项规则,匹配网络的LC组件的数值是相当精确和非标准的数字。出于这个原因,在实践中几乎不可能用标准组件设计天线/射频放大器匹配网络。此外,分立元件的制造公差通常为±1%、±5%或±10%,这使以一个射频载波频率为中心的匹配网络设计更加复杂。因此,实用的方法是使用可调谐电容器和定制电感器。因此,需要进行额外的实验工作才能将LC值调整到所需值。

11.3.2.2 两级网络:带宽缩减

当目标是减少单级匹配网络的现有带宽时,需要选择电阻区间 $[R_s, R_L]$ 之外的 R_{INT} 值,而不是使用式(11.15)。因此,根据 R_{INT} 与 R_s、R_L 电阻的关系,有两种可能性,要么

$$R_{INT} > \max(R_s, R_L) \tag{11.16}$$

或

$$R_{INT} < \min(R_s, R_L) \tag{11.17}$$

实际上这允许任意选择 R_{INT},从而导致各种情况的出现,如图11.25所示。

但如果启动电阻 R_s、R_L 已经很低,则使用式(11.17)关系可能不切实际。

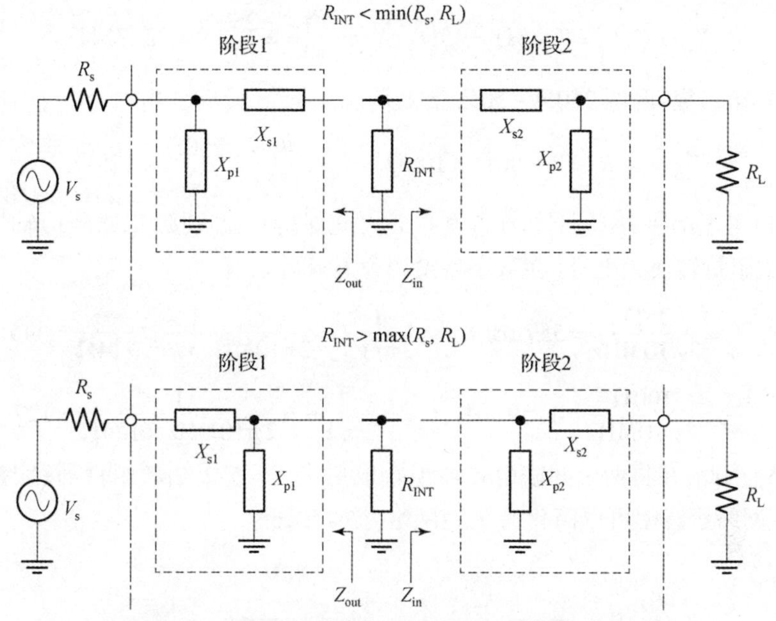

图 11.25　两级匹配网络设计概念,$Z_{out} = R_{INT} = Z_{in}$。
注意到,如果需要增加支路电阻,则添加串联阻抗,如果需要降低支路电阻,则添加并联阻抗。

在下面的例子中,这种基于“假想”中间电阻 R_{INT}的技术用以减少例子71中得到的匹配网络的默认带宽。

示例78:Q 匹配技术,两级网络,减小带宽

通过设计一个通用的两级匹配网络,在10MHz下匹配5Ω源电阻到50Ω负载电阻。在此示例中,目标是相对于单个LC匹配网络解决方案降低带宽。选择两个临时电阻 R_{INT} 并比较得到的带宽。

解78:为了说明带宽控制,在这个例子中我们比较了两个可能的带宽,首先是当 $R_{INT} = 250\Omega$ 时,然后是 $R_{INT} = 985\Omega$ 时。

情况1:$R_{INT} > \max(R_s, R_L) = 250\Omega$,即选择临时电阻大于50Ω。

(1)请注意,以下两个计算出的 Q 值,一个看源侧,一个看负载侧,二者的值不相等。然而,总带宽受到较高 Q 值(即较窄带宽)的限制,这是设计的主导因素。

$$Q_1 = \sqrt{\frac{R_{INT}}{R_s} - 1} = \sqrt{\frac{250}{5} - 1} = 7.0$$

$$Q_2 = \sqrt{\frac{R_{INT}}{R_L} - 1} = \sqrt{\frac{250}{50} - 1} = 2.0$$

因此,$Q_1 = 7$ 是限制总带宽的因素。

(2)第一级:匹配 5Ω - 250Ω 结果是

$$X_{s1} = Q_1 R_s = 7 \times 5\Omega = 35\Omega \quad X_{p1} = \frac{R_{INT}}{Q_1} = \frac{250\Omega}{7} = 35.714\Omega$$

(3)第二级:匹配 250Ω - 50Ω 结果是

$$X_{s2} = Q_2 R_1 = 2 \times 50\Omega = 100\Omega \quad X_{p2} = \frac{R_{INT}}{Q_2} = \frac{250\Omega}{2} = 125\Omega$$

(4)考虑解决方案,例如在源和负载之间保持直流连接,串联阻抗转换为电感,并联阻抗转换为电容(在数字略微四舍五入后),有

$$L_{s1} = \frac{X_{s1}}{2\pi f} = \frac{35\Omega}{2\pi 10\text{MHz}} = 557\text{nH}, C_{p1} = \frac{1}{2\pi f X_{p1}} = \frac{1}{2\pi 10\text{MHz} \times 35.714\Omega} = 445.6\text{pF}$$

$$L_{s2} = \frac{X_{s2}}{2\pi f} = \frac{100\Omega}{2\pi 10\text{MHz}} = 1.592\mu\text{H}, C_{p2} = \frac{1}{2\pi f X_{p2}} = \frac{1}{2\pi 10\text{MHz} \times 125\Omega} = 127.3\text{pF}$$

(5)因此,在将两个并联电容器组合成单个 $C = 572.9\text{pF}$ 组件后,完整的两级匹配网络示意图可以简化为 T 型网络(图 11.26)。

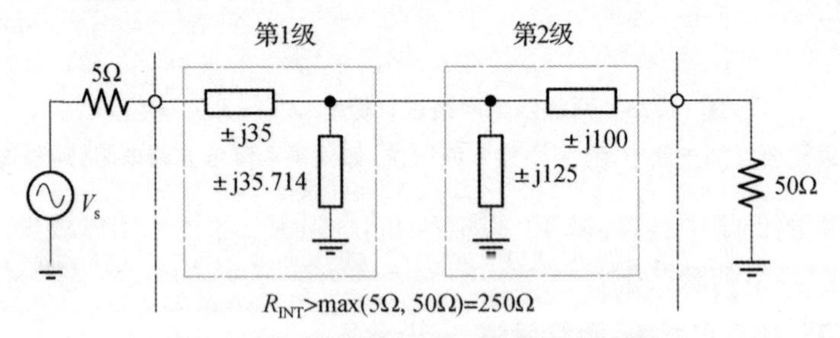

图 11.26　两级匹配网络,目标是降低带宽

情况 2:$R_{INT} > \max(R_s, R_L) = 985\Omega$,即选择临时电阻大于 50Ω。

(1)重复相同的计算,但使用更大的“假想”电阻,因此找到如下新值。

$$Q_1 = \sqrt{\frac{R_{INT}}{R_s} - 1} = \sqrt{\frac{985}{5} - 1} = 14.0$$

$$Q_2 = \sqrt{\frac{R_{INT}}{R_L} - 1} = \sqrt{\frac{985}{50} - 1} = 4.3$$

因此,$Q_1 = 14$ 是限制总带宽的因素。

(2)第一级:匹配 5 ~ 250Ω 结果是

$$X_{s1} = Q_1 R_s = 14 \times 5\Omega = 70\Omega, X_{p1} = \frac{R_{INT}}{Q_1} = \frac{250\Omega}{14} = 70.4\Omega$$

(3)第二级:匹配 50 ~ 250Ω 结果是

$$X_{s2} = Q_2 R_L = 4.3 \times 50\Omega = 216.2\Omega, X_{p2} = \frac{R_{INT}}{Q_2} = \frac{985\Omega}{4.3} = 227.8\Omega$$

(4)同样,通过保持源和负载之间的直流连接,串联阻抗转换为电感,并联阻抗转换为电容(在数字略微四舍五入后),有

$$L_{s1}=\frac{X_{s1}}{2\pi f}=\frac{70\Omega}{2\pi 10\text{MHz}}=1.114\mu\text{H},C_{p1}=\frac{1}{2\pi fX_{p1}}=\frac{1}{2\pi 10\text{MHz}\times 70.4\Omega}=226.2\text{pF}$$

$$L_{s2}=\frac{X_{s2}}{2\pi f}=\frac{216.2\Omega}{2\pi 10\text{MHz}}=3.441\mu\text{H},C_{p2}=\frac{1}{2\pi fX_{p2}}=\frac{1}{2\pi 10\text{MHz}\times 227.8\Omega}=69.87\text{pF}$$

其中得到的电路如图 11.27 所示,除了新的元件值。同样,中间的两个并联电容器被组合成单个 $C=296\text{pF}$ 分量。

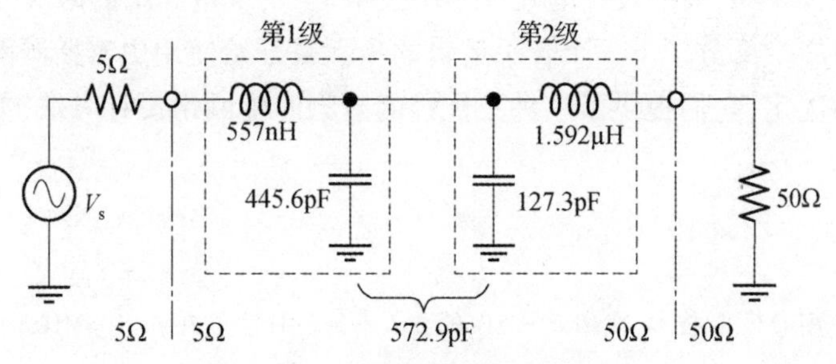

图 11.27 两级匹配网络,最终版本

在该示例中,对两个匹配网络的数值交流仿真清楚地示出了对总带宽的控制。在本例中,较高的 Q 将带宽限制为 1.1MHz,而较低的 Q 允许 2.5MHz 的带宽。在这两种情况下,相对于例 71(图 11.28)中的 7.5MHz,网络的带宽都减小了。

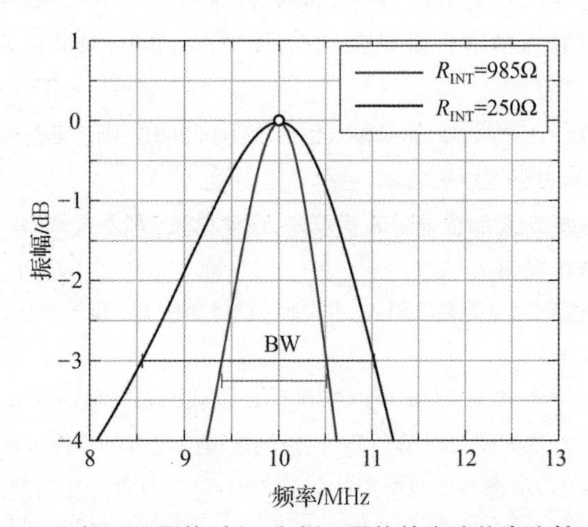

图 11.28 两级匹配网络:例 1 和例 2 网络的交流仿真比较(例 78)

11.4 总结

在本章中,我们熟悉了一般多级系统的级间功率传输的基本概念。由于设计的主要目的是用于无线电系统的网络,最大化射频信号的功率传输成为主要优先事项。为了实现这一目标,引入了匹配网络的概念,该网络用作源阻抗和负载阻抗之间的渐变阻抗转换器。其第一个应用是在天线和射频放大器之间。注意,Q 匹配只是匹配网络设计的几种实用技术之一,本章介绍的解决方案只是众多可能性中的一部分。下一个合乎逻辑的步骤是开始使用史密斯圆图和其他数值工具进行优化,它们提供了一种更优雅的射频匹配网络设计方法,尤其是在更高频率下。

问题

11.1 使用 Q 匹配技术,找到 $R_s = 5\Omega$ 的和 $L_s = 2.8\text{nH}$ 串联在 $f = 100\text{MHz}$ 时的等效并联网络。

11.2 在 $f = 100\text{MHz}$ 时,设计一个在 $R_s = 5\Omega$ 的源极和 $R_L = 50\Omega$ 的负载之间的单级 LC 匹配网络。附加条件是保持电源和负载侧之间的直流连接。

11.3 使用问题 11.2 的结果,求出匹配网络的串联部分和并行部分之间交界处的反射系数 Γ 和失配损耗 ML。

11.4 使用问题 11.2 中的结果,在假设网络对称的情况下估计 3dB 带宽。

11.5 使用问题 11.3 的结果,如果输入信号变为 $f = 80\text{MHz}$,则重新计算 Γ 和 ML。你能对结果进行讨论吗?

11.6 使用问题 11.3 的结果,如果输入信号变为 0.2GHz,则重新计算 Γ 和 ML。你能对结果进行讨论吗?

11.7 当寄生电感 L_s 与源极电阻 R_s 串联时,设计单级 LC 匹配网络,其中 $R_s = 5\Omega$,$R_L = 50\Omega$,$L_s = 0.93\text{nH}$,$f = 0.85\text{GHz}$。

11.8 当寄生电容 C_L 与负载电阻 R_L 并联时,设计单级 LC 匹配网络,其中 $R_s = 5\Omega$,$R_L = 50\Omega$,$C_L = 20\text{pF}$,$f = 0.1\text{GHz}$。

11.9 在 200MHz 时,将 5Ω 源电阻匹配到 50Ω 负载电阻。采用两级 LC 匹配网络,LP - HP 滤波器组合,目标是增加相对于单个 LC 匹配网络解决方案的带宽。

11.10 在 200MHz 时,将 5Ω 源电阻匹配到 50Ω 负载电阻。使用两级 LC 匹配网络,目标是降低相对于单个 LC 匹配网络解决方案的带宽,对临时电阻 R_{tmp} 做出判断并证明其合理性。

11.11 天线阻抗假定为电阻 50Ω。调谐射频放大器的调谐频率为 665kHz,输入阻抗为 $Z_{in} = 2\text{k}\Omega$。使用 Q 匹配技术设计两个可能的匹配网络,并比较两个解决方案之间的差异。

11.12　使用寄生吸收法匹配在100MHz时的源阻抗$Z_s=(50+j100)\Omega$和负载阻抗$Z_L=(1000-j750)\Omega$(电容器与R_L并联)。

11.13　采用寄生谐振法,匹配源电阻$R_s=50\Omega$和由$C_L=10pF$与$R_L=500\Omega$并联组成的负载阻抗在100MHz,匹配电路应保持从输入到输出的直流连接。

第12章

射频和中频放大器

微弱的射频(RF)信号到达天线后,通过无源匹配网络传输到射频放大器的输入端。匹配网络通过使天线阻抗与射频放大器输入阻抗相等来实现接收信号的最大功率传输。射频放大器的工作就是增加接收信号的功率,并为进一步处理做准备。本章的第一部分回顾了线性基带放大器的基本原理和常见的电路拓扑;第二部分将介绍射频和中频放大器。出于工程实际需求,射频和中频放大器的原理图之间除工作频率外没有太大区别。在本书中,除非需要特别区分这两个功能,否则将所有调谐放大器都称为射频放大器。

12.1 调谐放大器

假定"基带放大器"工作于低频工况,即从直流到"不太高"频率的所有单音频信号都视为同样重要、理想和需要被放大的信号。因此,除了由于密勒效应引起的共发射极放大器输入级的低通滤波效应,或由于 RC 输入级网络的交流耦合引起的高通/低通滤波效应导致的频率限制外,基带放大器消耗能量来放大到达放大器输入端节点的所有可能的频率信号。

如图 12.1 所示,如果这种信号放大方法用于射频信号的放大,除了严格的技术困难外,至少有两个严重的缺点:

(1)消息内容(例如人类语音)的频率被限制在 20Hz~20kHz 的范围,即高保真(HiFi)声音不需要该频率范围之外的任何频率分量,严格地说,放大它们是浪费能量。放大的能量必须来自某个源,这样就必须更频繁地充电和/或更换的放大器电源(电池),甚至可能需要提供额外的冷却机制来驱散部件产生的多余热量,更不用说处理耗尽的电池对环境的影响了。

(2)有些频率的信号不是必需的,即它们代表噪音,宽带放大的缺点在于所有不需要的音调都输入放大器,这只会增加噪声电平。功放不可能知道用户想听什么频率,因此所有频率都被同等放大。由于需要在比所需的更宽的频带上统计总的噪声能量,将导致总 SNR 的降低。

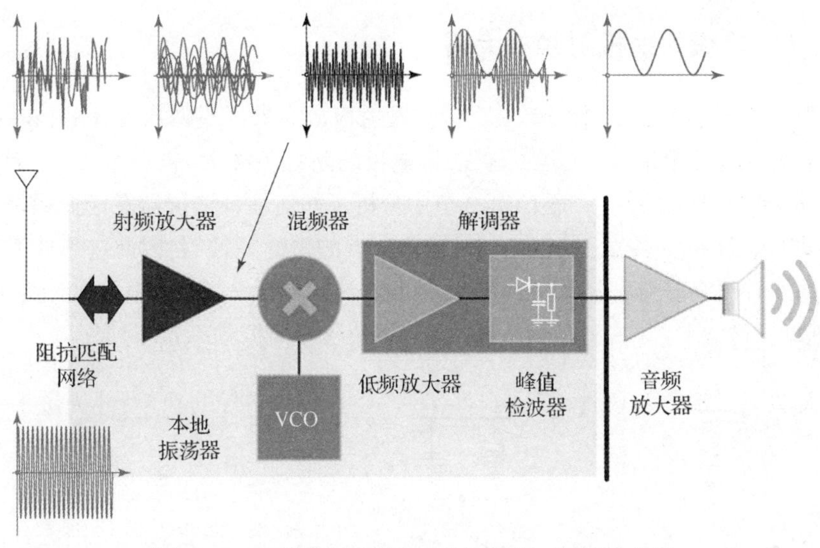

图 12.1　外差调幅无线电接收机架构 - 射频放大器

基带放大器不用于无线电的射频部分还有其他原因,但以上两个论点应该足以证明使用基带放大器进行无线电信号放大将导致射频放大器变得昂贵、笨重、耗电且质量更差。即使设计者设法使放大器的带宽足够宽,可以正常使用,但考虑到现代射频载波频率工作在 MHz 或 GHz 的数量级之后,宽带放大器必须能够从直流工作到射频载波频率,从技术上至少可以说很难,甚至用目前的技术是不可能做到。在第 11 章提到,为了有效地将天线收集的电磁能量传输到放大器的输入端,需要设计一个匹配的网络。当时暂且认为最大功率传输仅可能在一个频率上实现,实际上是在由匹配网络 Q 因子确定的相当窄的频率范围内都可行。在第 10.2 和第 10.8.1 章节中已经介绍,任何现实的 RLC 网络的行为都像一个"带通滤波器"。无线电接收器的前三个阶段:天线、匹配网络和射频放大器(见图 12.1)通常称为射频无线电接收器的前端,那么射频放大器与基带放大器有何不同?在回答这个问题之前,需要先声明以下两点。

(1)射频放大器的工作频率范围必须与匹配网络的中心频率"对准"(即调谐),而匹配网络的中心频率又与天线一起调谐;

(2)射频放大器的带宽应该类似于传入信号的带宽,在人类语音的情况下约为 20kHz,即射频放大器的带宽不应因太宽而导致信噪比下降,或因太窄而无法引入信号造成失真(参考傅里叶变换)。

在三种单晶体管放大器类型(即 CE、CB 和 CC)中,发射极跟随器是唯一一种电压增益略小于 1 的类型,因此我们重点介绍其他两种形式的放大器。

12.1.1 单级共射极射频放大器

原则上,图 12.2(a)中的单级宽带共发射极放大器经过两次变化后被转换为共发射极 RF(即窄带)放大器。首先,集电极的阻性负载 R_C 被一个 $L_C C_C$ 谐振器取代,如图 12.2(b)所示。第 10.8.2 节中分析了如何估计谐振器在谐振频率下的等效动态电阻 R_D。注意 LC 谐振器是输出节点的带通滤波器,因此进入放大器的信号的所有频率分量都被相等地放大然后滤波。假设 $L_C C_C$ 谐振器设计为 $R_D = R_C$,则电压增益 $|A_v| = g_m R_C = g_m R_D$(然而该值仅在谐振频率 ω_0 时取得)。

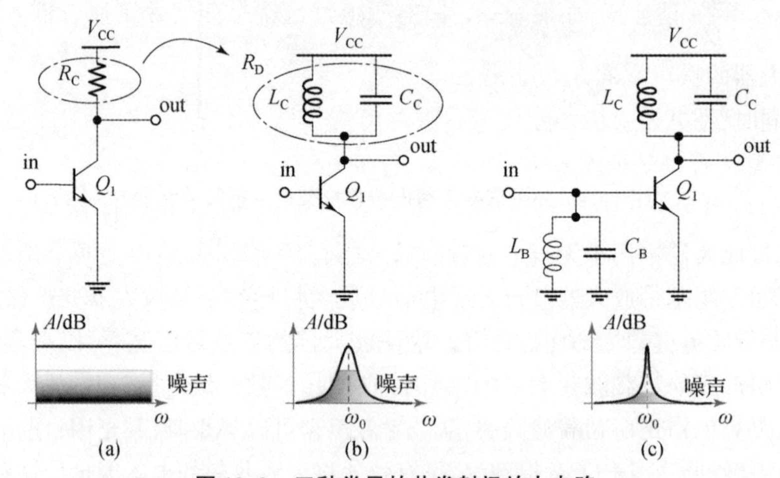

图 12.2 三种常见的共发射极放大电路

(a)基本共发射极放大器;(b)输出级带有 LC 谐振回路的共发射极放大器;(c)输入及、输出级均带有 LC 谐振回路的共发射极放大器。

如果 $L_B C_B$ 谐振器连接在输入节点和地之间(图 12.2(c)),则输入侧信号带宽在进入放大器之前受到限制,总体效果是带宽和噪声水平都降低了。两个谐振器都调谐到相同的谐振频率 ω_0。

12.1.1.1 CE 射频放大器运行的直观视图

在谐振频率 $\omega_0 = \dfrac{1}{\sqrt{LC}}$ 时,两个 LC 谐振器有效地等效于各自的动态电阻 R_D。已知理想的 LC 组件的情况下,谐振器的动态电阻 R_D 是无穷大的;而实际 LC 组件的情况下,动态电阻 R_D 计算方法为 $R_D = QZ_L(\omega_0)$①。由于这种(在理想

① 可以用 Z_C 来代替,在共振时,$Z_L = Z_C$,因此动态电阻 R_D 表示为 Q 因子和两个阻抗中任何一个的乘积。

情况下)连接到输入侧节点的 ω_0 处的无限大电阻,放大器不会"感觉"到任何额外的阻性负载,即基极节点没有电流分流,交流信号电流 100% 注入基极。添加理想的 $L_B C_B$ 谐振器的唯一分支是,在所有可能的频率中,只有一个频率的 ω_0 处的单频信号能够通过 $L_B C_B$ 进入晶体管基极(等效为一个"门");频率为 $\omega \neq \omega_0$ 的所有其他频率信号根本不会与门"对齐",它们会"撞到墙上",即它们(理想情况下)会衰减到零幅度。在实际的 $L_B C_B$ 组件的情况下,入口门比单个频率宽;因此,不仅 ω_0 能够通过,相邻频率也在"门限宽度"内通过。本书中,输入端 $L_B C_B$ 谐振器的工作方式等效为窄带带通滤波器,其中心频率为 ω_0,带宽 $BW = \Delta\omega, \Delta\omega = \frac{\omega_0}{Q}$(请注意,如果 $Q = \infty \Rightarrow BW = 0$),这就是如何控制通过输入端子进入放大器的噪声量的方法。

同时,在共发射极射频放大器的输出端,集电极承受着非常大的阻性负载 R_D,这意味着将带来很大的电压增益 $A_v = g_m R_D$,其中晶体管的跨导 g_m 由偏置网络(未显示)设置。因此,在理想情况下($R_D = \infty$),放大器将实现无限大的电压增益,即它将能够精准的放大频率为 ω_0、幅值即便是无限小的单音频信号、并且将"滤除"所有其他频率信号。这种仅选择和放大接近谐振频率的频率、且滤除频率不等于 ω_0 的所有其他频率信号的能力是使用射频放大器的主要原因①。

然而,在实际情况下,增益受限于有限带宽 BW 内的有限 R_D,但仍然非常高。尽管输入侧 $L_B C_B$ 谐振器阻止了所有不需要的频率进入放大器,但其实内部产生的噪声也需要由 $L_C C_C$ 谐振器滤除。通过沿信号路径的这两个 LC 谐振器(实际上是双带通滤波器),优化了 CE 射频放大器的增益,以便只放大带宽内需要的频率。

尽管到目前为止给出的共发射极放大器工作原理的直观解释忽略了一些细节,但足以在原理层面解释共发射极射频放大器的整体功能。共发射极放大器具有高输入电阻和高输出电流增益,认为是电压信号放大最重要的结构之一。接下来介绍简单的共发射极射频放大器的局限性,以及为使其在感兴趣的射频频率上真正实用需要做的处理手段。

12.1.1.2　米勒效应

已知桥接电容 C_{CB} 创建了一个从输出端返回到输入端的反馈回路,如图 12.3 所示。结果表明,输入端感知的米勒电容大约是实际集电极 - 基极 C_{CB} 电容的 A_v 倍,导致输入侧的低通滤波器效应及信号带宽的急剧降低。

---

① 这就是为什么 LC 谐振器上的电压高于放大器的电源电压水平。

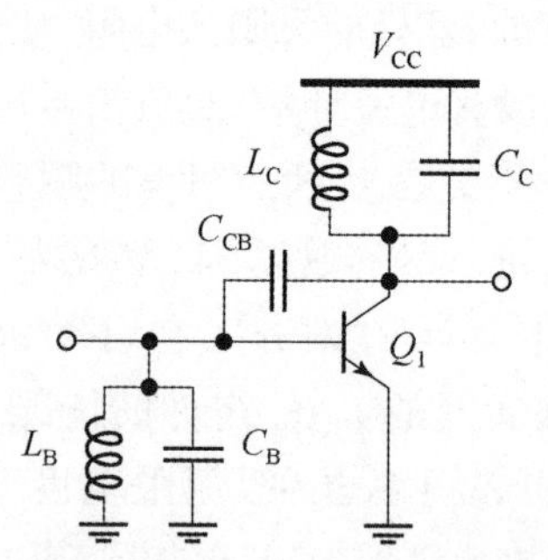

图 12.3 带密勒电容 CCB 的共发射极射频放大器

从第 7.4.5 节的频率分析看来,除了从低频到中频范围的射频应用之外,CE 放大器对于所有应用都是无用的;但通过分别研究密勒效应的三个条件可以改善射频应用中 CE 放大器的频率依赖特性。实际操作中不能消除米勒效应,因此只能在桥接 I/O 电容做开展进工作。

实际上在第 7.4.3 节的末尾提到,没有 I/O 桥接电容可以保护共基级放大器配置不受米勒效应的影响。由此得到启发,如何修改一个简单的 CE 级,并通过将其变成共源共栅放大器来提高其带宽,第 7.4.7 节有效地消除了共源共栅放大器输入和输出节点之间的电容连接,参见图 7.28 中共源共栅放大器的交流模型。

12.1.1.3 共发射极射频放大器稳定性问题

在纯阻性负载下,共发射极放大器对信号电压进行反向,即输入和输出电压信号的相位差为 180°。即由于基极电流的增加导致了集电极电流的增加,所以输入和输出电流是同相的,仅通过观察输出节点,可发现输出电压和电流具有相反的相位。

然而在谐振时,LC 谐振器表现为动态电阻 R_D(Z_L 和 Z_C 相同,符号相反),因此,从放大器的角度来看,它与任何其他阻性负载相同。该状况仅在一个频率 $\omega = \omega_0$ 处有效,如果频率不等于 ω_0,则 LC 负载变为电容型($\omega > \omega_0$)或电感型($\omega < \omega_0$),这种阻抗的变化会导致相位在 ±90°之间变化。根据晶体管的增益特性,在几个信号周期内,反馈电流变得大于输入电流,放大器变得不稳定。即使是放大器不断在稳定和不稳定状态之间切换也是不稳定的条件,特别是在更高的频率和更小的内阻抗下,共发射极放大器的这种不稳定性变得更加明显。

12.1.1.4 共发射极放大器单向化

共发射极放大器不稳定的主要原因是相对于输入信号相位同相的反馈信

号，这种反馈信号是由于连接放大器输出端和输入端的晶体管内部的寄生电抗所致，解决方法也自然地出现了。至少有两种有助于提高共发射极射频放大器的稳定性技术已为人所知，尽管它们原则上非常简单和笼统。如果创建晶体管外部的另一反馈路径，引入与寄生反馈信号完全相同但具有相反相位的信号，则寄生反馈信号和外部反馈信号的和可以变为零，即寄生反馈信号在输入端节点“中和”。反馈信号的消除使晶体管成为真正的单向器件（即没有反馈路径），这一过程有时称为“单向化”。

在信号中和的第一种变型中，主要思路是通过并联添加外部电感器 L_n 来“谐振”内部反馈电容器 C_{CB}。然而，这种连接会产生直流反馈路径，因此必须增加串联 C_n 电容，以消除从输出到输入端的直流路径，如图 12.4(a) 所示，谐振器路径包括与 L_n 电感和串联的两个电容 C_{CB} 和 C_n。

如图 12.4(b) 所示，应用了同一概念的第二种变型，增加了外部容性反馈 C_n，反馈信号从 $L_C C_C$ 储能电路顶部的节点“①”分接，其相位与节点“②”相反。总的效果是，寄生反馈信号同样被中和。

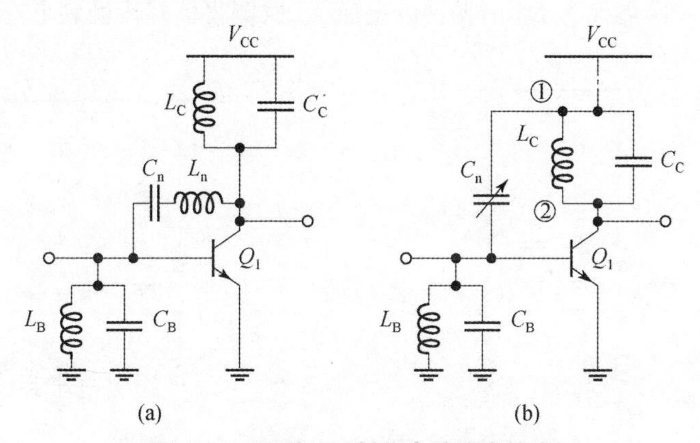

图 12.4　两种 CE 射频电路稳定技术

(a) 谐振出内部电容的单边化；(b) 通过调谐电容反馈。

应当注意，基于反馈路径中分立无源元件的中和技术受到元件自谐振频率的限制。事实上，现代高频收发器大多采用高频 IC 技术设计。

12.1.2　单极共基射极射频放大器

第 7.4.4 节中的频率分析表明，由于不存在密勒效应，共基级放大器本质上是宽带的，因此适合于射频放大。此外，当源射频信号是电流的形式时（即非常高内阻抗的信号源），具有低输入电阻的射频放大器是有益的。已知共基级放大器处于正向有源模式时满足低输入阻抗要求（见图 12.5）。此时 $R_{in} \approx \frac{1}{g_m}$，输

入 $L_E C_E$ 谐振器和输出 $L_C C_C$ 谐振器调谐到同一频率。而在这种配置中,没有从输出到输入节点的反馈路径,因此共基级放大器本质上是稳定的。

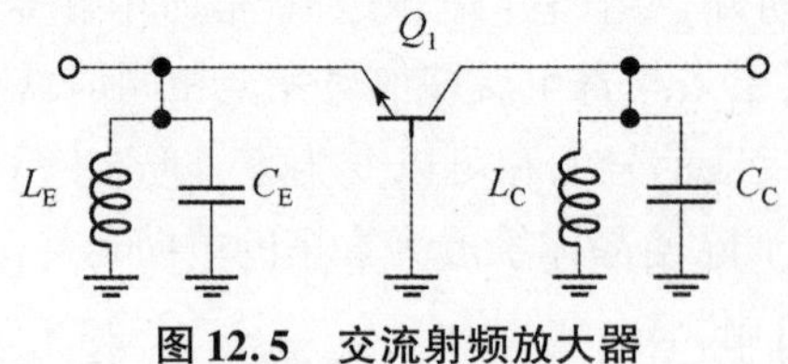

图 12.5 交流射频放大器

12.1.3 级联射频和中频放大器

第 7.4.7 节中提到了另一种适用于射频应用的放大器配置是共源共栅(共射共集)放大器,在 CE – CB 中消除了两级信号路径密勒效应。遵循与其他射频放大器相同的思路,使用 LC 谐振器负载来创建窄带射频放大器,如图 12.6 所示。为了将 LC 谐振器[①]的干扰降到最低,输出信号通过定制设计的变压器进行电感耦合。一次侧作为 LC 谐振器的电感,二次侧将信号传输到下一级。

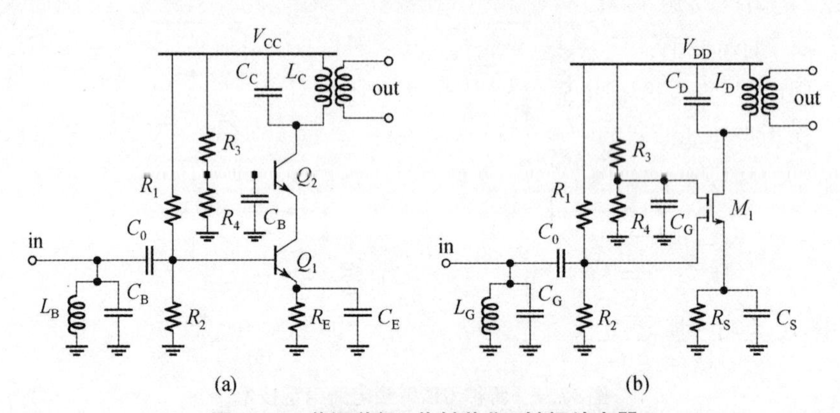

图 12.6 共源共栅(共射共集)射频放大器

(a)共源双栅 BJT 射频放大器;(b)其等效的双栅 FET 射频版本。

实际上,实现共源共栅射频放大器的一种非常常见的方法是使用双栅 MOSFET(通常是 JFET)器件,如图 12.6(b)所示。这两个 FET 器件在相同的硅衬底上制造,并封装在相同的封装中。这意味着制造的双栅器件具有与两个共源共栅器件完全相同的功能,与具有两个分立器件的配置相比,具有降低寄生电容和极大提高高频(HF)性能的优势。

通过前面的讨论得出结论,除了与密勒效应有关的原因外,从稳定性的角度

---

① 非常高阻抗的低电容射频探头被用来测量 LC 谐振器的信号。

来看,还建议使用共源共栅放大器,因为 CE 反馈通路被打断,共源共源共栅放大器本身就是稳定的。

图 12.6 显示了两种常用的共源共栅射频放大器结构的原理图。使用 BJT 器件的优势在于相对于 MOSFET 器件具有更高的 g_m 增益。另一方面,MOSFET 器件的优势在于其非常高的输入电阻,这使得 FET 输入级几乎是电压源驱动器的理想负载。为了充分利用这两种器件的优点,在现代 BiCMOS 集成工艺中,将共源(CS)放大器和共栅(CB)放大器的组合制成共源共栅放大器。

12.2　插入损耗

本节仔细分析了调谐射频放大器中并联 LC 负载与有源放大器件的相互作用,揭示了另一个有趣而重要的现象,这实际上是变相的阻抗匹配问题。在低频(即低于谐振 ω_0)下,电感 Z_L 的阻抗非常低,因此,存在相对于谐振频率 ω_0 处电压电平的电压信号的插入损耗。在谐振的另一侧,即在高于谐振的频率处,电容器 Z_C 的阻抗较低,因此再次引起插入损耗。明显可知,在理想 LC 谐振器(即 $R_D \to \infty$)的情况下,不会有插入损耗。但谐振是真实存在的,它们的动态共振却是有限的,与集电极电阻 R_{ct} 并联出现,因此限制了 R_D。

作为带通滤波器的一个特性,插入损耗是 LC 谐振器的重要性能指标。通常整个射频放大器输出电阻 Z_C 由并联组合电阻 $R_{ct} \parallel R_D$ 组成

$$Z_C = \frac{R_{ct}R_D}{R_{ct}+R_D} = R_{ct}\frac{R_D}{R_{ct}+R_D} = R_{ct} \times IL \tag{12.1}$$

式中:IL 为插入损耗,定义为电阻比$\dfrac{R_D}{R_{ct}+R_D}$,单位为 dB。

$$IL_{dB} = 20\lg\frac{R_D}{R_{ct}+R_D} = 20\lg\frac{1}{1+\dfrac{R_{ct}}{R_D}}\text{dB} \tag{12.2}$$

式中:在理想情况下,当($R_D \to \infty$)时,$IL \to 0$dB,而在任何其他情况下,IL 的值为负数。例如当 $R_D = R_{ct}$ 时,$IL = -6$dB。而在另一个极端,当($R_D \to 0$)时,($IL \to -\infty$),表示没有通过 LC 谐振回路的进行功率传输。

12.3　案例研究:射频放大器

本节展示一种可能的射频放大器设计过程。目标是设计一种用于 AM 接收器中的放大器,该放大器旨在接收例如 $f_0 = 10$MHz 的 AM 调制已调信号。有了

这个需求,就可以专注于设计电压增益放大器,而不是功率增益放大器。不同的是,在相对较低的频率下,如 $f_0 = 10\mathrm{MHz}$,连接线和元件的寄生 LC 效应可以忽略不计。因此,在高频和复阻抗中至关重要的功率反射在这种情况下并不明显,其阻抗非常接近实际电阻。

在最设计开始,确定了以下实际问题。

(1)电源:假设整个系统的电源电压为 $V_{\mathrm{DD}} = 15\mathrm{V}$。

(2)晶体管:使用 JFET 晶体管,这是射频电路中常用的类型。该晶体管的频率范围规格应至少比载波的 $f_0 = 10\mathrm{MHz}$ 高十倍,即其高频极点应在 100MHz 或更高。此外,晶体管的 $V_{\mathrm{DS}}(\max)$ 电压规格应大于所选的 V_{DD}。

(3)放大器类型:设计了源极电阻退化的 CS 级联 JFET 放大器,用于放大含 50Ω 内阻的电压源。例如,目标增益规格为 $A_{\mathrm{v}} = 15\mathrm{dB}$ 或更大。根据式(6.62),级联晶体管单独实现 $g_{\mathrm{m}}R_{1\mathrm{t}}$ 的增益,$R_{1\mathrm{t}}$ 是漏极节点处的总电阻。因此 $R_{1\mathrm{t}}$ 和 g_{m} 这两个参数是最先指定的参数。

(4)电感:一般来说,电容器的质量远好于电感的质量。因此,首先选择具有可接受规格的电感是至关重要,最重要的是其 Q 因数受其非零电阻的影响。根据其物理尺寸的不同,电感的导线电阻可能在几毫欧到几十欧之间。例如,根据式(10.5)将谐振频率设置为 10MHz,若选择标准值 $L = 3.3\mu\mathrm{H}$,则强制确定电容的大小为 $C = 76.758\mathrm{pF}$。这两个数字说明了在选择 LC 元件来设置谐振器时的另一个实际问题,即不可能同时使用 L 和 C 的标准分量值并达到所需的谐振频率。实际的解决方案是,必须将两个组件中的一个“调整”为非标准且非常具体的值。工程中,电感通常都是不可调谐的,而“微调”电容器通常是机械的(见图 2.16)或电子的(见第 4.2.4 节)。因此,上例中,可以将 $C = 76.758\mathrm{pF}$ 电容由标准 51pF 固定值电容器和 0~50pF 微调电容器的并联组合来实现。

与第 6.7 节中示例类似,首先选择此设计中使用的 JFET。相关的规范可以在晶体管的数据表中找到,然而现代的电路设计方法是使用晶体管的 SPICE 模型,并通过仿真来推导其特性。

(1)JFET 直流特性:通过用通用的 JFET 替换图 6.28 电路中的 BJT 器件,可以得出$(I_{\mathrm{D}}, V_{\mathrm{GS}})$和$(I_{\mathrm{D}}, V_{\mathrm{DS}})$传输特性,如图 12.7 所示。根据这两个特性,通过分析得到该晶体管的以下特性。

①JFET 的直流特性:$(I_{\mathrm{DSS}}, V_{\mathrm{P}}) = (12\mathrm{mA}, -3\mathrm{V})$。

②偏置点:当使用 JFET 晶体管时,通常将偏置电流 I_{D} 选择为 I_{DSS} 电流的 50%,因此通过观察图 12.7(a)中的特性,选择偏置点为$(I_{\mathrm{D}}, V_{\mathrm{GS}}) = (6\mathrm{mA}, -872\mathrm{mV})$。

③小信号参数:偏置点漏极电流的导数为 $g_{\mathrm{m}} = 5.62\mathrm{ms}$,相当于源极电阻为 $r_{\mathrm{s}} = 178\Omega$(在 $V_{\mathrm{DS}} = 10\mathrm{V}$ 的条件下)。通过分析图 12.7(b)所示的 $r_{\mathrm{o}} = 75\mathrm{k}\Omega$ 时的

特性,可以得到漏极电阻。并且确定最小漏 - 源极电压 $V_{DS}(\min)\approx 2V$,即为在晶体管进入线性工作模式之前用作维持恒流模式所必需的边界条件。根据第 6.6.2 节导出式(6.63)得知,实际上相对于单个场效应管,共源共栅场效应管在其漏极显示非常高的电阻,这里级联输出电阻是 $r_{oC}=33M\Omega$。

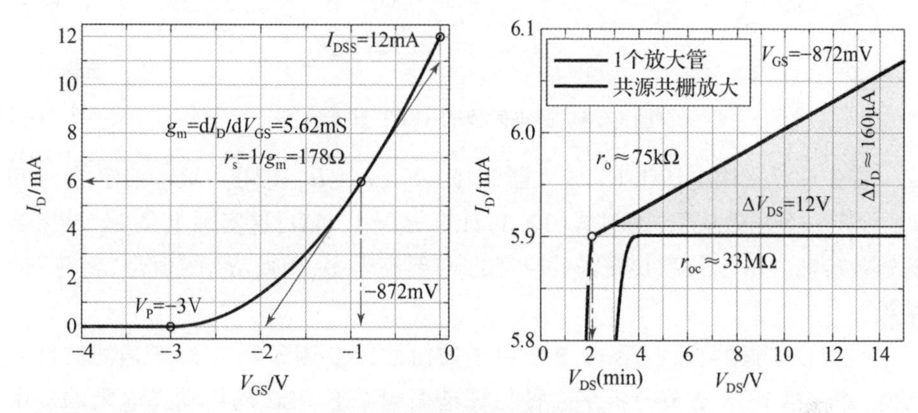

图 12.7 JFET 直流传输特性

(2)负载电阻的估计:一旦选择了 g_m,下一个参数就是控制总漏电负载电阻的期望电压增益。从空载放大器的"包络"增益估计开始,使 $A_V=\dfrac{R_{1t}}{r_s}=g_mR_{Lt}=15dB\approx 5.623$。通过直接计算发现,在给定 g_m 情况下,总的负载电阻应该大约为

$$R_{Lt}=\frac{A_V}{g_m}=\frac{5.623}{5.62mS}=1k\Omega$$

已知如何评估 BJT 集电极的总电阻[①]。然而对于场效应管,栅极直流电流为零(即对于 BJT 器件为 $\beta=\infty$),因此通过观察图 12.8(b),在漏极节点处看到的总负载电阻为

$$R_{Lt}=r_o\parallel R_D\parallel R_L\approx r_o\parallel R_D,R_L\gg r_o\parallel R_D \tag{12.3}$$

式中

r_o——输出漏极电阻;

R_D——连接在电源和漏极之间的外部电阻(或 LC 谐振器在同一位置的动态电阻 R_D);

R_L——系统下一级的输入电阻,即负载(Load)。

---

① 参考图 6.18。

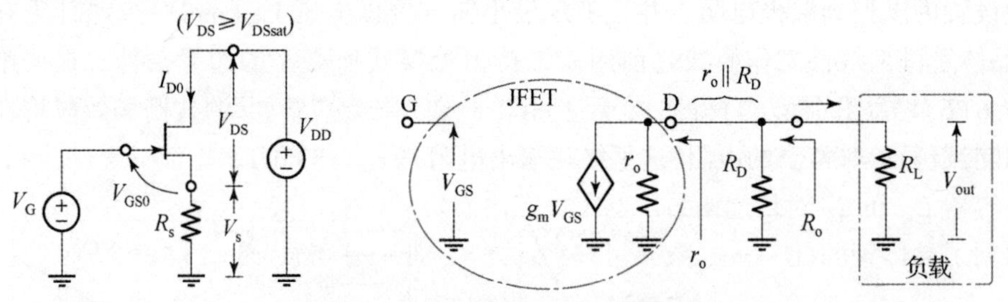

图 12.8　源电阻器的 JFET 直流设置

首先假设采用电压 JFET 放大器,因此 $R_L \gg r_o \| R_D$ 电阻。对于给定的 r_o 和 R_{Lt},设定一个场效应管,通过式(12.3)计算 $R_D \approx 1.1\text{k}\Omega$,这实际上是 LC 谐振器的等效参数。由于共源共栅场效应管的 r_o 要高得多,因此 R_D 的值是"估算"的结果。

(3)LC 谐振器特性:第 10.8 节讲了如何估计 Q 因子和 RLC 带通滤波器的带宽,并在第 10.8.2 节分析了一种估算谐振频率下 RLC 网络动态电阻的实用方法。为了满足该放大器的频率要求,使用 $L = 3.3\mu\text{H}$,因此必须评估要使用的特定分立元件的 R_D 和 Q 因数。第 10.8.2 节中的模拟结果基于一个典型的商用品质的电感 $L = 3.3\mu\text{H}$,因此可以重复使用相同的参数:在 $f_0 = 10\text{MHz}$ 时,$R_D = 1100\Omega$,$Q = 5.4$,$\text{BW} = 1.85\text{MHz}$。

这个非理想的电感接近预期的设计规格,否则如果它的 R_D 较低,就不得不寻找另一个更高品质的电感,或者改变最初的规格。在以下步骤中,使用了电阻 $R_D = 1.1\text{k}\Omega$,直到 LC 谐振器谐振。

(4)简并源设置:已知发射极(或源)的电阻 $r_e = \frac{1}{g_m}$设置了上限电压增益,见第 4.3.8 节,但这是以牺牲直流偏置设置的稳定性为代价,进而串联相对较大的 $R_s \gg r_s$ 电阻器以降低电压增益为代价从而将这种不稳定性降至最低①。为了恢复最大增益,即仅从信号路径移除 R_s,同时保持直流路径,将旁路电容器 C_s 并联添加到 R_s 以在源极创建虚拟小信号接地。例如图 12.8 中的标准电阻器 $R_s = 833\Omega \gg 178\Omega$,它将源端的直流电压设置为 $V_s = R_s I_{SO} = R_s I_{DO} = 833\Omega \times 6\text{mA} \approx 5\text{V}$。由于电源电压设置的总净空空间较大,因此不能对 R_s 使用过高的值,这一要求在共源共栅放大器的情况下更为重要。对于其余的放大器开发,电源电压设置为 $V_{DD} = 15\text{V}$。

(5)栅极电压:如果该 JFET 要在其漏极端提供 $I_{DO} = 6\text{mA}$,则其栅源电压必

① 电压增益是总集电极与总发射极电阻的比率。

须设置为 $V_{GSO}=-872\text{mV}$。在简并源配置中，源电压设置为 $V_s=5\text{V}$，因此 $V_G=V_s=V_{GSO}=5-0.872=4.128\text{V}$，如图12.8(a)所示。

(6)增益和带宽仿真：大致分析JFET的内部电容（见其数据表）后，可以使用交流仿真来确定放大器输入级的带宽（图12.9）。在第7.3.2节中提到旁路电容器 C_E 和 R_E 对传递函数中的零极点对有贡献，见式(7.22)和式(7.24)。在限制了晶体管的($\beta\to\infty$)之后，可以估计出 C_s 的范围，例如当 $C_s=1\text{nF}$，则

$$f_z=\frac{1}{2\pi R_s C_s}=\frac{1}{2\pi\times 833\Omega\times 1\text{nF}}=191\text{kHz}$$

$$f_p=\frac{1}{2\pi C_s(R_s\parallel r_s)}=\frac{1}{2\pi\times 1\text{nF}\times(833\Omega\parallel 178\Omega)}=1.08\text{MHz}$$

C_s 电容器的交流扫描显示了该零极点对对整体带宽的影响，如图12.9(b)所示。虽然可以使用这些电容值中的任何一个，但为了最小化输入侧带宽，以便限制进入放大器的总体噪声；另一方面也不想太大地减少带宽，因此开始限制信号本身。

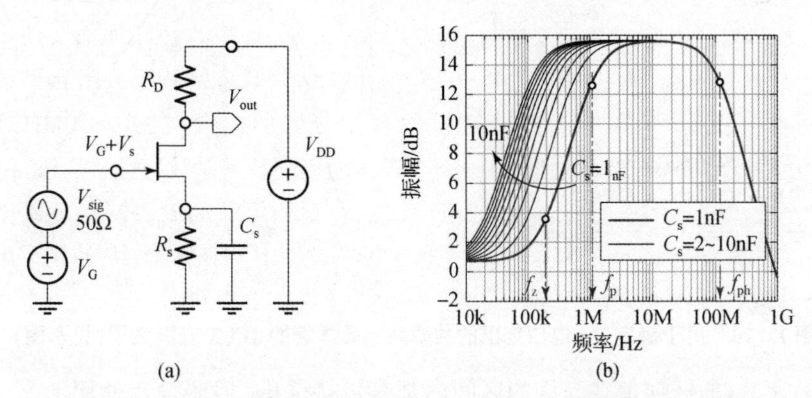

图12.9　JFET交流模拟设置及用于通过扫描 C_s 来调整带宽（见彩图）

此外，仿真结果还表明，在 $f_{ph}=120\text{MHz}$ 附近时，由于晶体管的寄生电容而产生高频极点。即如果 $C_E=1\text{nF}$，则该放大器的带宽大约在工作 $f_0=10\text{MHz}$ 频率附近移动，这是选择该电容值可能的原因之一。

(7)设置共源共栅场效应管：共源共栅场效应管在射频电路设计中被广泛使用，以至于“双栅”JFET场效应管是很常见的。也就是说，两个相同的级联场效应管是在一个IC芯片上制造的，因此它们彼此完全匹配，然后封装在一个单独的“双栅”封装中。在图12.10(a)中，双栅场效应管模拟为两个独立的晶体管 J_1 和 J_2。

通过图12.7(b)可以看到对于这个特定的JFET，必须保持 $V_{DS}\geqslant 2\text{V}$。为了估计图12.10(a)中的偏置电压 V_{G2}，可以进行如下操作。两个晶体管都必须允

许 $I_D = 6mA$,其中 J_1 处于控制状态(它是共源放大器),而 J_2 用作“电流缓冲器”(它是共栅放大器)。从低电平开始 $V_s = 5V$,然后顶部至少有 $V_{DS1} = 2V$,最后顶部至少有 $V_{Ds2} = 2V$。同时,通过查看图 12.10(a),为了计算电压 V_{G2} 和 $V_{D2} = V_{out}$,需要遵循如下要求

$$V_{G2} \geqslant V_s + V_{DS1} + V_{GS0} \geqslant 5V + 2V - 0.872V \geqslant 6.128V$$

$$V_{D2} = V_{out} = V_{DD} - V_{R_D} = V_{DD} - R_D I_D = 15V - 1100\Omega \times 6mA = 8.4V$$

只要 J_1 和 J_2 都允许 $I_D = 6mA$ 电流,就会保持输出直流电压。对于 JFET 场效应管,V_{GS}电压为负(即 $-V_P \leqslant V_{GS} = V_G - V_s \leqslant 0$)。即在其最高电平时,栅极电压也应低于漏极电压。结论是 J_2 栅极电压应在 $6.128V \leqslant V_{G2} \leqslant 8.4V$ 范围内。实际在图 12.10(b)中可以清楚地看到,当 $V_{G2} \leqslant 6V$ 或 $V_{G2} \geqslant 8.4V$ 时,漏极电流 I_D 下降。

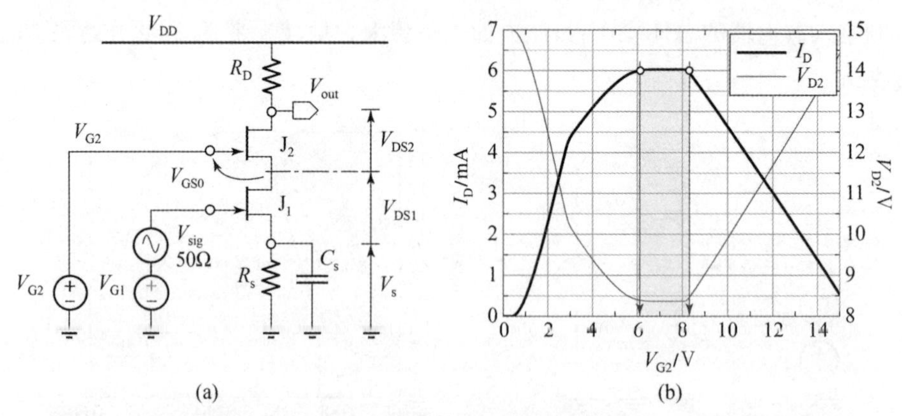

图 12.10　用于确定 V_{G2}电压范围的共源共栅晶体管的 JFET 直流设置(见彩图)

尽管 V_{G2}的任何值在允许的区间内都是可接受的,但还是选择使 J_2 处于恒流模式边缘的最小值,即 $V_{G2} \geqslant 6.128V$。原因是更高的 V_{G2} 会导致更高的 V_{DS}(min),这随后会减少可用于输出信号的整体余量。此外,仿真证实了该级联放大器的频率响应与图 12.9(b)所示的非级联放大器的频率响应相同。最后,计算在 J_2 漏极处的输出电阻 r_{oc},见式(6.63),如

$$r_{oc} = 2r_o + g_m r_o^2 \approx 33M\Omega \tag{12.4}$$

该值与仿真结果一致,如图 12.7 所示。

(8)设置 LC 谐振器:一旦设置了级联晶体管 J_2,就可以直接用已经确定的 LC 谐振器替换实际电阻负载 R_D,如图 12.11(a)所示。由于该谐振器的动态电阻等于图 12.10(a)中的 R_D,因此在设置为 10MHz 的谐振频率下,放大器电压增益没有差异。然而,直流仿真清楚地显示了窄带宽 BW = 1.85MHz,现在由该 LC 谐振器的 Q 因子控制。两种带宽之间的差异如图 12.11(b)所示。

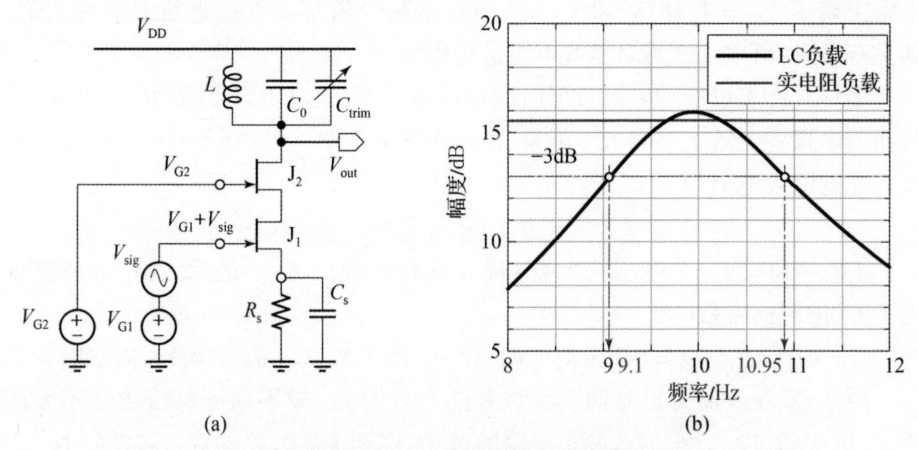

图 12.11　JEFT 电路并利用 LC 替代实际电阻及两者的比较(见彩图)

(9)设置偏置参考电压:所需的偏置电压 V_{G1} 和 V_{G2} 是通过使用分压器技术实现的。如图 12.12 所示[①],使用两个电阻器创建分压器为

$$V_{ref} = I_{(R_x, R_y)} R_y = \frac{V_{DD}}{R_x + R_y} R_y$$

$$\frac{R_x}{R_y} = \frac{V_{DD}}{V_{ref}} - 1 \tag{12.5}$$

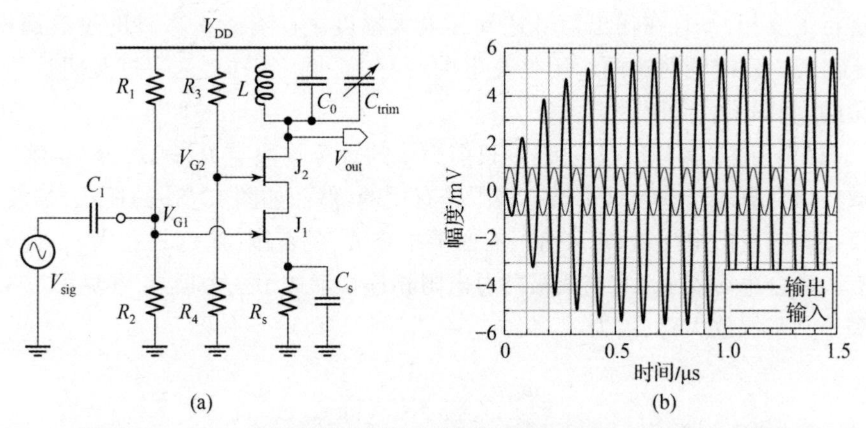

图 12.12　JFET 共源共栅射频放大器原理图及时域 I/O 波形(见彩图)

为了设置 $V_{G2} \geqslant 6.128\text{V}$ 的偏置电压,搜索具有例如 5% 误差的标准电阻值列表,发现 $R_3 = 14\text{k}\Omega$ 和 $R_4 = 11\text{k}\Omega$ 有 1.36 的比率,接近式(12.5)。同时发现 $R_1 = 39\text{k}\Omega$ 和 $R_2 = 15\text{k}\Omega$ 处于 39/15 = 2.6 的比率,接近理想值 2.63。利用这些

① 参考第 5.1.2 节。

电阻实现了 $V_{G1}=4.167\text{V}$ 和 $V_{G2}=6.6\text{V}$,这两个值都非常接近所需的理论值。如果有必要,可以在之后对这些电阻进行微调。

尽管有许多可能的电阻值可以满足这些比率,但对于现代移动电子产品,尽可能不在这些支路上浪费太多能量,因此更倾向于更高的电阻值。此外,该射频放大器的输入电阻为

$$R_{in}=R_1\parallel R_2$$

工程中,作为一个电压放大器①优先选择更高的 R_{in}。最后,通过分析发现由于 C_1 的时间常数②为

$$\tau_1=(R_s+R_{in})C_1=(R_s+R_1\parallel R_2)C_1\approx(R_1\parallel R_2)C_1, R_S=50\Omega\ll R_1\parallel R_2$$

因此,实现所需的直流偏置设置并同时控制 ω_{τ_1} 极零频率的位置并不太困难,参见式(7.12)。根据这两个电阻的选择,得到该放大器的输入端电阻为

$$R_{in}=R_1\parallel R_2=10.8\text{k}\Omega\gg R_s=50\Omega$$

最后,当电容保持 $C_1=1\text{nF}$,则其相关的零极点频率为

$$f_{\tau_1}=\frac{1}{2\pi(R_1\parallel R_2)C_1}=\frac{1}{2\pi\times10.8\text{k}\Omega\times1\text{nF}}=14.73\text{kHz}$$

这一频率距离 10MHz 的工作频率还很远,因此对频率响应曲线的影响可以忽略不计。交流仿真证实,图 12.11(b)中的响应没有改变。暂态分析还证实,输入电压信号确实放大了 5.6 倍,达到最初的增益目标。注意输出信号按照预期进行了反相,并且在输出信号达到其最大幅度之前有近 1 微秒的过渡周期。对于需要一定时间对这两个组件充电的所有 LC 网络来说,这一过渡期是非常典型的,如图 12.12 所示。

(10)输出电阻和负载范围:到目前为止的计算均假定 $R_L=\infty$,即“空载”的功放。该计算对于找出理论增益极限是有用的,然而如图 12.8(a)所示,负载电阻直接影响总的电压增益。因此,有必要指定 R_L 的范围(注意 r_{oc}很大)。此外,还有去耦合电容器 C_0,它与漏极的总电阻相连接形成了一个极点,参见第 7.3.1 节关于共基级放大器,因为

$$\omega_0=\frac{1}{(R_D+R_L)C_0}$$

如果电容保持 $C_0=1\text{nF}$,在最坏的情况下,当 $R_D=R_L=1.1\text{k}\Omega$(即增益下降到 6dB)将此极点设置在 70kHz 左右,同样足够远,不会影响图 12.11(b)中的整体频率响应曲线。

(11)设置匹配网络:假设这个放大器用于接受来自 $R_0=50\Omega$ 的 $f_0=10\text{MHz}$

---

① 参考第 6.1.2 节;

② 参考第 7.3.2 节和图 7.7。

的射频信号，通过天线和电容耦合到放大器，因此需要在 $R_0=50\Omega$ 和 $R_{in}=10.8k\Omega$ 之间建立匹配网络，这种连接不包括去耦电容 $C_1=1nF$。

根据式(11.2)得出

$$Q_s=Q_p=Q=\sqrt{\frac{R_L}{R_0}-1}=\sqrt{\frac{10.8k\Omega}{50\Omega}-1}=14.66$$

根据式(11.1)得到

$$X_s=Q_sR_0=14.66\times50\Omega=733.14\Omega, X_P=\frac{R_L}{Q_p}=\frac{10.8k\Omega}{14.66}=736.554\Omega$$

因此，串联电容和并联电感的计算公式为

$$C_s=\frac{1}{2\pi f_0X_s}=\frac{1}{2\pi\times10MHz\times733.14\Omega}=21.7pF$$

$$L_p=\frac{X_P}{2\pi f_0}=\frac{736.554\Omega}{2\pi\times10MHz}=11.7\mu H$$

总结，这个案例研究展示了一种一个实用的射频放大器的设计流程，用于接收 10MHz 载波波形（当前发射时间基准信号（授时信号）的无线电台也使用类似的频率）。

12.4　总结

本章回顾了射频放大器的基本概念，并直观地介绍了它们的工作原理。

作为放大器设计的第一步，有源器件（BJT 或 FET）的增益由它们的直流工作点来设置，并且通过省略偏置电路的细节来简化后续的信号分析，即简单地假设已经设置了有源器件 g_m 增益。

接下来的章节将会介绍将宽带放大器转换为其射频版本的一种可能的设计流程。通过交流和暂态仿真分析，说明了共源共栅 JFET 射频放大器的设计步骤和最终工作原理。

问题

12.1　对于单个 NPNBJT 晶体管，绘制示意图并指示三个端子（即 V_C、V_B、V_E）的电势，以及它们之间的关系（假设晶体管已接通，即工作在正向有源区）。使用 PNPBJT 晶体管重复该练习。

12.2　根据给定的一组数值数据，假设恒流工作模式，如果 $R_C=10k\Omega$，估计图 5.10(b)电路的电压增益 A_V 和 $R_E=100\Omega$，以 dB 表示结果。

12.3　理想信号发生器通过串联电容器 $C=10/(2\pi)\mu F$ 与图 5.10(b)中的

共发射极放大器耦合，如果 $R_C = 9.9\mathrm{k\Omega}$，$R_E = 100\Omega$，$C_{CB} = 1/(2\pi)\,\mathrm{nF}$，$R_1 = 20\mathrm{k\Omega}$，$R_2 = 20\mathrm{k\Omega}$，估计应该使用共发射极放大器的频率范围。

12.4 如果基极侧电感 $L_B = 10/(2\pi)\,\mu\mathrm{H}$，$C_B = 1/(2\pi)\,\mathrm{nF}$，则估计图 12.2(b)中的共发射极放大器应使用的频率范围。

12.5 通过观察 BJT 发射器等效的电阻是 $R_{out} = 100\Omega$，基极的等效电阻是 $R_{in} = 100\mathrm{k\Omega}$。对于 $\beta = 99$，求基极节点的反射电阻 R_E(注：忽略 r_e。)。

12.6 对于接地发射极放大器，从 $V_{CC} = 10\mathrm{V}$ 供电，集电极电阻 $R_C = 5.1\mathrm{k\Omega}$ 估算电压增益：(1) $V_{out} = 7.5\mathrm{V}$；(2) $V_{out} = 5\mathrm{V}$；(3) $V_{out} = 0.2\mathrm{V}$。

12.7 如果 BJT 晶体管的 V_{BE} 电压变化 18mV，I_C 的变化是多少，以 dB 表示？如果 V_{BE} 变化 60mV 会怎样？(注意：使用 $KT/q = 25\mathrm{mV}$。)

12.8 对于图 12.2 中的放大器，假设 $R_C = 1\mathrm{k\Omega}$，如果放大器预计在 $f_0 = 10\mathrm{MHz}$ 接收射频载波，则设计 $L_C C_C$ 谐振器。

12.9 对于图 12.6(a)中的放大器，假设 $I_C(Q_1) = 1\mathrm{mA}$ 并且放大器预计在 $f_0 = 10\mathrm{MHz}$ 接收射频载波，同时提供电压增益 $A_V = 10$，设计 $L_C C_C$ 谐振器。

第 13 章

正弦振荡器

通信收发器需要振荡器产生单频正弦信号(即稳定的时间参考信号)以用于调制器、混频器和其他电路。虽然振荡器也可以用于产生其他波形,例如方波、三角波和锯齿波,但如果若用于无线通信,则正弦波和方波是最重要的波形。一个好的正弦振荡器应该能够提供幅度和频率都稳定的电压或电流信号。由于适用于产生周期性波形的振荡器结构多种多样,电路设计人员主要根据个人喜好来选择特定类型的振荡器。本章将研究几种振荡器电路,重点是理解基本原理,而不是详细地分析任何特殊的振荡器类型。

13.1 闭环原理

实际上,每一个现代通信系统都依赖于主定时基准,就像交响乐团的音乐家必须跟随指挥给出的节奏一样,通信系统中所有模块之间的时间同步是通信理论中使用的主要原则之一①。时间同步是借助一种称为“压控振荡器”(VCO)的电路实现,该电路可以产生周期性波形,其频率在给定的条件中尽可能保持稳定和精确。此外,需要各种精确控制的周期性波形来执行数学乘法运算,这是 RF 系统中的关键运算。例如,图 13.1 中的射频接收机包含一个“本地振荡器”(LO),其输出信号被乘法电路(即混频器)用来偏移输入射频载波的频率,这里的“本地”仅仅意味着振荡器电路本身是接收机的一部分而不是外部电路。

振荡器电路内部的信号幅度可以(理论上)无限增加,也就是说,实际上的输出信号幅度会变大。结果表明,小信号电路分析方法已不再适用。而大信号意味着非线性操作,这表示我们必须应用数值方法来估计电路的内部状态。不过好消息是所有振荡器电路都属于闭环反馈电路(如 PLL、自适应均衡器、增量调制器等),其基本理论在控制理论中已经有了很好的理解和发展。

通过观察图 13.1 中 RF 接收器的框图,最容易想到的两个问题是:如果没

① 替代系统(即异步系统)仍是研究的主题。

有“输入”信号进入(LO)电路,如何在输出端产生稳定且精准控制的周期波形?它究竟来自哪里?

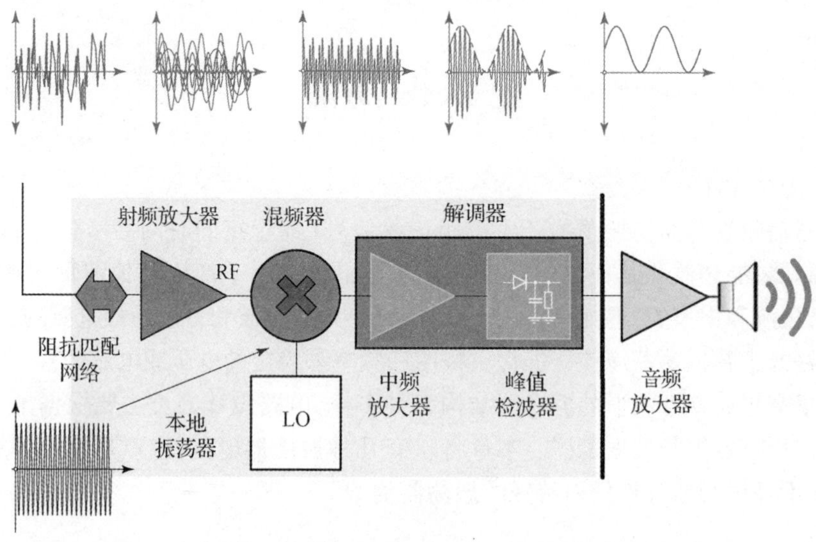

图 13.1 外差式 AM 无线电接收机架构—本地振荡器(LO)

为了回答这些问题,并对循环操作有一个直观的认识,可以从“开环”配置开始,如图 13.2(a)所示,其中反馈信号 u_f 与放大器输入端的信号 u_i 断开(如跳线符号所示)。在正向信号路径中,有一个增益为 A 的放大器,它可以是同相的也可以是反相的①;反馈路径包含一个增益为 β 的无源网络(不要与 BJT 晶体管的电流增益系数混淆)。通过观察图 13.2(a),得到

$$u_o = Au_i \tag{13.1}$$

$$u_f = \beta u_o = \beta Au_i \tag{13.2}$$

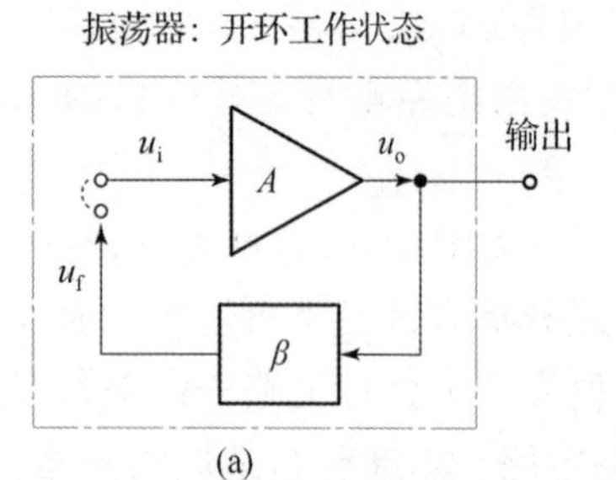

(a)

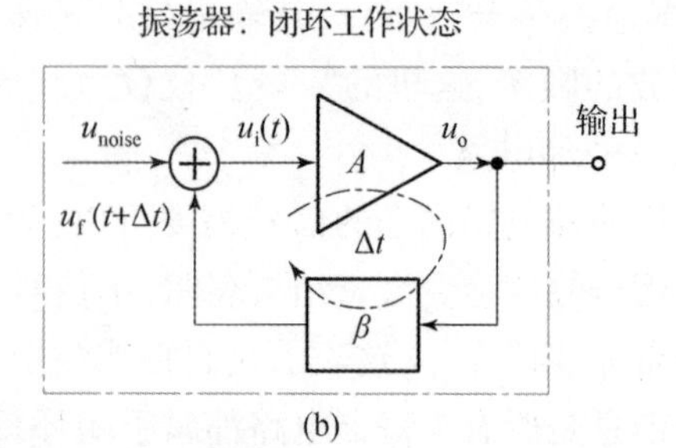

(b)

图 13.2 基本振荡器反馈环路的框图

(a)开环;(b)闭环。

① 这与相长或相消信号相加相关。

因此，一个遵循（$u_i \to u_o \to u_f \to u_i$）路径的信号被“开环增益”$A_0$ 放大，由式（13.2）可得

$$A_0 = \frac{u_f}{u_i} = A\beta \tag{13.3}$$

因此，振荡器电路的设计包括两个步骤：设计一个用于正向路径的放大器 A（如第 6 章和第 7 章所研究的问题），以及设计一个可以采取各种形式的无源反馈网络 β。本章研究了四种主要的 RLC 网络，它们通常用来实现振荡器中的反馈通路。

但当反馈支路开关闭合时，如图 13.2（b）所示创建了一个闭环配置（此时忽略噪声）。同时还必须清楚地了解闭环内部同时发生的三种关键机制。

（1）在放大器的输入端增加 u_f 和 u_i 信号：理解闭环功能的第一个关键因素是找出这种增加是如何发生的，需根据不同的时间点沿着环路跟踪信号，从放大器输入端的 u_i 信号开始，如图 13.2（b）所示。但只有在由通过放大器的传播时间引起的特定延迟之后，它才变成 $u_o = Au_i$。再通过反馈网络，在经过总环路传播时间 Δt 后到达放大器的输入端之前，信号再次被放大，变为 $u_f = \beta u_o$。正是在到达的这个时刻，u_f 与到原始 u_i 信号叠加，随后又是一次绕循环的行程。由于此加法器适用于电压或电流信号，因此在放大器的输入节点处使用通用⊕符号，而不显示具体的实现细节。

因此，实际上是信号 $u_i(t)$ 和 $u_f(t + \Delta t)$ 的总和被一次又一次地放大。有了这个理解，通过查看图 13.2（b），可将“闭环增益”A_C 的表达式写为

$$u_o = A(u_i + u_f) = Au_i + A\beta u_o \quad \Rightarrow \quad A_C = \frac{u_o}{u_i} = \frac{A}{1 - \beta A} \tag{13.4}$$

观察到一个重要的现象，作为闭环结构的结果，闭环增益式（13.4）的表达式是一个有理函数，如果分母趋向于零，它的极限为无穷大。换句话说，所有的反馈系统本质上都是不稳定的。

（2）周期波形的产生：目前还不清楚“原始”u_i 波形最初是如何创造出来的？它是从哪里来的？

在实际电路和系统中热噪声总是存在的，参见第 8 章。此外更重要的是它的频谱是平坦的，如图 8.1 所示，换句话说它包含所有可能频率的正弦波形。现在研究闭环周围的热噪声电压 u_i，假设一个理想的宽带放大器，噪声的所有频率成分都同等放大以产生 u_o。然而将无源反馈网络设计为 RLC 谐振网络时，其频率传递函数是带通滤波器[①]（BPF）的频率传递函数。众所周知，RLC 谐振频率 f_0

① 见第 10 章。

是由其LC组件控制。采用这种设置后反馈网络的输出 u_f(理论上)仅包含一个正弦波形,而热噪声的所有其他频率成分都被抑制。作为噪声成分,在开始时这一仅存的波形非常微弱。但它是唯一一个被环路增益重复放大的信号,所以最终其幅度变得非常大。总之,内部热噪声是造成初始波形成形的原因,而除振荡器谐振频率之外的所有不需要的频率均被RLC网络滤除。通过调谐LC的值,可以控制从热噪声频谱中选择某个频率。

(3)信号的叠加:决定闭环是否可以在其输出端真正产生稳定波形的第三个基本因素与波形相加和波形相消有关①。由于两个将要叠加的波形到达时会存在不可避免的时间差,这可以用相位差来表示,因此设置有利于相位相加的条件非常重要。也就是说,这两个波形必须是同相的,否则部分或全部破坏性相加都会破坏选择用于放大的唯一波形。

凭借这种闭环功能和潜在的基本机制,可以认为振荡器是一个故意使其不稳定的正反馈放大器。

13.1.1 振荡的标准

尽管控制原理提供了评估闭环系统稳定性的几种常用方法(例如,波特图、Routh - Hurwitz稳定性判据、root - locus分析和Nyquist稳定性判据等均适用于线性、时不变(LTI)系统,而Lyapunov稳定性判据则适用于非线性动态系统),但这些判据都并不通用和自洽。在实践中,除了解析和数值方法,通常使用不止一个准则来得出关于系统稳定性的结论。为了确定线性电子电路在何种条件下振荡,可以引入直观的(也是不完美的)“Barkhausen稳定性准则”,该准则规定如果反馈电路要维持振荡,则

(1)反馈环路周围的净增益必须不小于1,即

$$|A\beta| \geqslant 1 \tag{13.5}$$

(2)环路周围的净相移 $\Delta\varphi$ 必须是 2πrad的正整数倍,或者 n 是整数

$$|\Delta\phi| = n \times 360°, n\text{为整数} \tag{13.6}$$

Barkhausen判据是振动的必要条件,但不是充分条件。$A = A(\omega)$ 和 $\beta = \beta(\omega)$ 都与频率有关,所以Barkhausen准则中列出的条件仅在单一频率下同时满足。因此维持环路振荡有两个必要条件:一个与环路增益有关,一个与相移有关。当然在实际设计中,初始环路增益必须略大于1,以便提高电路实际开始振荡的概率,即在设计良好的振荡器中电路自激振荡应该没有问题。此外,有必要建立某种机制来限制振荡幅度,从而使输出信号不会削波或失真。

---

① 见第1.4.3节。

例 79：Barkhausen 准则

给定一个偏置 $I_C = 1\text{mA}$、$R_C = 1\text{k}$ 的 CE 放大器，如果目的是设计振荡器，请估计反馈网络的增益。是否有任何额外需要确定的附加要求？

解 79：CE 放大器在室温下偏置为 $I_C = 1\text{mA}$，即 $U_T \approx 25\text{mV}$，因此设置

$$g_m = \frac{1}{r_e} = \frac{1\text{mA}}{25\text{mV}} = 40\text{mS}$$

这意味着电压增益的包络估计为

$$A_V = -g_m R_c = -40\text{mS} \times 1\text{k}\Omega = -40$$

根据式(13.5)，反馈网络增益应为

$$\beta \geqslant \frac{1}{A} \geqslant \frac{1}{40}$$

实际上，βA 增益仅略大于 1。产生持续振荡的附加条件是总相移也必须满足式(13.6)。已知 CE 放大器本身会引入 180°相移，因此有必要设计具有额外 180°相移的反馈网络，以便将总相移设置为零。

13.2　基本振荡器

从广义上讲，振荡器分为两类：基于闭环电路的数字振荡器，包括数字门产生方波；以及基于模拟放大器和 RLC 网络的模拟振荡器，可产生各种周期性波形：正弦波、方波、三角波和锯齿波。为了展示几种典型设计技术，下面回顾一些最常用的振荡器电路。

13.2.1　环形振荡器

图 13.3 所示为一个可以产生方波脉冲波形闭环电路的简单例子，利用反相放大器驱动自身输入端的原理，通过一连串反相器产生信号传播延迟。如果在任意时间点 t_0 观察第一个反相器的输入端，并且为了便于讨论，当观察到正脉冲时，可以"加入"到脉冲在该环路中的循环过程，如图 13.3(a)所示。在通过第一反相器传播之后脉冲反转；在通过第二反相器传播之后脉冲再次反相。简单地概括并得出结论：在每偶数个反相器之后，脉冲具有与第一输入端相同的极性，而在每个奇数反相器之后，脉冲具有相反的极性。因此可以得出：对于 $n = (2k+1)$，$k = 1, 2, 3 \cdots$ 的反相器，极性相反的信号在环路中传播需要 $\Delta t = nt_d$ 秒。这意味着在这种情况下，输出信号始终与输入信号反相。因此，输出节点永远使输入节点改变其状态。

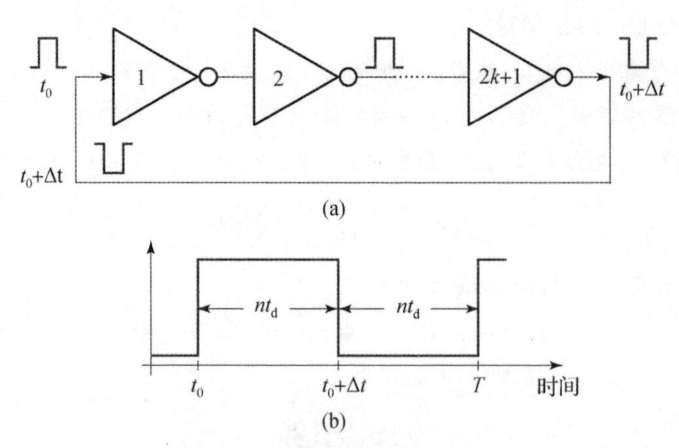

图 13.3 环形振荡器原理示意图

(a)电路图;(b)输出波形。

周期信号的整个周期是在两个相邻下降沿或上升沿之间测量的,因此环形振荡器产生一个周期为 $T=2nt_d$s 的方波信号,其中 t_d 为通过每个反相器的信号传播时间,如图 13.3(b)所示。注意“输出”终端是任意选择的:它可以取自环路的任何一点。

除了主要应用在时钟发生器中外,环形振荡器还经常在 IC 技术中用作工艺变化的传感器。振荡器频率取决于每个反相级的传播延迟。此外阶段传播时间取决于内部电容和电阻,这在很大程度上取决于工艺水平。因此通过测量输出频率,能够量化过程的变化。

例 80:环形振荡器

通过单个反相器门的平均传播延迟估计为 $t_d=0.998$ns。设计一个工作在 $f=1$MHz的环形振荡器需要多少个反相器门?

解 80:1MHz 信号相当于 $T=1\mu$s 的周期。因此,算所需门的数量为

$$T=2nt_d \Rightarrow n=\left(\frac{T}{2t_d}\right)=\left(\frac{1\mu s}{2\times 0.998 ns}\right)=501$$

其中,“平均”量来自提供的过程中大量制造的数字门的特征。

13.2.2 相移振荡器

图 13.4 中的振荡器架构称为“相移振荡器”。假设用于正向信号路径的增益为 $A=-a$ 的反相放大器具有无限大的输入电阻,即没有电流流入其输入端。增益为 β 的反馈网络由至少三个 RC 部分组成的经典 RC 梯形网络组成。虽然这种反馈网络配置偶尔也会出现 R 和 C 位置互换的情况,但这里所示的形式更为常见。为了满足 Barkhausen 准则,因此需要精确的 180°反馈路径相移,以便

反馈信号与其初始相位匹配,因为反相放大器增益会引入 180°的信号反相。因此振荡频率等于 RC 网络引入相移恰好为 180°时的频率。

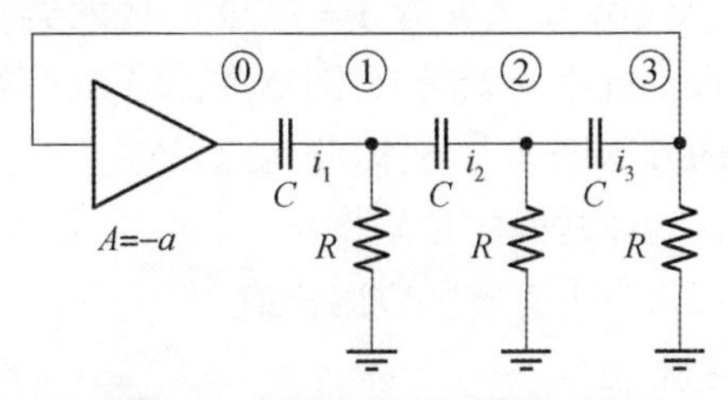

图 13.4　相移振荡器简化示意图

梯形网络的系统分析从网络的输出节点 3 开始,该输出节点可被视为无源反馈路径的输出节点,并返回到输入端 0 的反馈路径。因此通过分析图 13.4 中的网络,可以得出

$$i_3 = \frac{u_3}{R}, u_2 = u_3 + \frac{1}{\mathrm{j}\omega C} i_3 = u_3 + \frac{u_3}{\mathrm{j}\omega RC} \tag{13.7}$$

$$i_2 = \frac{u_2}{R}, u_1 = u_2 + \frac{1}{\mathrm{j}\omega C}(i_2 + i_3) = u_3 + \frac{3u_3}{\mathrm{j}\omega RC} - \frac{u_3}{(\omega RC)^2} \tag{13.8}$$

$$i_1 = \frac{u_1}{R}$$

$$\begin{aligned} u_0 &= u_1 + \frac{1}{\mathrm{j}\omega C}(i_1 + i_2 + i_3) = u_1 + \frac{(u_1 + u_2 + u_3)}{\mathrm{j}\omega RC} \\ &= u_3 + \frac{6u_3}{\mathrm{j}\omega RC} - \frac{5u_3}{(\omega RC)^2} - \frac{u_3}{\mathrm{j}(\omega RC)^3} \end{aligned} \tag{13.9}$$

因此

$$u_0 = \left[u_3 - \frac{5u_3}{(\omega RC)^2}\right] + \mathrm{j}\left[\frac{u_3}{(\omega RC)^3} - \frac{6u_3}{\omega RC}\right] = \Re(u_0) + \mathrm{j}\Im(u_0) \tag{13.10}$$

Barkhausen 标准要求环路周围的总相移应恰好为 2π,也就是说反馈网络必须自行引入 180°相移。如果一个复数有 180°相位,这意味着它的虚项必须等于零,即

$$\Im(u_0) = 0 \Rightarrow \frac{u_3}{(\omega RC)^3} - \frac{6u_3}{\omega RC} = 0 \Rightarrow \omega_0 = \frac{1}{\sqrt{6}RC} \tag{13.11}$$

它定义了振荡频率。将式(13.11)代入式(13.10)得到

$$u_0 = u_3 - \frac{5u_3}{(1/\sqrt{6}RC)^2 (RC)^2} \Rightarrow \frac{u_3}{u_0} = -\frac{1}{29} = \beta \tag{13.12}$$

这确实是一个令人惊讶的结果:式(13.12)表明反馈路径的增益与元件值

无关,即 $\beta=\frac{1}{29}$。遵循 Barkhausen 准则 $|\beta A|=1$ 并得出结论:对于这种类型的相移振荡器,必须设计反相增益至少为 $A=-29$ 的放大器。如果相移振荡器内部使用的放大器的输入阻抗小于无限大,例如真正的 BJT 放大器一样,则需要修改上述推导。修改后的方程更难求解,因此在此省略。

相移振荡器除了作为非常好的教学例子,还主要用于音频段,因为梯形 RC 网络在更高的无线电频率下没有实际应用价值。

示例 81:相移振荡器

估计图 13.4 的相移振荡器中使用的反相放大器的最小增益,以 dB 为单位。

解 81:对于第一个近似值,振荡器环路增益必须至少为 1,因此放大器必须通过其自身的增益 $|A|$ 来补偿 $\beta=\frac{1}{29}=29.25\text{dB}$ 的无源网络衰减,即 $|A|=29.25\text{dB}$,注意放大器必须反相才能得到所需的相位。

13.3 射频振荡器

本书对 RF 振荡器的介绍和处理与大多数教科书略有不同。首先分析四种常见的 RLC 型无源反馈网络,然后在一些最常见的 RF 振荡器拓扑结构中使用它们。虽然振荡器中可以使用无限多种反馈网络拓扑结构,但当要求使用最少数量的元件时,只有少量网络拓扑结构适用于 RF 振荡器的反馈路径。

13.3.1 抽头 L 型中心接地反馈网络

考虑一个 RLC 反馈网络(见图 13.5),作如下假设:

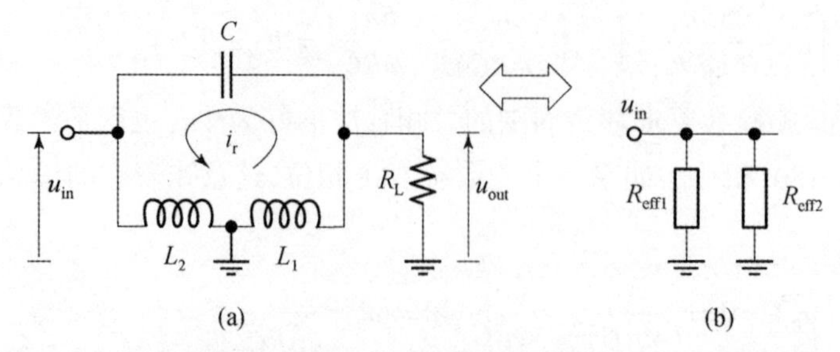

图 13.5 抽头 L 型中心接地网络及其能量耗散计算的等效电路形式

(1)网络在其谐振频率 ω_0 附近工作;

(2)Q 因子很高,如 10,或更高;

(3)电感 L_1 和 L_2 没有耦合;

(4)网络的 Q 因子是 L_1+L_2 的有效 Q；

(5)电感器具有相等的 Q 因子值。

第 13.1.1 节讨论了反馈回路的一般模型(图 13.2)并得出结论,为了表征反馈网络需要以下三个参数:回路的谐振频率 ω_0、无源反馈路径电压增益 β 和反馈网络的有效输入电阻 R_{eff}。

为了评估谐振频率 ω_0,需要明白谐振电流 i_r 保持在 L_1、L_2、C 回路内(见图 13.5)。两个串联电感的电感等于两个电感之和,因此得到

$$\omega_0^2=\frac{1}{(L_1+L_2)C} \tag{13.13}$$

LC 环路在两点(两个电感之间的小信号地和负载电阻顶部)接地,这个并不影响谐振频率的值,正如第 10 章中得出的结论,谐振频率由环路中的总 LC 决定。

对反馈网络的电压增益 $\beta=u_{out}/u_{in}$ 可以做如下评估:在谐振频率下,假设 Q 因子较高,则大部分功率仅在电感器和电容器之间的环路内循环(低热损耗)。谐振电路内的功率循环可以用图 13.5(a)所示的连续电流 i_r 表示。

通过分析,可以将网络方程写成

$$u_{in}=i_r j\omega L_2,\ u_{out}=-i_r j\omega L_1 \Rightarrow \beta \overset{def}{=} \frac{u_{out}}{u_{in}}=\frac{-i_r j\omega L_1}{i_r j\omega L_2}=-\frac{L_1}{L_2} \tag{13.14}$$

也就是说,抽头 L 型中心接地反馈网络的电压增益 β 均由电感分压器决定。

有效电阻 R_{eff} 的计算稍微复杂一点,因为它依赖于放大器的输入电阻值,该电阻值建模为负载电阻 R_L,如图 13.5(a)所示。注意反馈网络的输入节点连接到放大器的输出节点,而反馈网络的输出节点为放大器的输入阻抗,如图 13.5(a)所示。则在谐振时,LC 谐振器的有效电阻 R_{eff} 是纯电阻性的;此外谐振器为阻抗 R_L(即放大器的输入阻抗)。计算反馈网络的有效输入阻抗 R_{eff} 的一种方法是通过功率计算,该有效输入阻抗 R_{eff} 是负载阻抗的函数。

输入网络的总均方根功率为

$$P_{rms}(\text{in})=\frac{u_{in}^2}{2R_{eff}} \tag{13.15}$$

数学上可以想象总输入功率在两个有效电阻之间分配如下:

输入功率的一部分被输送到输出端的外部负载阻抗 R_L。代入式(13.14)后得到

$$P_{ext}=\frac{u_{out}^2}{2R_L}=\frac{\left[u_{in}\left(-\frac{L_1}{L_2}\right)\right]^2}{2R_L}=\frac{u_{in}^2\left(\frac{L_1}{L_2}\right)^2}{2R_L}=\frac{u_{in}^2}{2R_L\left(\frac{L_2}{L_1}\right)^2}=\frac{u_{in}^2}{2R_{eff1}}$$

$$R_{\mathrm{eff1}} = R_{\mathrm{L}}\left(\frac{L_2}{L_1}\right)^2 \tag{13.16}$$

由于 Q 因子有限,所以部分输入功率会在内部 LC 电路中耗散。谐振时,LC 谐振器相当于其动态电阻 $R_{\mathrm{D}} = Q\omega_0(L_1 + L_2)$,即 LC 电路的顶部和底部之间(图 13.5中的输入和输出节点之间)电路。因此,该电阻的功耗 P_{int} 为

$$\begin{aligned} P_{\mathrm{int}} &= \frac{u_{R_{\mathrm{D}}}^2}{2R_{\mathrm{D}}} = \frac{(u_{\mathrm{in}} - u_{\mathrm{out}})^2}{2Q\omega_0(L_1 + L_2)} = \frac{\left[u_{\mathrm{in}} + u_{\mathrm{in}}\left(\frac{L_1}{L_2}\right)\right]^2}{2Q\omega_0(L_1 + L_2)} \\ &= \frac{u_{\mathrm{in}}^2(L_1 + L_2)}{2Q\omega_0 L_2^2} = \frac{u_{\mathrm{in}}^2}{2\dfrac{Q\omega_0 L_2^2}{L_1 + L_2}} \end{aligned}$$

$$R_{\mathrm{eff2}} = \frac{Q\omega_0 L_2^2}{L_1 + L_2} \tag{13.17}$$

因此从输入功率的角度来看,因为对于输入电压 u_{in} 的功率可分为 P_{int} 和 P_{ext},它耗散到两个独立的并联有效阻抗 R_{eff1} 和 R_{eff2} 中。又因为这两种功耗同时发生,所以输入功率必须是两种有效功率之和

$$P_{\mathrm{in}} = P_{\mathrm{in1}} + P_{\mathrm{in2}} = \frac{u_{\mathrm{in}}^2}{2R_{\mathrm{eff}}} = \frac{u_{\mathrm{in}}^2}{2(R_{\mathrm{eff1}} \parallel R_{\mathrm{eff2}})} \tag{13.18}$$

请注意,从功率分配的角度来看有效电阻是并联的。因此,有效输入阻抗估计为:

$$R_{\mathrm{eff}} = R_{\mathrm{eff1}} \parallel R_{\mathrm{eff2}} = R_{\mathrm{L}}\left(\frac{L_2}{L_1}\right)^2 \Bigg\| \frac{Q\omega_0 L_2^2}{L_1 + L_2} \tag{13.19}$$

式(13.13)、式(13.14)和式(13.19)定义了抽头 L 型中心接地反馈网络的三个主要参数。振荡器设计过程在可以分为两部分:正向信号通路的放大器设计和无源 RLC 网络设计。为了获得一套完整的常用反馈网络,需要定义三种额外的网络配置。这些网络配置的三个主要参数的推导过程与抽头 L 型中心接地反馈网络的推导过程相同。因此,这些 RLC 网络的 ω_0、β 和 R_{eff} 公式的推导(见图 13.5)留给读者作为练习。式(8.17)~式(8.25)完成了一组无源 RLC 反馈网络的设计参数,足以用来设计常用的 RF 振荡器。

注意根据振荡器中使用的反馈网络的类型,习惯上将振荡器称为 Clapp(抽头 C 型底部接地网络)、Colpitts(抽头 C 型底部接地网络)、Hartley(抽头 L 型底部接地网络)。

13.3.2 抽头 C 型中心接地反馈网络

图 13.6 给出了这种类型的反馈网络。其主要参数为

$$\omega_0^2 = \frac{C_1 + C_2}{LC_1C_2} \tag{13.20}$$

$$\beta = -\frac{C_2}{C_1} \tag{13.21}$$

$$R_{\text{eff}} = R_L\left(\frac{C_1}{C_2}\right)^2 \| Q\omega_0 L\left(\frac{C_1}{C_1 + C_2}\right)^2 \tag{13.22}$$

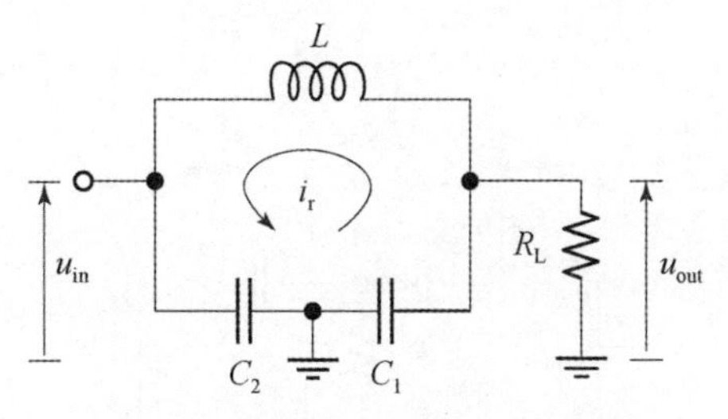

图 13.6　抽头 C 型底部接地网络

13.3.3　抽头 L 型底部接地反馈网络

图 13.7 显示了这种类型的反馈网络。其主要参数为

$$\omega_0{}^2 = \frac{1}{C_1(L_1 + L_2)} \tag{13.23}$$

$$\beta = \frac{L_1}{L_1 + L_2} \tag{13.24}$$

$$R_{\text{eff}} = R_L\left(\frac{L_1 + L_2}{L_1}\right)^2 \| Q\omega_0(L_1 + L_2) \tag{13.25}$$

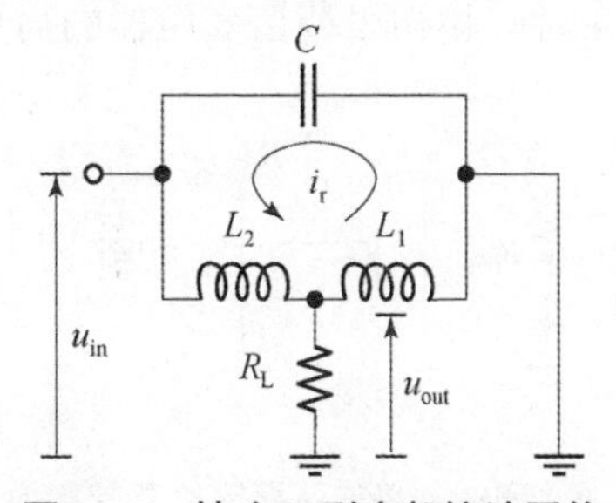

图 13.7　抽头 L 型底部接地网络

13.3.4　抽头 C 型底部接地反馈网络

图 13.8 显示了这种类型的反馈网络。其主要参数为

$$\omega_0^2 = \frac{C_1 + C_2}{LC_1C_2} \tag{13.26}$$

$$\beta = \frac{C_2}{C_1 + C_2} \tag{13.27}$$

$$R_{\text{eff}} = R_{\text{L}} \left(\frac{C_1 + C_2}{C_2}\right)^2 \| Q\omega_0 L \tag{13.28}$$

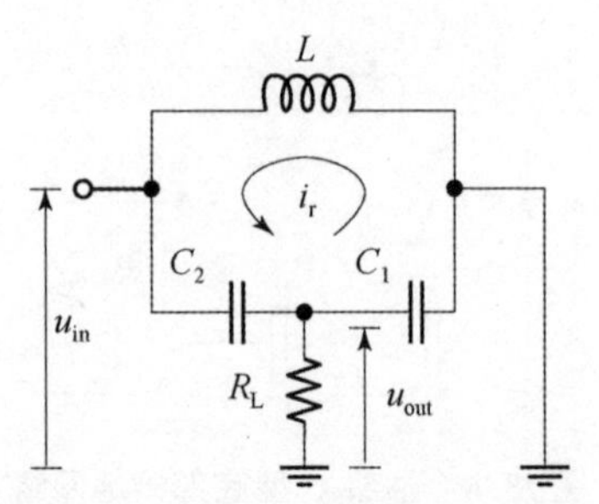

图 13.8　抽头 C 型底部接地网络

13.3.5　调谐变压器

属于 RLC 网络同一类型的另一种反馈网络是“调谐变压器”,它常用于 RF 正弦振荡器中。调谐变压器是一种无源反馈网络,它使用初级、次级或两个变压器线圈与各自的电容并联,形成 LC 谐振回路。根据初级和次级线圈的相对方向,调谐变压器可以是反相的,也可以是同相的。这些特性表明变压器是一种非常通用的器件,几乎允许任意的原边电感 L_P 与副边电感 L_s 之比,并且具有更多的自由度,可以在在原边和副边之间引入 0°或 π 相移。

如图 13.9(a)所示,在对同相初级调谐变压器的简要分析中做以下假设。

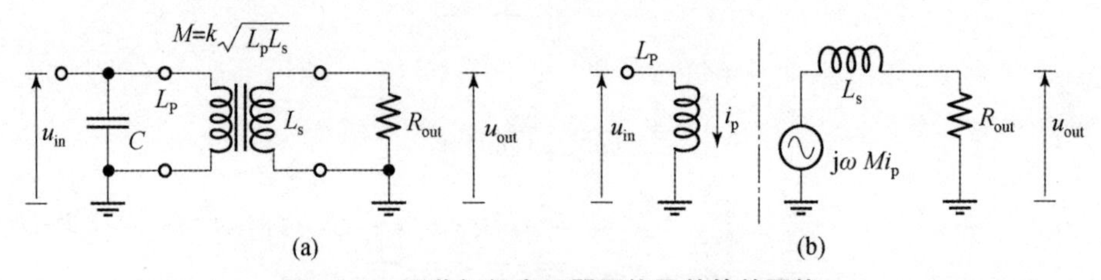

图 13.9　调谐初级变压器网络及其等效网络

(1)初级和次级之间的耦合系数 $k(0 \leqslant k \leqslant 1)$ 较低,即 $k \ll 1$。因此,初级线圈对次级线圈的负载效应可以忽略,反之亦然。

(2)输出负载电阻远大于次级阻抗,即 $R_{out} \gg \omega L_s$。如果此条件不成立,则会引起更多的相移,并且振荡频率不同于 ω_0。

在图 13.9(b)的等效电路图中,初级和次级之间的耦合由次级支路中的交流电压源表示,垂直虚线表示次级和初级是独立的电路。调谐变压器反馈网络的三个参数确定如下。

为了确定电压增益系数β,将初级网络中的电流表示为

$$i_p = \frac{u_{in}}{Z_p} = \frac{u_{in}}{j\omega L_p} \tag{13.29}$$

这在次级线圈中可感应出电压为:

$$u_{ind} = \pm j\omega M i_p = \pm j\omega M \frac{u_{in}}{j\omega L_p} = \pm \frac{M}{L_p} u_{in} \tag{13.30}$$

式中　±符号——初级和次级之间的相位差,这取决于变压器线圈的方向;

M——互感 $M = k\sqrt{L_p L_s}$。如果满足条件 $R_{out} \gg j\omega L_s$,则有

$$u_{out} = u_{ind} \tag{13.31}$$

在将式(13.31)代入式(13.30)并重新整合后,得到调谐放大器的电压增益如下

$$\beta = \pm \frac{M}{L_p} \tag{13.32}$$

假设 $k \ll 1$,该网络的有效电阻 R_{eff} 约等于初级阻抗。因此在共振时有

$$R_{eff} \approx Q_p \omega_0 L_p \tag{13.33}$$

式中,Q_p 是初级变压器的 Q 值。

谐振频率 ω_0 可简单地写为

$$\omega_0^2 = \frac{1}{L_p C} \tag{13.34}$$

由图 13.10 可以简单地分析一下调谐次级变压器网络的情况。类似于前一种情况,可以得到网络的三个参数的表达式如下:

$$\omega_0^2 = \frac{1}{L_s C} \tag{13.35}$$

$$\beta = \pm \frac{jMQ_{Seff}}{L_p} \tag{13.36}$$

$$R_{eff} = j\omega L_p \tag{13.37}$$

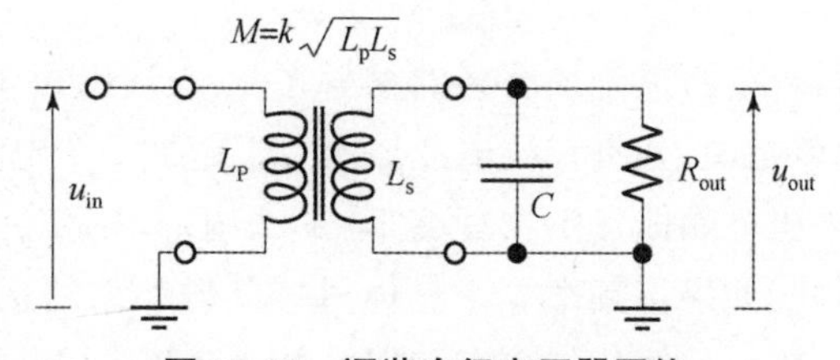

图 13.10　调谐次级变压器网络

本节所做的假设针对特定类型的振荡器网络,通常不会在教科书中使用。

13.4 限幅方法

此时,自然有以下问题:

(1)如果具有无限频谱的噪声是开始振荡过程的原因,那么为什么在输出端只能看到一个单音?

(2)如果输出信号每次通过环路时都被放大,那么在实际电路中,是什么使其幅度保持稳定和有限的?

回答第一个问题,虽然内部热噪声负责向正向路径放大器的输入端提供初始激励,但反馈 RLC 路径被设计成一个具有选择性的带通网络(通过高 Q 因子)。因此在噪声频谱的所有可能信号频率中,实际上只有频率等于 ω_0 的信号被放大,而所有其他频率信号都被抑制。振荡器反馈的频率选择特性是所有振荡器电路的关键特性。

现在我们已经直观地确定了振荡器是如何锁定单个频率信号的,那么需要回答第二个问题。我们已经得出结论,为了启动振荡有必要设计大于单位增益的环路增益。因此,振荡器上电后输出信号幅度会随着每个周期而增加。最终,如果增益保持不变,输出信号将变成非正弦(即方波)波形,其幅度理论上无限增加。因此,为了产生无失真的正弦曲线波形,需要某种形式的限幅机制来防止信号幅度变得太大。这里列出了一些限幅方案:

(1)自动增益控制(AGC);

(2)钳位偏置;

(3)利用与温度相关的电阻降低增益;

(4)器件饱和与调谐输出相结合。

把这些技术的研究留给更高级的课程。目前公认的有多种限制机制可以帮助振荡电路产生几乎完美的正弦波形。

13.5 石英晶体振荡器

在压电晶体材料中,石英是最著名的材料之一,表现出相对于机械和电学行为的互易性质。也就是说,如果在压电晶体薄片上施加一个电势,它会发生物理弯曲。反过来,如果压电晶体发生物理变形,那么内部电荷就会分离,并在其极板上产生电压。因此,如果将频率等于晶体机械共振频率的正弦电信号施加到压电晶体板上,那么压电晶体片将同时表现出电共振和机械共振。此外,机械共振频率非常稳定，并且可以通过将石英片精确切割成特定的形状和尺寸来控制几个数量级。基频谐振频率的典型值在1kHz到大约50MHz的范围内。对于更高的频率，晶体的物理尺寸变得太小，从而使用更高阶的共振音（泛音）。换句话说，具有30MHz基频的晶体也可以在60、90、120MHz下使用，有时甚至在150MHz下使用。

普通晶体在室温下的谐振频率稳定度约为百万分之一（1ppm）的量级；如果晶体安装在温控箱内，稳定性可以提高一个数量级。通过使用特殊技术，晶体的频率稳定度可达到的上限约为0.1~1ppb，即不到十亿分之一。换个角度来看，0.1ppb相当于10^{10}的比值，相当于300年大约1s。因此，压电晶体在电子学中的主要应用是作为时钟信号的定时基准。尽管按照现代标准，晶体的制造过程并不困难，但实际上，晶体的制造通常是为了精确匹配有线和无线通信中常用的几个“标准”参考频率。当然现代电路的工作频率远远高于上述150MHz的泛音频率。此外，晶体的谐振频率由其物理尺寸决定（即谐振频率是精确的，但不可调）；晶体本身产生非常小的电流，这意味着它总是需要一些有源缓冲电路来提高其驱动能力，各种频率通过“锁相环”（PLL）的闭环电路以晶体参考频率为基准获得。压电晶体的精确建模需要求解一组描述机械和电特性的微分方程，这通常使用现代多物理模拟器进行数值求解。但本书只关心晶体的电学性质，这可以用无源RLC电学网络来描述，如图13.11所示。

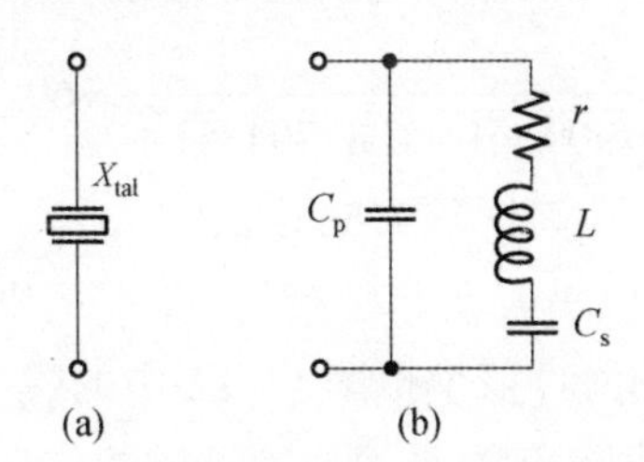

图13.11 石英晶体的符号及基本电气模型

一个典型的简单电气模型基于与一个小电容器并联的串联RLC支路，如图13.11（b）所示。例如用于模拟$f_0=9.545\text{MHz}$晶体（AM无线电接收机中使用的晶体）的值如下：$L=2.54647909\text{mH}$，$r=6.4\Omega$，$C_s=109.1813\text{fF}$，$C_p=24.8844947\text{pF}$，因此（参见章节10.3）

$$Q=\frac{\omega_0 L}{r}=\frac{1}{\omega_0 r C_s}=\frac{1}{2\pi\times 9.545\text{MHz}\times 6.4\Omega\times 109.1813\text{fF}}\approx 24\times 10^3 \quad (13.38)$$

请注意对于工作频率而言，这是一个非常高的电感值，与小内阻r相结合可产生高Q值。但这是晶体的机械特性给出的这个等效的高电感值，而不是电学特性给出的。此外，在这个模型中，数字会用大量的小数位表示。

因为有两个并联支路,所以有两个可能的谐振频率:一个是仅由图 13.12 中等效电路的串联支路决定的串联谐振,另一个是由串联支路和并联电容 C_p 共同决定的并联谐振。为了分析晶体的这两种重要的谐振模式,就需要先评估示例模型。串联谐振(即在低阻抗 Z_{low} 模式下)约为

$$\omega_s = \frac{1}{\sqrt{LC_s}} = \frac{1}{\sqrt{2.54647909\text{mH} \times 109.1813\text{fF}}} = 59.973 \times 10^6 [\text{rad/s}]$$

$$f_s = \frac{\omega_s}{2\pi} = 9.5450\text{MHz} \tag{13.39}$$

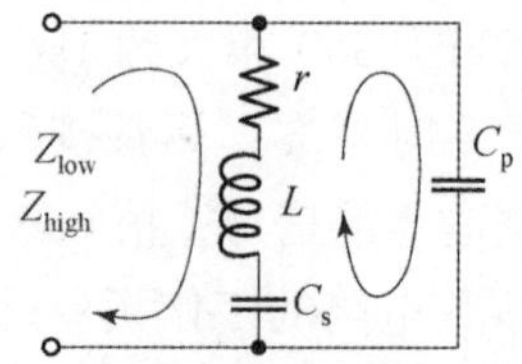

图 13.12　石英晶体的串联和并联谐振模式

在并联谐振(即高阻抗 Z_{high})模式下,电容 C_s 和 C_p 在谐振回路周围被认为是串联的,因此等效电容为

$$\frac{1}{C_{eq}} = \frac{1}{C_s} + \frac{1}{C_p} = \frac{1}{109.1813\text{fF}} + \frac{1}{24.8844947\text{pF}} = \frac{1}{108.704357\text{fF}} \tag{13.40}$$

当然,它只比 C_s 小一点点,因此它设置了稍微高一点的共振频率

$$\omega_p = \frac{1}{\sqrt{LC_{eq}}} = \frac{1}{\sqrt{2.54647909\text{mH} \times 108.704357\text{fF}}} = 60.1044278 \times 10^6 [\text{rad/s}]$$

$$f_p = 9.5659\text{MHz} \tag{13.41}$$

请注意,这两个谐振频率彼此非常接近,在本例中大约相差 0.2%。用式(13.38)到式(13.41)中的元件值模拟图 13.12 中的模型证实了两种谐振模式,如图 13.13(a)所示。此外请注意,两个频率下的相位变化非常快,均为 180°,这

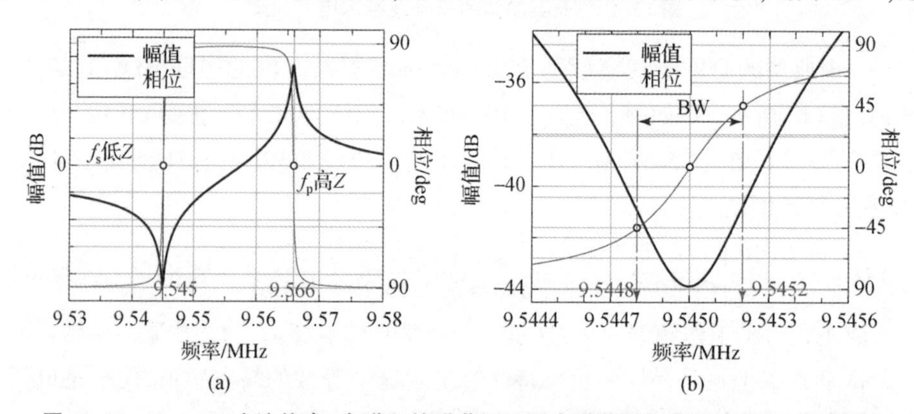

图 13.13　X_{TAL}AC 交流仿真:串联和并联谐振以及串联谐振频率下的放大(见彩图)

是高 Q 因子导致的结果。例如在串联频率 $f_S=9.5450\text{MHz}$ 区域放大显示，从容性（即 $-45°$）到感性（即 $+45°$）①的相位变化发生在非常窄的带宽 BW 上，这可用于通过仿真确认 Q 因子，如下所示

$$\text{BW}\approx(9.545196-9.544803)\text{MHz}=393\text{Hz}$$

$$Q\stackrel{\text{def}}{=}\frac{f_0}{\text{BW}}=\frac{9.545\text{MHz}}{393\text{Hz}}=24.3\times10^3\approx24\times10^3 \tag{13.42}$$

较长时间的模拟可同时得出更多数据点，这会有更好的近似。这种相位的快速变化需要大约 40ppm 的频率变化（即 392Hz 对 9.545MHz）。如图 13.13 所示，除了双共振频率的这一重要特性外，还需要研究压电元件的阻抗在接近这两个共振频率的频率下是如何变化的。在低于串联谐振 ω_s 的频率下时，晶体电抗由大串联电容控制，即它是负的。在串联谐振频率 ω_s 下，电抗为零（即 $Z_L=Z_C$），总阻抗处于接近零的最小值即 $Z=r$。在两个谐振频率之间电抗是电感性的，并趋向于无穷大（实际上是一个非常高的值），而总阻抗遵循该趋势。在并联谐振频率 ω_p 下总阻抗最大。在并联谐振频率以上电抗再次为负，总阻抗降低。由于这两种操作模式的接近性，我们认识到串联谐振与最小总阻抗相关、而并联谐振与非常高的阻抗相关联这一点是非常重要的，这决定了晶体如何用于振荡器电路。

许多不同的振荡器电路都使用晶体。但一般规则是当晶体与其他元件串联时（图 13.14（a）），使用低阻抗模式（即串联谐振），而高阻抗模式是晶体与其他电路元件并联使用的（图 13.14（b））。换句话说，除了控制振荡器的谐振频率之外，还要确保将晶体插入振荡器对内部电流产生最小的干扰。

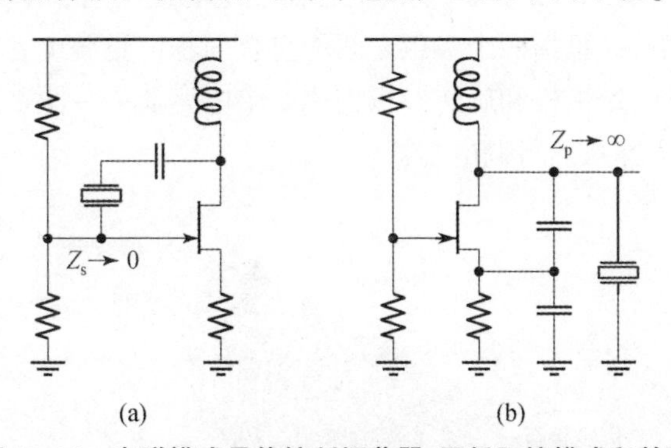

图 13.14　串联模式晶体控制振荡器，即低阻抗模式和并联（即高阻抗，又名皮尔斯振荡器）模式晶体控制振荡器

① 参见 3.2.2 和 3.2.3。

13.6 压控振荡器

对于无线通信系统来说,产生具有频率精确控制的单音正弦波形是至关重要的,并且许多工程工作已经投入到设计各种形式的振荡器中。但通信系统需要不止一个特定的频率值,例如每个收音机和电视接收机都能够接收来自不止一个发射台的信号。从人们的日常生活中可知,为了选择想要的电台,就必须将接收机调谐到与该电台相关的特定频率。如果只能设计一个能够传送单一频率的振荡器电路,要么需要为想要收听的每个电台携带一个无线电接收器单元,要么采用非常庞大和复杂的接收器,显然事实并非如此。人们发明了频率可调振荡器,其输出频率取决于电压或电流等控制变量,即 $\omega_0 = f(U_{\mathrm{ctrl}}, I_{\mathrm{ctrl}})$。LC 谐振器的谐振频率由其中使用的电感器 L 和电容器 C 的元件值决定。因此,频率可调性(或简称为"可调性")是通过改变电感值、电容值或两者来实现的。原则上有两种可能的方式来实现可变电容器或电感器,即"离散"和"连续"。

"离散"方法简单来说是连接一组串联或并联组件,每个组件独立地接入或断开网络。显然,这种方法只适用于有限数量的元件和开关,因此它只能提供一组离散的元件值。如果在每个开关步骤中实现了电容或电感值的相对微小的变化,则有时称之为"准连续"方法。

真正"连续"的方法意味着一个组件能够控制变量在物理上平滑地改变。例如旋转可变电容器(图 13.15)是通过机械控制电容器的两个极板之间的重叠区域而产生的。根据式(2.26),平板电容器的电容是电容器表面积 S 的线性函数,在这种情况下,这里指两个极板之间的重叠面积。重叠电容器区域随旋转角度而变化。每对固定极板和旋转极板构成一个电容器——图 13.15 中有五对极板,总共构成九个并联的可调电容器。

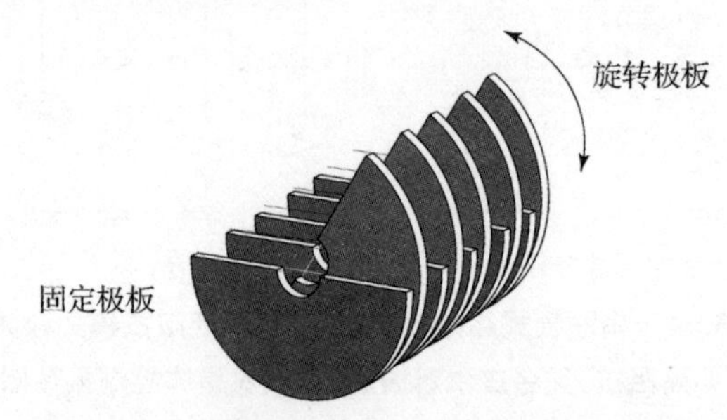

图 13.15 收音机上用于调谐射频级和本机振荡器的旋转气隙可变电容器

创建可变组件的两种方法(离散和连续)都可在实践中使用。从实用的角度来看,设计和制造可调电容比可调电感容易得多。事实上 100 多年来,旋转可变电容器几乎专门用于商用无线电接收机中 LC 谐振器的连续调谐。显而易见,这种电容器非常笨重,很久以前它就成为无线电接收机中最大的元件,这意味着机械旋转电容器不适合小型化和更高的频率,因为可调性是通过手动控制旋钮来实现的,使其进一步受到限制。尽管基本相同设计的微型版本的微调电容器仍用于无线电接收器部分的半永久调谐,但现代高频(HF)振荡器是基于一种称为“变容二极管”(变抗器)的半导体器件实现的,参见第 4.2.4 节。同时微型可变电感器的设计仍处于研究领域,主要由于微机电系统(MEMS)技术的进步而取得了一些进展。

带有电子可调 LC 谐振器的 RF 放大器的简化示意图(图 13.16(a))显示了可调电容 C_D 及其直流偏置电压 U_D,该偏置电压 U_D 通过一个大电容连接到 LC 谐振器电路。电容器 C_∞ 的作用只是阻止直流电压 U_D 以保持变容二极管反向偏置而不干扰 BJT 电流源的偏置,假设所有非零频率都短路。从交流角度来看,可调电容 $C_D=f(U_D)$ 与谐振电容 C(见图 13.16(b))、电感 L 和 BJT 集电极电阻 r_o 并联,因此谐振频率计算如下

$$\omega_0=\frac{1}{\sqrt{L(C+C_D(U_D))}}\Rightarrow\omega_0=f(U_D) \tag{13.43}$$

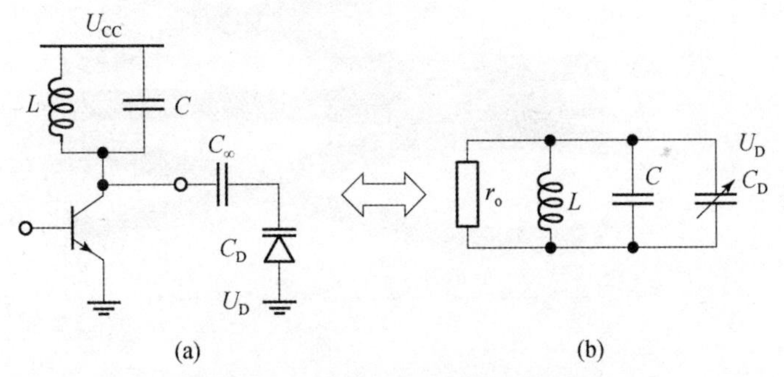

图 13.16　放大器示意图及等效电路

(显示出通过变容二极管电压控制电压 U_D 调谐 LC 谐振器的原理)

现在我们已经了解了变容二极管如何在 LC 谐振回路中控制谐振频率,现在来看看 VCO 电路的简化原理图(图 13.17),该电路集成了一个带 CB 放大器(见图 6.7)的抽头 C 底部接地无源反馈网络(见图 13.8)。为了实现对谐振频率的电子控制,在 LC 谐振回路中添加了一个变容二极管①,该变容二极管被回路视为与 C_1 和 C_2 谐振电容器串联。CB 放大器通过 RFC(又称“扼流圈”)电感提供直流偏置,该电感提供与电源线的 DC 连接同时阻挡 RF 范围内的交流电

---

① 为简单起见,这里没有显示变容二极管直流偏置。

流。在教科书中使用抽头 C 型底部接地反馈网络的振荡器配置通常称为“Clapp 振荡器”。

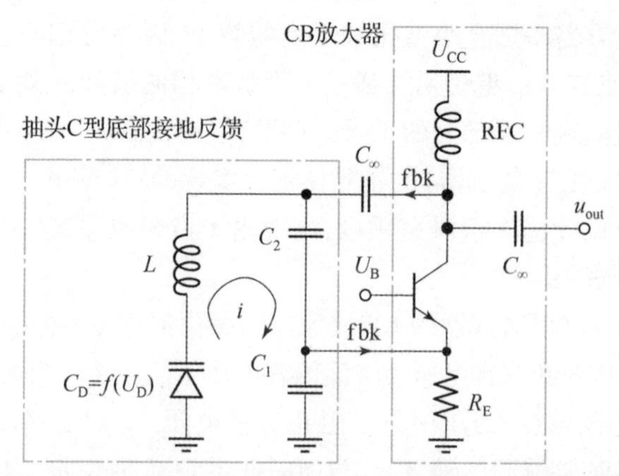

图 13.17　在正向路径中使用 CB 放大器,在反馈路径中使用抽头 C 底部接地网络的简化示意图

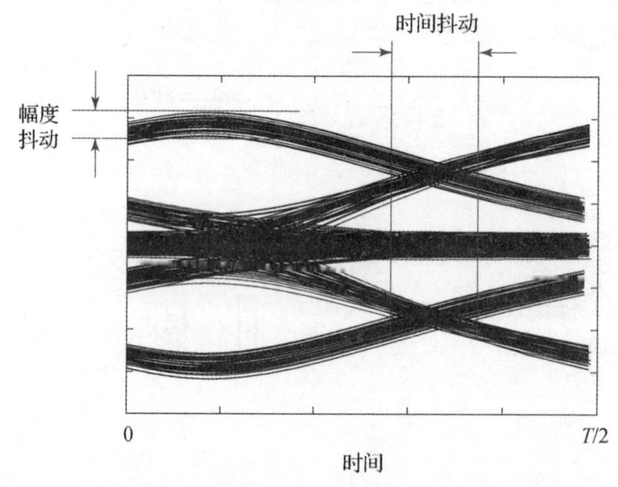

图 13.18　显示时间和振幅抖动的长波形的眼图

(周期性波形被分成每半个周期长的部分,即 *T*/2)(见彩图)

在一阶近似中即忽略寄生元件,振荡电流的谐振频率仅由无源反馈网络近似设置。电容器 C_1 和 C_2 是串联的,因此它们的等效电容 C_s 为

$$C_s = \frac{C_1 C_2}{C_1 + C_2} \tag{13.44}$$

它又与变容二极管串联,因此 LC 环路中的总等效电容 C 可写为

$$C = \frac{C_D C_s}{C_D + C_s} \Rightarrow \omega_0 = \frac{1}{\sqrt{LC}} \tag{13.45}$$

出于实际工段目的,可以将 VCO 视为电压频率转换器。

例82：Clapp VCO

对于给定的LC Clapp振荡器，通过$U_0=6V$的变容二极管电压将谐振频率设置为$\omega_0=2\pi\times10MHz$。可调电容与谐振回路中串联电容的比率为$n=0.1$。估计这个振荡器的频率偏差常数k。

解82：由式(4.26)的直接实现可得

$$k=-\frac{5}{4}\frac{f_0}{(1-2U_D)(1+n)}=-\frac{5}{4}\frac{10MHz}{2(1+0.1)(1+2\times6V)}=-437kHz/V$$

所以对于变容电容偏置的每1伏特的变化量，振荡器谐振频率在f_0频率附近移动437kHz。根据本设计中使用的特定二极管的特性，可根据类似于图4.10的图表找到可调谐频率范围。

13.7　时间和幅度抖动

由振荡器产生的实际周期波形会受到短期频率波动的影响，这种波动称为“相位噪声”。同时，波形的振幅变化在一定程度上总是存在。例如具有相位变化$\varphi(t)$和振幅变化$A(t)$的振荡器的正弦输出可以表示为

$$u_s(t)=U_s[1+A(t)]\sin[\omega_c t+\varphi(t)] \tag{13.46}$$

式中：U_s是输出信号的平均峰值电压。相位和幅度变化可以是随机的、离散的或者两者都有。振荡器输出端的单个频谱分量被称为“杂散响应”；在这种情况下噪声是指频率和相位的随机变化。这些随机变化的工程术语是“抖动”。估算周期为T的周期信号的幅度和时间抖动的一个非常有用且实用的方法是绘制一个“眼图”，如图13.18所示。不是绘制从时间零点到最后一个数据点的波形，而是将完整的数据向量分成多个部分，使得每个部分包含一组只有半个周期长的数据。然后所有部分重叠(类似于一副扑克牌)。如果抖动量不太大，创建的图看起来就像睁开的眼睛。幅度抖动在纵轴上变得清晰可见且易于测量，而时序抖动在波形上升沿和下降沿之间的交叉点附近的横轴上易于测量(见图8.16)。通常定时抖动使用相对波形周期T来表示，例如$t_{jitter}=T/8$。几乎所有的现代示波器都有一个内置的眼图功能，这使得用户非常容易实时创建该图。

相位噪声的详细统计分析是通信理论中更高级课程的主题，因此在本书中省略。

13.8　案例研究：RF振荡器

这里介绍一种可行的方法来设计一个用于AM接收机应用的RF振荡器。

AM 无线电载波频率在 540~1600kHz 的频率范围内,间隔为 10kHz。该振荡器的唯一目的是用作本地参考(本地振荡),以便于将 AM 载波频率下移到中频(IF),后者标准化为f_{IF}=455kHz。换句话说,如果要接收f_0=10MHz AM 调制载波信号,则本地振荡器(LO)频率必须是$f_{LO}=f_{IF}-f_0$=(10000-455)kHz=9.545MHz。

振荡器由一个放大器和反馈 LC 网络构成,参见第 13.1.1 节。在初步考虑后选择放大器和反馈网络作为出发点,得出以下实际条件。

(1)电源:类似于第 12.3 节中研究的 RF 放大器,可假设U_{DD}=15V。

(2)电感:除了$Q \geqslant 10$之外对电感并没有特殊要求,因此可以重复使用 RF 放大器示例中的L=3.3μH 电感。当Q=10.2,f_0=9.545MHz,与C=84.2508824pF 并联时,LC 谐振器带宽为 BW=938kHz。此外根据式(10.52),其动态电阻计算如下

$$R_D = Q2\pi f_0 L = 2019\Omega \approx 2k\Omega$$

仿真也证实了这一点。

(3)晶体管:需要重复使用 JFET 晶体管。其直流特性和偏置点为:(I_{DSS},U_P)=(12mA,-3V),(I_D,U_{GS})=(6mA,-884mV),$g_m=1/r_s$=5.67mS,r_s=176.3Ω,r_o=77kΩ。

(4)放大器:不强制性使用,任何类型的放大器都可以用来制作振荡器,但在振荡器设计中会使用 CG 放大器,因为它简单且频率范围宽。此外其电流工作模式适合驱动反馈路径中使用的 LC 谐振器(这也是 LC 谐振器仿真中使用的方法)。

(5)LC 谐振器:原则上可以使用 13.3.1 至 13.3.5 节中的任何 LC 网络。例如选择抽头 C 型底部接地反馈网络,如图 13.3.4 和图 13.8(b)所示。

根据上述初步决定,选择f_0=9.545MHz 的 CG 振荡器如下。

(1)CG 放大器:CG/CB 放大器的直流设置比 CS/CE 放大器简单,如图 13.19(a)所示。栅极端通过一个大电阻连接到直流接地,为了进一步抑制可

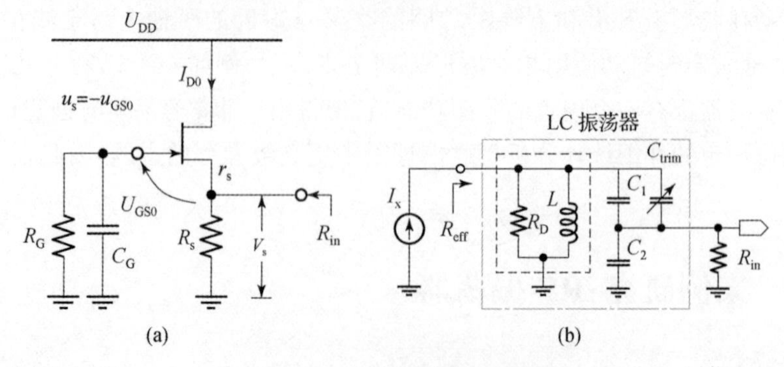

图 13.19 CG 放大器直流设置

能的噪声所以增加并联电容 C_s。这两个元件的值并不重要，但是它们的极点频率 $\omega=1/\tau=R_G G_G$ 很低。

由于栅极电势设置为零，因此将源极端子的电势提升到 $U_s=+884\text{mV}$ 就足够了。故栅极至源极电压设置为 $U_{GS0}=-884\text{mV}$。假设 $I_s=I_D=6\text{mA}$，则 $R_S=884\text{mV}/6\text{mA}=147\Omega$。

设置电流 I_D 后开始计算 CB 放大器的输入电阻。观察源头，通过检查①发现

$$R_{in}=R_s \parallel r_s=147\Omega \parallel 176\Omega=80\Omega$$

（2）LC 反馈谐振器：如式（13.26）~式（13.28）所示，通过重复以下三个公式，回忆抽头 C 型底部接地 LC 网络的参数 β、ω_0 和 R_{eff}

$$\beta=\frac{C_2}{C_1+C_2},{\omega_0}^2=\frac{C_1+C_2}{LC_1C_2}=\frac{1}{LC_1\beta},R_{eff}=\frac{R_{in}}{\beta^2}\parallel Q\omega_0 L$$

注意到负载 R_{in} 是反馈网络的负载电阻，且 LC 谐振网络的设计是一个迭代过程，因此需要非常精确地调整电路参数。实际上电容的精确值是通过并联微调电容获得的，如图 13.19(b)所示。此外由于组件模型和模拟器的不同，故通常需要耐心地调整模拟器本身，有时还要花费相当长的模拟时间直到获得满意的结果。也就是说最终的调谐和微调总是在电路的实际原型中进行。

目标是确定电容 C_1、C_2，以满足振荡② $A=A_V\beta\geqslant 1$ 的 Barkhausen 增益标准。根据 Barkhausen 相位标准，CG 不会反转其信号的相位。当 LC 网络谐振时，其动态电阻为实数，因此输入和输出信号同相。总的来说环路相位为零，因此振荡的两个条件都满足。

比如可以从假设 CG 放大器合适的电压增益开始。之所以这一假设是成立的，是因为 LC 反馈谐振器负载的是很低的输入电阻 $R_{in}=80\Omega$，因此其有效电阻 R_{eff} 降低，这实际上限制了总电压增益。假设晶体管和负载电阻的 $A_v=5$，即不包括输入端的分压器，该分压器不可避免地会降低理论增益极限。为了满足 Barkhausen 增益标准，必须遵循 $\beta\geqslant 1/A_v=0.2$，这样才能有机会进行如下计算。

$$\omega_0^2=\frac{C_1+C_2}{LC_1C_2}=\frac{1}{LC_1\beta}$$

$$C_1=\frac{1}{L\omega_0^2\beta}=421.25441\text{pF}\Rightarrow C_2=\frac{1}{\frac{1}{\beta}-1}=105.3160\text{pF}$$

① 见第 6.3.2 节并假设 FET 晶体管的 $\beta=\infty$；

② 见第 13.1.1 节。

$$R_{eff} = \frac{R_{in}}{\beta^2} \parallel Q\omega_0 L = 2k\Omega \parallel 2k\Omega = 1k\Omega$$

(3)开环仿真:需要验证放大器是否确实感知到动态电阻 $R_D = 1k\Omega$ 并提供预期的增益。该测试在“开环”配置下进行,即假设这是一个 CG RF 放大器,LC 谐振器用作负载,输出在漏极节点处获得。由图 13.20(a)分析①,类似于式(6.30),计算电压增益为

$$A_V = A_1 \times A_2 = \frac{R_{in}}{R_x + R_{in}} \times g_m(R_D \parallel r_0) = \frac{80\Omega}{80\Omega + 80\Omega} \times 5.67mS(2k\Omega \parallel 77k\Omega)$$

$$\approx 0.5 \times 11 = 5.5$$

为了说明这个概念,在这个数字示例中信号发生器的电阻为 $R_x = 80\Omega$,$U_x = 100mV$。正如最初假设的那样,这个电压增益并不太高(它也是源电阻的函数),并且很容易通过仿真得到证实,如图 13.20(b)所示。注意由于 LC 元件的存在,在输出端达到最大信号幅度之前,大约有 1.5s 的转换周期。当然作为 RF 放大器的输出电压信号的平均值为 U_{DD},最大电压高于电源的电压值。

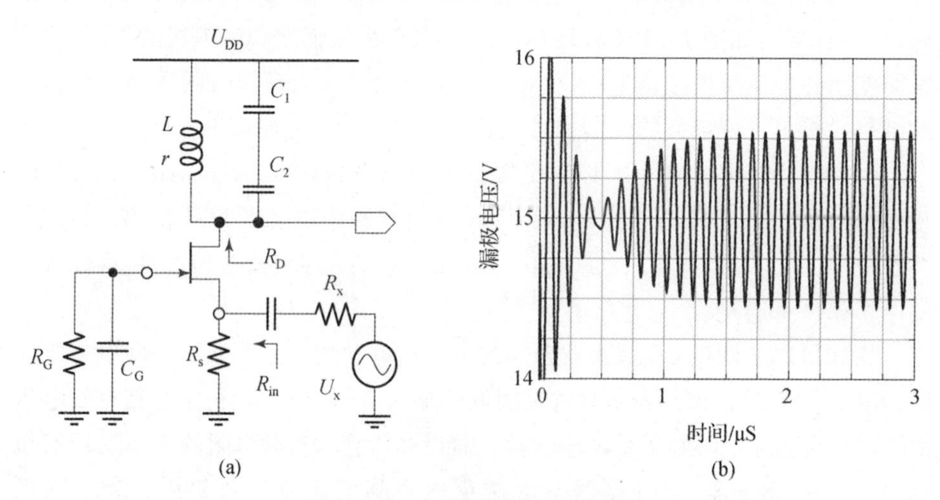

图 13.20　CG 振荡器—开环仿真

(a)原理路;(b)时域波形。

(4)闭环模拟:一旦反馈网络和放大器设计完成并通过开环模拟进行测试,就可以连接环路并验证振荡器是否真的可以启动并维持其振荡,如图 13.21(b)所示。在第一个实验中,环路在没有 X_{tal} 的情况下闭合,X_{tal} 的串联谐振频率 $f_s = 9.545MHz$,参见第 13.5 节。显然该振荡器能够保持由 LC_{eq} 设置的谐振频率

① 见第 6.3.4 节。

$f_0=9.545\text{MHz}$。为了减少相位抖动并提高谐振频率的稳定性,在反馈路径中插入了一个石英晶体元件。注意图 13.12 中的模型和图 13.13 中的频率响应与很高的 $Q\approx24000$ 有关,这种高 Q 因数直接导致振荡器需要大约 25ms 才能完成其转换周期并达到满信号幅度。

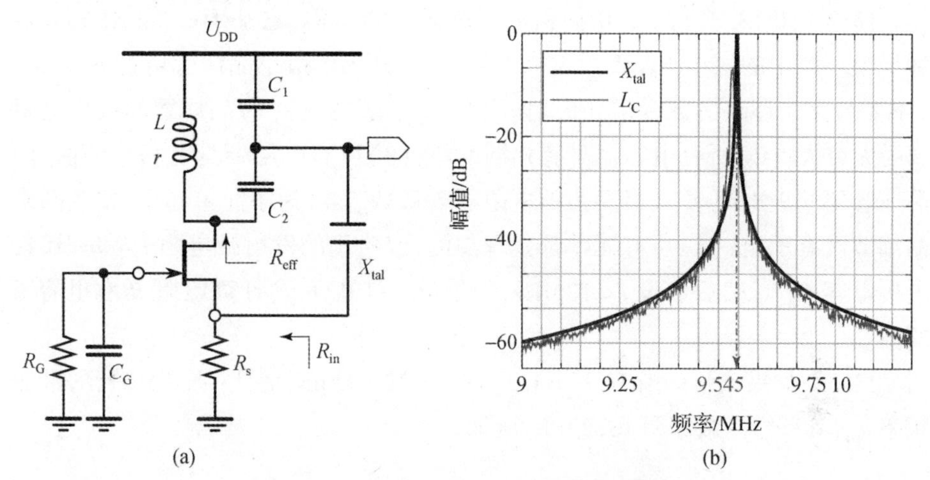

图 13.21　CG 振荡器—闭环仿真(见彩图)

在实际的实验中,加入该元件并观察频谱分析仪上的响应并不困难。但为了通过瞬态数据的傅里叶分析产生良好的频率响应曲线,就需要长时间运行仿真,因此产生的数据文件很大。问题是产生的数据文件的分辨率必须足够高,这样 SPICE 才能分离石英晶体的串联和并联频率模式。图 13.21(b)显示了有无晶体的振荡器瞬态域模拟的对比图。

13.9　小结

本章介绍了一般振荡器电路的基本分析技术,其中包括了用于产生正弦波形的闭环反馈网络。可以稳定振荡的电路条件用环路增益和相移来表示,因为振荡器通常是大信号系统,所以小信号技术仅用于估计建立稳定振荡所需的初始条件。详细的电路设计需要非线性数值分析技术。由于大多数典型振荡器中使用四种类型的无源 RLC 网络,本书采用了开环设计方法,其中由放大器组成的正向有源路径设计用于补偿无源 RLC 反馈网,同时反馈网络负责设置环路的正确相移。VCOs 对于实际的无线电通信系统非常重要。

问题

13.1 推导由增益为 A 的正向路径放大器和增益为 A 的反馈电路路径组成的环路的一般情况下的环路增益表达式。

13.2 图 13.22(a)是几种相位振荡器中的一种,它基于一个 CE 放大器和反馈环路中的三个 RC 级。在以下假设下,推导出最小晶体管增益系数 β_{min}(不要与反馈环路参数混淆)和谐振频率 ω_0 的表达式:(1)晶体管的输出电阻 r_o 为无穷大;(2)所有电容器具有相同的值;(3)所有电阻器具有相同的值,而晶体管的基极电阻 r_b 被最左边的电阻器 R 吸收;(4)为了简单起见,偏置网络的细节没有示出;(5)所有元件都是理想的,忽略小的发射极电阻 r_e 和基极集电极电容 C_{BC}。然后假设 $f=10\text{MHz}$,如果 $R_C=10\text{k}\Omega$,则计算电阻 R 和电容 C 的值。

13.3 如果 $L_1=0.5\mu\text{H}, L_2=1.5\mu\text{H}, C=126.65\text{pF}$,估计一个振荡器的谐振频率 ω_0,其反馈网络如图 13.22(b)所示。

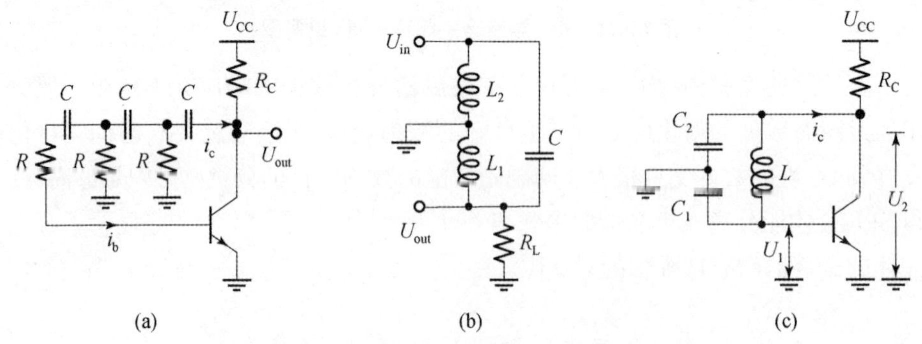

图 13.22 相位振荡器的简化示意图

13.4 使用与问题 13.3 中相同的数据,估计反馈网络的增益系数 β。

13.5 使用与问题 13.3 和 13.4 中相同的数据,估算该反馈网络提供给振荡器放大器输出端的有效电阻 R_{eff},其输入阻抗为 $R_{in}=10\text{k}\Omega$。此外,有效电感的 L_{eff},Q 因子为 $Q=50$。

13.6 对课本中显示的其他三种反馈网络重复问题 13.3 到 13.5。

13.7 对于图 13.22(b)所示的电路,导出:(1)谐振频率 ω_0 的表达式;(2)BJT晶体管 g_m 的表达式。例如,使用这两个公式来计算谐振频率和 g_m。

数据:$R_C=10\text{k}\Omega$,BJT 输出电阻 $R_C=10\text{k}\Omega, L=2\mu\text{H}, C_1=C_2=253.3\text{pF}, Q\to\infty$。为了简单起见,省略了偏置网络的细节。

假设 Q_L 有限,重复同样的问题,推导谐振频率 ω_0 和 g_m 的新方程。再举个例子，$Q_L = 50$ 时，重新计算这两个值并与标准答案进行比较。

13.8　对于图 13.17 所示的 Clapp 振荡器，计算以下条件下的振荡频率：(1)变容二极管的零偏置；(2) $U_D = -7V$。

数据：$L = 100\mu H$，$C_1 = C_2 = 300pF$，$C_0 = 20pF$。

第14章

频谱搬移

在这一章中,我们将重点讨论“频谱搬移”的数学运算,这是无线通信系统的基础。频谱搬移(或“频率转换”)是对VCOs中使用的频率调谐机制的补充,是一个更宽泛的概念,具有更广泛的应用范围。事实证明,给定频率的两个正弦波形经乘法计算后会产生包含较高和较低频率的波形,这种现象称为“频谱搬移”,其中术语“上变频”是指将较低频率移动到较高频率范围的过程(用于射频发射器),而“下变频”是指从较高频率范围移动到较低频率范围的频率移动(用于射频接收机)。因此,在一个完整的无线通信系统中,携带信息的信号在两个方向上都发了偏移。

14.1 频谱搬移

即使构建在音频频带上运行的无线系统能够实现比自然语音所能达到的距离更远的通信,但也存在一个现实问题:创造一个充斥着各种频段、非常庞大的声源世界,所有的声源都在任意的同一时间发射信号,并且不借助任何人造设备都可以听到它们的声音。然而在实践中,可通过混频器电路来执行频谱搬移,如图14.1所示。人类的语言包括音乐,需要的频带非常窄(只有20kHz左右宽,称为“音频频带”),而相比之下电磁波谱的频率范围是很宽的。将这个巨大的频率空间分割成20kHz宽的相邻“条带”会产生许多平行的“管道”(即音频通信信道),每个管道的宽度都足以传导整个音频频谱。这些通信信道只在频域中严格分离,而在现实空间中,它们同时存在于任何地方,如图14.2所示。能够对这三个域(即频域、时域和空域)中同一个的信号形成思维图像,对于理解无线通信系统至关重要。只有在这时,才有可能理解怎样在每一个通信信道连接一个接收机和一个位于空间某处的特定发射机,同时保持任意数量的其他发射机-接收机对的连接。考虑到这一点,定义一个这样的无线通信系统概念——在通信期间,每个发射器-接收机对都分配有自己的频道。

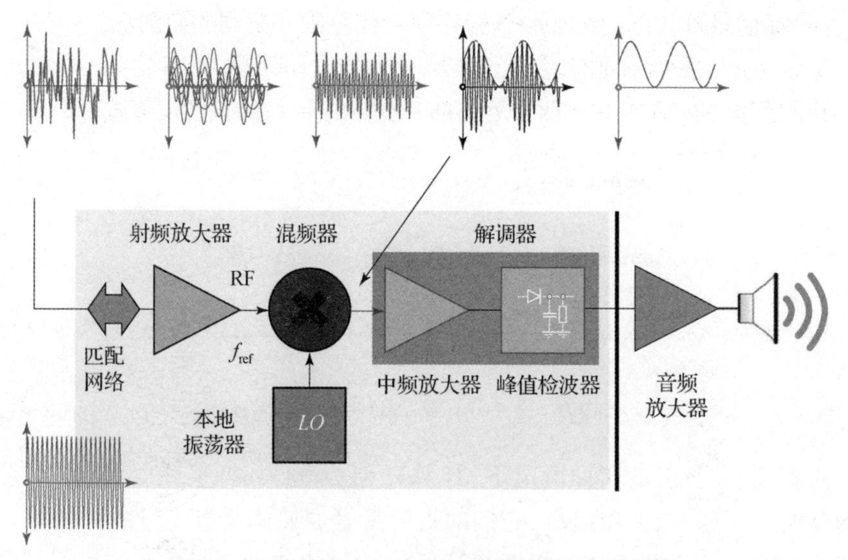

图 14.1 外差式 AM 无线电接收机架构—混频器

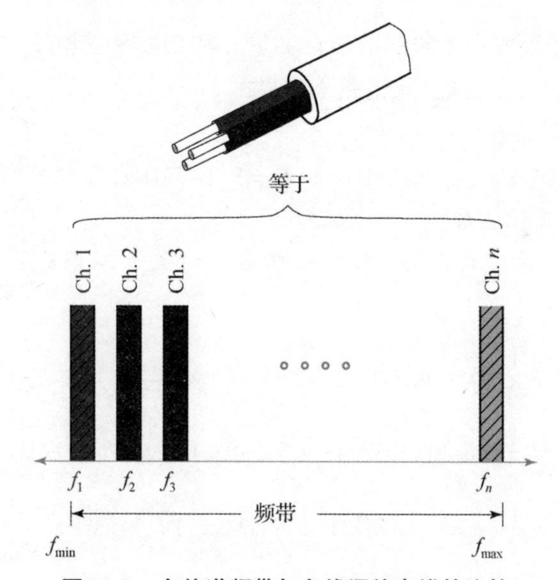

图 14.2 多信道频带与多线通信电缆的比较

然而,为了使这种多频带方法切实可行并加以利用,需要解决以下设计问题:

(1)如何向上移动每个单独音频信号的频率,并将其与指定的信道精确对齐;

(2)如何强制让接收设备只监听该特定信道,而忽略所有其他并行信道中的通信信号;

(3)如何将接收到的信号频率搬移回音频范围并解调原始消息。

迄今为止几乎所有通信系统都需要解决这三个问题。

频谱搬移的实现是基于两个著名的正弦形式乘积的三角恒等式,即

$$\cos\alpha\cos\beta = \frac{1}{2}(\cos(\alpha-\beta) + \cos(\alpha+\beta)) \tag{14.1}$$

$$\sin\alpha\sin\beta = \frac{1}{2}(\cos(\alpha-\beta) - \cos(\alpha+\beta)) \tag{14.2}$$

$$\sin\alpha\cos\beta = \frac{1}{2}(\sin(\alpha+\beta) + \sin(\alpha-\beta)) \tag{14.3}$$

$$\cos\alpha\sin\beta = \frac{1}{2}(\sin(\alpha+\beta) - \sin(\alpha-\beta)) \tag{14.4}$$

注意到,在所有的四种情况下,计算任何($\sin\leftrightarrow\cos$)乘积时,其结果总是由另外两个正弦/余弦项组成,它们的自变量是原始两个自变量的和与差。还应注意两个输入正弦函数的幅度都等于1,而输出端的两个函数的幅度都乘以"1/2"。

由此可见,如果两个抽象的数学自变量α和β被赋予物理上的意义,例如频率f_1和频率f_2,就可以实现"频谱搬移"功能。

示例83:频谱搬移

给定两个正弦波形,$f_1 = 10\text{MHz}$和$f_2 = 9.545\text{MHz}$,在频率乘法器的输出端会出现什么样的正弦波形?

解83:假设正弦波存在为"真"(这对最终结果并不重要),使用式(14.2)得到

$$\begin{aligned}\sin(\omega_1 t)\sin(\omega_2 t) &= \frac{1}{2}(\cos(\omega_1-\omega_2)t - \cos(\omega_1+\omega_2)t)\\ &= \frac{1}{2}(\cos2\pi(10\text{MHz}-9.545\text{MHz})t - \cos2\pi(10\text{MHz}+9.545\text{MHz})t)\\ &= \frac{1}{2}(\cos2\pi(455\text{kHz})t - \cos2\pi(19.545\text{MHz})t)\end{aligned}$$

该结果说明了频率f_1和f_2的乘积是如何产生包含455kHz和19.545MHz的"偏移"频率的输出频谱的,同时可以发现"和"与"差"对结果的影响。

14.2 信号混频机制

定义能够实现两个交流信号相乘运算的电子电路为混频器。RF系统中的混频器通常指具有非线性传递特性的电路,对于两个输入单音信号ω_1和ω_2,该

电路能产生输入信号的频率之和($\omega_1+\omega_2$)以及输入频率之差$|\omega_1-\omega_2|$①的信号,同时输出端的频谱中不存在输入信号的频率。注意,在音频系统中,混频运算是指“混合”两个声道,这并不是 RF 意义上的混频:与 RF 乘法的非线性运算相反,它只是一种简单地将两个信号相加的线性运算。这两种运算的符号图形演示(见图 14.3)说明了两个交流信号的线性相加和非线性混频之间的区别。

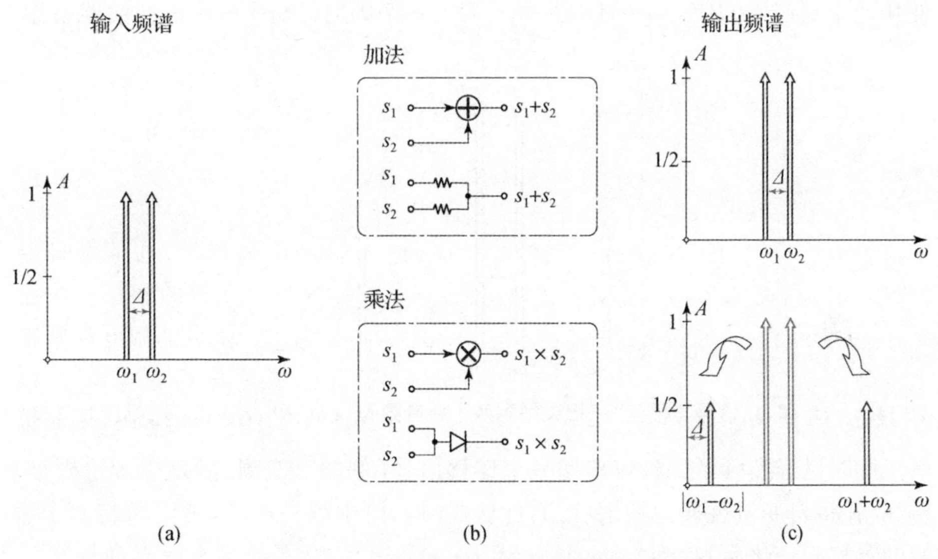

图 14.3　线性求和和非线性混频函数

由于理想的 LTI 系统不可能产生输入端不存在的频谱分量的输出信号,为了实现频率转换,混频器必须是非线性或时变元件。历史上,许多器件(例如电解池、磁带、脑组织和生锈的剪刀,以及更传统的器件,如真空管和晶体管)用作非线性元件,这意味着几乎任何非线性器件都可以用作混频器。当然,有些器件的非线性工作效果比其他的更好,所以研究时只关注实际可用的 RF 混频器类型即可。

现代所有混频器的核心是两个正弦信号在时域中的相乘。该乘法的基本用法可以从基本的三角恒等式中来理解②

$$\cos(\omega_1 t)\times\cos(\omega_2 t)=\frac{1}{2}[\cos(|\omega_1-\omega_2|t)+\cos(\omega_1+\omega_2)t] \quad (14.5)$$

$$\sin(\omega_1 t)\times\sin(\omega_2 t)=\frac{1}{2}[\cos(|\omega_1-\omega_2|t)-\cos(\omega_1+\omega_2)t] \quad (14.6)$$

① 绝对值相当于水平数轴上的几何距离,即$|\omega_1-\omega_2|=|\omega_2-\omega_1|$。

② 在严格的数学语法中:$\sin x\cdot\sin y=1/2[\cos(|x-y|)-\cos(|x+y|)]$和$\cos x\cdot\cos y=1/2[\cos(|x-y|)-\cos(|x+y|)]$。

这表明两个正弦函数①相乘产生两个新的正弦曲线(图 14.3 和 14.4)。换句话说,式(14.5)和式(14.6)表明两个正弦波形与它们各自的自变量($\omega_1 t$)和($\omega_2 t$)相乘产生一个“上变频”信号,其频率为($\omega_1+\omega_2$),以及一个“下变频”信号,其频率相对于两个输入信号为$|\omega_1-\omega_2|$。由于时域信号形状并不能显示其频率成分,所以观察频域中的信号更切实际(见图 14.4)。根据最终目的可以使用两个新产生的信号中的任意一个,而另一个则通过相应的带通滤波器去除。

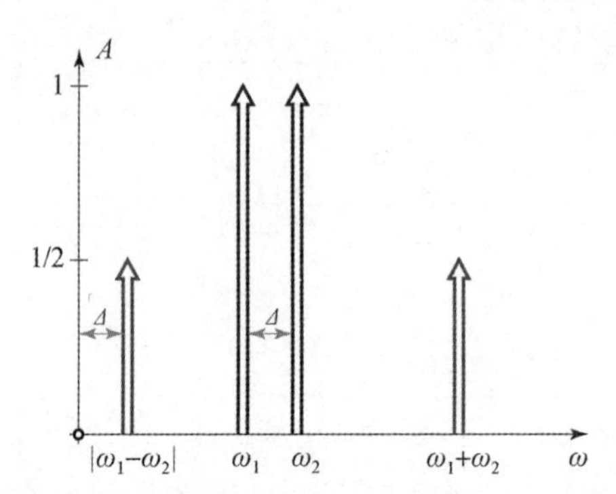

图 14.4 ω_1 和 ω_2 信号与幅度“1”相乘得到两个新音频 $\omega_1+\omega_2$ 和 $|\omega_1-\omega_2|$,幅度为“1/2”

此时已经实现了一种仅传递一个偏移信号(例如上变频)的理想理论模型。例如,在将自变量替换为频率后,通过从式(14.1)中减去式(14.6)(再将两个振幅的乘积归一化后)得到

$$\cos[(\omega_1+\omega_2)t]=\cos(\omega_1 t)\cos(\omega_2 t)-\sin(\omega_1 t)\sin(\omega_2 t) \tag{14.7}$$

它可以由如图 14.5 所示的电路合成。假设存在需要频谱搬移的 $\cos(\omega_1 t)$ 和 $\cos(\omega_2 t)$,式(14.7)逐步的理论实现方式如下所示。

(1)$PS_1:\sin(\omega_1 t)=\cos(\omega_1 t+90°)$,需要一个 90°相移电路。

(2)$PS_2:\sin(\omega_2 t)=\cos(\omega_2 t+90°)$,需要一个 90°相移电路。

(3)$M_1:\cos(\omega_1 t)\times\cos(\omega_2 t)=1/2[\cos(|\omega_1-\omega_2|t)+\cos(\omega_1+\omega_2)t]$,需要一个乘法器来实现式(14.1)。

(4)$M_2:\sin(\omega_1 t)\times\sin(\omega_2 t)=1/2[\cos(|\omega_1-\omega_2|t)-\cos(\omega_1+\omega_2)t]$,需要一个乘法器实现式(14.6)。

(5)加法器Σ:最后一步是将 M_1(正输入)和 M_2(反相输入)产生的两个波形相加,如下所示。

$$\frac{1}{2}[\cos(|\omega_1-\omega_2|)t+\cos(\omega_1+\omega_2)t]-\frac{1}{2}[\cos(|\omega_1-\omega_2|)t-\cos(\omega_1+\omega_2)t]$$
$$=\cos(\omega_1+\omega_2)t$$

① 请记住,sin 和 cos 函数具有相同的形状,它们只是彼此的相移形式,即起点不同。

由此,图 14.5 中的理想频谱搬移电路以输入频率之和的形式产生单频信号输出。

图 14.5 中理想频谱搬移模型的模拟频谱如图 14.6 所示。(注意到傅里叶计算的“数字噪声”)以两个输入信号的频率是 10kHz 和 13.7kHz 为例,显然输出频谱仅包含频率为 23.7kHz 的单频信号。注意一个实用的细节,使用“变频比”辅助傅里叶数值算法以此减少人为的数值谐波是一个不错的做法。此外,图中观察到的噪声电平是“数值噪声”。

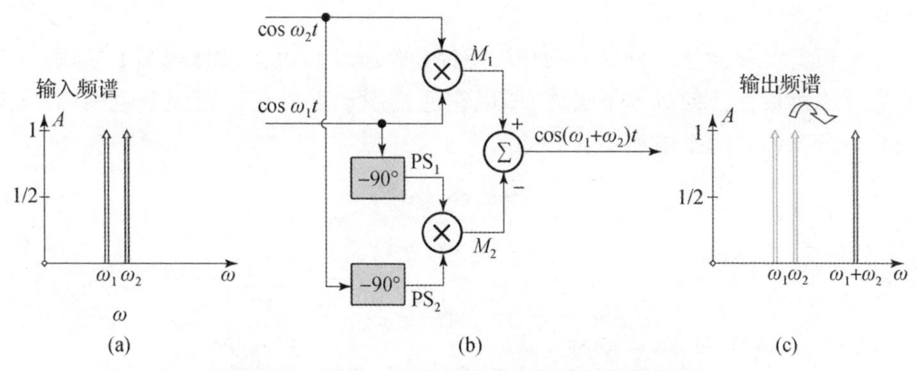

图 14.5　基于(14.7)实现的理想频谱搬移电路

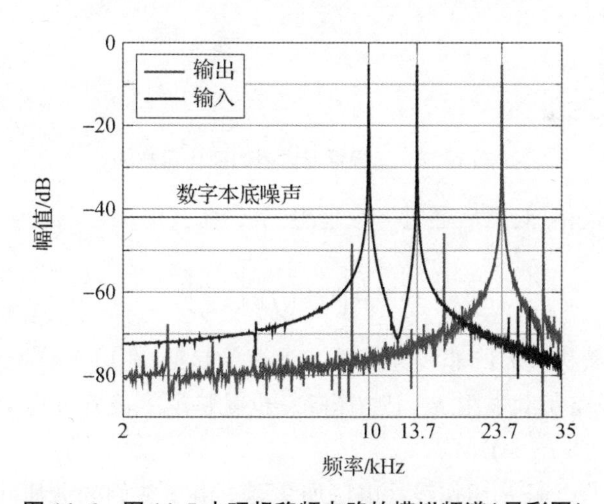

图 14.6　图 14.5 中理想移频电路的模拟频谱(见彩图)

然而实现基于图 14.5 框图的电路并不简单。将加法器和乘法器模块构建为 IC 器件是相对简单的,但宽频带 90°相移电路才是问题所在。在给定的固定频率下设计窄带 90°相移相对容易,但在较大的频率范围内,没有便捷的方法来在整个范围内产生精确的相移。正因如此,图 14.5 中的方案理论上在任何频率范围内都有效,但很少有人尝试。如前所述,大多数频谱搬移是使用单个乘法器完成的,不如式(14.1)和式(14.6)之间的关系理想。

通过滤波去除($\omega_1+\omega_2$)或($\omega_1-\omega_2$)这些不需要的成分,大多数实用的频率转换电路结合了乘法和滤波过程以实现频率转换。因此这种方法执行准乘法,因为除了所需的乘积之外,还会产生一个或多个其他频率分量,必须通过某种形式的过滤来消除。在接下来的章节中,将会介绍一些最常用的混频器电路。

14.3 二极管混频器

二极管混频器是一种非常简单的电路(图14.7),可在极高频率下应用。因为它几乎可以在任何频率下工作,所以它通常用于需要在一定频率范围内工作的测量设备中。两个电压单音频信号

$$u_1=U_1\cos(\omega_1 t) \tag{14.8}$$

$$u_2=U_2\cos(\omega_2 t) \tag{14.9}$$

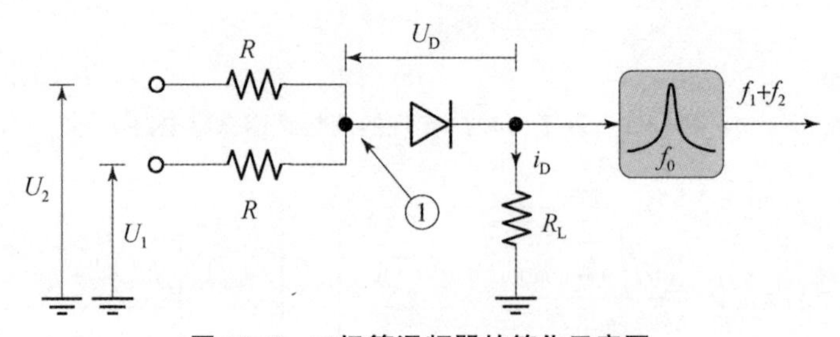

图14.7　二极管混频器的简化示意图

首先将两式相加,然后通过一个理想二极管,其电压-电流函数为

$$i_D=I_s\left[\exp\left(\frac{u_D}{U_t}\right)-1\right] \tag{14.10}$$

这是频谱搬移所需的非线性元件。为简单起见,在以下分析中假设二极管电流较小,并忽略负载电阻 R_L 上的压降。也就是说二极管电压 U_D 大约等于节点①处的电压,即 $U_D\approx U(1)$。

两个相等的电阻 R 用作线性电压加法器。由于它们的分压特性,节点①处的电压是两个输入电压之和的一半,即

$$u_D=u_1=\frac{1}{2}(u_1+u_2)=\frac{1}{2}[U_1\cdot\cos(\omega_1 t)+U_2\cdot\cos(\omega_2 t)] \tag{14.11}$$

沿着节点①之后的信号路径,二极管电压 u_D 转换成电流 i_D。假设二极管电压很小(意味着 $U_D<U_t$,因此式(14.13)中的高阶项近似为零),这使得式(14.10)中的指数项在二极管偏置点周围可展开成泰勒级数

$$e^x = \sum_{n=0}^{\infty} \frac{x^n}{n!} = 1 + x + \frac{x^2}{2} + \frac{x^3}{6} + \frac{x^4}{24} + \cdots \tag{14.12}$$

因此,在将 $x = u_D/U_t$ 代入式(14.12)并应用式(14.10)中的指数项后,得到

$$i_D = I_s\left\{\left[\not{1} + \frac{u_D}{U_t} + \frac{1}{2}\left(\frac{u_D}{U_t}\right)^2 + \frac{1}{6}\left(\frac{u_D}{U_t}\right)^3 + \frac{1}{24}\left(\frac{u_D}{U_t}\right)^4 + \cdots\right] - \not{1}\right\} \tag{14.13}$$

现在分别分析式(14.13)右边的每一项,找出信号的总频谱(注意1和-1相消)。显然级数包括无限多项。在第一次近似中因为假设信号很小,所以可以忽略三阶和高阶项(它们是越来越小的数除以越来越大的数)。在将式(14.11)代入式(14.13)后,针对前两项有

(1)线性项:

$$\frac{u_D}{U_t} = \frac{1}{2U_t}[U_1 \cdot \cos(\omega_1 t) + U_2 \cdot \cos(\omega_2 t)] = f(\omega_1, \omega_2) \tag{14.14}$$

由此可以得出结论,级数展开的线性项的频谱等于信号 u_D 的原始频谱,即 ω_1 和 ω_2。在输入端已经有了那个信号,因此这个项用处不大。

(2)平方项:

$$\begin{aligned}
\frac{1}{2}\left(\frac{u_D}{U_t}\right)^2 &= \frac{1}{2U_t^2}\left[\frac{1}{2}(U_1 \cdot \cos(\omega_1 t) + U_2 \cdot \cos(\omega_2 t))\right]^2 \\
&= \frac{1}{8U_t^2}[U_1^2\cos^2(\omega_1 t) + 2U_1U_2\cos(\omega_1 t)\cos(\omega_2 t) + U_2^2\cos^2(\omega_2 t)] \\
&= \frac{1}{8U_t^2}\left[U_1^2\frac{1}{2}(1 + \cos(2\omega_1 t)) + U_1U_2(\cos(|\omega_1 - \omega_2|t) + \cos((\omega_1 + \omega_2)t)\right. \\
&\quad \left. + U_2^2\frac{1}{2}(1 + \cos(2\omega_2 t)))\right]
\end{aligned} \tag{14.15}$$

其表明由于第二项(非线性项)导致的输出频谱包含

$$\frac{1}{2}\left(\frac{u_D}{U_t}\right)^2 = f[(\omega_1 - \omega_2), 2\omega_1, 2\omega_2, (\omega_1 + \omega_2)]$$

换句话说,除了上移和下移的信号($\omega_1 + \omega_2$)和($|\omega_1 - \omega_2|$)之外,还有出现一些理想乘法运算的结果中没有的信号($2\omega_1$ 和 $2\omega_2$)。

二极管混频器的仿真频谱见图14.8,使用与理想混频器相同的双信号输入,清楚地显示了实际混频器电路的非理想特性。正如式(14.6)和式(14.1)所描述的,在频谱中可以看到向上和向下移动的($f_1 + f_2$)和($|f_1 - f_2|$)信号(见图14.8(a)),但同时也发现了输入的两个信号 f_1 和 f_2 以及式(14.14)和式(14.15)所示的所有其他信号。

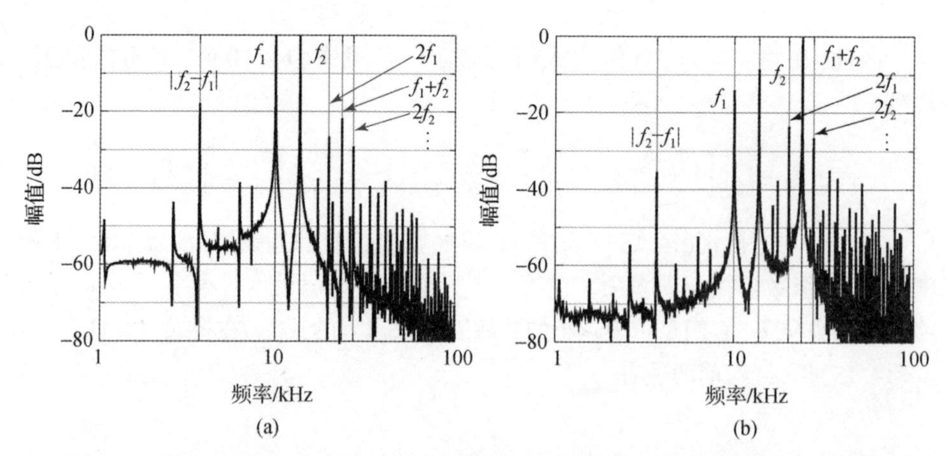

图 14.8 在以 f_1+f_2 为中心的 BPF 处理前后的二极管混频器的模拟频谱(见彩图)

因此为了分离所需的 f_1 和 f_2 信号,有必要使用高 Q 值的 BPF(见图 14.8(b))。此外当功率电平降低(例如式(14.15)中的 1/8 因子),就需要立即使用放大器来恢复丢失的信号电平。

因此二极管是最简单的有源器件,它可用作实用混频器且其工作频率范围很宽。此外更具体的小信号条件应该表述为 $U_1U_2 < U_t^2$。其余的不需要的信号通常用 LC 谐振器过滤掉。

总之使用二极管作为非线性元件来实现两个单音频信号相乘,确实会产生所需的理论信号($\omega_1-\omega_2$)和($\omega_1+\omega_2$)。但它也会产生不需要的信号(即 ω_1、ω_2、$2\omega_1$、$2\omega_2\cdots$),此外如果不忽略式(14.13)中的高次谐波,那么会在输出频谱中会观察到更多无用的信号。因此为了获得良好的性能,该混频器被限制在相当低的输入信号电平下才可使用。因为所有不需要的信号都必须过滤掉,所以二极管是一个简单但效率很低的乘法元件。但在非常高的频率下,这可能是唯一可行的选择。

14.4 晶体管混频器

有源混频器是基于 BJTs 和金属氧化物半导体场效应晶体管(MOSFETs)的非线性指数函数的。如果两个电压信号相加,然后施加到理想 BJT Q_1 的基极,如图 14.9(a)所示,或者 u_1 施加到 Q_2 的基极,u_2 通过 1:1 的变压器施加到源节点,如图 14.9(b)所示,然后将两个信号混频(两种方法都适用于 BJT 和 MOS 器件)。

$$u_1 = U_1\cos(\omega_1 t) \tag{14.16}$$

$$u_2 = U_2\cos(\omega_2 t) \tag{14.17}$$

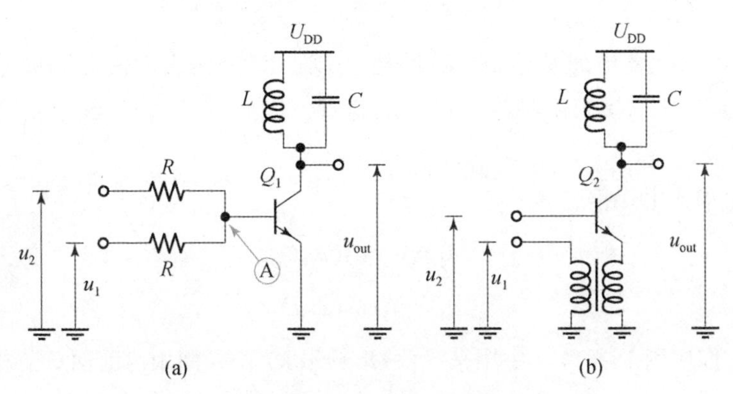

图 14.9 两种 BJT 混频器的简化示意图

假设理想晶体管的电流增益为 β,BJT 混频器的两种变形非常相似,则经分析后得到下面两个方程①:

$$U_{BE}(Q_1) = \frac{1}{2}(u_1 + u_2) \tag{14.18}$$

$$U_{BE}(Q_2) = u_1 - u_2 \tag{14.19}$$

BJT 的集电极电流 i_C 与基极 - 发射极电压 u_{BE} 之间的关系与正向偏置二极管相同

$$i_C = I_S\left[\exp\left(\frac{u_{BE}}{U_t}\right) - 1\right] \tag{14.20}$$

也就是说,图 14.9(a)中电路输出频谱中,感兴趣的频率信号的平方项的表达式类似于二极管输出信号的表达式,但增加了 β 因子,即

$$I_C = \beta I_S \frac{U_1 U_2}{8U_t^2}[\cos(|\omega_1 - \omega_2|t) + \cos((\omega_1 + \omega_2)t)]$$

图 14.9(b)中电路的相应表达式只是略有不同。需要注意的是由于 β 因子的存在,BJT 混频器的效率比简单的二极管混频器高得多,甚至可能具有“转换增益”。这意味着输出信号(下变频 $|\omega_1 - \omega_2|$ 或上变频 $\omega_1 + \omega_2$ 信号)的功率可能高于输入信号。另一方面,相对于电压 U_t 的输入信号幅度而言,BJT 混频器与二极管具有相同的限制。图 14.9 中的两个电路都在集电极分支中使用了一个 LC 谐振器,它被调谐到两个目标信号中的一个,即 $|\omega_1 - \omega_2|$ 或 $\omega_1 + \omega_2$,它们滤除了频谱中所有不需要的信号。

① 电压相加是通过具有两个相等电阻的分压器实现的。

14.5 JFET 混频器

在 RF 放大器中通常用 JFETs 代替 BJTs。JFET 栅极电流比基极电流低得多,并且具有比 MOSFET 晶体管更高的跨导。因此它常用于低噪声、高输入阻抗的 RF 放大器。

两个输入电压信号

$$u_1 = U_1\cos(\omega_1 t) \tag{14.21}$$

$$u_2 = U_2\cos(\omega_2 t) \tag{14.22}$$

将它们应用于图 14.9 中用来代替 Q_1 的 JFET 门。使用与前面章节相似的分析过程,主要区别在于 JFET 的漏极电流 I_D 和栅极 - 源极电压 u_{GS} 之间的电流 - 电压特性服从以下关系:

$$I_D = I_{DSS}\left(1 - \frac{u_{GS}}{U_p}\right)^2 \tag{14.23}$$

式中 I_{DSS}——JFET 饱和漏极电流(A);

u_{GS}——栅极 - 源极电压(V);

U_P——夹断电压(V)。

在 JFET 的情况下没有指数项,这使得推导稍微简单一些。因此,式(14.23)的直接展开可得

$$I_D = I_{DSS}\left(1 - 2\frac{u_{GS}}{U_p} + \frac{u_{GS}^2}{U_p^2}\right)^2 \tag{14.24}$$

只关注式(14.24)中的非线性项,其中平方项为

$$\begin{aligned} I_D &\sim -I_{DSS}\frac{1}{4}\frac{[U_1\cdot\cos(\omega_1 t) + U_2\cdot\cos(\omega_2 t)]^2}{U_p^2} \\ &\sim -I_{DSS}\frac{U_1U_2}{2U_P^2}[\cos(|\omega_1 - \omega_2|t) + \cos((\omega_1+\omega_2)t)] \end{aligned} \tag{14.25}$$

式(14.25)只关注上一步的 cos 乘积项,但由于在式(14.24)中只有一个二阶项而没有高阶项,所以不需要像二极管和 BJT 那样应用幂级数展开。也就是说对 U_1 和 U_2 的幅度没有严格的限制,只要 JFET 不被切断或变得正向偏置即可。同样地,类似于第 14.4 节的 BJT 电路,LC 谐振器同时滤除了除所需谐波之外的所有谐波。JFETs 通常应用于 RF 混频器,因为它们能够承受高信号电平并具有良好的转换效率。

14.6 双栅极 MOSFET 混频器

从第6.6节和图6.25可以了解到,共源共栅放大器配置在RF混频器中非常有用,因为它具有高输出阻抗和对Miller效应的不敏感性。将两个晶体管放在一个封装中,就自然地创造了一个双栅极器件。在这一部分将介绍双栅极晶体管在RF混频器设计中的应用。双栅极晶体管的另一个重要特性是这两个器件几乎完美"匹配"——就其电气特性而言,它们是"双胞胎"。两个独立的输入信号加到两个栅极上,同时控制漏极电流,效果同样好。

两个输入电压信号

$$u_1 = U_{DC1} + U_1\sin(\omega_1 t) \tag{14.26}$$

$$u_2 = U_{DC2} + U_2\sin(\omega_2 t) \tag{14.27}$$

应用于用作混频器的双栅极FET晶体管,如图14.10所示。在标准共源共栅配置中,晶体管 M_1 设置为 u_1 信号的CS放大器,而 M_2 用作CG电流缓冲器。因此假设 $u_2 = \text{const.} = U_{DC2}$,将饱和状态下的 M_1 晶体管的等式(忽略其非线性效应)写成

$$\begin{aligned} I_D &= k(U_{GS} - U_{th})^2 = k(u_1 - u_{th})^2 \\ g'_m &\overset{\text{def}}{=\!=} \frac{dI_D}{dU_{GS}} = 2\text{k}(u_1 - U_{th}) = 2k[U_1\sin(\omega_1 t) - U_{th}] \end{aligned} \tag{14.28}$$

式中 $U_{DC1,2}$——恒定偏置DC电压(V);

$$k = (\mu_n C_{ox} W)/(2L);$$

U_{th}——MOS阈值电压(V);

g'_m——M_2 栅极处于小信号的电平条件下的电路总 g_m。

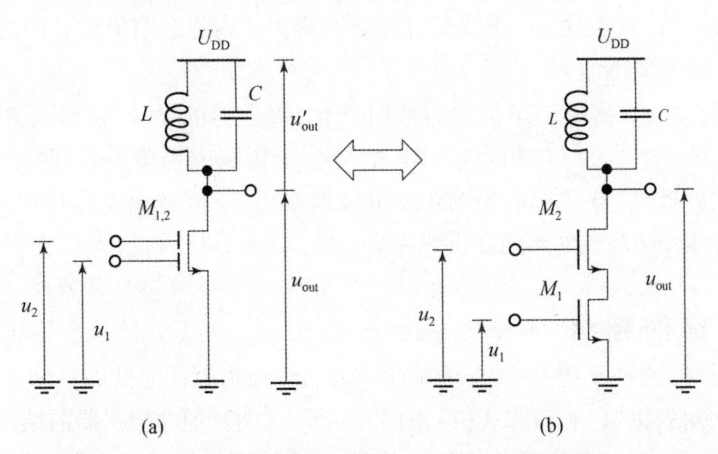

图14.10 双栅极FET混频器的简化示意图及其等效电路图(假设M1和M2相同)

漏极电流 I_D 无损耗地通过电流缓冲器 M_2(即两个晶体管具有相同的漏极电流),其后是 LC 负载。因此谐振时 LC 负载上的电压大约受限于其动态电阻 R_D 乘以漏极电流,该值与相对于 U_{DD} 的输出电压 U'_{out} 相同。

换句话说

$$U'_{out}=I_DR_D=g'_mu_1R_D=g'_mR_DU_1\sin(\omega_1t) \tag{14.29}$$

也就是说当 M_2 的栅极处于小信号时,信号 u_1 电路作为 CS 级联放大器工作;但当 M_2 的栅极用作第二信号的输入端时,例如当双栅极 MOS 混频器信号 u_2 来自本地振荡器(LO)时,公共漏极电流由 u_2 控制。由于 u_2 电压的变化引起的漏极电流的变化表现为电路总 g_m 的变化,如

$$\begin{aligned}
I_D&=k[(U_{DC2}+U_{GS2})-U_{th}]^2\\
g_m&\equiv\frac{dI_D}{d(U_{DC2}+U_{GS2})}=2k[(U_{DC2}+U_{GS2})-U_{th}]\\
&=2kU_{DC2}+2k(U_2\sin(\omega_2t)-U_{th})\\
&\sim g'_m+g_{m\Delta}\sin(\omega_2t)
\end{aligned} \tag{14.30}$$

式中,g'_m 是 u_1 式(14.28)引起的电路 g_m 的一部分,而 $g_{m\Delta}$ 是 u_2 引起的电路 g_m 的变化,u_2 的共模电压为 U_{DC2}(即以 U_{DC2} 为中心)。重要的是要注意 U_{DC2} 不再是常数,因为两个晶体管具有相同的漏极电流,因此这种设置是可行的。

将式(14.29)中的 g'_m 替换为式(14.30)中的 g_m 后,结果如下

$$\begin{aligned}
U_{out}&=[g'_m+g_{m\Delta}\sin(\omega_2t)]R_DU_1\sin(\omega_1t)\\
&=g'_mR_DU_1\sin(\omega_1t)+g_{m\Delta}R_DU_1\sin(\omega_2t)\sin(\omega_1t)\\
&\sim g_{m\Delta}R_DU_1[\cos(|\omega_1-\omega_2|t)+\cos((\omega_1+\omega_2)t)]
\end{aligned} \tag{14.31}$$

式(14.31)仅关注 cos 乘积项,LC 谐振器调谐到两个期望信号中的任一个,并滤除所有其他谐波。

总而言之,双栅极 FET 混频器常用于 RF 混频器的设计,将输入 RF 信号与 LO 相乘,设置适当的 LO 频率后,RF 信号会在频域中精确偏移即"下变频"或"上变频"。此外,从式(14.31)可以明显地看出 u_2 信号幅度应尽可能大以使 $g_{m\Delta}$ 项最大化,这是该电路的优点之一。

14.7 镜像频率

信号乘法如式(14.1)和式(14.6)的一个不太明显但非常重要的结论是,对于任何给定的频率 ω_1 都有两个单独的单音 ω_2 和 ω_3,它们产生完全相同的 $|\omega_1-$

$\omega_2|=|\omega_1-\omega_3|$信号(图14.11①)。同时较高频率的信号($\omega_1+\omega_2$)和($\omega_1+\omega_3$)很容易被区分。这种双频进入混频器并产生相同输出信号的现象在无线通信系统中非常重要,其通常被称为“镜像频率”或“重影”。例如,如果初始的目的是将频率ω_1和ω_2相乘,那么信号ω_3将被视为镜像频率。类似地,如果初始目的是对ω_1和ω_3的信号进行频谱搬移,那么ω_2将被视为镜像频率。

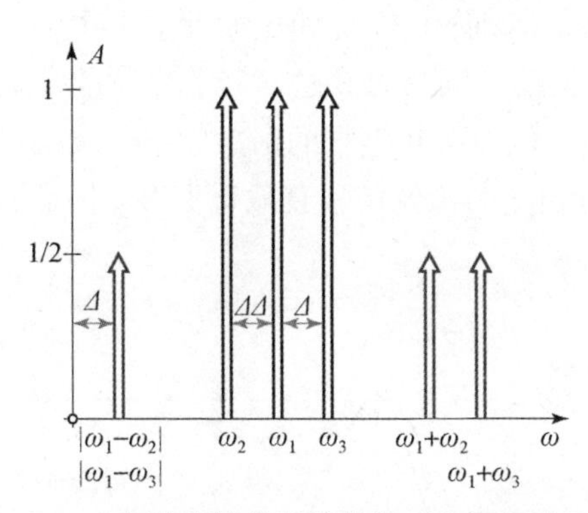

图14.11 主频率和镜像频率的相对位置频域示意图

14.7.1 镜像干扰抑制

镜像频率的问题是非常现实的,通常通过使用以下两种方法处理。首先,发射频率由国家统一进行使用授权许可和分配,禁止那些会给已经在用的频率带来镜像干扰的频率用于通信。第二,要求无线电接收机前端电子设备能够按指定的值抑制对应于所需信号的镜像频率。

接收机的前端由一个或多个并联调谐谐振电路组成,这些电路充当以所需频率为中心的高Q带通滤波器。为了真正理解对高Q谐振器的需求,需要尝试弄清当输入信号频率与LC储能谐振频率不完全相同时会发生什么,也就是镜像频率与被前端LC储能电路的Q因子抑制的谐振频率的距离$\Delta\omega$是多少。

14.7.1.1 LC谐振回路导纳

为了估计不在谐振LC频率中心的信号的抑制量,我们需要评估实际LC谐振模型的频率依赖性,如图10.10所示。一个实际的电感模型,其由一个理想电感L和一个理想电阻R的串联组合而成,R表示谐振环路中的总线路电阻(包括电感的DC电阻),而仍然认为电容是理想的。此前已经导出了一个表达

① 虽然是有三个信号ω_1、ω_2和ω_3显示为具有相同的幅度,但通常情况并非如此。

式(10.60),为了方便起见,这里再重复一下

$$|Y| = Y_0\sqrt{1+(\delta Q)^2} \tag{14.32}$$

式中:ω 接近 ω_0(即小于十倍),因此 $\omega/\omega_0 \approx 1$,且

$$\delta = \frac{\omega}{\omega_0} - \frac{\omega_0}{\omega} \tag{14.33}$$

图 14.12 中的曲线图说明了高 Q 和低 Q 谐振器情况下,谐振信号 ω_0 和附近信号 ω 镜像之间的关系。较低的 Q 值意味着更宽的带宽,这意味着信号镜像干扰相较于(ω_{image})归一化为0dB 电平的谐振频率衰减得更多;更高的 Q 提供了更窄的带宽,这意味着相同的镜像信号衰减得更多。因此相对于 ω_0 处的期望信号,它会被抑制的更多。

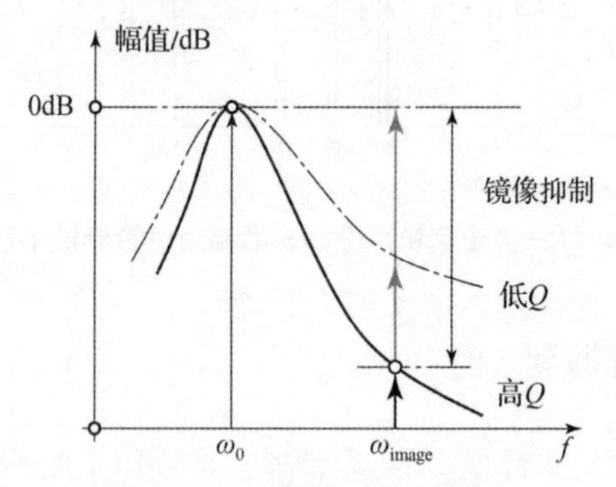

图 14.12　镜像干扰抑制措施

假设信号电流为 I_s,计算镜像频率下式(14.32)的输出电压的简易表达为

$$|U_0| = \frac{|I_s|}{|Y|} = \frac{I_S}{Y_0\sqrt{1+(\delta Q)^2}} \tag{14.34}$$

其在谐振时降低到 $U_0(\omega_0) = I_s/Y_0$。因此非谐振电压和谐振电压之间的相对电压比由下式给出

$$A_r \triangleq \frac{|U_0|}{U_0(\omega_0)} = \frac{1}{\sqrt{1+(\delta Q)^2}} \tag{14.35}$$

对于单调谐电路,如果包含了多个调谐电路并且各个电路被放大器隔离,则总响应由乘积 $A_r(\mathrm{tot}) = A_{r1}A_{r2}\cdots A_{rn}$ 给出。镜像抑制的进一步改进通常通过使用双变频无线电接收机架构来实现。

示例 84:镜像抑制

使用 $Q = 50$ 的 LC 谐振器将 AM 广播接收机调谐到 500kHz。计算以 1430kHz 传输的无用信号的信号抑制(dB)。

解 84:由于前端 LC 谐振器的调谐频率为 $f_0 = 500\mathrm{kHz}$,无线电发射机发射在

这个频率上的就是所需的信号。然后直接实现式(14.32)如下:

$$\delta Q=\left(\frac{\omega}{\omega_0}-\frac{\omega_0}{\omega}\right)\quad Q=\left(\frac{1430}{500}-\frac{500}{1430}\right)50=126$$

其中,在代入式(14.35)并逼近$\sqrt{1+126^2}\approx126$后,得

$$A_{\mathrm{r}}=20\lg\frac{1}{126}=-42\mathrm{dB}$$

因此,如果第二个无线电台以1430kHz的频率发射,其接收到的信号比来自所期望的无线电台的信号弱126倍。使用两个调谐放大器将会使其选择性加倍,并将镜像干扰信号进一步抑制到-84dB。

14.8 案例研究:双门JFET射频混频器

当研究第13.8节中的RF放大器后,由于其使用了JFET共源共栅拓扑结构,因此只需稍加修改即可为相同的AM接收机创建RF混频器。如图14.1所示,该混频器旨在将输入的10MHz RF载波下变频至455kHz IF频率。

双栅极FET晶体管是用于倍频的天然器件,详见第14.6节。因此在本案例研究中,可简单地重复使用现有的RF放大器,其中共源共栅晶体管J_2现在以与J_1相同的方式使用:J_1的栅极用作RF信号的输入,而J_2的栅极接收LO信号,如图14.13所示。

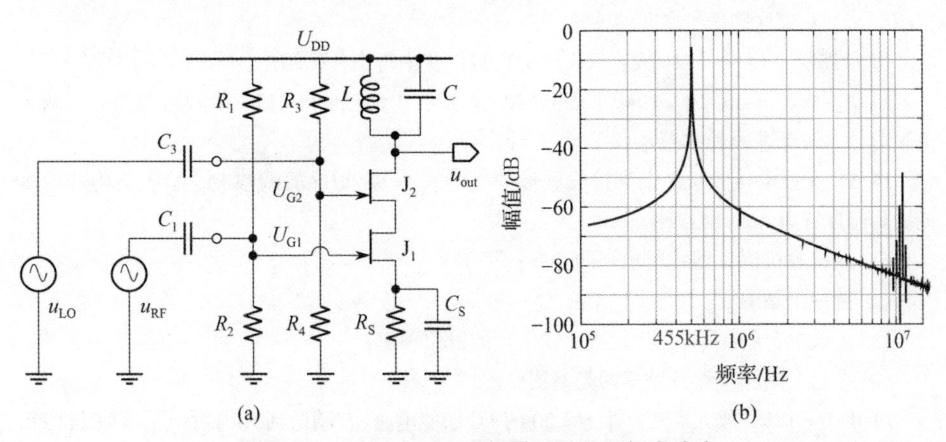

图14.13 双门JFET混频器原理图和频率响应

需要修改的是LC谐振器必须以$f_{IF}=455$kHz为中心,可以通过$L=15\mu$H和$C=8.156920$nF来实现。通常这样的电容是通过并联固定电容和微调电容实现的。此外为了满足$BW=10$kHz规格,须选择具有$Q=46$或等效$R_D=1950\Omega$的电感。测试时使用两个正弦非调制波形进行仿真,这两个波形的幅度已经被RF

放大器和本地振荡器电路放大。也就是说,进入混频器的输入信号已经在 1 ~ 2V 的数量级。瞬态分析表明,该电路在其输出端产生完整幅度之前大约需要 100μs 的过渡时间。随后傅里叶分析清楚地表明,IF 信号比原始 RF 和 LO 信号几乎强 50dB,它们的乘积接近 10MHz 或其他倍数,如图 14.13(b)所示。

14.9 本章小节

在本节中,详细介绍了对无线电通信系统至关重要的频谱搬移机制。基本的数学运算是基于两个正弦形式信号相乘,而实际中是基于两个单频信号通过一个非线性元件实现的。因为在基于二极管的实际系统中乘法运算不完美,所以需要 BJT 或 FET 等额外的滤波器件来消除无用信号。作为乘法运算的副产物,镜像频率的存在及其对有用信号存在影响。镜像抑制是无线电接收机前端的一项重要要求;因此本章推导了相关公式,用于估算相对于与 LC 谐振频率一致的所需信号的镜像(或任何其他边频信号)抑制。

问题

14.1 使用这四个单音频信号:$S_1 = U_1 \sin(\omega_1 t)$,$S_2 = U_2 \sin(\omega_2 t)$,$S_3 = \cos(|\omega_1 - \omega_2| t)$,和 $S_4 = \cos((\omega_1 + \omega_2) t)$,假设 $f_1 = 1\text{MHz}$,$f_2 = 20\text{MHz}$,$U_1 = 2\text{V}$,$U_2 = 3\text{V}$,请执行以下操作。

(1)找出 $S = S_1 S_2$ 的表达式。使用选择的绘图软件,在同一窗口中绘制 S、$(U_1 U_2) S_1$ 和 $-(U_1 U_2) S_1$。观察这些信号之间的关系。

(2)绘制 $S_0 = 1/2 \cdot (U_1 U_2) \cdot (S_3 - S_4)$,可以从中得出什么结论?

14.2 从 $S_1 = \sin(2\pi \times 10\text{MHz} \times t)$开始,找出可用于产生 $f = 1\text{kHz}$ 单频信号的另外两个单频信号。解释过程和结果。

14.3 无线电接收机调谐到接收载波频率为 $f_{RF} = 980\text{kHz}$ 的调幅波。接收机内部的本地振荡器设置为 $f_{LO} = 1435\text{kHz}$。求:

(1)从接收机混频器发射出来的频率;

(2)哪一个是 IF;

(3)无线电台的频率,它将代表无线电台的镜像频率;

(4)在这个问题中涉及频率的频率图。

14.4 一个 RF 放大器有一个 $Q = 20$ 的 LC 储能电路,它调谐到 RF 频率 f_0。如果镜像频率比 RF 信号高 10%,估计镜像信号的衰减。

第 15 章

调　制

从广义上讲,“调制”意味着某个参数随时间的变化,其中“变化”本身就是需传输的消息。例如当听到扬声器发出振幅稳定和频率恒定的单音频信号时,仅仅接收了到最简单的信息,该信息传递的只有信号源存在的信息而没有其他信息。如果信号源被关闭,甚至不能确定是否有信号源存在。为了传递更复杂的消息,通信系统必须使用至少是基于时分的最简单的调制方案,即打开和关闭信号源,通过收听短或长的哔哔声,人们可以一个字母一个字母地解码复杂的信息。尽管速度慢且效率低,但莫尔斯电码确实有效,甚至在如今的某些特殊情况下仍在使用,例如在信噪比很低的环境中使用。

在这一章中,将研究无线通信的主要调制技术,这些技术都是基于周期性电信号的时间变化来进行研发的。

15.1　调幅

从概念上讲,调幅(AM)是载波调制中最简单的类型。在这种技术中载波信号的幅度复制了携带信息的信号形状(例如声音或脉冲信号),如图 15.1 所示。

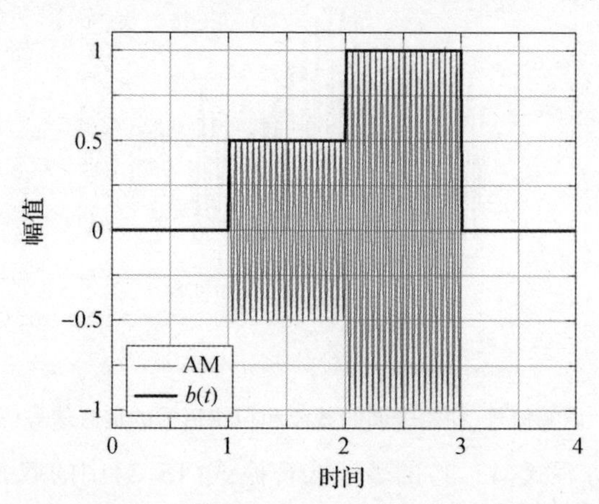

图 15.1　叠加 AM(红色)和 $b(t)$(蓝色)波形的时域图

(调制信号信息 $b(t)$ 控制载波幅度)(见彩图)

根据傅里叶变换可知复杂信号由多个单频信号组成,这些单频信号占据着由频谱中最低f_{min}和最高f_{max}决定的某个带宽。傅里叶变换能够通过将复杂信号分解成基本单频信号谐波,从而对其进行信号分析处理。该变换还可以通过一系列单频信号合成几乎任何时域形状的复杂信号波形,例如方波。

简单起见,这里使用两个单频时变信号(假设初始相位为零)解析地演示AM调制技术。即仅使用一个单频信号波形作为复杂信号的代表,以此来代替分析真正复杂的信息。根据傅里叶变换的原理,同样的分析适用于其他所有携带复杂信息的谐波。

$$b(t) = B\sin\omega_b t \tag{15.1}$$

$$c(t) = C\sin\omega_c t \tag{15.2}$$

式中 $b(t)$——LF信号(即"基带"调制信号);

B——其最大幅度(此处简单地称为$b(t)$正弦波的幅度);

ω_b——其角频率(此处为单频而非频带);

$c(t)$——高频载波信号;

C——其幅度;

ω_c——其角频率。

调制信号$b(t)$和载波的最大幅度C之和称为"包络"$e(t)$,可描述为

$$e(t) = C + b(t) \tag{15.3}$$

注意,对于未调制的AM信号即$b(t)=0$,包络$e(t)$等于载波的幅度C,因此在这种情况下它是恒定不变的。除此之外不管是单频信号(如本分析中)还是一般语音信号,如图15.2所示,AM信号的包络都会复制这些信息。

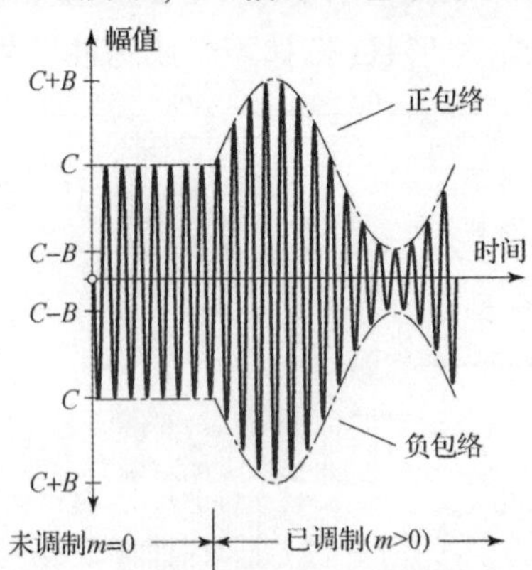

图15.2 调幅信号、初始未调制载波和包络形式的信息信号(见彩图)

通过用包络方程式(15.3)的表达式替换式(15.2)中的载波幅度C,导出调制载波幅度$C_{AM}(t)$的解析表达式,这相当于说载波幅度由基带信号调制,即

$$C_{AM}(t) = e(t)\sin\omega_c t$$

$$
\begin{aligned}
&= (C + B\sin\omega_{\mathrm{b}} t)\sin\omega_{\mathrm{c}} t \\
&= C\left(1 + \frac{B}{C}\sin\omega_{\mathrm{b}} t\right)\sin\omega_{\mathrm{c}} t \\
&= C(1 + m\sin\omega_{\mathrm{b}} t)\sin\omega_{\mathrm{c}} t
\end{aligned} \tag{15.4}
$$

$$
\frac{C_{\mathrm{AM}}(t)}{C} = \sin\omega_{\mathrm{c}} t + m\sin\omega_{\mathrm{b}} t\sin\omega_{\mathrm{c}} t \tag{15.5}
$$

$$
= \sin\omega_{\mathrm{c}} t + \frac{m}{2}[\cos|\omega_{\mathrm{c}} - \omega_{\mathrm{b}}|t - \cos|\omega_{\mathrm{c}} + \omega_{\mathrm{b}}|t] \tag{15.6}
$$

式中

调制指数 m 定义为

$$
m \overset{\mathrm{def}}{=} \frac{\text{调制信号最大幅度}}{\text{载波信号最大幅度}} = \frac{B}{C} \tag{15.7}
$$

注意在不失一般性的情况下,在式(15.4)中设置 $C=1$ 之后,随后的所有信号都被归一化为载波幅度。

AM 中的调制指数 m 是一个重要的通信参数,它表示基带和载波最大幅度之比,如图 15.3 所示。为了获得高效的功率传输和高 SNR,人们希望调制信号的幅度相对于载波的幅度尽可能高。在这方面有三种可能的关系。

(1)$m<1$:如果载波的最大幅度大于调制信号的幅度,则嵌入的包络可以真实地表示出信息(在这种情况下,是一个单纯的正弦形状),但此时 SNR 并没有达到其最大值,如图 15.3(a)所示。换句话说,仍然有增加信号幅度的空间。

(2)$m=1$:如果载波的最大幅度等于调制信号的幅度,那么嵌入的包络仍然是信息的真实副本(即($b(t)$),此时 SNR 达到最大值,如图 15.3(b)所示。换句话说,不可再增加信号的幅度。

(3)$m>1$:如果载波的最大幅度小于调制信号的幅度,则嵌入的包络不是所传输信息的真实副本,如图 15.3(c)所示,因为信号的幅度大于载波的幅度。因此会出现“信号削波”,即包络会失真,包络不再是所传输信息的真实副本,此时包络不是 $b(t)$ 的完整波形复刻。

请注意,调幅信号有两个对称的包络,即一个正包络和一个负包络,且它们携带相同的信息。只要两个包络保持分离且不重叠(即正包络保持为正,负包络保持为负),就有可能从两个包络中的任何一个中恢复出信息,如图 15.3(a)和(b)所示。但当两个包络重叠时,如图 15.3(c)所示,波形就会失真,因为正包络的部分交叉并成为负包络的一部分(反之亦然)导致了信号削波。这被称为“过调幅”:正包络和负包络看起来都不像原始信息(它看起来像一个削波的正弦曲线)。注意,在过调幅的情况下,式(15.5)在削波区域内无效。在实际系统中调制指数大部分时间都接近 1 并接近于频谱中最强的谐波。

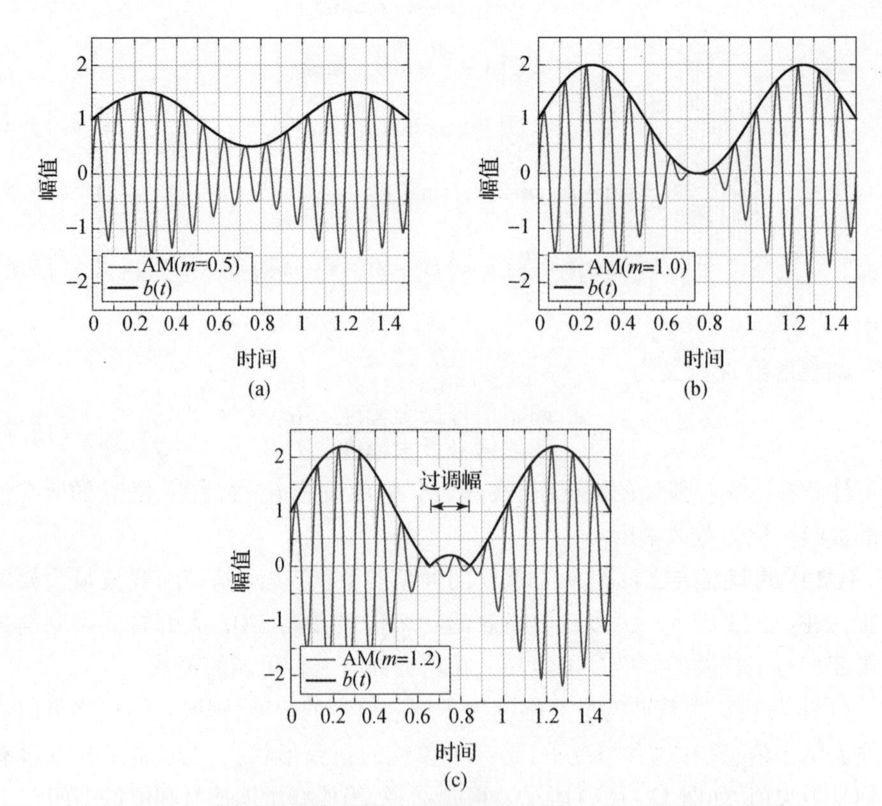

图 15.3　三个调幅指数值的正弦调幅(如式 15.5)的时域图(见彩图)

(a) $m = 0.5$;(b) $m = 1.0$;(c) $m = 1.2$。

15.1.1　梯形图案和调制指数

除了简单的单音调制信号(图 15.3)之外,使用示波器在时域观察调幅信号都很麻烦,因为很难同时对给定带宽内所有谐波扫描。相反,非周期性信号例如声音,是用"梯形法"观察的,这种方法通常用于绘制 Lissajous 曲线。在这种方法中,AM 信号 $C_{\mathrm{AM}}(t)$ 馈入示波器的通道 A,调制信号 $b(t)$ 馈入通道 B。通过设置绘图模式使通道 A 在纵轴上、通道 B 在横轴上,调幅信号就会绘制出类似于如图 15.4 所示中的梯形图形。

AM 调制指数的扩展形式写为

$$m \stackrel{\text{def}}{=} \frac{B}{C} = \frac{(C+B)-(C-B)}{(C+B)+(C-B)} = \frac{2(C+B)-2(C-B)}{2(C+B)+2(C-B)} \tag{15.8}$$

这容易就与图 15.4 中曲线的几何尺寸联系起来。因此,通过直接在示波器上测量梯形长边和短边的长度并应用式(15.8),就可以计算出调制指数。

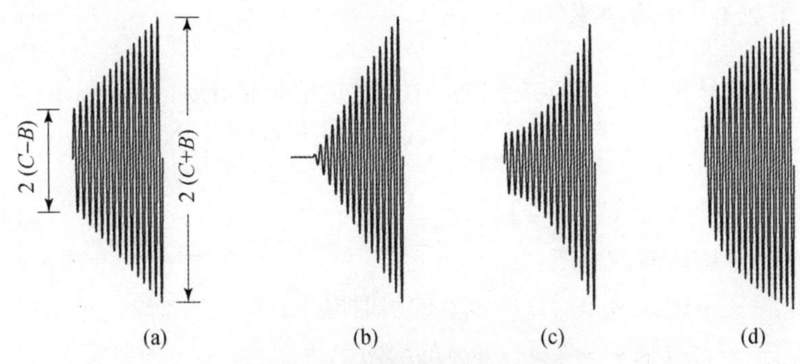

图 15.4 调幅信号的梯形模式

(a)用于 $m<1$;(b)用于 $m>1$,剪切部分作为直线尾部容易看到;

(c)用于 $m<1$ 和弱 RF 驱动器,即载波信号太强;

(d)对于 $m<1$ 和非线性调制器,高振幅具有可见非线性增益。

15.1.2 调幅信号的频谱

由式(15.4)和式(15.6)可知,调幅是基于第 14.2 节所讨论的乘法运算的。因此,AM 信号的频率成分还包含两个“边频”,上边频$(\omega_c+\omega_b)$和下边频$|\omega_c-\omega_b|$。此外 AM 信号还包含载波频率 ω_c。重要的是注意边频的幅度要乘以 $m/2$,这(在 $m=1$ 的最佳情况下)意味着边频的幅度是载波幅度信号的一半,如图 15.5 所示。同时,对于最高频率为 ω_b 且 $\omega_c>\omega_b$ 的基带信号,AM 信号占用带宽

$$\mathrm{BW} \stackrel{\mathrm{def}}{=} \omega_{\max}-\omega_{\min}=(\omega_c+\omega_b)-(\omega_c-\omega_b)=2\omega_b \tag{15.9}$$

因为 $\omega_b \ll \omega_c$,以载波频率为中心,AM 包含的三个信号,即$|\omega_c-\omega_b|$、ω_c 和$(\omega_c+\omega_b)$在 AM 频谱中彼此非常接近,即它们就是可以通过天线无线传输的 HF 信号。

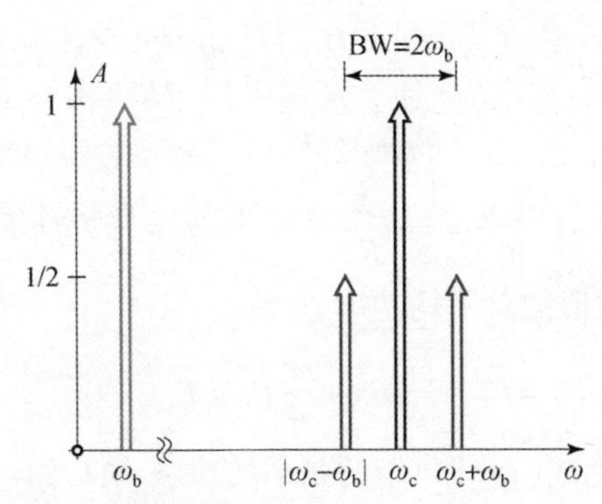

图 15.5 AM 信号的频谱(包含两个边频$(\omega_c+\omega_b)$、$|\omega_c-\omega_b|$和载波频率为 ω_c)

15.1.2.1 平均功率

将 AM 信号式(15.6)的三个谐波中包含的能量量化为

$$C_{\mathrm{AM}}(t)=\sin\omega_{\mathrm{c}}t+\frac{m}{2}\cos\omega_{\mathrm{L}}t-\frac{m}{2}\cos\omega_{\mathrm{U}}t$$
$$=C_{\mathrm{C}}+C_{\mathrm{L}}-C_{\mathrm{U}} \tag{15.10}$$

式中 C_{C}——瞬时载波电压;

C_{L}——下边频 $\omega_{\mathrm{L}}=|\omega_{\mathrm{c}}-\omega_{\mathrm{b}}|$ 的瞬时电压;

C_{U}——上边频 $\omega_{\mathrm{U}}=(\omega_{\mathrm{c}}+\omega_{\mathrm{b}})$ 的瞬时电压。

因此 AM 波在电阻 R 上的瞬时功率为

$$P_{\mathrm{AM}}\overset{\mathrm{def}}{=}\frac{C_{\mathrm{AM}}^2}{R}$$
$$=\frac{(C_{\mathrm{C}}+C_{\mathrm{L}}-C_{\mathrm{U}})^2}{R}=\frac{C_{\mathrm{C}}^2}{R}+\frac{C_{\mathrm{L}}^2}{R}+\frac{C_{\mathrm{U}}^2}{R}+\frac{2}{R}(C_{\mathrm{C}}C_{\mathrm{L}}-C_{\mathrm{L}}C_{\mathrm{U}}-C_{\mathrm{C}}C_{\mathrm{U}}) \tag{15.11}$$

式中:三个平方项表示每个波分量的瞬时功率:载波、上变频波和下边频波。

首先评估一下叉积项($C_{\mathrm{C}}C_{\mathrm{L}}-C_{\mathrm{L}}C_{\mathrm{U}}-C_{\mathrm{C}}C_{\mathrm{U}}$)。正如在第 14.2 节中讨论的,两个正弦项的乘积是另一个正弦项(它是否频谱搬移与这里的讨论无关)。此外正弦波形的平均值为零,因此所有三个叉积的平均值为零,不会影响总平均功率的计算。

参考式(15.2)和式(15.10),对于式(15.11)中的三个平方项,从载波电压开始,将它们的平均功率表示为

$$\overline{P_{\mathrm{C}}}=\frac{C_{\mathrm{Crms}}^2}{R}=\frac{\left(\dfrac{C}{\sqrt{2}}\right)^2}{R}=\frac{C^2}{2R} \tag{15.12}$$

$$\overline{P_{\mathrm{L}}}=\frac{C_{\mathrm{Lrms}}^2}{R}=\frac{\left(\dfrac{mC/2}{\sqrt{2}}\right)^2}{R}=\frac{m^2}{4}\frac{C^2}{2R}=\frac{m^2}{4}\overline{P_{\mathrm{C}}} \tag{15.13}$$

$$\overline{P_{\mathrm{U}}}=\frac{C_{\mathrm{Urms}}^2}{R}=\frac{\left(\dfrac{mC/2}{\sqrt{2}}\right)^2}{R}=\frac{m^2}{4}\frac{C^2}{2R}=\frac{m^2}{4}\overline{P_{\mathrm{C}}}=\overline{P_{\mathrm{L}}} \tag{15.14}$$

因此,AM 调制波形的总平均功率 P_{T} 为

$$\overline{P_{\mathrm{T}}}=\overline{P_{\mathrm{C}}}+\frac{m^2}{4}\overline{P_{\mathrm{C}}}+\frac{m^2}{4}\overline{P_{\mathrm{C}}}=\overline{P_{\mathrm{C}}}\left(1+\frac{m^2}{2}\right) \tag{15.15}$$

为了简化,考虑到式(15.15)指的是平均功率,简写为

$$P_{\mathrm{T}}=P_{\mathrm{C}}\left(1+\frac{m^2}{2}\right) \tag{15.16}$$

同样,AM 因子 m 的值对于总功率传输效率很重要。由式(15.16)可知,$m=1$ 时的总平均功率为 $P_T=1.5P_C$,而每个边带仅传输$\frac{1}{4}P_C$。可以得出,对于 $m=1$ 的 AM 方案

$$P_T=P_C\left(1+\frac{m^2}{2}\right)=\frac{3}{2}P_C,P_U=P_C\frac{m^2}{4}=\frac{1}{4}P_C,P_L=P_C\frac{m^2}{4}=\frac{1}{4}P_C$$

也就是说,总功率与边带功率的比值为

$$\frac{P_U}{P_T}=\frac{\frac{1}{4}P_C}{\frac{3}{2}P_C}=\frac{1}{6},\ \frac{P_L}{P_T}=\frac{\frac{1}{4}P_C}{\frac{3}{2}P_C}=\frac{1}{6}$$

即只有 1/6 的总功率存在于每个边带中(每个边带包含有用信息的副本),而总功率的 2/3 存在于载波中(载波不包含任何信息)。

尽管上述分析侧重于单频信号,但在这要记住非正弦调制信号由多个正弦波组成,不一定是谐波相关的。因此总平均功率是单个单音平均功率的总和

$$P_T=P_C\left(1+\frac{m_1^2}{2}+\frac{m_2^2}{2}+\cdots\right) \tag{15.17}$$

式中:$m_i(i=1,2,\cdots,n)$是信号 i 的调制指数。

对类似于语音的随机信号的详细分析涉及统计数学模型,并且是信号处理高级课程的主要内容,因此在本书中不多赘述。

15.1.2.2 双边带和单边带调制

到目前为止所描述的幅度调制方案是信号调制最直接的方式,它的全称是“双边带全载波”(DSB - FC)调制或者 AM 调制,其优点是调制和解调非常简单,但缺点如下:

(1)它可能会因为过度调制而导致信号失真(产生的新信号最终可能会偏移到指定的带宽之外);

(2)它的功率利用率较低(大部分传输功率在载波中,但载波不包含信息);

(3)它所需的带宽是调制信号带宽的两倍,也就是说它没有有效地使用频率带宽,这点很重要,因为总的可用带宽是有限的,这一点直接决定了最大的用户数量。

DSB - FC 调制方案的低功率利用率和带宽要求是现代利用电池供电的 RF 设备面临的重要问题。通过分析式(15.10)和式(15.16)得出结论,在载波到达发射天线之前,通过从 AM 信号频谱中去除载波成分可以节省大量功率。这种调制方案被称为“抑制载波双边带”(DSB - SC)调制。事实上,各类对称调制电

路(通常称为“平衡调制器”)都是为了消除载波信号而开发的。在数学术语中平衡调制器真正实现了三角恒等式(14.1)和(14.6),其中只有“上边带”(USB)和“下边带”(LSB)信号而没有载波频率 ω_c 本身。

通常情况下很少传输单频信号,而最常传输的是如语音或音乐的复杂信号。从概念角度来看,设计者主要关心的是确定信号所需的频率带宽,例如音频信号占用大约 20kHz 的带宽,这意味着必须为其传输分配 20kHz 的频率带宽。因此需要使用 USB 和 LSB 这两个术语来表明发射信号由多个单频信号组成,其中边带受其最低和最高信号的频率限制。在通过使用平衡调制器去除载波信号之后,调制信号仍然由较高和较低的边带占用。

通过在 AM 发射机的最后一级使用带通滤波器,可以消除 LSB 或 USB。这种只使用 USB 或 LSB 频率范围的 AM 方案被称为“抑制载波单边带”(SSB - SC)调制。这四种主要调幅方案的频谱如图 15.6 所示。

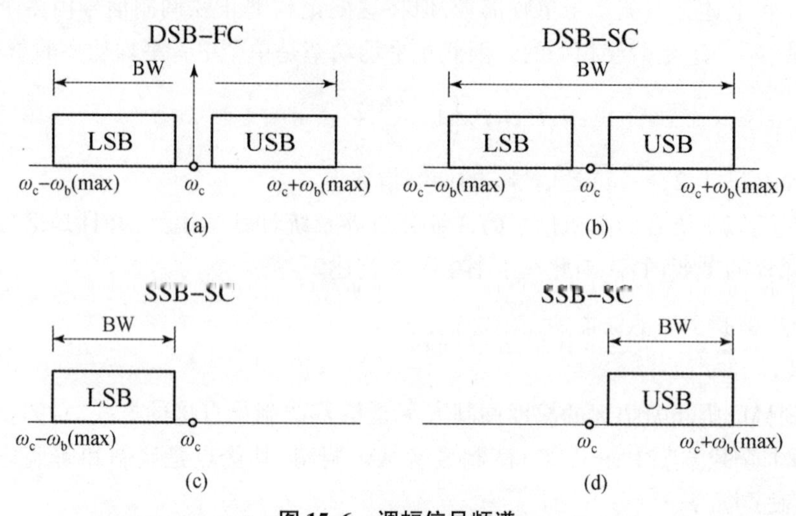

图 15.6　调幅信号频谱

(a)双边带全载(DSB - FC);(b)双边带抑制载波(DSB - SC);
(c)使用下边带(LSB)的单边带抑制载波(SSB - SC);
(d)使用上边带(USB)的单边带抑制载波(SSB - SC)。

示例 85:USB、LSB、载波信号

完整的 20kHz 音频频带由 10MHz RF 载波传输。如果 USB 和 LSB 相隔 $\Delta f =$ 100kHz,这两个边带的频率范围是多少?

解 85:由于 USB 和 LSB 以载波频率为中心并且对称,因此 USB 开始于 $f_{min}(\text{USB}) = 10\text{MHz} + (100/2)\text{kHz} = 10.050\text{MHz}$,然后整个音频频带结束于 $f_{max}(\text{USB}) = f_{min}(\text{USB}) + 20\text{kHz} = 10.070\text{MHz}$。

同样,LSB 占用的频域为 $f_{max}(\text{LSB}) = 10\text{MHz} - (100/2)\text{kHz} = 9.950\text{MHz}$ 至

f_{min}(USB) = f_{max}(LSB) − 20kHz = 9.030MHz。

15.1.2.3 单边带调制的带通滤波器

尽管带通滤波器功能非常简单,但适用于单边带抑制的带通滤波器的设计受到现有技术的限制。考虑带通滤波器所需 Q 因子的常用公式后,主要问题更加明显了,该公式用所需衰减量 A_{dB} 表示为

$$Q = \frac{f_c}{\Delta f}\frac{\sqrt{10^{\left(\frac{A_{dB}}{20}\right)}}}{4} \tag{15.18}$$

式中 f_c——载波频率;

Δf——USB 和 LSB 之间的间隔;

A_{dB}——所需的衰减值,单位为 dB,如图 15.7 所示。

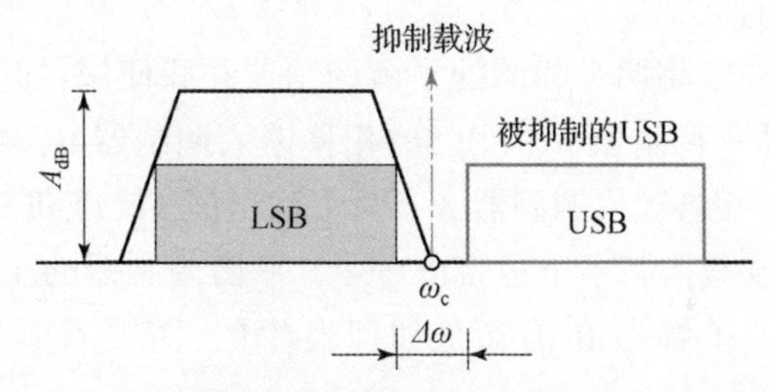

图 15.7　LSB 带通滤波器,定义示例 DSB – SC 信号的抑制量

SSB 抑制带通滤波器的实际实现方式有以下几种。

(1)表面声波(SAW)滤波器是基于压电材料转换机械 – 电信号的混合滤波器。在 AM 频率范围内,这种滤波器 Q 因子能够实现高达 35000(文献报道)。

(2)晶体滤波器是另一种类型的石英晶体,Q 因子可以实现 20000 数量级(这个数字作为一个参考,而不是绝对的参数)。

(3)机械滤波器,其工作原理基于各种金属材料的机械共振(通常假设它们的 Q 因子约为 10000,特别的,一些镍铁合金的 Q 因子可高达 25000)。

(4)陶瓷滤波器由陶瓷合金制成,Q 因子可以达到 2000 数量级。

(5)基于分立元件 RLC 滤波器,通过精心设计,其 Q 因子可达 500 数量级。

这里的 Q 因子数字仅达到说明的目的。因为 Q 因子是针对特定的中心频率和带宽定义的,这意味着不可能总是公平地比较各种类型的 SSB 带通滤波器。但为了便于练习,假设所有这些滤波器都是平等、可比较的。

示例 86:SSB 滤波器在典型的 AM 无线电系统中,信号带宽为 $\Delta f = \pm 100$Hz。如果中心频率为:(1)$f_c = 100$Hz;(2)$f_c = 1$MHz,推测 LSB 抑制在 $A_{dB} = 80$dB 所需的 SSB 滤波器类型。

解 86:参考式(15.18),写出

(1)
$$Q=\frac{f_c}{\Delta f}\frac{\sqrt{10^{\left(\frac{A_{dB}}{20}\right)}}}{4}=\frac{100\text{kHz}}{200\text{Hz}}\frac{\sqrt{10^{\left(\frac{80}{20}\right)}}}{4}$$
$$=12500$$

即所需要的是晶体滤波器或者更好的滤波器。

(2)
$$Q=\frac{1\text{MHz}}{200\text{Hz}}\frac{\sqrt{10^{\left(\frac{80}{20}\right)}}}{4}$$
$$=125000$$

即需要几个 SAW 滤波器级联。

除了使用高 Q 带通 SSB 抑制滤波器直接滤除一个边带的“强制方法”之外,还有许多更复杂的技术在使用。为了说明这种可选性,下面介绍一种典型的代表性方法,称为“相移法”。

在相移法中,一般将两个相同的平衡调制器并联使用,如图 15.8 所示。消息信号 $b(t)$ 直接馈入调制器 A,并以 90°相移馈入调制器 B,载波频率由晶体振荡器提供,并以 90°相移馈入调制器 A。两个输出波 $b_A(t)$ 和 $b_B(t)$ 首先在求和模块中相加,输出波是抑制了下边带的 SSB。平衡调制器的主要特性是其消除了载波频率。为了了解 LSB 消除是如何发生的,需要看看这个系统的数学原理。

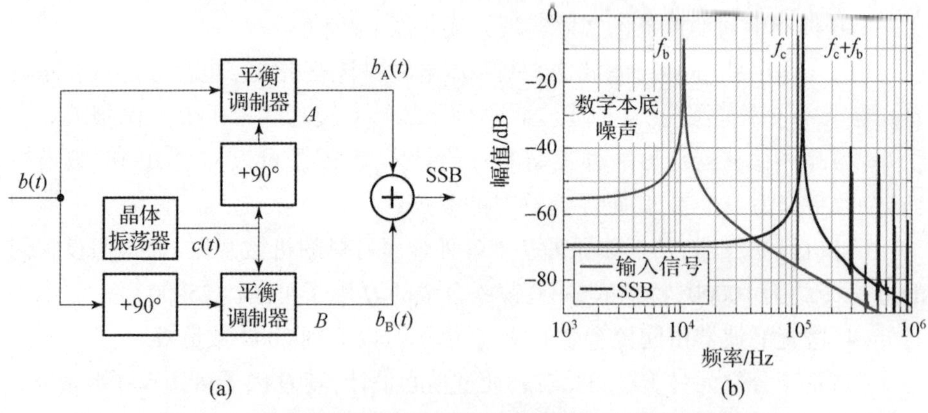

图 15.8 产生单边带调幅信号的相移框图及其频谱(见彩图)

假设消息信号为 $b(t)=\sin(\omega_b t)$,载波信号为 $c(t)=\sin(\omega_c t)$,其中 $\omega_c>\omega_b$,则平衡调制器输出为

$$\sin(\omega_c t)\times\sin(\omega_b t)=\frac{1}{2}[\cos(\omega_c t-\omega_b t)-\cos(\omega_c t+\omega_b t)] \quad (15.19)$$

如果载波频率 ω_c 偏移 90°,则式(15.19)的形式为

$$\sin((\omega_c t+90°))\times\sin(\omega_b t)$$
$$=\frac{1}{2}[\cos((\omega_c t+90°)-\omega_b t)-\cos((\omega_c t+90°)+\omega_b t)] \quad (15.20)$$

相移调制器基于两个平衡调制器,其输出信号为(图15.8)

$$b_A(t)=\cos[(\omega_c t+90°)-\omega_b t]-\cos[(\omega_c t+90°)+\omega_b t]$$
$$=\cos[\omega_c t-\omega_b t+90°]-\cos[\omega_c t+\omega_b t+90°] \quad (15.21)$$
$$b_B(t)=\cos[\omega_c t-(\omega_b t+90°)]-\cos[\omega_c t+(\omega_b t+90°)]$$
$$=\cos[\omega_c t-\omega_b t-90°]-\cos[\omega_c t+\omega_b t+90°] \quad (15.22)$$

式(15.21)和式(15.22)中的两个余弦项中的第一个是相位相反的LSB项,式(15.21)中的余弦项超前90°,而式(15.22)中的滞后90°。因此在求和模块[①]中相加时,它们相互抵消,所以求和模块的输出为

$$\mathrm{SSB}=b_A(t)+b_B(t)=-2\cos[\omega_c t+\omega_b t+90°]=2\sin[\omega_c t+\omega_b t] \quad (15.23)$$

即幅度为2的$\omega_c t+\omega_b t$频率的USB信号。注意到该电路产生真正的SSB-AM输出频谱,通过控制LO的相位,可以选择消除USB或LSB并且不再需要SSB滤波器。从负面影响来看,对宽带相移电路的需求限制了该方案的实用范围。此外接收端的解调器需要与输入的SSB波同步;发射机和接收机本地波形的任何不匹配都将产生所需之外的信号。考虑到随着时间的推移开发出的SSB方案的数量,这里将讨论限制在本节介绍的两种基本技术范围。

15.1.3 频率和相位同步需求

在发射机的AM电路中,携带信息的信号$b(t)$使用发射机VCO产生的本地振荡信号$c(t)$进行上变频。一旦调幅信号离开天线进入自由空间,接收电路必须调谐到适当的频带,并将输入的RF信号下变频到基带。这种频谱搬移由接收机的混频器完成,它使用接收机的VCO作为其乘法运算的高频参考源。

分析和仿真中的一个常见假设是接收机本地VCO产生的频率ω_c与发射机VCO(远离接收机)产生的频率ω_c完全相同。考虑到发射机和接收机之间的超远距离,这两个频率是如何同步的?如果它们在频率或相位上不相等会有什么后果?为了回答这些问题,需要考察当接收机的本地VCO产生的信号在频率和相位上都略有偏差时会发生什么现象。接收机的本地VCO生成一个本地振荡信号,在频率和相位上对于发射机产生的信号的VCO只是稍微偏离,即代替由发射机产生的正确的AM载波$c(t)=f(t)\cdot\cos\omega_c t$,接收机的VCO生成一个稍有偏差的$c'(t)=\cos[(\omega_c+\Delta\omega_c)t+\theta]$,在频率($\Delta\omega_c\neq0$)和相位($\theta\neq0$)上均有

---

① 见章节15.1.2.2.建设性补充。

误差,为简单起见,调制信号为 $f(t)$,并让接收机进行乘法运算,产生 $R(t)$ 接收信号为①

$$
\begin{aligned}
R(t) &= f(t)\cos\omega_c t \times \{\cos[(\omega_c + \Delta\omega_c)t + \theta]\} \\
&= f(t)[\cos\omega_c t\cos\omega_c t\cos(\Delta\omega_c t + \theta) - \cos\omega_c t\sin\omega_c t\sin(\Delta\omega_c t + \theta)] \\
&= \frac{1}{2}f(t)\cos(\Delta\omega_c t + \theta) \\
&\quad + \underbrace{\frac{1}{2}f(t)\cos 2\omega_c t\cos(\Delta\omega_c t + \theta)}_{\text{滤除}} - \underbrace{\frac{1}{2}f(t)\sin 2\omega_c t\sin(\Delta\omega_c t + \theta)}_{\text{滤除}}
\end{aligned} \tag{15.24}
$$

式(15.24)中的最后三项表示的是由于频率和相位不匹配而产生的频谱。为了验证这个结论,假设 $\Delta\omega_c = 0$ 和 $\theta = 0$ 来说明式(15.24)是正确的②。

式(15.24)中的后两项处于高频接近($2\omega_c t$),即 $2\omega_c \pm \Delta\omega_c \approx 2\omega_c$,并被以 $\Delta\omega_c$ 为中心的带通滤波器消除。但第一项表明产生的波形 $R(t)$ 是 $\cos(\Delta\omega_c t + \theta)$ 的函数,而不是正确恢复的信息信号 $f(t)$ 函数。这是一个很严重的问题,因为每次余弦自变量等于 $\pi/2$ 的奇数倍数时,即(滤除高频谐波后)整个 $f(t)$ 信号消失。

$$
R(t) = \frac{1}{2}f(t)\cos(\Delta\omega_c t + \theta) = 0,\ (\Delta\omega_c t + \theta) = (2n+1)\frac{\pi}{2},\ n = 1,2,3,\cdots \tag{15.25}
$$

因此,为了正确解调输入的 DSB 信号,有必要使用相位和频率完全正确(同频同相)的本地信号对其进行相乘。因此在实践中锁相环(PLL)电路是无线通信的基础,因为它们能够合成相位和频率锁定到 RF 载波波形的周期性波形(正弦波或方波)。故它们可以(理想地)消除与本地 VCO 和 RF 载波波形之间的相位和频率偏移相关的问题。另外,如果频率和相位不匹配,还可以在同一频率同时发射第二个 DSB 信道,但载波相位相对于第一信道为 $\theta = 90°$。这两个信号可以彼此独立地接收。这种传输方案被称为"正交复用"。

总结来说,DSB 和单边带传输方案具有以下主要优点:

(1)在信号功率方面是高效率的,没有因为载波信号而造成浪费;

(2)通过正交复用,DSB 可以同时传输两路信号;

(3)就其频率带宽要求而言,SSB 调制是高效的;

这些 AM 方案的主要缺点是需要更复杂的收发机,并且 SSB 不适合脉冲(数字)通信或音频。如今 DSB 或单边带调制接收机中使用了许多不同的方案。

---

① 三角恒等式 $\cos(\alpha \pm \beta) = \cos\alpha\cos\beta \mp \sin\alpha\sin\beta$;

② $\cos 2x = \cos 2x - \sin 2x, \cos 2x + \sin 2x = 1$。

15.1.4 调幅电路

从数学的观点来看,调幅相当于第 14.2 节所述的频谱搬移。换句话说,AM 调制信号 $C_{AM}(t)$ 由调制信号 $b(t)$ 乘以幅值为 ±1 的周期性脉冲流产生,如图 15.9 所示。因此第 14.4 节到第 14.6 节中描述的混频器电路均可用来作幅度调制器电路。第 14.3 节介绍的二极管混频器没有增益,因此它仅在非常高的频率下(此时 BJT/FET 有源器件也会失去增益但速度要快得多)使用。

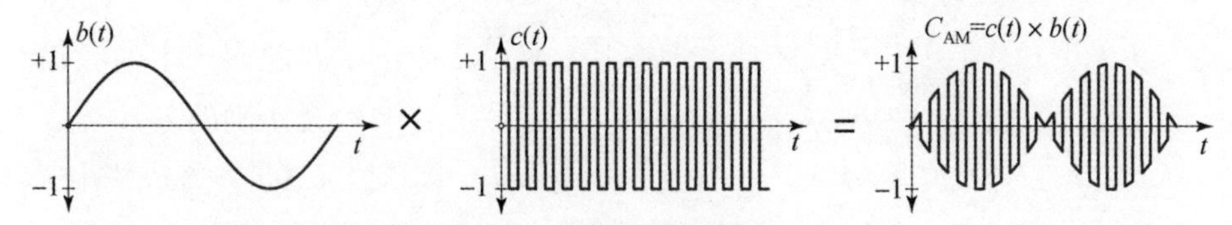

图 15.9 信号 $b(t)$ 与 ±1 脉冲流 $c(t)$ 相乘产生调幅载波信号 $C_{AM}(t)=b(t)\times c(t)$

调制和上变频在发射机电路内部完成,且用于 AM 的电路包含了很多种。发射机电路的详细研究暂不过多讨论,在本书中只关注一般原理和一些典型的调制电路。

幅度调制可以在发射机中的底层位置进行,即信号功率仍然相对较低,例如在 BJT 的低电平输入基础上;或者可以在发射机体系中的高电平级别进行,即载波和调制信号在天线附近结合。

至少有三种可能的底层方案用来产生调幅波,如图 15.10 所示。

(1)由 AM 波形模型式(15.5)的实现,其中 $f(t)=m\cos\omega_b t$,如图 15.10(a)所示。

(2)一种产生调幅波形的非线性器件,该波形在数学上近似为多项式

$$u_0=a_0+a_1u_i+a_2u_i^2+\cdots \tag{15.26}$$

将式(15.26)代入 $u_i=f(t)+A\cos\omega_c t$ 后,得出

$$\begin{aligned}u_0=a_0&\\&+a_1f(t)+a_1\cos\omega_c t\\&+a_2f^2(t)+2a_2Af(t)\cos\omega_c t+a_2A^2f(t)\cos^2\omega_c t\\&+\cdots\end{aligned} \tag{15.27}$$

在展开余弦平方项之后[①],可以看出非线性器件产生了原始信号中不存在的频谱分量,因此需要带通滤波器来滤除远离载波频率的频率分量

① 对 $\cos^2\theta=\frac{1+\cos2\theta}{2}\sin^2\theta=\frac{1-\cos2\theta}{2}$使用三角恒等式。

$$u(t) \approx a_1 \cos\omega_c t + 2a_2 A f(t) \cos\omega_c t \tag{15.28}$$

即为所需的 AM 波形,如图 15.10(b)所示。

(3)非线性不一定由有源元件提供。本质上任何开关函数都是非线性的,由周期信号 ω_c 控制的开关装置通常称为"斩波器",如图 15.10(c)所示,可用于产生调幅波形。实际上斩波器充当的是输入信号 $b(t)$ 与 ω_c 频率下的开关方波(即开关为二进制器件)相乘的乘法器。同样斩波器要后接一个带通滤波器,用于滤除脉冲频谱中的谐波。

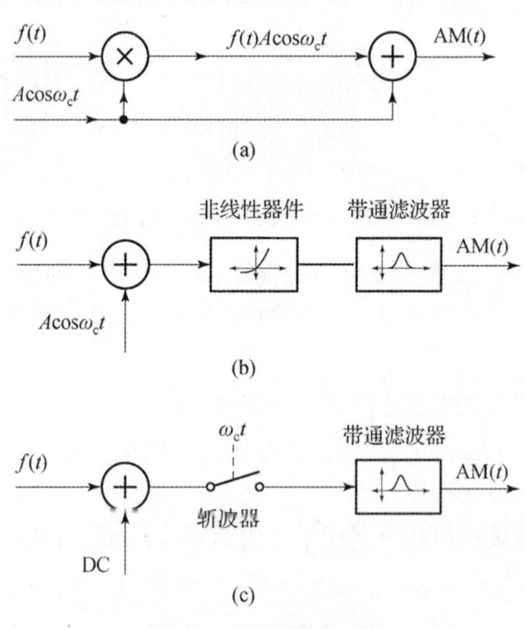

图 15.10　调幅调制器

(a)方案一;(b)方案二;(c)方案三。

低电平 AM 调制器的主要缺点之一是调制后必须跟随一个线性放大器。线性放大器对于功率传输应用来说效率相对较低,因此这些调制方案不适用于商业广播电台中的高功率 RF 发射机,也不适用于现代电池供电的无线设备。取而代之,更常用的是采用 C 类放大器的高级方案的拓扑结构。在接下来的篇幅中,将简单介绍几种常用的调幅电路。

15.1.4.1　BJT 调幅电路

在原则上,进行幅度调制的最简单方法之一是将载波信号和调制信号馈入单个有源器件,如图 15.11 所示。基极用作 RF 信号 $c(t)$ 的输入端,而发射极用作调制信号 $b(t)$ 的输入端。有源器件的非线性特性提供频谱搬移,而输出节点处的LC谐振电路被调谐到两个边带中的任意一个。众所周知,谐振回路在选定的边带频率下呈现高阻抗,同时可有效地将信号频谱中的所有其他信号短接至交流地。

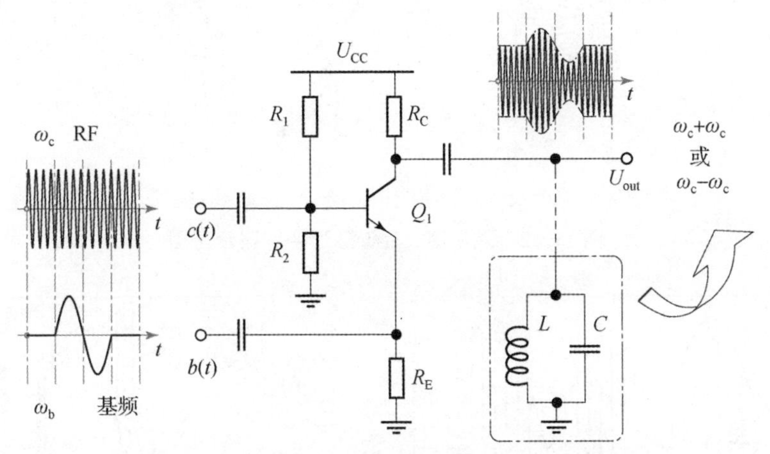

图15.11 典型BJT调幅器电路的简化示意图

15.1.4.2 平衡调幅电路

平衡调制器的主要特性是输出两个输入信号 $b(t)$ 和 $c(t)$ 的乘积,同时抑制其中一个或两个信号。根据有一个还是两个输入信号从输出频谱中移除,平衡调制器被分为单平衡调制器和双平衡调制器。也就是说在双平衡调制器的理想情况下,输出频谱包含($\omega_c \pm \omega_b$)信号,但 ω_c 和 ω_b 两者本身都不包含。如果使用抑制载波 $c(t)$ 信号,则平衡调制器产生DSB-SC频谱。大量均衡调制器的设计方案投入了使用;下面回顾三种典型电路的工作原理:二极管环形调制器、平衡FET调制器和IC平衡调制器。

15.1.4.3 双平衡二极管环形调制器

双平衡二极管环形调制器是一个简单的调幅电路,通常用于通信网络中的低频应用中,它使用了四个二极管和两个变压器,如图15.12所示。这两个变压器体积庞大,这也是这种调制器没有在更多应用中使用的主要原因之一。二极管环形调制器产生的调幅输出是“抑制载波双平衡”信号。二极管对 D_1-D_2(两个横臂)和 D_3-D_4(两个交叉臂)由高频载波 $c(t)$ 控制交替开启和关闭,其中载波信号可以是频率为 ω_c 的正弦波或方波,其振幅(考虑实际二极管压降后)大于调制信号 $b(t)$ 的振幅,如图15.13所示。

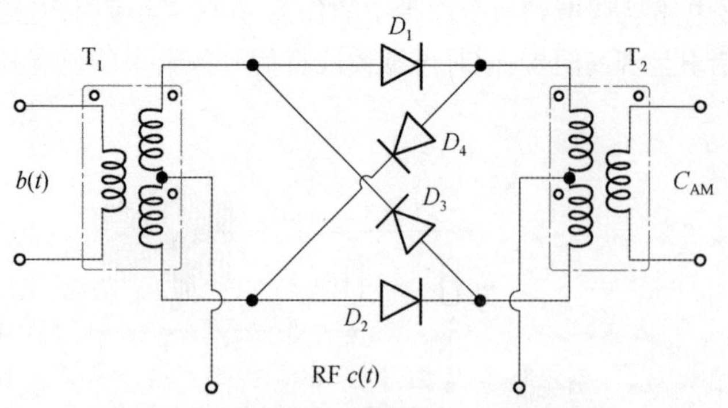

图 15.12 双平衡二极管环形调制器示意图

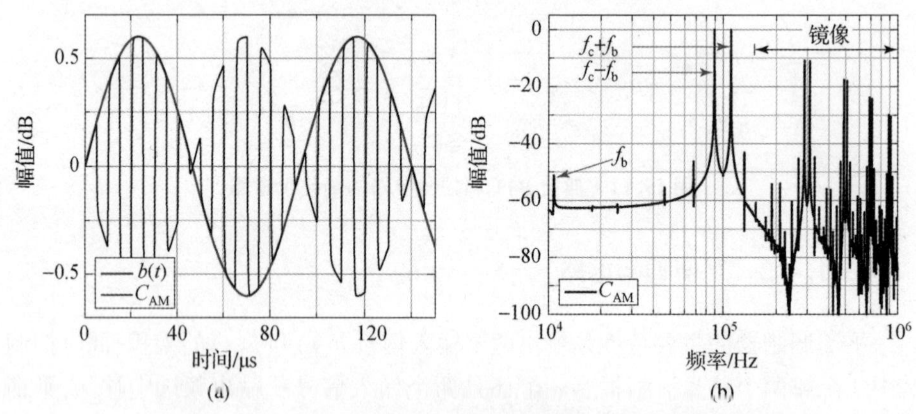

图 15.13 双平衡二极管环形调制器的模拟波形(见彩图)

(a)时域 AM 信号;(b)频谱。

在理想电路中四个二极管都完全匹配且两个变压器完全对称,因此当 HF 信号为零即 $c(t)=0$ 时,输出信号也为零,即 $C_{AM}(t)=0$。通过观察可以发现高频电流进入变压器 T_1 的中心后,分流并通过二极管 D_1 和 D_2,最后在 T_2 的中心再次汇聚并返回高频源。以相反方向进入变压器 T_2 初级侧的两个高频电流在 T_2 次级侧感应出大小相等、极性相反的电压,因此相互抵消并产生零电压输出。

方波开关函数 $c(t)$ 可以用傅里叶级数进行展开,其幅度为 $A=\pi/2$。

$$c(t)=\sin\omega_c t+\frac{1}{3}\sin 3\omega_c t+\cdots\frac{1}{n}\sin n\omega_c t+\cdots \tag{15.29}$$

式中:$n=2k+1$ 是奇数。

进一步的数学分析表明,在代入式(15.29)后,将时变信号 $c(t)$ 和正弦调制 $b(t)=\sin\omega_b t$ 乘积可得

$$\begin{aligned}C_{AM}(t)&=b(t)\times c(t)\\&=\sin\omega_b t\sin\omega_c t+\sin\omega_b t\,\frac{1}{3}\sin 3\omega_c t+\cdots+\sin\omega_b t\,\frac{1}{n}\sin n\omega_c t+\cdots\end{aligned} \tag{15.30}$$

展开所有乘积后，显示输出频谱仅包含$(n\omega_c \pm \omega_b)$项，本身既没有ω_c项也没有ω_b项，因此这是一个双平衡调制器。

15.1.4.4 单平衡FET调制器

不使用二极管，而使用如图15.14所示连接的两个FET产生DSB－SC调幅波形。调制信号$b(t)$在T_1的对称次级被分成等大、同相的两路信号，而载波信号$c(t)$通过其自身的1∶1变压器输入电路。这两个FET晶体管完全匹配，这通常通过使用IC元件来实现。

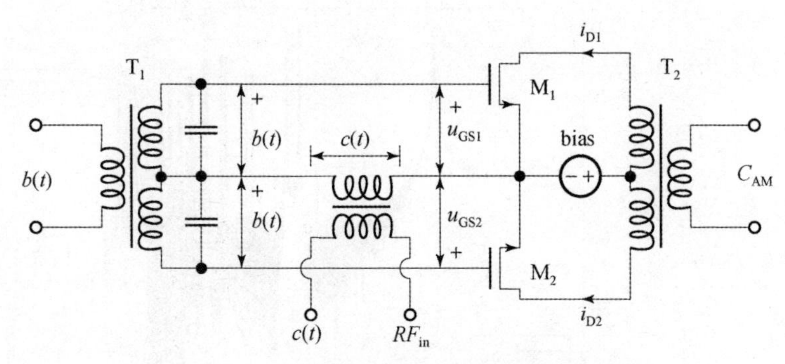

图15.14 单平衡场效应晶体管调制器示意图

计算可得

$$u_{GS1}=c(t)+b(t)=C\cos\omega_c t+B\cos\omega_b t \tag{15.31}$$

$$u_{GS2}=c(t)-b(t)=C\cos\omega_c t-B\cos\omega_b t \tag{15.32}$$

因此，两个FET晶体管的漏极电流由二阶多项式近似表示为

$$i_{D1}\approx I_0+a_1u_{GS1}+a_2u_{GS1}^2 \tag{15.33}$$

$$i_{D2}\approx I_0+a_1u_{GS2}+a_2u_{GS2}^2 \tag{15.34}$$

因此，在代入式(15.31)和式(15.32)后，可以得到

$$i_{D1}=I_0+a_1(C\cos\omega_c t+B\cos\omega_b t)+a_2(C\cos\omega_c t+B\cos\omega_b t)^2 \tag{15.35}$$

$$i_{D2}=I_0+a_1(C\cos\omega_c t-B\cos\omega_b t)+a_2(C\cos\omega_c t-B\cos\omega_b t)^2 \tag{15.36}$$

变压器T_2初级线圈中的总电流是电流差$(i_{D1}-i_{D2})$，随后其感应出的输出电压AM波形为

$$C_{AM}=M\frac{d(i_{D1}-i_{D2})}{dt} \tag{15.37}$$

式中：M是变压器T_2的初级和次级电感之间的互感(在理想情况下，$M=1$)。

因此，有

$$
\begin{aligned}
(i_{D1}-i_{D2}) &= 2a_1B\cos(\omega_b t)+4a_2BC\cos(\omega_b t)\cos(\omega_c t)\\
&= 2a_1B\cos(\omega_b t)+2a_2BC\cos(\omega_c-\omega_b)t\\
&\quad +2a_2BC\cos(\omega_c+\omega_b)t
\end{aligned} \tag{15.38}
$$

由式(15.38)可以得出,它的第一项包含调制信号 $b(t)$ 的频率分量 ω_b,第二项包含频率$(\omega_c-\omega_b)$,第三项包含$(\omega_c+\omega_b)$。这三项的线性相加和式(15.37)的求导不会改变频谱,因此输出电压的 C_{AM} 波形仅包含两个边频$(\omega_c\pm\omega_b)$和调制信号 $b(t)$,如图15.15所示。应当注意的是,如果波形 $b(t)$ 和 $c(t)$ 交换输入端,则载波信号 $c(t)$ 会保留下来且调制信号 $b(t)$ 会在输出频谱中抑制。

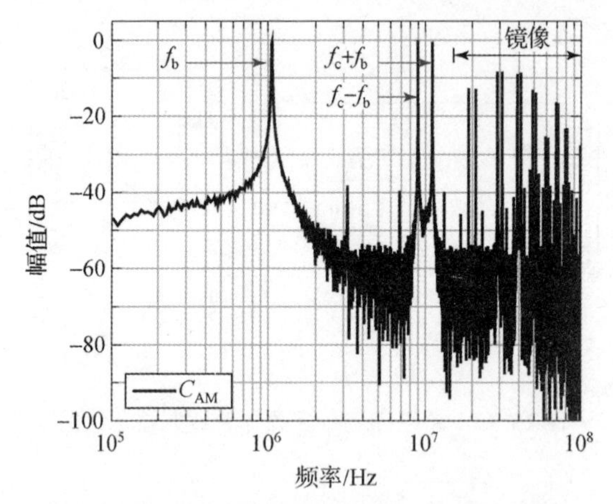

图15.15 单平衡FET调制器的模拟频谱(见彩图)

15.1.4.5 双平衡集成电路调制器

为了缩小电子设备的尺寸,应尽可能避免在现代移动设备中使用变压器。在理想情况下,现代电路的目标是设计使用IC技术的无线电通信设备。随着技术的发展,IC形式的平衡调制器也在不断发展,如图15.16所示。IC技术中AM调制器电路的典型例子是基于Gilbert单元的差分乘法器,Gilbert单元本身是一种有着许多应用的通用电路,例如在开关模式下使用,它可以作为平衡AM乘法器电路。

该电路也可充当两个差分输入信号的乘法器。当它用作平衡调制器时,电路的基本分析如下。首先,找到载波信号不存在时的输出信号;其次,添加载波信号作为乘积,且认为该载波是高电平开关电压,它交替控制晶体管对 Q_1、Q_4 和 Q_2、Q_3 的通断。

在未施加载波信号的情况下,假设基极电流可以忽略不计,将节点①和节点②处的电流相加后,可以得出

$$I_2 = I + i_e \quad (15.39)$$

$$I_1 = I - i_e$$

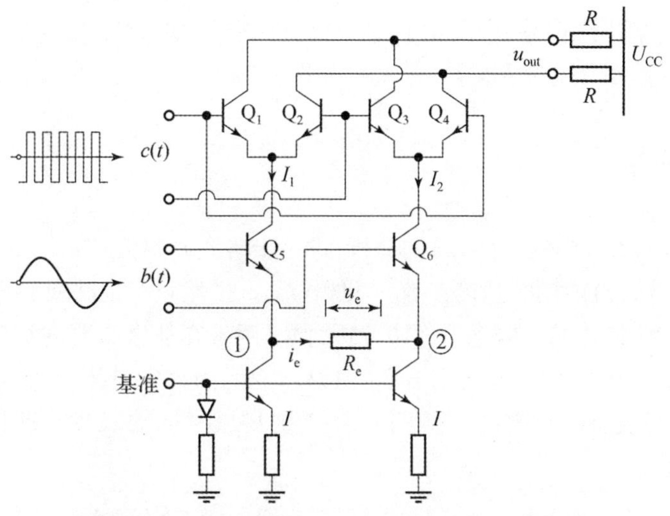

图15.16 基于吉尔伯特单元的双平衡IC调制器

因此,差分输出电压 u'_0 为

$$u'_0 = u_2 - u_1 = R(I_2 - I_1) = R(2i_e) \quad (15.40)$$

将KVL应用于包含调制电压信号 $b(t)$ 和电阻 R_e 的回路可得

$$b(t) = U_{be5} + u_e - U_{be6} \quad (15.41)$$

$$b(t) \approx u_e \quad (15.42)$$

因为电路以小信号电流工作 $I \gg i_e$,并保持 $U_{be5} \approx U_{be6}$。因此

$$i_e = \frac{u_e}{R_e} = \frac{b(t)}{R_e} \quad (15.43)$$

$$u'_{out} = \frac{2R}{R_e} b(t) = \frac{2R}{R_e} \sin\omega_b t \quad (15.44)$$

将式(15.43)代入式(15.40),与载波信号 $c(t)$ 相加后,调制器输出端将输出它们的乘积。对于包含无限数量奇次谐波的方波载波信号,将其函数近似表达为

$$c(t) = \sin(\omega_c t) + \frac{1}{3}\sin(3\omega_c t) + \frac{1}{5}\sin(5\omega_c t) + \cdots \approx \sin(\omega_c t) \quad (15.45)$$

式中:所有高次谐波($3\omega_c, 5\omega_c, \cdots$)均滤除,这导致当载波 $c(t)$ 和调制 $b(t)$ 信号都存在时,输出电压 u_{out} 的表达式为

$$u_{out} \approx u'_{out} \times c(t) = \frac{2R}{R_e} \sin(\omega_b t) \times \sin(\omega_c t)$$

$$=\frac{R}{R_e}[\cos(\omega_c-\omega_b)t-\cos(\omega_c+\omega_b)t] \tag{15.46}$$

也就是说输出仅包含上下边频信号,而不包含载波本身。这个调制器电路是一个典型的例子,其说明了如何利用将元件制造为彼此完美镜像的 IC 技术,在没有外部庞大元件的情况下,实现了几乎完美的平衡电压和电流。

15.2 调角

基于第 9.2 节中的式(9.4)的分析,进一步研究调制信号 $b(t)$ 如何控制(调制)载波信号 $c(t)$ 的两个角度参数 ω 和相位 ϕ。虽然频率调制和 PM 是相似的,常常在"角度调制"的大概念下一同分析,但是两者在非常重要的细节上是不同的。调频(FM)通常用于音乐和语音的 HiFi 广播,因为它对噪声的敏感度较低;而 PM 需要更复杂的接收机,适用于一些无线局域网标准以及军事和空间应用领域。

15.2.1 调频

在时域式(15.1)中,利用调制信号 $b(t)$ 改变载波 $c(t)$ 的频率 ω_c,则假设载波频率的变化为

$$\Delta\omega_c=kb(t) \tag{15.47}$$

式中:k 为常数,称其为"频率偏移常数"或者调频灵敏度,则瞬时载波频率为

$$\omega(t)=\omega_c+\Delta\omega_c=\omega_c+kb(t) \tag{15.48}$$

式中:ω_c 为未调制载波频率。

在式(15.48)中代入 $b(t)=B\cos\omega_b t$ 后,调频波形的瞬时频率 $f(t)$ 变为

$$\omega(t)=\omega_c+kB\cos\omega_b t \tag{15.49}$$

$$f(t)=\frac{\omega(t)}{2\pi}=f_c+\frac{kB}{2\pi}\cos\omega_b t \tag{15.50}$$

也就是说,瞬时频率的最大值和最小值为

$$f_{max}=f_c+\frac{kB}{2\pi} \tag{15.51}$$

$$f_{min}=f_c-\frac{kB}{2\pi} \tag{15.52}$$

式中:瞬时频率相对于未调制载波频率 f_c 的最大摆动称为"最大频偏"Δf,定义为

$$\Delta f\equiv f_{max}-f_c=\frac{kB}{2\pi} \tag{15.53}$$

定义频率调制指数 m_{f} 和偏差率 δ 定义为

$$\begin{cases} m_{\mathrm{f}} \overset{\mathrm{def}}{=\!=} \dfrac{\Delta f}{f_{\mathrm{m}}} = \dfrac{kB}{\omega_{\mathrm{b}}} \\ \delta \overset{\mathrm{def}}{=\!=} \dfrac{\Delta f}{f_{\mathrm{c}}} = \dfrac{kB}{\omega_{\mathrm{c}}} \end{cases} \tag{15.54}$$

瞬时频率 $\omega_{\mathrm{c}}(t)$ 随时间变化的示意图如图 15.17 所示。

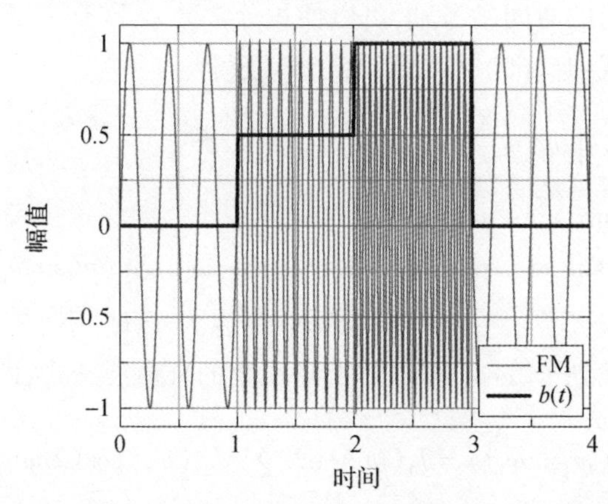

图 15.17　FM(红色)和 $b(t)$(蓝色)波形的时域图示例(调制信号信息 $b(t)$ 通过对载波频率的控制清楚地嵌入载波中)(见彩图)

FM 波形的解析表达式推导如下。

未调制的载波是正弦波

$$c(t) = C\sin(\omega_{\mathrm{c}} t + \phi) \tag{15.55}$$

式(15.55)只是一般情况下的一个特殊形式

$$c(t) = C\sin[\theta(t)] \tag{15.56}$$

式中:$\theta(t)$ 是任意时间相位函数。

根据定义,角频率 $\omega_{\mathrm{c}}(t)$ 是 $\theta(t)$ 的随时间变化率,只有当频率恒定时式(15.55)的特殊形式才有效。当频率与时间相关时,例如在 FM 中,瞬时角频率可定义为

$$\omega_{\mathrm{c}}(t) = 2\pi f_{\mathrm{c}}(t) = \frac{\mathrm{d}\theta(t)}{\mathrm{d}t} \tag{15.57}$$

$$\theta(t) = \int \omega_{\mathrm{c}}(t)\,\mathrm{d}t \tag{15.58}$$

瞬时频率 $\omega_{\mathrm{c}}(t)$ 通过关系式(15.50)与调制频率相关。

例如对于恒定(未调制)角频率 ω_{c},可写为

$$\theta(t)=\int\omega_{c}\mathrm{d}t=\omega_{c}t+\phi \tag{15.59}$$

式中:ϕ 是积分常数。

在正弦调制的情况下,将式(15.55)代入式(15.58)后,可以得到

$$\theta(t)=\int 2\pi(f_{c}+\Delta f\cos\omega_{b}t)\,\mathrm{d}t=\omega_{c}t+\frac{\Delta f}{f_{m}}\sin\omega_{b}t+\phi \tag{15.60}$$

通过选择适当的时间参考轴,可以使积分常数 ϕ 等于零,而正弦调制 FM 波的表达式通过将式(15.60)代入式(15.56)获得①

$$\begin{aligned}C_{FM}&=C\sin\left(\omega_{c}t+\frac{\Delta f}{f_{m}}\sin\omega_{b}t\right)\\&=C\sin(\omega_{c}t+m_{f}\sin\omega_{b}t)\\&=C[\sin(\omega_{c}t)\cos(m_{f}\sin\omega_{b}t)+\cos(\omega_{c}t)\sin(m_{f}\sin\omega_{b}t)]\end{aligned} \tag{15.61}$$

与 AM 指数 m 不同,频率调制指数 m_f 可以大于 1。事实证明,数学家已经使用贝塞尔函数找到了“$\cos(x\sin y)$”类型函数的合适展开式,即

$$\cos(m_{f}\sin\omega_{b}t)=J_{0}(m_{f})+2\sum_{n=1}^{\infty}J_{2n}(m_{f})\cos(2n\omega_{b}t) \tag{15.62}$$

$$\sin(m_{f}\sin\omega_{b}t)=2\sum_{n=0}^{\infty}J_{2n+1}(m_{f})\sin[(2n+1)\omega_{b}t] \tag{15.63}$$

式中:$J_n(m_f)$ 是第一类 n 阶贝塞尔函数。

将式(15.62)和式(15.63)代入式(15.61)并展开正弦乘积后,正弦调制情况下式(15.61)FM 波形的解析表达式可写为

$$\begin{aligned}C_{FM}=&J_{0}(m_{f})C\sin\omega_{c}t\\&+J_{1}(m_{f})C[\sin(\omega_{c}+\omega_{b})t-\sin(\omega_{c}-\omega_{b})t]\\&+J_{2}(m_{f})C[\sin(\omega_{c}+2\omega_{b})t+\sin(\omega_{c}-2\omega_{b})t]\\&+J_{3}(m_{f})C[\sin(\omega_{c}+3\omega_{b})t-\sin(\omega_{c}-3\omega_{b})t]\\&+\cdots\end{aligned} \tag{15.64}$$

式中:贝塞尔函数 $J_n(m_f)$ 由级数定义

$$\begin{aligned}J_{n}(m_{f})=\frac{m_{f}^{n}}{2^{n}n!}\Bigg[1&-\frac{m_{f}^{2}}{2(2n+2)}+\frac{m_{f}^{4}}{2(4)(2n+2)(2n+4)}\\&-\frac{m_{f}^{6}}{2(4)(6)(2n+2)(2n+4)(2n+6)}+\cdots\Bigg]\end{aligned} \tag{15.65}$$

图 15.18 和表 15.1 给出了贝塞尔函数的曲线和数值。

---

① 使用三角恒等式:$\sin(\alpha\pm\beta)=\sin\alpha\cos\beta\pm\cos\alpha\sin\beta$。

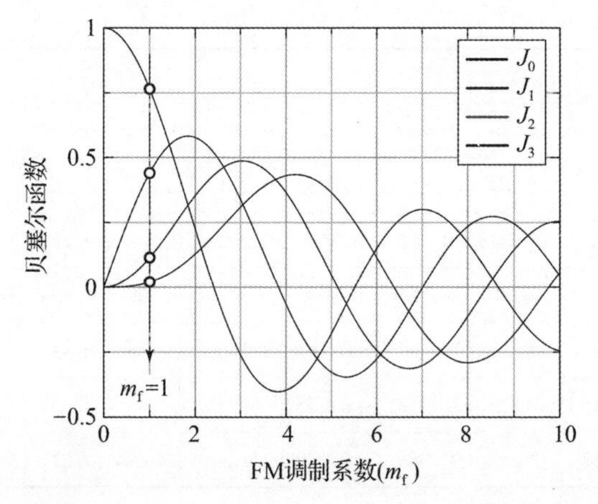

图15.18 贝塞尔函数($J_n(m_f)$为n=0,1,2,3且m_f=1时显示的示例点)(见彩图)

表15.1 1-10阶贝塞尔函数,调制系数为0~10

m_f	J_0	J_1	J_2	J_3	J_4	J_5	J_6	J_7	J_8	J_9	J_{10}
0.0	1.000	—	—	—	—	—	—	—	—	—	—
0.2	0.990	0.099	0.005	—	—	—	—	—	—	—	—
0.4	0.960	0.196	0.020	0.001	—	—	—	—	—	—	—
0.5	0.938	0.242	0.030	0.002	—	—	—	—	—	—	—
0.6	0.912	0.287	0.044	0.004	—	—	—	—	—	—	—
0.8	0.846	0.369	0.076	0.010	0.001	—	—	—	—	—	—
1.0	0.765	0.440	0.115	0.020	0.002	—	—	—	—	—	—
1.2	0.671	0.498	0.159	0.033	0.005	0.001	—	—	—	—	—
1.4	0.567	0.542	0.207	0.050	0.009	0.001	—	—	—	—	—
1.5	0.512	0.558	0.232	0.061	0.012	0.002	—	—	—	—	—
1.6	0.455	0.570	0.257	0.072	0.015	0.002	—	—	—	—	—
1.8	0.340	0.582	0.306	0.099	0.023	0.004	0.001	—	—	—	—
2.0	0.224	0.577	0.353	0.129	0.034	0.007	0.001	—	—	—	—
2.5	-0.048	0.497	0.446	0.217	0.074	0.019	0.004	0.001	—	—	—
3.0	-0.260	0.339	0.486	0.309	0.132	0.043	0.011	0.002	—	—	—
3.5	-0.380	0.137	0.459	0.387	0.204	0.080	0.025	0.008	0.001	—	—
4.0	-0.397	-0.066	0.364	0.430	0.281	0.132	0.049	0.015	0.004	0.001	—

续表

m_f	J_0	J_1	J_2	J_3	J_4	J_5	J_6	J_7	J_8	J_9	J_{10}
4.5	-0.321	-0.231	0.218	0.425	0.348	0.195	0.084	0.030	0.009	0.002	0.001
5.0	-0.178	-0.328	0.467	0.365	0.391	0.261	0.131	0.053	0.018	0.005	0.001
6.0	0.151	-0.277	-0.243	0.115	0.358	0.362	0.246	0.130	0.056	0.021	0.007
7.0	0.300	-0.005	-0.301	-0.168	0.158	0.348	0.339	0.234	0.128	0.059	0.023
8.0	0.172	0.235	-0.113	-0.291	-0.105	0.186	0.338	0.321	0.223	0.126	0.061
9.0	-0.090	0.245	0.145	-0.181	-0.265	-0.055	0.204	0.327	0.305	0.215	0.125
10.0	-0.246	0.043	0.255	0.058	-0.220	-0.234	-0.014	0.217	0.318	0.292	0.207

例如通过从 FM 指数 $m_f = 1.0$ 的表中读取值,可以发现前五个重要的频谱分量幅度为

载波频率 (f_c) $J_0(1.0) = 0.765$

一阶边频 $(f_c \pm f_b)$ $J_1(1.0) = 0.440$

二阶边频 $(f_c \pm 2f_b)$ $J_2(1.0) = 0.115$

三阶边频 $(f_c \pm 3f_b)$ $J_3(1.0) = 0.020$

四阶边频 $(f_c \pm 4f_b)$ $J_4(1.0) = 0.002$

载波频率周围的频谱分量振幅减小并不意味着载波被幅度调制。载波是其频谱中所有谐波的总和,谐波相加产生等幅 FM 波形,如图 15.17(红色)所示。主要区别是,FM 调制的载波不是正弦波,而载波频率周围的每个频谱成分都是正弦波,此外表 15.1 中的负振幅仅表示相位反转。

负谐波幅度的存在意味着存在对应谐波幅度为零的 FM 指数的值,例如如果 $m_f = 2.4, 5.5, 8.65, \cdots$,则载波频率的信号幅度变为零,这种情况与其匹配的抑制载波的 AM 平衡情况不同。对于 FM 波形而言,如果载波频率被完全抑制,这仅仅意味着重新分配载波的能量到边频,而 FM 波形的幅度总是恒定的。载波信号的幅度可能变为零,因此随着调制指数的变化,它将从正峰值变化到负峰值。

理想的调频波形频谱由调制频率 f_b 均匀分布的无限多个谐波信号组成,如图 15.19 所示。因此,通常利用近似方法求解所需 FM 波形带宽,一种常用的估计 FM 波形带宽的方法是观察近似值,通过包括两侧最高相关谐波来设置带宽限制,可表示为

$$B_{FM} = 2nf_b \tag{15.66}$$

式中:n 是边频谐波信号的最高阶,其幅度是显著的(即不可忽略)。

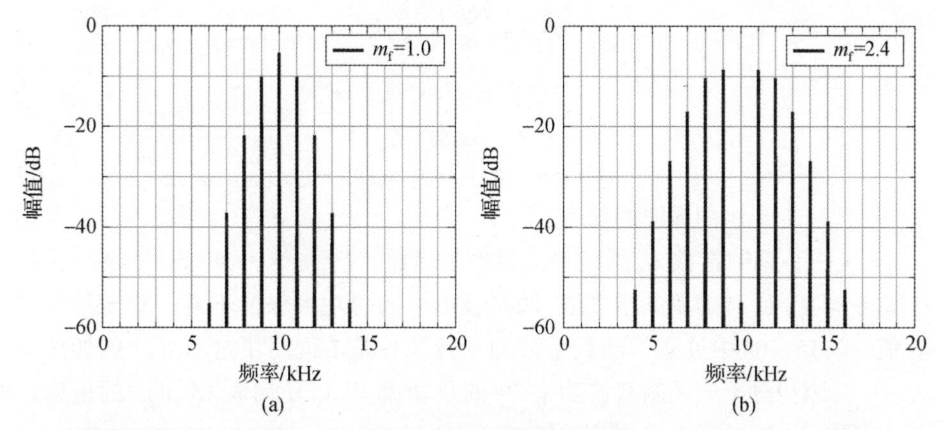

图 15.19 $m_f=1$ 和 $m_f=2.4$ 时 FM 波形的两个频谱图($f_c=10\text{kHz}, f_b=1\text{kHz}$)

(a)$m_f=1.0$;(b)$m_f=2.4$。

通过仔细观察表 15.1 中的值,发现如果边频的阶数大于(m_f+1),FM 波形幅度在未调制载波幅度的 5% 以内。基于这个近似值作为估算带宽要求的参考,式(15.66)可改写为

$$B_{FM}=2(m_f+1)f_b=2(\Delta f+f_b) \tag{15.67}$$

式(15.67)称为"Carson 法则"。为了说明这一规则的应用,观察一下下面的示例:

(1)如果 $\Delta f=75\text{kHz}, f_b=0.1\text{Hz}$,则 $B_{FM}=150\text{kHz}$;

(2)如果 $\Delta f=75\text{kHz}, f_b=1\text{kHz}$,则 $B_{FM}=152\text{kHz}$;

(3)如果 $\Delta f=75\text{kHz}, f_b=10\text{kHz}$ 则 $B_{FM}=170\text{kHz}$。

因此,尽管调制频率变化了 100 倍,但占用的频谱带宽几乎是恒定的。

贝塞尔函数给出了每个正弦边频分量的电压幅度与未调制载波幅度相对关系,即

$$E_n=J_nE_c \tag{15.68}$$

式中 E_n——n 次谐波的幅度;

J_n——n 阶贝塞尔函数;

E_c——载波信号的幅度。

假设幅度 E_n 和 E_c 为其均方根值,则第 n 个正弦分量中包含的功率为

$$p_n=\frac{E_n^2}{R} \tag{15.69}$$

注意到在载波频率上只有一个分量,并且每个频率 n 都有成对的分量,FM 波形中的总功率为所有谐波的总和,即

$$p_T=p_0+2p_1+2p_2+\cdots$$

$$
\begin{aligned}
&= \frac{E_0^2}{R} + \frac{2E_1^2}{R} + \frac{2E_2^2}{R} + \cdots \\
&= \frac{J_0 E_c^2}{R} + \frac{2J_1 E_c^2}{R} + \frac{2J_2 E_c^2}{R} + \cdots \\
&= p_c(J_0^2 + 2(J_1^2 + J_2^2 + \cdots))
\end{aligned} \tag{15.70}
$$

式中 P_c——未调制载波的功率;

J_n——调制指数 m_f 给定值的贝塞尔函数。

同样对于所有的调制指数值,调制波形中的总功率保持不变。对于给定的 m_f 值,式(15.70)中贝塞尔函数系数的平方和总是1说明了这一点。例如如果 $m_f=1.5$,则相对于未调制载波功率 P_c 的总功率 P_T 可使用表15.1中的值来计算,如下所示

$$\frac{p_T}{p_c} = 0.512^2 + 2(0.588^2 + 0.232^2 + 0.061^2 + 0.012^2 + 0.002^2) = 1.000258$$

也就是说,如果仅使用前5个边频分量,则舍入误差为0.026%。

15.2.2 相位调制

RF调制的第三种方法是PM,有点类似于FM技术。在当今的通信系统中常用于卫星和深空任务,因为与FM一样,它的噪声特性优于AM;但与FM不同,它可以在一个简单的电路中产生,该电路由频率稳定的晶体控制载波振荡器驱动,有意地使VCO随频率容易变化以产生高偏差和高调制指数。

PM波形(图15.21)的解析表达式的推导过程类似于FM,从由未调制载波开始

$$c(t) = \sin(\omega_c + \phi_c) \tag{15.71}$$

相位调制时,瞬时相位 $\phi(t)$ 取代载波相位 ϕ_c,其中

$$\phi(t) = \phi_c + Kb(t) \tag{15.72}$$

式中 K——调相灵敏度(调相灵敏度,类似于FM);

$b(t)$——调制信号。

因为 ϕ_c 是常数,所以可以通过选择适当的参考点并将其值设置为零。代入 $b(t)=Bm(t)$ 后(其中 $m(t)$ 是一般的时间相关函数),式(15.72)变为

$$\phi(t) = \Delta\phi m(t) \tag{15.73}$$

式中:$\Delta\phi$ 为最大相位偏差,$\Delta\phi = KB$。

将式(15.73)代入式(15.71)后,相位调制波形的表达式可写成

$$C_{PM}(t) = \sin[\omega_c t + \Delta\phi m(t)] = \sin[\omega_c t + m_p \sin\omega_m t] \tag{15.74}$$

重新命名相位偏差 $\Delta\phi$ 为调相指数 m_p,比较式(15.74)和式(15.61)可以看

出 FM 和 PM 两个调制方案之间非常相似。

在展开式(15.74)并使用窄带近似 $\Delta\phi < 0.25$($\cos\Delta\phi \approx 1$ 和 $\sin\Delta\phi \approx \Delta\phi$)之后,可得 PM 波形发生器的简化框图,应用这些近似值之后可获得以下结果(除了有 90°相位差之外,余弦和正弦函数是相同的)。

$$u(t) = A\cos\omega_c t - A(m_p\cos\omega_b)\sin\omega_c t \tag{15.75}$$

式(15.75)在图 15.20 中以图表的形式给出,它给出了一个简单的调相发射机设计方案的框图。为了强调相移,载波的相位由硬开关脉冲流控制。从数学意义上来说,载波和脉冲波形的相乘就是简单地乘以 ±1,将载波的相位强制翻转 ±90°。作为一个例子,图 15.21 展示出了载波和脉冲波形的三种相对比的模拟波形,作为参考,未调制载波 $c(t)$ 也以虚线画出。

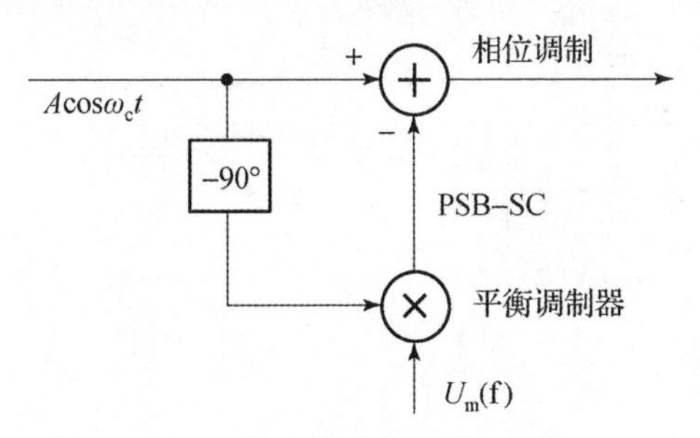

图 15.20 相位调制器框图

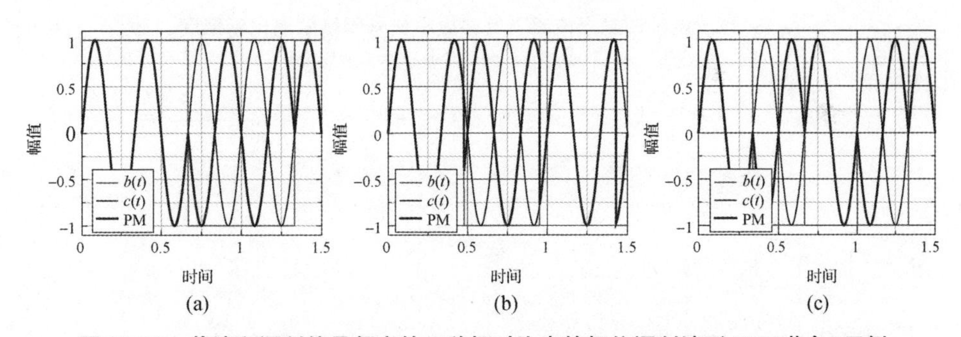

图 15.21 载波和调制信号频率的三种相对比率的相位调制波形 PM(蓝色)示例(脉冲调制 $b(t)$(红色)被清楚地嵌入并控制载波的相位)(见彩图)

15.2.3 角度调制器电路

频率调制通过 VCO 电路完成,其变容二极管偏置控制端用作调制电压 $U_D = b(t)$ 的输入端。因此,第 13.6 节中描述的任何电路都非常适合角度调制器电路。在本节中,将研究 VCO 电路中用于调制输出波形频率的另外两种调制器:电抗调制器和基于变容二极管的相位调制器。

15.2.3.1 电抗调制器

基于变容二极管的 FM 电路的主要缺点是调谐范围窄,这是由于二极管的小信号工作区非常窄的原因。相反,在不是超高的频率下可以用称为“电抗调制器”的电路来实现更宽的可调阻抗变化。其工作原理是通过一个有意增加并利用 Miller 效应的电路,该电路利用输出节点与地(图 15.23)之间的电压控制电容阻抗(图 15.22)。

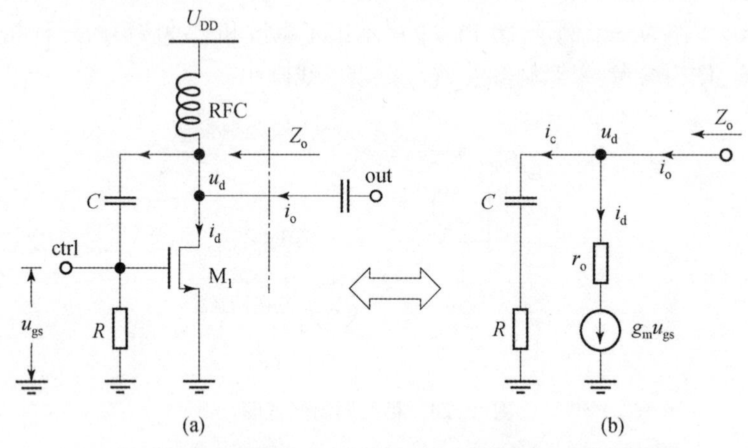

图 15.22 电抗调制器电路及其等效小信号网络的简化示意图。

(a)电抗调制器电路;(b)其等效电路图。

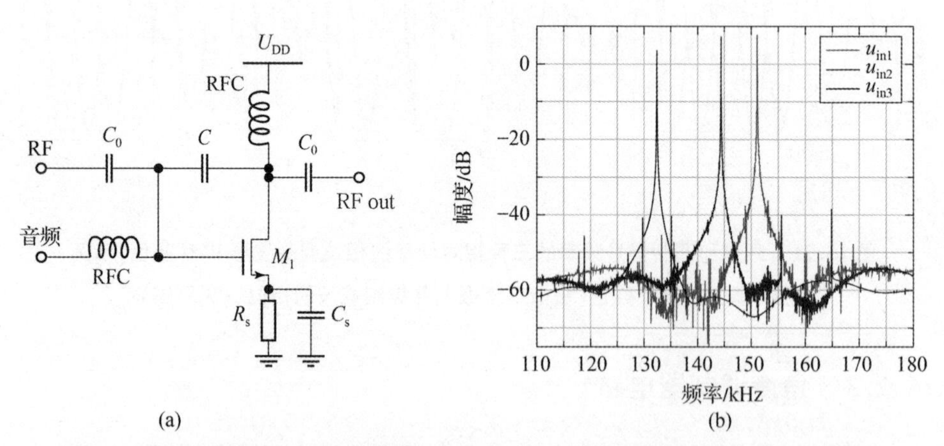

图 15.23 实际电抗 FM 调制器电路及其三种输入电压幅度的频率响应(见彩图)

(a)调制器电路;(b)三种输入电压幅度的频率响应。

由于使用了 FET 器件,则栅极电流 $i_g=0$,这是电抗调制器电路分析中首先使用的方法。此外使用 RFC 即“RF 扼流圈”,电感器允许 FET 的 DC 偏置同时隔断 AC 电流。这种布置的等效电路图如图 15.22(b)所示。

从输出节点可以看出,有效输出阻抗 Z_o 由定义确定,也就是输出电压 u_o 与输出电流 i_o 的比值,如

$$i_C = \frac{u_o}{R + Z_C} = \frac{u_o}{R - j\frac{1}{\omega C}} \tag{15.76}$$

$$u_{gs} = R_{i_C} = \frac{Ru_o}{R - j\frac{1}{\omega C}} \tag{15.77}$$

由此可得 M_1 漏极电流 i_d 的表达式为

$$i_d = g_m u_{gs} = g_m \frac{Ru_o}{R - j\frac{1}{\omega C}} \tag{15.78}$$

现在可以引入以下假设:流经电容 C 支路的电流 i_C 需要远小于 M_1 漏极电流 i_d,即 $i_d \gg i_c$ 或 $i_d + i_c \approx i_d$;而电容 C 阻抗 X_C 远大于电阻 R,即 $R - X_C \approx -X_C$。

应用这些近似值,可以写出输出电流 i_o 的表达式,如下所示

$$i_o = i_C + i_d \approx i_d = g_m \frac{Ru_o}{R - j\frac{1}{\omega C}} \approx g_m \frac{Ru_o}{-j\frac{1}{\omega C}} = \frac{u_o}{-j\frac{1}{\omega g_m RC}} \tag{15.79}$$

$$Z_o \equiv \frac{u_o}{i_o} = -j\frac{1}{\omega(g_m RC)} = -j\frac{1}{\omega C_{RM}}$$

式中:$C_{RM} = (g_m \omega RC)$表示电抗调制器输出节点处的有效电容。

通过式(15.79),证明了电抗调制器的输出阻抗 Z_o 的配置可以很好地近似为可调电容 $C_{RM} = f(g_m)$,该电容由 M_1 栅极 - 源极电压控制,即 $C_{RM} = f(u_{gs})$。因此电抗调制器相当于一个压控电容器,可以连接到 LC 谐振回路以控制其谐振频率从而实现 FM。最后需要注意的是,如果在网络内部交换电阻 R 和电容 C 的位置,输出阻抗实际上会变成感性阻抗。

15.2.3.2 基于变容二极管的相位调制器

由晶体振荡器产生的具有恒定振幅和相位的稳定载波 $c(t)$ 输入到 PM 电路中,其简单实现如图 15.24 所示,这里没有展示出变容二极管偏置控制电压 $b(t)$,并假设变容电容是调制电压的函数,即 $C_D(t) = f(b(t))$。二极管电容 C_D 的变化会改变调谐电路导纳的相位角,进而改变其 RF 电压的相位角。

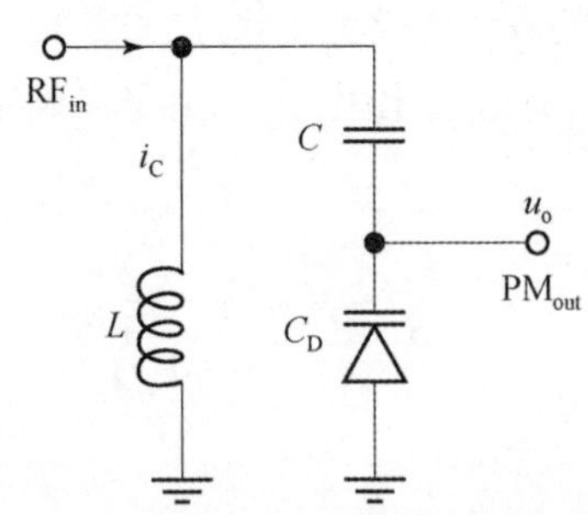

图 15.24　基于变容二极管的相位调制器电路的简化示意图

RF 波形相位的时间依赖性是通过在恒定的载波相位上增加压控相位变化来实现的,如式(15.72)所示。

$$\phi(t)=\phi_c+kb(t)=kb(t) \tag{15.80}$$

式中　k——调相灵敏度;

$b(t)$——调制信号;

ϕ_c——RF 波形 $c(t)$ 的相位。

在式(15.80)中,当 $\phi_c=0$ 时,相位变化 $\phi(t)=kb(t)$。

按照类似于章节 4.2.4 中使用的步骤,简单相位调制器(图 15.24)的调相灵敏度 k 推导如下

$$k=\frac{\mathrm{d}\phi}{\mathrm{d}U_D}=\frac{\mathrm{d}\phi}{\mathrm{d}C}\frac{\mathrm{d}C}{\mathrm{d}C_D}\frac{\mathrm{d}C_D}{\mathrm{d}U_D} \tag{15.81}$$

式中:总调谐电容 C 由串联的变容二极管 C_D 和电容 C_1 组成,即

$$C=\frac{C_DC_1}{C_D+C_1}$$

$$\frac{\mathrm{d}C}{\mathrm{d}C_D}=\left(\frac{C_1}{C_1+C_{D0}}\right)^2=\frac{1}{(1+n)^2} \tag{15.82}$$

式中:n 是偏置电压 U_0 下变容二极管等效电容 C_{D0} 与固定电容 C_1 的比值。调频调制器电路的实际实现及其频率响应如图 15.25 所示。

已知具有动态电阻 R_D 的调谐 LC 电路的导纳 Y 和相位①为

$$Y=\frac{1}{R_D}+\mathrm{j}\left(\omega_0C-\frac{1}{\omega_0L}\right) \tag{15.83}$$

$$\tan\phi=\left[R_D\left(\omega_0C-\frac{1}{\omega_0L}\right)\right]\approx\phi \tag{15.84}$$

① 使用复数的勾股定理。

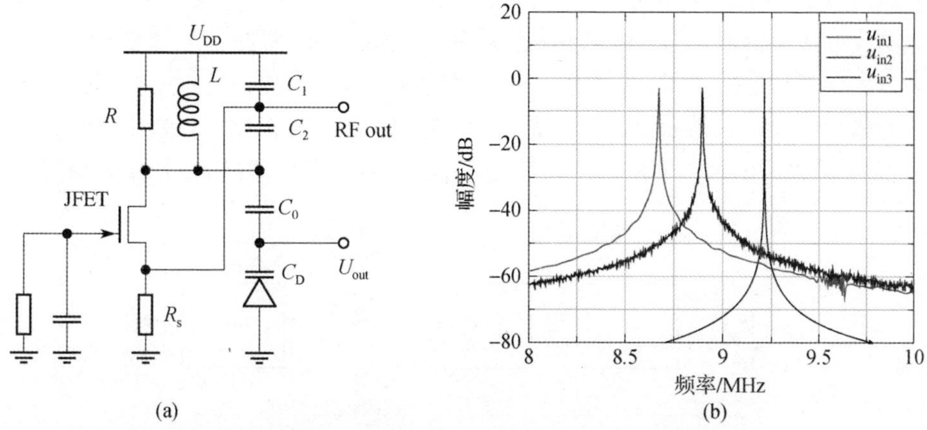

图 15.25　使用变容二极管作为可调元件的实际 FM 调制器电路的一种可能实现以及它对三种输入电压幅度的频率响应(见彩图)

(a)实际 FM 调制器电路;(b)三种输入电压幅度的频率响应。

对于小角度,$\tan\phi \approx \phi$,因此有

$$\frac{\mathrm{d}\phi}{\mathrm{d}C} = \omega_0 R_D = \frac{Q}{C} = \frac{Q(C_1 + C_D)}{C_1 C_D} = \frac{Q(1+n)}{C_{D0}} \tag{15.85}$$

将 $R_D = Q/\omega_0 C$ 代入式(15.85)并施加偏置电压 U_0,将式(4.26)、式(15.85)和式(15.82)代入式(15.81)后,可得

$$\begin{aligned} k &= \left[\frac{Q(1+n)}{C_{D0}}\right]\left[\frac{1}{1+n}\right]^2\left[-\frac{C_{D0}}{1+2U_0}\right] \\ &= -\frac{Q}{(1+n)(1+2U_0)} \end{aligned} \tag{15.86}$$

示例 87:相位调制常数

计算图 15.24 中相位调制器的 PM 调相灵敏度。已知:$U_0 = 15\text{V}$,$C = 10C_{D0}$,$Q = 70$。

解 87:由式(15.86)可得

$$k = -\frac{Q}{(1+n)(1+2U_0)} = -\frac{70}{(1+10)(1+2\times 15\text{V})} = -0.2\text{rad/V} \tag{15.87}$$

这意味着如果变容二极管上的偏置电压变化 1V,则输出波形的相位变化 11.46°。

15.2.3.3　PLL 调制器

PLL 电路的也可用于产生 PM 或 FM 波形,即产生相位和频率可调的波形。图 15.26 中的 PLL 电路中,通过将调制信号 $b(t)$ 加到原始 VCO 控制信号 u_D 上

可以有效地将 VCO 输出信号频率推离参考点。如果环路带宽足够宽,环路会快速响应并产生抵消信号,因为环路会强制 PD 输入端的两路信号频率相等。因为输入参考相位 θ_{in} 恒定,所以总控制信号为 $u_C = u_D + b(t)$ 并且一定是恒定的。因此输入相位 $-\theta_{in}$ 与 u_D 成正比,θ_{out} 与调制信号 $b(t)$ 成正比。现代 RF IC 收发设备的多种应用均使用了 PLL 电路,如调制器、时钟发生器或 PM/FM 调制器。

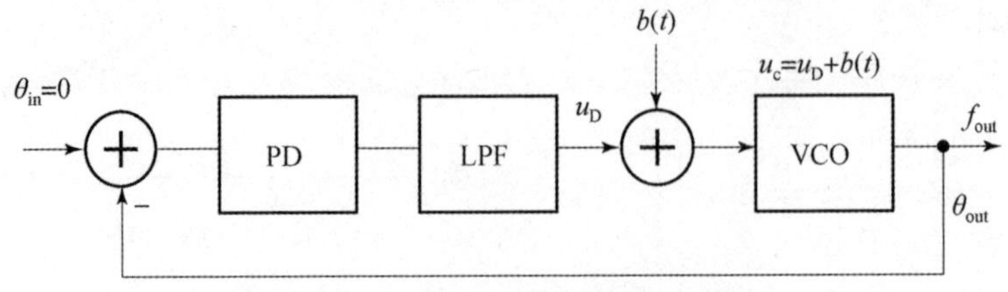

图 15.26　相位调制器电路的简化框图

15.3　本章小节

本章简要介绍了三种主要的调制方案:调幅、调频和调相。调制是一个通过改变基带信号 $b(t)$(即信息)的幅度、频率或相位,将其嵌入到高频载波信号 $c(t)$ 中,以高频载波频率 ω_0 为中心进行频谱搬移的过程。可以把第 14.2 节中讨论的混频器电路看作是调制器的特例,因为混频器只从频谱搬移操作(即信号相乘)的角度进行分析。频率上移主要在无线系统的发射部分完成。由于原理非常相似,频移和 PM 方案通常在“角度调制技术”的统称下一起研究。虽然现代无线系统主要采用调频和调相方案,因为它们对振幅噪声的敏感度较低;但是调幅是三种方案中最简单、最古老的一种,目前仍广泛用于长距离地面广播系统。

问题

15.1　已知音频信号 $A_a = 0.5U\sin(2\pi \times 1500t)$,调制载波 $A_c = 1U\sin(2\pi \times 100000t)$。

(1)画出音频信号和载波的波形。

(2)写出已调制波的表达式。

(3)确定调制系数和调制百分比。

(4)计算音频信号和载波的频率是多少?

(5)在这个调幅波的频谱中发现了哪些频率?

15.2　如果调制载波的最高频率为 5kHz,那么在 100kHz 的带宽中可以容纳多少个调幅广播电台?

15.3　调幅无线电接收机调谐在接收载波频率为 $f_{RF} = 980\text{kHz}$,接收机内部的本地振荡器设置为$f_{LO}=1435kHz$。求：

(1)接收机混频器产生的频率；

(2)使用的哪个频率是IF频率；

(3)在这个问题中导致无线电台出现镜像干扰的频率；

(4)展示相关频率的频谱图。

15.4 调谐RF放大器具有$Q=100$、谐振频率为f_0的LC谐振电路，如果镜像频率比RF信号低5%，计算镜像信号的衰减。

15.5 已知调频波的频率调制指数$m_f=1.5$、调制信号频率$f_b=10kHz$，求：

(1)估计所需带宽B_{FM}(使用Carson法则)；

(2)P_T的总功率与FM未调制波形的功率之比；

(3)哪个谐波的幅度最大。

15.6 确定调制百分比为85%、且总功率为1200W的AM信号的每个边带和载波的功率分量。

15.7 利用图15.3中的曲线画出相应的信号波形。

15.8 有一个调制比为70%、载波功率为1500W的AM信号，确定此调制百分比的上边带和下边带的功率分量。当调制百分比降至50%时，计算载波功率和每个边带的功率。

15.9 标准AM广播接收机的中频(IF)为455kHz。

(1)如果本地振荡器跟踪频率高于接收信号的频率，当接收机调谐到$f_c=540kHz$时，计算本地振荡器f_{LO}所需的频率。

(2)如果本地振荡器跟踪频率低于接收信号的频率，重复(1)。

15.10 载波$f_c=107.6MHz$，调制信号$f_m=7kHz$正弦波，生成的FM信号具有$\Delta f=50kHz$的频率偏差。

(1)计算FM信号的载波偏移量；

(2)确定调制信号达到的最高和最低频率；

(3)调频波的调制指数是多少？

15.11 调频发射机总功率$P_T=100W$，调制指数$m_f=2.0$。

(1)求包含前六个频率分量的功率和。

(2)如果调制信号为$f_m=1.0kHz$，计算带宽。

15.12 对图15.22的电路，求电容C的值。

已知：$f_{out}=3.5MHz$，$C_T=83.4nF$，$L_T=20nH$，$R=10\Omega$，$g_m(M_1)=10mS$。

第 16 章

调幅和调频信号解调

当已调信号到达接收天线时,接收机必须以某种方式把内含的信息提取出来并将其从高频载波信号中分离出来,这个信息恢复的过程称为“解调”或“检波”。其基本工作机制与混频器类似,即使用非线性元件将两个波相乘并实现频移。与混频器不同的是,解调过程是以载波频率 ω_0 为中心,信号频谱下移至基带并返回其在频域中的原始位置。调制和解调都涉及频移过程,这两个过程在频率轴上将频谱移动了 ω_0 的距离,并且这两个过程都需要非线性电路来完成。虽然这两个过程非常相似,但在一些重要的细节上有所不同。在调制过程中载波由本地振荡器(简称本振,LO)电路产生,然后在混频器内与基带信号相结合。但在解调过程中,载波信号已经包含在输入的调制信号中,并且可以在接收端恢复。

16.1 调幅解调原理

混频器传送的信号是下变频 AM 波的形式,其中频(IF)为 455kHz(对于 AM 无线电接收机)。如图 16.1 所示是解调器电路的功能,即提取嵌入的传输信息。在其主要实现过程中,解调器连续跟踪 IF 波形的幅度,该幅度本身代表的就是所传递的消息 $b(t)$。

为了清楚地介绍 AM 解调过程,现在考虑一个简单的平方律器件,它有一个输入端和一个输出端,其电压-电流特性为

$$i(t)=a_2C_{\mathrm{AM}}^2(t) \tag{16.1}$$

式中 a_2——常数;

$C_{\mathrm{AM}}(t)$是以下形式的 AM 调制波

$$C_{\mathrm{AM}}(t)=C(1+m\cos\omega_{\mathrm{b}}t)\cos\omega_{\mathrm{c}}t \tag{16.2}$$

这里设 $b(t)$ 为基带信号;m 为其输入端的幅度调制指数,则输出信号包含以下各项

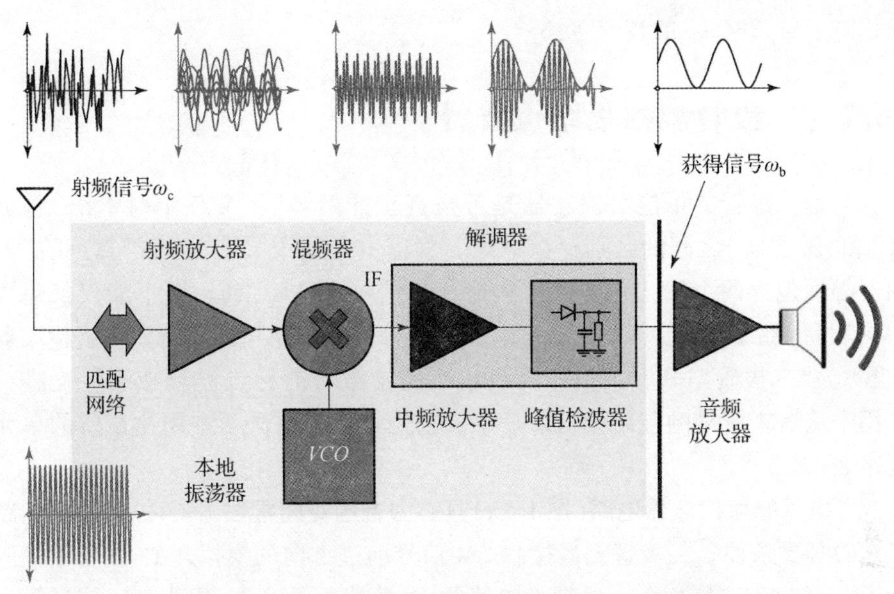

图 16.1　外差式调幅无线电接收机架构——解调器

$$
\begin{aligned}
i(t) &= a_2C^2(1+m\cos\omega_b t^2)\cos^2\omega_c t \\
&= a_2C^2[1+2m\cos\omega_b t+m^2\cos^2\omega_b t]\left[\frac{1}{2}+\frac{1}{2}\cos2\omega_c t\right] \\
&= a_2C^2\left[\left(\frac{1}{2}+\frac{m^2}{4}\right)_{\mathrm{DC}}+m\cos\omega_b t+\frac{m^2}{4}\cos2\omega_b t\right. \\
&\quad+\left(\frac{1}{2}+\frac{m^2}{2}\right)\cos2\omega_c t^{\mathrm{LPF}}+\frac{m}{2}\cos(2\omega_c+\omega_b)t^{\mathrm{LPF}}+\frac{m}{2}\cos(2\omega_c-\omega_b)t^{\mathrm{LPF}} \\
&\quad\left.+\frac{m^2}{8}\cos(2\omega_c+2\omega_b)t^{\mathrm{LPF}}+\frac{m^2}{8}\cos(2\omega_c-2\omega_b)t^{\mathrm{LPF}}\right]
\end{aligned}
\tag{16.3}
$$

即输出频谱包含直流、ω_b、$2\omega_b$、$(2\omega_c+\omega_b)$、$(2\omega_c-\omega_b)$、$2(\omega_c+\omega_b)$和$2(\omega_c-\omega_b)$边频处的频率分量，而载波频率ω_c不存在。其中，输出信号的频率分量为$\cos2\omega_c t$、$\cos(2\omega_c\pm\omega_b)t$、$\cos(2\omega_c\pm2\omega_b)$的部分均被低通滤波器（LPF）滤除。基带频率$\omega_b$与高频载波$\omega_c$之间的间隔很大（即$\omega_c\gg\omega_b$），且与高次谐波$n\omega_c$或者其他任何音频$n\omega_c\pm\omega_b$之间的间隔更大。关键是即使使用相对简单的 LP 滤波器，也能够抑制所有高频音，并利用下式近似输出电流信号$i(t)$，即

$$
i(t)\approx a_2mC^2\left[\cos\omega_b t+\frac{m}{4}\cos2\omega_b t^{\mathrm{LPF}}\right] \tag{16.4}
$$

其仅由所需要的调制信号ω_b及其二次谐波$2\omega_b$组成，去除了 DC 项（即$1/2+m^2/4$），也可以用 LPF（低通滤波器）滤除频率分量为$\cos2\omega_b t$的信号。现

在的问题是设计一个具有陡峭的频率传递曲线的低通滤波器(LPF),使二次谐波相对于 ω_b 和 $2\omega_b$ 的衰减“足够好”。

16.2 二极管调幅包络检波器

关于二极管 AM 包络检波器是否是真正的解调器,文献中对术语“检波器”和“解调器”之间的区别存在争议。争论主要是语义上的,称“真正的”解调器必须包含两个输入信号——本地载波信号和 AM 信号,而不能仅仅包含 AM 信号。在了解了这一争论后,本节开始分析最简单可行的 AM 包络检波器(也称为“二极管串联型大信号峰值包络检波器”,简称二极管峰值检波器),其用于从 AM 信号的包络中提取信息。它恰好也是电子学中用途最广的单元电路之一。

二极管峰值检波器电路(图 16.2)具有内置的时间常数 $\tau=RC$,这是该电路工作的必要条件。二极管充当控制 AM 信号前进方向的模拟开关,在正弦输入电压 u_{AM}的正半周期上,二极管正向偏置,电荷流入电容器,因为 AM 信号源直接连接到电容器,所以电容器电压 u_C 跟随为 $u_C=u_{AM}$。当输入 AM 电压达到其最大值 U_m 时,电容器充满电。从这一刻起二极管变成反向偏置并截止,也就是说电容电压为 $U_C=U_m$,电容与交流电源断开(因为二极管截止)。因此电容开始通过电阻 R 线性放电,因为这是唯一可用的接地路径,时间常数 $\tau=RC$,过程见如图 16.3 所示①。放电过程持续时间与 $u_C+U_t \geqslant u_{AM}$一样长,即持续到输入 AM 的下一个上升沿,二极管再次导通并重复循环(图 16.3),其中 U_t 是最小二极管导通电压(“二极管压降”),如图 4.1 所示。

在数值上使用微积分对恢复的信号波 $u_{pk}(t)$的精确分析较为复杂,因此,这里使用近似的工程学方法,该方法也可产生非常精确的结果。

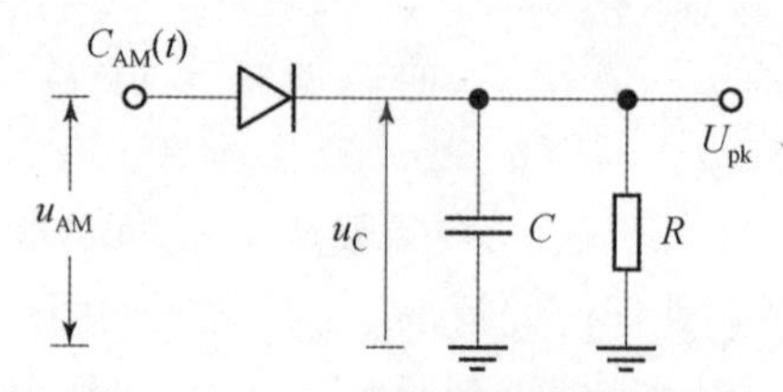

图 16.2 二极管调幅包络检波器

① 见章节 3.2.2。

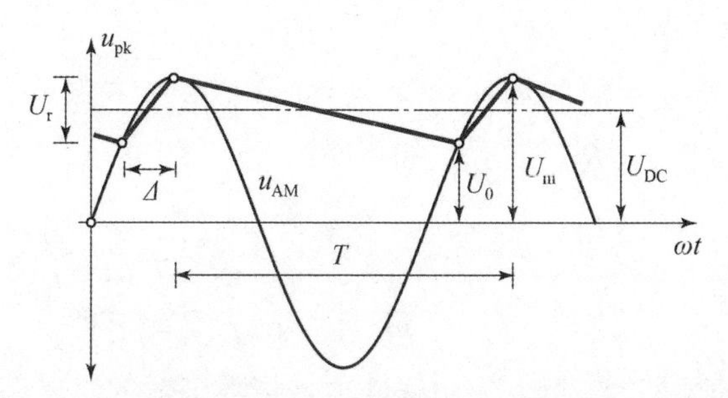

图 16.3　由二极管 AM 包络检波器解码的包络波的分段近似形状
（电压降 U_r 的值相对于最大幅度 U_m 被人为放大了，实际上 $U_m \gg U_r$ 和 $\Delta \to 0$）（见彩图）

16.2.1　纹波系数

参考图 16.3，假设输出电压 u_{pk} 在每个周期标记为 Δ 的时间窗口内近似为线性函数。实际上在该时间段内，$u_{pk} = u_{AM}$（因为二极管导通）。而事实上这个近似是成立的，因为两个信号（u_{AM} 和 u_{pk}）的最大幅度 U_m 满足 $U_m \gg U_r$，其中 U_r 是在输入波的后续上升沿到来时二极管再次导通之前电容器放电时的电压值。因此时间窗口 $\Delta \to 0$，这也意味着锯齿波 u_{pk} 函数的周期 T 约等于正弦 u_{AM} 函数的周期。此外，假设时间常数 $\tau = RC \gg T$，则电容器的指数级放电①在一个周期 T 时间窗口内近似为线性函数。为了清晰可见，在图 16.3 中，U_r 振幅相对于 U_m 振幅的数值经过了放大处理。

考虑到这些近似，下面将提取的锯齿波电压的平均值 U_{DC} 表示为

$$U_{DC} = U_m - \frac{U_r}{2} = I_{DC} R \tag{16.5}$$

式中：I_{DC} 为电容平均放电电流。

I_{DC} 的近似值如下：从电容器的电压为 $U_C = U_m$ 充满电时开始，二极管被关断，电容器放电电流 I_{DC} 由电阻器控制；因为近似地认为 $\tau \gg T$，所以假定放电速率恒定。当电容器电压 $U_C = U_m$ 时，放电周期开始时的初始电流值作为恒定放电电流的计算值，因此

$$I_{DC} = \frac{U_m}{R} \tag{16.6}$$

锯齿电压的均方根幅度值为

① 见第 2.3.3.5 节。

$$U_{r\,rms}=\frac{U_r}{2\sqrt{3}} \tag{16.7}$$

在经过一个完整的时间周期 T 之后,电容器电压下降了 U_r,如图 16.3 所示,这是由时间常数 $\tau=RC$ 控制的,如下所示

$$\begin{aligned}U_r&=U_m-U_0=U_m-U_m e^{-\frac{T}{RC}}=U_m[1-e^{-\frac{T}{RC}}]\\&\approx U_m\left[1-\left(1-\frac{T}{RC}\right)\right]=\frac{U_m}{R}\frac{T}{C}=I_{DC}\frac{T}{C}=\frac{I_{DC}}{fC}\end{aligned} \tag{16.8}$$

式中:T 为载波的周期,$T=1/f$,使用线性项将指数函数近似表示为式(14.12)。

将式(16.8)代入式(16.7)后,得到

$$U_{r\,rms}=\frac{I_{DC}}{2\sqrt{3}fC} \tag{16.9}$$

解调信号 u_{pk} 的纹波系数 r_F 定义为

$$r_F\overset{\text{def}}{=}\frac{U_{r\,rms}}{U_{DC}}=\frac{\frac{I_{DC}}{2\sqrt{3}fC}}{I_{DC}R}=\frac{1}{2\sqrt{3}fRC} \tag{16.10}$$

自然而然,如果满足以下条件,纹波系数就会降低。

(1)输入信号的频率降低,在 DC 输入的极限情况下(理想情况),没有纹波。

(2)使用更大的电容存储更多电荷来增加时间常数,在 $C\to\infty$ 的极限情况下,电容电压不会改变。

(3)使用更大的电阻,在极限情况 $R\to\infty$ 下,没有电流流过,因此 $\tau\to\infty$ 且电容上的电压永远不会改变。

频率越高或者使用的 RC 元件越小,纹波系数越大。大多数情况下式(16.10)已足够精确,而是在纹波值较小的情况下尤甚。

16.2.2 检波效率

二极管电阻内阻 r_D 和负载电阻 R 构成一个分压器,因此进入检波器的 AM 波 u_{AM} 的幅度成比例地缩小,这可以用“检波效率因子”评估量化。在以下假设成立时,可以推导出相当精确的检波效率分析表达式。首先,用一个线性函数来近似二极管的电流－电压特性,如图 16.4(b)所示,这种近似在二极管的偏置点附近是合理的。其次,假设 RC 负载上的电压 U_{DC} 在 AM 波周期内保持不变,即纹波系数 $r_F=0$,如图 16.4(a)和图 16.5 所示。第三,假设二极管电流 i_D 为

$$i_D = \begin{cases} \dfrac{u_D}{r_D}, u_D > 0 \\ 0, u_D < 0 \end{cases} \tag{16.11}$$

式中:后面的两个假设对 $\tau \gg RC$ 有效。

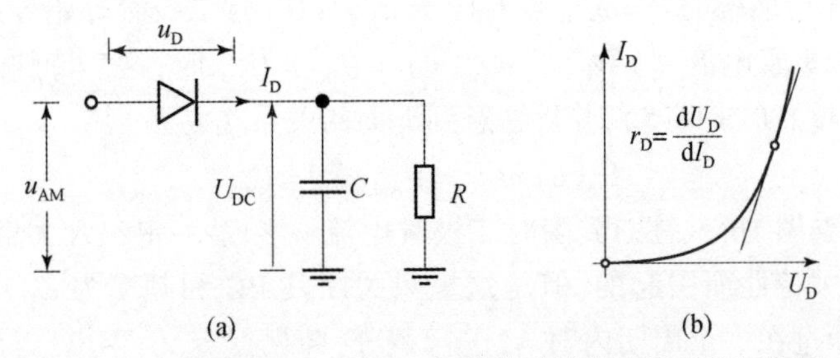

图 16.4　二极管电阻 r_D 用于二极管检波器效率近似分析变量

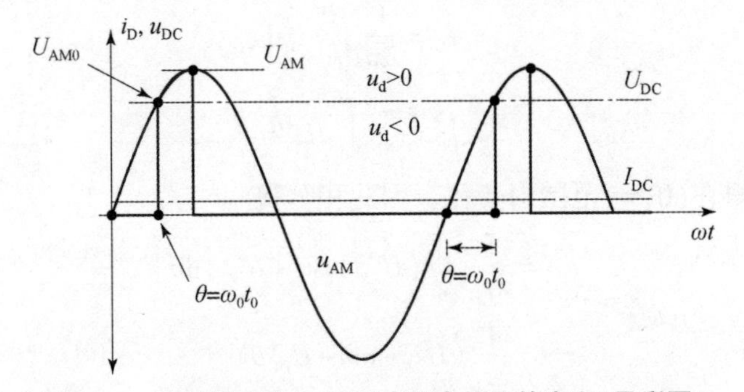

图 16.5　二极管电流 i_D 近似分析中使用的定义(见彩图)

同时流过二极管的 DC 值也可从电阻负载侧计算得出,如下所示

$$I_D = \frac{U_{DC}}{R} \tag{16.12}$$

进入二极管调幅检波器的调幅波 u_{AM} 表示为

$$U_{AM} = C(1 + m\cos\omega_b t)\cos\omega_c t = U_{AM}\cos\omega_c t \tag{16.13}$$

式中　U_{AM}——载波 $\cos\omega_c t$ 的时变幅度,是为了方便写下面的等式而引入的,$U_{AM} = C(1 + m\cos\omega_b t) = f(C, m, \omega_b, t)$;

m——幅度调制指数;

$\cos\omega_b t$——调制基带信号。

根据这些假设,参考图 16.5,将导通状态(即 $u_D > 0$ 时)下二极管两端电压的表达式写为

$$u_D = u_{AM} - U_{DC} = U_{AM}\cos\omega_c t - U_{DC} \tag{16.14}$$

$$i_{\mathrm{D}}=\begin{cases}\dfrac{U_{\mathrm{AM}}}{r_{\mathrm{D}}}\cos\omega_{\mathrm{c}}t-\dfrac{U_{\mathrm{DC}}}{r_{\mathrm{D}}},u_{\mathrm{D}}>0\\0,u_{\mathrm{D}}<0\end{cases}\tag{16.15}$$

式中:r_{D} 是给定偏置点的二极管电阻。

AM 信号周期中的 $\theta=\omega_{\mathrm{c}}t_0$ 点对应于 $u_{\mathrm{AM}}>U_{\mathrm{DC}}$ 且二极管开始导通时的交叉点,因此当二极管电流 $i_{\mathrm{D}}>0$。当 $u_{\mathrm{AM}}(\theta)=U_{\mathrm{DC}}=U_{\mathrm{AM0}}$ 时,这个特殊的幅值对这里的分析很重要(图 16.5),并且注意到下面的关系式成立

$$U_{\mathrm{AM}}\cos\omega_{\mathrm{c}}t_0=U_{\mathrm{AM}}\cos\theta=U_{\mathrm{DC}}\tag{16.16}$$

通过观察图 16.5,注意到瞬时二极管电流 i_{D} 频谱一定包含大量的谐波,这是由于其开关特性而引起的,但是这里只关注其 DC 和频率为 ω_{c} 的一次谐波项。因此,通过在一个周期内对 i_{D} 进行积分,即根据定义,得出二极管电流 I_{DC} 的平均值

$$\begin{aligned}I_{\mathrm{D}}&=\frac{1}{2\pi}\int_0^{2\pi}i_{\mathrm{D}}\mathrm{d}\omega_{\mathrm{c}}t\\I_{\mathrm{D}}&=\frac{1}{\pi}\int_0^{\theta}i_{\mathrm{D}}\mathrm{d}\theta\end{aligned}\tag{16.17}$$

因为 θ 只在$(0,\pi)$范围内变化。因此积分得

$$\begin{aligned}I_{\mathrm{D}}&=\frac{1}{\pi r_{\mathrm{D}}}\int_0^{\theta}(U_{\mathrm{AM}}\cos\theta-U_{\mathrm{DC}})\mathrm{d}\theta\\&=\frac{1}{\pi r_{\mathrm{D}}}(U_{\mathrm{AM}}\sin\theta-U_{\mathrm{DC}}\theta)\end{aligned}\tag{16.18}$$

代入式(16.16),变为

$$I_{\mathrm{D}}=\frac{1}{\pi r_{\mathrm{D}}}U_{\mathrm{AM}}(\sin\theta-\theta\cos\theta)\tag{16.19}$$

由式(16.12)、式(16.16)和式(16.19),可得

$$I_{\mathrm{D}}=\frac{U_{\mathrm{DC}}}{R}\tag{16.20}$$

$$I_{\mathrm{D}}=\frac{U_{\mathrm{AM}}\cos\theta}{R}\tag{16.21}$$

$$I_{\mathrm{D}}=\frac{U_{\mathrm{AM}}}{\pi r_{\mathrm{D}}}(\sin\theta-\theta\cos\theta)\tag{16.22}$$

$$\frac{r_{\mathrm{D}}}{R}=\frac{1}{\pi}\,\frac{\sin\theta-\theta\cos\theta}{\cos\theta}\tag{16.23}$$

$$\frac{r_{\mathrm{D}}}{R}=\frac{1}{\pi}(\tan\theta-\theta)\tag{16.24}$$

这给出的是二极管电阻与负载电阻之比(r_{D}/R)和 θ 的函数关系,而不是两

个电阻本身之间的函数关系。

现在有了定义二极管检波器的检波效率 η 所需的所有量，即通过式(16.16)，得出负载电压平均值 U_{DC} 与 AM 输入波峰值 U_{AM} 的比值，即

$$\eta = \frac{U_{DC}}{U_{AM}} = \cos\theta \tag{16.25}$$

由式(16.20)和式(16.22)，也可得

$$\eta = \frac{R}{\pi r_D} = \sin\theta - \theta\cos\theta \tag{16.26}$$

式(16.26)给出了检波效率 η 关于$(R/r_D, \theta)$的函数，注意到它本身不依赖于 U_{AM}，这意味着检波效率也不是调幅指数 m 的函数。式(16.25)和式(16.26)这两个方程给设计者设计所需的检波效率提供了一个确定其所需二极管类型(例如电阻值)和负载电阻的方法。要直接写出 $\eta = f(R/r_D)$ 的明确解析表达式并不容易，但是可以用这两个方程来画出 $\eta = f(R/r_D)$ 的图形关系(图16.6)。

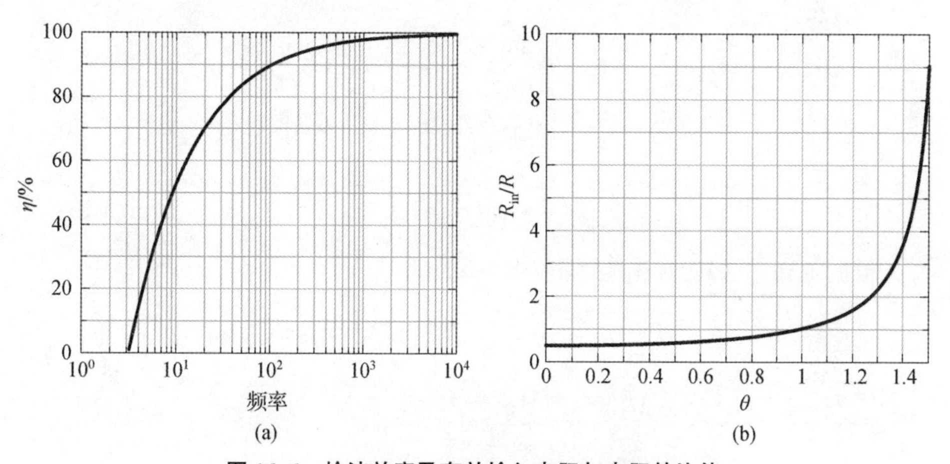

图16.6　检波效率及有效输入电阻与电阻的比值

(a)关于 R/r_D 的检波效率 η 的图像；(b)有效输入电阻与电阻的比值

例88：峰值检波效率

对于一个给定的二极管，其电阻为 $r_D = 100\Omega$，如果二极管 AM 检波器的期望检波效率为 $\eta = 80\%$，确定负载电阻 R 的值。

解88：由式(16.25)，可得到

$$\eta = \cos\theta \Rightarrow \theta = \arccos(0.8) = 0.6435 \tag{16.27}$$

然后可得

$$\frac{R}{r_D} = \frac{\pi\eta}{(\sin\theta - \theta\cos\theta)} = 29.5 \tag{16.28}$$

对于给定的 $r_D = 100\Omega$，可得 $R = 29.5 \times 100\Omega = 2.95\text{k}\Omega$。

16.2.3 输入电阻

与其他任何电子电路类似,对于给定电阻 R,找出二极管 AM 检波器有效输入电阻 R_{eff} 的表达式是很重要的,由于电路的非线性特性,最常用的分析方法是基于检波器吸收功率进行的。在这种情况下,只考虑二极管电流 i_D 的基波来得出近似值,二极管电流 i_D 的最大值通过直接计算傅里叶系数来获得,如下所示

$$
\begin{aligned}
I_{Dmax} &= \frac{1}{\pi}\int_0^{2\pi} i_D\cos\omega_c t\mathrm{d}(\omega_c t) \\
&= \frac{2}{\pi}\int_0^{\theta}\frac{1}{r_D}(U_{AM}\cos\alpha - U_{DC})\cos\alpha\mathrm{d}\alpha \\
&= \frac{2}{\pi r_D}\int_0^{\theta} U_{AM}\cos^2\alpha\mathrm{d}\alpha - \int_0^{\theta} U_{DC}\cos\alpha\mathrm{d}\alpha \\
&= \frac{2}{\pi r_D}\left(\frac{1}{4}\sin2\alpha + \frac{\alpha}{2}\right)\Big|_0^{\theta} - U_{DC}\sin\alpha\,\Big|_0^{\theta} \\
&= \frac{2U_{AM}}{\pi r_D}\left(\theta + \frac{1}{2}\sin2\theta - \sin\theta\cos\theta\right) \\
&= \frac{U_{AM}}{\pi r_D}(\theta - \sin\theta\cos\theta)
\end{aligned} \tag{16.29}
$$

根据定义,二极管和电阻消耗的功率 P 为

$$
P = \frac{1}{T}\int_0^{T} u_{AM}i_D\mathrm{d}t = \frac{U_{AM}I_{Dmax}}{2} = \frac{U_{AM}^2}{2\pi r_D}(\theta - \sin\theta\cos\theta) \tag{16.30}
$$

$$
\frac{R_{eff}}{r_D} \overset{\text{def}}{=} \frac{U_{AM}^2}{2P} = \frac{\pi}{\theta - \sin\theta\cos\theta}
$$

这得出的仅是输入电阻 R_{eff} 和二极管电阻 r_D 的比值关于 θ 的函数。为了找出电阻 R 如何影响输入电阻,将式(16.24)代入式(16.30)得出

$$
\frac{R_{eff}}{R} = \frac{R_{eff}}{r_D}\frac{r_D}{R_{eff}} = \frac{\tan\theta - \theta}{\theta - \sin\theta\cos\theta} \tag{16.31}
$$

式(16.31)说明了输入有效电阻 R_{eff} 和电阻 R 的比值是关于 θ 的函数。在理想情况下,检波效率较高,即 $\eta\to1$,这意味着 $\theta\to0$。下面将正弦项展开成它们各自的幂级数:

$$
\sin\theta = \sum_{n=0}^{\infty}\frac{(-1)^n}{(2n+1)!}x^{2n+1} = \theta - \frac{\theta^3}{3!} + \frac{\theta^5}{5!} - \cdots \approx \theta - \frac{\theta^3}{6}
$$

$$
\cos\theta = \sum_{n=0}^{\infty}\frac{(-1)^n}{(2n)!}x^{2n} = 1 - \frac{\theta^2}{2!} + \frac{\theta^4}{4!} - \cdots \approx 1 - \frac{\theta^2}{2}
$$

这里只取这个级数的前两项。把式(16.25)代入式(16.31)后,在检波效率$\eta \to 1$情况下,可以得到

$$\begin{aligned}\frac{R_{\mathrm{eff}}}{R} &= \frac{1}{\cos\theta}\frac{\sin\theta-\theta\cos\theta}{\theta-\sin\theta\cos\theta}\\ &= \frac{1}{\eta}\left[\frac{\left(\theta-\frac{\theta^3}{6}\right)-\theta\left(1-\frac{\theta^2}{2}\right)}{\theta-\left(\theta-\frac{\theta^3}{6}\right)\left(1-\frac{\theta^2}{2}\right)}\right]\\ &= \frac{1}{\eta}\left[\frac{\frac{\theta^3}{3}}{\frac{2\theta^3}{3}+\frac{\theta^5}{2}}\right] \approx \frac{1}{\eta}\left[\frac{\frac{\theta^3}{3}}{\frac{2\theta^3}{3}}\right]\\ &= \frac{1}{2\eta} \approx \frac{1}{2}\end{aligned} \tag{16.32}$$

因此,可将有效输入电阻近似为$R_{\mathrm{eff}} \approx \frac{1}{2R}$。由式(16.31)式导出的$R_{\mathrm{eff}}/R = f(\theta)$的详细函数关系如图 16.6 所示。

16.2.4　失真系数

到目前为止,已经使用线性近似估算了二极管 AM 包络检波器的参数,这种方法达到很好的效果并且得出了相当精确的表达式。首先,所做的一个近似是对二极管$I_{\mathrm{D}}U_{\mathrm{D}}$特性的线性近似,由于二极管$I_{\mathrm{D}}U_{\mathrm{D}}$特性具有指数函数的非线性特性,所以它是输出波失真的源由之一。对于解码效率高的电路和强调制信号,这种失真源的影响只有几个百分点;但对于弱调制信号,这种失真源的影响可能高达约 25%。其次,另一个不太明显的失真源是由时间常数$\tau = RC$设定的恒定电容放电电流引起的,其关键问题是时间常数的选择一直是折中的。在 AM 波中,包络信号的波峰和波谷几乎是随时出现的,因此当时间常数太长,放电电流的斜率不够陡,无法精确跟随包络的下坡时,则可能会出现“削波”(称为惰性失真),如图 16.7 所示,因此恢复的波形不能精确地跟随 AM 包络,最终恢复出来的信号就会产生失真。

为了减少纹波系数,时间常数对于载波信号的周期T需要相对变长。但是如果它太长,又会发生削波。因此需要估计时间常数的最大允许值以防止削波,并且若使二极管检波器的响应足够快,以跟随包络信号的斜率,其中削波因子就是通过这种折中来确定的。

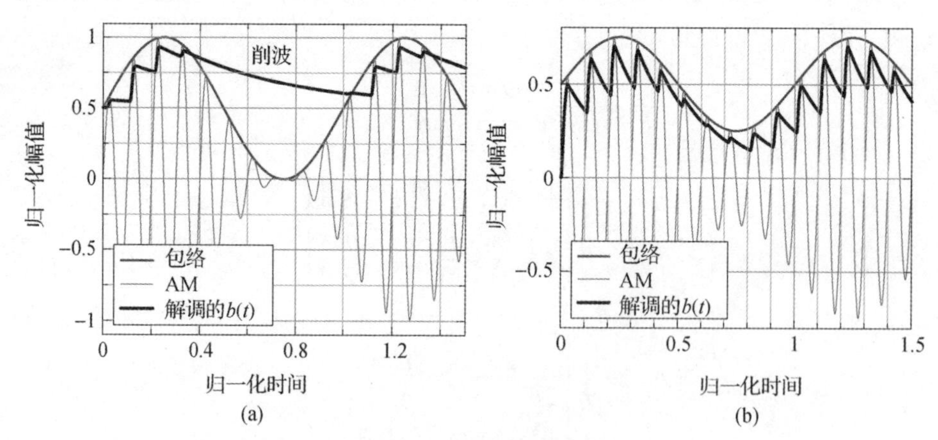

图 16.7　AM 波检波(见彩图)

(a)二极管检波器中错误的时间常数导致惰性失真;(b)正确的定时。

在这个例子中,载波相对于调制频率的比率是 10。

峰值检波器最关键的条件发生在调制频率 ω_b 最高时。由 C_0 给出包络波动方程,

$$b(t) = C_0(1 + m\cos\omega_b t) \tag{16.33}$$

式中　C_0——载波信号的最大幅度;

m——幅度调制指数。

在时间 $t = t_0$ 的时刻,调制信号的调制包络的值和斜率为

$$b(t_0) = C_0(1 + m\cos\omega_b t) \tag{16.34}$$

$$\left(\frac{\mathrm{d}b(t)}{\mathrm{d}t}\right)\bigg|_{t_0} = -\omega_b m C_0 \sin\omega_b t \tag{16.35}$$

通过将电容两端的电位设置为 $t = t_0$ 时的调制电压,可以得出

$$u_C = C_0(1 + m\cos\omega_b t) \tag{16.36}$$

在考虑 $t > t_0$ 之后,电容器信号以下列速率衰减

$$u_C = U_{C0}\mathrm{e}^{-\frac{t-t_0}{RC}} \tag{16.37}$$

$$\left(\frac{\mathrm{d}u_C}{\mathrm{d}t}\right)_{t_0} = -\frac{1}{RC}u_C = -\frac{C_0}{RC}(1 + m\cos\omega_b t) \tag{16.38}$$

为了避免惰性失真,在时间 $t > t_0$ 时电容电压 u_c 必须小于或等于包络电压 u_b,斜率必须小于或等于 $t = t_0$ 时的包络斜率(这显然不是图 16.7 中的情况)。这些条件写成

$$-\frac{C_0}{RC}(1+m\cos\omega_b t) \leqslant -\omega_b m C_0 \sin\omega_b t \tag{16.39}$$

$$\frac{1}{RC} \geqslant \omega_b \frac{m\sin\omega_b t}{1+m\cos\omega_b t} \tag{16.40}$$

最小的 RC 常数是在

$$\begin{aligned} &\frac{d}{dt}\frac{m\sin\omega_b t}{1+m\cos\omega_b t}=0 \\ &m\omega_b \frac{[\cos\omega_b t(1+m\cos\omega_b t)+m\sin^2\omega_b t]}{(1+m\cos\omega_b t)^2}=0 \end{aligned} \tag{16.41}$$

这等价于下面的条件

$$\cos\omega_b t(1+m\cos\omega_b t)+m\sin^2\omega_b t=0 \tag{16.42}$$

$$\cos\omega_b t+m(\cos^2\omega_b t+\sin^2\omega_b t)=0$$

$$\Rightarrow \cos\omega_b t=-m \tag{16.43}$$

将 $\cos\omega_b t=-m$ 代入式(16.42)后,得到第二个解,如下

$$-m(1-m^2)+m\sin^2\omega_b t=0$$

$$\Rightarrow \sin\omega_b t=\sqrt{1-m^2} \tag{16.44}$$

在这个特定时刻,将两个正弦函数(式 16.43 和式 16.44)的值代回式(16.40)中,可得到时间常数 RC 的边界条件,超过这一条件下电容器电压将无法跟随调制信号,如下

$$\begin{aligned} &\frac{1}{RC} \geqslant \omega_b \frac{m\sqrt{1-m^2}}{1-m^2} \\ &\frac{1}{RC} \geqslant \omega_b \frac{m}{\sqrt{1-m^2}} \end{aligned} \tag{16.45}$$

这是常用的条件,如果要求输出电压 u_c 即使在最坏的条件下也要遵循 AM 波形包络,则需要满足该条件。该公式在某种意义上是近似的,例如它意味着对于最大调制指数 $m=1$,RC 时间常数必须为零,这进一步意味着输出波形等于输入 AM 载波波形,即不可能进行包络检波。实验中发现了一个更为保守的条件,即将式(16.45)式修改为

$$\frac{1}{RC} \geqslant m\omega_b \tag{16.46}$$

这给设计者在设计电路时如何为二极管 AM 包络检波器选择无源元件值提供了参考,如图 16.8 所示。

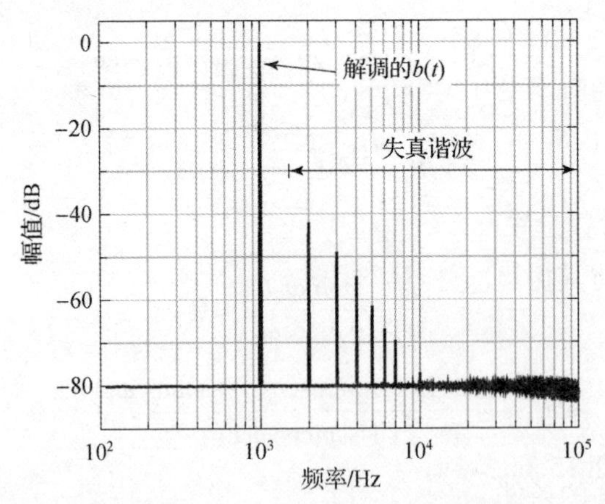

图 16.8 解调的 AM 波的频谱[此例子中,载波与调制频率的比率是 455](见彩图)

16.3 调频波解调

嵌入在 FM 载波中的调制信号的恢复过程基于两个步骤:载波的频率变化首先被转换成幅度变化,然后使用传统的 AM 解调器转换回基带调制信号。大体上,FM 解调系统包括了一系列处理子模块频率-幅度转换器、AM 包络检波器和低通(LP)滤波器,如图 16.9 所示。

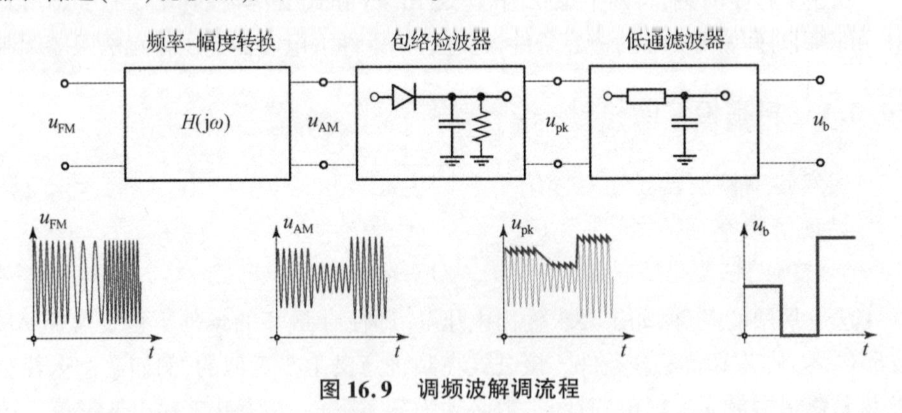

图 16.9 调频波解调流程

频率幅度转换器的传递函数为

$$H(\mathrm{j}\omega)=\frac{U_{\mathrm{AM}}(\mathrm{j}\omega)}{U_{\mathrm{FM}}(\mathrm{j}\omega)} \tag{16.47}$$

$$u_{\mathrm{AM}}(t)=\frac{\mathrm{d}u_{\mathrm{FM}}}{\mathrm{d}t} \tag{16.48}$$

其用作 FM 波的时域微分器。对于载波频率为 ω_0 的调频信号,可以写为

$$u_{\mathrm{FM}}(t)=A\cos(\omega_0 t+\theta(t)) \tag{16.49}$$

式中　A——FM 波的固定幅度；

$\theta(t)$——随时间变化的相位角。

因此,使用式(16.48),频率－幅度转换器的输出为

$$u_{\mathrm{AM}}(t) = -A\left[\omega_0 + \frac{\mathrm{d}\theta}{\mathrm{d}t}\right]\sin(\omega_0 t + \theta(t)) \tag{16.50}$$

包络检波器将其振幅部分近似检波为

$$u_{\mathrm{pk}}(t) = A\left[\omega_0 + \frac{\mathrm{d}\theta}{\mathrm{d}t}\right] \tag{16.51}$$

式中:第一项 $A\omega_0$ 是直流分量,可由 LP 滤波器滤除;第二项包含了嵌入的调制信号 $b(t)$,通过式(15.60)可以写为

$$\theta(t) = m_{\mathrm{f}}\int b(t)\,\mathrm{d}t \tag{16.52}$$

式中:m_{f} 是 FM 指数。

因此,包络检波器式(16.51)的输出包含信息 $b(t)$,随后被低通滤波器滤除并完整恢复原始信息。

有三种主要类型的 FM 解调器电路,将在以下章节中一一讨论:

(1)斜率检波器和 FM 鉴频器;

(2)正交检波器;

(3)PLL 解调器。

它们用来实现如图 16.9 所示的解调系统,并由式(16.47)~式(16.52)描述。

16.3.1　斜率检波器和 FM 鉴频器

虽然斜率检波器已经不常用了,但是它们简易和清晰的处理流程使人们很容易理解频率－幅度转换的基本原理,因此它们可以很好地实现教学目的。斜率检波器的核心是串联一个简单的 LC 谐振回路和一个二极管 AM 检波器,如图 16.10 所示。虽然这是一个非常简单的网络,但斜率检波器电路的精确分析非常复杂,因为输入信号 u_{FM}是调频的,所以简单的静态分析并不适用;相反,需要进行瞬态分析。

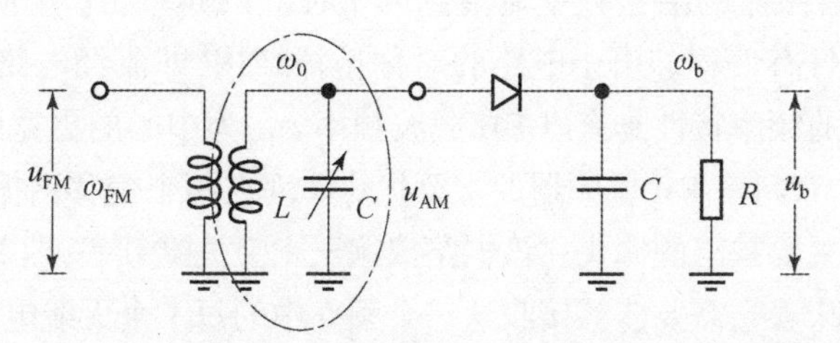

图 16.10　使用简单 LC 谐振器和 AM 斜率检波器的检波器电路

图16.11说明了其的主要工作过程。调谐LC谐振电路到ω_0频率,并且输入FM波u_{FM}的载波频率是ω_{FM}且不等于ω_0(即$\omega_{FM}\neq\omega_0$)。由于这种设置,进入调频波的非调制频率信号落在LC谐振器频率特性的斜率上,如图16.11所示。正如在第10.2.2节中讨论的,LC谐振器频率特性的纵轴显示了输入频率相对于ω_0谐振频率分量振幅相对值,其中ω_0谐振频率分量的振幅标准为1,因此输入频率ω_{FM}的幅度降至A_0。随着输入FM波的频率变为$\omega_{FM}\pm\Delta\omega$,恢复的FM波的幅度也将随着LC谐振电路特性的斜率变化而变化。一旦FM波通过谐振器,它就会根据其嵌入的调制信号$b(t)$进行调幅,也就是说,传统的二极管AM检波器现在能够正常提取调制信号$b(t)$。

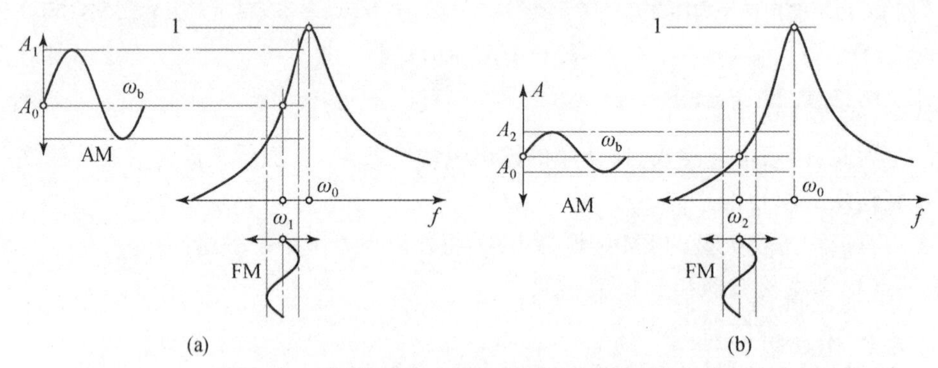

图16.11 使用简单LC谐振器的斜率检波(见彩图)

这里注意到频率特性的任何一侧都可以用于频率到幅度的转换。在特性曲线的右侧,频率的增加对应幅度的减小;在特性的两侧,调谐范围都非常窄。此外还注意到,恢复的信号由于非线性特性而失真。例如恢复的正弦曲线的幅度在A_0点周围是不对称的——正周期的略大(如图16.11所示)。

16.3.1.1 双斜率检波器

本节介绍一个提高斜率检波器性能的简单改进,其通过创建一个包含两个镜像的斜率检波器的对称电路,实现一个"双斜率检波器",如图16.12所示。相对于ω_{FM}值,两个谐振器的谐振频率调谐到两个独立的频率,这两个频率在相对于ω_{FM}值的两侧略且有偏移。由于电路的对称拓扑结构,即流经电路两侧的信号相位相反,新创建的频率特性具有以FM载波频率ω_{FM}为中心的更宽的线性区域,如图16.12所示。双斜率FM鉴频器的主要优势体现在两个偏移谐振器产生的线性度方面,也是其主要缺陷的源头。该电路依赖于三个关键频率,即FM载波频率和两个边频,这意味着它需要能够接收这三个频率中的每一个无线电信号,而不是只接收一个。此外,它需要两个可变电容,这进一步提高了它的复杂性。

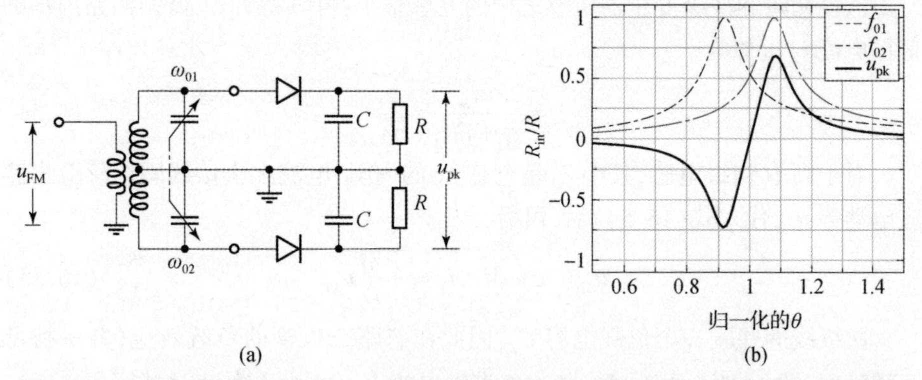

图 16.12　使用两个略微偏移的 LC 谐振器的双斜率 FM 检波及频率传递函数(见彩图)

16.3.1.2　Foster - Seeley 斜率检波器

双斜率 FM 检波器的改进版本称为福斯特 - 西利(Foster - Seeley)斜率检波器,如图 16.13 所示,包含了一个跨接于输入变压器初级线圈 L_1 和次级电感 L_2 的中心抽头之间的分流电容 C_0、一个跨接次级电感 L_2 两端的分流电容 C_2 和一个 RF 扼流圈 RFC。也可以使用电阻器代替 RFC,但这将降低峰值检波器的检波效率,RFC 阻止 RF 信号并提供 DC 通路。输入变压器是双侧调谐的,即 L_1、C_1 和 L_2、C_2 谐振器都被调谐到输入 FM 波的载波频率 ω_0。

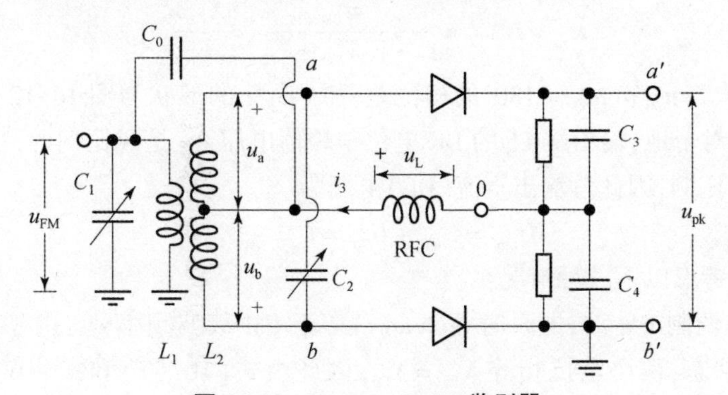

图 16.13　Foster - Seeley 鉴别器

对 Foster - Seeley 鉴频器进行有限的分析是可行的。首先假设电抗 X_{C0} 和 X_{C4} 非常小,而电抗 $X_L = X_{RFC}$ 非常高。在这两个假设下,通过(C_0,RFC,C_4)通路来估算 RFC 两端的电压,如下所示

$$\boldsymbol{u}_L = jX_L\boldsymbol{i}_3 = jX_L\frac{\boldsymbol{u}_{FM}}{-jX_{C_0} + jX_L - jX_{C_4}} \approx jX_L\frac{\boldsymbol{u}_{FM}}{+jX_L} = \boldsymbol{u}_{FM} \tag{16.53}$$

式中:粗体字母表示向量变量。

假设初级和次级变压器电感之间的互感很小,可以将 L_1C_1 谐振回路内部的谐振电流 $\boldsymbol{i}_1$ 近似为

$$\boldsymbol{i}_1 \approx \frac{\boldsymbol{u}_{FM}}{r_1 + jX_{L1}} \approx \frac{\boldsymbol{u}_{FM}}{jX_{L1}} \tag{16.54}$$

对于高 Q 初级电感,其中 r_1 是电感 L_1 的内阻,电流在次级线圈内感应出感应电动势 $\boldsymbol{u}_2$,代入式(16.54)后,可得

$$\boldsymbol{u}_2 = \pm j\omega M \quad \boldsymbol{i}_1 = \pm \frac{M}{L_1}\boldsymbol{u}_{FM} \tag{16.55}$$

次级线圈并联一个负载电容 C_2,因此在忽略二极管的负载效应(并保持低互耦近似,即 $\omega^2 M^2/r_p \approx 0$)后,将次级谐振电流 $\boldsymbol{i}_{C2} = \boldsymbol{i}_{L2} = \boldsymbol{i}_2$ 的表达式写成

$$\boldsymbol{i}_2 \approx \frac{\boldsymbol{u}_2}{r_2 + jX_{L2} - jX_{C2}} = \pm \frac{\boldsymbol{u}_{FM}}{r_2 + j(X_{L2} - X_{C2})} \frac{M}{L_1} \tag{16.56}$$

式中:r_2 为电感 L_2 的内阻。

在任意选取电流的正负号后,相同的次级电流分别在它们各自的半个电感 L_2 两端产生电压 $\boldsymbol{u}_{a0}$ 和 $\boldsymbol{u}_{b0}$,如下

$$\boldsymbol{u}_{a0} = \boldsymbol{i}_2 \frac{jX_{L2}}{2} = \frac{\boldsymbol{u}_{FM}}{r_2 + j(X_{L2} - X_{C2})} \frac{jX_{L2}M}{2L_1} \tag{16.57}$$

$$\boldsymbol{u}_{b0} = -\boldsymbol{i}_2 \frac{jX_{L2}}{2} = \frac{\boldsymbol{u}_{FM}}{r_2 + j(X_{L2} - X_{C2})} \frac{jX_{L2}M}{2L_1} \tag{16.58}$$

$$\boldsymbol{u}_{ab} = \boldsymbol{i}_2 X_{L2} = \frac{\boldsymbol{u}_{FM}}{r_2 + j(X_{L2} - X_{C2})} \frac{jX_{L2}M}{L_1} \tag{16.59}$$

这意味着 $\boldsymbol{u}_{a0}$ 和 $\boldsymbol{u}_{b0}$ 有 180°的相位差,而 $|\boldsymbol{u}_{ab}|$ 的形状与图 16.12(b)相同。注意到,相对于地,输出端 $U_{a'}$ 的 DC 电位与峰值电压 U_a 是成比例的,且电位 $U_{b'}$ 与 U_b 也成比例,因此总输出直流(DC)电压为

$$U_{a'b'} = U_{a'0} + U_{0b'} = U_{a'0} - U_{b'0} \tag{16.60}$$

现在,考虑以下三种情况:

(1)非调制 FM 波,即瞬时频率 $\omega(t)$ 等于 FM 载波频率 ω_0:由于次级电路处于谐振状态,两个电抗相等 $X_{L2} = X_{C2}$,因此由式(16.57)和式(16.58)可以得出 $|\boldsymbol{u}_{a0}| = |\boldsymbol{u}_{b0}|$,在考虑到式(16.60)后,可以得出输出 DC 电压 $\boldsymbol{u}_{a'b'} = 0$ 的结论。在矢量图上,谐振时初级和次级谐振器都具有实阻抗,因此电压 $\boldsymbol{u}_{RF}$ 和 $\boldsymbol{u}_{a0}$ 之间存在 90°的相位差值。同时,RFC 两端的电压 $\boldsymbol{u}_L$ 与 $\boldsymbol{u}_{RF}$(式 16.53)同相,如图 16.14(a)所示。

(2)瞬时频率 $\omega(t)$ 低于 FM 载波频率 ω_0 的调制 FM 波:由于次级电路处于谐振和电抗 $X_{L2} < X_{C2}$ 状态,因此由式(16.57)和式(16.58)可得出 $|\boldsymbol{u}_{a0}| < |\boldsymbol{u}_{b0}|$,如图 16.14(b)所示。

(3)瞬时频率 $\omega(t)$ 高于 FM 载波频率 ω_0 的调制 FM 波：由于次级电路处于谐振和电抗 $X_{L2} > X_{C2}$ 状态，因此由式(16.57)和式(16.58)可得出 $|\boldsymbol{u}_{a0}| > |\boldsymbol{u}_{b0}|$，如图 16.14(c)所示。

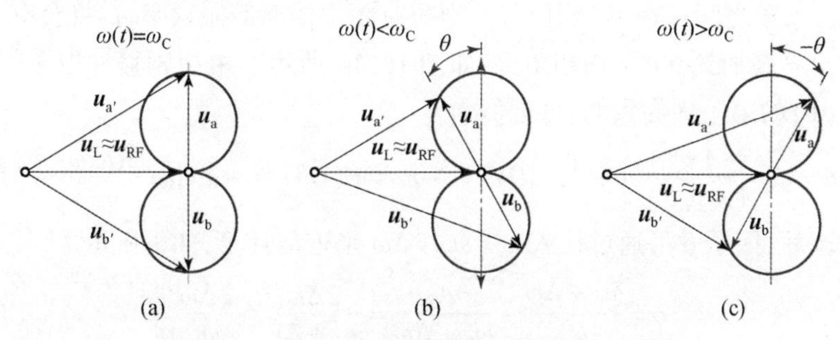

图 16.14　福斯特－西利鉴频器内部电压矢量图

(a) $\omega(t)=\omega_C$；(b) $\omega(t)>\omega_C$；(c) $\omega(t)<\omega_C$。

为了获得矢量 $\boldsymbol{u}_{FM}$ 和 $\boldsymbol{u}_{ab}$ 之间的相位角 θ，即输入 FM 电压和 L_2 两端的感应电压之间的相位角差值，假设 Q 值较高，重新整理式(16.59)并作出近似，如下

$$\begin{aligned}
\frac{\boldsymbol{u}_{ab}}{\boldsymbol{u}_{FM}} &= \frac{1}{r_2+\mathrm{j}(X_{L2}-X_{C2})}\frac{M}{L_1} = \frac{1}{1+\mathrm{j}\left[\dfrac{1}{r_2}(X_{L2}-X_{C2})\right]}\frac{\mathrm{j}X_{L2}M}{r_2L_1}\\
&= \frac{1}{1+\mathrm{j}\left[\dfrac{1}{r_2}(X_{L2}-X_{C2})\right]}\frac{\mathrm{j}X_{L2}M}{r_2L_1} = \frac{1}{1+\mathrm{j}\dfrac{1}{r_2}\left(\omega L_2-\dfrac{1}{\omega C_2}\right)}\frac{\mathrm{j}X_{L2}M}{r_2L_1}\\
&= \frac{1}{1+\mathrm{j}\dfrac{\omega L_2}{r_2}\left(1-\dfrac{1}{\omega^2L_2C_2}\right)}\frac{\mathrm{j}X_{L2}M}{r_2L_1} = \frac{1}{1+\mathrm{j}\dfrac{\omega L_2}{r_2}\left(1-\dfrac{\omega_0{}^2}{\omega^2}\right)}\frac{\mathrm{j}X_{L2}M}{r_2L_1}\\
&= \frac{1}{1+\mathrm{j}\dfrac{\omega_0L_2}{r_2}\left(\dfrac{\omega}{\omega_0}-\dfrac{\omega_0}{\omega}\right)}\frac{\mathrm{j}X_{L2}M}{r_2L_1} = \frac{1}{1+\dfrac{\mathrm{j}\omega_0L_2}{r_2}\delta}\frac{\mathrm{j}X_{L2}M}{r_2L_1}\\
&= \frac{1}{1+\mathrm{j}Q\delta}\frac{\mathrm{j}X_{L2}M}{r_2L_1} = \frac{1}{1+\mathrm{j}Q\delta}\frac{\mathrm{j}\omega L_2M}{r_2L_1}\\
&= \frac{1}{1+\mathrm{j}Q\delta}\frac{\mathrm{j}QM}{L_1} = \frac{1}{1+\mathrm{j}Q\delta}\mathrm{j}Qk\sqrt{\frac{L_2}{L_1}}
\end{aligned} \tag{16.61}$$

式中　Q——次级线圈的品质因子；

$M=k\sqrt{L_1L_2}$；

δ——“失谐因子”。

当 $\omega=\omega_0$ 且谐振时 $\delta=0$，可得

$$\frac{\boldsymbol{u}_{ab}}{\boldsymbol{u}_{FM}}=\frac{j\omega L_2 M}{r_2 L_1}=jQk\sqrt{\frac{L_2}{L_1}} \tag{16.62}$$

也就是说,在谐振时初级和次级谐振器表现为实阻抗,在电容 C_0 的作用下 $\boldsymbol{u}_{ab}$ 和 $\boldsymbol{u}_{FM}$ 矢量之间存在 90°相位差。当瞬时频率偏离谐振频率时,将会有一个正或负相角 θ 叠加到 90°平均相角上,如图 16.14 所示。由于相移 θ 很小,这是由式(16.61)的第一项导致的,可近似为[①]

$$\theta=\arg\frac{1}{1+jQ\delta}\approx\arg(1-jQ\delta)=-\arctan(Q\delta)\approx-\arctan\frac{2Q\Delta\omega}{\omega_0} \tag{16.63}$$

解调后,因子 δ 可通过代入 $\omega=\omega_0+\Delta\omega$ 来近似计算,如下所示

$$\delta=\frac{\omega_0+\Delta\omega}{\omega_0}-\frac{\omega_0}{\omega_0+\Delta\omega}=\frac{2\Delta\omega}{\omega_0+\Delta\omega}\approx\frac{2\Delta\omega}{\omega_0} \tag{16.64}$$

定义鉴频器所需的最后一个参数:灵敏度因子(k_d),即出单位频率变化所引起的输出 DC 电压 U_{ab} 的变化量:

$$k_d \overset{\text{def}}{=\!=} \frac{dU_{ab}}{df} \quad \text{V/Hz} \tag{16.65}$$

使用本节中的分析结果和矢量图来确定 Foster - Seeley 参数。Foster - Seeley 鉴频器的总体功能就是在输出端产生一个变化的 DC 电压,其幅度与 FM 内含的调制信号的幅度成比例。在文献中经常可以见到另一种形式的 Foster - Seeley 鉴别器,称为"比率检波器"。稍加调整后,比率检波器相较于前述鉴频器实现了更好的 AM 抑制,理论上其在灵敏度上低了约 6dB。在此之后,比率检波器的许多改进版本也被设计出来并投入使用。

例 89:Foster - Feeley 鉴频器

FM 接收器中最常见的 IF 之一是 $f_0=10.7\text{MHz}$,而允许的与载波频率最大偏差为 $\Delta f_{pk}=75\text{kHz}$,即 $\Delta f_{pp}=150\text{kHz}$。而设定 Foster - Seeley 判别器的内部组件,以使

$$K=\frac{QM}{2L_1}=0.5$$

并且它的 $Q=23.259$。测量输出电压为 $U_a=1\text{V}_{rms}$。确定峰值输出电压 U_{ab} 和鉴别器灵敏度。

解 89:相移 θ 由式(16.64)计算得

$$\theta=-\arctan\frac{2Q\Delta\omega}{\omega_0}=-\arctan\frac{2\times23.259\times75\text{kHz}}{10.7\text{MHz}}=-18° \tag{16.66}$$

---

① 若 $b\ll1$,则 $b^2\approx0$,因此 $\frac{1}{1+jb}=\frac{1}{1+jb}\frac{1-jb}{1-jb}=\frac{1-jb}{1+b^2}\approx1-jb$。

求得 θ 后,可构建一个包含 90°、18°、72°的直角三角形的向量图,如图 16.15 所示。由 $K=0.5$ 和式(16.61),可以得出结论:$|\boldsymbol{u}_{\mathrm{L}}| = |\boldsymbol{u}_{\mathrm{a}}|/K = 2$。

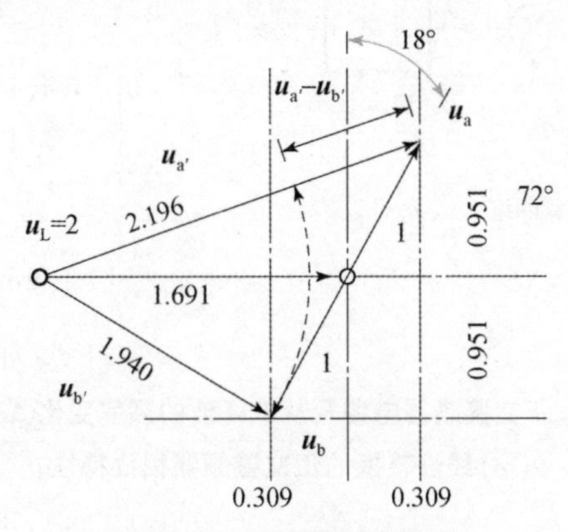

图 16.15　双斜率向量示例

有了这些信息,就可以直接将毕达哥拉斯(Pythagoras)定理应用到图 16.15 的直角三角形上,并得出:

$$U_{\mathrm{ab}} = U_{\mathrm{a'}} - U_{\mathrm{b'}} = 2.196\mathrm{V} = \sqrt{2} \times 2.196\mathrm{V}_{\mathrm{rms}} = 3.106\mathrm{V}_{\mathrm{DC}}。$$

由于最大频率偏差的原因,电路计算出的电压为 $U_{\mathrm{ab}} = 3.106\mathrm{V}$,因此,有

$$k_{\mathrm{d}} = 3.106\mathrm{V}/75\mathrm{kHz} \approx 41.5\mu\mathrm{V/Hz}$$

16.3.2　正交鉴频器

正交检波器的设计原理与斜率检波器相似,但正交检波器首先将输入的 FM 波转换成 PM 波,而不是将其转换成 AM 波。这种转换是通过相移网络实现的,相移网络的相位与频率特性是线性的,因此载波频率 $\Delta\omega_{\mathrm{c}}$ 的变化会产生与频率相关的相移。顾名思义,正交鉴频器是基于相位差为 90°的两个信号的(因此它们是“正交的”),其中输入的 FM 波分离并通过两个独立的路径传输。第一条路径是一个简单的短路连接,而第二条路径通过一个相移网络(图 16.16),该网络首先由电容 C_0 增加一个固定的 90°相移,然后再由 $R_{\mathrm{P}}L_{\mathrm{P}}C_{\mathrm{P}}$ 谐振器网络增加 $\theta = k_{\omega}\Delta\omega_0$ 的相移。因此,原始调频波到达节点①,其原始相位 $\theta = 0°$,而其副本到达节点②,其新相位为 $\theta = \pi/2 + k_{\omega}\Delta\omega_0$,其中 k_{ω} 为比例常数。

在下面的简化分析中,提取了导致与频率相关的相移项,并证明了它对于小的频率变化确实是线性的。这个过程中,并不关心正弦波幅度的精确表达式,因为它总是由 RLC 谐振电路的无源元件的值确定,如果精确计算,它可能包含大量多项式,相反这里只关注相位变化项。此外假设线圈具有高 Q 值,这进一步简化了 RLC 谐振网络的串并转换。相移网络的谐振频率为

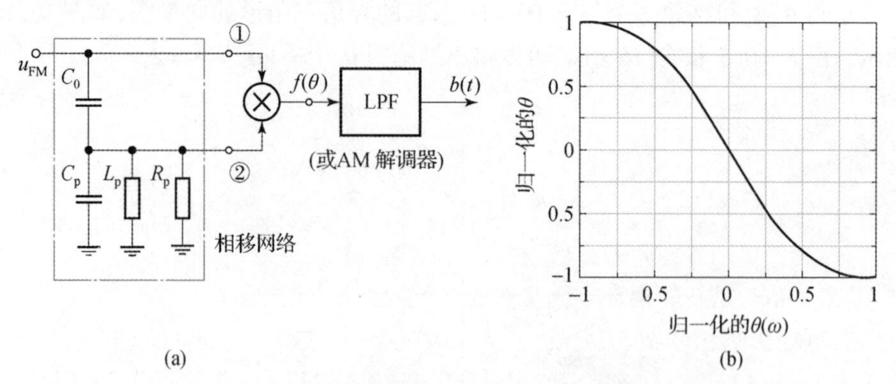

图 16.16　正交鉴频器电路及从 FM 波的频率变化 $\Delta\omega$ 到相位 $\theta(\omega)$ 线性转换的正交鉴频器相位特性。

$$\omega_0 = \frac{1}{\sqrt{(C_0 + C_p)L_P}} = \omega_C \tag{16.67}$$

从节点②看进去,两个电容器并联(C_0 通过 FM 信号源连接到 AC 接地)。

分析交鉴频器及其相移网络的简化示意图(图 16.16):首先,容器 C_0 的电抗 X_{C0}和并联 $R_P L_P C_P$ 谐振器的阻抗 Z_{RLC}是串联的,它们在节点②形成了一个分压器,因此

$$u_2 = \frac{Z_{RLC}}{X_{C0} + Z_{RLC}} u_1 = A_0 u_1 \tag{16.68}$$

式中:A_0 项由另一个 RLC 谐振电路的一组精确值(C_0、R_P、L_P、C_P)决定。

A_0 的精确推导涉及一系列串并联变换并包含着许多的多项式。这已经在式(16.61)中给出了类似推导的细节,并中得出结论:任何谐振 RLC 网络的传递函数 A_0 都可以简化为下列一般形式

$$\begin{aligned} A_0 &= \frac{jK}{1 + j\alpha} = \frac{jK}{\sqrt{1+\alpha^2}}, \angle(\arctan\alpha) \\ &= \frac{K}{\sqrt{1+\alpha^2}}, \angle\left(\frac{\pi}{2} + \arctan\alpha\right) \end{aligned} \tag{16.69}$$

式中　$K = f(Q)$——控制幅度的实常数;

$\alpha = f(\omega, \omega_0, Q)$是无源元件值[①]和瞬时频率 ω 的函数。

可以通过式(16.69)非常方便的确定它的振幅[②]和相位。将式(16.69)代入式(16.68)后,得出

① 请记住 $\omega_0 = f(\mathrm{RLC})$ 和 $Q = f(\omega_0 L, R)$;

② 请记住 $\phi = \arctan \Im/\Re$,当 $\Re = 1$ 时其可得到 $\phi = \arctan \Im$。

$$
\begin{aligned}
u_2 &= \frac{K}{\sqrt{1+\alpha^2}}u_1, \angle\left(\frac{\pi}{2}+\arctan\alpha\right) \\
&= \frac{K}{\sqrt{1+\alpha^2}}U_1\cos\omega_c t, \angle\left(\frac{\pi}{2}+\arctan\alpha\right) \\
&= \frac{K_1}{\sqrt{1+\alpha^2}}\cos\left(\omega_c t+\frac{\pi}{2}+\arctan\alpha\right) \qquad (16.70)
\end{aligned}
$$

式中：$K_1 = KU_1$ 是新的幅度比例常数。

时域项影响相位 $\theta(t)$，通过对载波时间 $T/2$ 进行积分来评估时间相关项，如下所示

$$
\begin{aligned}
I &= \frac{\omega}{\pi}\int_0^{\frac{\pi}{\omega}}\cos\left(\omega_c t+\frac{\pi}{2}+\arctan\alpha\right)\mathrm{d}t \\
&= -\frac{\pi}{2}\frac{\alpha}{\sqrt{1+\alpha^2}} \qquad (16.71)
\end{aligned}
$$

$$
\arg(u_2) \propto -\frac{\pi}{2}\frac{K_1}{\sqrt{1+\alpha^2}}\frac{\alpha}{\sqrt{1+\alpha^2}} = -K_2\frac{\alpha}{1+\alpha^2}
$$

式中：$K_2 = (K_1 \times 2/\pi)$是新的幅度比例常数。

式(16.71)的曲线表示线性相位与频率变化的关系，如图 16.16(b)所示。

在信号 u_1 和 u_2 到达其输入端之后，$b(t)$提取由乘法器电路在频域中完成。代入 $k_\omega\Delta\omega = \arctan\alpha$ 并假设为理想乘法器后，乘法器电路的输出为

$$
\begin{aligned}
f(\theta) &= u_1 \times u_2 = K_0\left[\cos\omega_c t \times \cos\left(\omega_c t+\frac{\pi}{2}+k_\omega\Delta\omega\right)\right] \\
&= -K_0[\cos\omega_c t \times \sin(\omega_c t+k_\omega\Delta\omega)] \\
&= -\frac{K_0}{2}[\sin(2\omega_c t+k_\omega\Delta\omega)-\sin(k_\omega\Delta\omega)] \\
&\approx \frac{K_0}{2}\sin(k_\omega\Delta\omega) \qquad (16.72)
\end{aligned}
$$

在信号通过 LP 滤波器后引入近似值，从信号频谱中滤除接近 $2\omega_c$ 的高频分量，如图 16.17 所示。作为信号恢复的最后一步，注意到对于正弦变量的微小变化

$$
b(t) \propto \sin(k_\omega\Delta\omega) \approx k_\omega\Delta\omega \qquad (16.73)
$$

故对于小的频率偏移，正交鉴频器具有合理的线性特性。注意到乘法器和 LP 滤波器的存在对于模拟正交鉴频器非常重要，但如果 u_1 波是数字的，例如方波脉冲流，则可以使用简单的数字乘法器(以与门的形式)。

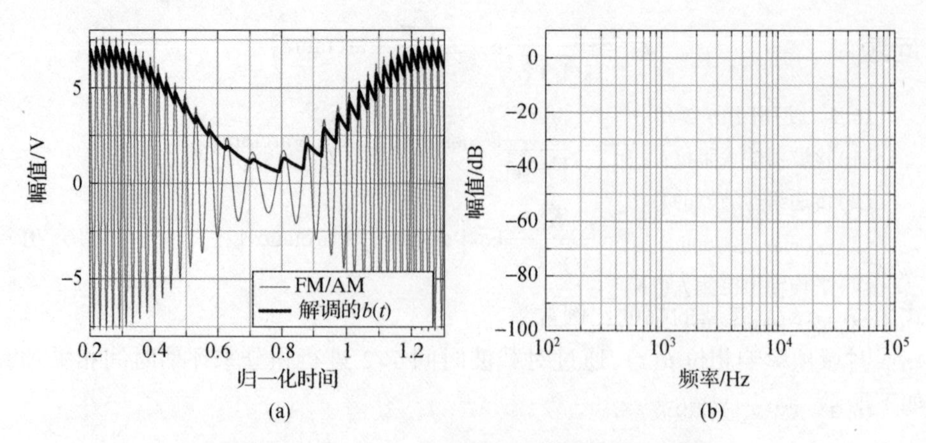

图 16.17　图 16.16 中的模拟正交解调器(见彩图)

(a)时域响应;(b)频域响应。

16.3.3　PLL 解调器

通过分析 PLL 电路(图 15.26),人们注意到如果不研究产生频率为 ω_0 的正弦或方波的 VCO 输出节点,而研究产生(准)直流电压电平的 VCO 输入节点②,那么在没有任何附加电路的情况下,就实现了相位或频率解调。其中,节点②处的电压与进入 PD 的输入波的频率变化 $\Delta\omega$ 成正比。如果输入波是 FM 波,则 VCO 可以控制电压准确地跟踪 FM,即嵌入到 FM 波中的调制信号 $b(t)$ 的包络。

对于 FM 解调,PLL 有两种略有不同的情况。在第一种情况下,当环路带宽足以匹配调制信号的带宽时,PLL 作为频率解调器工作。而对于另一情况,如果环路带宽非常窄,则 PLL 锁定在未调制的载波信号 ω_0 以便对参考相位求平均值,即鉴相器保持几乎恒定的相位,作为与 VCO 相位进行比较的参考。

16.4　本章小结

恢复调制信号 $b(t)$ 的基本技术是基于一个非常简单的二极管检波电路,它也是 AM 和 FM 解调器的基本元件。包络的精确重现是十分重要的,恢复的调制信号 $b(t)$ 的缺失称为“失真”。当恢复的信号携带音频信息时,人们的听觉系统感知来自低质量解调器的失真为“劣质声音”。类似地,如果恢复的信号携带数字信息,且二进制信号电平偏离其可接受的电平过大时(由数字噪声容限定义),失真则可能会导致“误码”。现代更复杂的集成无线电收发器大量采用 PLL 电路来调制和解调数字波。

问题

16.1 使用图 16.2 和 16.3 中的简化原理图，假设 $R=2\text{k}\Omega$，计算：

(1) 检波器输入阻抗；

(2) 传递给检波器的总功率；

(3) $u_0(\max)$、$u_0(\min)$ 和 $U_0(\text{DC})$；

(4) 平均输出电流 $I_0(\text{DC})$；

(5) 最大调制频率 $f_{\max}=5\text{kHz}$ 和最大调制指数 $m_a=0.9$ 时，可防止惰性失真的适当电容值 C。

16.2 AM 二极管检波器用于恢复嵌入在节点①的中频波形中的信号 U_s，图 16.18 给出了该二极管 I_D 与 U_D 的特性。

(1) 画出该电路中信号的频谱图；

(2) 绘制节点①～⑤处的调幅波形图；

(3) 画出 $f=5\text{kHz}$ 时的等效电路，计算输入信号和节点③处信号的幅度比；

(4) 画出 $f=665\text{kHz}$ 时的等效电路，计算输入信号和节点③处信号的幅度比；

(5) 对结果进行评价。

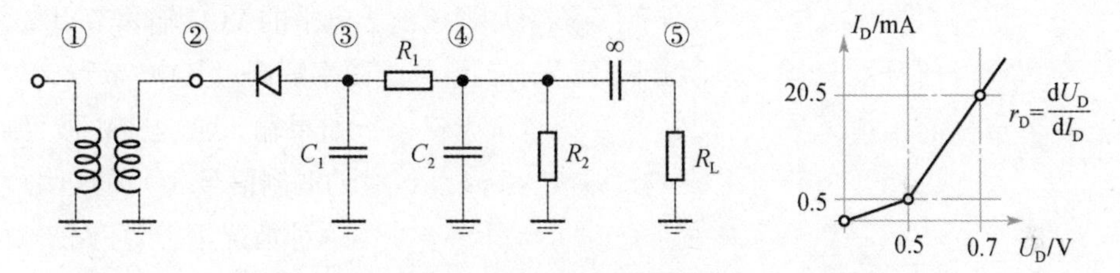

图 16.18 问题 16.2 的简化示意图和电压－电流特性

数据：$f_{IF}=665\text{kHz}$，$f_s=5\text{kHz}$，$C_1=220\text{pF}$，$C_2=5\text{nF}$，$R_1=470\Omega$，$R_2=4.7\text{k}\Omega$，$R_L=50\text{k}\Omega$

16.3 被 50Ω 天线接收的 RF 信号的均方根幅度为 $8\mu\text{V}$，随后信号由图 16.19 中的接收器进行处理。计算：

(1) 输入信号功率，单位为 W 和 dBm；

(2) 传递给扬声器的功率，单位为 dBm 和 W。

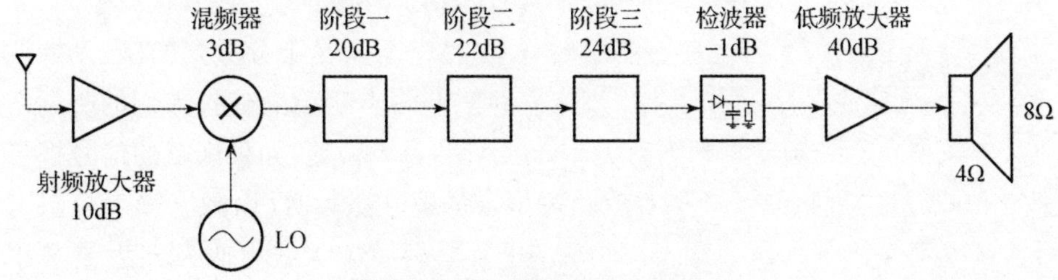

图 16.19 问题 16.3 的框图

16.4 一调制波信号具有对称的三角形形状,DC 分量为零,幅度 $U_b = 2V_{PP}$,而载波幅度为 $U_C = 2V_P$。计算调制指数,并找出相应梯形图案的边长比。

16.5 对于未调制信号,天线中的 AM 电流为 $I_0 = 1A$,而正弦调制导致天线电流变为 $I_m = 1.1A$,计算调制指数。

第17章

射频接收机

一般来说,无线电接收机是一种可以检测自由空间中存在的某单一特定电磁波、并把它从其它频谱中分离进而提取信息的电子系统。因此,基本的无线电接收机的实现过程至少由接收天线、RF 放大器和音频放大器组成。但高级的无线电接收机还包括一个或多个混频器和 VCO 模块,用于执行单步降频转换(也称为“外差接收机”)或多步降频转换(也称为“超外差接收机”),以将高频波下移到基带。

在本章中将回顾基本的无线电接收机拓扑结构及用于实现接收机的不理想电子电路所引起的非线性效应以及接收机的规格参数。

17.1 基本无线电接收机拓扑

最简单的无线电接收机就是一个带有包络检波器的 LC 谐振器,一个可行的实例就是“晶体管收音机”,如图 17.1 所示,它由天线(一根长导线)、一个带有几个抽头的电感器、一个二极管和高阻抗耳机组成。谐振是通过天线 - 电感器连接实现的。工程中,商用 AM 无线电波段是在 530 ~ 1710kHz 范围内,即对应的波长是从 566 ~ 174m,或者四分之一波长(141 ~ 44m)。如果使用四分之一波长($\lambda/4$ 是常见的做法)的天线,将意味着即使对于较高的 AM 波段,也需要至少 44m 长的导线作为接收天线。例如,人们安装 20m 左右的天线(主要是电容性),可等效为一个 250 ~300pF 的电容,进而可以直接计算所需的电感尺寸并创建 LC 谐振器。

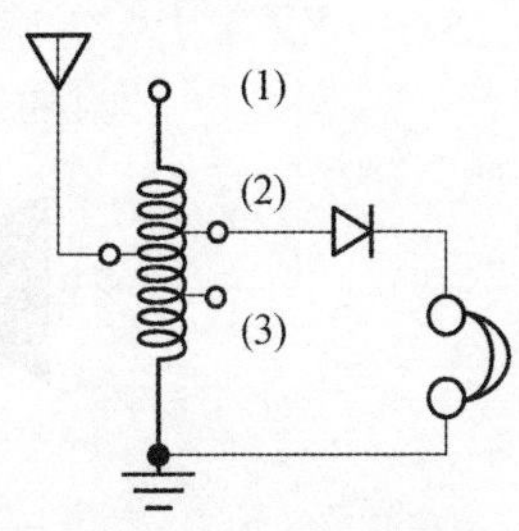

图 17.1 “晶体”无线电接收机拓扑示意图

即使使用这样一个简单的 LC 谐振器,也可以完全将所需的射频 AM 信号选择出来,并且只需一个简单的包络检波器就可以对其信息进行解调。这种情况下,包络检波器由一个二极管和高阻抗耳机构成,与天线和寄生电容结合一起充当阻性负载。由于电路中的高阻抗意味着小电流,不需要外部电源,天线中收集的能量足以在耳机中产生音频信号,因此这种无线电接收机在第一次世界大战期间大量使用(当时这种无线电被称为“散兵坑无线电”)。但显然,这种简单的结构对于商业用途来说太过于简陋了,故还必须在许多方面进行改进。

最直接和最早的商用无线电接收机基于调谐射频接收机(TRF)的拓扑结构,如图 17.2 所示。尽管 TRF 接收机可能包含不止一个的 RF 调谐放大器,但每个 RF 放大器必须直接调谐到其载波频率 ω_c,并对后续级进行适当调谐。将 TRF 接收机中的谐振器调谐到载波意味着包络检波器必须从 HF 载波上解调调制信息,这也意味着载波频率必须相对较低。此外单个前端 LC 谐振器的带宽相对较宽(即较低的 Q 因子),其允许许多频率分量的信号通过并进入包络检波器,这会直接影响接收机的整体 SNR 及其选择性,而且 RF 放大器增益是与信号频率相关的函数,因此不同的载波频率会得到不同的增益。当只有少数几个无线电台在广播时,即使使用了低 Q 谐振器,也可以相对容易地将它们的载波频率分开并保证它们互不干扰。随着无线电广播业的发展,自由空间中电磁波变得更加拥挤,增加 Q 值和选择性的唯一途径是增加一个级联的 LC 谐振器(见第 10.9 节)。但这是以增加复杂性和提高保持所有谐振器正确调谐的门槛为代价的。因此,这种拓扑结构后来被外差接收机所取代。

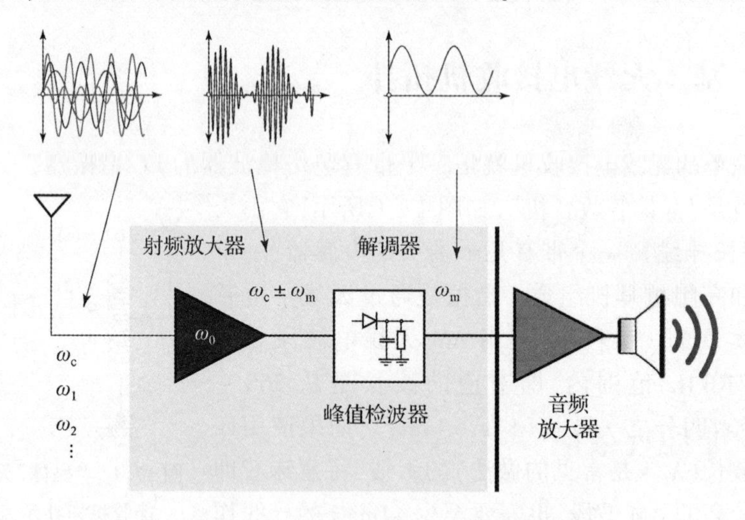

图 17.2　TRF 接收机拓扑结构框图

TRF 接收机的改进方案是:首先引入外差接收机拓扑结构(带有一个混频器/VCO 级),如图 17.3 所示,然后引入超外差接收机拓扑结构(带有两个或更多混频器/VCO 级,也称为“双变频”)。类似于 TRF 接收机,外差接收机首先调谐到高频载波频率。但在 RF 放大器级从拥挤的频谱中分离出所需的载波频率之后,以载波为中心的信号的载波频率下移到某个中频(IF),该 IF 对于给定的接收机是固定的。从而使得下级的电路设计变得更加容易:无论调谐 RF 级到什么载波频率,它们总是以相同的频率工作。偏移量由本地 VCO 的当前频率决定,且该频率与 RF 级同步调谐。

在系统级别方面,通过使用通用指标来分析和表征无线电接收机,因此可以比较各种设计的性能。

一些最常见的参数是:

(1)选择性:在接收机能够安全接收目标信号的条件下,目标载波频率与其第一个相邻频率之间的最小间隔。

(2)灵敏度:在要求的信噪比条件下,接收机能够解调的输入 RF 信号的最小幅度。

(3)动态范围:接收机可以解码的最强和最弱信号的幅度比。

在下面的章节中,将为每个参数建立了详细的度量标准;与此同时,给出若干常用的相关术语以及 RF 非线性电路的几个关键影响因素。

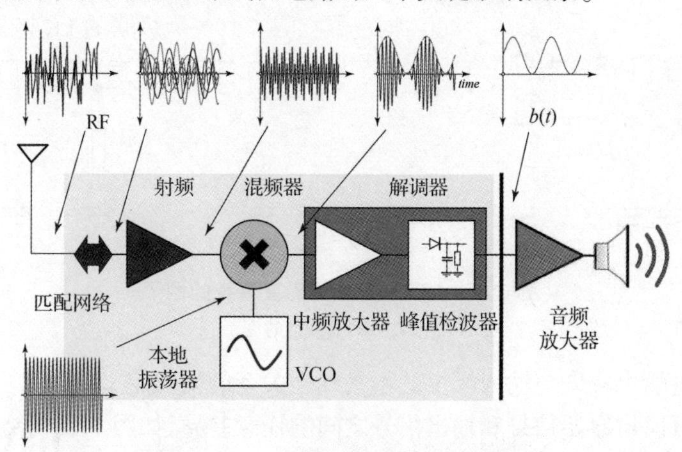

图 17.3　外差接收机拓扑结构框图

17.2　非线性效应

线性系统定义为输出信号是成比例缩放输入信号总和的一种系统,在数学术语中,它满足叠加定律,即

$$F[a_1x_1(t)+a_2x_2(t)]=a_1F(x_1(t))+a_2F(x_2(t)) \tag{17.1}$$

式中:a_1 和 a_2 是与时间无关的常数。

如果系统不满足叠加定律,则为非线性的。如果输入中的时移也会导致输出中相同的时移,则系统是时不变的,即在数学术语中,如果对于所有的 τ 值均有 $x(t)\rightarrow(t)$,则 $x(t-\tau)\rightarrow(t-\tau)$。若系统同时满足线性和时不变性,则称为“线性时不变(LTI)系统”。

将无记忆系统定义为其输出不依赖于以前的输入值的系统。例如无记忆线性系统服从关系 $y(t)=ax(t)$,其中 a 是常数。如果 $a(t)$是时间的函数,那么关系 $y(t)=a(t)x(t)$描述的是一个无记忆时变系统。

这里可以用一般的多项式关系来定义一个无记忆非线性系统

$$y(t)=a_0+a_1x(t)+a_2x^2(t)+a_3x^3(t)+\cdots \tag{17.2}$$

式中:a_i 在时间上是常数,否则人们定义其为无记忆非线性时变系统。

显然,如果式(17.2)中除了前两项外所有项都忽略(或小到可以忽略不计),那么 $y(t)$近似是线性的。两个网络的例子如图17.4所示,一个是LTI网络,另一个是非线性时变网络。注意在图17.4(b)中,开关本身是一个非线性元件,因为输出变量 $y(t)$依赖于开关频率 ω_c,所以破坏了时间不变性。一般无线电系统可用式(17.2)分析,其中 a_i 为常数,因为它们可近似为无记忆非线性时不变系统。

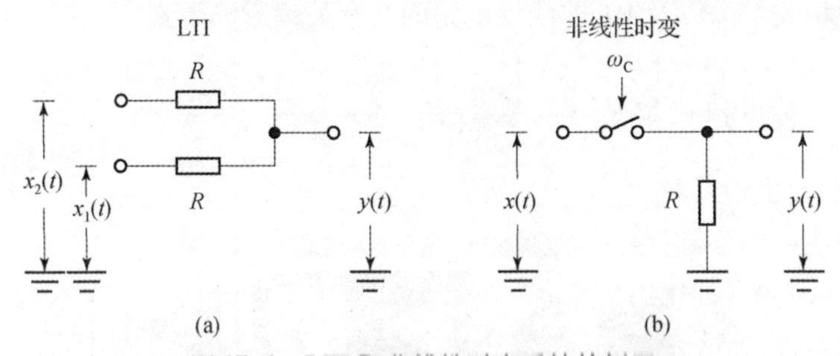

图17.4 LTI和非线性时变系统的例子

(a)LTI;(b)非线性时变。

通常将输出幅度与输入幅度的不呈线性关系的情况定义为幅度失真。一般来说失真可以指原始信号和输出信号之间的任意差异,如图17.5所示。以下就是常研究的、由非线性效应产生的影响:谐波失真、增益压缩、减敏和互调。

17.2.1 谐波失真

将一个单音频信号 $x(t)=B\cdot\cos\omega t$ 输入到一个非线性系统后,该系统的传递函数为式(17.2),且去除了DC项(即 $a_0=0$),输出节点处的输出如下所示

$$\begin{aligned}y(t)&=a_1B\cos\omega t+a_2B^2\cos2\omega t+a_3B^3\cos3\omega t+\cdots\\&=a_1B\cos\omega t+\frac{a_2B^2}{2}(1+\cos2\omega t)+\frac{a_3B^3}{4}(3\cos\omega t+\cos3\omega t)+\cdots\\&=\frac{a_2B^2}{2}+\left(a_1B+\frac{a_3B^3}{4}\right)\cos\omega t+\frac{a_2B^2}{2}\cos2\omega t+\frac{a_3B^3}{4}\cos3\omega t+\cdots\end{aligned} \tag{17.3}$$

$$=b_0+b_1\cos\omega t+b_2\cos2\omega t+b_3\cos3\omega t+\cdots \tag{17.4}$$

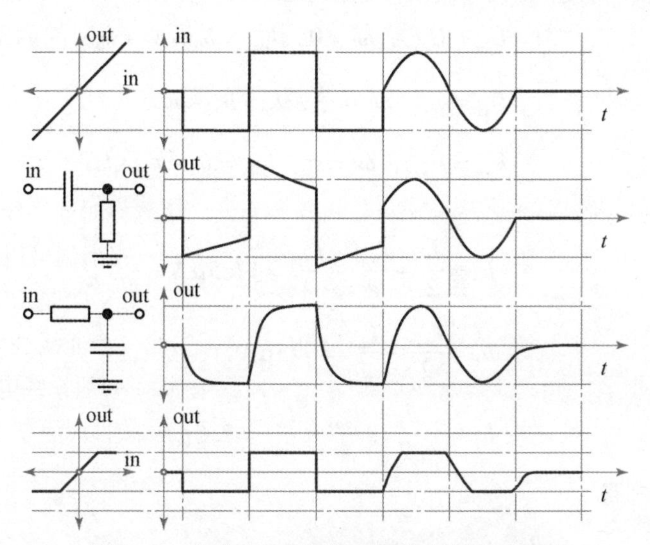

图17.5　非线性传递函数导致的失真波形示例

式中:b_0 是输出信号的直流(DC)项。

此外还可观察到:输入信号频谱 $x(\omega)$ 仅包含一个单音频信号 ω,而输出信号频谱 $y(\omega)$ 包含高次谐波 2ω、3ω 等,而这些频率成分在输入信号频谱中并不存在,它们是由非线性传递函数产生的。偶数阶谐波(即 $2\omega t, 4\omega t, \cdots$)与偶数阶常数 $a_i(i=2k\cdots)$ 相关;因此如果系统传递函数具有奇对称性,例如差分电路的传递函数,则这些项消失。对于大振幅($B \gg 1$)的 n 次谐波近似地与 B^n 成比例。这些都是非常重要的经验结果,为非线性系统的频谱分析提供了理论基础。

常用的非线性定量指标之一是"总谐波失真"(THD)。单个百分比失真计算如下

$$D_2 = \frac{b_2}{b_1},\ D_3 = \frac{b_3}{b_1},\ D_4 = \frac{b_4}{b_1},\ \cdots \tag{17.5}$$

其均为相对于一次谐波系数。根据定义,计算电压或电流的总谐波失真为

$$\mathrm{THD} = \sqrt{D_2^2 + D_3^2 + D_4^2 + \cdots} \tag{17.6}$$

示例90:THD 计算

在同相放大器的输出端测量余弦电流。由实验确定的三对输入电压 U_{in} 和匹配的输出电流 I_{out} 是:$U_{\max} \Rightarrow I_{\max} = 1\text{mA}$,$U_{\text{b}} \Rightarrow I_{\text{b}} = 0.01\text{mA}$,$U_{\min} \Rightarrow I_{\max} = -0.95\text{mA}$,其中 U_{b} 为最大和最小输入电压幅度中点的偏置电压,根据可用数据估算系统的总谐波失真。

解90:收集的实验数据对应于余弦波输入电压函数(同相放大器),因此可

知道相关的 ωt 角度[①]。代入式(17.4)后,结果为

$$U_{in}=U_{max},\ \omega t=0,\ I_{max}=b_0+b_1+b_2$$

$$U_{in}=U_b,\ \omega t=\frac{\pi}{2},\ I_b=b_0-b_2$$

$$U_{in}=U_{min},\ \omega t=\pi,\ I_{max}=b_0-b_1+b_2$$

解得

$$b_0=\frac{I_b}{2}+\frac{I_{max}}{4}+\frac{I_{min}}{4}=17.5\mu A$$

$$b_1=\frac{I_{max}}{2}-\frac{I_{min}}{2}=975\mu A$$

$$b_2=-\frac{I_b}{2}+\frac{I_{max}}{4}+\frac{I_{min}}{4}=7.5\mu A$$

由定义可得

$$D_2=\frac{b_2}{b_1}\times 100\%=0.77$$

$$THD=\sqrt{D_2^2+D_3^2+D_4^2+\cdots}=\sqrt{D_2^2}=D_2=0.77\%$$

因为只有三个测量值,则解出式(17.4)中的二阶项。如果进行更详细的测量,例如五个测量点,将增加 $U_{in}(\pm 1/2)$ 处的幅度,那么也将获得 $\omega t=\pi/3$ 和 $\omega t=2\pi/3$ 对应的角度,这将能够计算出常数 b_0、b_1、b_2、b_3 和 b_4。

17.2.2 增益压缩

大多数放大电路的一个共同特性是随着输入信号功率电平的增加,输出信号电平首先成比例地增加。即对于低功耗信号,输出-输入呈 $P_{out}=AP_{in}$ 的线性关系,其中 A 为由 $A=dP_{out}/dP_{in}$ 计算得出的增益。但最终输出信号电平会受到电路电源电平或有源器件偏置电流的降低限制,即小信号的线性关系不适用于大信号输入电平。

在此将 1dB 压缩点定义为输入信号功率电平 $S_{in}(-1dB)$,它对应于输出信号电平相比线性模式低 1dB 的增益 $A_{(-1dB)}$,如图 17.6 所示,注意该图为双对数标度。

1dB 压缩点是通过分析和实验确定的。在这里用式(17.4)描述的非线性系统并尝试找出 1dB 的压缩点。式(17.4)中的第一项是 DC 项,因此它的导数为零,故它不是增益方程的一部分。第二项描述了输入 $x(t)=A\cos\omega t$ 对应的输

① 简单绘制一个余弦函数,并找出其最大、最小、中间和 1/2 振幅点的自变量。

出信号,因此下面将线性增益函数(即假设忽略式(17.3)中的所有非线性项)和非线性增益函数的方程写成

$$|U_{\text{out}}| \approx a_1 B\cos\omega t$$

$$|U'_{\text{out}}| \approx \left(a_1 B + \frac{3a_3B^3}{4}\right)\cos\omega t$$

$$\left|\frac{U'_{\text{out}}}{U_{\text{out}}}\right| = \left(1 + \frac{3a_3B^2}{4a_1}\right)$$

式中:$U'_{\text{out}}/U_{\text{out}}$之比是线性和非线性函数之间的相对增益。很明显如果 $a_3/a_1 <0$ 且 $\left|\frac{3a_3B^2}{4a_1}\right| <1$,则增益存在压缩,转换成 dB 单位后,相对增益的表达式写成[①]

$$\begin{aligned} 20\lg U'_{\text{out}} - 20\lg U_{\text{out}} &= 20\lg\left(1 + \frac{3a_3B^2}{4a_1}\right) \\ -1\text{dB} &= 20\lg\left(1 + \frac{3a_3B^2}{4a_1}\right) \\ 10^{\frac{-1}{20}} - 1 &= \frac{3a_3B^2}{4a_1} \\ B(-1\text{dB}) &= \sqrt{0.145\left|\frac{a_1}{a_3}\right|} \end{aligned} \tag{17.7}$$

式中:输入信号电平 $S_{\text{in}}(-1\text{dB})$以 dB 为单位,因此

$$S_{\text{in}}(-1\text{dB}) = 20\lg[B(-1\text{dB})]\text{dB} \tag{17.8}$$

由图 17.6 可以看出,式(17.7)显示一次谐波的 1dB 压缩点通过 a_3 与输入信号的三次谐波产生关联,在下面几节中将正式说明这种联系。

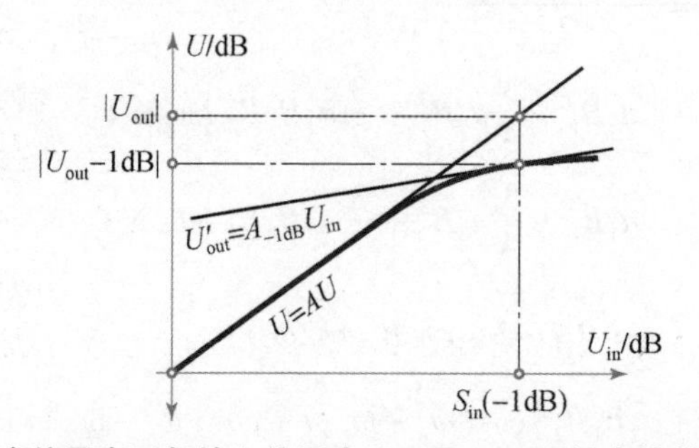

图 17.6 输出信号电平与输入信号电平以及 1dB 压缩点的关系(见彩图)

① 请记住 $\lg(a/b) = \lg a - \lg b$。

17.2.3 互调

谐波失真是由一个输入信号的自混频引起的,其中 LP 滤波器相对容易地抑制式(13.4)中的高次谐波,与此相反的是,互调涉及两个频率接近 ω_a 和 ω_b 的输入干扰信号。因此,在任何非线性情况下,输出频谱必然包含基波信号的各种谐波,但它也包含输入中没有的频率的谐波信号。

假设输入信号是 $x(t)=B_1\cos\omega_a t+B_2\cos\omega_b t$ 形式(图 17.7),则式(17.3)变为

$$\begin{aligned} y(t) = & a_1(B_1\cos\omega_a t+B_2\cos\omega_b t) \\ & +a_2(B_1\cos\omega_a t+B_2\cos\omega_b t)^2 \\ & +a_3(B_1\cos\omega_a t+B_2\cos\omega_b t)^3+\cdots \end{aligned} \tag{17.9}$$

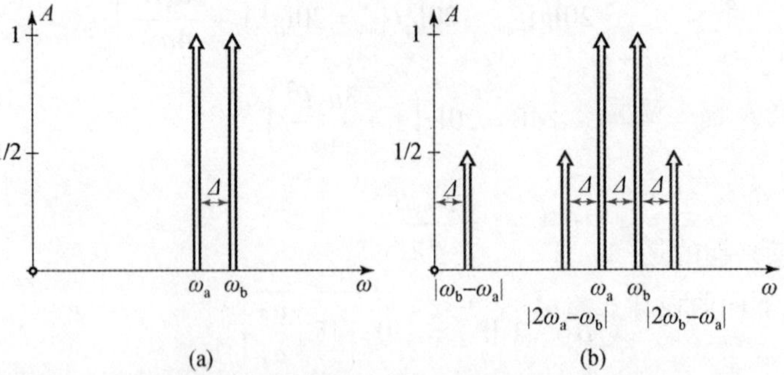

图 17.7 互调频谱的一部分,显示了接近基音的三阶项 $2\omega_a\pm\omega_b$

(a)输入频谱;(b)输出频谱

在展开和合并同频率项之后,得出以下的项:

$$\begin{aligned} y(t) = & \frac{a_2(B_1^2+B_2^2)}{2} \\ & +\left(a_1B_1+\frac{3}{4}a_3B_1^3+\frac{3}{2}a_3B_1B_2^2\right)\cos\omega_a t \\ & +\left(a_1B_2+\frac{3}{4}a_3B_2^3+\frac{3}{2}a_3B_2B_1^2\right)\cos\omega_b t \\ & +\frac{a_2}{2}(B_1^2\cos2\omega_a t+B_2^2\cos2\omega_b t) \\ & +a_2B_1B_2[\cos(\omega_a+\omega_b)t+\cos|\omega_a-\omega_b|t] \\ & +\frac{a_3}{4}(B_1^3\cos3\omega_a t+B_2^3\cos3\omega_b t) \\ & +\frac{3a_3}{4}\{B_1^2B_2[\cos(2\omega_a+\omega_b)t+\cos(2\omega_a-\omega_b)t] \\ & +B_1B_2^2[\cos(2\omega_b+\omega_a)t+\cos(2\omega_b-\omega_a)t]\} \end{aligned} \tag{17.10}$$

式(17.10)在“双音频测试”中派上了用场,该测试使用了具有相同小振幅 $B_1=B_2=B$ 的两个频率略有不同的信号,这意味着高次谐波可以忽略不计,并且式(17.10)可简化为

$$
\begin{aligned}
y(t) &= a_2B \\
&+ B\left(a_1+\frac{9}{4}a_3B^2\right)\cos\omega_a t + B\left(a_1+\frac{9}{4}a_3B^2\right)\cos\omega_b t \\
&+ \frac{B^2a_2}{2}(\cos2\omega_a t+\cos2\omega_b t) + a_2B^2[\cos(\omega_a+\omega_b)t+\cos|\omega_a-\omega_b|t] \\
&+ \frac{B^3a_3}{4}(\cos3\omega_a t+\cos3\omega_b t) \\
&+ \frac{3B^3a_3}{4}\{[\cos(2\omega_a+\omega_b)t+\cos(2\omega_a-\omega_b)t] \\
&+ [\cos(2\omega_b+\omega_a)t+\cos(2\omega_b-\omega_a)t]\}
\end{aligned}
\tag{17.11}
$$

在幅度 B 较小情况下,即 $B^2\to0$,则基本项的幅度可近似为

$$\left(a_1+\frac{9}{4}a_3B^2\right)\approx a_1 \tag{17.12}$$

人们感兴趣的是 $(2\omega_b\pm\omega_a)$ 与基频的相对功率大小,与推导 1dB 压缩点的方式类似,下面假设让三阶项的功率等于基波功率,即

$$
\begin{gathered}
a_1B=\frac{3B^3a_3}{4} \\
B(\text{IIP3})=\sqrt{\frac{4}{3}\left|\frac{a_1}{a_3}\right|}
\end{gathered}
\tag{17.13}
$$

式中:基频信号幅度近似为式(17.12),$B(\text{IIP3})$ 指输入信号电平,称为三阶交调点(IIP3)。通过比较式(17.13)和式(17.7),可写出

$$B(-1\text{dB})=\sqrt{\frac{4}{3}\left|\frac{a_1}{a_3}\right|0.11}=\text{IIP3}-9.6\text{dB} \tag{17.14}$$

注意到由于三阶项的存在,IIP3 会产生非线性效应,并且初始假设是两个输入信号幅度较小,即表达式(17.13)不适用于大信号。因此,IIP3 是从增益的线性部分外推测出来的理论结果,如图 17.8(b)所示。特别地,从实验数据中的观察发现三阶项的斜率是基波斜率的三倍,这引出了三阶 IIP3 的图形解(图 17.9)。在频谱分析仪上测量基频信号的输入功率,并与三阶项的功率进行比较,其中功率差 ΔP 以 dB 为单位(图 17.9(a)),转换为 I/O 功率图(图 17.9(b))。使用相似三角形,可以得出结论:IIP3 点必须在

$$\text{IIP3}=P_{\text{in}}+\frac{\Delta P}{2} \tag{17.15}$$

这是通过测量进行 IIP3 估计的实用方法。分析中,忽略了二阶项的所有影响。相比于三阶项,它们在窄带系统中的影响较小;但在低、中频或直接变频系统中,二阶项非常接近基带信号。如果不加控制,它们甚至会“淹没”所想要的信号。

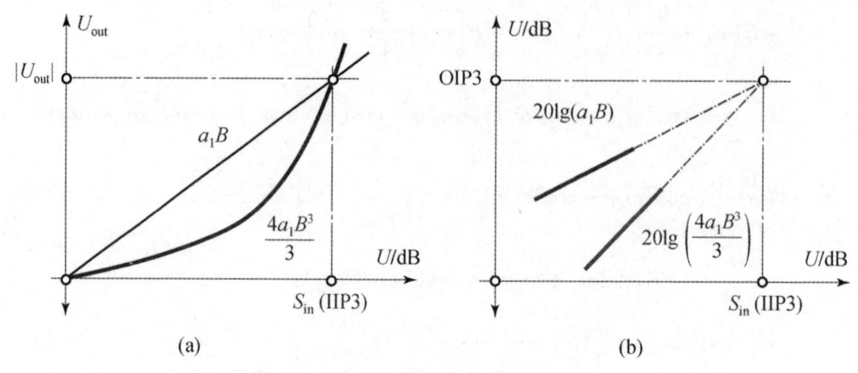

图 17.8　三阶截距点外推(见彩图)

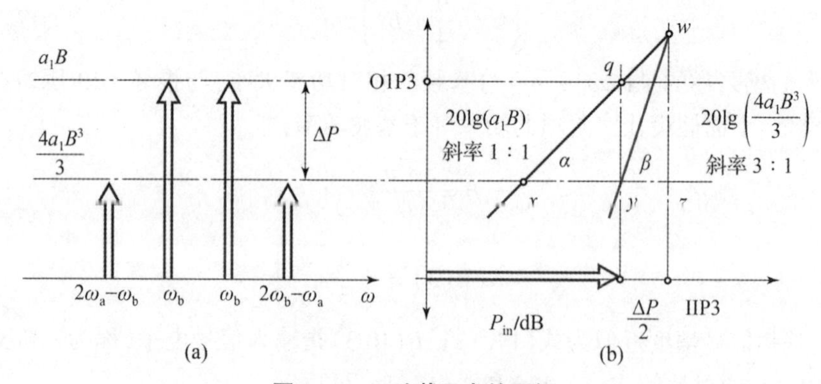

图 17.9　三阶截距点的图解

(a)基频信号输入功率与三阶项功率比较;(b)I/O 功率图。

17.2.4　交叉调制

交叉调制的表现为两种重要场景。在第一种场景中,两个信号到达天线,其中一个信号强度比另一个强得多,问题是所想要的信号是相对“弱”的信号。举例来说,想象一下在拥挤的公共汽车上使用手机,而另一个手机用户就在旁边。邻近的手机发出的信号很强,但它并不是所想要的信号。想听到的信号已经接近传输距离的终点并且非常微弱,几乎没有剩余的能量注入天线,所想要的信号可能就会被“阻塞”或“堵塞”。

从数学的角度更仔细地分析这个案例。输入信号

$$x(t) = B_1\cos\omega_a t + B_2\cos\omega_b t,\ B_2 \gg B_1 \tag{17.16}$$

由一个非线性电路处理,该电路的增益方程由式(17.2)给出,代入式(17.16)后变成

$$y(t) \approx \left(a_1 B_1 + \frac{3}{4}a_3 B_1^3 + \frac{3}{2}a_3 B_1 B_2^2\right)\cos\omega_a t + \cdots$$
$$\approx \left(1 + \frac{3}{2}\frac{a_3}{a_1}B_2^2\right)a_1 B_1\cos\omega_a t + \cdots,\ B_2 \gg B_1 \tag{17.17}$$

式中:仅关注所需信号在 ω_a 处的第一个基项。大多数电路都是压缩的,因此 $a_3/a<0$,可得出了结论,即在正确的情况下和阻塞信号幅度 B_2 大时,所需信号 ω_a 的幅度可以减小到零,即

$$0 = \left(1 - \frac{3}{2}\left|\frac{a_3}{a_1}\right|B_2^2\right)$$
$$B_2 = \sqrt{\frac{2}{3}\left|\frac{a_1}{a_3}\right|} \tag{17.18}$$

工程中,通常期望现代 RF 设备在干扰信号强度比目标信号强 60~70dB 的情况下仍能正确解调目标信号。

在第二种场景中(图 17.10),接收天线暴露在两个信号下,一个是频率为 ω_a 的所需信号,另一个是强干扰 AM 信号,即

$$x(t) = B_1\cos\omega_a t + B_2(1 + m\cos\omega_b t)\cos\omega_c t \tag{17.19}$$

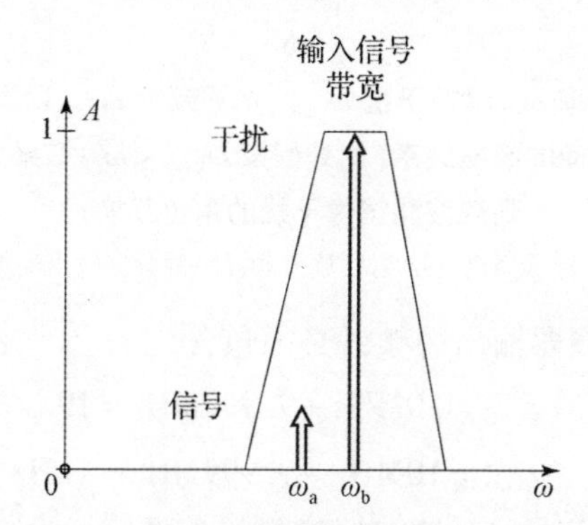

图 17.10　强干扰和弱信号在同一频段

重复使用相同的方法,并且只关注所需信号的主谐波,即

$$y(t) \approx \left[a_1 B_1 + \frac{3}{2}a_3 B_1 B_2^2\left(1 + \frac{m^2}{2} + \frac{m^2}{2}\cos 2\omega_b t + 2m\cos\omega_b t\right)\right]\cos\omega_a t + \cdots$$
$$= f(\omega_b, 2\omega_b)\cos\omega_a t \tag{17.20}$$

换句话说,接收信号形成了叠加在原始消息上的 AM 信号调制,根据具体情况,强 AM 信号可能会完全"阻塞"所需信号。

17.2.5 镜像干扰

TRF 接收机的主要局限性体现为在较宽的接收频率范围内有限的选择性,这也是促进外差接收机拓扑结构发展的强大动力。尽管它比简单的 TRF 接收机结构复杂得多,但 IC 技术的进步使得非常复杂的外差和超外差接收机能够制造成更复杂的通信集成系统的子电路。事实上,现代设备的标准要求是包含一个或多个集成 RF 收发器的同时仅略微增加总成本。

但是,通过添加 VCO 混频器来解决选择性问题的方案有其自身的问题,称为"镜像干扰",或称为"重影干扰"。这一固有问题源于混频器在其输出端产生两个频率的信号 $\omega_a \pm \omega_b$(图 17.11)。为了考察镜像干扰问题的产生原因,假设一个 $f_m = 1\text{kHz}$ 的音频信号调制在 $f_c = 10\text{MHz}$ 的载波信号上,在接收端,LO 调谐至 $f_{VCO} = 9.999\text{MHz}$。

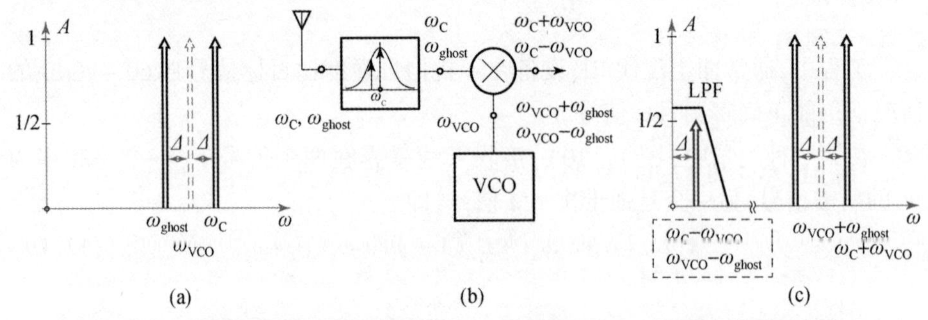

图 17.11 载波频率 ω_c、镜像干扰 ω_{ghost}、本振频率 ω_{VCO} 以及混频器产生的和频与差频之间的频域关系(此处假设 $\omega_{VCO} < \omega_c$;如果 $\omega_{VCO} > \omega_c$,则载波和镜像干扰的角色互换)

(a)输入频谱;(b)射频放大器;(c)混频器输出频率。

通常认为理想混频器输出的频谱必须包含

$$\begin{cases} f_1 = f_c + f_{VCO} = 10\text{MHz} + 9.999\text{MHz} = 19.999\text{MHz} \\ f_2 = f_c - f_{VCO} = 10\text{MHz} - 9.999\text{MHz} = 1\text{kHz} \end{cases} \tag{17.21}$$

式中 $f_2 = 1\text{kHz}$ 为所需信号,LP 滤波器滤除的高频信号为 $f_1 = 19.999\text{MHz}$。但更详细的分析显示,在另一个信号到达接收天线的情况下,可能出现以下情形:位于载波频率以下两倍调制频率 f_m 处的频率,即

$$f_{ghost} = f_c - 2f_m = 10\text{MHz} - 2 \times 1\text{kHz} = 9.998\text{MHz} \tag{17.22}$$

其足够接近载波频率,因此通过 RF 放大器的谐振器并进入混频器。则混音器的输出必定包含以下信号频率

$$f_3 = f_{VCO} + f_{ghost} = 9.999\text{MHz} + 9.998\text{MHz} = 19.997\text{MHz}$$
$$f_4 = f_{VCO} - f_{ghost} = 9.999\text{MHz} - 9.998\text{MHz} = 1\text{kHz} \quad (17.23)$$

因此收到的不是想要的频率的信息，而是由另一个载波（镜像干扰的频率）携带的信息。事实上，第二个信息是由工作在 $f_{ghost} = 9.998\text{MHz}$ 频率的第二个（真实存在的）发射机发射的，它与所需的消息不可逆地混合在一起。

镜像干扰的问题必须在第一混频器之前处理，以下是最常用的处理方法：

（1）增加输入前端谐振器的 Q 因子，进一步抑制镜像（参见第 14.7.1 节）；

（2）保持任何两个相邻无线电发射频率之间的最小距离；

（3）标明频谱中的“禁用”频率；

（4）引入超外差接收机拓扑结构，使用第二个 VCO 混频器，进一步将干扰信号与有用信号分离。

实际上，无线电系统设计过程涉及许多规格和标准，为设计人员提供指导和工作界限。

示例 91：镜像干扰

一标准 AM 接收机，调谐载波信号 $f_c = 620\text{kHz}$，IF 频率 $f_{IF} = 455\text{kHz}$，如果接收机设计为 $f_{VCO} > f_c$，请确定镜像干扰 f_{image}。

解 91：参考图 17.11，将 LO 的频率与 f_{VCO} 作差，写出表达式为

$$f_{IF} = f_{VCO} - f_c \Rightarrow f_{VCO} = f_{IF} + f_c = 1075\text{kHz}$$
$$f_{IF} = f_{image} - f_{VCO} \Rightarrow f_{image} = f_{IF} + f_{VCO} = 1530\text{kHz}$$

17.3　无线电接收机规格

在系统层面上，无线电设计人员致力于通过设计能够更好地处理互调和镜像干扰问题的架构来提高系统的选择性。使用 IC 技术实现的现代无线电接收机架构，通常能够从跨越几个“标准”频带的大范围载波频率中选择信号。例如，手机能够覆盖多达三个 GSM 频段，如 2100 - 1900 - 850MHz 组合。规则是每个用户必须遵守其分配的信道范围，即正如不希望在多线束内出现信号串扰一样，也不希望在无线信道间出现频谱“溢出”。

17.3.1　动态范围

动态范围指的是系统能够处理的信号最大值和最小值之比。例如，如果放大器能够检测和放大的最低信号幅度为 1mV，最大幅度为 1V，则它的动态范围为 1 : 1000。在现有技术和科学的文献中，通常将相对于 1 : 1000 的 1V 描述为

60dB 动态范围;也就是说动态范围是一个无量纲的数字。

较先进的电子设备通常表现出超过 100dB 的动态范围。为了直观地感受这一数字,举例说明,100dB 是 100000 : 1 的比值(相当于 1mV 对 100V),这相当于多伦多加拿大国家电视塔的高度与一只蚂蚁的比例。

17.3.2 本底噪声

动态范围的上限由电路的非线性部分决定,量化电路动态范围最常用的量化指标是指定其 1dB 压缩点,或者其 IIP3。因此很大程度上信号上限取决于设计者的设置,例如提高信号上限的一种直接方法是将电路设计在更高的电源电压下工作。

确定在背景噪声下可以检测到的最小信号电平,首先要确定系统中的总噪声量。在式(8.30)中引入热噪声概念:

$$P_n = kT\Delta f \tag{17.24}$$

这可以归一化为 $\Delta = 1\text{Hz}$,如下所示

$$P_n = kT \tag{17.25}$$

除非特别说明,假设环境为"室温"即 $T = 290\text{K}$,得出

$$P_n = kT = 1.38 \times 10^{-23} \frac{J}{K} \times 290\text{K} = -174\text{dBm} \tag{17.26}$$

这个数字通常用于设置室温下的"噪声下限"。降低环境温度自然会降低噪声。这种方法常用于射电天文学的高端接收机,它能接收到非常微弱的信号。例如,伽利略空间探测器发射并到达地球的无线电信号的功率大约为 10×10^{-21} W 或 −170dBm,它需要 70 米长的 DSN 天线。然而为一般的接收机系统配置温度接近 0K 的冷却系统显然是不实际的,因此电路设计人员通过控制频率带宽 Δf 来降低系统噪声。

17.3.3 灵敏度

接收机输入信号以本底噪声为参考,根据电路带宽理论,还会增加 $10\lg\Delta f$ 的噪声。解决方法是设计窄带系统,但工程中这种降噪的手段也捉襟见肘。因此,对于 1Hz 以上的任何带宽,式(17.24)扩展为

$$P_n = -174\text{dBm} + 10\lg\Delta f \tag{17.27}$$

通过接收机电路,内部产生的噪声由噪声系数 NF 量化,需要加入噪声预算,因此

$$P_n = -174\text{dBm} + 10\lg\Delta f + \text{NF} \tag{17.28}$$

这为接收机设置了“真实的”本底噪声。为了发挥其作用，接收机必须能够处理高于真实本底噪声的信号；换句话说它必须针对特定的所需信噪比 $SNR_{desired}$ 进行设计。

定义将接收机灵敏度为信号电平

$$S_n = P_n + SNR_{desired} \tag{17.29}$$

式中：P_n 表示给定带宽 Δf、信号功率等于噪声功率时的数值，也就是说该数值相当于接收机的 SNR 为 0dB 时的情况（图 17.12）。

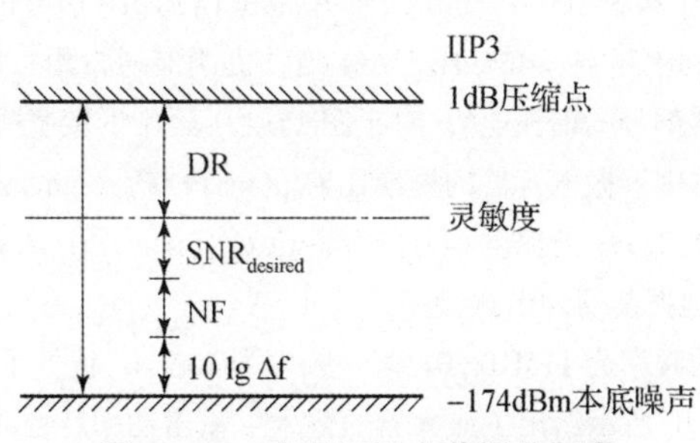

图 17.12　室温下动态范围的要素

因此，可将理想动态范围定义为 1dB 压缩点与接收机灵敏度之差，即

$$DR = 1dB_{point} - S_n \tag{17.30}$$

这是一个比较理想的结果。实际上它通常下调约 30% 至 $\frac{2}{3}$DR。显然，这就是设计一个动态范围尽可能宽的接收机，目前的技术水平大约是 100dB。

示例 92：接收机灵敏度

确定在室温下且 NF = 5dB，BW = 1MHz，期望信噪比 SNR = 10dB 的接收机的灵敏度。

解 92：利用式（17.28）得出

$$S = -174dBm + 10lg1MHz + 5dB + 10dB = -99dBm$$

对于较先进的接收机来说，这是一个相对典型的数字。

17.4　本章小结

品质因数用在比较各种设计方案并寻找改进方法中。无线电接收机处理非常低的信号功率，例如蜂窝电话接收低至 110dBm 的信号。热噪声代表较低的功率下限，在该功率之下的所需信号会不可恢复地淹没在背景噪声中。在上限侧，接收机电路中的非线性效应和信号失真成为建立动态范围的决定性因素。

问题

17.1 一个设计用于接收500～1600kHz频率范围内的RF信号的AM接收机,在f_0 = 1050kHz时要求的带宽为BW = 10kHz。RF放大器使用电感$L = 1\mu H$。

(1)计算$f = 1600$kHz时的带宽和电容C;

(2)计算$f = 500$kHz时的带宽和电容C;

(3)对结果进行评论。

17.2 一个设计用于接收500～1600kHz频率范围内的RF信号的AM接收机。所有输入的RF信号都被转换到中频IF = 465kHz。AM接收机调谐通常由一个旋钮完成,该旋钮同时调谐RF和LO振荡器部分的谐振电容,对于图17.13(a)中的接收机架构。

(1)计算RF放大器中谐振电容器的调谐比$C_{RF}(\max)/C_{RF}(\min)$,

(2)计算本地振荡器LO中谐振电容器的调谐比$C_{LO}(\max)/C_{LO}(\min)$,

(3)给出推荐的本地振荡器的谐振频率。

17.3 LO振荡器的频率为11MHz,RF信号频率为10MHz,镜像干扰频率是多少?

17.4 如图17.13(b)所示给出了放大器的输入－输出功率特性曲线图。计算增益、1dB压缩点和三阶互调截点。

17.5 接收机在3～30MHz范围内工作,同时使用10.7MHz中频频率。估计振荡器频率范围和镜像干扰频率范围,试给出适合这个接收机使用的滤波器。

17.6 对于一个基于两个IF频率架构的双变频接收机,IF_1 = 10.7MHz和IF_2 = 455kHz。如果接收机调谐到20MHz信号,找出本地振荡器的频率和镜像干扰频率。

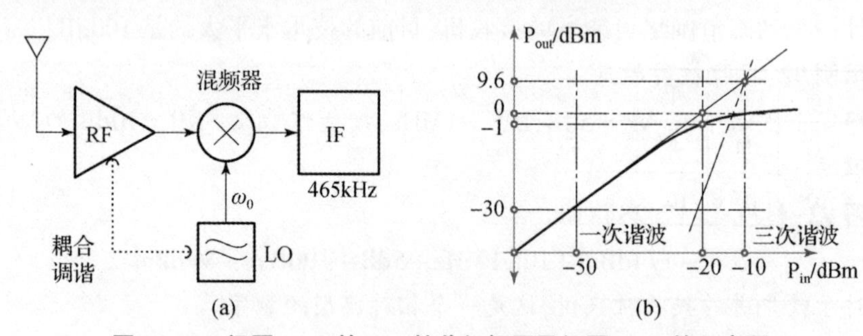

图17.13 问题17.2的AM接收机框图及问题17.4的示意图

附录 A

物理常数和工程前缀

表 A.1 ~ 表 A.3

表 A.1　基本物理常数

物理常数	符号	值
真空中的光速	c	299792458m/s
磁常数(真空磁导率)	μ_0	$4\pi\times10^{-7}$N/A^2
介电常数(真空电容率)	$\varepsilon_0=1/(\mu_0c^2)$	$8.854187817\times10^{-12}$F/m
真空的特性阻抗	$Z_0=\mu_0c$	376.730313461Ω
库仑常数	$k_e=1/4\pi\varepsilon_0$	8.987551787×10^9Nm^2/C^2
元电荷	e	$1.602176565\times10^{-19}$C
玻耳兹曼常数	k	1.3806488×10^{-23}J/K

表 A.2　工程中基本的单位前缀系统

太	吉	兆	千	百	十	分	厘	毫	微	纳	皮	飞	阿
T	G	M	k	h	da	d	c	m	μ	n	p	f	a
10^{12}	10^9	10^6	10^3	10^2	10^1	10^{-1}	10^{-2}	10^{-3}	10^{-6}	10^{-9}	10^{-12}	10^{-15}	10^{-18}

表 A.3　基本单位的 SI 制

名称	单位	量	单位
米	m	长度	l
千克	kg	质量	m
秒	s	时间	t
安培	A	电流	I
开尔文	K	热力学温度(-273.16℃)	T
坎德拉	cd	发光强度单位	Iv
摩尔	mol	物质的量	n

附录 B

二阶微分方程

三个基本元件在各自的端子上的电压如下所示：

$$u_{\mathrm{R}}=iR;\ u_{\mathrm{L}}=L\frac{\mathrm{d}i}{\mathrm{d}t};\ u_{\mathrm{C}}=\frac{q}{C} \tag{B.1}$$

如果将它们放在一个包含电压源 $u(t)$ 的串联电路中，应用 KVL 后电路等式为

$$\begin{aligned} u(t)&=u_{\mathrm{L}}+u_{\mathrm{R}}+u_{\mathrm{C}}\\ u(t)&=L\frac{\mathrm{d}i}{\mathrm{d}t}+iR+\frac{q}{C} \end{aligned} \tag{B.2}$$

根据电流的定义电流是电荷对时间的导数，因此这里有二阶微分方程

$$\begin{aligned} u(t)&=L\frac{\mathrm{d}^2q}{\mathrm{d}t^2}+R\frac{\mathrm{d}q}{\mathrm{d}t}+\frac{1}{C}q\\ u(t)&=\frac{\mathrm{d}^2q}{\mathrm{d}t^2}+\frac{R}{L}\frac{\mathrm{d}q}{\mathrm{d}t}+\frac{1}{LC}q \end{aligned} \tag{B.3}$$

从它的辅助二次方程开始

$$0=x^2+\frac{R}{L}x+\frac{1}{LC} \tag{B.4}$$

它的复根一般解是

$$r_{12}=\frac{1}{2}\left(-\frac{R}{L}\pm\sqrt{\left(\frac{R}{L}\right)^2-\frac{4}{LC}}\right) \tag{B.5}$$

附录 C

复　数

复数是用两个坐标表示(数学)空间中的一个点的简单方式,或者等价地说,它是用一个方程的形式写出两个方程的简单方法。一般的复数是 $Z=a+jb$,其中 a 和 b 是实数,分别称为实部和虚部,即 $\Re(Z)=a$ 和 $\Im(Z)=b$,这里复习一下关于复数的基本运算。请记住,$j^2=-1$。

$$(a+jb)+(c+jd)=(a+c)+j(b+d) \tag{C.1}$$

$$(a+jb)-(c+jd)=(a-c)+j(b-d) \tag{C.2}$$

$$(a+jb)(c+jd)=(ac-bd)+j(bc+ad) \tag{C.3}$$

$$\frac{(a+jb)}{(c+jd)}=\frac{(a+jb)}{(c+jd)}\frac{(c-jd)}{(c-jd)}=\frac{ac+bd}{c^2+d^2}+j\,\frac{bc-ad}{c^2+d^2} \tag{C.4}$$

$$(a+jb)^*=(a-jb) \tag{C.5}$$

$$|(a+jb)|=\sqrt{(a+jb)(a-jb)}=\sqrt{(a^2+b^2)} \tag{C.6}$$

如果使用向量和直角三角形的三角函数即 Pythagoras 定理,就更容易将复数的运算形象化。由图 C.1 可见,虚部总是从 y 轴取值,实部总是在 x 轴上取值。

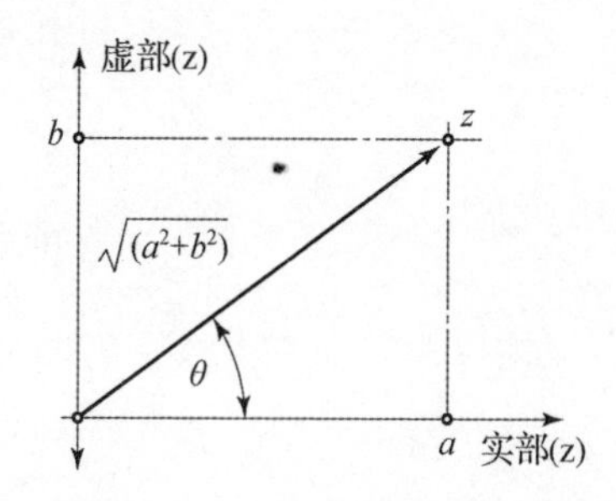

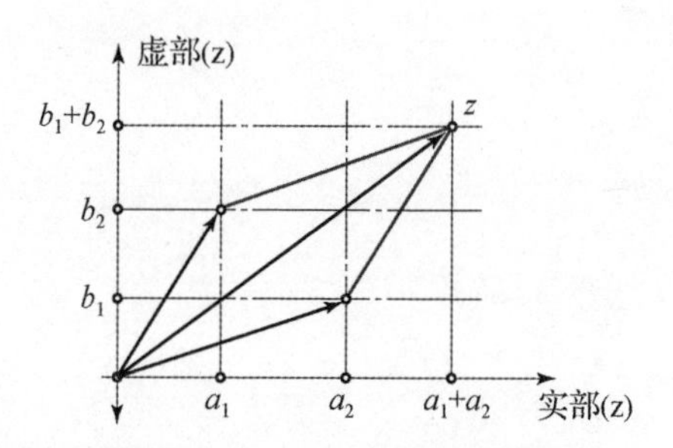

图 C.1　[$\Re(Z)\Im(Z)$]空间中的复数,等价于 Pythagoras 定理和向量运算

因此复数的另一种观点是与几何相关的,即

$$(a+jb)\equiv(|Z|\theta) \tag{C.7}$$

式中:Z 的绝对值是斜边的长度,实部和虚部是直角三角形的两条边,即

$$|Z|=\sqrt{ZZ^*}=\sqrt{(a^2+b^2)},\ \theta=\arctan\left(\frac{b}{a}\right) \tag{C.8}$$

式中:θ 为相位角。使用欧拉公式后就变成了

$$e^{jx} \equiv \cos x + j\sin x \tag{C.9}$$

这就能够写出非常简洁的复数形式

$$Z = a + jb = |Z| e^{j\theta} \tag{C.10}$$

这就引出了另一种简单的方法来进行复杂的算术运算,例如结合指数的代数规则来使用绝对值和自变量

$$(Ae^{j\theta_A})(Be^{j\theta_B}) = ABe^{j(\theta_A + \theta_B)} \tag{C.11}$$

因此有了以下最后一个环节,即

$$Ae^{j\theta} \equiv A(\cos\theta + j\sin\theta) \tag{C.12}$$

则

$$\Re(Ae^{j\theta}) = A\cos\theta,\ \Im(Ae^{j\theta}) = A\sin\theta \tag{C.13}$$

附录 D

基本三角恒等式

$$\sin(\alpha+\pi/2) = +\cos\alpha \tag{D.1}$$

$$\cos(\alpha+\pi/2) = -\sin\alpha \tag{D.2}$$

$$\sin(\alpha+\pi) = -\sin\alpha \tag{D.3}$$

$$\cos(\alpha+\pi) = -\cos\alpha \tag{D.4}$$

$$\sin(\alpha\pm\beta) = \sin\alpha\cos\beta \pm \cos\alpha\sin\beta \tag{D.5}$$

$$\cos(\alpha\pm\beta) = \cos\alpha\cos\beta \mp \sin\alpha\sin\beta \tag{D.6}$$

$$\cos\alpha\cos\beta = \frac{1}{2}(\cos(\alpha-\beta)+\cos(\alpha+\beta)) \tag{D.7}$$

$$\sin\alpha\sin\beta = \frac{1}{2}(\cos(\alpha-\beta)-\cos(\alpha+\beta)) \tag{D.8}$$

$$\sin\alpha\cos\beta = \frac{1}{2}(\sin(\alpha+\beta)+\sin(\alpha-\beta)) \tag{D.9}$$

$$\cos\alpha\sin\beta = \frac{1}{2}(\sin(\alpha+\beta)-\sin(\alpha-\beta)) \tag{D.10}$$

$$\sin^2\alpha = \frac{1}{2}(1-\cos2\alpha) \tag{D.11}$$

$$\cos^2\alpha = \frac{1}{2}(1+\cos2\alpha) \tag{D.12}$$

$$\sin^3\alpha = \frac{1}{4}(3\sin\alpha-\sin3\alpha) \tag{D.13}$$

$$\cos^3\alpha = \frac{1}{4}(3\cos\alpha+\cos3\alpha) \tag{D.14}$$

$$\sin^2\alpha\cos^2\alpha = \frac{1}{8}(1-\cos4\alpha) \tag{D.15}$$

$$\sin^3\alpha\cos^3\alpha = \frac{1}{32}(3\sin2\alpha-\sin6\alpha) \tag{D.16}$$

$$\sin\alpha\pm\sin\beta = 2\sin\left(\frac{\alpha\pm\beta}{2}\right)\cos\left(\frac{\alpha\mp\beta}{2}\right) \tag{D.17}$$

$$\cos\alpha+\cos\beta = 2\cos\left(\frac{\alpha+\beta}{2}\right)\cos\left(\frac{\alpha-\beta}{2}\right) \tag{D.18}$$

$$\cos\alpha-\cos\beta = -2\sin\left(\frac{\alpha+\beta}{2}\right)\sin\left(\frac{\alpha-\beta}{2}\right) \tag{D.19}$$

附录 E

有用的代数方程

1. 二项式公式

$$(x \pm y)^2 = x^2 \pm 2xy + y^2 \tag{E.1}$$

$$(x \pm y)^3 = x^3 \pm 3x^2y + 3xy^2 \pm y^3 \tag{E.2}$$

$$(x \pm y)^4 = x^4 \pm 4x^3y + 6x^2y^2 \pm 4xy^3 + y^4 \tag{E.3}$$

$$(x \pm y)^n = x^n + nx^{n-1} + \frac{n(n-1)}{2!}x^{n-2}y^2 + \frac{n(n-1)(n-2)}{3!}x^{n-3}y^{3o}\cdots + y^n \tag{E.4}$$

式中：$n! = 1, 2, 3\cdots n$ 以及定义 $0! \overset{\text{def}}{=} 1$

2. 特殊情况

$$x^2 - y^2 = (x-y)(x+y) \tag{E.5}$$

$$x^3 - y^3 = (x-y)(x+xy+y^2) \tag{E.6}$$

$$x^3 + y^3 = (x+y)(x^2-xy+y^2) \tag{E.7}$$

$$x^4 - y^4 = (x^2-y^2)(x^2+y^2) = (x-y)(x+y)(x^2+y^2) \tag{E.8}$$

3. 有用的泰勒级数

$$\mathrm{e}^x = \sum_{n=0}^{\infty} \frac{x^n}{n!} = 1 + x + \frac{x^2}{2!} + \frac{x^3}{3!} + \cdots \tag{E.9}$$

$$\sin x = \sum_{n=0}^{\infty} \frac{(-1)^n}{(2n+1)!}x^{2n+1} = x - \frac{x^3}{3!} + \frac{x^5}{5!} - \cdots, \ x \text{ 为奇数} \tag{E.10}$$

$$\cos x = \sum_{n=0}^{\infty} \frac{(-1)^n}{(2n)!}x^{2n} = 1 - \frac{x^2}{2!} + \frac{x^4}{4!} - \cdots, \ x \text{ 为偶数} \tag{E.11}$$

$$\tan x = \sum_{n=1}^{\infty} \frac{B_{2n}(-4)^n(1-4^n)}{(2n)!}x^{2n-1} = x + \frac{x^3}{3} + \frac{2x^5}{15} + \cdots, \ |x| < \frac{\pi}{2} \tag{E.12}$$

附录 F

贝塞尔多项式

1. 贝塞尔微分方程

$$x^2\frac{d^2y}{dx^2}+x\frac{dy}{dx}+(x^2-\alpha^2)y=0 \tag{F.1}$$

2. 与三角函数的关系

$$\cos(x\sin\alpha)=J_0(x)+2[J_2(x)\cos\alpha+J_4(x)\cos4\alpha+\cdots] \tag{F.2}$$

$$\sin(x\sin\alpha)=2[J_1(x)\sin\alpha+J_3(x)\sin3\alpha+J_5(x)\sin5\alpha+\cdots] \tag{F.3}$$

$$\cos(x\cos\alpha)=J_0(x)-2[J_2(x)\cos2\alpha-J_4(x)\cos4\alpha+J_6(x)\cos6\alpha-J_8(x)\cos8\alpha\cdots] \tag{F.4}$$

$$\sin(x\cos\alpha)=2[J_1(x)\cos\alpha-J_3(x)\sin3\alpha+J_5(x)\sin5\alpha+\cdots] \tag{F.5}$$

3. 贝塞尔级数

$$J_0(x)=1-\frac{x^2}{2^2}+\frac{x^4}{2^2\cdots4^2}-\frac{x^6}{2^2\cdots4^2\cdots6^2}+\cdots \tag{F.6}$$

$$J_1(x)=\frac{x}{2}\left[1-\frac{x^2}{2^2\cdots2}+\frac{x^4}{2^2\cdots2^4\cdots2\cdots3}+\cdots\right] \tag{F.7}$$

$$J_n(x)=\frac{x^n}{2^n n!}\left[1-\frac{x^2}{2^2\cdots(n-1)}+\frac{x^4}{2^2\cdots2^4\cdots(n+1)\cdots(n+2)}+\frac{(-1)^p x^{2p}}{p!\ 2^{2p}(n+1)(n+2)\cdots(n+p)}+\cdots\right] \tag{F.8}$$

4. 贝塞尔逼近

对于非常大的 x,贝塞尔函数简化为

$$J_n(x)=\sqrt{\frac{2}{\pi x}}\cos\left(x-\frac{n\pi}{2}-\frac{\pi}{4}\right) \tag{F.9}$$

附录 G

部分问题答案

第 1 章中部分问题的答案。

1.1

$$f_1=10\text{MHz}, T_1=100\text{ns}, \lambda\approx 30\text{m}, \beta=0.21\text{m}^{-1}, v_p\approx 3\times 10^8\text{m/s};$$

$$f_2=100\text{MHz}, T_1=10\text{ns}, \lambda\approx 3\text{m}, \beta=2.1\text{m}^{-1}, v_p\approx 3\times 10^8\text{m/s};$$

$$f_3=10\text{GHz}, T_1=0.1\text{ns}, \lambda\approx 30\text{mm}, \beta=210\text{m}^{-1}, v_p\approx 3\times 10^8\text{m/s}。$$

1.2

正弦波：　AVG：0，　RMS：$1/\sqrt{2}$；

方波：　AVG：0，　RMS：1；

三角波：　AVG：0，　RMS：$1/\sqrt{3}$；

锯齿波：　AVG：0，　RMS：$1/\sqrt{3}$。

1.3　$f=1\text{kHz}, t=125\mu\text{S}$ 时，瞬时相位为 $\phi(125\mu\text{s})=\pi/2$。

1.4　$i(t_0)=u(t_0)/R=1\text{V}/1\text{k}\Omega=1\text{mA}, \Delta\phi=\pi/2\overset{\text{def}}{=}T/4$，因此，有

$$f_1=10\text{kHz}: \Delta t=T/4=25\mu\text{s}, \Delta x\approx 7.5\text{km};$$

$$f_2=10\text{MHz}: \Delta t=\text{T}/4=25\text{ns}, \Delta x\approx 7.5\text{m};$$

$$f_3=10\text{GHz}: \Delta t=\text{T}/4=25\text{ps}, \Delta x\approx 7.5\text{mm}。$$

1.5　锯齿波形傅里叶多项式的前三项。

1.8　$E=P\times t$，因此 $P_1=1.728\times 10^6\text{J}$ 焦耳，$P_1=60\times 10^3\text{J}$ 焦耳

1.9　$p(t)=u(t)i(t)=1100\sin(2\omega t), \Delta\phi=0$（纯电抗电路），因此 $\langle P\rangle=0$。

1.10　$G=5\times 8=40, G_{\text{dB}}=6.99+9.03=16\text{dB}$。

第 2 章中部分问题的答案。

2.1　作为一阶导数的结果，每个快速边沿产生一个脉冲，即"边沿检测器"（图 G.1）。

2.2　充电/放电时间常数为 $\tau=RC=1\text{ms}$，达到 99% 的水平大约需要 5τ（理论上不可能达到 100%）（图 G.2）。

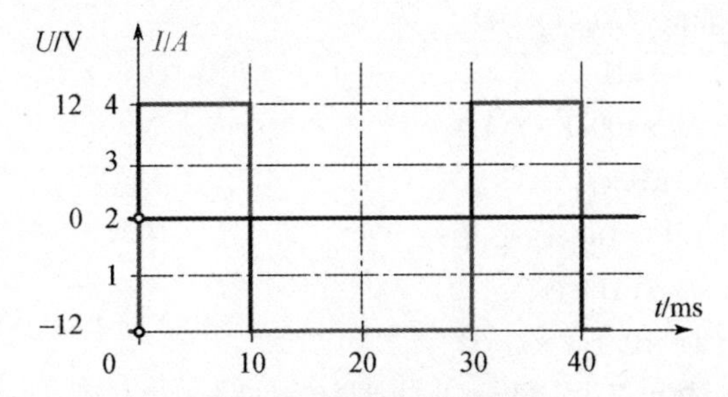

图 G.1　问题 2.1 的图示

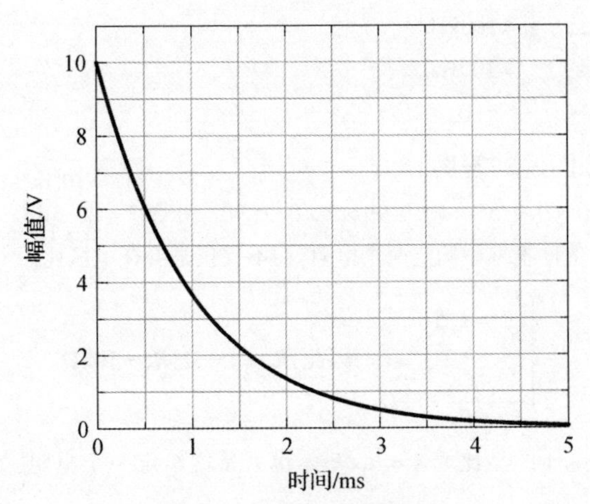

图 G.2　问题 2.2 的示例

2.3

(1) $R_{AB} = R + 10R = 11R \approx 10R, R_{AB} \neq f(\omega)$;

(2) $R_{AB} = R - j/\omega C, R_{AB}(DC) = \infty, R_{AB}(\infty) = R$;

(3) $R_{AB} = R \| Z_C = R/(1 + j\omega RC), R_{AB}(DC) = R, R_{AB}(\infty) = 0$;

(4) $R_{AB} = R \| 10R \approx R, R_{AB} \neq f(\omega)$。

2.4

(1) $A_V = Z_2/(Z_1 + Z_2), (\neq f(\omega))$　① $A_V \approx 0$，② $A_V \approx 1$。

(2) $A_V = R \| Z_C/(R + R \| Z_C)$，　$A_V(DC) = 1/2$，　$A_V(\infty) = 0$。

2.5

(1) 267.75mm；　(2) 166.71mm；　(3) 45.54mm。

2.6

(1) 6.954pF；　(2) 5.216pF；　(3) 3.477pF。

2.7　$C \approx 10.6\text{pF}, L \approx 320\text{pH}$。因此，有

(1) $Z_R = (500 + j0)\Omega$;

(2) $Z_R = (500 - j1)/(2\pi \times 10.6\text{pF} \times f)\Omega$;

(3)$Z_R = (500 + j2\pi \times 320pH \times f)\Omega$。

2.8 $C = 100pF, L \approx 1\mu H$

(1)$Z_C = (-j1/(2\pi \times 100pF \times f))\Omega$;

(2)$Z_C = (+j2\pi \times 1\mu H \times f)\Omega$。

2.9 $L \approx 3.3\mu H, C = 0.1nF$,因此,有

(1)$Z_L = (+j2\pi \times 3.3\mu H \times f)\Omega$;

(2)$Z_L = (-j1/(2\pi \times 0.1nF \times f))\Omega$。

2.10 电容充电/放电至少需要5τ,也就是说绝对最小时序必须为$5\tau = T/2$,因此

(1)$\tau = RC = 1ns, f_{min} = 100MHz$;

(2)$\tau = RC = 1\mu s, f_{min} = 100kHz$;

(3)$\tau = RC = 1ms, f_{min} = 100Hz$。

第3章中部分问题的答案。

3.1 $A_V = 1 \times 10 \times 0.9756 \times 1 \times 0.99 \times 2 \times 0.9524 = 18.397 = 25.3dB$

3.2 需要两个条件来唯一确定两个电阻,而不仅仅是I/O电压比。

$$\begin{cases} \dfrac{R_1}{R_2} = 1.5 \\ \dfrac{R_1 R_2}{R_1 + R_2} = 6k\Omega \end{cases} \quad \text{因此}, R_1 = 15k\Omega, R_2 = 10k\Omega$$

3.3 决定输出电压的是比率$k = R_1/R_2$。也就是说给定一个电阻,另一个由k因子决定。因此,有

(1)$v_{out} = 1V \Rightarrow R_1 = 9R_2$,电流源(相对于负载的大输出电阻,即$R_1 \gg R_2$);

(2)$v_{out} = 5V \Rightarrow R_2 = R_1$,没有限定条件;

(3)$v_{out} = 9V \Rightarrow R_2 = 9R_1$,电压源(相对于负载的小输出电阻,即$R_1 \ll R_2$)。

3.4 请注意,阻抗比k现在是一个复数,因此该比值为

$$\left| \frac{\dfrac{1}{j\omega C}}{R + \dfrac{1}{j\omega C}} \right| = \left| \frac{1}{1 + j\omega RC} \right| = \frac{1}{\sqrt{1 + (\omega RC)^2}} = k \quad \text{因此,有}$$

$$C = \frac{\sqrt{(1/k^2) - 1}}{2\pi f R}$$

假设$R = 1k\Omega$且$f_1 = 10kHz$

(1)$v_{out} = 1V \Rightarrow R_1 = 9Z_C, C = 142.352nF$;

(2)$v_{out} = 5V \Rightarrow R_1 = Z_C, C = 27.566nF$;

(3)$v_{out} = 9V \Rightarrow Z_C = 9R_1, C = 7.708nF$。

假设$R = 1k\Omega$且$f_1 = 1MHz$:

(1)$v_{out} = 1V \Rightarrow R_1 = 9Z_C, C = 1.423nF$;

(2)$v_{out} = 5V \Rightarrow R_1 = Z_C, C = 275.644nF$;

(3) $v_{out}=9V \Rightarrow Z_C=9R_1, C=77.042nF$。

假设 $R=1k\Omega$ 且 $f_1=1GHz$：

(1) $v_{out}=1V \Rightarrow R_1=9Z_C, C=1.423nF$；

(2) $v_{out}=5V \Rightarrow R_1=Z_C, C=275.664nF$；

(3) $v_{out}=9V \Rightarrow Z_C=9R_1, C=77.04nF$。

每种情况下，$-3dB$ 频率的计算公式为 $\omega=RC$。

第4章中部分问题的答案。

4.1 指数项很快变得比1大得多。为了说明这一点

(1) $U_D=200mV \Rightarrow I_D=160.90\mu A$ 和 $I_D=161.0\mu A$ 误差接近0%（相对于 $161.0\mu A$ 大约1nA）；

(2) $U_D=70mV \Rightarrow I_D=1.000\mu A$ 和 $I_D=1.073\mu A$；误差接近7%（相对于 $1\mu A$ 约70nA）。

当二极管电压 U_D 比 kT/q 大几倍时，近似误差可以忽略不计。

4.2 (1)关闭；(2)关闭；(3)开；(4)开；(5)关闭；为了使二极管导通，阳极 V_A 电压必须高于阴极 V_C 电压。

4.4 函数 V_D 的集电极电流方程改写为

$$V_D=\frac{KT}{q}\ln\left(\frac{I_D}{I_S}\right) \Rightarrow V_D=247.4\pm 2.7mV, \quad 或者 \quad 247.4mV\pm 1\% \tag{G.1}$$

请注意10%的电流只能转换为1%的电压，因此二极管通常用作电压基准。

4.7 晶体管保持集成电路常数。需要满足两个条件：①基极－发射极二极管导通，②基极－集电极二极管截止。因此，有

(1) BE二极管是理想的，因此任何正电压 V_{BE} 都会使其导通。假设通过 R_1、R_2 的电流为1mA，因此任何 $R_2>0$ 都会为基极－发射极二极管提供正的正向偏置电压。同时必须满足基极－集电极二极管反向偏置，即 $V_B-V_C\leqslant 0$，换句话说 $V_C\geqslant V_B$。

(2) 基极－发射极二极管的 $V_{BE}>0.7V$，因此 R_2 上的电压必须大于0.7V，如果 $R_2>0.7V/1mA=700\Omega$，就可以实现这一点。同时只要反向偏置，基极－集电极二极管就会关断，也就是说 $V_B-V_C\leqslant 0.7V$，即 $V_C\geqslant V_B-0.7V=0$。更精确的估计是考虑最小 $V_{CE}(\min)\approx 0.1\sim 0.2V$，因此 $V_C\geqslant V_E+V_{CE}(\min)\approx 0.2V$。

4.8 对于一个保持 $I_C=const.$ 的晶体管。需要满足两个条件：①基极－发射极二极管导通，②基极－集电极二极管截止。因此，有

(1) 从发射极电压开始，

$$V_E=R_EI_E=1k\Omega\times 1mA=1V$$

BE二极管是理想的，因此任何正电压 V_{BE} 都会使其导通，也就是说 $V_B>V_E=1V$，因此，$R_1/R_2=9$。同时必须满足基极－集电极二极管反向偏置，即 $V_B-V_C\leqslant 0$，换句话说 $V_C\geqslant V_B$。

(2) 基极－发射极二极管的 $V_{BE}>0.7V$，因此所需的 $V_B>V_E+0.7V=1.7V$，由分压比 $R_1/R_2=4.882$ 产生。同时如果 $V_B-V_C\leqslant 0.7V$，即 $V_C\geqslant V_B-0.7V=1V$，则基极－集电极二极管反向偏置。更准确的估计是考虑最小 $V_{CE}(\min)\approx 0.1-0.2V$，因此 $V_C\geqslant V_E+V_{CE}(\min)\approx 1.2V$。

4.9 在不知道其他任何东西的情况下,通过在第一个近似中观察,可以写出:

(1)$R_{out} = R_1 || R_2$,(2)$R_{in} = (\beta+1)R_E$,(3)$R_{out} = R_E || [((R_1 || R_2)/(\beta+1))]$

4.10 热电压为:$V_T = kT/q = 18.8\text{mV}, 25.7\text{mV}, 34.3\text{mV}$。因此室温下的二极管电流 $I_D = 174\mu\text{A}$。

4.12 这个问题必须进行迭代来解决。再利用一下问题4.10中在室温下计算的电压 V_T,即 $V_T = kT/q = 25.7\text{mV}$,创建迭代公式如下:

$$V_D = V_{CC} - V_R = U_{CC} - I_D R$$

$$V_D = V_T \ln\left(\frac{V_{CC} - V_D}{I_S R} + 1\right) \Rightarrow V_D = f(V_D) \tag{G.2}$$

给定初始猜测(次迭代),(G.2)中的自变量是 $V_D = V_{CC} = 5\text{V}$(这个并不重要),然后计算出以下 $V_D(n)$ 次迭代:

(1)$V_D(0) = 5\text{V}$,从(G.11)中可得:$V_D(25°\text{C}) = 0\text{V}$;

(2)$V_D(1) = 0\text{V}$,从(G.11)中可得:$V_D(25°\text{C}) = 751\text{mV}$;

(3)$V_D(2) = 751\text{mV}$,从(G.11)中可得:$V_D(25°\text{C}) = 747\text{mV}$;

(4)$V_D(3) = 747\text{mV}$,从(G.11)中可得:$V_D(25°\text{C}) = 747\text{mV}$;

因此,二极管电压收敛于 $V_D(25°\text{C}) = 747\text{mV}$。

第5章中部分问题的答案。

5.2 给定数据,其中 $V_{BE2} = V_{BE1} + 18\text{V}$,两个集电极电流之比为

$$\frac{I_{C2}}{I_{C1}} = \exp\left(\frac{18\text{mV}}{25\text{mV}}\right) = 2 = 6\text{dB}$$

5.3 给定数据

$$100\text{k}\Omega = (\beta+1)R_E \Rightarrow R_E = 1\text{k}\Omega$$

$$100\Omega = \frac{R_B}{\beta+1} \Rightarrow R_B = 10\text{k}\Omega$$

5.4 给定数据,粗略估计可得

$$I_C = \frac{V_{CC} - V_{out}}{R_C} \Rightarrow I_C = 2.5\text{mA}, 5\text{mA}, 9.8\text{mA}$$

$$r_e = \frac{V_T}{I_C} \Rightarrow r_e = 10\Omega, 5\Omega, 2.5\Omega$$

$$|A_V| = \frac{R_C}{r_e} \Rightarrow A_V = 100200400$$

这个例子说明了简单CE放大器中的大 g_m 变化,因此其电压增益变化是输出节点处瞬时信号幅度的函数。为此串联使用外部 $R_E \gg r_e$,使得总增益是 $R_E + r_e$ 的函数,而不是 r_e 的单独函数。

5.5 阻抗 $Z_C = \infty$,粗略估计为 $|A_V| = R_C/R_E = 10 = 20\text{dB}$

5.6 给定频率和三个电容值,然后计算出它们各自的阻抗为 $Z_C = 9.95\text{k}\Omega, 100\text{m}\Omega, 0\Omega$。

集电极电流计算得出 $I_C = 10\text{mA}$ 后，就可以估计发射极节点的总电阻为 $R'_E = r_e + R_E || Z_C$。最后用集电极和发射极总电阻的比值粗略估计。也就是说，$|A_V| = R_C/R'_E = 20.8\text{dB}$，$71.5\text{dB}$，$71.8\text{dB}$。这个例子说明了如何使用实际的 C_E 值，同时利用了 $R_E \gg r_e$ 电阻来实现接近理论上的电压增益峰值（即当 $C_E \to \infty$ 时）。

5.7　给定数据后，输入端网络会产生一个 HPF，其中 $\tau = R_1 || R_2 C = 1\text{k}\Omega \times 1\mu\text{F} = 1\text{ms}$，因此，$f > 160\text{Hz}$ 的信号被放大。

5.8　给定数据后，电压增益在问题 5.6 中计算得出 $A_V = 113760$，和 3906，则根据定义，$C_M = (A_V + 1) C_{CB} = 12\text{pF}, 3.76\text{nF}$ 和 3.90nF。

5.9　给定数据后，通过观察，进行计算：

$$V_B = \frac{V_{CC}}{3} = 3\text{V} \Rightarrow V_E = V_B - V_{BE} = 2.3\text{V} \Rightarrow R_E = \frac{V_E}{I_E} = 1.15\text{k}\Omega$$

$$V_B = \frac{V_{CC}}{3} \Rightarrow \begin{cases} \dfrac{R_1}{R_2} = 2 \\ R_1 + R_2 = 45\text{k}\Omega \end{cases}$$

因此，$R_1 = 30\text{k}\Omega$，$R_2 = 15\text{k}\Omega$

同时，有

$$I_C = \frac{\beta}{\beta + 1} I_E = 1.98\text{mA} \Rightarrow r_e = \frac{V_T}{I_C} = \frac{25\text{mV}}{1.98\text{mA}} = 12.6\Omega \Rightarrow g_m = \frac{1}{r_e} = 79.2\text{mS}$$

由于 $\beta, C_E \to \infty$（即 $R_{in}/(\beta + 1) \to 0$ 且 R_E 短接），因此得出 $|A_V| = g_m R_C$，可得

$$R_C = |A_V| r_e = 8 \times 12.6\Omega = 101\Omega$$

最后输入端电阻由 $R_{in} = R_1 || R_2 || R_{sig} = 5\text{k}\Omega$ 组成

5.10　给定数据：$\beta \to \infty$，电感 L 和带 C_M 的理想 LC 带通滤波器。因此只有一个频率被放大，

$$f_0 = \frac{1}{2\pi \sqrt{LC_M}} = \frac{1}{2\pi \sqrt{L(A_V + 1) C_{CB}}} = \frac{1}{2\pi \sqrt{2.533\mu\text{H} \times (99 + 1) \times 1\text{pF}}} = 10\text{MHz}$$

如果 $\beta \ll \infty$，结果将是 $(\beta + 1) R_E$ 电阻与 LC 谐振器并联，因此相关带宽不为零，即以 0 为中心的频率范围也会被放大到一定程度。（第 10 章将更详细地研究 LC 谐振器及其带宽。）

5.12　给定数据，通过观察，然后写出：

$$V_C = V_{CC} - R_C L_C = 1.25\text{V} \quad 以及 \quad g_m = \frac{I_C}{V_T} = 20\text{mS}$$

同时，$u_{BE} = -u_i$，

因此，有

$$u_C = R_C i_C = -R_C g_m u_{BE} = R_C g_m u_i \quad A_V = \frac{u_C}{u_i} = g_m R_C = 150 = 43.5\text{dB}$$

第 6 章中部分问题的答案。

6.1　给定数据，这里写出：

（1）理想的电压放大器，见图 G.3（顶部），其增益必须为

$$v_{out}=A_R i_{in}=A_R G_m v_{in}\Rightarrow A_V \stackrel{def}{=} \frac{v_{out}}{v_s}=G_m A_R=100$$

其中 $i_{in}=i_{out}, v_s=u_{in}$。一个可能的选择是,如果 $G_m=100mS$,则 $A_R=1k\Omega$

(2)除了 A_V 增益,实际电压放大器有一个分流器和两个分压器:一个输入接口处的分压器、中间的一个分流器和输出接口处的一个分压器,见图 G.3(底部)。因此从两个分压器可以写出:

$$v_{in}=\frac{v_s}{R_S+R_{i1}}R_{i1} \text{ 和 } v_{out}=\frac{A_R i_{in}}{R_L+R_{o2}}R_L \tag{G.3}$$

分流公式可从 $R_{o1}||R_{i2}$ 和 R_{i2} 两端电压的表达式中得到:

$$G_m v_{in}\times R_{o1}\ ||\ R_{i2}=i_{in}\times R_{i2} \tag{G.4}$$

通过消除(G.2)中的 i_{in} 和 v_{in},并替换(G.3),然后写出

$$A_V \stackrel{def}{=} \frac{v_{out}}{v_s}=\underbrace{\frac{R_{i1}}{R_S+R_{i1}}}_{<1}\times\underbrace{\frac{R_{o1}R_{i2}}{R_{o1}R_{i2}}}_{<1}\times\frac{1}{R_{i2}}\times G_m A_R\times\underbrace{\frac{R_L}{R_L+R_{o2}}}_{<1} \tag{G.5}$$

根据等式(G.5)可得出以下结论:最大理论增益为 $A_V=G_m A_R$,只有当所有三个分频器都等于1时才能实现。也要求 $R_S=0$ 或 $R_{i1}\to\infty$,$R_{i2}=0$ 或 $R_{i1}\to\infty$,且 $R_{o2}=0$ 或 $R_L\to\infty$。即使用图 G.3(左)中的理想模型来接近可能的情况。

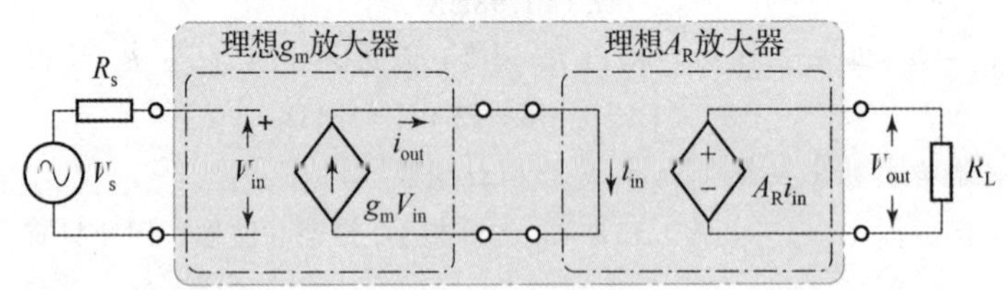

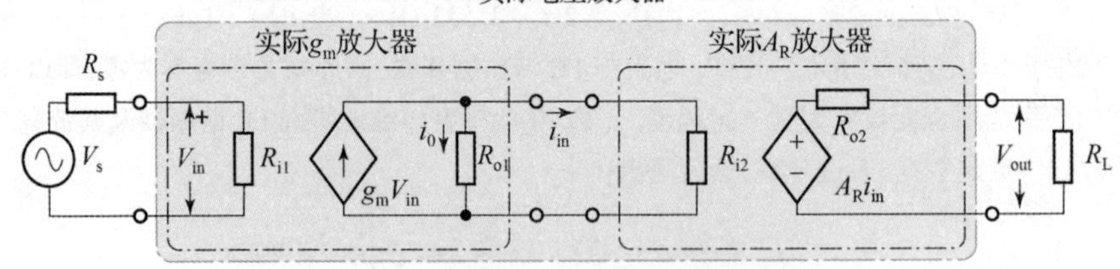

图 G.3　问题 6.1 的理想电压放大器

6.2　要给定图 6.31 中总结的数据和设计流程,可以从图 6.13 中的特性中选择,例如偏置电流 $I_{C0}=4$ mA。有了这个选择,下面的情况就可以展开了。

1. 从 I_C 与 V_{BE} 的特性曲线中,可以看出 $V_{BE0}=690mV$

2. 根据 I_C 与 V_{BE} 的特性,在(4mA,690mV)偏置点,使用图解法估计 $g_m\approx145mS$,或者直接计算 g_m 为

在室温下($T=300K$):

$$V_{\mathrm{T}}=\frac{kT}{q}=25.8\ \mathrm{mV}\Rightarrow g_{\mathrm{m}}=\frac{I_{\mathrm{C0}}}{V_{\mathrm{T}}}=155\mathrm{mS} \tag{G.6}$$

根据定义,可得

$$r_{\mathrm{e}}=\frac{1}{g_{\mathrm{m}}}=6.45\Omega \tag{G.7}$$

3. 因此,集电极节点处的总电阻必须为

$$A_{\mathrm{V}}=g_{\mathrm{m}}R\Rightarrow R=\frac{A_{\mathrm{V}}}{g_{\mathrm{m}}}=690\Omega \tag{G.8}$$

4. 有了这个集电极电阻,再根据 I_{C} 与 V_{CE} 特性,就可得到 $V_{\mathrm{CC}}=15\mathrm{V}$,这迫使集电极的 DC 电压为

$$V_{\mathrm{C}}=V_{\mathrm{CC}}-RI_{\mathrm{C0}}=12.24\mathrm{V} \tag{G.9}$$

该电压非常接近 V_{CC},因为上限量为 15 ~ 12.24V = 2.76V。但由于电压增益 $A_{\mathrm{V}}=40\mathrm{dB}=100$,因此该裕量设定了的限值输入信号幅度小于(2.76/100)V = 27.6 mV。如果是这种情况,那么这个放大器是可以使用的。

5. 在试图设定 $V_{\mathrm{C}}=V_{\mathrm{CC}}/2$ 时,可以先计算所需的 R,这样

$$V_{\mathrm{C}}=\frac{V_{\mathrm{CC}}}{2}=7.5\mathrm{V}\Rightarrow R=\frac{V_{\mathrm{C}}}{I_{\mathrm{C0}}}=\frac{7.5\mathrm{V}}{4\mathrm{mA}}=1875\Omega \tag{G.10}$$

因此,如果要保持电压增益 $A_{\mathrm{V}}=100$,则

$$\begin{aligned} A_{\mathrm{V}}&=g_{\mathrm{m}}R\Rightarrow g_{\mathrm{m}}=\frac{A_{\mathrm{V}}}{R}=53\mathrm{mS} \\ I_{\mathrm{C0}}&=g_{\mathrm{m}}V_{\mathrm{T}}=1.376\mathrm{mA} \end{aligned} \tag{G.11}$$

这与开始的 $I_{\mathrm{C0}}=4\mathrm{mA}$ 是矛盾的。这里注意到,采用 $I_{\mathrm{C0}}=1.376\mathrm{mA}$ 再次将集电极电压设置为

$$V_{\mathrm{C}}=V_{\mathrm{CC}}-RI_{\mathrm{C0}}=15\mathrm{V}-1875\Omega\times1.376\ \mathrm{mA}=12.42\mathrm{V} \tag{G.12}$$

所以得出结论,除去运气成分外,在这里最初的一套规格,晶体管的选择和确切的电压增益可能是不存在的。

鉴于在所有变化下都很难实现精确的电压增益规格,还有一种可能的策略是将增益规格从 $A_{\mathrm{V}}=40\mathrm{dB}$ 放宽至 $A_{\mathrm{V}}\geqslant40\mathrm{dB}$。在这种情况下设计多了一个自由度,一个可能实现的设计如下:

(1)选择 $I_{\mathrm{D0}}=4\mathrm{mA}$,因此 $g_{\mathrm{m}}=155\mathrm{mS}$;

(2)设置 VC 电压,$R=1875\Omega$;

(3)将电压增益计算为 $A_{\mathrm{V}}=g_{\mathrm{m}}R=290=49\mathrm{dB}$ 并采用它。

在设计之初有 9dB 的增益裕量,只要 $A_{\mathrm{V}}\geqslant40\mathrm{dB}$,就有机会在设计的后期做折中。模拟证实了前面的手动分析和结论确实非常接近现实。

6.3　给定图 6.13 中的数据和特性后,可以从 I_{C} 与 $V_{\mathrm{C}}E$ 图中估算出 $V_{\mathrm{CE}}(\mathrm{min})\approx200\mathrm{mV}$。此外,假设 $I_{\mathrm{C0}}=4\mathrm{mA}$,$V_{\mathrm{CC}}=15\mathrm{V}$,可得

$$\begin{aligned} V_{\mathrm{CE}}(\mathrm{min})+R_{\max}I_{\mathrm{C0}}&=V_{\mathrm{CC}} \\ R_{\max}&=\frac{V_{\mathrm{CC}}-V_{\mathrm{CE}}(\mathrm{min})}{I_{\mathrm{C0}}}=3.7\mathrm{k}\Omega \end{aligned} \tag{G.13}$$

这迫使 $V_C = V_{CE}$ 电压达到其最小值,超过该点后,会迫使晶体管进入线性区域(即 $V_{CE} < V_{CE}(\min)$)并减小偏置电流。当这种情况发生时,晶体管将不遵循指数方程(4.31)和恒定偏置电流 I_{C0} 的最初假设。

第7章中部分问题的答案。

7.2 等效阻抗为

$$Z_{AB} = R_1 \left|\right| \left(R_1 + \frac{1}{j\omega C}\right) \quad 和 \quad Z_{AB} = R_1 \left|\right| (R_2 + j\omega L) \tag{G.14}$$

然后,需要找到它们的实部和虚部。

7.3 通过检查分压器,可以写出

$$H(j\omega) = \frac{R_2 || j\omega L}{R_1 + R_2 || j\omega L}$$

$$H(j\omega) = \frac{R_2 + R_3 || j\omega L}{R_1 + R_2 + R_3 || j\omega L}$$

$$H(j\omega) = \frac{R_3}{R_3 + R_2 + R_1 || j\omega L}$$

然后,需要找到它们的实部和虚部。

7.4 发射极节点与低阻抗相关,因此它的极点是主要的(见(7.24))即 $f_L = f_P$,因此可以发现

$$C_E = \frac{1}{\left[\left(\frac{R_S || R_B}{\beta + 1} + r_e\right) \left|\right| R_E\right] 2\pi f_L} = 24.6\text{nF}$$

为了使它成为最高的主导极点,其他两个极点应该至少低10倍,类似地可以发现 $C_1 \geqslant 155\text{pF}$,$C_2 \geqslant 80\text{pF}$。

7.8 通过以下定义,可得

$$r_e = \frac{V_T}{I_C} = 25\Omega$$

$$r_{in} = r_\pi = (\beta + 1) r_e = 2.525\text{k}\Omega$$

$$A_0 = g_m r_o = \frac{r_o}{r_e} = 2000 = 66\text{dB}$$

$$R_{o1} = r_o = 50\text{k}\Omega$$

$$R_{o2} \approx \beta \times r_o = 5\text{M}\Omega$$

第8章中部分问题的答案。

8.1 给定数据,根据定义,计算得

$S_n = 4.14 \times 10^{-21}\,\text{W/Hz}$,$P_n = 4.14 \times 10^{-15}\,\text{W}$,$P_s = 5 \times 10^{-15}\,\text{W}$,$SNR = 1.208 = 0.82\text{dB}$

8.2 给定数据,根据定义,计算得

$$R=50\Omega\Rightarrow E_n^2=1.601\times10^{-14}\text{V}^2\Rightarrow E_n=126.5\text{nV}$$

$$R=5\text{k}\Omega\Rightarrow E_n^2=3.202\times10^{-13}\text{V}^2\Rightarrow E_n=565.8\text{nV}$$

$$R=5\text{M}\Omega\Rightarrow E_n^2=3.202\times10^{-10}\text{V}^2\Rightarrow E_n=17.9\mu\text{V}$$

8.5　有效带宽为 $\Delta f_{\text{eff}}=1/(4RC)=12.5\text{kHz}$，产生的总噪声电压为 $e_n=\sqrt{kT/C}=14\mu\text{V}$

8.6　使用 Friss 公式和噪声温度的定义，可得出 $NF=10\lg(2.27)=3.56\text{dB}$ 以及 $T_n=380\text{K}$。

8.7　根据定义，$F=4$ 和 $NF=6\text{dB}$。

8.8　二极管中产生的散粒噪声电流 i_{sn} 为 $i_{sn}^2=2qI_DB$，因此 $i_{sn}=18\text{nA}$，$U_T\approx26\text{mV}$，因此 $r_D\approx26\Omega$，则 $e_n=i_{sn}\ r_D\approx463\text{nV}$。

8.9　散粒噪声电流为 $I_{ns}=\sqrt{2qI_{\text{DCn}}\text{BW}}=1.79\text{nA}$，它在源电阻中产生的噪声电压为 $e_{ns}(R_S)=I_{ns}R_S=85.9\text{nV}$。同时两个电阻产生的噪声电压为 $e_{ns}(R_S)=2.88\mu\text{V}$，$e_{ns}(R_{in})=12.87\mu\text{V}$，因此总噪声电压为：$u_n=\sqrt{e_{ns}(R_S)^2+e_n(R_S)^2+e_n(R_{in})^2+}=13.19\mu\text{V}$，这导致 SNR = 17.6dB。

8.10　根据定义，12dB = 15.85，$50\text{dB}=1\times10^5$。因此 $T_{\text{rec}}=(15.85-1)\times300\text{K}=4455\text{K}$ 以及 $T_{\text{sys}}=90\text{K}+4455\text{K}/1\times10^5\approx90\text{K}$。

第 10 章中部分问题的答案。

10.1　给定数据后，通过定义可得：$R_s=628\text{m}\Omega$，$R_p=25\text{k}\Omega$，$C=126\text{pF}$，$R=2.778\text{k}\Omega$。

10.9　给定图 10.15 中的数据和频率响应曲线，根据定义，可得 $\text{BW}=f_2-f_1=10\text{kHz}Q=f_0/\text{BW}=45.5$，$L=122.35\text{nH}$，$R=\omega L/Q=76.877\text{m}\Omega$

10.11　给定数据和定义，可得 $R_p=R_s(1+Q^2)=50\Omega$，$X_p=X_s(1+1/Q^2)=25.024\Omega$，故 $C_p=6.36\text{pF}$。

第 11 章中部分问题的答案。

11.3　需要把并联网络转换成它们的等效形式，使 $R_s(R_p)=5\Omega$，$X_s(X_p)=15\Omega$，这样就可以把负载侧的等效串联网络阻抗写成 $X_p=(5-\text{j}15)\Omega$。所以 $|Z_s|=|Z_p|=15.811\Omega$。

根据定义，

$$\Gamma=\frac{Z_s-Z_p}{Z_s+Z+p}=0=\infty\ \Omega\Rightarrow\text{ML}=\frac{1}{1-\Gamma^2}=1=0\text{dB}$$

第 12 章中部分问题的答案。

12.2　通过观察，同时利用给定的数据，粗略估计为 $A_V=R_C/R_E=100=40\text{dB}$。

12.3　通过观察，给定数据后，粗略估计 6 为 $A_V=R_C/R_E=99$，因此，Miller 电容为 $C_M\approx160\text{pF}$。C 和 $R_1\ ||\ R_2$ 的时间常数定义了 $f=10\text{HZ}$ 时 HPF 的极点。在该频率下，Miller 电容的阻抗约为 $Z_{\text{CM}}(10\text{Hz})\approx100\text{M}\Omega$，也就是说没有明显影响。

但 Miller 电容和 $R_1\ ||\ R_2$ 的时间常数将 LPF 的极点定义为 $f=100\text{kHZ}$。在 $Z_C(100\text{kHZ})\approx$

1Ω 频率下,也就是说如果使用电流源,该阻抗可以忽略不计。

12.4 根据定义,假设输出侧谐振器调谐至相同频率,则 $f_0=10\text{MHz}$。

第 13 章中部分问题的答案。

13.2 对该电路的分析给出方程

$$\omega(x)=\frac{1}{RC\ \sqrt{4x+6}}$$

$$\beta(x)=\frac{29}{x}+4x+23\Rightarrow x\approx\pm 2.6926\Rightarrow\beta\approx 44.5\Rightarrow R=3.714\text{k}\Omega$$

其中,$x=R_\text{C}/R$,因此,$C=1\text{pF}$。

13.3 通过检查,$f_0=10\text{MHz}$。

13.4 对于这个抽头 L 网络,得出 $\beta=-1/3$。

13.5 对于这个网络,给定数据后,可得 $R_\text{eff}=3.4\text{k}\Omega$。

13.7 一般分析显示的结果与通过检查发现的结果相同,$\omega_0^2=(C_1+C_2)/L(C_1C_2)$,因此 $f_0=10\ \text{MHz}$。在振荡条件下,$g_\text{m}=C_1/(R_\text{C}\ ||\ r_\text{e}C_2)=200\mu\text{S}$。

13.8 零偏置电压时 $C=17.65\text{pF}$,因此 $f_0=3.789\text{MHz}$。偏置 $U_\text{D}=-7\text{V}$ 时,$C=5\text{pF}$,因此 $f_0=7.126\text{MHz}$。

第 14 章中部分问题的答案。

14.2 给定 10MHz 波形,混频器将其乘以 9.999MHz 和 10.001MHz 后可以产生 1kHz 波形。

14.4 给定 $Q=20$,接近共振频率的波形衰减为

$$A_r=\frac{1}{\sqrt{1+(\delta Q)^2}}=0.455=-6.8\text{dB}$$

式中:$\delta=\omega/\omega_0-\omega_0/\omega$。

第 15 章中部分问题的答案。

15.1 (15.5)中调幅调制波形的理论实现给出

$$\begin{aligned}C_\text{AM}(t)&=\sin(2\pi\times 100000t)+0.5\sin(2\pi\times 1500t)\sin(2\pi\times 100000t)\\&=\sin(2\pi\times 100000t)[1+0.5\sin(2\pi\times 1500t)]\end{aligned}$$

式中:$m=0.5\text{V}/1\text{V}=0.5=50\%$,从而产生图 15.3(a)中的波形。调制波形幅度为 $1\text{V}\pm 0.5\text{V}$,载波频率为 $f_\text{c}=100\text{kHz}$,信号频率为 $f_\text{s}=1.5\text{kHz}$。因此输出频谱显示三个频率,即 $(f_\text{c}-f_\text{s},f_\text{c},f_\text{c}+f_\text{s})$。

15.2 AM 波形占用两倍的信号频率即 $2\times 5\text{kHz}=10\text{kHz}$。因此在给定带宽下,最多可以创建 100/10 = 10 个信道。但实际上,每种通信标准都需要信道之间的一些“保护带”,因此可用的信道数量较少。

15.3 接收机的混频器产生 2.415MHz 和 455kHz 的载波频率,其中把下变频后的波形用作 IF 即 455kHz。如果有另一个无线电发射机在同一区域工作,其载波频率为 1.890MHz,

接收机混频器会产生第二个455kHz波形,同时会破坏所需信号。

15.5　Carson法则给出 $B_{FM}=2(m_f+1)f_b=50\text{kHz}$,贝塞尔函数的和得出

$$\frac{P_T}{P_C}=J_0^2+2(J_1^2+J_2^2+\cdots)=1.000258$$

也就是说,对于前五个函数总功率是恒定的,只是在谐波之间重新分配。当 $m_f=1.5$ 时,相对于未调制信号,第一边带谐波具有最高幅度 $J_1=0.558$。

15.6　根据定义,

$$\begin{aligned}P_T&=P_C\left(1+\frac{m^2}{2}\right)\Rightarrow P_C=881.5\text{W}\\P_{USB}&=P_T-P_C=318.5\text{W}\\P_{USB}&=P_{LSB}=159.25\text{W}\end{aligned}\tag{G.15}$$

15.8　根据定义,对于 $m=0.7$ 可得

$$\begin{aligned}P_{USB}&=P_{LSB}=\frac{m^2P_C}{4}=183.75\text{W}(m=0.7)\text{和}\\P_{USB}&=P_{LSB}=\frac{m^2P_C}{4}=93.75\text{W}(m=0.5)\end{aligned}\tag{G.16}$$

15.9　IF频率是载波频率和LO频率之差,因此

$$f_{LO}=995\text{kHz}(f_{LO}>f_C)\text{和}f_{LO}=85\ \text{kHz}(f_{LO}<f_C)$$

15.10　给定 $\Delta f=50\text{kHz}$,载波摆幅为 $\pm 50\text{kHz} \sim 100\text{kHz}$。因此载波频率介于 $f_c=107.55\text{MHz}$ 和 $f_c=107.65\text{MHz}$ 之间。根据定义,$m_f=\Delta f/f_m=7.143$。

15.11　根据贝塞尔函数 $m_f=2.0$,写为

$P_0=100\text{W}\times0.224^2=5.0176\text{W}$, $P_1=100\text{W}\times2\times0.577^2=66.5858\text{W}$, $P_2=100\text{W}\times2\times0.353^2=24.9218\text{W}$, $P_3=100\text{W}\times2\times0.129^2=3.3282\text{W}$, $P_4=100\text{W}\times2\times0.034^2=02312\text{W}$, $P_5=100\text{W}\times2\times0.007^2=0.0098\text{W}$, $P_6=100\text{W}\times2\times0.001^2=0.0002\text{W}$

使用Carson法则估计出

$$B_{FM}=6\text{kHz}$$

15.12　该电路称为电抗调制器,其中 $C_{eq}=g_mRC$,且

$$f_{out}=\frac{1}{2\pi\sqrt{L_T(C_T+C_{eq})}}\Rightarrow C_{eq}=20\text{nF}\Rightarrow C=200\text{nF}$$

第16章中部分问题的答案。

16.2　输入中频信号包含660kHz、665kHz和670kHz。在非线性二极管乘法器之后,频谱包含和差:1325kHz、1330kHz、1335kHz、5kHz和10kHz。(在LPF的帮助下,5kHz信号从其他频率中分离出来。)

由于二极管的方向特性,负侧包络被恢复。在5kHz时电路元件呈现阻抗 $Z_{C_1}=145\text{k}\Omega$, $Z_{C_2}=6.3\text{k}\Omega$, $R_D=10\Omega$。因此等效分压器由 R_D 和 $R=Z_{C_1}||(R_1+Z_{C_2}||R_2||R_L)=3\text{k}\Omega$ 组成,也就是说若使用 $R_D=10\Omega$ 分压器,5 kHz信号几乎不会衰减。但在665kHz时,该电路的

等效时间常数由 $C_2=5\text{nF}$ 决定。因此665kHz 频率被抑制,而5kHz 信号没有受到显著影响,可与 $C_2=22\text{pF}$ 时的仿真结果比较。

16.3 根据定义,输入侧功率为 $P_{\text{in}}=u^2/R=1.28\text{pW}=-88.9\text{dBm}$。输出功率是通过将每一级增加到输入信号的功率上得到的,即 $P_{\text{out}}=30\text{dBm}=1\text{W}$。

16.4 从相应的梯形图案中,通过观察可得

$$U_{\max}=U_{\text{C}}+\frac{U_{\text{b}}}{2}=3\text{V}\Rightarrow U_{\max}=1\text{V}\Rightarrow m=0.5$$

因此,相应梯形图案中的边长比为3V/1V=3。

16.5 可以推出

$$m=\sqrt{2\left[\left(\frac{1.1}{1}\right)^2-1\right]}=0.648$$

第17章中部分问题的答案。

17.1 根据定义,LC 谐振器的 $Q=f_0/\text{BW}=105$。在较高的频率范围内,可以得出 $\text{BW}(f_{\max})=1.6\text{MHz}/105=15.328\text{kHz}$,因此 $C=9.895\text{nF}$。在较低的频率范围内,计算出 $\text{BW}(f_{\min})=500\text{kHz}/105=4.762\text{kHz}$,这需要 $C=101.321\text{pF}$。假设 Q 因子恒定,带宽就是可变的。因此,该接收机应仅用于处理带宽为 $B\leqslant 4.762\text{kHz}$ 的信号,但如果不同的 AM 无线电台之间的信道间隔 Δ 是恒定的,则必须将其设置为 $\Delta f\geqslant \text{BW}(f_{\max})=15.238\text{kHz}$,以避免信道间干扰。

17.2 最大和最小射频频率的比值导致

$$\frac{f_{\text{RF}}(\max)}{f_{\text{RF}}(\min)}=3.2=\sqrt{\frac{C_{\max}}{C_{\min}}}\Rightarrow\frac{C_{\max}}{C_{\min}}=10.24$$

同时,混频器的输出端有两种可能性:

(1)在 $f_{\text{LO}}>f_{\text{RF}}$ 这种情况下,发现 $f_{\text{LO}}(\min)=965\text{kHz}$,$f_{\text{LO}}(\max)=2065\text{kHz}$。再有,

$$\frac{f_{\text{LO}}(\max)}{f_{\text{LO}}(\min)}=2.14=\sqrt{\frac{C_{\max}}{C_{\min}}}\Rightarrow\frac{C_{\max}}{C_{\min}}=4.6$$

(2)情况 $f_{\text{LO}}<f_{\text{RF}}$ 在这种情况下,可得 $f_{\text{LO}}(\min)=965\text{kHz}$,$f_{\text{LO}}(\max)=2.65\text{kHz}$。然后,

$$\frac{f_{\text{LO}}(\max)}{f_{\text{LO}}(\min)}=32.43=\sqrt{\frac{C_{\max}}{C_{\min}}}\Rightarrow\frac{C_{\max}}{C_{\min}}=1052$$

这些结果为选择接收机架构和电容调谐范围提供了参考。由此显然可知,制作一个调谐比大于1000 的实用可调谐电容器是不现实的。

17.3 图像信号的频率为12MHz。

17.4 可以得出 −1dB 压缩点位于 $p_{\text{in}}=-20\text{dBm}$,三阶交调截点(IIP3)位于 $p_{\text{in}}=-10\text{dBm}$。

17.6 该超外差架构的总结如图 G.4 所示。

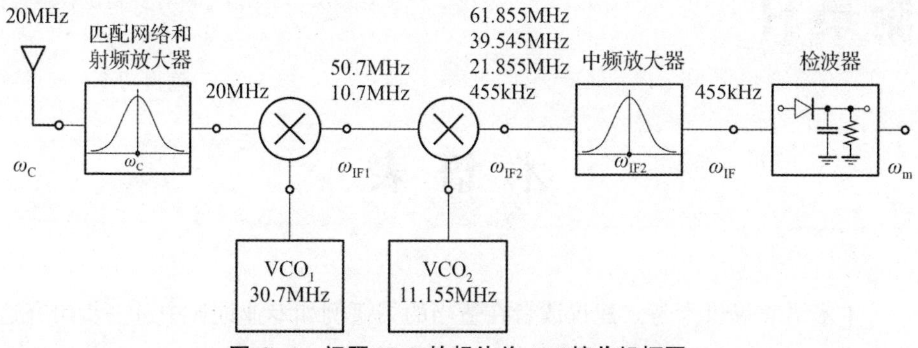

图 G.4　问题 17.6 的超外差 AM 接收机框图

附录 H

术语表

本术语表仅供参考。建议读者在适当的书籍例如专业词典中进一步研究这些术语。

1dB 增益压缩点:非线性器件或电路的输出功率增益相对于其小信号线性模型预测值降低 1 dB 的点。

绝对零度:熵达到最小值的理论温度。根据国际协议,绝对零度在开尔文温标上定义为 0 K,在摄氏温标上定义为 273.15 摄氏度。

有源器件:信号增益大于 1 的电子元件,例如晶体管。

有源模式:BJT 晶体管的条件,其中发射极 - 基极结正向偏置,而集电极 - 基极结反向偏置。

导纳:测量交流电流在电路中流动的难易程度(西门子[S])。阻抗的倒数。

安培[A]:电流单位,定义为每秒 1 库仑的电荷流量。

Ampère 定律:流入导线的电流产生环绕导线的磁通量,遵循“右手法则”(拇指指向电流的方向,其他弯曲的手指指示磁场的方向);更多细节请参考麦克斯韦方程。

放大器:实现数学等式 $y = Ax$ 的线性器件,其中 y 是放大器的输出信号,A 是增益系数,x 是输入信号。

模拟:用于处理连续信号的设备和电路的总称;通常用来比较数字信号和采样信号。

衰减:增益低于 1。

衰减器:降低增益而不引入相位或频率失真的装置。自动增益控制:闭环反馈系统,旨在尽可能保持总增益不变。

平均功率:一段时间内的平均功率。

带宽:振幅响应比最大值低 3 分贝时,较高频率和较低频率之间的差值;相当于半功率带宽。

基极:BJT 晶体管的发射极和集电极之间的区域。

Bel[B]:是无量纲单位,用于表示两个幂的比值,比之更实用的单位是[dB]。

Beta β：BJT 的当前增益，它是集电极电流变化与基极电流变化的比值。

偏置：用于设置设备工作条件的稳定电流或电压。

击穿电压：反向偏置 pn 结的反向电流突然上升时的电压。如果不限制电流，则器件被破坏。

电容：两个导体之间电荷和电压的比值。

电容器：由两个导体组成的装置，中间用绝缘材料隔开，用于储存电荷，即能量。

摄氏度[℃]：温度单位的单位增量，定义为水的冰点（0 ℃）和沸点（100℃）之间的 1/100；请比较开尔文和华氏温度。

特性曲线：一组 I－V 图，显示了几个参数值。

特性阻抗：无限长传输线的入口点阻抗。

电荷：物质的基本粒子（电子、质子等）的基本属性，负责制造力场。

电路：无源和有源器件的互连，目的是合成一个数学函数。

共基极：一种单 BJT 放大器结构，其中基极电位是固定的，发射极作为输入端，集电极作为输出端。也称为"电流缓冲器"；相当于 MOS 放大器的"共栅"配置。

共集电极：一种单 BJT 晶体管结构，其中集电极电位是固定的，基极作为输入端，发射极作为输出端，也称为"电压缓冲器"或电压跟随器，相当于 MOS 放大器的"共漏极"配置。

共发射极：单 BJT 放大器配置，其中发射极电位固定，基极作为输入端，集电极作为输出端，也被称为 g_m 阶段，相当于 MOS 放大器的"共源极"配置。

共模：正弦波形的平均值。

导电性：物质导电的能力。

导体：一种容易导电的材料。

库仑[C]：电荷单位，定义为 1 安培的电流在 1 秒钟内通过单位面积的电荷，一个电子的电荷为 1.602×10^{-19}C。

库仑定律：空间中两个电荷间作用力的定义。

电流：单位时间内通过一定截面积的电荷量。

电流增益：一个器件或电路的输出端电流与输入端电流的比值。

电流源：不管两端电压如何，都能提供恒定电流值的装置。

DC：直流电。

DC 分析：计算稳定工作点的数学步骤。

DC 偏置：设置设备稳定工作点的过程。

DC 负载线：穿过一系列 I－V 曲线的直线，表示给定负载下输出电压变化时工作点的移动曲线。

分贝[dB]:一个无量纲单位,用来表示两个幂的比值,1dB 是 1B 的十分之一。

装置:单个分立器件,例如电阻器、晶体管或电容器。

电介质:不导电的材料,与导体相对,参数为介电常数。

差分放大器:对差分信号进行操作的放大器。

差分信号:同频率、同幅度、同共模、相位差为 180°的两个正弦或余弦信号之差。

数字:用于处理采样信号的设备和电路的总称,比较模拟和连续信号。

二极管:以指数函数传递信号的非线性双端器件,可用作单向开关。

直流(DC):向一个方向流动的电流。

分立器件:表现出与电阻器、晶体管、电容器、电感器等相关的行为的单个电子元件,请类比分布式组件。

动态范围:最大可接受信号电平和最小可接受信号电平之间的差值。

电场:电荷产生的能量场。

电噪声:任何不需要的电信号。

电磁(EM)波:电磁能量在空间中流动时出现的现象,在驻波的特殊情况下,这个定义可能需要更多的解释。

电子:带负电荷的基本粒子。

电子学:电子科学技术的一个分支,通常研究电子在不同的介质和真空中的受控运动。

静电学:研究静止或缓慢移动的电荷产生的现象的科学分支。

发射极:BJT 的一个区域,也是 BJT 器件的三个端点之一,电荷从这里注入基极。

能量:这个概念可以粗略地定义为物体做功的能力。

等效电路:执行与原电路相同功能的简化电路。

等效噪声温度:理想电阻在室温下产生与其等效相同噪声的绝对温度。

下降时间:脉冲从其最大值的 90% 下降到 10% 的时间(有时定义在 80% 和 20% 点之间)。

法拉[F]:电容的单位。1F 非常大;地球电离层相对于地面的电容约为 50mF。

法拉第笼:一种封闭外部静电场的外壳。

法拉第定律:电磁感应定律。

反馈:通过外部通路耦合输出到输入端的过程,负反馈以降低增益为代价以提高放大器的稳定性,正反馈提高了增益并且可以创建振荡电路。

场:描述能量在空间中流动的概念。

场效应晶体管(FET):由两个垂直电场控制的晶体管,用于改变栅极端下方半导体材料的电阻率,并在源极端和漏极端之间施加电流。

闪烁噪声:半导体中的随机噪声,其功率谱密度与频率(1/*f* 噪声)近似成反比。

频率:每秒完成的周期数。

频率响应:显示器件的增益和相位随频率变化而变化的曲线。

增益:在输出端和输入端测得的信号值之比。

高斯定律:高斯定理(Gauss'law)也称为高斯通量理论(Gauss'flux theorem),或称作散度定理、高斯散度定理、高斯-奥斯特罗格拉德斯基公式、奥氏定理或高-奥公式(通常情况的高斯定理都是指该定理,也有其他同名定理),反应电荷分布与产生的电场关的定律。

接地:将电路中所有其他电位与之比较的任意电位参考点接地,地电位和节点电位之间的差值表示为该节点的电压,接地节点并不一定是电路中的最低电位。

亨利[H]:自感和互感的单位。

赫兹[Hz]:频率的度量单位,1Hz 等于每秒一个周期。

阻抗:任意频率下双端器件的电阻。

电感:电动势的一种特性,通过电路的电流变化感应出与电流变化相反的电动势。

电感器:一种无源的电子元件,可以在电流通过时产生的磁场中储存能量。

输入:施加在电路或设备上的电流、电压、功率或其他驱动力。

插入损耗:在源和负载之间插入电路所导致的衰减。

绝缘体:电导率非常低的材料。

中频(IF):作为中间步骤,在传输或接收过程中载波频率移动到的频率。

互调干扰:处理两个或多个单音信号的非线性设备产生的附加谐波。

结:两种半导体材料的接合。

结电容:与 p-n 结区相关的电容。

Kelvin [K]:绝对温标上温度的单位增量。

基尔霍夫电流定律(KCL):即电荷守恒定律,在任何时刻,进入网络中任意一点的总电流等于离开同一点的总电流。

基尔霍夫电压定律(KVL):即势场给定或取用的能量守恒定律(不包括耗散取用的能量),在任何瞬间,闭环周围所有电动势和电势差的代数和为零。

大信号:一种幅度大到足以使器件的工作点远离其原始偏置点的信号,此时必须考虑设备的非线性区域的特性。

大信号分析:一种用于描述大信号激励下器件特性的方法,它用基本的非线性方程来描述非线性器件。

能量守恒定律:大自然的基本定律,该定律认为能量既不能被创造也不能被消灭,只能从一种状态转化为另一种状态。

线性网络:一种网络,其中电阻、电感和电容的参数相对于电流或电压是恒定的,且电源的电压或电流与网络中的其他电压和电流或它们的导数无关或成正比。

负载:一个吸收能量并将其转化为另一种形式的装置。

本地振荡器(LO):用于产生上变频和下变频所需的单频信号的振荡器。

无损:理论上不消耗能量。

低噪声放大器(LNA):用于放大天线接收到的微弱信号的电子放大器。

集总元件:一种独立的局部元件,提供一种特殊的特性,例如在一个频率范围内的电阻。

磁场:由磁能产生的磁场,即传递实物间磁力作用的场。

匹配:连接两个网络的概念,以便在它们之间实现最大的能量转移。

匹配电路:一种无源电路,用于连接两个网络,以实现两个网络之间的最大能量传输。

麦克斯韦方程组:一组四个偏微分方程,将电场和磁场与其源、电荷密度和电流密度联系起来。这些方程分别被称为高斯定律、高斯磁学定律、法拉第感应定律和经过麦克斯韦修正的安培定律。这四个方程和洛仑兹力定律构成了经典电磁学的一整套定律。

金属氧化物半导体场效应晶体管(MOSFET):最初铝 - 二氧化硅 - 硅的夹层结构用于制造 FET 晶体管,尽管金属不再被用于制造 FET 晶体管的栅极,但这个名字却一直沿用下来。

微波:频率范围为 1 ~ 300GHz 的波,即波长为 300 ~ 1mm 的波。

混频器:用于频移操作的非线性三端口器件。

负电阻:设备或电路的电阻,其中进入端口的电流增加会导致同一端口上的电压降低。

噪声:干扰有用信号的任何无用信号。

噪声系数(NF):衡量信噪比(SNR)下降的指标,由射频(RF)信号链中的元件产生的内部噪声引起。

非线性电路:不满足叠加原理或其输出与输入不成正比的系统。

诺顿定理：任何两端的电压源、电流源和电阻的集合，在电学上等同于一个理想电流源与一个电阻并联。这是 Thévenin 定理的“孪生兄弟”。

NPN 晶体管：有 P 型基极和 N 型集电极、发射极的晶体管。

倍频：任意两个频率之间的间隔的比率为 2 : 1。

欧姆[Ω]：欧姆定律定义的电阻单位。

欧姆定律：两点间通过导体的电流变化与两点间的电压变化成正比，与两点间的电阻成反比。

开环增益：在没有反馈通路的情况下，放大器的输出信号与输入信号之比。

振荡器：以预定频率产生单音（或其他规则形状）信号的电子设备。

输出：在输出端传递的输出电流、电压、功率等。

无源器件：增益不大于 1 的元件。

相位：波的角度特性。

移相器：一个提供射频信号的可控相移的双端口网络。

相量：用旋转矢量表示正弦波的数学形式。

功率：工作执行的速率。

品质因数（*Q* 因数/因子）：一个无量纲参数，表示谐振器相对于其中心频率的带宽。

射频（RF）：能够产生能量相干辐射的任何频率。

电抗：电路元件对电流变化的阻抗由元件中电场或磁场引起。

电抗元件：电感器和电容器。

反射波：从传播介质的不连续面反射回来的波。

电阻：测量物体对稳定电流通过的阻力。

电阻器：设计成具有一定电阻的集总元件。

谐振频率：给定系统或电路在外部单音频信号驱动下以最大幅度响应的频率。

均方根（RMS）：原始值平方的算术平均值的平方根。

饱和：表示电路输入信号的增加不会在输出端产生预期的线性比例变化的情况。

自谐振频率：由于内部寄生电感和电容，所有实际器件或电路开始振荡的频率。

信号：携带信息的电压或电流电气量。

单端电路：一种工作在单端（相对于差分）信号上的电路。

趋肤效应：交流电在导体内分布的趋势，使得导体表面附近的电流密度大于导体中心的电流密度。也就是说，电流倾向于在导体的“表皮”流动，其平均深度称为“趋肤深度”。

小信号:一种低振幅信号,其占据以偏置点为中心的非常狭窄的区域,因此线性模型总是适用的。

小信号放大器:只在线性区域工作的放大器。

空间:物体和事件发生的无限的三维范围,有相对的位置和方向。

稳定性:电路远离自谐振频率的能力。

驻波:最大值点和最小值点保持位置不变的波。由于两个反向传播的波之间的干涉,它可以在静止介质中出现;对于向相反方向传播的等幅波,一般来说不存在能量的净传播。

驻波比(SWR):驻波中电流或电压的最大值与最小值之比。

Thévenin(戴维宁)定理:电压源、电流源和两端电阻的任意组合在电学上等效于单个电压源和单个电阻的串联,它是诺顿定理的“孪生兄弟”。

三阶交调截取点(IP3):用来衡量弱非线性系统和设备,例如接收器、线性放大器和混频器。

时间:用来给一系列事件排序的概念。

传输线:任何能够有效传导电磁能量的导体系统。

调谐电路:由电感和电容组成的电路,可以调整到所需的谐振频率。

调谐:调整调谐电路谐振频率的过程。

变容二极管:用作压控电容器的两端 p-n 结。

伏特[V]:电位差的计量单位。

压控振荡器(VCO):输出频率由电压控制的振荡器。

分压器:一种简单的线性电路,产生的输出电压是其输入电压的一部分。

电压跟随放大器:提供从一个电路到另一个电路的电阻抗转换的放大器,也称为“电压缓冲放大器”。

电压源:一种能够提供恒定电压值的装置,与两端的电流无关。

波:从空间的一点发展到另一点的扰动。

波前:具有恒定相位的横截面。

波长:具有相同相位的两个连续点之间的空间距离。

波传播:波在空间中的传播过程。

白噪声:由从零到无穷大的所有可能频率组成的随机信号。

力:在力的作用下,一点在空间中的推进。

附录 I

缩 略 语

AC	交流电
A/D	模数转换
ADC	模数转换器
AF	声频
AFC	自动频率控制
AM	振幅调制
BJT	双极结型晶体管
BW	带宽
CMOS	互补金属氧化物半导体
CRTC	加拿大无线电视和电信委员会
CW	连续波
D/A	数模转换
DAC	数模转换器
dB	分贝
dBm	分贝毫瓦
DC	直流电
DR	动态范围
ELF	极低的频率
EM	电磁
eV	电子伏
FCC	联邦通信委员会
FET	场效应晶体管
FFT	快速傅里叶变换
FM	频率调制
GHz	吉赫兹
HF	高频率
Hz	赫兹

IC	集成电路
$\Im(z)$	复数 z 的虚部
IF	中频率
I/O	输入/输出
IR	红外
JFET	结型场效应晶体管
KVL	基尔霍夫电压定律
KCL	基尔霍夫电流定律
LC	电感电容
LF	低频率
LNA	低噪声放大器
LO	本地振荡器
MOS	金属氧化物半导体
NF	噪声图
PCB	印刷电路板
PLL	锁相环
PM	相位调制
pp	峰-峰
ppm	百万分之
pwl	分段线性
Q	品质因数
$\Im(z)$	复数 z 的实部
RADAR	无线电探测与测距
RF	射频
RFC	射频扼流圈
RMS	均方根
SAW	声表面波
SHF	超高频
SINAD	信噪比失真
S/N	信号噪声
SNR	信噪比
SPICE	以集成电路为主的电路级仿真程序
TC	温度系数
THD	总谐波失真

UHF	超高频
UV	紫外线
V_T	热电压，$V_T = kT/q$
V_t	PN 结阈值电压
VCO	压控振荡器
V/F	电压/频率转换
VHF	特高频
V/I	电压/电流
VLF	特低频
VSWR	电压驻波比

参考文献

[Amo90] S.W. Amos, *Principles of Transistor Circuits* (Butterworths, London, 1990). Number 0-408-04851-4

[BMV05] J.S. Beasley, G.M. Miller, J.K. Vasek, *Modern Electronic Communication* (Prentice Hall, Pearson, 2005). Number 0-13-113037-4

[BG03a] L. Besser, R. Gilmore, *Practical RF Circuit Design for Modern Wireless Systems I* (Artech House, Boston, 2003). Number 1-58053-521-6

[BG03b] L. Besser, R. Gilmore, *Practical RF Circuit Design for Modern Wireless Systems II* (Artech House, Boston, 2003). Number 1-58053-522-4

[Bro90] J.J. Brophy, *Basic Electronics for Scientist* (McGraw-Hill, New York, 1990). Number 0-07-008147-6

[Bub84] P. Bubb, *Understanding Radio Waves* (Lutterworth Press, Glasgow, 1984). Number 0-7188-2581-0

[CC03a] D. Comer, D. Comer, *Advanced Electronic Circuit Design* (Wiley, London, 2003). Number 0-471-22828-1

[CC03b] D. Comer, D. Comer, *Fundamentals of Electronic Circuit Design* (Wiley, London, 2003). Number 0-471-41016-0

[CL62] D.R. Corson, P. Lorrain, *Introduction to Electromagnetic Fields and Waves* (Freeman, New York, 1962). Number 62-14193

[DA01] W.A. Davis, K.K. Agarwal, *Radio Frequency Circuit Design* (Wiley Interscience, New York, 2001). Number 0-471-35052-4

[DA07] W.A. Davis, K.K. Agarwal, *Analysis of Bipolar and CMOS Amplifiers* (CRC Press, West Palm Beach, 2007). Number 1-4200-4644-6

[Ell66] R.S. Elliott, *Electromagnetics* (McGraw Hill, New York, 1966). Number 66-14804

[FLS05] R.P. Feynman, R.B. Leighton, M. Sands, *The Feynman Lectures on Physics* (Pearson Addison Wesley, Reading, 2005). Number 0-8053-9047-2

[Fle08] D. Fleisch, *A Student's Guide to Maxwell's Equations* (Cambridge University, Cambridge, 2008). Number 978-0-521-87761-9

[Gol48] S. Goldman, *Frequency Analysis, Modulation and Noise* (McGraw-Hill, New York, 1948). Number TK6553.G58 1948

[JN71] R.H. Good Jr., T.H. Nelson, *Classical Theory of Electric and Magnetic Fields* (Academic Press, New York, 1971). Number 78-137-628

[GM93] P.G. Gray, R.G. Meyer, *Analysis and Design of Analog Integrated Circuits* (Wiley, New York, 1993). Number 0-471-57495-3

[Gre04] B. Green, *The Fabric of Cosmos* (Vintage Books, New York, 2004). Number 0-375-72720-5

[Gri84] J. Gribbin. *In Search of Schrödinger's Cat, Quantum Physics and Reality* (Bantam Books, New York, 1984). Number 0-553-34253-3

[HH89a] T.C. Hayes, P. Horowitz, *Student Manual for the Art of Electronics* (Cambridge University, Cambridge, 1989). Number 0-521-37709-9

[Jr.89] W.H Hayt Jr., *Engineering Electromagnetics* (McGraw Hill, New York, 1989). Number 0-07-024706-1

[JK93] W.H. Hayt Jr., J.E. Kemmerly, *Engineering Circuit Analysis* (McGraw Hill, New York, 1993). Number 0-07-027410-X

[HH89b] P. Horowitz, W. Hill, *The Art of Electronics* (Cambridge University, Cambridge, 1989). Number 0-521-37095-7

[Hur10] P.G. Huray, *Maxwell's Equations* (Wiley, New York, 2010). Number 978-0-470-54276-7

[II99] U.S. Inan, A.S. Inan, *Electromagnetic Waves* (Prentice Hall, Englewood, 1999). Number 0-201-36179-5

[Kin09] G.C. King, *Vibrations and Waves* (Wiley, New York, 2009). Number 978-0-470-01189-8

[Kon75] J.A. Kong, *Theory of Electromagnetic Waves* (Wiley, New York, 1975). Number 0-471-50190-5

[KB80] H.L. Krauss, C.W. Bostian, *Solid State Radio Engineering* (Wiley, New York, 1980). Number 0-471-03018-X

[Lee05] T.H. Lee, *The Design of CMOS Radio-Frequency Integrated Circuits* (Cambridge University Press, Cambridge, 2005). Number 0-521-63922-0

[Lov66] W.F. Lovering, *Radio Communication* (Longmans, London, 1966). Number TK6550.L546 1966

[LB00] R. Ludwig, P. Bretchko, *RF Circuit Design, Theory and Applications* (Prentice Hall, Englewood, 2000). Number 0-13-095323-7

[PP99] Z. Popovic, D. Popovic, *Electromagnetic Waves* (Prentice Hall, New York, 1999). Number 0-201-36179-5

[Pur85] E.M. Purcell, *Electricity and Magnetism* (McGraw Hill, New York, 1985). Number 0-07-004908-4

[Rad01] M.M. Radmanesh, *Radio Frequency and Microwave Electronics* (Prentice Hall, New York, 2001). Number 0-13-027958-7

[Raz98] B. Razavi, *RF Microelectronics* (Prentice Hall, New York, 1998). Number 0-13-887571-5

[RR67] J.H. Reyner, P.J. Reyner, *Radio Communication* (Pitman, London, 1967)

[RC84] D. Roddy, J. Coolen, *Electronic Communications* (Reston Publishing Company, Reston, 1984). Number 0-8359-1598-0

[Rut99] D.B. Rutledge, *The Electronics of Radio* (Cambridge University Press, Cambridge, 1999). Number 0-521-64136-5

[Sch92] R.J. Schoenbeck, *Electronic Communications Modulation and Transmission* (Prentice Hill, New York, 1992). Number 0-675-21311-8

[Scr84] M.G. Scroggie, *Foundations of Wireless and Electronics*, 10th edn. (Newnes Technical Books, London, 1984). Number 0-408-01202-1

[See56] S. Seely, *Radio Electronics* (McGraw Hill, New York, 1956). Number 55-5696

[Sim87] R.E. Simpson, *Introductory Electronics for Scientist and Engineers* (Allyn and Bacon, Boston, 1987). Number 0-205-08377-3

[SB00] B. Streetman, S. Banerjee, *Solid State Electronic Devices* (Prentice Hall, New York, 2000). Number 0-13-025538-6

[Sze81] S.M. Sze, *Physics of Semiconductor Devices* (Wiley, New York, 1981). Number 0-471-05661-8

[Ter03] D. Terrell, *Electronics for Computer Technology* (Thompson Delmar Learning, Clinton Park, 2003). Number 0-7668-3872-2

[Tho06] M.T. Thompson, *Intuitive Analog Circuit Design* (Newnes, London, 2006). Number 0-7506-7786-4

[Wik10a] Wikipedia.org., *Electromagnetic Wave Equation* (2010). http://en.wikipedia.org/wiki/Electromagnetic_wave_equation

[Wik10b] Wikipedia.org., *Waves, Wavelength* (2010). http://en.wikipedia.org/wiki/Wave

[Wol91] D.H. Wolaver, *Phase-Locked Loop Circuit Design* (Prentice Hall, New York, 1991). Number 0-13-662743-9

[You04] P.H. Young, *Electronic Communication Techniques* (Prentice Hill, Englewood, 2004). Number 0-13-048285-4

图 1.4　小石头在池塘中形成的水波(尽管水粒子垂直移动,但波浪在水平方向上膨胀,同时带走了落石的动能)

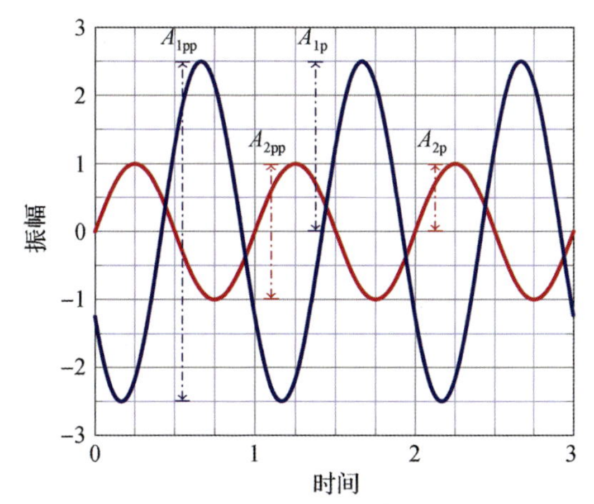

图 1.9　大的声音用大的振幅(A_1)来表示,相对微弱的声音用小的振幅(A_2)来量化

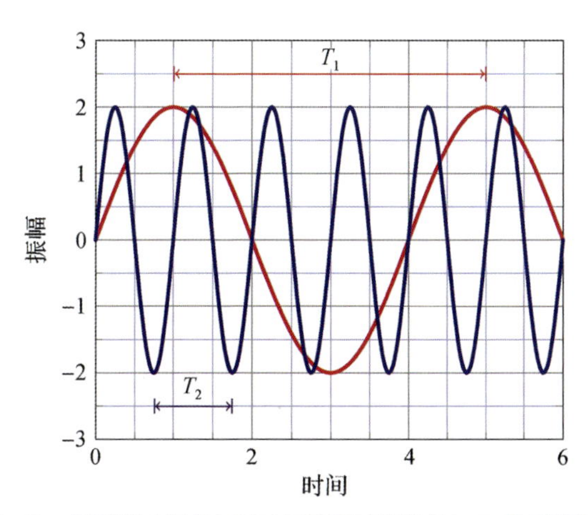

图 1.10　低频音(红色)相对于高频音(蓝色),T_1 的周期更长

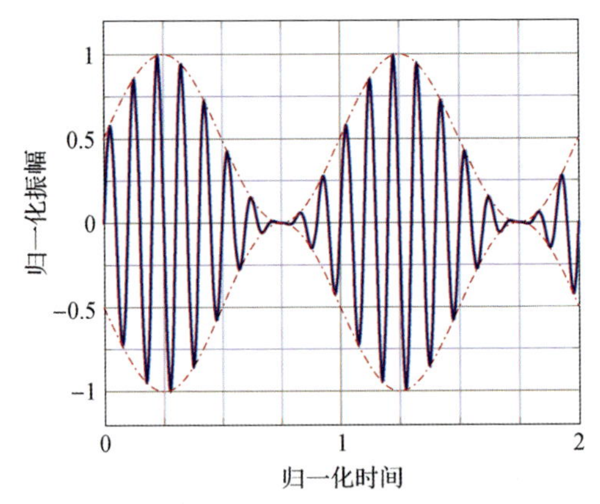

图 1.12　高频波形(实线)及其低频嵌入包络线(虚线)

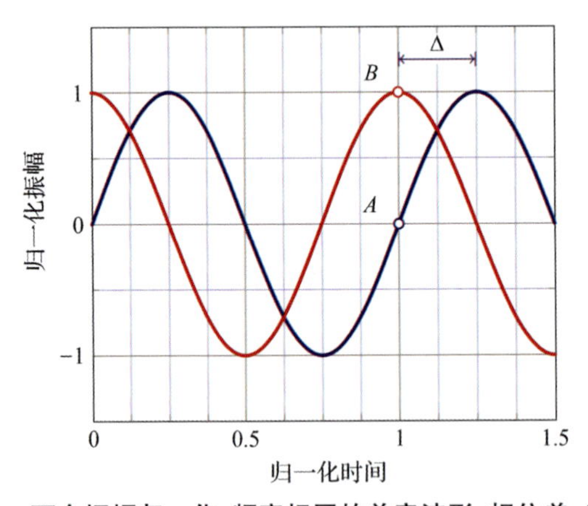

图 1.13　两个振幅归一化、频率相同的单音波形，相位差 $\phi=\pi/2$。

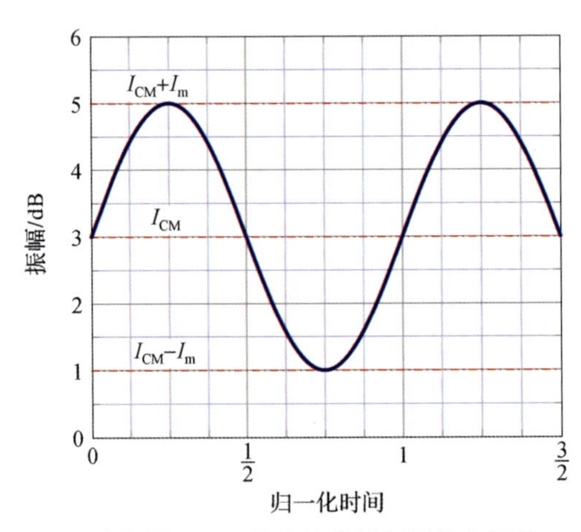

图 1.15　正弦信号 $A(t)$(其直流分量即平均电平为 $I_{CM}=3$，而交流分量幅值为 $I_m=2$)

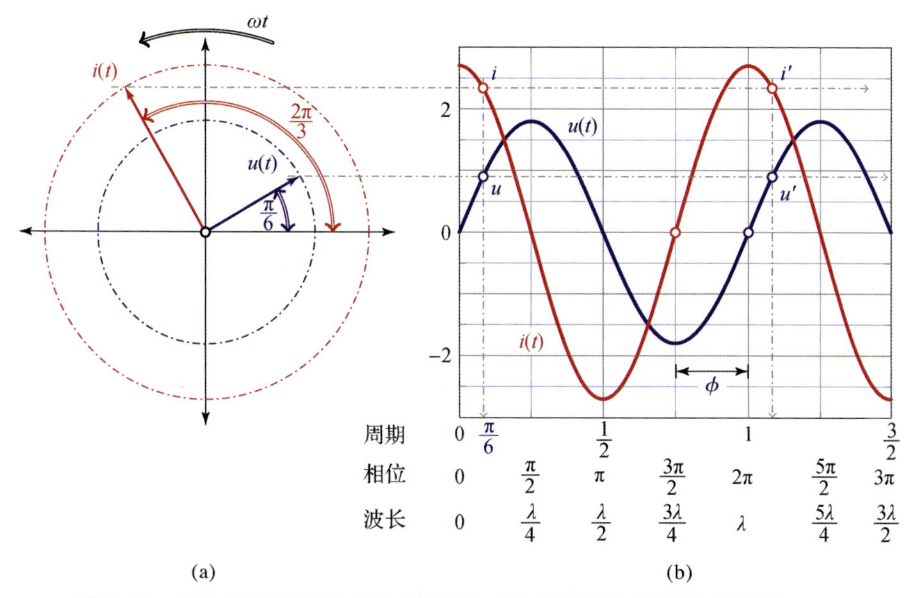

图 1.18　两信号相量表示；即旋转矢量(a)和它们的等效时域正弦函数(b)，用三个单位测量：周期、相位和波长。

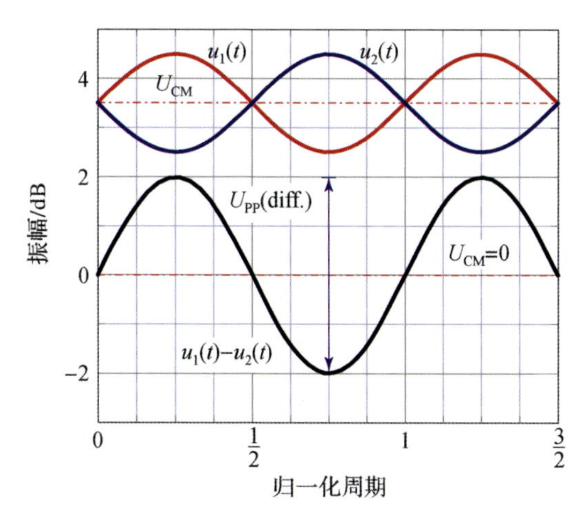

图 1.19　使用两个单端信号 u_1 和 u_2 构造差分信号 u_1-u_2。

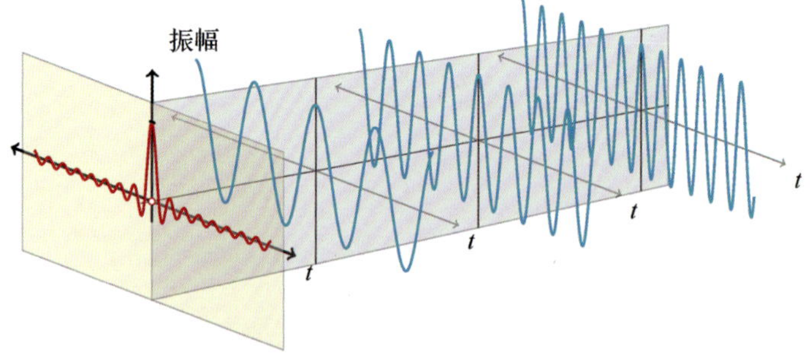

图 1.20　如果使用无穷级数，正弦的构造加法会产生狄拉克函数；在这个图中，是通过对前十个正弦函数求和得到的，但只显示了前三个。

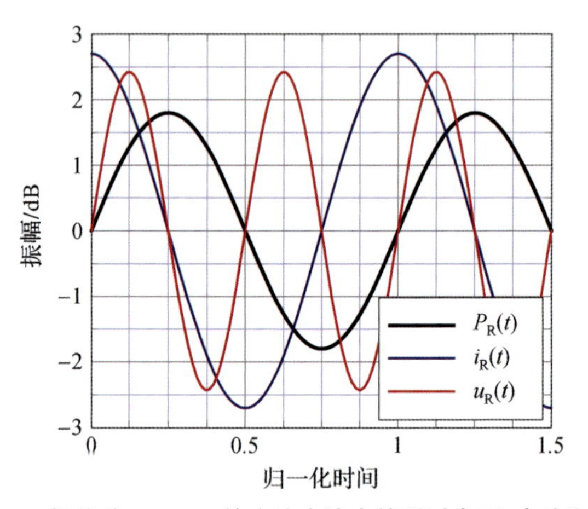

图 1.22　相位差 $\phi=\pi/2$ 的交流支路中的瞬时电压、电流和功率

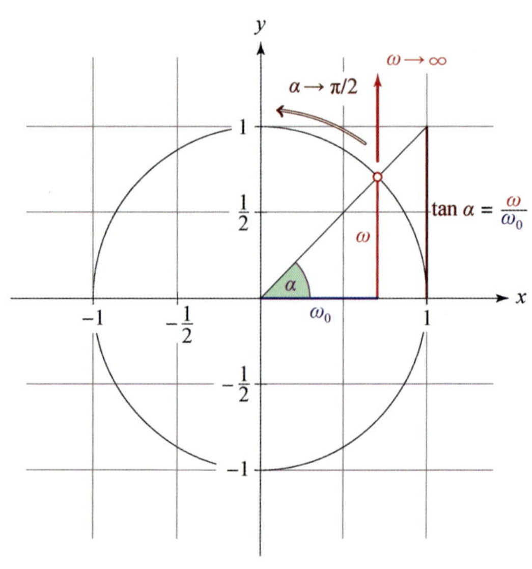

图 1.25　第一象限 arctan 极限的几何解释

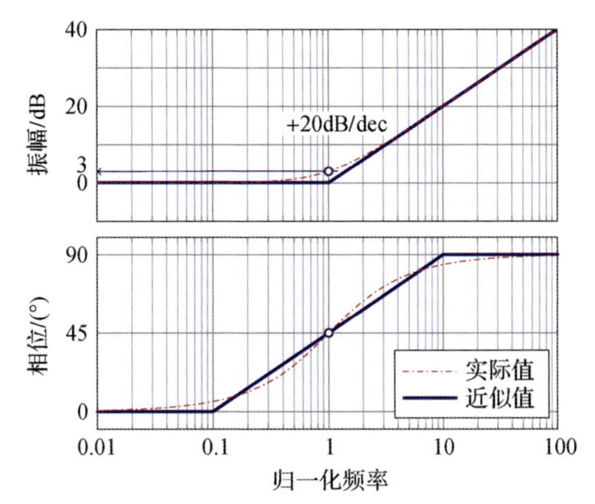

图 1.26　一阶传递函数(归一化为 ω/ω_0)的波特图，其振幅斜率为 +20dB/decade，相位在 0 到 +π/2 之间。

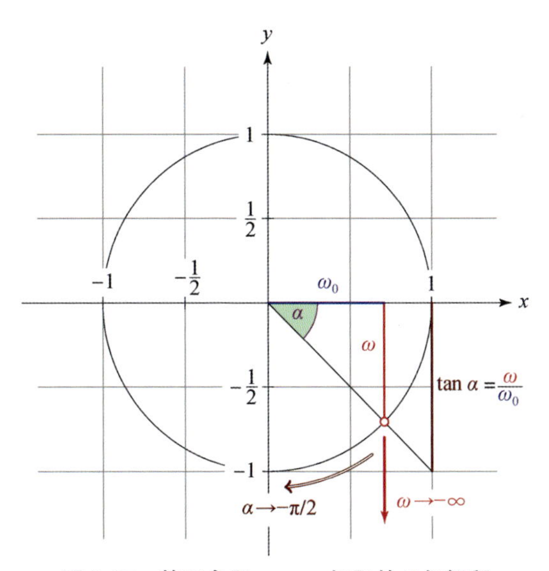

图 1.27　第四象限 arctan 极限的几何解释

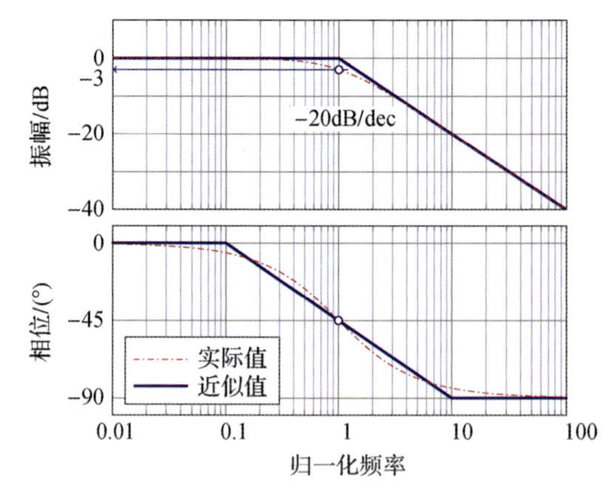

图 1.28　幅值斜率为 -20dB/十倍频 -20dB/decade，相位在 0 到 -π/2 之间的一阶传递函数的波特图。

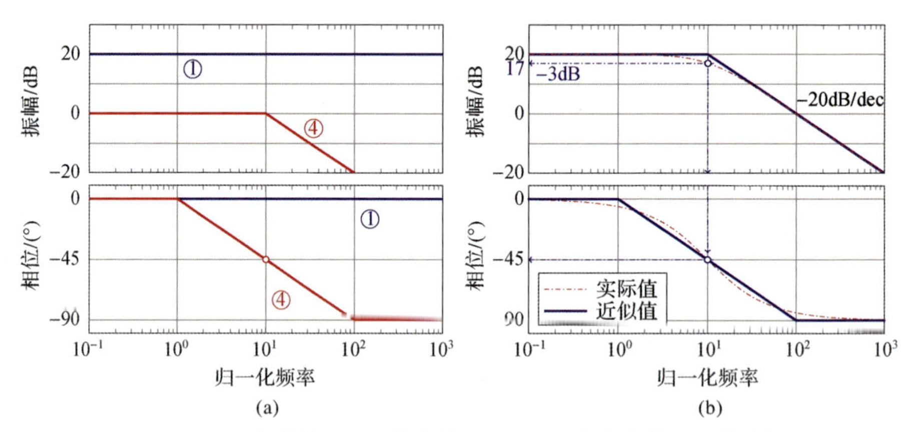

图 1.29　两个增益和相位的线性近似以及它们各自的和和精确解

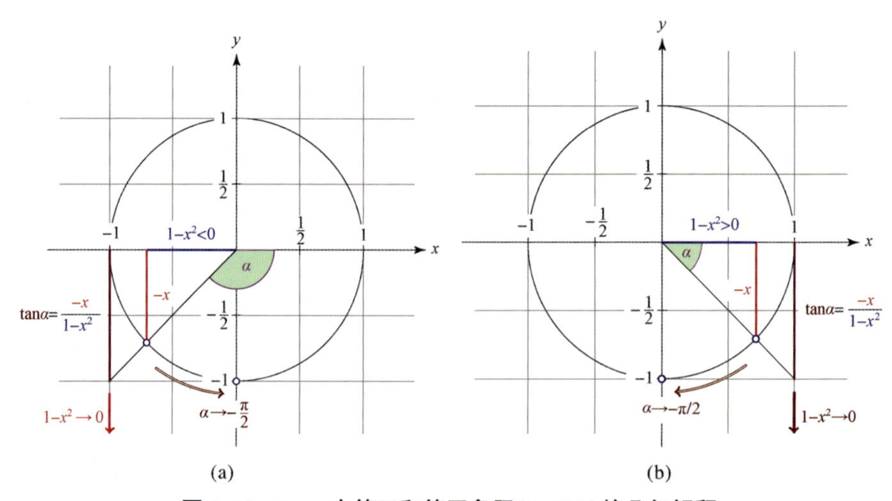

图 1.30　tanα 在第三和第四象限(1.110)的几何解释

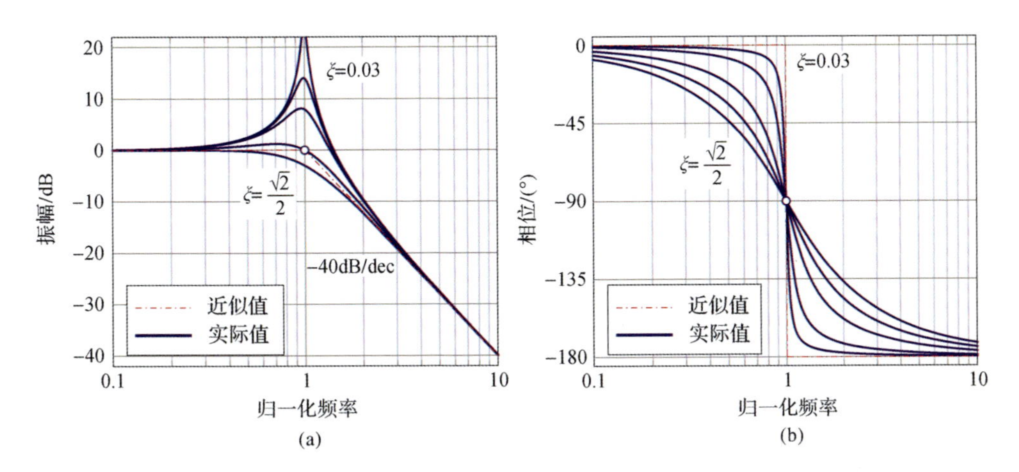

图 1.31　第 1.6.5 节二阶函数相位函数的计算值及波特图

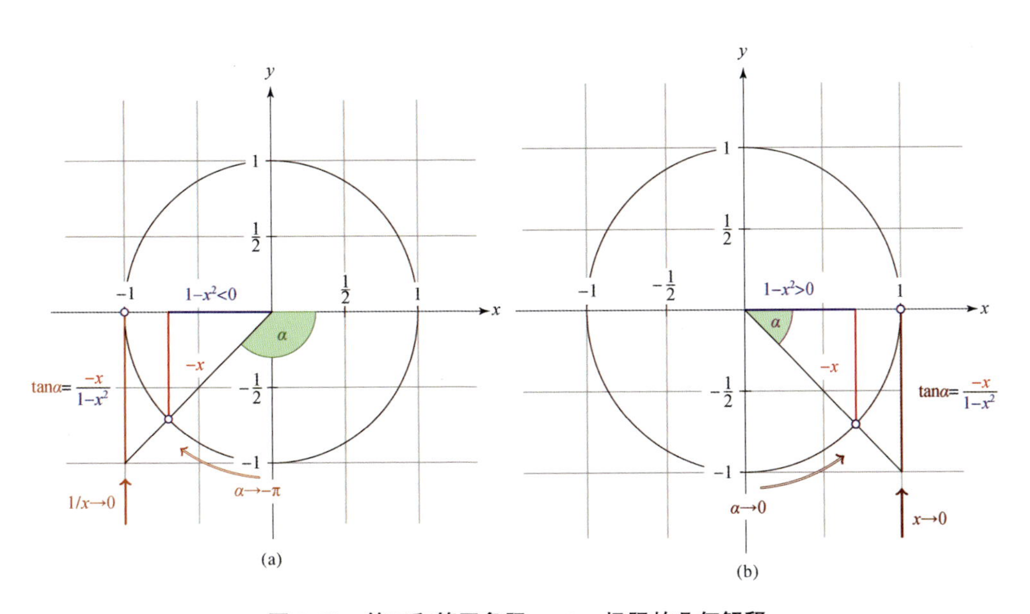

图 1.32　第三和第四象限 arctan 极限的几何解释

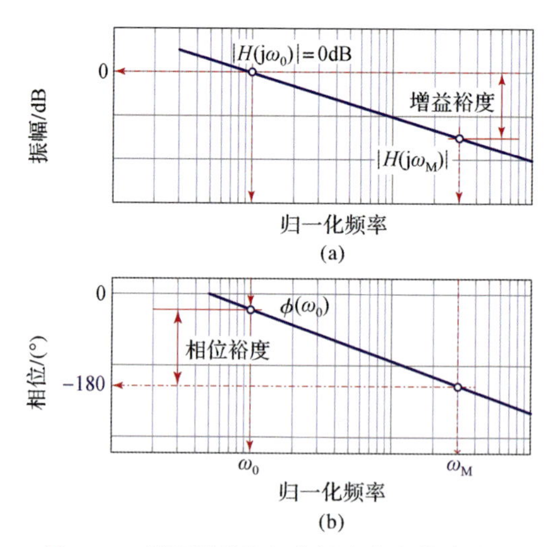

图 1.33 说明增益和相位裕度定义的波特图

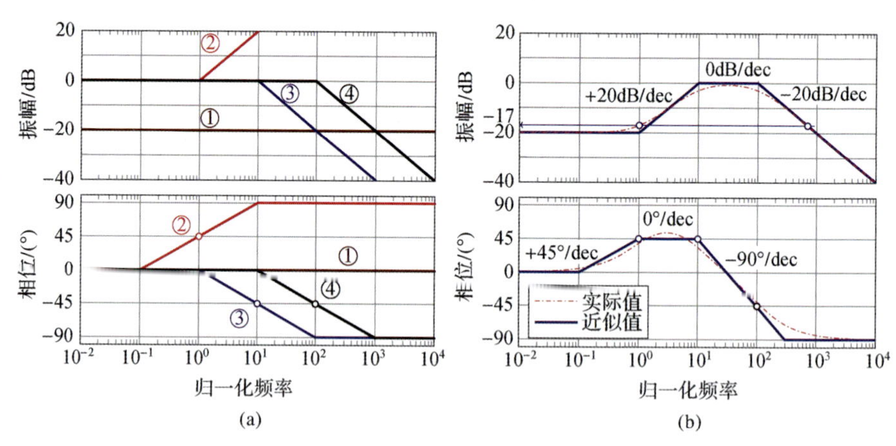

图 1.34 线性逼近及其和和精确解

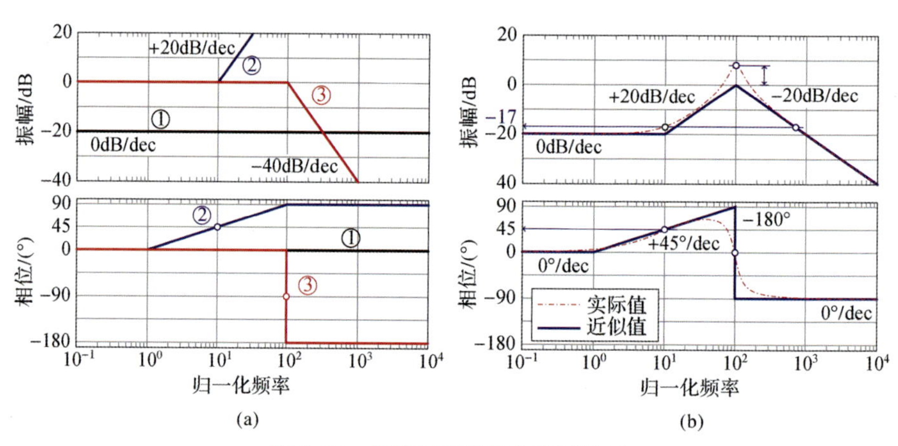

图 1.35 线性逼近及其和和精确解

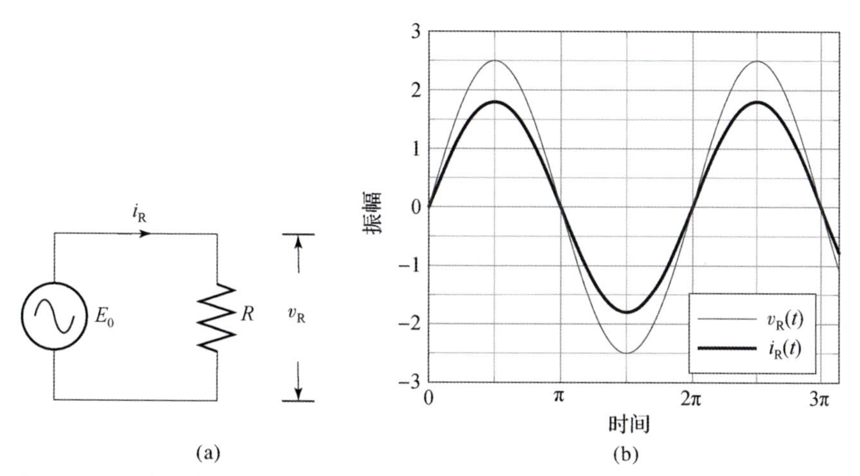

图 2.11　纯电阻负载和正弦电压发生器的电路示意图及对应的电压－电流时域图

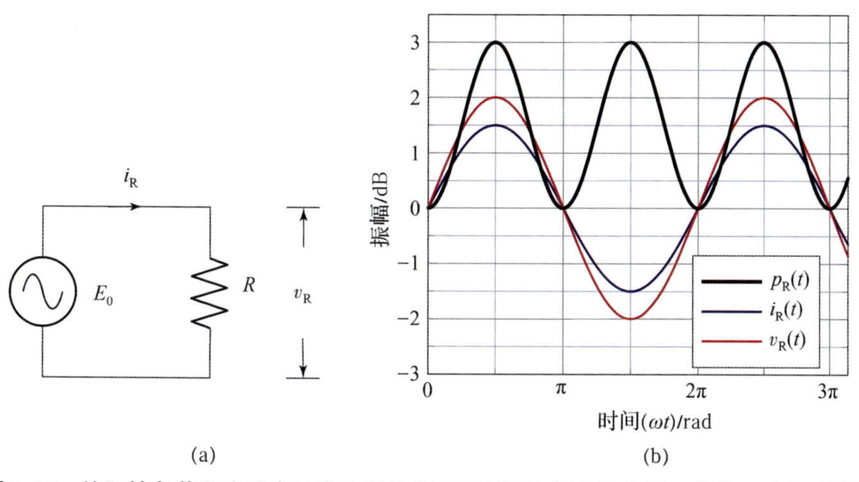

图 2.15　纯阻性负载和交流电压发生器的电路示意图和相应的电压－电流－功率时域图（在这个特殊的例子中，$E_0(t)=2\sin(\omega t)=v_R$ V，$i_R=1.5\sin(\omega t)$ mA）

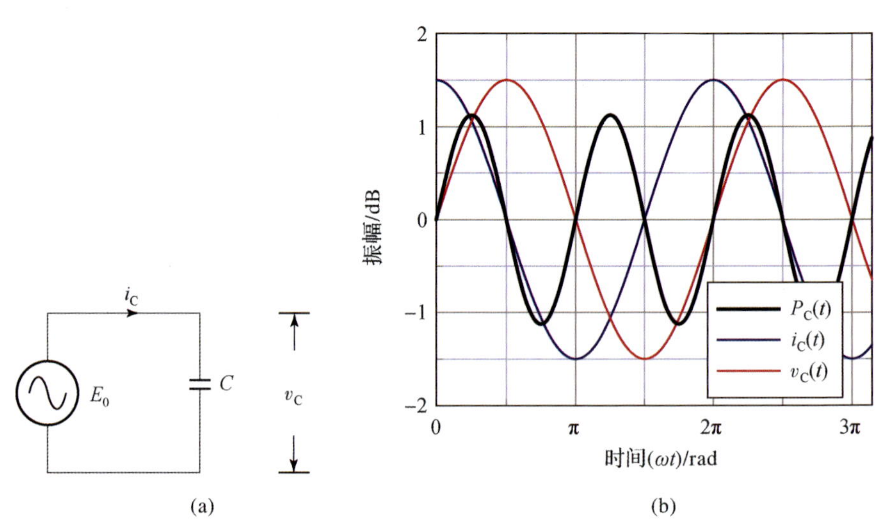

图 2.18　纯容性负载和交流电压发生器的电路示意图及对应的电压－电流－功率时域图示例

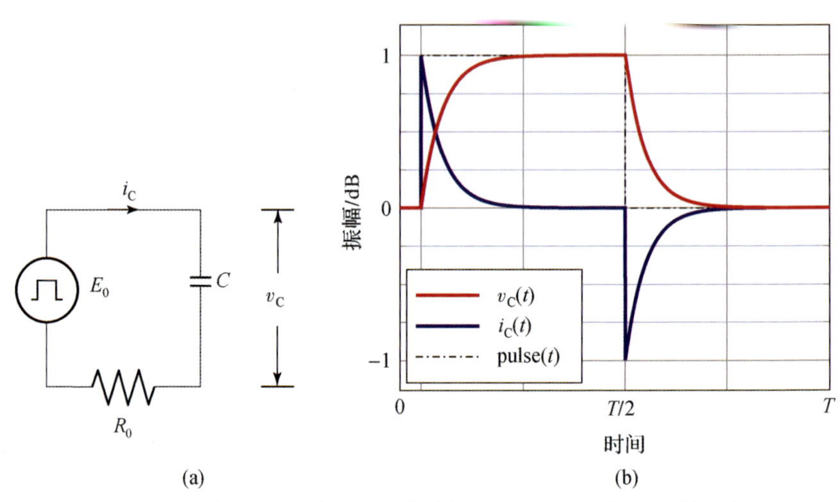

图 2.19　电容、限制电阻 R_0、脉冲电压发生器 E_0 电路示意图及相应的电压－电流时域图

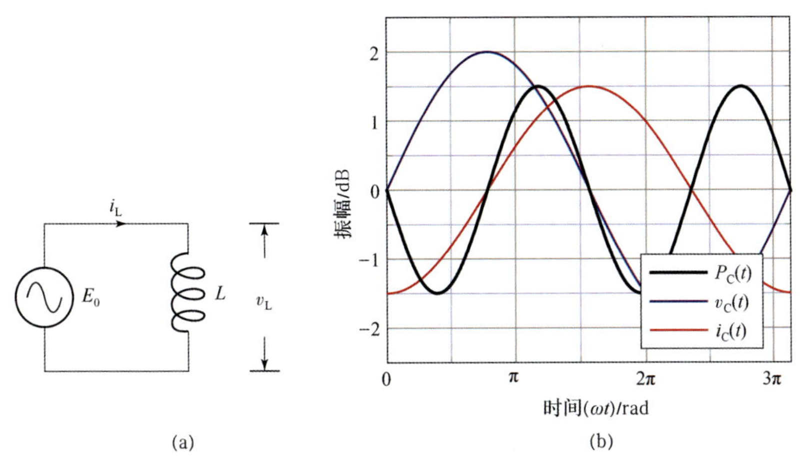

图 2.22　纯感性负载和交流电压发生器电路示意图及对应的电压 – 电流 – 功率时域图

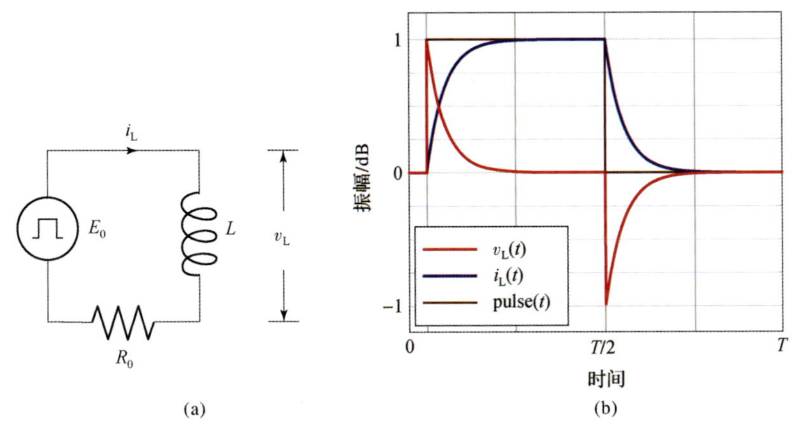

图 2.23　由电感、限制电阻 R_0、脉冲电压发生器 E_0 组成的电路示意图及相应的电压 – 电流时域图

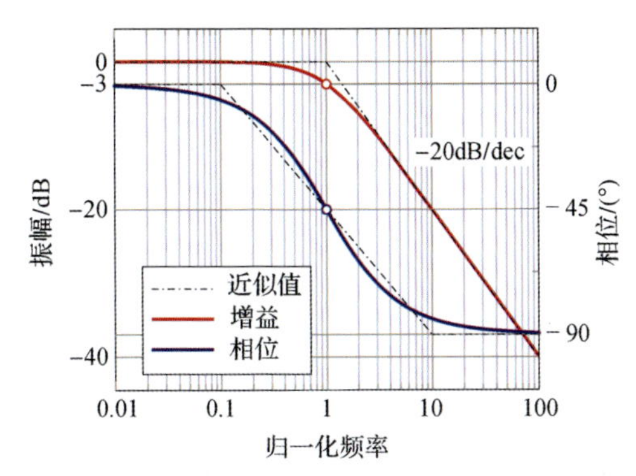

图 3.4　低频 RC 滤波器的频域图:幅频响应和相位响应

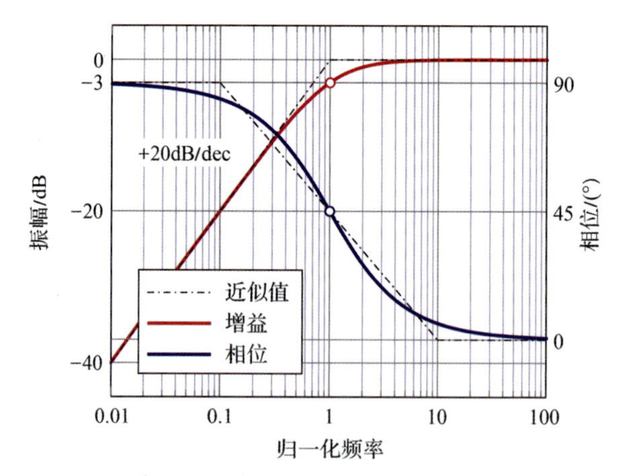

图 3.6　高压 RL 滤波器的频域图:幅值和相位响应

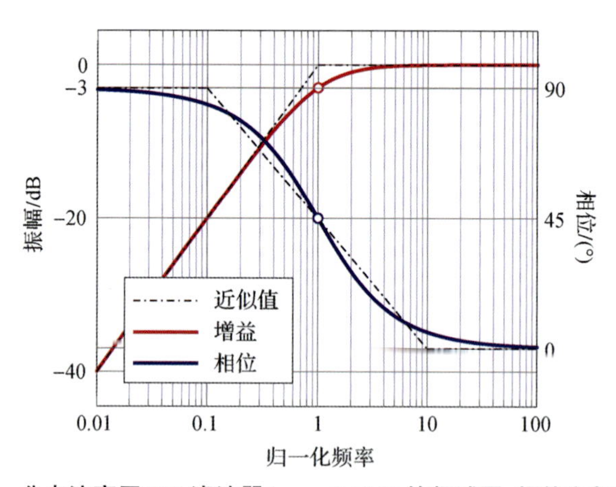

图 3.9　分电流高压 RC 滤波器($\omega_0 = 1/RC$)的频域图:幅值和相位响应

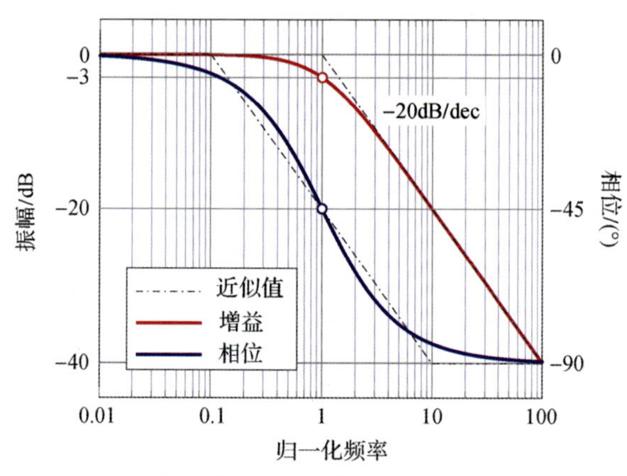

图 3.11　分流低压 RL 滤波器($\omega_0 = R/C$)的频域图:幅值和相位响应

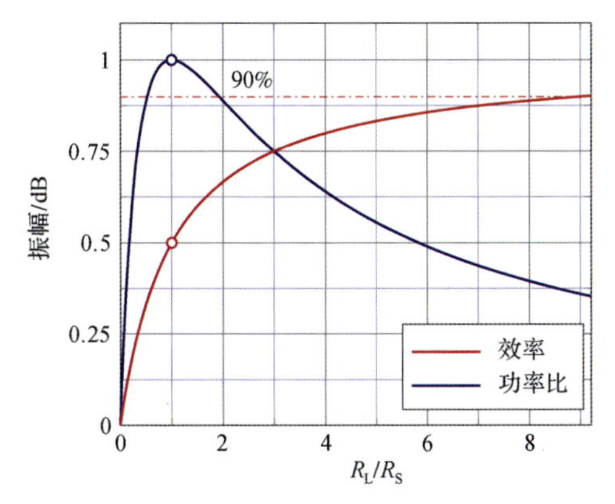

图 3.12　最大功率传递示意图(各方程的比值;式(3.31)和式(3.36),最大功率效率公式(3.37),归一化到 $V_S = 1V$, $R_S = 1\Omega$)

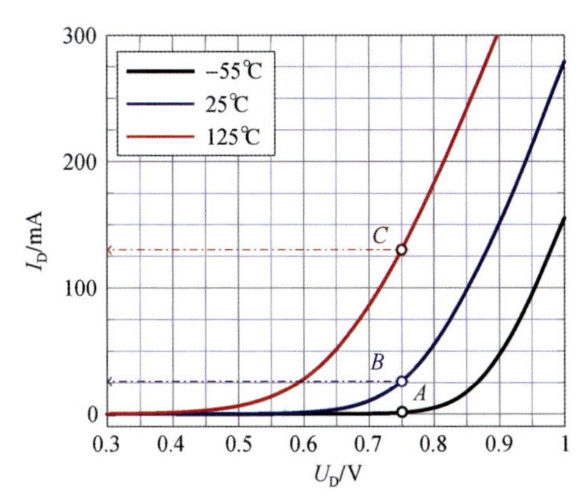

图 4.2　军事应用温度范围(−55℃≤T≤125℃)内三种不同温度下的二极管电压电流特性,如式(4.1)

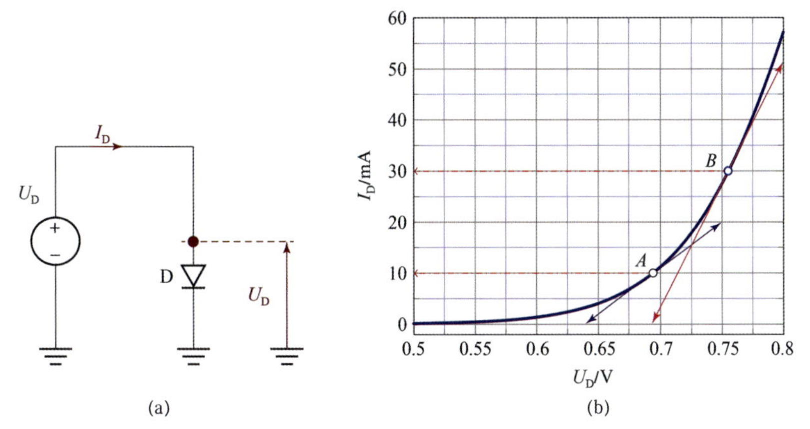

图 4.3　确定二极管电压−电流转移特性的典型模拟设置两个不同的偏置点 A 和 B 说明了它的非线性性质

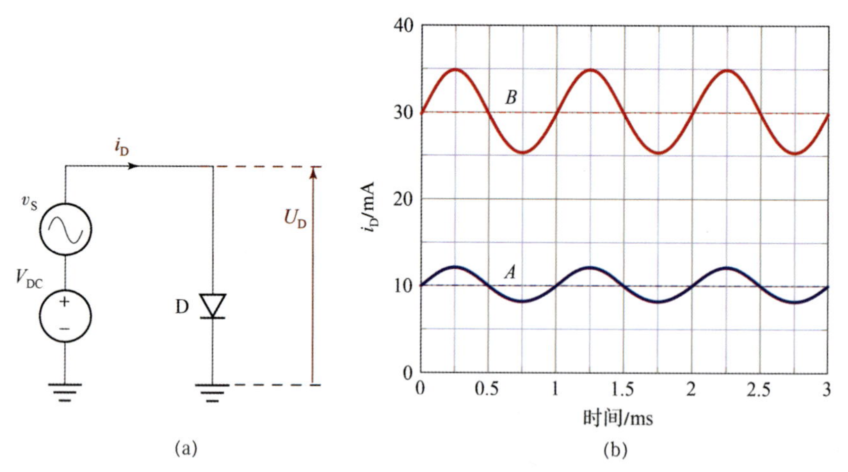

图 4.6　交流仿真设置和两个偏置点二极管交流电流

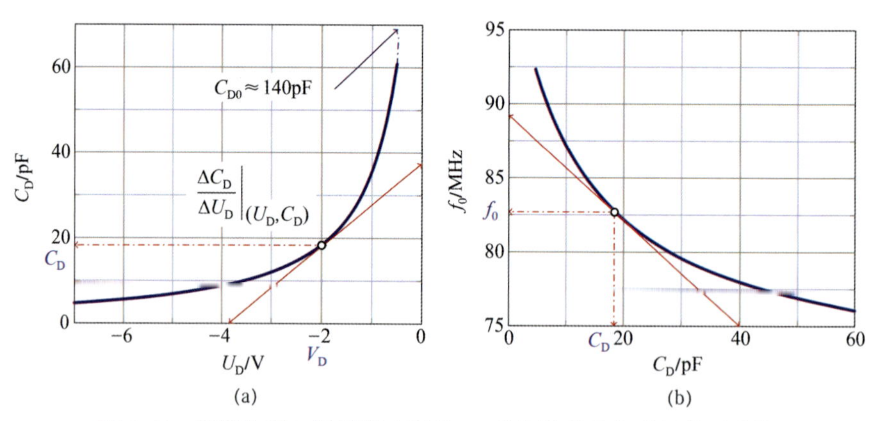

图 4.10　使用变容二极管的可调谐 LC 谐振腔的传输特性关系曲线

(a) C_D 与 V_D；(b) f_0 与 C_D。

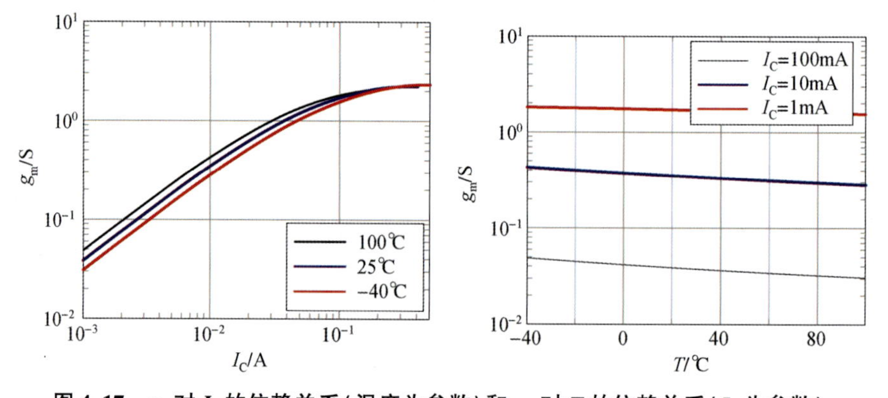

图 4.17　g_m 对 I_C 的依赖关系(温度为参数)和 g_m 对 T 的依赖关系(I_C 为参数)

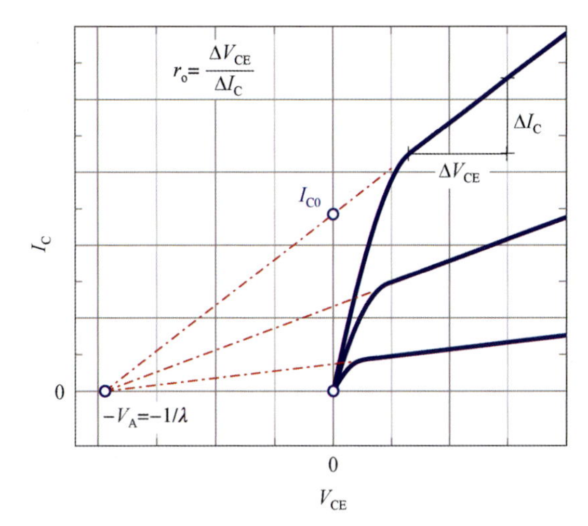

图 4.20　集电极电流以夸张的斜率表示不同电流 I_{C0} 时的 r_o 和 V_A 参数

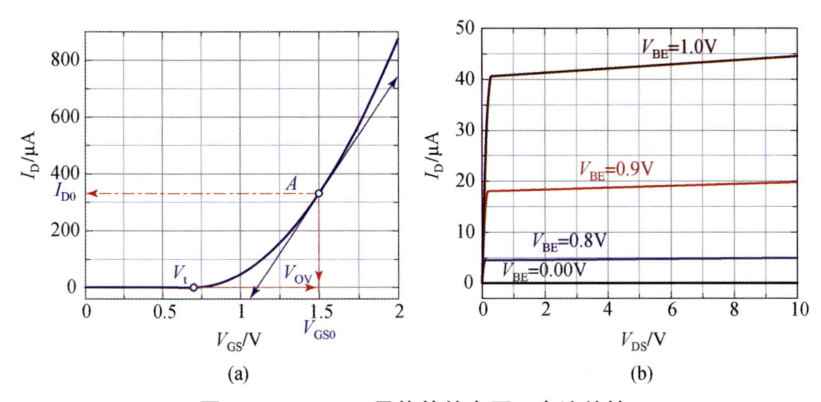

图 4.26　NMOS 晶体管的电压 – 电流特性

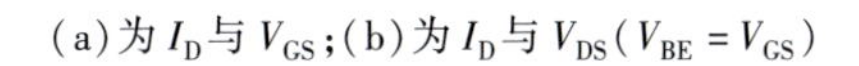
(a)为 I_D 与 V_{GS}；(b)为 I_D 与 V_{DS}（$V_{BE}=V_{GS}$）

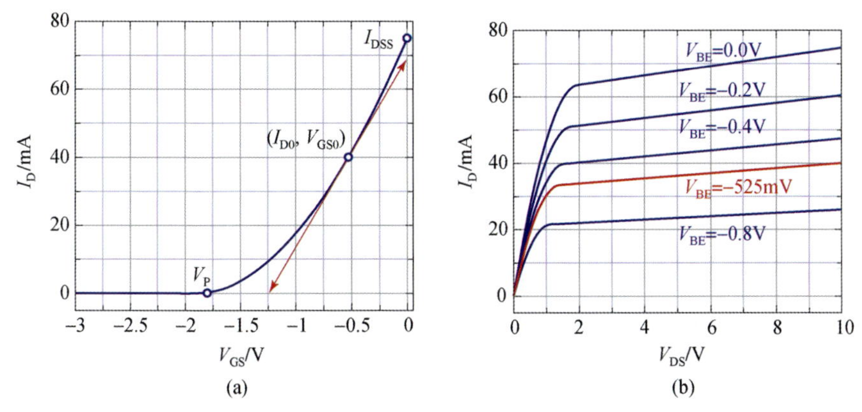

图 4.33　JFETI_D-V_{GS} 函数显示了一个典型的偏置点设置在大约 50% 的 I_{DSS} 电流和 I_D-V_{DS} 曲线族，其中 VCCS 电流由偏置点在图(d)中显示为红色

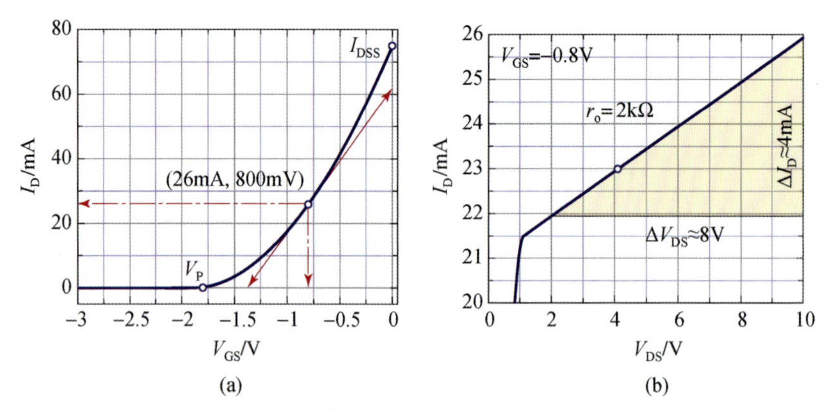

图 4.34　显示偏置点的 V_{GS} 对 I_D 的依赖以及例 35 中 I_D 对 V_{DS}（相同偏置点）的放大

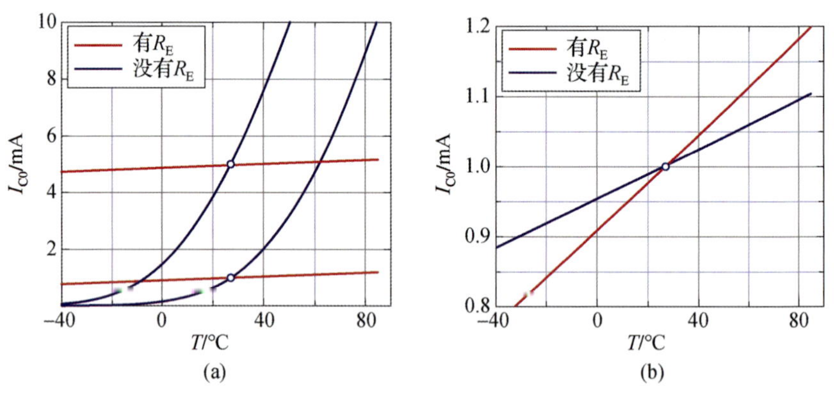

图 5.8　有和没有发射极电阻时 I_D 的温度依赖性（例 43）

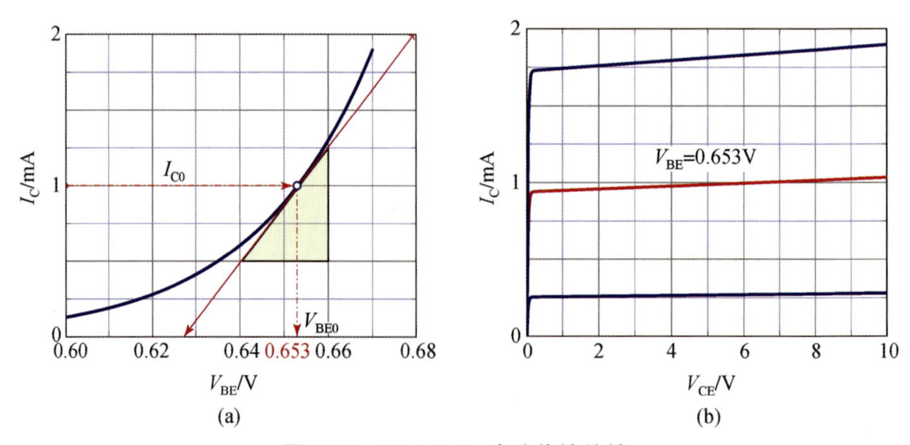

图 6.29　NPN BJT：直流传输特性

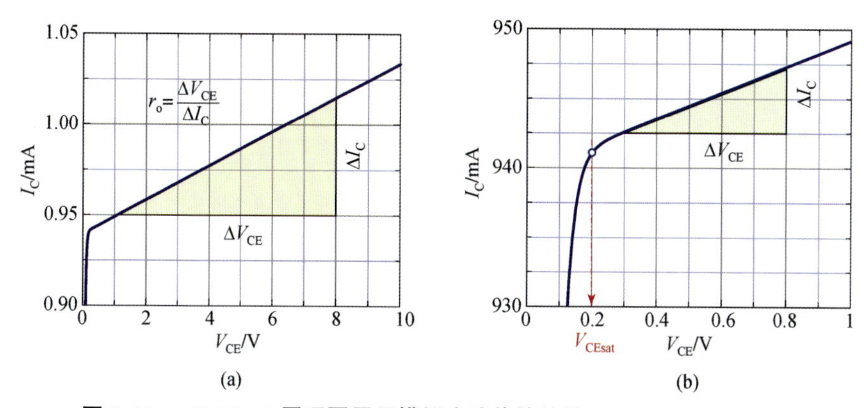

图 6.30　NPN BJT 原理图用于模拟交流传输特性 I_C vs. v_{BE} 和 I_C vs. v_{CE}

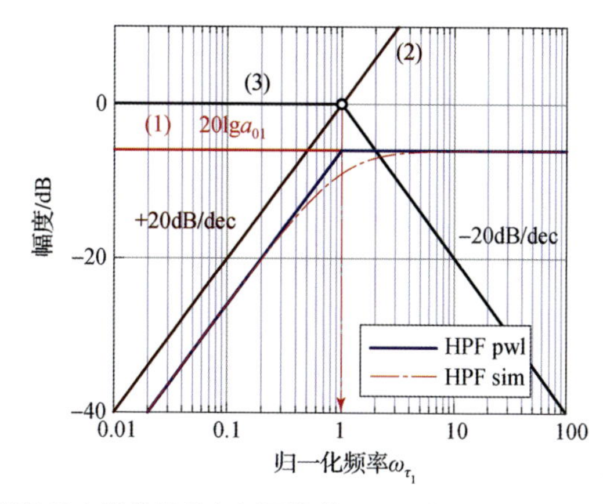

图 7.8　共发射极放大器等效输入侧网络的 HPF 增益函数(分段近似(4)由式(7.15)中的三项之和得到,及其模拟的交流曲线(红色))

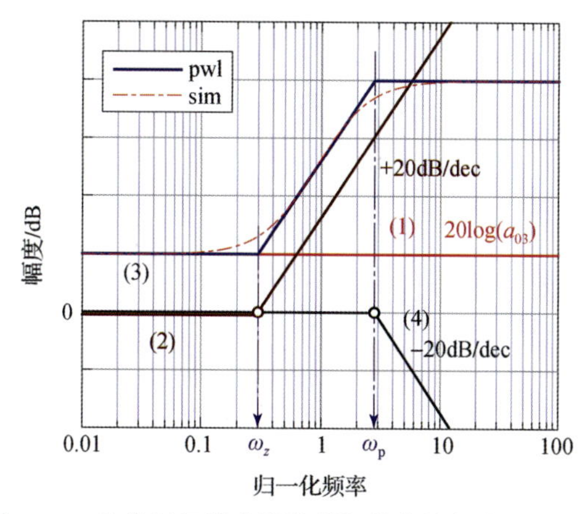

图 7.11　共发射极放大器发射极节点的频率响应显示

(1)直流增益项;(2)零点项;(3)极点项;(4)分段线性和(黑色实心)以及模拟的交流曲线(实心细红色)。

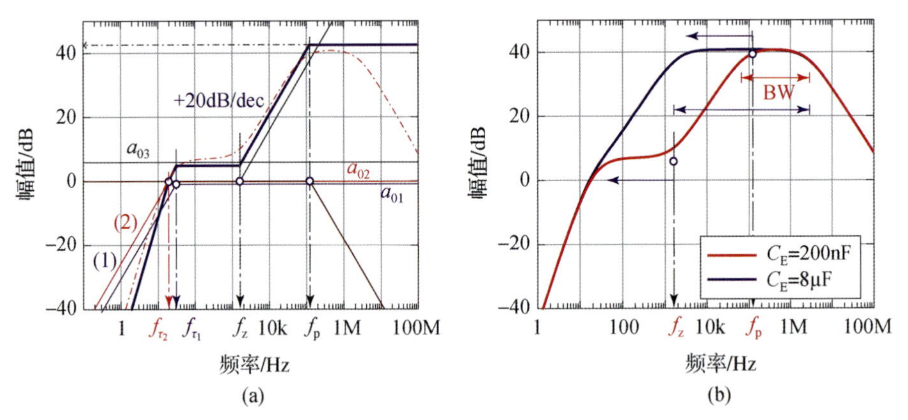

图 7.12　案例研究中使用的共发射极放大器的频率特性

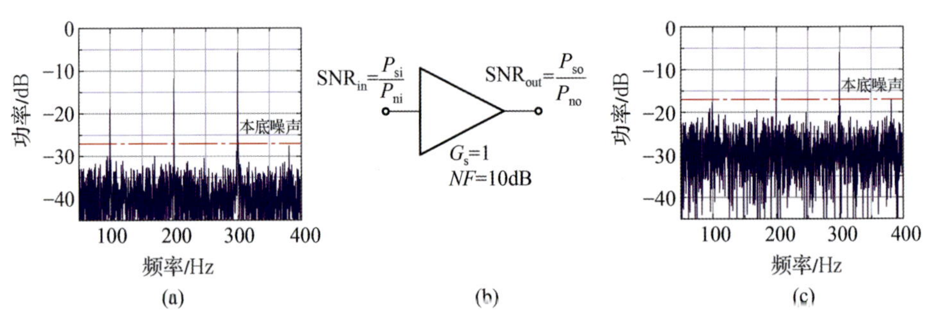

图 8.5　具有输入和输出信噪比的放大器,其信号增益为 $G_S = 1$ 和 $NF = 10$dB。

(a)输入信噪比;(b)放大电路;(c)输出信噪比。

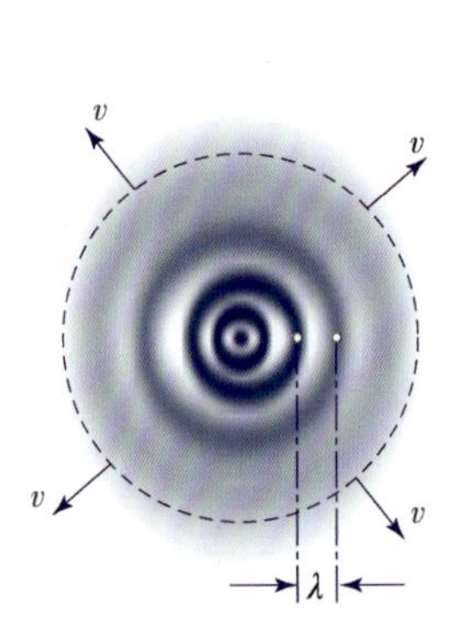

图 9.1　球面波向各个方向传播

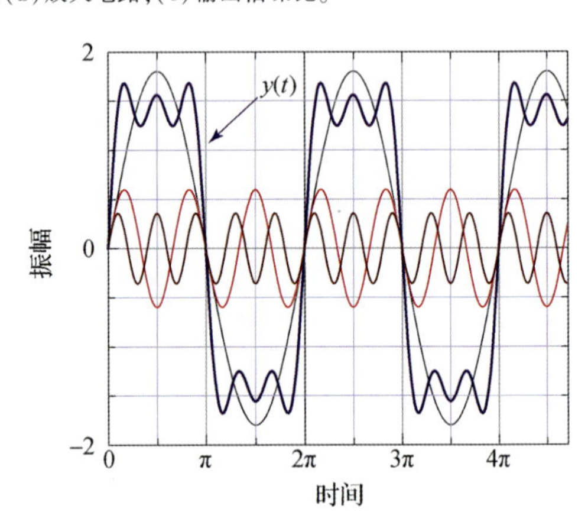

图 9.2　多色调波形(实线暗线)

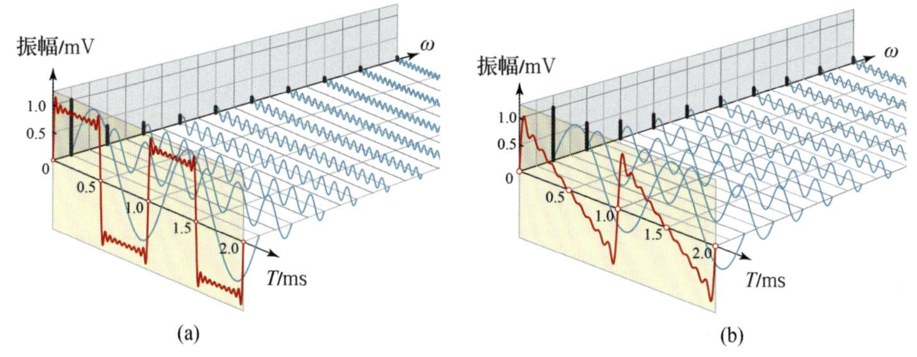

图 9.3　使用前 9 次谐波的傅里叶合成

(a)方波;(b)锯齿波。

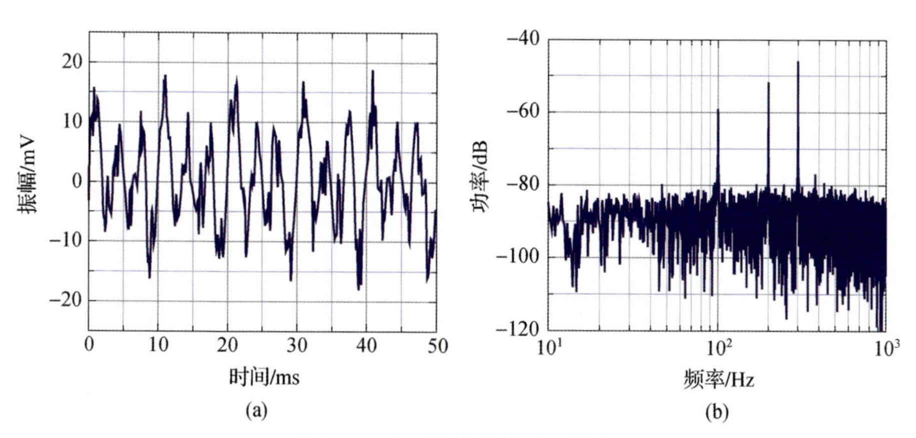

图 9.4　时域波形以及功率谱图

(a)时域波形;(b)噪声下限的功率谱图。

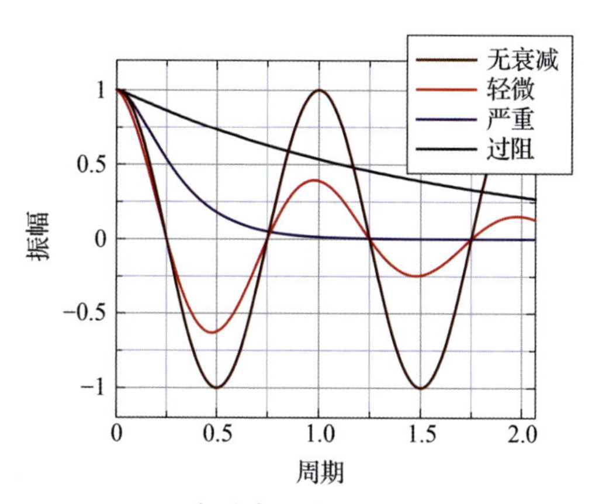

图 10.2　各种类型的阻尼的振荡波形

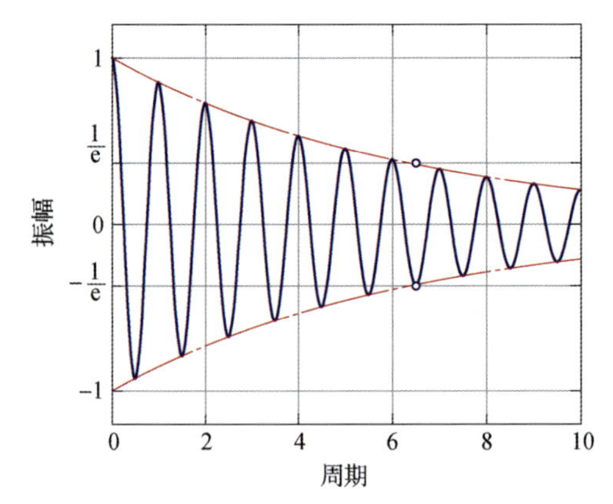

图 10.3　Q 为 20 的衰变振荡器的归一化幅度和周期

通过对振荡周期数 n 进行计数，直到幅度降至 1/e，$Q = n\pi$，

在本例中，$n = 6.5$，然后 $6.5\times\pi\approx 20$，红线是指数包络函数 $e^{\left(-\frac{\gamma}{2}t\right)}$

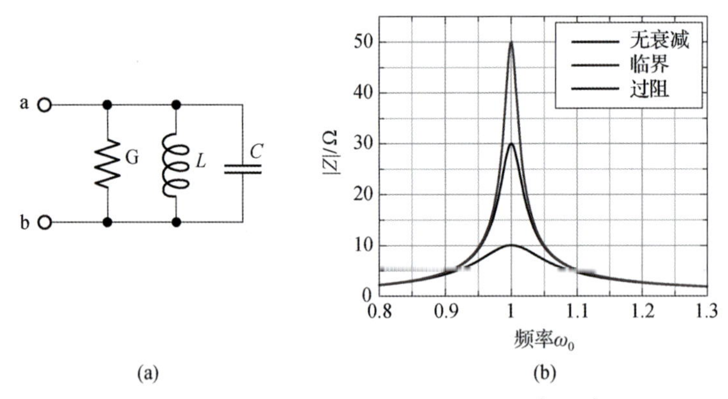

图 10.9　并联 RLC 电路网络和阻抗图 $|Z_{ab}|$

(a)并联 RLC 电路网络等效电路；(b)阻抗特性 $|Z_{ab}|$ 针对频率，归一化为 $\omega_0 = 1$Hz。

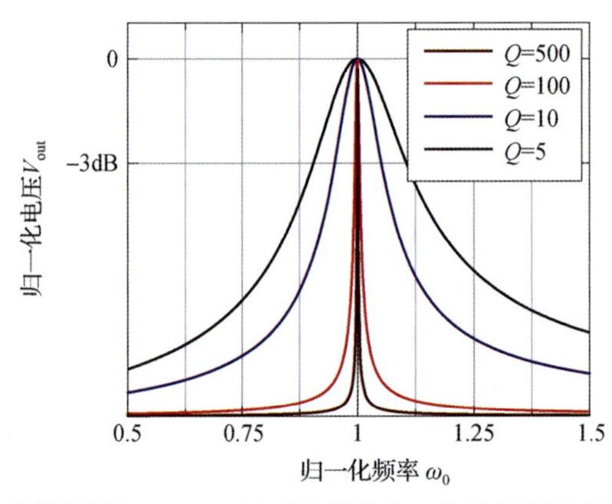

图 10.13　在归一化谐振频率 $\omega_0 = 1$ 时电感两端的归一化输出电压(适用于各种 Q 因子)

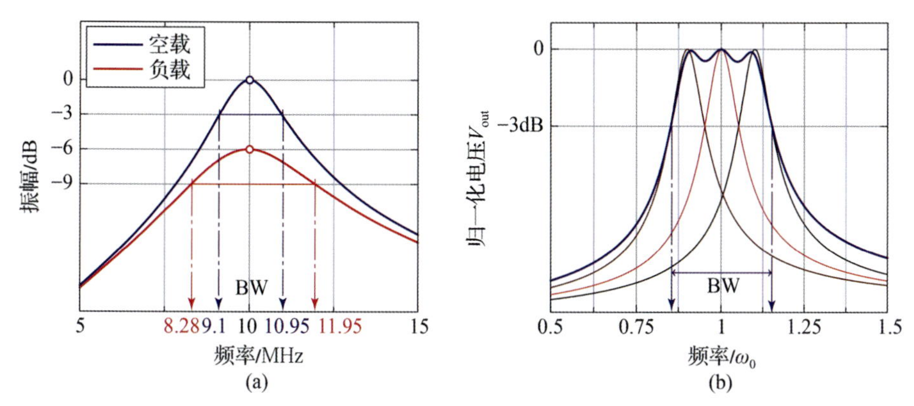

图 10.17 LC 谐振器仿真

(a)负载和空载谐振器;(b)耦合 LC 谐振器。

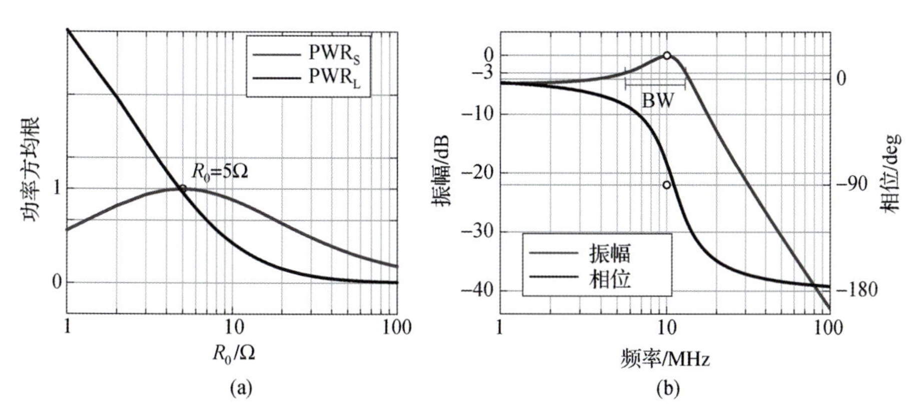

图 11.9 例 71 中匹配网络的 SPICE 仿真显示了源提供的最大功率电平(归一化)

(a)电阻功率图;(b)频率振幅图。

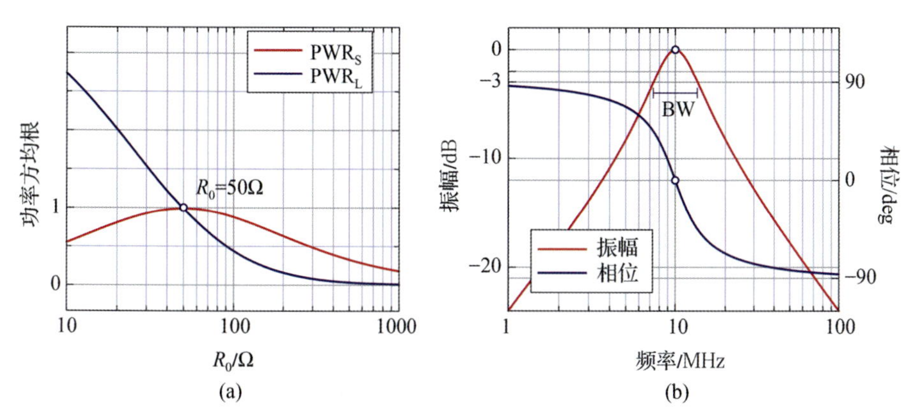

图 11.16 例 74 中匹配网络的 SPICE 仿真显示了源提供的最大功率电平(归一化)

(a)电阻功率图;(b)频率振幅图。

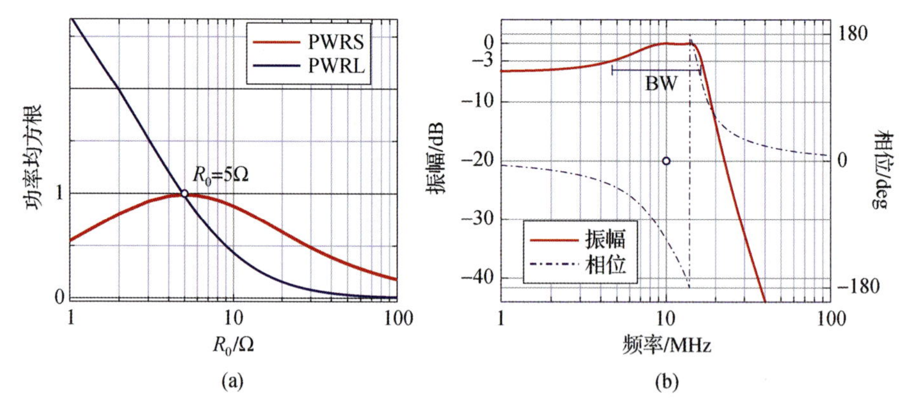

图 11.24 例 77 中匹配网络的 SPICE 仿真显示了源提供的最大功率电平(归一化)

(a)电阻功率;(b)频率振幅。

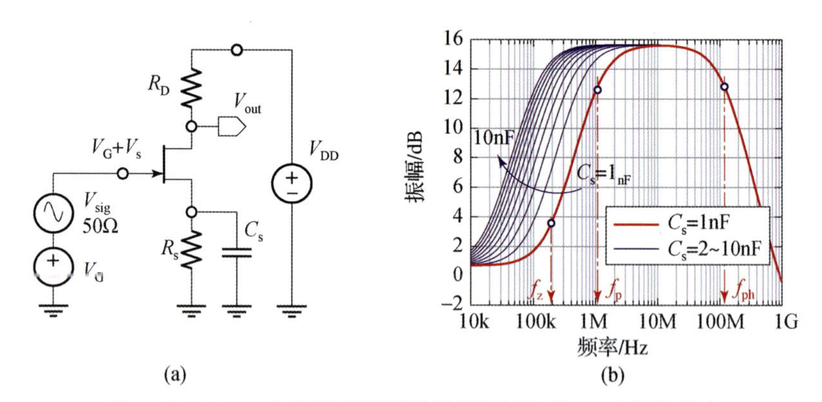

图 12.9 JFET 交流模拟设置及用于通过扫描 C_s 来调整带宽

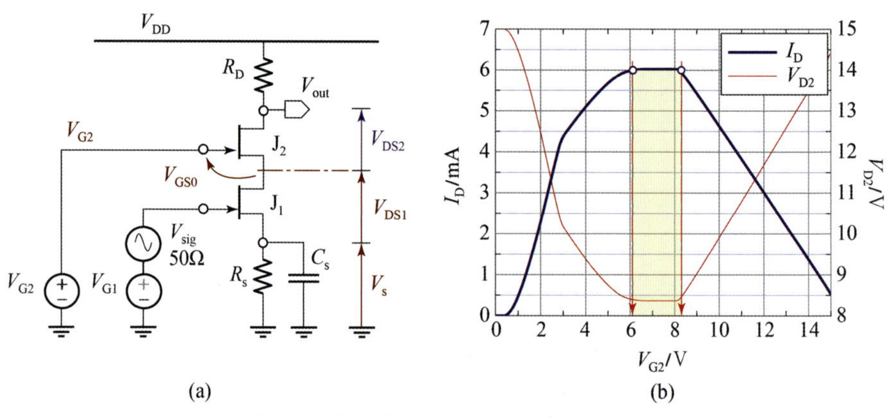

图 12.10 用于确定 V_{G2} 电压范围的共源共栅晶体管的 JFET 直流设置

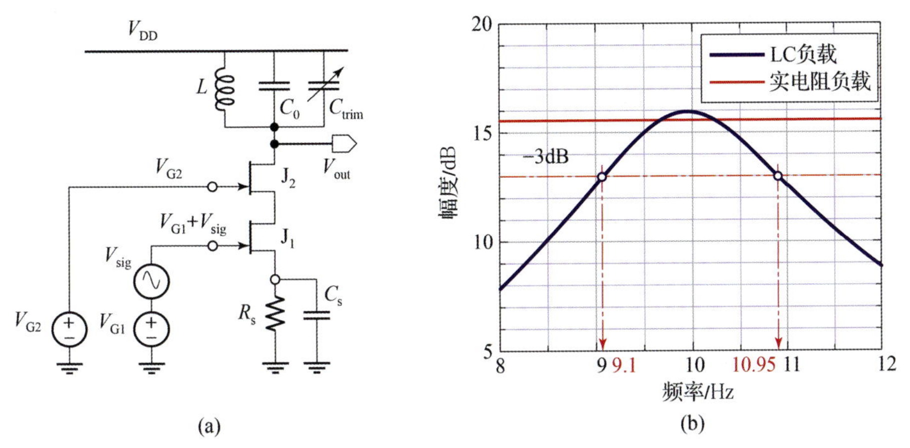

图 12.11　JEFT 电路并利用 LC 替代实际电阻及两者的比较

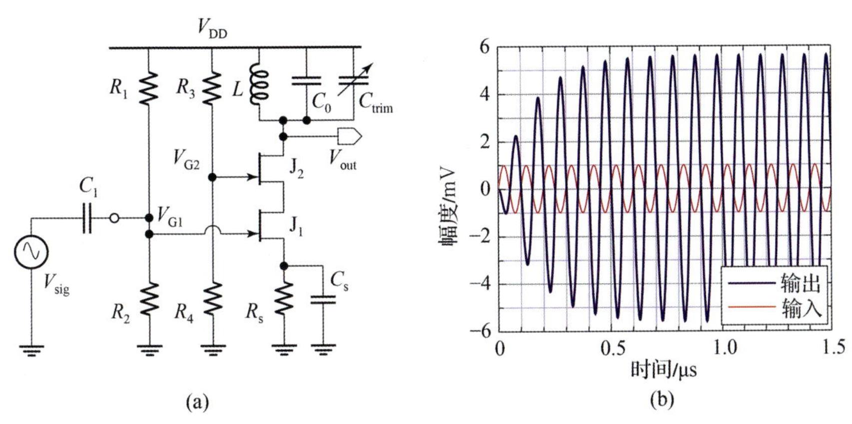

图 12.12　JFET 共源共栅射频放大器原理图及时域 I/O 波形

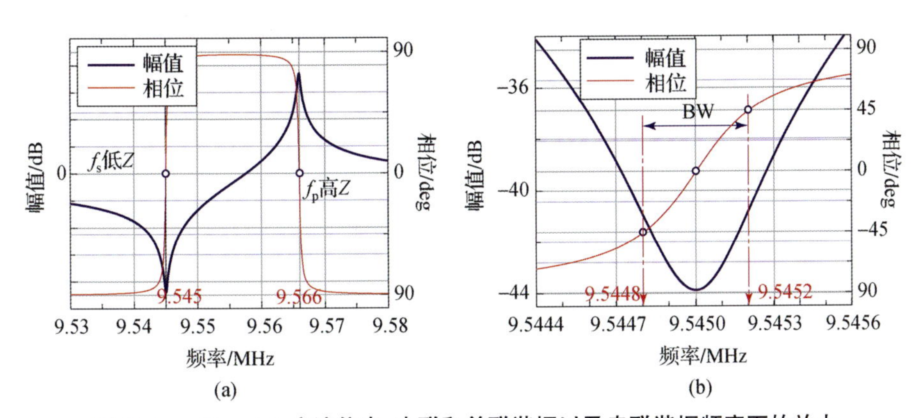

图 13.13　X_{TAL} AC 交流仿真：串联和并联谐振以及串联谐振频率下的放大

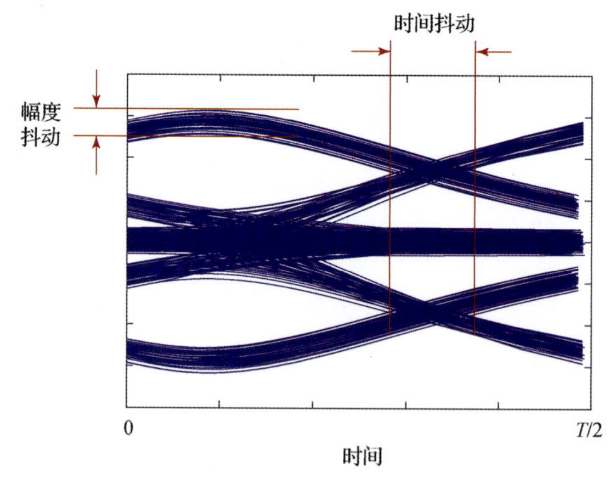

图 13.18　显示时间和振幅抖动的长波形的眼图

周期性波形被分成每半个周期长的部分，即 $T/2$

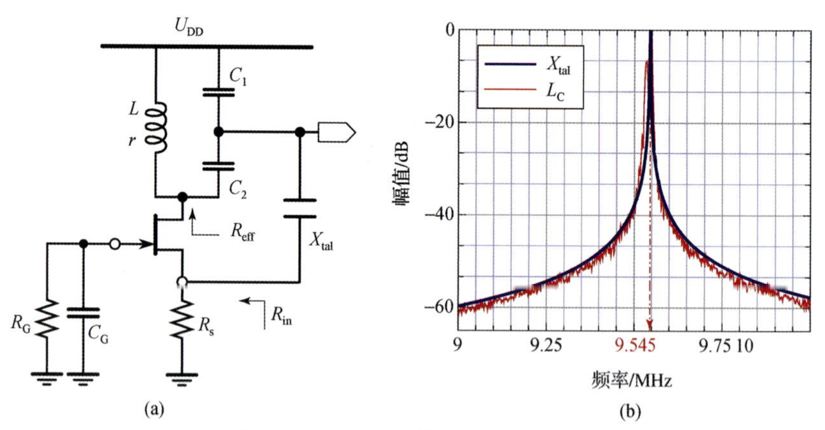

图 13.21　CG 振荡器—闭环仿真

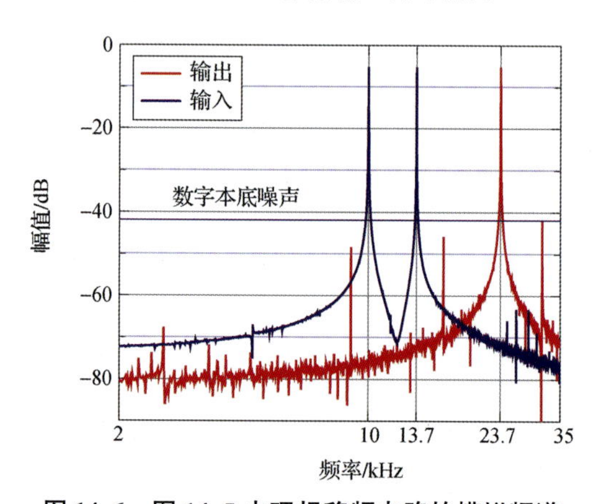

图 14.6　图 14.5 中理想移频电路的模拟频谱

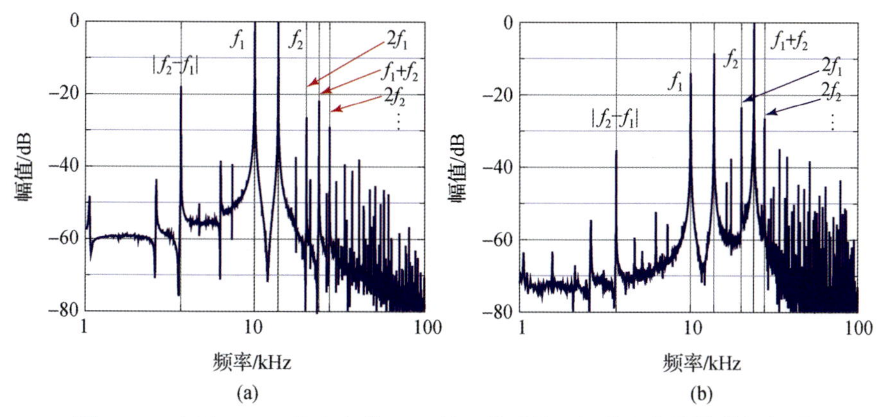

图 14.8　在以 f_1+f_2 为中心的 BPF 处理前后的二极管混频器的模拟频谱

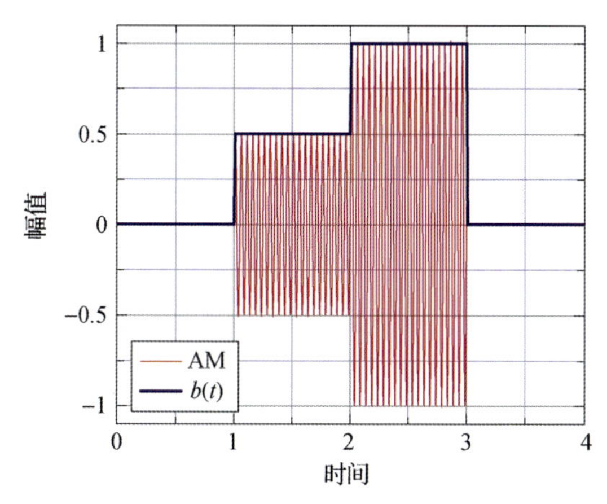

图 15.1　叠加 AM(红色)和 $b(t)$(蓝色)波形的时域图

(调制信号信息 $b(t)$ 控制载波幅度)

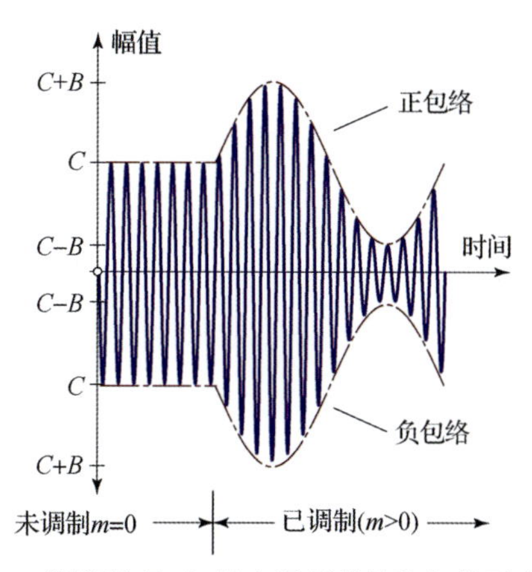

图 15.2　调幅信号、初始未调制载波和包络形式的信息信号

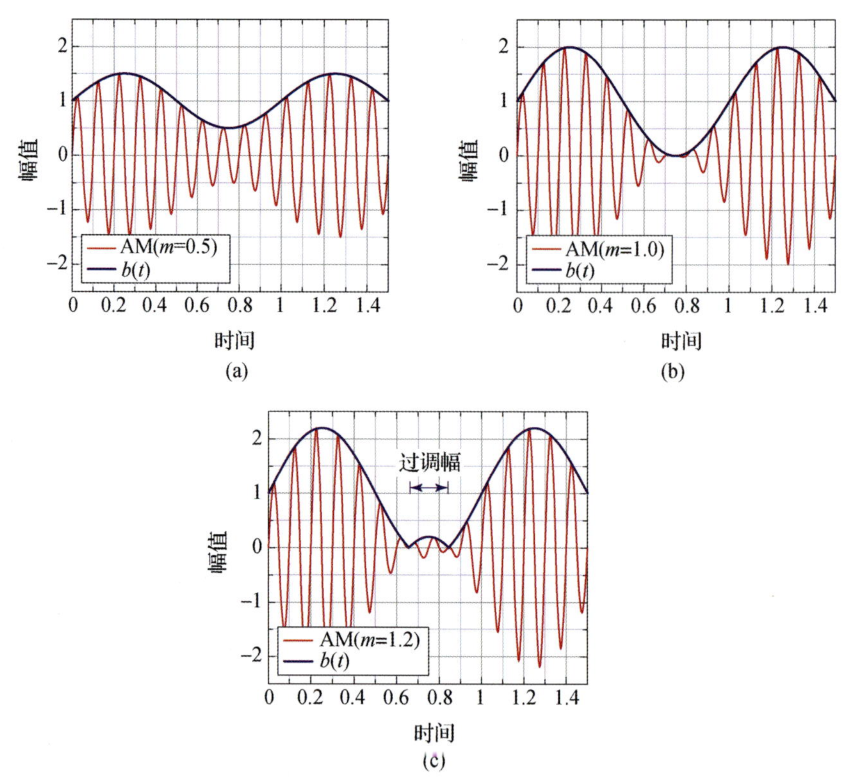

图 15.3　三个调幅指数值的正弦调幅(如式 15.5)的时域图

(a)$m=0.5$;(b)$m=1.0$;(c)$m=1.2$。

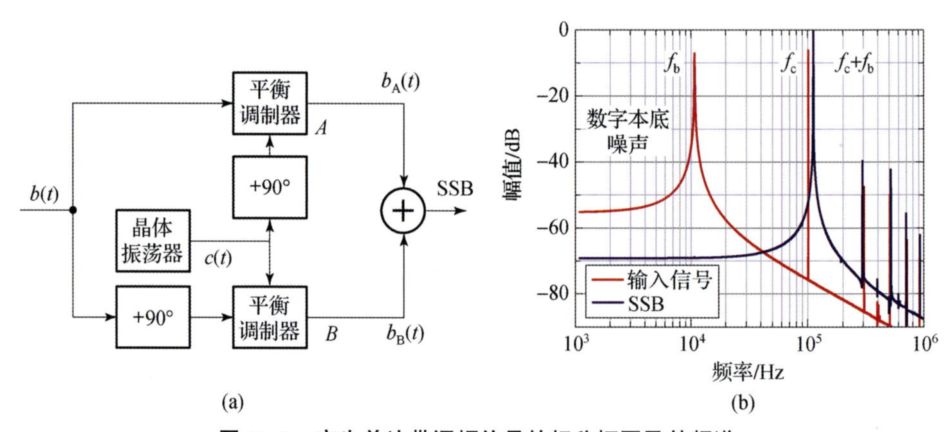

图 15.8　产生单边带调幅信号的相移框图及其频谱

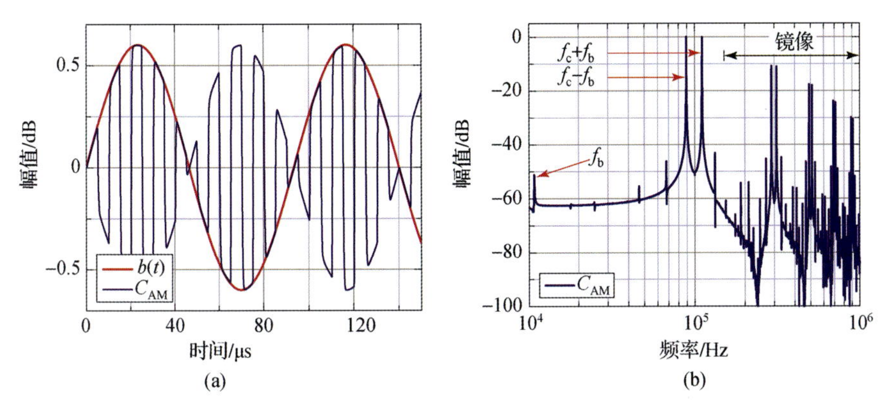

图 15.13　双平衡二极管环形调制器的模拟波形

(a)时域 AM 信号;(b)频谱。

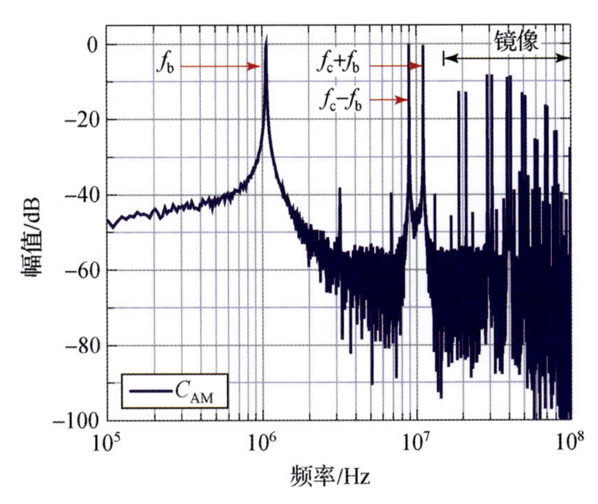

图 15.15　单平衡 FET 调制器的模拟频谱

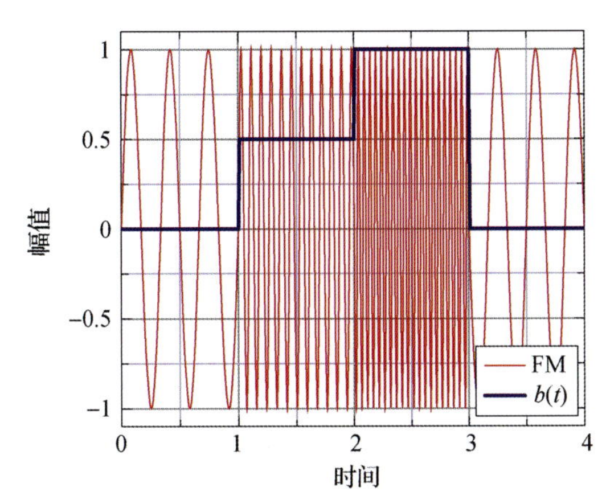

图 15.17　FM(红色)和 $b(t)$(蓝色)波形的时域图示例(调制信号信息 $b(t)$ 通过对载波频率的控制清楚地嵌入载波中)

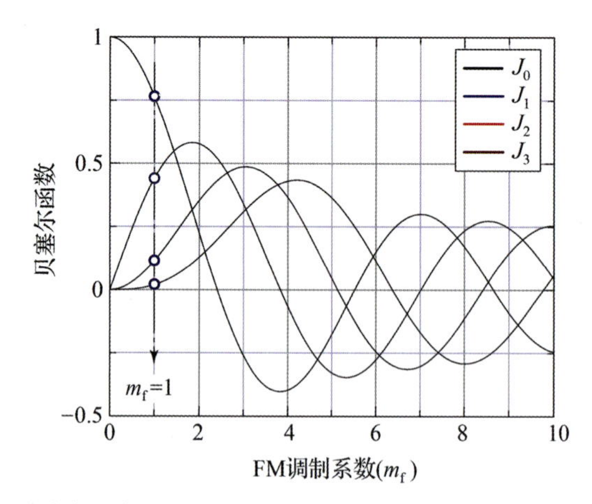

图 15.18　贝塞尔函数($J_n(m_f)$为 n=0,1,2,3 且 m_f=1 时显示的示例点)

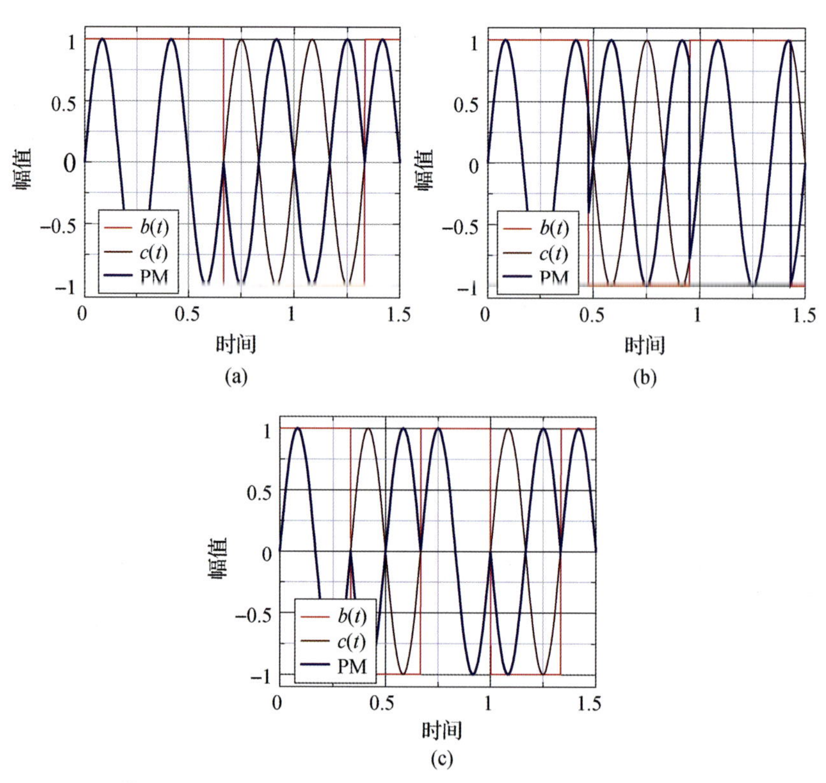

图 15.21　载波和调制信号频率的三种相对比率的相位调制波形 PM(蓝色)示例(脉冲调制 $b(t)$(红色)被清楚地嵌入并控制载波的相位)

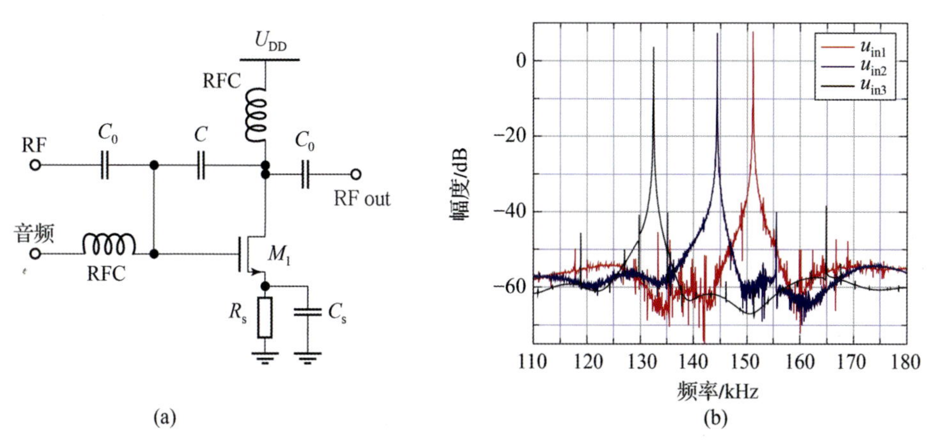

图 15.23 实际电抗 FM 调制器电路及其三种输入电压幅度的频率响应

(a)调制器电路;(b)三种输入电压幅度的频率响应。

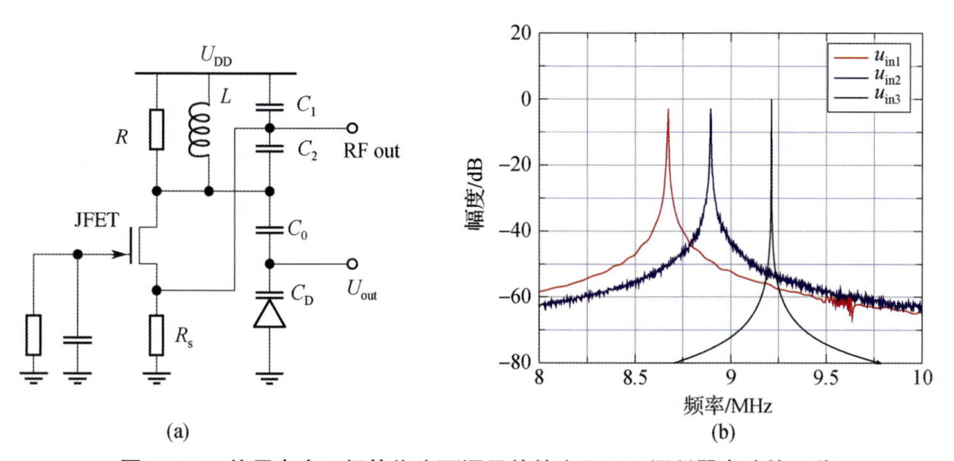

图 15.25 使用变容二极管作为可调元件的实际 FM 调制器电路的一种可能实现以及它对三种输入电压幅度的频率响应

(a)实际 FM 调制器电路;(b)三种输入电压幅度的频率响应。

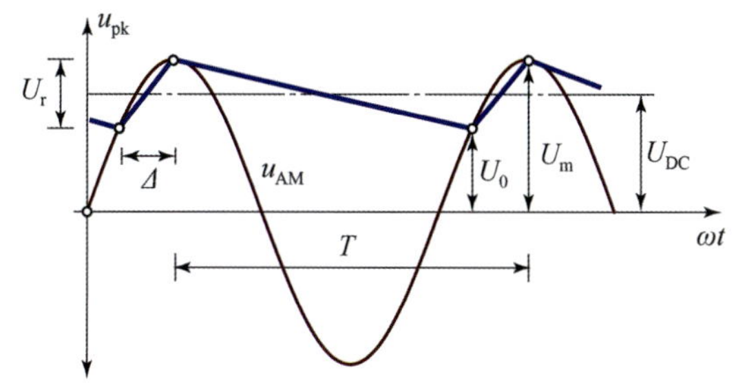

图 16.3 由二极管 AM 包络检波器解码的包络波的分段近似形状

(电压降 U_r 的值相对于最大幅度 U_m 被人为放大了,实际上 $U_m \gg U_r$ 和 $\Delta \to 0$)

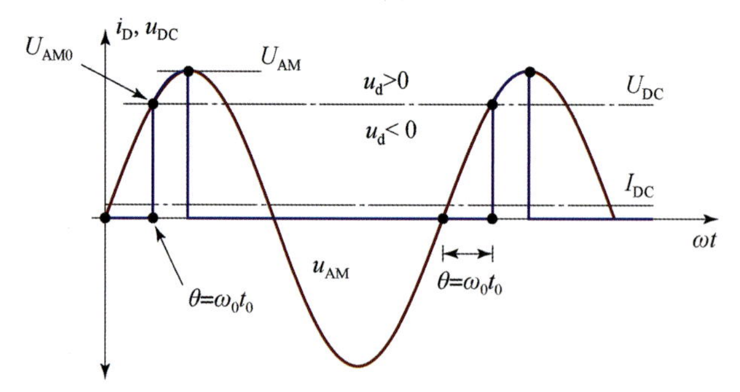

图 16.5　二极管电流 i_D 近似分析中使用的定义

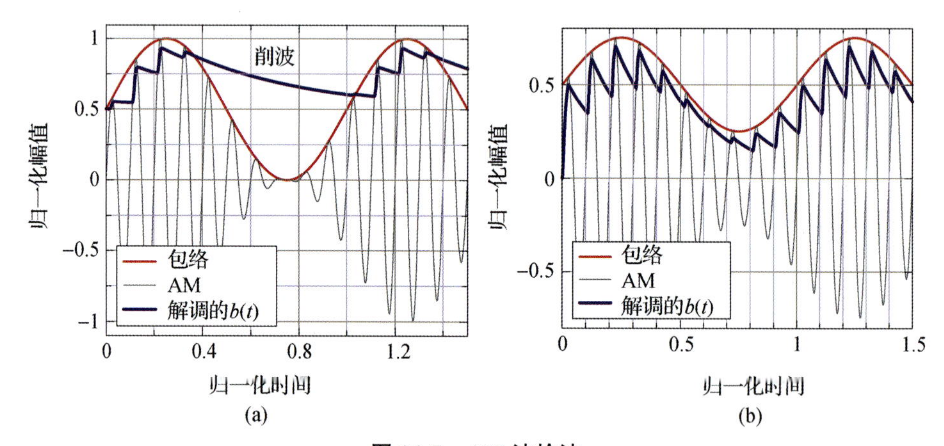

图 16.7　AM 波检波

(a)二极管检波器中错误的时间常数导致惰性失真;(b)正确的定时。

在这个例子中,载波相对于调制频率的比率是 10。

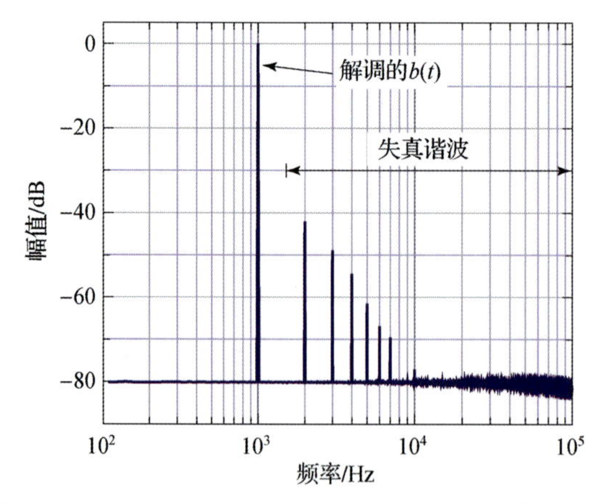

图 16.8　解调的 AM 波的频谱(此例子中,载波与调制频率的比率是 455)

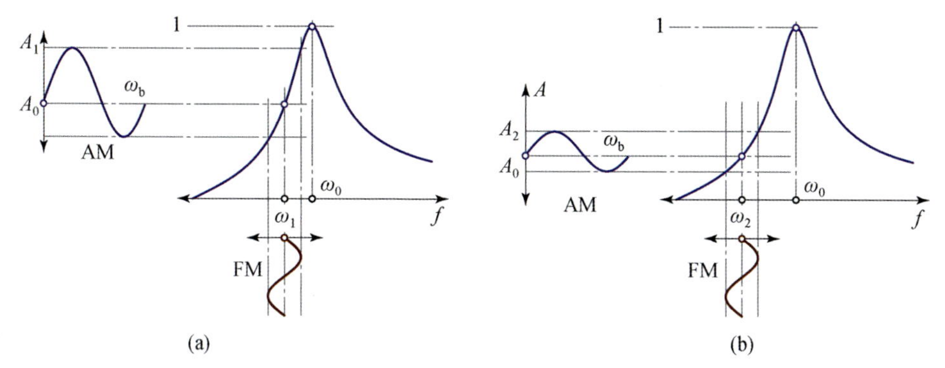

图 16.11　使用简单 LC 谐振器的斜率检波

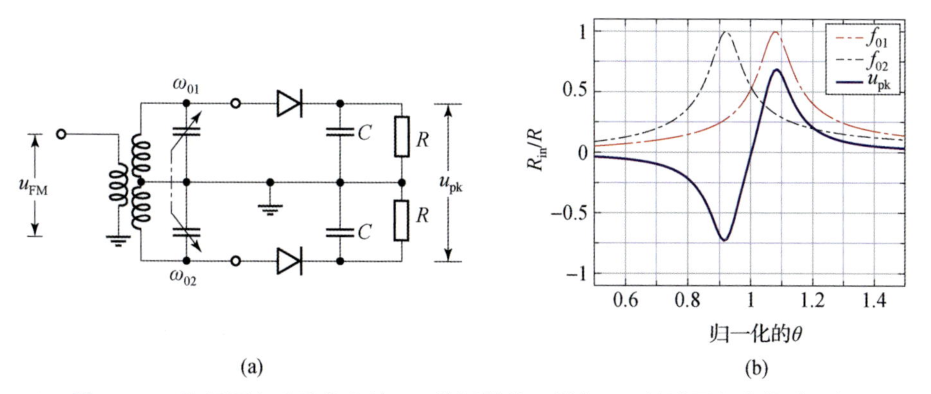

图 16.12　使用两个略微偏移的 LC 谐振器的双斜率 FM 检波及频率传递函数

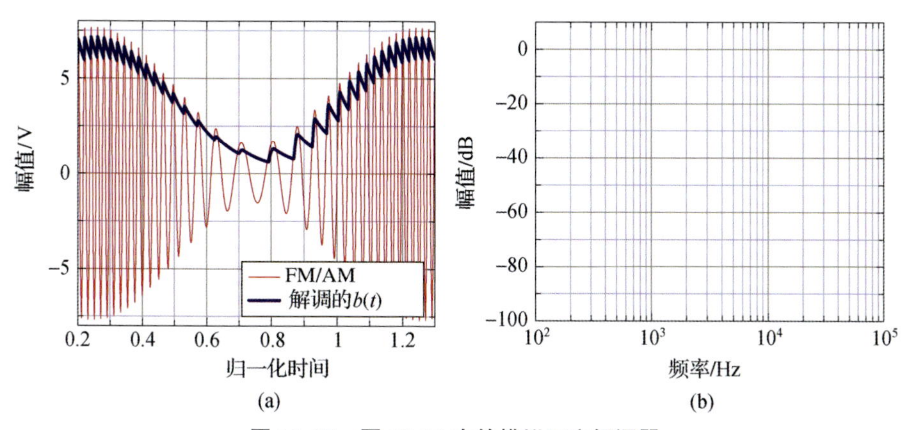

图 16.17　图 16.16 中的模拟正交解调器

(a)时域响应；(b)频域响应。

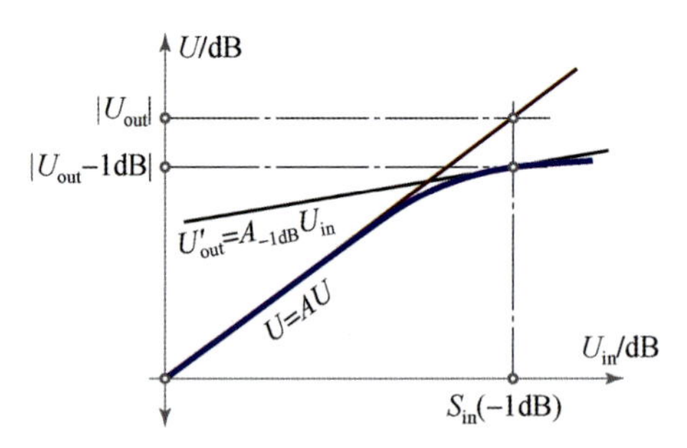

图 17.6　输出信号电平与输入信号电平以及 1dB 压缩点的关系

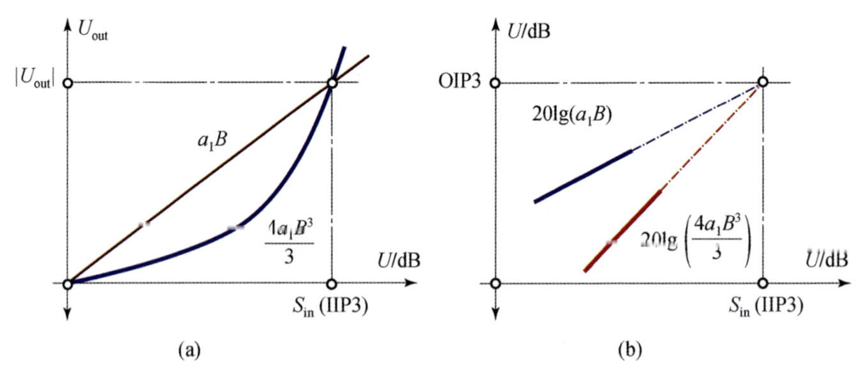

图 17.8　三阶截距点外推